郑州历史文化名城
保护与发展战略规划研究

曹昌智　等著

中国建筑工业出版社

图书在版编目（CIP）数据

郑州历史文化名城保护与发展战略规划研究 / 曹昌智等著. — 北京：中国建筑工业出版社，2018.3
ISBN 978-7-112-21752-6

Ⅰ. ①郑… Ⅱ. ①曹… Ⅲ. ①文化名城 — 保护 — 研究 — 郑州 ②城市规划 — 研究 — 郑州 Ⅳ. ① K926.11 ② TU984.261.1

中国版本图书馆CIP数据核字（2018）第004968号

责任编辑：郑淮兵 毋婷娴
责任设计：韩蒙恩
责任校对：李欣慰

郑州历史文化名城保护与发展战略规划研究
曹昌智 等著
*
中国建筑工业出版社出版、发行（北京海淀三里河路9号）
各地新华书店、建筑书店经销
北京点击世代文化传媒有限公司制版
北京中科印刷有限公司印刷
*
开本：787×1092毫米 1/16 印张：34 插页：4 字数：486千字
2019年1月第一版 2019年1月第一次印刷
定价：150.00 元
ISBN 978-7-112-21752-6
（31561）

课 题 研 究 中国城科会历史文化名城委员会

北京瑞德瀚达城市建筑规划设计有限公司

领 衔 专 家 曹昌智　国家注册规划师　特约首席规划师

中国城市科学研究会副秘书长

中国名城委副主任委员

中国传统村落保护发展专家委员会副主任委员

同济大学兼职教授、博士生导师

课 题 组 长 胡　燕　中国名城委副秘书长　副研究员

研 究 制 图 陈　晟　副总经理　城市规划硕士

常光宇　副总经理　城市规划硕士

曹　玮　住建部干部学院副研究员

李　丹　历史学硕士

张艳琼　历史学硕士

王晓华　古建筑硕士

陈　华　历史学硕士

霍永刚　太原市委党校副教授

张桂香　太原市委党校教授

张　健　城市规划师

王　鑫　城市规划师

赫　磊　博士　国家注册规划师

高杰锋　国家注册规划师

课 题 合 作 袁聚平　陈国清　史向阳　寻宝花　高玉楼

友 情 协 助 郑州市城市科学研究会

本课题受郑州市人民政府委托，特此致谢！

序

20 世纪 90 年代初，我新任山西省建设厅副厅长。面对我国历史文化名城普遍深受保护与发展两难困扰，为了给平遥古城找到一条出路，在省政府和建设部支持下，我和同事们创新思路，首次在国内提出历史文化名城应走保护与发展并举之路，率先谋划平遥历史文化名城保护与发展战略，有效指导了平遥古城保护和申报世界文化遗产成功。接着应大同市政府邀请，我以同样的理念和思路主持了《大同历史文化名城保护与发展战略规划研究》，受到周干峙、罗哲文、朱自煊和王景慧等学界大家的高度评价，并且根据罗老的提议出版成书。遗憾的是大同市长易人，不惜拆真建假过度旅游开发，将研究成果束之高阁，致使这座著名的千年古城遭到了严重破坏。平遥和大同成败二例对照鲜明，警示提醒历史文化名城的政府部门，应当秉持正确理念，用辩证思维和统筹方法，对于妥善处理文化遗产保护与经济社会发展之间的关系，进行系统综合的理论研究与实践探索。这是做好历史文化名城保护工作的重要前提，更是中国国情下绕不过去的时代命题！二十多年来，我矢志不渝，为此不舍不弃。

之后，我带领中国名城委和规划设计团队接连帮助卫辉、浚县、邯郸、郑州、韩城、天水、潍坊等历史文化名城，以及苏州和黔东南等地传统村落保护发展，做了多项专题研究，不断深入探索文化遗产保护传承与创新发展的理念、理论、途径和方法。其中在我国诸多历史文化名城中，应当说郑州是个特例。由于历史原因，这座古都虽然拥有 3600 年的建城史，但是地面以上现存文物并不多，古城的传统格局、历史风貌、历史文化街区和历史建筑所剩无几。以致许多人评价郑州有历史没文化。对于这样一类历史文化名城，如何进行价值特色评估，确定怎样的保护思路、方法、措施和政策，实现保护传承，创新发展，无论是理论研究还是实践探索，都是一个很大的挑战。

恰值此时，在实施一带一路倡议和中原经济区建设中，郑州市委、市政府将保护历史文化名城，传承华夏文明，增强国家区域中心城市的文化软实力，摆上了重要议事日程，一再希望中国城科会历史文化名城委员会牵头组织咨询，并特邀我领衔这项课题研究。时任郑州市委常委、副市长张建慧多次和我磋商筹划了《郑州历史文化名城保护与发展战略规划研究》，在他的领导下，与郑州市规划局长杨东方携手，以独到的见解对郑州历史文化资源梳理整合、历史价值及其地位评估、名城特质文化研究提炼，给予了适时指导和重要启示，使这项研究拨云见日，思路渐渐明朗起来。

2015 年 5 月，郑州市人民政府委托中国城市科学研究会历史文化名城委员会咨询把关，由北京瑞德瀚达城市建筑规划设计有限公司具体承担课题研究。于是我和胡燕副秘书长带领中国名城委和规划设计团队，从审视我国历史文化名城保护工作的得失中，将历史文化名城的空间形态保护、功能业态更新、环境生态提升三者有机结合作为研究工作的重中之重，以保护传承历史根脉为主线，突出资源深入发掘整合，研究提炼郑州特质文化和人文精神，合理确定历史价值及其地位。在此基础上，根据文脉传承的需要，深化历史文化名城保护规划和文物保护规划，对处理名城保护和全域旅游的关系，彰显郑州历史文化特色，打造旅游品牌形象，以及名城保护和旅游发展的重要项目进行了全方位策划，从而使郑州历史文化名城保护与发展思路清晰，途径合理，方法得当，操作可行。

期间课题组前后十余次深入郑州市、登封、荥阳、巩义、新郑、新密、中牟等地进行细致调研，做了大量的文字、数据和图片采集工作；前往洛阳、安阳、开封、南阳等历史文化名城和邯郸赵王城、汉魏洛阳城、隋唐洛阳城、汉长安城、良渚文化、三星堆文化等大遗址考察学习；还远赴埃及、土耳其、意大利、印度、泰国考察。同时拜访了郑孝燮、李伯谦、朱自煊、钟舸、许顺湛、张兵、马世之、刘征远等知名专家学者。课题组多次邀请河南省和郑州市专家座谈，充分交换意见，最终成就了 41 万字的战略规划研究综合报告和 43 万字的 6 个子课题研究。课题成果编辑成书由曹昌智、胡燕、李丹、张艳琼统稿，张健配图。

2016 年 5 月，由国内和河南省知名专家阮仪三、李伯谦、杨保军、钟舸、许宏、王林、孙英民、张传慧、闫铁成组成专家委员会进行论证评审，一致给予赞赏，认为“这项研究成果立意高远，理念先进，框架清晰，内容完整，对郑州历史文化遗产进行了系统梳理，对郑州历史文化价值进行了准确定位，提出的保护与发展思路和对策符合郑州实际和发展需要，是一个高水平的研究报告，并希望郑州市政府积极落实。”

这项课题研究得到了郑州市政府、郑州市城乡规划局、郑州市城市科学研究会和相关部门大力支持帮助。值此出版付梓之际，特向张建慧、杨东方、袁聚平等市政府、规划局领导和市城科会秘书长高玉楼，以及所有支持帮助课题研究的专家、技术人员一并致以诚挚的谢意！

曹昌智

2018 年 4 月 26 日于北京

目　录

引　言 1

一、研究背景与意义 1
二、研究目标与范围 4
三、研究内容与框架 6

第一章　郑州城市区域空间与历史文化名城 13

第一节　郑州区域空间结构及规划 14

一、郑州市地缘区位优势 14
二、郑州市基本概况现状 15
三、城市总体规划与郑州都市区规划 19
四、中原经济区战略和区域经济规划 23

第二节　郑州历史文化名城及规划编制 27

一、郑州历史文化名城要件解析 27
二、战略定位和名城保护规划编制 28
三、城市发展与历史文化名城保护 32

第二章　郑州城市历史地理人文基础研究 35

第一节　郑州城市历史社会发展概况 36

一、郑州建制沿革 36
二、城市发展阶段 38
三、社会经济变迁 51

第二节　城市形成与发展的环境要素 56

一、地理区位条件 56
二、地形地貌特征 59
三、区域交通优势 61

第三节　郑州古城形态发展演变初探 64

一、城邑发展过程 64
二、城邑主体形态 65

第四节　郑州地区行政区划变迁 78

一、古代政区变迁与改属 78
二、近现代行政区划调整 79
三、现行市管县建制模式 81
四、城市体系建构与演变 83

第三章　郑州市自然资源与人文遗存梳理 89

第一节　市域范围自然遗产 91

一、河流水系 92
二、主要山脉 93
三、自然景观 94

第二节　中心城区物质文化遗产 94

一、古城传统格局和历史风貌 95
二、传统街巷及历史建筑 105
三、文物保护单位 108
四、郑州商代遗址 111
五、工业遗产及优秀近现代建筑 113
六、中国大运河（郑州段） 117

第三节　市域物质文化遗产资源 119

一、省级历史文化名城 119
二、各县市文物保护单位 123
三、名镇名村、传统村落及民居 130
四、登封“天地之中”历史建筑群 133

第四节　市域非物质文化遗产综述 134

一、非物质文化遗产内容及分布 134
二、非物质文化遗产特色价值分析 139

第四章　郑州历史文化名城价值特色研究 143

第一节 郑州历史文化名城重大价值与地位 144

一、孕育华夏民族与中原文化的腹地中心 151
二、开启我国古代城市文明并创立王都典制 159
三、彰显“天地之中”宇宙观与立国治世理念 165
四、拥有纵贯古今的区域交通大枢纽中心地位 170

第二节 郑州历史文化名城文化特色与内涵 177

一、地域文化历史主体为商和郑 178
二、商——郑文化的形态与内涵 184
三、郑州城市形象的代表性文化 195
四、郑州地区其他文化辨析释义 197

第三节 地域文化演变形态及其特征 202

一、地域文化的多样演变形态 202
二、嵩山文化区与河济文化区 205
三、“一核两区多元”的文化结构 211

第五章 郑州历史文化名城保护工作与现状评估 217

第一节 历史文化名城保护工作回顾 218

一、名城保护工作的缘起和阶段特征 218
二、名城保护公共政策体系分析 222
三、名城保护规划编制及实施 224
四、历史文化名城保护的主要经验 248

第二节 历史文化名城保护现状评价 251

一、商代遗址 251
二、古城传统格局和历史风貌 252
三、历史文化街区及建筑 262
四、历史文化古村落及建筑 264
五、其他文物遗址本体保护 267

第三节 历史文化名城保护突出问题 268

一、保护规划未能适时修编完善 268
二、保护思路、途径和方法亟待厘清 269
三、文化内涵研究及资源整合不到位 269

四、地方性法规和相关政策缺失 270

第六章　郑州历史文化名城保护与发展战略选择 273

第一节　新常态带来郑州名城保护与发展新机遇 274

一、天时——两大国家战略的实施为郑州带来发展新机遇 274
二、地利——调整产业结构绿色崛起为郑州注入了新活力 275
三、人和——在实现中国梦的过程中复兴郑州成为新共识 276

第二节　转型期名城保护与发展面临的严峻挑战 277

一、指导思想偏失致使风貌破坏 277
二、利益驱动加速过度开发 278
三、粗放管理造成监管失控 280

第三节　郑州历史文化名城保护与发展并举之路 280

一、探索科学合理的思路势在必行 280
二、保护与发展总体思路 282
三、保护与发展的合理途径与方法 284

第七章　郑州历史文化名城保护与发展公共政策 289

第一节　郑州名城保护与发展依据构成 290

一、世界遗产保护国际文献 290
二、我国法律法规及规章 292
三、技术规范与相关规划 294
四、郑州遗产保护现实条件 295

第二节　郑州名城保护与发展方针原则 295

一、方针与原则 295
二、保护原则诠释 296
三、法律法规适用 298
四、现实问题处理 299

第三节　郑州名城保护与发展公共政策 301

一、建立制度保障与监管机制 301
二、完善公共政策内容和体系 302

第八章　郑州历史文化名城保护与发展策略研究 305

第一节　历史文化名城保护策略 306

一、古城保护与新区建设开发相结合 306
二、保护整治与传统绿化方式相结合 307
三、文化遗产保护与旅游开发相结合 308

第二节　历史文化名城更新策略 308

一、渐次推进实施有机更新 309
二、存表易里强化文脉传承 309
三、重建再现历史文化景观 310
四、因应发展广择利用方式 311

第三节　历史文化名城监管机制 313

一、强化公众保护意识 313
二、加快推进法制建设 313
三、改革创新管理机制 314
四、建立多元融资渠道 314

第九章　郑州历史文化名城保护规划编制指要研究 317

第一节　妥善把握保护规划与相关规划的关系 318

一、各类不同规划的性质和任务 318
二、保护规划与相关规划的关系 323
三、保护规划编制和战略规划研究 325

第二节　编制保护规划应当秉持正确保护理念 326

一、突出弘扬中华优秀传统文化的主题 326
二、统筹文化遗产保护和经济社会发展 328
三、恪守历史文化名城整体保护的原则 331
四、重视形态保护与文脉传承结合统一 333

第三节　建立郑州历史文化名城保护规划架构 335

一、文化遗产资源发掘及整合 335
二、郑州历史名城价值与特色 337
三、文化遗产体系与保护格局 338
四、保护规划框架及其涵盖内容 341

第四节　规划战略目标的设定与分步实施阶段 346

一、战略目标设定 346
二、分步实施阶段 349

第十章　郑州历史文化名城重点保护内容整治建议 353

第一节　历史城区和历史文化街区 354

一、历史城区范围界定 354
二、历史城区保护整治 360
三、历史文化街区划定 370
四、历史文化街区整治修复 374

第二节　中心城区遗产保护整治 376

一、古荥地区遗址遗存 377
二、中国大运河（郑州段） 378
三、祭伯城遗址 378

第三节　市域范围遗产保护整治 379

一、郑州自然人文环境 379
二、古代交通廊道 380
三、郑州域内重要遗址群 381
四、登封“天地之中”历史建筑群 383
五、县市重要文化遗存 384

第四节　工业遗产及优秀近现代建筑的保护整治 384

一、保护原则与目标 384
二、保护思路与方式 385
三、再利用方法和利用模式 387
四、再利用重点项目策划 389

第五节　名镇名村和传统村落、民居的保护整治 393

一、名镇名村和传统村落的保护整治 393
二、传统民居的保护整治 396

第六节　非物质文化遗产的保护传承 398

一、非物质文化遗产的整体保护传承状况 398

二、非物质文化遗产代表性项目的保护传承建议 400

第十一章　郑州历史文化名城旅游发展战略研究 407

第一节　历史文化名城保护与旅游发展思辨 408

一、正确处理名城保护与旅游发展的关系 408
二、适度发展文化遗产旅游有利名城保护 410
三、文化遗产旅游发展的特殊价值及内涵 411

第二节　郑州历史文化名城旅游发展状况评析 413

一、郑州历史文化名城旅游发展迎来新契机 413
二、郑州旅游业发展及旅游资源开发现状 415
三、郑州旅游资源的主体是历史文化名城 422

第三节　郑州历史文化名城旅游发展转型创新 426

一、以历史文化名城保护牵动旅游业发展 426
二、郑州历史文化名城旅游形象理念定位 440
三、郑州历史文化名城主题旅游项目策划 444
四、文化创意产业与主题旅游路线的设计 454

第十二章　郑州历史文化名城保护与发展项目策划 461

第一节　区域分析下的文化产业发展 462

一、新常态下区域经济发展态势 462
二、中原经济区内名城文化特色 464
三、郑州文化特色产业发展建议 469

第二节　郑州历史文化名城项目策划 472

一、重要项目策划 472
二、近期项目策划 483

附录一　郑州历史文化街区研究 488
附录二　郑州传统民居研究 511
参考文献 525

引 言

一、研究背景与意义

郑州居“天地之中”，是华夏民族和中华文明最早的发祥地之一，有8000多年农耕文明史和约3600年建城史，作为商代早期的都城，郑州在中国古代曾经是国家的政治中心。自古以来郑州作为中原文化的重要载体，在孕育、创生和传承发展中华民族优秀传统文化中，具有特殊的历史地位和作用。迄今郑州中心城区仍旧完整保存着商代都城遗址；市内还有距今4万多年的老奶奶庙遗址、距今5000多年的大河村遗址和尚岗杨遗址、被誉为“中华第一城”的西山古城、距今3300年的小双桥遗址和距今2000多年的荥阳故城汉代城址及我国最早利用煤炭作燃料的汉代冶铁遗址；市域范围更有世界文化遗产2处，全国重点文物保护单位74处80项、省级重点文物保护单位95处、市级重点文物保护单位268处、无论文物保护单位的数量还是规模，均居全国各城市前列。

郑州历史文脉悠长，底蕴极为丰厚，曾以中国五朝古都闻名于世，而且发生在中国近代史上的京汉铁路大罢工事件对于唤起民众觉醒，推动中国革命进程产生过重大影响。清末民初，在郑州交汇而成的陇海京汉铁路枢纽成为我国第一个铁路枢纽，对于引领我国东西南北交通大动脉、拉动我国民族工业发展，发挥了巨大的历史作用。新中国成立后的经济恢复时期，尤其在实施国民经济和社会发展第一个五年计划期间，郑州作为国家确定重点建设城市之一，布局建设了以纺织工业为主的大中型骨干项目，对我国工业化的崛起发挥了重要作用。

1994年1月4日，郑州以丰富的文化遗产、重要的历史价值和鲜明的文化特色，被国务院核定公布为第三批国家历史文化名城。同年市政府组织编制了《郑州历史文化名城保护规划》,并纳入《郑州市城市总体规划（1995—2010年）》专项规划，此后又在编制《郑州市城市总体规划（2010—2020年）》时，再次将历史文化名城保护作为重要内容。为了保护郑州历史文化名城，历届市政府进行了不懈努力，尤其通过编制完善相关规划和法规，并投入巨额资金，进一步加强了商代都城遗址等各级文物保护单位和收录在1991～2011年度全国十大考古新发现中的古遗址的保护工作，取得了显著成效。

尽管如此，郑州历史文化名城仍然存在着保护不力等问题，现状不容乐观。

由于历史原因，自从周代商后，随着国家政治中心转移，郑州古都的政治地理格局和行政区划变更频仍，属地先被分封列国，后又分设诸州郡县，失去了昔日一统华夏的强势。至元、明、清和民国时期，郑州行政层级及幅员还曾数度降至散州（县级）或县治地位，政治、经济和文化影响力逐渐式微，遭到边缘化。加之近代中国在中原地区屡屡发生战乱，历史变迁和社会动荡留给了郑州古城太多的缺憾。1994 年郑州被国务院公布为中国历史文化名城时，历史城区已不复存，集中连片的清末民初历史街区仅余 3 处，已无法完整再现郑州古城的传统格局和历史风貌。尽管《郑州历史文化名城保护规划》明确了保护工作的保护原则和内容，但是因受思想认识局限，在保护工作中对于郑州历史文化名城沿革规律、自身价值、特质文化和历史文脉传承，以及大遗址保护与名城保护的关系缺乏系统深入的发掘研究，致使保护历史文化名城的指导思想和总体思路不够清晰，对于郑州历史文化名城究竟该保护什么、怎样保护、如何传承弘扬中原文化、如何打造昂扬向上的中原人文精神和提升中原文化的影响力、如何使历史文化名城保护适应现代经济社会发展，等等，还存在一些模糊认识，未能找到行之有效的途径和方法，一度误将保护商代都城遗址等重点文物看作保护历史文化名城，忽视了对古城传统格局和历史风貌及其所依存历史环境的保护，造成仅存的 3 处历史文化街区毁损丧失，传统建筑所剩无几。与此同时，对于郑州丰厚的历史文化资源缺少必要的梳理整合，也在很大程度上影响了遗产保护及其历史文化价值，难以适应新时期郑州肩负的重大历史使命。

党和国家历来对郑州市发展寄予厚望，尤其新时期以来在实施中部崛起的国家大战略中，加快以郑州为核心的中原经济区建设是我国一项举足轻重的举措。《国务院关于支持河南省加快建设中原经济区的指导意见》（国发〔2011〕32 号）指出，加快建设中原经济区在全国改革发展大局中具有重要战略地位。意见明确将郑州市定位为具有重要影响力的国家区域中心城市，要求建设内陆开放高地、人力资源高地，进一步提升郑州铁路枢纽在全国铁路网中的地位和作用。按照“核心带动、轴带发展、节点提升、对接周边”的原则，形成放射状、网络化空间开发格局，增强郑州市引领区域发展的核心带动能力。为了传承和弘扬中华民族优秀传统文化，使之成为涵养社会主义核心价值观的重要源泉，国务院在指导意见中还特别提出把中原经济区建成华夏历史文明传承创新区，弘扬兼容并蓄、刚柔相济、革故鼎新、生生不息的中原文化，塑造具有中原特质、体现时代特征的人文精神。因此要求进一步加强文物保护，加大历史文化名城名镇名村保护力度，统筹做好洛阳、安阳、郑州、开封等地的遗址保护和利用，建设世界遗产保护研究基地，大力传承弘扬中原文化。

不仅如此，2013 年 3 月，国务院还正式批复了《郑州航空港经济综合实验区发展规划（2013—2025 年）》，把郑州上升为我国首个国家战略的航空港经济发展先行区，定位为国际航空物流中心，要求强力推进航空枢纽建设，打通连接世界主要经济体的空中通道，形成比较完善的货运网络，同时完善地面交通，强化陆空联运，进一步完善以郑州机场为中心的陆路交通网络；集聚关联企业发展航空业，吸引航空货运或货运代理企业在实验区积极发展，支持大型航空运输的快递企业设立基地、区域总部和运营中心。郑州航空港经济综合实验区面积 415 平方公里，规划 2025 年将建成富有生机活力、彰显竞争优势、具有国际影响力的实验区，形成引领中原经济区发展、服务全国、连通世界的开放高地。

党和国家把郑州提升到具有国际国内地位的中心城市和我国中部地区乃至全国主要的交通枢纽，并赋予重大历史使命，缘于郑州既有得天独厚的区位经济优势条件，又有源远流长的华夏历史文明的厚重底蕴支撑。由此可见，保护和传承郑州历史文化遗产，弘扬以中原文化为代表的华夏历史文明，从优秀传统文化的源泉中汲取丰富营养，塑造和凝聚具有中原特质、体现时代特征的人文精神，激发生命力和创造力，是实现上述战略目标的内在动因和基本保障。

郑州被国务院公布为国家历史文化名城已经 20 多年。但是作为传承和弘扬华夏历史文明的载体，目前保护工作现状难以适应实现中原经济区建设和国际航空港的国家战略目标要求。郑州历史文化名城保护 20 年的实践表明，由于思想、理论存在一些缺失，如何正确处理文化遗产保护与经济社会发展的关系尚未找到妥善的解决之道。这是历史文化名城和历史文化街区整体保护状况堪忧的根本症结。

郑州同我国其他许多历史文化名城一样，虽然历史悠久，文物丰富，但是古城格局和历史风貌大都被破坏，集中成片的历史建筑和传统建筑残损，失去了完整保存的历史文化街区。当初编制的《郑州历史文化名城保护规划》距今已过 20 多年，情况和条件都发生了很大变化，当务之急是要总结历史经验，顺时而变，针对现实状况，亡羊补牢，抢救和保护面临濒危的文化遗产，传承和弘扬中华文明。有鉴于此，面对我国经济发展新常态大趋势，抓住经济社会全面转型发展的历史机遇，组织《郑州历史文化名城保护与发展战略规划研究》，高屋建瓴，运筹帷幄，对于厘清思路，秉持正确的历史文化名城保护理念，选择合理思路和途径，走文化遗产保护和经济社会发展并举兼得之路，进而提升郑州作为国家区域性中心城市的职能地位，势在必行。只有从宏观层面认识和把握郑州市经济、社会、文化的大势，妥善处理好文化遗产保护与经济社会发展之间的关系，才能明确历史文化名城究竟应该保什么、怎么保；才能进一步梳理整合文化遗产资源，发挥历史文化名城优势，更好地引领主导中原经济区建设，推动我国中部崛起大战略的实施。

与此同时，组织《郑州历史文化名城保护与发展战略规划研究》，将在位居区域性中心城市的国家历史文化名城中首开先例，具有重要的示范和借鉴意义。

二、研究目标与范围

该项研究的目标是由郑州历史文化名城保护工作的实际需要引申而来。郑州市委、市政府在新的历史条件下，面对引领郑州未来发展的一些重要思想理念和社会实践问题，具有强烈的创新意识，坚持以历史传承问题为导向，充分体现了新时期开创事业新局面的求实务实精神和责任担当。据此，研究目标将在认真研究分析郑州历史文化名城保护成就和经验基础上，针对现状存在的比较突出的问题及其症结所在，审视既往，澄清认识，厘清思路，提供决策依据。

1. 研究目标

（1）促进历史文化名城保护与经济社会发展统筹协调

党的十八大以来，习近平总书记多次强调弘扬中华优秀传统文化，指出“中华优秀传统文化已经成为中国民族的基因，植根在中国人内心，潜移默化影响着中国人的思想方式和行为方式。今天，我们提倡和弘扬社会主义核心价值观，必须从中汲取丰富营养，否则就不会有生命力和影响力。”他要求利用好中华优秀传统文化蕴含的丰富思想道德资源，让收藏在禁宫里的文物、陈列在广阔大地上的遗产、书写在古籍里的文字都活起来，使其成为涵养社会主义核心价值观的重要源泉。2014 年 9 月 24 日，习近平总书记在纪念孔子诞辰 2565 周年国际学术研讨会上的讲话中，再次表明“中国共产党人不是历史虚无主义者，也不是文化虚无主义者”，提出“科学对待文化传统。不忘历史才能开辟未来，善于继承才能善于创新。优秀传统文化是一个国家、一个民族传承和发展的根本，如果丢掉了，就割断了精神命脉。我们要善于把弘扬优秀传统文化和发展现实文化有机统一起来，紧密结合起来，在继承中发展，在发展中继承。”历史文化名城是传承和弘扬优秀传统文化的不可再生的珍贵物质文化遗产，保护这些文化遗产，肩负继承发展的使命，正在成为当代中国民族的文化自我意识。学习贯彻习近平总书记的重要讲话精神，就要在思想理论和实际工作中，解决好保护历史文化名城和加快经济建设，改善社会民生问题。

关于历史文化名城保护与发展，早在 20 世纪 90 年代初就已引起了国家的重视。1993 年 9 月，全国历史文化名城工作会议在湖北省襄樊市召开，会议主题是正确处理历史文化名城保护与发展的关系。但是时隔 20 多年，这一带有根本性的理论和实践问题始终没有妥善解决。和郑州同时被国务院公布为第三批国家历史文化名城的平遥古城较早进行了尝试和探索，从抓《平遥历史文化名城保护与发展战略研究》入手，创新了历史文化名城保护理念和总体思路，坚持走“寓保护于发展、以发展求保护、保护与发展并举”的路子，取得了举世瞩目的显著成就，并被联合国教科文组织列入《世界遗产名录》，成为我国历史文化名城保护与发展的成功范例。相比之下，郑州历史文化名城的保护却没有平遥那样幸运，而是受各种因素的影响走了一些弯路。如今面临新时期要开创事业的新局面，郑州市应借鉴平遥模式，把《郑州历史文化名城保护与发展战略规划研究》提上议程，分别从宏观指导与微观运作两个不同层面，从保护理论和公共政策两个不同领域深入探讨，寻求解决长期困惑郑州历史文化名城保护的思想理论、实施途径和运作方法，就新时期郑州历史文化名城保护与发展的战略思想、总体思路、公共政策、运作模式、策略选择、实施方案、重点项目、时序安排等提出建议，从而为郑州市编制新一轮历史文化名城保护规划，进一步加强历史文化名城保护工作，提出具有前瞻性和创新性的决策建议。

（2）梳理整合历史文化资源并找准郑州城市文化定位

郑州市域范围至今遗存特别丰富的历史文化资源。这些资源异彩纷呈，虽然历史文化形态不尽相同，但是相互之间具有很强的关联度，共同构成了华夏历史文明的有机整体，体现出主脉多支和多元化的特征。长期以来由于对市域内过于分散的文化遗产资源疏于发掘整合，郑州城市文化定位始终模糊含混、莫衷一是，未能彰显鲜明的文化特质，致使其作为国家区域中心城市的文化竞争力不足。

理论和实践告诉我们，保护郑州历史文化名城，不能孤立地看待林林总总的历史文化资源要素，而应透过现象看本质，从文化形态中发掘其内在的文化特质。这种文化特质是郑州有史以来古城延续和发展的主导因素，是郑州历史文脉世代传承的基因。《郑州历史文化名城保护与发展战略规划研究》的一项重要任务，在于系统发掘和爬梳这座古老城市的历史文化资源，从中提炼其精髓，尤其是迄今已经融入当代社会主义核心价值、对于创生现代文明仍然具有积极意义的优秀传统文化。只有做好这项保护历史文化名城的基础性工作，才能够真正明确郑州名城究竟该保护什么，价值和特色何在，应当怎样进行有效保护，实现渐进式更新和永续发展。

毋庸置疑，郑州乃华夏文明的宝库。尽数轩辕黄帝文化、裴李岗文化、仰韶文化、龙山文化、二里头文化、登封大禹文化、商代庙底沟文化、秦王寨文化、商城文化、中牟官渡文化、古都文化、少林寺文化、嵩山古建筑群文化、黄河文化、古运河文化，如此等等，不一而足，郑州不乏弥足珍贵的文化遗产。但是保护工作仅仅停留在对各种文化现象与文化形态表征的罗列概述还远远不够，必须通过深入发掘，寻找其内在规律性。组织《郑州历史文化名城保护与发展战略规划研究》的最终目的，是对各类历史文化资源进行有机整合，从而找准郑州的城市文化定位，扬长避短，采取针对性保护整治措施，并适当借助城市设计方法展现古都城市意象，凸显郑州历史文化名城特色。

2. 研究范围

该项研究根据《国务院关于支持河南省加快建设中原经济区的指导意见》(国发〔2011〕32号)关于“华夏历史文明传承创新区”和《河南省参与建设丝绸之路经济带和21世纪海上丝绸之路的实施方案》关于“现代化国际商都”的战略定位与住房和城乡建设部、国家文物局《历史文化名城名镇名村保护规划编制要求(试行)》,以加强历史文化名城为切入点,将研究的地域空间范围从中原经济区(涵盖河南全省、延及包括河北、山西、山东、安徽的周边经济区域)、郑州市(郑州市区及其行政辖区范围的五市一县)和历史城区3个层次入手,进行综合性研究分析,梳理郑州历史文脉,重点解决文化遗产保护与经济社会发展的主要矛盾,协调由此引起的郑州都市区、郑州历史城区、大遗址群系和历史文化名城、名镇、名村、传统村落的协调互动,统筹市辖行政区内的世界文化遗产、古遗址、新郑历史文化名城、登封“天地之中”历史建筑群以及风景名胜等空间资源之间的保护与利用。

三、研究内容与框架

该项研究将在中国城市科学研究会历史文化名城委员会(简称中国名城委)的指导协调下,由国内知名专家领衔主持,整合专业学术团队,并邀请北京、上海、河南有关资深专家学者共同参与,对郑州历史文化名城保护与发展进行全面、综合、系统的研究。研究过程和研究成果贯穿两大特征。

其一,秉持系统综合的思想理念,围绕郑州历史文化和古城沿革,选择政治、经济、社会、文化、历史、地理、考古、规划、旅游、哲学、艺术、法律、行政等多方位、多学科视角,对郑州城市属性、历史价值特色、文化品牌效应和资源整合利用进行系统深入的研究,使研究成果言之有据。

其二,突出研究方法与研究成果的理论性与实践性两大特点,促成理论研究成果向社会实践成果转化,一是既注重历史文化名城形态保护,又注重历史文化名城文脉传承;二是既有效保护历史文化遗产,推进具有中原经济区特质文化大发展大繁荣,又注重促进经济社会发展,加快中原经济区建设。

1. 研究内容

该项研究全面系统地研究郑州城市形成、发展的历史和现状,并从建设华夏历史文明传承创新区和服务全国、连通世界的开放高地,塑造具有中原特质、体现时代特征的人文精神,增强引领我国中部崛起的核心带动能力的高度,对未来保护和延续郑州历史文化名城的生命力,进行前瞻性探索。主要包括:

（1）郑州历史文化名城保护与发展专题研究的必要性

贯彻党的十八大精神和习近平总书记系列重要讲话精神，着眼于经济新常态下国家大战略对郑州城市发展和文化繁荣的要求，梳理整合郑州历史文化遗产资源，探索促进郑州历史文化名城保护与发展，弘扬中华优秀传统文化，加快以郑州为核心的中原经济区和华夏文明传承试验区建设的合理思路、途径和方法。

（2）中原经济区、郑州都市区和郑州历史文化名城

厘清3个不同层次的地域空间及其特质属性的内涵，阐明三者之间的从属互动关系。分析郑州历史文化名城保护的基础条件、涵盖范围、保护内容和保护要求。研究郑州在“一带一路”、建设中原经济区等国家战略和区域经济大格局中的城市定位，提升郑州区域中心城市职能，组织协调历史文化遗产保护与经济社会发展的关系。

（3）郑州历史文化源流特征及其在华夏文明中的地位

围绕建设华夏历史文明传承创新区，梳理郑州历史文化源头和流变轨迹的特征，解析郑州历史文化的地域性、民族性、多样性，以及华夏历史文明基本构成及传承创新区的内涵，探讨保护郑州历史文化名城和传承中原文化，弘扬华夏文明的内在联系，对塑造中原特质、体现时代特征的人文精神的基础地位和作用。研究传承创新华夏历史文明的内容、途径及方式，进一步探讨郑州城市文化定位，打造独具特色的城市文化品牌。

（4）郑州古代城邑的缘起及城市历史演变的规律特征

研究今郑州地域在夏商时期城邑的形成和体系，探究郑州历史文化名城沿革变迁的驱动因素，探索其不同历史时期具有代表性的重要文化遗产形成背景，及对古城演变乃至中原经济区的影响。探讨郑州自然区位、地缘政治、城市空间结构和政区演变等对其历史文化特征与体系构成的关系。

（5）郑州历史文化名城价值与文化特色的解析评估

对郑州市现有历史文化资源的发掘、梳理和提炼，评估郑州历史文化名城在中国古代和近代政治、社会、经济、文化发展中的重要价值特色；结合国家区域发展战略要求，通过分类定性比对分析，彰显郑州在我国历史文化名城体系中的特征、战略地位，研究今市域内古城名镇的历史变迁，探寻郑州城镇体系构成的历史因素和相互关联。

（6）郑州历史文化名城保护的主要经验和现状问题

回顾审视郑州历史文化名城保护工作的阶段特征，研究现行公共政策体系和保护管理体制，对历史文化名城保护规划编制与实施做出评估，总结历史文化名城保护成就和经验。分别从古城整体格局和历史风貌、历史文化街区、文物保护单位3个层次进行剖析，指出存在的问题和症结。

（7）郑州历史文化名城保护与发展战略选择与策略

分析经济新常态下郑州历史文化名城保护面临的机遇和挑战，立足宏观战略指导层面，明确郑州历史文化名城保护应当选择的正确理念和指导思想，对郑州历史文化名城保护与发展兼得并举的科学思路、基本原则、合理途径和主要方法提出决策咨询建议。与此同时，结合郑州历史文化名城保护与发展的实际，深入研究国际社会保护文化遗产和制定保护规划的文献，借鉴国内外已有的成功案例，在历史文化名城保护理念、制度体系、管理体系、监管机制以及历史文化名城渐进式更新、文物古迹保护展示、历史文化街区保护整治导引等方面，对郑州历史文化名城保护与发展提供咨询策划。

（8）郑州历史文化名城保护与发展公共政策研究

根据世界遗产保护文献、我国现行法律法规和规章规范以及相关文件和规划，结合郑州历史文化名城保护现实条件，就促进郑州历史文化名城保护与发展，建立公共政策保障与监管体系，完善政府主导、市场运作、公众参与、土地使用、房产管理、历史建筑和近现代优秀建筑的产权置换、更新利用等一系列公共政策内容以及制定《郑州历史文化名城保护条例》地方性法规和相应政策措施，提出创新实施意见。

（9）郑州历史文化名城保护规划编制理论技术咨询

分别研究郑州历史文化名城保护规划和中原经济区规划、郑州市社会经济发展规划、城市总体规划、旅游发展规划、历史文化名城保护与发展战略研究的内在联系及衔接。指出编制历史文化名城保护规划应当克服的障碍，阐明秉持正确的历史名城保护理念、发掘郑州历史地位和价值内涵、对在历史文化名城保护规划中划定保护范围、保护内容作出适当界定，明确促进保护发展的途径和方法，建议采取切实可行的规划措施。研究提升郑州历史文化名城保护规划品质的价值意义，进而提出郑州历史文化名城的战略目标及分布实施阶段。

（10）郑州历史文化名城重点保护内容的整治建议

按照历史城区、主城区和市域（含3个历史文化名城）3个不同层级，分别对历史城区保护整治重点内容和措施、与城市建设紧密联系的都市区主城区协调关系，以及市域文化遗产保护内容与要求，提出咨询指导意见，为编制和实施《郑州历史文化名城保护规划》以及相关规划提供理论支撑。

其一，围绕历史城区的传统格局和空间肌理保护、职能转化、人口疏解、历史文化街区抢救与修复、历史建筑和传统建筑保护、商城大遗址其他重点文物保护单位、近现代优秀建筑、工业交通遗产等，详细研究保护整治与更新利用的基本理念、主要原则、保护要求、有效途径、多元方式。

其二，就分布在市域范围内的古遗址群系列、古运河遗址、省级历史文化名城、重点文物保护单位、中国历史文化名镇名村和中国传统村落等保护内容和保护要求，结合相关保护规划的编制和实施，提出原则性建议。

其三，梳理郑州近现代工业兴起的历史文化脉络，研究其阶段特征和在我国工业发展史上的地位及作用，进而发掘工业遗产，进行综合归类分析与价值评估，提出保护、展示、利用的思路和可行途径。同时结合当前经济发展进入新常态带来的挑战和战略机遇，对产业结构调整和转型发展、创新重要文化产业项目的类型、内容、要求，提出决策咨询建议。

其四，充分发挥郑州非物质文化遗产在传承中原文化、弘扬华夏文明中的作用。调查研究和归纳梳理郑州国家级非物质文化遗产的内容、类型、价值、特征、传承场所和传统路线，连同古地名、民俗文化等河南省级非物质文化遗产资源传承方式、博物馆展示体系、传承场所建设等，提出具体保护建议。

（11）郑州历史文化名城旅游发展战略规划

以传承中原文化，弘扬华夏历史文明为主旨，以体验郑州历史文脉为主轴，和郑州市旅游发展战略规划相衔接，使旅游发展与文化传承融为一体，确定旅游地和文化景观旅游目标。通过创新旅游发展理念，依托丰富的人文资源，组织发展文化遗产旅游项目，进而整合旅游线路，打造旅游产业形象，开发具有中原文化特质的旅游商品，推动郑州文化旅游提质升级，创造整体品牌特色。

（12）郑州历史文化名城保护与发展近期项目策划

对历史城区体现传统格局形态和历史风貌的重点地段、重点文物保护单位以及郑州市域历史文化遗产保护利用的主要项目作出时序安排，做到年年有亮点，年年见成效。同时研究通过相应政策和互动机制，发挥郑州历史文化名城的核心带动作用，统筹做好洛阳、安阳、开封等地的遗址保护和利用，引领中原核心区历史文化名城的保护与发展，探索培育“华夏历史文明传承创新区”，塑造具有中原特质、体现时代特征的人文精神的途径。

2. 研究框架

（1）根据具体研究情况，本书共分为 12 章。

引言。主要介绍本书研究背景与意义、研究目标与范围、研究内容与框架。

第一章《郑州城市区域空间与历史文化名城》对郑州的城市区域空间结构进行基础分析并对郑州历史文化名城进行概念界定，确定本书研究的指导方向和需要解决的问题。

第二章《郑州城市历史地理人文基础研究》分析郑州城市历史发展过程、城市空间形态演变和城市体系变迁。

第三章《郑州市自然资源与人文遗存梳理》梳理了郑州的自然资源、历史文化遗产状况、非物质文化遗产资源。

第四章《郑州历史文化名城价值特色研究》分析郑州历史文化名城价值定

位、提炼郑州历史文化名城文化特色，对郑州地域人文特征进行结构分析。

第五章《郑州历史文化名城保护工作与现状评估》分析郑州历史文化名城保护历程、现状，总结名城保护经验，剖析名城保护问题。

第六章《郑州历史文化名城保护与发展战略选择》分析新时期历史文化名城保护与发展的历史机遇与挑战，确立保护与发展并举的科学思路，探索保护与发展的途径及方法。

第七章《郑州历史文化名城保护与发展公共政策》确立历史文化名城保护与发展的基本方针原则和主要政策。

第八章《郑州历史文化名城保护与发展策略研究》分析历史文化名城保护策略、更新策略和监管机制。

第九章《郑州历史文化名城保护规划编制指要研究》对历史文化名城保护规划编制提出基本要求及其框架结构，设定历史文化名城保护与发展战略目标和分步实施步骤。

第十章《郑州历史文化名城重点保护内容整治建议》明确历史文化名城保护的重心，兼顾市域内物质文化遗产和非物质文化遗产保护整治要求。

第十一章《郑州历史文化名城旅游发展战略研究》从中原经济区角度分析郑州地区的比较优势，明确文化旅游发展战略和目标。

第十二章《郑州历史文化名城保护与发展项目策划》对接上位战略对区域和城市职能目标推进文化产业发展，在项目策划上作出重点建设和近期建设安排。

（2）本书的主线、特点和层次：

本书研究始终贯穿一条主线：抓住我国中部地区崛起和“一带一路”两大国家战略机遇，充分发挥文化遗产资源和区位交通优势，准确把握郑州历史文化名城定位，打造昂扬向上的中原人文精神，大力增强城市文化软实力，加快建成我国中部地区现代化综合交通枢纽及“一带一路”国际化经济合作承接地，实现郑州市经济社会跨越式发展。

本书研究的特点：一是以目标和问题为导向，二是从宏观战略高度思考和微观运作层面落实，三是把名城保护理论同公共政策结合起来，四是秉持历史文化名城保护的正确理念，统筹文化遗产保护与经济社会发展的关系，探寻和谐双赢的总体思路、合理途径与方法以及战略定位、策略选择、实施方案、重点项目等。这是 1994 年郑州公布为国家历史文化名城以来的第一次尝试。

本书研究的层次共分为 4 个：一、郑州历史地理人文基础研究和遗产资源梳理整合；二、郑州历史文化名城价值定位和文化特色总结、提炼；三、郑州历史文化名城保护状况、规划编制和保护整治；四、郑州市文化旅游发展战略研究、对接相关战略定位进行项目实施策划。

郑州历史文化名城保护与发展战略规划研究的研究路径

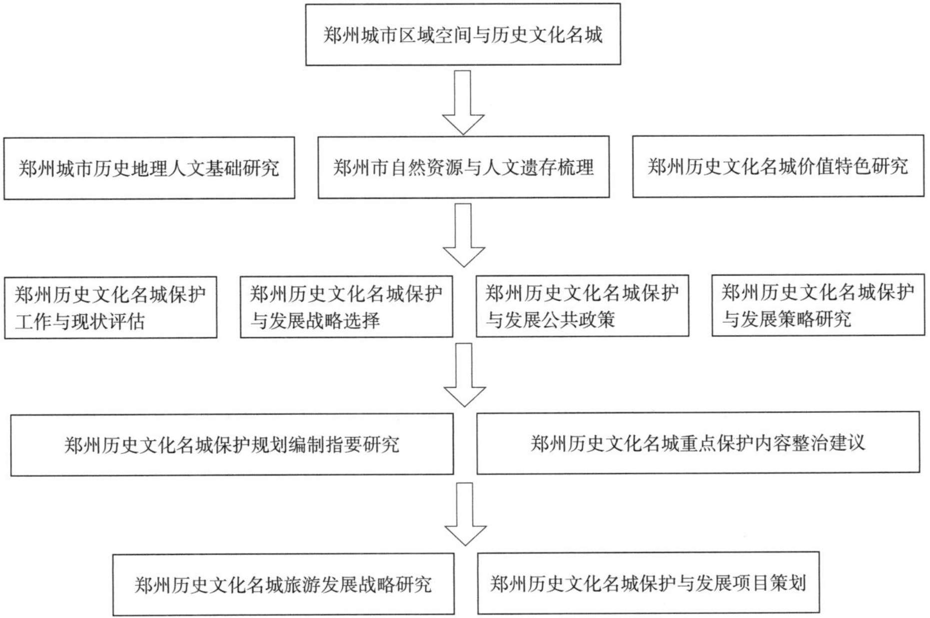

ONE CHAPTER

第一章

郑州城市区域空间与历史文化名城

第一节　郑州区域空间结构及规划

一、郑州市地缘区位优势

郑州市位于豫中地区，黄河流经其北境，郑州与新乡隔河相望；嵩山坐落于其西部，与洛阳相毗邻；东、南部为黄淮平原，与开封、许昌相接壤。自古以来，关中往江东、燕冀下湖广的道路在此交会，交通便利发达，又背靠黄河天险，关隘叠立于右，“雄峙中枢，控御险要”[①]，为历代兵家必争之地，地缘区位优势显著。境内地势西高东低，西部山地向东部平原的过渡地带尤其是河边台地为早期先民的重要活动区域。这片地区于新石器时代初期进入农耕文明并产生了较为发达的原始农业文化，这一时期的裴李岗文化、仰韶文化、龙山文化的遗址均有大量考古发掘，尤其是仰韶时代的西山城址以及涵盖仰韶时代、龙山时代和夏商时代的大河村遗址是我国新石器时期考古的重要发现。郑州是我国最古老的城市之一，自考古测定为商代早期都城的郑州城建城起，郑州至今约有 3600 年(依据为考古碳 –14 测年鉴定的商代郑州城内城和宫殿的始建年代）的建城史，市域内物质文化遗存丰富，于 1994 年被国务院公布为第三批国家历史文化名城。

在郑州城市发展史上，郑州地区与周边地区的区位关系在不同的历史时期有所不同。夏、商、周时期，郑州城市地缘区位主要表现为依托政治中心所形成的区域依附和凝聚，或为畿内，或为都城，这种地缘关系也促进了郑州早期城市的形成和发展。秦汉以来，其地缘区位日益表现为因地理位置关系所带来的军事、交通、经济等方面的影响。军事上，郑州主要是作为战略缓冲地带拱卫都城。汉唐时期，今郑州市荥阳地区历史上的汜水、虎牢等地为中原、东南通往大都城洛阳、长安的一道屏障，附近又有敖仓、河阴仓等为漕运转运站，储备粮食等物质供皇室和战事使用。刘邦、项羽以鸿沟为界中分天下即是在荥阳争夺对峙，隋末唐初的义军和唐军亦会战于此。交通上，郑州主要是作为交通驿站连接周边地区。秦汉以来，长安—洛阳—汴州这一条东西向路线一直是国家控制中原及关东地区的交通要道，登封地区的轩辕古道是河洛盆地通往黄淮平原的一条重要通路。唐文宗时期修建的管城驿为当时驿站的典范，是洛阳至汴州的唯一大驿站。到宋代，郑州不仅是京城开封和西京洛阳驿路的交通要冲，也是京城和河东、关中、川蜀之间的交通枢纽。近现代铁路交通的发展也促使

① （清）顾祖禹，《读史方舆纪要 • 卷四十七 • 河南二》。

郑州成为一大交通枢纽，东西（陇海铁路）、南北（京广铁路）两条铁路运输大动脉在此交接。经济上，郑州主要是作为物资生产转运重要城市。西汉时期荥阳（今郑州市惠济区古荥镇）的冶铁作坊为已知当时规模最大的冶铁作坊，其球墨铸铁技术是汉代冶金工艺的代表，铁器的规模生产和广泛应用，使社会生产力得到巨大进步。近代交通的改善也为生产发展和贸易交往提供了极大便利。民国时期，郑州的商贸业和轻纺工业发展十分迅速，成为内陆地区农副、杂货产品的重要集散地。

郑州地区的城市建设出现较早，夏代以前即已发现多处规模建筑遗存，夏商时期的重要聚落或都邑性质的遗址在今市域内皆有发现。郑州城最早活跃和繁荣于商代前期，经考古鉴定为二里岗文化时期（约相当于商代早中期）的都邑级遗址。商代郑州城（为突出城市主体范围和契合历史年代，我们将时期放在城市前面，如以商代郑州城表示通常所称的郑州商城，下同）保留了较为完整的约 7000 米长的夯土城垣和大片商代宫殿、作坊、墓葬遗址，同时出土了大批青铜器、甲骨文以及瓷器，城市的营建和地位表明此时郑州地缘区位的历史基础已经形成。自西周以来直至隋初的郑州中心城区的主要城邑为“管”，初为管国封地，后称管邑或管城，其地缘区位并不明显。自隋唐时期起，管城县作为郑州治所，开始成为郑州地区的区域中心城市。明代郑州城成为单一州城治所，但作为属州，城市地位有所衰落。近代以来，郑州城在曲折中发展，终于成为区域性政治、经济、文化中心，为河南省省会。

现今，郑州市以省会中心城市为区位基础，依托自然文化资源和优势区位条件，通过加强与周边地区在经济、交通、文化、旅游等方面的联系，在区域发展中不断提升城市综合实力，形成了不同层级、不同特征的区域空间结构，分别为：以郑州市区（中原区、金水区、二七区、管城区、惠济区和上街区）为主，构成包含荥阳市、巩义市、登封市、新密市、新郑市和中牟县在内的郑州市；以郑州为中心、洛阳为副中心、开封为新兴副中心，构成包含新乡、焦作、许昌、漯河、平顶山、济源等城市在内的中原城市群，又以郑汴洛都市区为核心、中原城市群为支撑，构成涵盖河南全省延及周边地区的中原经济区。此外，在中原经济区建设的大背景下，又以郑州市区为主，构成以交通、产业形成功能分区为导向连接周边县（市）、乡（镇）的郑州都市区。

二、郑州市基本概况现状

1. 郑州行政区划

郑州地区历史悠久，文化灿烂，在旧石器时期就发现有人类活动的踪迹，新石器时期的文化遗址也屡屡发现，说明郑州地区在当时已经成为古代先民生活的重要区域。发现具有都邑性质的夏商时期城市遗址多处，尤其是商代郑州城邑为商代前期的大都城，其城邑也是此后汉唐至明清时期郑州城市发展的基础。在春秋战国时期，郑州南部的新郑成为郑州地区的中心城市，郑、韩两国都将国都设立于此。秦汉以来，尽管郑州地区再未被作为都城，但由于地理区位依然显著，境内的人类活动依然相当活跃，并且创造了丰富多彩的文化。

图 1–1　河南省行政区划图

郑州市位于河南省中部，地处东经 112° 42' ~ 114° 13'，北纬 34° 16' ~ 34° 58'，地理条件优越，自然资源丰富。郑州北临黄河，西依嵩山，东南为广阔的黄淮平原，东面是七朝古都开封市，西面为十三朝古都洛阳市，南面是三国魏都许昌市，北面为焦作市和新乡市。郑州市现辖 6 个市辖区、5 个县级市、1 个县：中原区、二七区、金水区、管城区、惠济区、上街区，巩义市、新郑市、登封市、新密市、荥阳市，中牟县。郑州城市总面积 7446.2 平方公里，其中郑州市区面积 1010.3 平方公里，中心城区（中原区、二七区、金水区、惠济区、管城区）规划面积 980 平方公里。其中，巩义市于 2014 年成为河南省直管市。

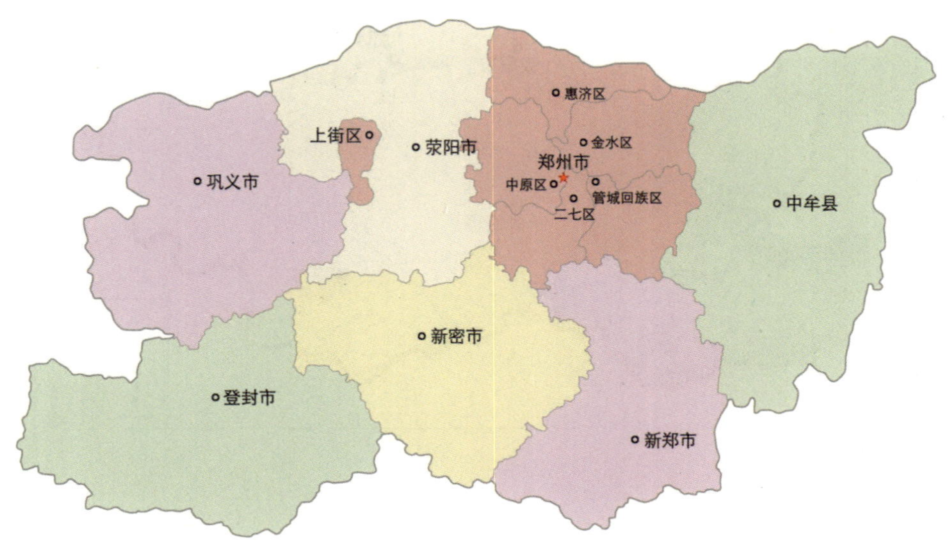

图 1-2　郑州市行政区划层级

2. 自然地理环境

郑州地处河南中部的黄河中下游地区，位于伏牛山脉东北翼向黄淮平原过渡的交接地带。郑州境内地质构造十分复杂，由于古代的地壳运动发生了豫西褶皱带，形成了嵩山、箕山隆起区；又由于黄河的泛滥、冲积，形成现在的地貌，整体上为西部高、东部低，地形呈阶梯状，依次为中山—低山—丘陵—平原。用现今的地理地貌划分，郑州市横跨中国二、三级地貌台阶，西部山地侵蚀作用强烈，表现为侵蚀中山低山，处于第二级地貌台阶前缘；东部平原堆积作用显著，形成构造沉积层，为第三级地貌台阶的组成部分；山地与平原之间的过渡地带是低山丘陵地带，既有堆积地形，也有剥蚀地形。

自然资源方面，郑州自然资源丰富，已探明矿藏 34 种，主要有煤、铝矾土、耐火黏土、水泥灰岩、油石、硫铁矿和石英砂等。矿产主要分布在郑州市西部和南部的山地、丘陵地带，现今主要的采矿点也位于这一地区。

气候环境方面，郑州地区属北温带大陆性季风气候，冷暖适中、四季分明，春季干旱少雨，夏季炎热多雨，秋季晴朗日照长，冬季寒冷少雪。郑州市冬季最长，夏季次之，春季较短。西南部山区春秋季较长，夏季较短，冬季比平原地区长。冬季多偏北风，夏季多偏南风。

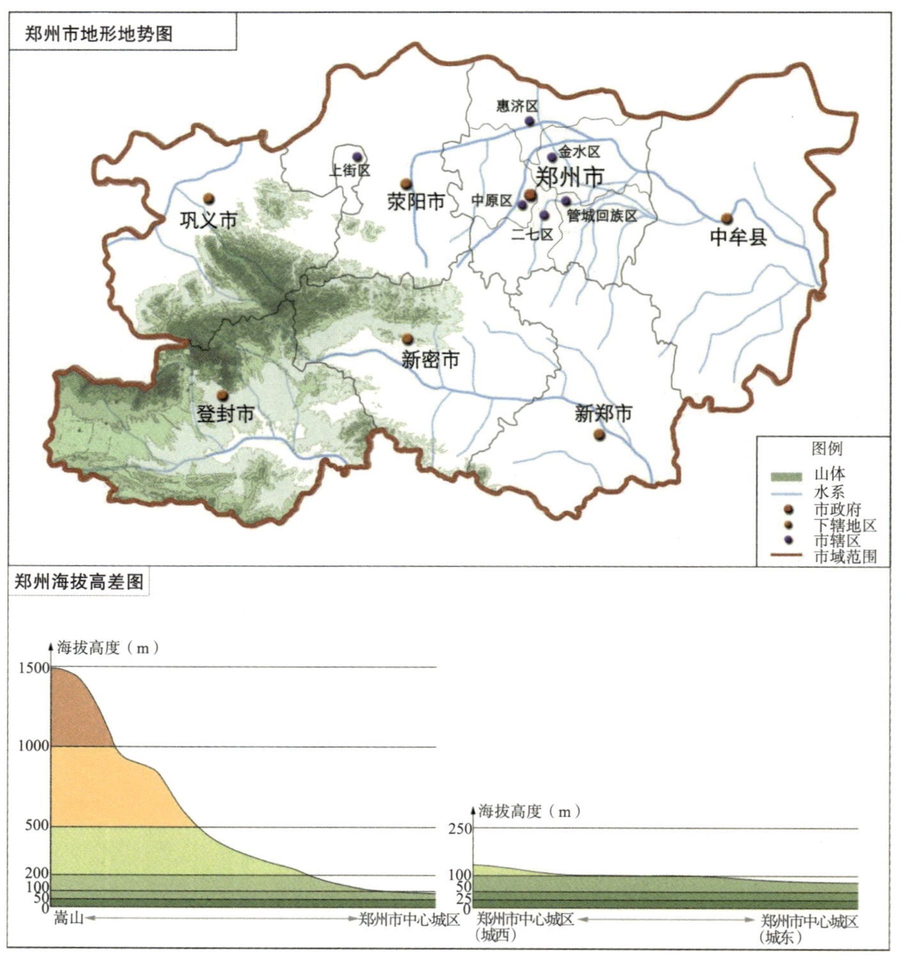

图 1–3　郑州市地形地势与高差图

3. 经济社会发展

郑州市目前的经济社会发展状况在郑州市 2016 年政府工作报告中有详细总结。报告指出，2015 年全市地区生产总值完成 7315.2 亿元，“十二五”期间年均增长 11.2%。面对国内外错综复杂的环境形势，郑州市在贯彻党的十八大和十八届三中、四中全会精神，紧紧围绕“三大一中”战略定位，突出“三大主体”工作，大力实施开放创新双驱动战略，经济社会持续健康快速发展。政府工作报告对郑州市经济社会发展状况从两方面进行了分析：

一方面，坚持抓改革创新、强投资开放、促结构转型、求民生改善。坚持把航空港实验区建设放在全市工作首位，推动枢纽建设、产业培育、体制机制创新等重点领域发展，实验区开发建设取得重大进展。统筹城乡发展支撑，推进新型城镇化建设。坚持扩大优质增量与调整优化存量并举，推动产业结构转型升级。坚持发展、保护两手抓，强力推进生态建设和环境治理。深化国家公共文化服务体系示范区创建工作，基本建立四级公共文化基础设施网络。抢抓国家“一带一路”战略机遇，强力推进航空港、国际陆港、郑欧班列、跨境贸易电子商务服务试点、各类海关特殊监管区域和综合性大口岸等政府性要素平台体系建设，郑州成为丝绸之路经济带重要节点城市。从上述可知，郑州市经济社会发展迅速，正在按照相关战略部署和城市自身情况稳步推进城市建设。

另一方面，郑州市在经济社会发展过程中也存在一些突出问题，主要有：产业结构性问题依然突出，传统产业改造升级力度不够，新兴产业拉动能力有待提升，创新基础和科技创新能力相对薄弱，高层次人才依然缺乏以及城市综合承载力亟待提升、生态环境保护问题依然突出等，这些问题有赖于在发展过程中逐步改进和解决。

新时期，郑州的经济社会发展拥有诸多发展机遇和有利条件。在中原经济区框架下，坐拥中原区位和文化优势，建设航空港实验区和华夏历史文明传承创新区，同时对接“一带一路”建设，将催生郑州新一轮又好又快发展。总的来说，郑州经济社会发展稳中有序，稳中有进，也面临着经济社会转型发展过程中的各种压力，需要审时度势，科学合理地做好城市发展规划。

三、城市总体规划与郑州都市区规划

1. 城市总体规划

郑州城市行政区划和功能分区有若干概念和内容界定。郑州市规划区范围为郑州市行政辖区，分为市域和中心城区两个层次。市域以中心城区为核心圈层，包含圈层外围的荥阳市、巩义市、登封市、新密市、新郑市和中牟县。中心城区辖中原、金水、二七、管城、惠济5区。市区包括中心城区的5区和上街区。老城区位于中心城区，是河南省和郑州市的政治中心、文化中心和传统商业服务中心。中心城区主要的生活居住空间，也是历史文化名城保护的核心区。

（1）郑州中心城区

《郑州市城市总体规划（2010—2020）》中所确定的中心城区包括市区行政辖区内的中原、金水、二七、管城、惠济5区，面积990平方公里。规划到2020年，中心城区人口控制在450万人，建设用地控制在400平方公里以内。

中心城区的布局结构为“两轴八片多中心”。“两轴”分别为：依托郑——汴——洛发展带，沿郑上路——建设路——金水路——郑开大道、中原路——东西大街——郑汴路两条轴线形成中心城区东西向发展轴，这是城市空间扩展的主骨架；沿花园路——紫荆山路、中州大道——机场高速两条轴线形成从惠

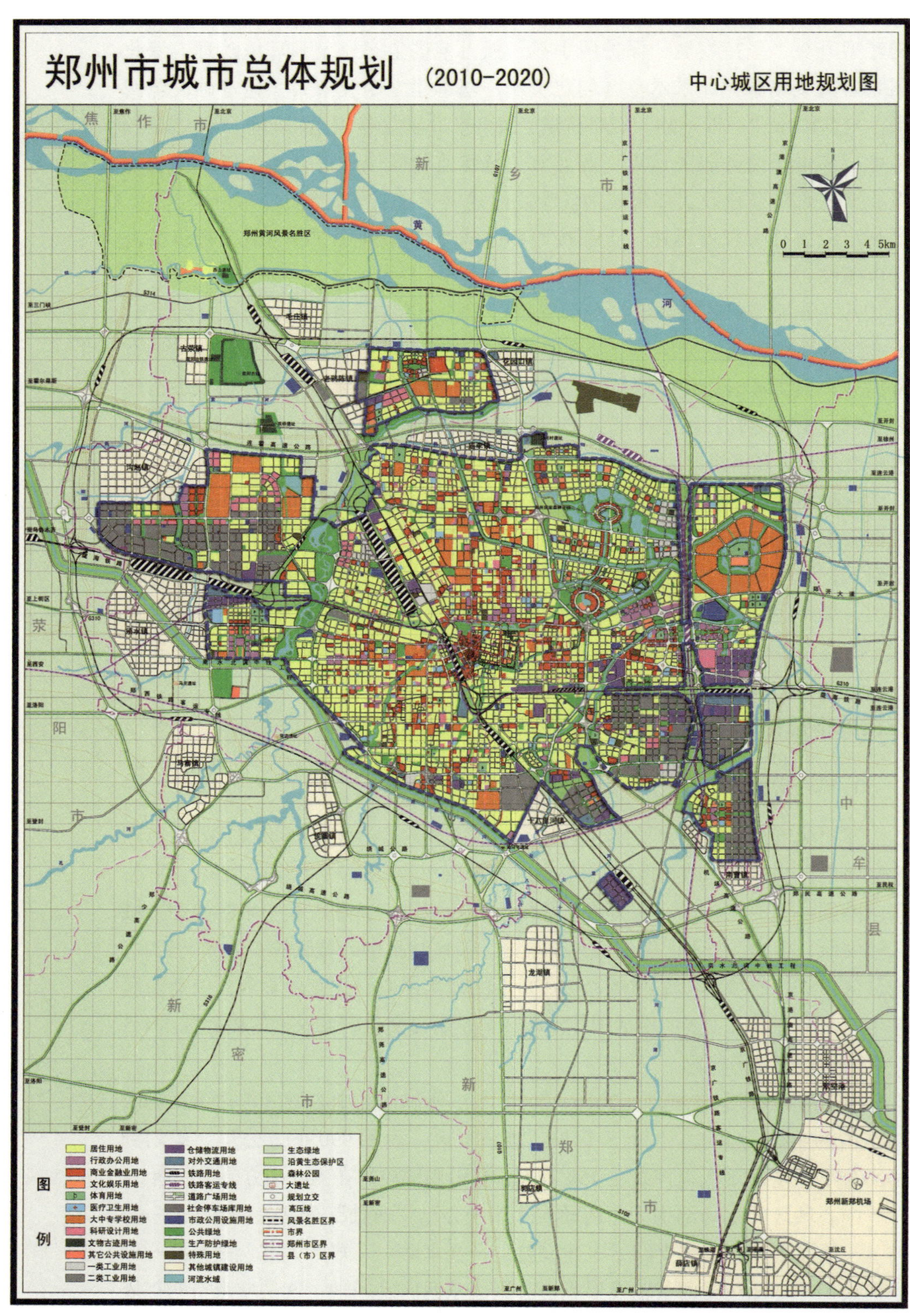

图 1-4　2010 年版郑州城市总体规划中心城区规划图

济片区至航空港组团的南北向发展轴。“八片”分别为：老城区、郑东新区、经开区片区、南部片区、高新区片区、须水片区、惠济片区、北部片区 8 个功能片区。“多中心”为：以二七广场商业中心、郑东新区 CBD 和新郑州站交通枢纽中心为核心，构建区域——城市——片区 3 个层次的城市中心体系。

（2）市域城镇空间格局

《郑州市城市总体规划（2010—2020）》中确定在郑州市域范围内构建“一心四城、两轴一带”的城镇布局结构。逐步形成以中心城区和外围组团为主体、中等城市为支撑、重点镇为节点、其他小城镇拱卫的层级分明、结构合理、互动发展的网络化城镇体系。

一心：包括中心城区及 3 个外围组团（郑汴——中牟组团、航空港组团和上街——荥阳组团）。四城：巩义市区、新郑市区、新密市区、登封市区 4 个中等城市。两轴：沿连霍高速公路、陇海铁路等交通干线分布的郑州市中心城区、郑汴——中牟组团、上街——荥阳组团、巩义市区及沿线城镇所构成的东西向发展轴；沿京港澳高速公路、京广铁路等交通干线分布的郑州市中心城区、航空港组团、新郑市区等城镇构成的南北向发展轴。一带：依托省级交通干线，由登封市区、新密市区和新郑市区等城镇构成的东西向发展带。

就市域城镇空间格局来看，郑州城市发展主要以郑州市区为中心向西南区域弧线连接，中牟和荥阳未来将直接与郑州市区组团交接，巩义、登封、新密和新郑成为郑州市区外围重点城镇。其中两轴一带可以视为两条横向和一条纵向的发展轴带，同时郑州与新密、登封又形成一条斜线，在时间漏斗形上，新郑、新密和巩义这条斜线由于后两者之间的地理空间为嵩山所阻隔，尚未直接连接。综上，可以设想郑州市域未来空间格局为：“郑州主城区（含中牟、荥阳）——地区中心城市（巩义、登封、新密、新郑）——建制镇”的三级城镇等级结构。

2. 郑州都市区规划

2014 年，《郑州都市区总体规划（2012—2030）》通过审批，郑州都市区是以交通为纽带，通过产业合理规划布局规划形成的功能区，包括郑州市区、周边县市区、乡镇等，总面积为 1700 平方公里，分为八大功能片区。规划到 2030 年，都市区常住人口规模控制在 1500 万人以内，都市区建设用地规模控制在 1600 平方公里以内。

都市区的城市空间结构为点、线、面的组合形式，形成“轴带拓展、紧凑组团、多中心网络化”的空间结构组织模式。都市区空间形态为“一带两翼两轴”，延续陇海、京广两大经济发展带，形成东西向及南北向两大城市发展轴，东西向贯穿巩义组团——西部新城区——中心城区——东部新城区，南北向贯穿主城

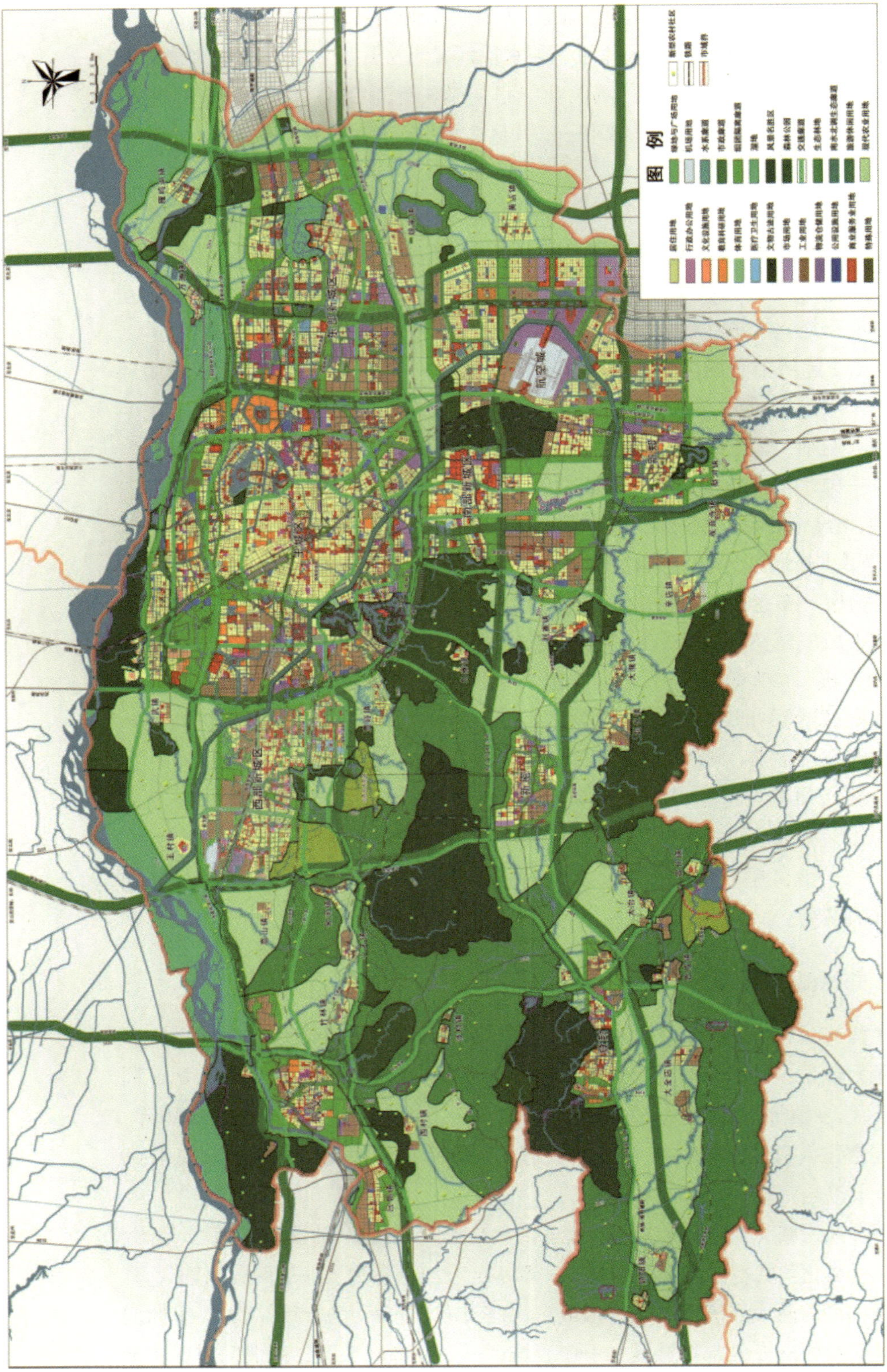

图 1-5　2012 年版郑州都市区规划全域用地布局规划图

区——南部新城区——新郑组团，构建“一主、一城、三区、四组团 26 个新市镇、238 个新型农村社区（含历史文化风貌特色村）”的多中心、组团式空间结构。其中“一主”指主城区，范围是绕城高速、京港澳高速和黄河围合区域；“一城”指以郑州航空港经济综合实验区为主题的航空城；“三区”指东部、南部、西部 3 个新城区；“四组团”指巩义、登封、新密、新郑外围组团；“新市镇”指均衡分布在都市区内部的黄店、姚家、广武等 26 市镇。

在都市区规划中，将郑州都市区的主要职能定位为：①国家中心城市。包括国家现代物流商贸中心，国家先进制造业基地，国家区域性金融中心、公共服务中心和创新中心；②国际航空大都市。包括国家航空港经济综合实验区、内陆开放新高地、国家现代化综合交通枢纽、国家信息服务平台；③世界历史文化旅游名城。包括国家历史文化名城、国际旅游目的地城市、华夏文化重要传承区和文化创新发展区；④中原经济区核心增长极。包括“三化”协调发展先导区，中原经济区的经济、文化和服务中心。其总目标是：通过制度创新与发展方式转变，实现“三化”协调发展，保障居民生活的改善、社会文化的繁荣与城市地位的提升，把郑州都市区建设成为引领中部崛起与中原经济区建设的核心增长区，以实现“活力郑州、幸福都市”为核心，建设国家中心城市。

四、中原经济区战略和区域经济规划

1. 中原经济区战略

中原地处我国中心地带，是中华民族和华夏文明的重要发源地。2011 年国务院颁布了《国务院关于支持河南省加快建设中原经济区的指导意见》，对中原经济区进行了战略定位，具体包含 5 个方面：

（1）国家重要的粮食生产和现代农业基地

要求在中原经济区内集中力量建设粮食生产核心区，巩固提升在保障国家粮食安全中的重要地位；大力发展畜牧业生产，建设全国重要的畜产品生产和加工基地；加快转变农业发展方式，发展高产、优质、高效、生态、安全的农业，培育现代农业产业体系，不断提高农业专业化、规模化、标准化、集约化水平，建成全国农业现代化先行区。

（2）全国工业化、城镇化和农业现代化协调发展示范区

中原经济区在加快新型工业化、城镇化进程中同步推进农业现代化，探索建立工农城乡利益协调机制、土地节约集约利用机制和农村人口有序转移机制，加快形成城乡经济社会发展一体化新格局，为全国同类地区发展起到典型示范作用。

（3）全国重要的经济增长板块

提升中原城市群整体竞争力，建设先进制造业和现代服务业基地，打造内陆开放高地、人力资源高地，成为与长江中游地区南北呼应、带动中部地区崛起的核心地带之一，引领中西部地区经济发展的重要引擎，支撑全国发展的重要区域。

（4）全国区域协调发展的战略支点和重要的现代综合交通枢纽

中原经济区要充分发挥承东启西、连南贯北的区位优势，加速生产要素集聚，强化东部地区产业转移、西部地区资源输出和南北区域交流合作的战略通道功能；加快现代综合交通体系建设，促进现代物流业发展，形成全国重要的现代综合交通枢纽和物流中心。

（5）华夏历史文明传承创新区

传承弘扬中原文化，充分保护和科学利用全球华人根亲文化资源；培育具有中原风貌、中国特色、时代特征和国际影响力的文化品牌，提升文化软实力，增强中华民族凝聚力，打造文化创新发展区。

2. 中原经济区规划

中原经济区，顾名思义是以中原地区为主体构成的一个经济区域。所谓中原，古籍中以“中土”“中州”指代相对于边疆地区的内陆腹地。在古代，关于“中原”这一概念是个变化的过程。殷商以前，“中原”主要指今河南的北部和河北、山西的南部。春秋战国时期，“中原”的范围逐渐扩大，大体上包括今河南、河北、山东、山西、陕西以及安徽、江苏的部分地区。我们现在通常所说的中原地理概念大体上与春秋战国时期的中原范围相近，大致北起太行山南麓，南至大别山和淮阳山地，西起崤关、函谷关，东到大海。

中原经济区的概念最早出现在20世纪80年代，它于1985年由河南省新乡市和河北省邯郸市共同倡议组成，是一个包括山西省的长治市、晋城市，河北省的邯郸市、邢台市，山东省的聊城市、菏泽市、临清市，河南省的新乡市、焦作市、濮阳市、鹤壁市、安阳市、济源市的跨省区域性经济合作组织。新的中原经济区概念于2010年提出，在河南省委工作会议上通过了《中原经济区建设纲要（试行）》。2011年，建设中原经济区上升为国家战略，《纲要》被纳入国家“十二五”规划纲要草案。2012年11月，随着《中原经济区地图》编制完成和国务院正式批复《中原经济区规划》，中原经济区正式设立，这是我国新一轮改革的重要标志。

中原经济区是以郑汴洛都市区为核心、中原城市群为支撑、涵盖河南全省延及周边地区的经济区域，是中国首个内陆经济改革和对外开放经济区。范围包括河南的17个地级市，11个省直管县市及山东、河北、安徽、山西的

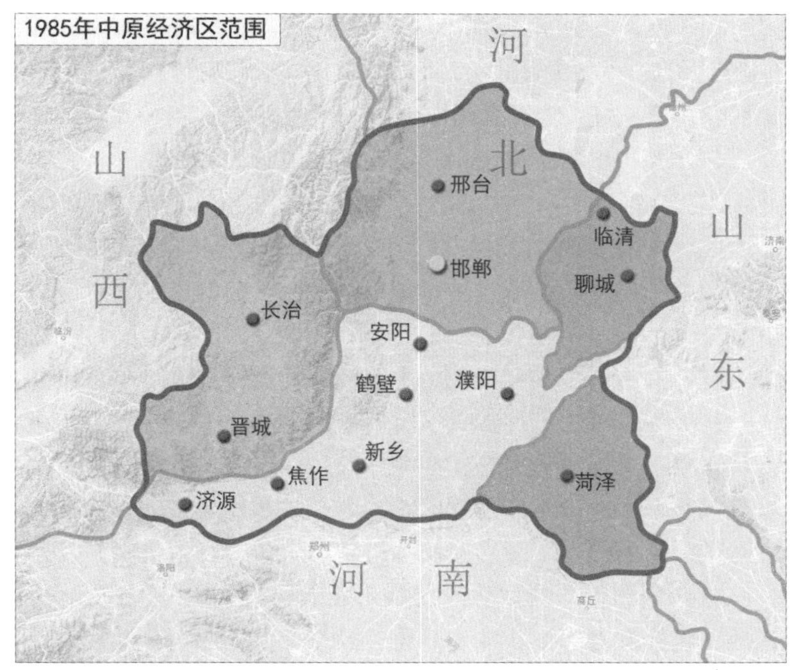

图 1–6　1985 年中原经济区范围

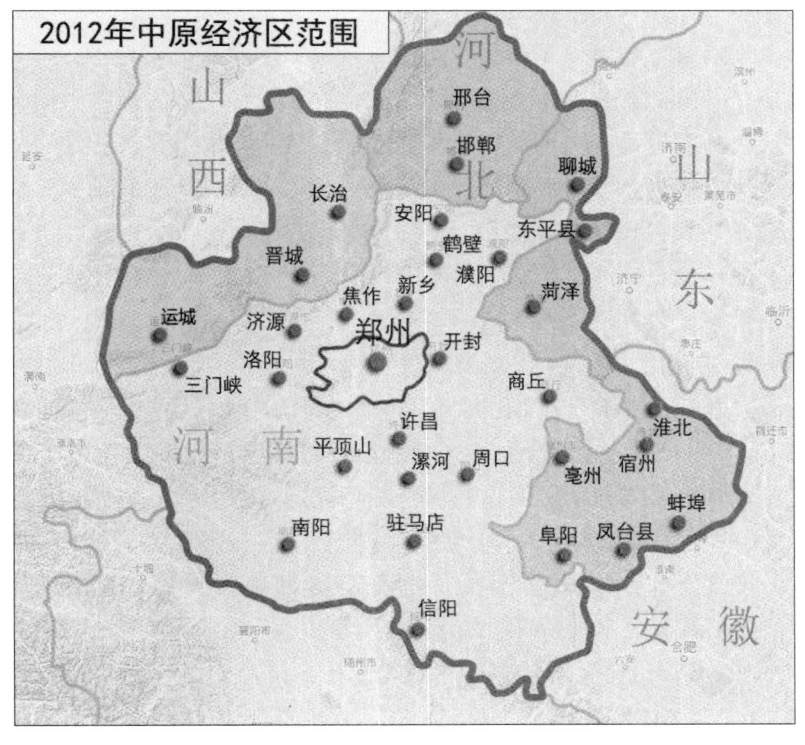

图 1–7　2012 年中原经济区范围

12个地级市，3个区、县，总面积约28.9万平方公里，截至2014年底，总人口约1.5亿人，GDP约5.5万亿元，经济总量仅次于长三角、珠三角及京津冀，列全国第四位。中原城市群概念同样于2012年提出，它与中原经济区有着密切关系，是以郑州为中心，以洛阳为副中心，开封为新兴副中心，新乡、焦作、许昌、漯河、平顶山、济源等地区性中心城市为节点构成的紧密联系圈，是中国7大区域性城市群之一。中原城市群作为承接我国东部地区产业转移、西部地区资源输出的核心区域，是带动中部地区崛起的支柱，在城镇化建设中发挥带动作用。

2012年11月，在国务院批复的《中原经济区规划（2012—2020年）》中，明确表明：中原经济区地处我国中心地带，是全国极具发展潜力的区域，具有交通区位重要、粮食优势突出、产业基础较好、市场潜力巨大、文化底蕴深厚等发展优势。中原经济区在空间布局上，按照核心带动、轴带发展、节点提升、对接周边的原则，明确区域主体功能定位，规范空间开发秩序，加快形成"一核四轴两带"放射状、网络化发展格局。"一核"指的是打造核心发展区域，包括推进郑汴新区一体化，提升郑洛工业走廊发展水平，促进郑州、开封、洛阳、平顶山、新乡、焦作、许昌、漯河、济源9市经济社会融合发展。"四轴"指的是构建"米"字形发展轴，包括沿陇海发展轴、沿京广发展轴、沿济（南）郑（州）渝（重庆）发展轴和沿太（原）郑（州）合（肥）发展轴，构筑以郑州为中心的"米"字形重点开发地带，形成支撑中原经济区与周边经济区相连接的基本骨架。"两翼"指的是壮大南北两翼经济带，包括沿邯长——邯济经济带和沿淮经济带，提升晋冀鲁豫交界地区和淮河上中游地区城市发展水平，形成与"米"字形发展轴相衔接、促进中原经济区东西向开放合作的重要支撑。《规划》将郑州作为中原经济区的中心城市，提出建设郑州都市区，将郑州培育为立足中原的国际化大都市，强化科技创新和文化引领。

《规划》中指出两条重要区域发展举措，一是弘扬中原大文化，加大中原文化遗产保护力度。加强历史文化名城名镇名村及历史街区保护，在文化底蕴深厚的城市建设一批特色文化街区。二是建设郑州航空港经济综合实验区，以郑州航空港为主体，以综合保税区和关联产业园区为载体，以综合交通枢纽为依托，以发展航空货运为突破口，大力发展航空物流、航空偏好型高端制造业和现代服务业，建成全国重要的航空港经济集聚区。这两条内容为郑州城市发展和文化建设指明了具体的方向，即以中原经济区建设为契机，不断提升郑州城市建设水平和加强郑州历史文化名城保护工作。

第二节　郑州历史文化名城及规划编制

一、郑州历史文化名城要件解析

历史文化名城是一个与城市行政管辖有关的历史文化概念，它的保护范围和具体内容在保护规划中确定，不是要保护城市的全部。通常而言，历史文化名城包含市域和核心区两个层次。根据国务院对河南省人民政府关于郑州申报国家历史文化名城的批复，以及住房和城乡建设部与国家文物局印发的《历史文化名城名镇名村保护规划编制要求（试行）》，郑州历史文化名城的界定范围涵盖整个市域。其核心区，即历史文化名城主体是郑州中心城区内的老城区，也就是保护规划划定的保护范围，因此老城区是郑州历史文化名城保护的重点区域。针对郑州老城区的实际，又分为历史城区和历史地段两部分，历史城区属于保护工作的重中之重。

2008 年 4 月 2 日国务院第三次常务会议通过了《历史文化名城名镇名村保护条例》，条例明确指出：具备下列条件的城市、镇、村庄，可以申报历史文化名城、名镇、名村：

（1）保存文物特别丰富；

（2）历史建筑集中成片；

（3）保留着传统格局和历史风貌；

（4）历史上曾经作为政治、经济、文化、交通中心或者军事要地，或者发生过重要历史事件，或者其传统产业、历史上建设的重大工程对本地区的发展产生过重要影响，或者能够集中反映本地区建筑的文化特色、民族特色。

郑州 1994 年被国务院公布为国家历史文化名城，取决于郑州独具特色的历史文化、重要的历史地位以及保存丰富且具有重要价值的文物遗存。郑州在商代曾为早商都城，先秦时期又处于我国政治、经济、文化、军事的核心区域，并在近代的工人运动中和革命战争中发挥了重要作用，有着重大的革命历史意义。

一方面，郑州地区拥有众多的文物古迹。在漫长的历史发展过程中，郑州保存下了极为丰富的历史文物和革命文物，遍布市区和境内。据郑州第三次文物普查统计，郑州市及所辖荥阳、巩义、登封、新密、新郑和中牟 5 市 1 县，共公布文物保护单位万余处，其中全国重点文物保护单位 74 处 80 项，省级文物保护单位 95 处，市级文物保护单位 268 处，入选世界文化遗产 2 处。国家级非物质文化遗产 5 项，河南省级非物质文化遗产 40 项。这些文化遗产直观生动地反映了郑州的悠久历史和文化特色。

另一方面，郑州地区传统的历史文化风貌丰富，历史建筑相对集中。郑州自远古以来，在市域范围内发掘有众多旧石器、新石器时期的考古文化遗址，且保存有能够反映不同时期政治、经济或文化特色的风貌遗存。现在的郑州城，一方面具有现代城市的风采，另一方面又明显受历史文化和地理区位的影响，在社会经济、风土人情各个方面，保留了许多中原文化的特点。郑州位居中原大地，古今兼容并蓄，纵横交接互通，构成了现代郑州城市文化的独特风韵。

郑州历史地位重要，不仅是指它的历史久远，更主要的是指它在我国历史上所发挥过的重要作用和对其后社会所产生的深远影响。8000 年前的裴李岗文化时期，郑州地区的先民就已经从山林走向河谷，进入平原，建造房屋，形成相对稳定的原始村落。在国家重大考古工程的支持和地方考古工作者的积极探索下，郑州地区的考古发掘和研究取得了重大收获。在中华文明探源工程六座中心性城邑研究重点中，登封王城岗遗址、新密新砦遗址和郑州大师姑遗址被分别认为可能是“禹都阳城”“夏启之居”和夏王朝东方军事重镇或方国都邑。殷商时期，郑州城为早商都邑城市，在商代前期历史上占有重要地位。尽管从战国时期至民国，郑州城的历史地位大不如前，但在城市的发展演变过程中，郑州地区仍然扮演着重要历史角色。战国时期，郑、韩相继在新郑立都；秦末汉初，荥阳地区又成为楚汉争霸重要事件的历史见证地。此后，郑州地区主要在经济、社会、思想等方面产生历史影响，如保留有嵩阳书院、少林寺、中岳庙等儒、释、道建筑。近代以来，随着交通运输方式的变化，郑州古城重新复兴，区域影响力再次提升。

如今郑州古城区内的历史风貌和历史文化街区几乎消失殆尽，这与近现代郑州所处的特殊历史背景及其保护文化遗产的现实条件密切相关。2008 年开始实施的《历史文化名城名镇名村保护条例》明确规定：“申报历史文化名城的，在所申报的历史文化名城保护范围内还应当有 2 个以上的历史文化街区。”然而郑州于 1994 年公布为历史文化名城时，当时的核定标准尚未规定历史文化街区是必要申报条件。因此按照“法不溯及既往”的基本法治原则，对于郑州历史文化名城保护工作的评估应从实际出发，因时因事而言，客观分析判断，将保护现状与申报历史文化名城时的状况进行比对，而不宜将现状是否存有 2 个以上整体保护的历史文化街区作为定论依据。

二、战略定位和名城保护规划编制

本书研究目的在于贯彻党的十八大精神和习近平总书记系列重要讲话精神，着眼于经济新常态下国家大战略对郑州城市发展和文化繁荣的要求，梳理整合郑州历史文化遗产资源，探索促进郑州历史文化名城保护与发展，弘扬中华优秀传统文化，加快以郑州为核心的中原经济区和华夏文明传承试验区建设。结合研究背景与目标，本课题最为重要的战略目标指导是中原经济区和“一带一路”两大国家战略对郑州在历史文化保护与传承方面形成的总体要求和城市未来发展目标的形象呈现，同时也包含新一轮历史文化名城保护规划编制在保护内容和保护体系方面的具体要求。

其一，适应国家两大战略的迫切需要。

（1）中原经济区。2012 年，在实施中部崛起的大战略中，“中原经济区”上升为国家战略。在国务院批复的《中原经济区规划（2012—2020 年）》中，整个中原地区的区域定位为：**国家重要的粮食生产和现代农业基地、全国“三化”（新型工业化、城镇化、农业现代化）协调发展示范区、全国重要的经济增长板块、全国区域协调发展的战略支点和重要的现代综合交通枢纽、华夏历史文明传承创新区**。其中，华夏历史文明传承创新区的重要内容为弘扬中原文化和建设特色文化街区。中原经济区中，河南省为区域主体，郑汴洛都市区为区域核心。而郑州作为河南省省会，在中原经济区中占有处于重要位置，传承创新华夏文明，弘扬中原大文化是郑州义不容辞的责任，也是郑州城市历史文化发展千载难逢的机遇。

（2）“一带一路”。2015 年，国家“一带一路”倡议正式发布，“陆上丝绸之路”与“海上丝绸之路”这两条重要的文化交流与商贸交通路线上升到具有国家战略意义的高度，而郑州位于丝绸之路经济带的延伸线上。在《河南省参与建设丝绸之路经济带和 21 世纪海上丝绸之路的实施方案》中，河南省委、省政府将郑州未来发展目标为：**现代化国际商都、国际航空物流中心和亚欧大宗商品商贸物流中心**，通过“商都”这个词语，我们在城市历史文化梳理的基础上认为这十分契合郑州城市历史地位与城市文化形象，因此也应当将“一带一路”战略纳入到的课题的战略考虑范围内。

其二，走出历史文化名城保护困境。

针对郑州历史文化名城在文化遗产保护与经济社会发展、历史文化名城保护体系不健全、文化遗产资源研究整合不够、郑州历史文化底蕴深厚而形象鲜明，以及城市文化软实力不强，影响肩负国家赋予的重要历史使命等突出问题，亟待以问题为导向，重新审视郑州历史文化资源和历史文化名城保护，进行深入系统的理论研究与实践反思。为此，郑州市政府在继续加强大遗址和各级文物保护单位保护的同时，十分重视历史文化名城保护规划编制工作，通过组织《郑州历史文化名城保护与发展战略规划研究》，为 2015 年开始编制的新版历史文化名城保护规划奠定基础，认真做好规划编制的前期研究工作，围绕必须解决的重要问题进行深度探讨，藉以明确思路、途径和方法，为市政府决策提供科学的咨询服务。这些问题包括郑州市域文化遗产资源整合，历史文化内涵与历史文脉研究，历史文化名城价值及定位，历史文化名城文化特色提炼，历史文化名城保护体系和规划层次的建立，历史城区、历史地段、历史文化街区的划定，郑州历史文化名城形象品牌及保护发展项目策划等。

此外，在郑州都市区规划中，郑州都市区的职能定位为世界历史文化旅游名城，主要内容为依托国家历史文化名城保护建设国际旅游目的地城市，通过弘扬历史文化和培育文化品牌形成华夏文化重要传承区和文化创新发展区。

因此，本书研究的主要目标是整合郑州历史文化资源，探索名城保护与发展总体思路、途径和方法，适应国家大战略的需求。在郑州历史文化名城保护整治的基础上，课题将结合市域内文化遗产资源整合的需要、文化旅游发展的需要、国际商都建设的需要和华夏历史文明传承创新的需要等在保护整治工作和项目建设方面提出方案建议。本书研究的主要问题是对历史文化名城进行历史价值评估和文化内涵提炼，整合市域文化遗产资源，完善名城保护体系框架，划定保护范围并通过保护整治提升历史文化名城主体形象，推进全域文化遗产保护和旅游发展。应当指出的是，中原经济区建设和“一带一路”建设是战略规划研究的主要目标引导，郑州中心城区范围内的历史城区、历史街区、传统建筑以及近现代工业遗产等是历史文化名城保护整治的重心内容。

文本关于郑州的概念界定，从研究和规划两个角度可以进行一下区分：

从研究角度，分为中原地区（相当于中原经济区范围）、郑州地区（相当于郑州市范围）、郑州城（郑州老城区的历史城市）从大至小的层次。

从规划角度，分为中原经济区与“一带一路”（区和带）、郑州市（分为市区的6区和市域的5市1县两部分）、历史城区（中心城区内郑州老城区的核心区，含历史街区）由上至下的层次。郑州都市区的内容将会有机地呈现在郑州地区（郑州市）的研究与规划当中。

整体而言，做好以上工作的基础在于加强郑州历史文化名城保护，合理探寻城市历史价值与定位，充分发掘城市文化内涵特质，积极进行历史文化名城的保护与整治。结合保护整治工作，探寻历史文化名城保护与发展相结合的途径、方式，以城市文化遗产和历史地位为承载，适当建设文化旅游项目，拓展文明传承和创新途径。

现代城市的建设越来越同质化，只有地标性建筑才能明显地让人区分不同的城市，这些地标性建筑除了造型奇特的现代设计以外，就是保存在城市中的历史建筑和依据城市历史建造的人文景观。相对于人为新建的各类建筑、雕像，传统的街巷、院落更能反映城市的历史和人文，也传承着城市的历史文脉。现在许多城市在开发建设中，毁掉许多古建筑，搬来许多洋建筑，城市逐渐失去个性。在城市建设开发的同时，应注意吸收传统建筑的语言，这有利于保持城市的个性。对于郑州而言，做好历史文化名城保护工作有两方面的意义：

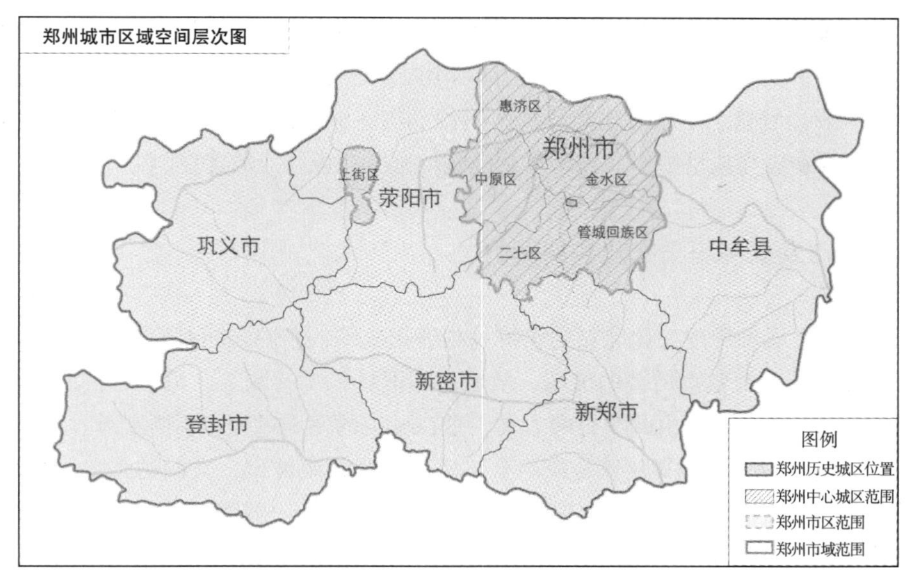

图 1-8　郑州城市区域空间层次

首先，历史文化名城保护有助于留住城市过往记忆，延续城市历史文化。自然遗产和文化遗产来自天赋和历史积淀，一旦受到破坏，就不可能复得。城市现代化建设与城市历史文化传统的继承和保护之间，不是相互割裂的，更不是相互对立的，而是有机联系、相得益彰的。继承和保护城市的自然遗产和文化遗产，本身就是城市现代化建设的重要内容，也是城市现代文明进步的重要标志。城市保存至今的传统街巷、历史建筑等，都是城市历史文化的载体，既是先人活动的遗存，又是今人生活的空间，凝聚着一代又一代居民的思想、智慧和生活气息，是城市文化积淀最深厚的地方。我国城市经历数千年的发展演变，至近世开始随着近现代文明的渗入而呈现新旧的矛盾甚至冲突，因为时代和思想的局限造成大规模破坏，出现将历史与现在完全割裂的现象。如今，随着经济社会的发展和观念的转变，以历史文化名城保护为重大契机，保护为数不多的遗存以接续断裂的城市记忆，从而彰显城市过往风采和文化特征成为当前城市发展的新动向。

其次，历史文化名城保护有助于弘扬中原传统文化，传承创新华夏文明。党的十七届六中全会指出，优秀传统文化凝聚着中华民族自强不息的精神追求和历久弥新的精神财富，是发展社会主义先进文化的深厚基础，是建设中华民族共有精神家园的重要支撑。中原文化是我国优秀传统文化的重要组成部分。弘扬中原文化，传承创新华夏文明，对于建设我国优秀传统文化传承创新体系、推动社会主义文化大发展大繁荣具有重要意义。古代劳动人民的物质生产生活实践创造了丰富多彩又各具特征的地域文化，非物质文化遗产是其中的代表性文化形式或载体，也是传统文化的优秀典范。在华夏文明发展史上，流传至今的古代神话故事或人物、传说事迹等既印证了中国文明的古老，也传递着上古时代的诸多信息。中原文化是华夏文明传承创新的重要基础，在历史文化名城保护框架中应当注重中原文化思想精髓的挖掘和特色产业的建设。

三、城市发展与历史文化名城保护

城市发展和历史文化名城的保护是相辅相成的，它们之间有着密切的关系。历史文化是一个城市活着的灵魂，从城市的诞生的那一刻起，每个时代的政治特性、经济水平以及由此孕育的人文气息在城市的发展过程中不断涵养、积淀，最终呈现给后人一个文化符号或形象。每当提起某座城市，人们脑海中便会闪现这个形象或符号，进而与当时的历史情境和人文特征相联系，构成城市印象。生活在城市中的人们，随着年岁日月渐长，也会怀念儿时的经历和走过的街巷，并将这种感受传递给后代，正如乡愁一般让人痴迷。城市是一个活着的文化遗产，城市在发展的同时不能以牺牲原有的历史文化为代价，也不能损害历史文化名城原来的脉络和空间肌理。在进行名城保护的实际工作中，郑州历史文化名城的保护要想和城市的发展有效结合，需要遵循以下几点准则：

第一，合理地协调城市发展和历史文化名城的保护，需要处理好城市产业转型升级与原有产业结构、名城保护与旧城改造、环境综合整治与名城品位提升的关系。近年来，郑州市在工业转型升级上不断实现突破，致力于改造提升传统产业，培育壮大新兴产业和加快新型工业化的进程，着力提升自身服务业发展水平，在壮大现代农业和现代服务业上下功夫。传统产业的转型升级有利于历史文化名城的保护，现代服务业、旅游产业、物流产业的发展将给历史文化名城的保护和发展提供机遇和挑战。在城市发展规划布局上，郑州市在统筹区域发展格局的基础上不断完善功能分区，同时也在着力保护老城区原有特色文化遗存。

第二，历史名城的保护要做到合理地控制历史城区人口密度、建筑高度，明确保护范围。合理控制历史城区人口密度有利于防止历史城区的破坏，保护历史遗产资源。尤其是管城区商代都城遗址范围内的历史城区保护，控制人口密度、建筑高度需要花大力气解决。随着郑州中心城区经济的发展和人口的增加，郑州现在的城区承载能力已经不堪重负，其城区人口密度高居全国城市第二位，仅次于广州，这给历史文化名城的保护带来巨大的压力。管城区商代都城遗址范围内的建筑高度有的相对较高，有若干十层以上的现代商业或住宅建筑，这对于历史文化名城保护工作来说也是不小的考验。

第三，处理好城市新区建设与历史城区保护之间的关系。郑州市于 2003 年启动了郑东新区建设，新区规划控制总面积为370平方公里，目前建成区面积约为100平方公里，是一座集金融、商业、文化、居住、游憩、物流等功能为一体，彰显郑州城市活力与风貌的综合性城市新区。历史城区的保护和发展有赖于中心城区的发展壮大，郑州东部新区涵盖管城区、金水区一部分，与郑州历史城市所在的区域紧密相连，其现代服务业的发展和商业博览、居住休闲等功能的开发将有利于郑州历史文化名城的人口疏解和资源利用。

第四，明确城市区域空间结构和历史文化名城重心，不能把市域等同于城市，也不能忽视市域内的文化遗产资源。我国现行行政区划既突出省市县政府驻地中心的资源集聚，也兼顾周边地区的社会经济协调发展。郑州市是以郑州中心城区为主涵盖周边县市的地级市，郑州历史文化名城的构成要素如历史城区、历史街区与传统建筑、文物保护单位也是以中心城区为基础。因此，在保护和发展历史文化名城的核心要求中，应当主要考虑郑州中心城区范围内的文化遗产资源，但由于郑州城市空间的特殊性以及历史文化名城内涵的延展性，也要把市域内的文化遗产资源整合纳入历史文化名城保护与发展的框架中。

总的来看，郑州历史文化名城保护与发展需要处理好以下三类关系：

一是城市与市域的关系。郑州历史文化名城关注的重点在于郑州历史城市发展形成的城市中心区域，作为国家历史文化名城主要依托和承载的郑州商代遗址，曾为商代都城的商城遗址是历史文化名城保护与发展的重心。由于现代城市建制管辖的关系，在城市本体之外，又有若干市县与郑州一起构成郑州市，并且在历史文化名城申报与保护的过程中，市域部分也参与到历史文化名城的构成内容与体系当中。除历史文化名城构成的主要内容——历史城市的历史城区、历史街区、文物保护单位之外，市域范围内的省级历史文化名城、名镇名村与传统村落、文物保护单位（含世界文化遗产）、工业遗产、优秀近现代建筑等都进入了历史文化名城关注的视野当中。这些内容的关系界定、保护思路、利用方式等需要在宏观角度进行统筹，以协调并促进历史文化名城保护与发展。

二是务实与务虚的关系。历史文化名城由物质遗存形态与非物质遗存文化共同组成“实”与“虚”的关系，在历史文化名城保护与发展过程中，不仅仅要注意把握古城、街道、建筑的特点、功能、样式等，在具体的保护工作中严格遵循保护条例的规范要求，制定符合实际的保护措施，还应当传递物质形态本身所具有的文化内涵与特色，包括城市的历史记忆、地名人名的历史典故、传统建筑的历史信息、人文活动的历史传承以及具体遗存实物在当时以及现今历史地位等。在分析探讨城市历史价值地位、文化特色内涵的基础上，对相关内容进行主旨提炼，并且通过与文化遗存的结合，重新认识郑州历史文化名城。

三是保护与利用的关系。对于郑州历史文化名城而言，当前的要务在于如何使其更为完整的保护下来，而就长远来看，其未来的发展利用也应当加以考虑，最终形成保护与发展并举兼得的良性循环。在城市社会经济发展中，文化产业的重要性越来越突出，保护和利用历史文化名城这个地位独特、特色鲜明的文化遗产，通过采取卓有成效的保护整治措施，在突出文化特色的基础上强化文化产业建设，将会极大地促进城市发展水平的提升，进而塑造具有国内国际影响力的文化古城和现代都市的城市形象。

TWO CHAPTER

第二章

郑州城市历史地理人文基础研究

第一节　郑州城市历史社会发展概况

一、郑州建制沿革

商代，郑州城始建，为商代早期都城。

西周，郑州中心城区内先后封有管国、祭国，管国被灭后其地属郐国。

春秋战国，郑州中心城区内主要城邑为管。春秋时期属郑国，战国时期韩灭郑后属韩国，秦灭韩后属秦国。

秦代，管邑（亦称筦叔邑）属三川郡京县。

西汉，管邑属河南郡中牟县。东汉，管邑始称管城，属河南尹中牟县。

曹魏，管城属司州河南尹中牟县。西晋，管城属司州荥阳郡中牟县。北魏、东魏，管城属北豫州荥阳郡中牟县。北齐，管城属北豫州广武郡中牟县。北周，管城属荥州广武郡中牟县。

隋代，将荥州改称郑州，管城属郑州内牟县。后置管城县，先属管州后属郑州，为州治所。

唐代，管城县先属管州，为州治所，再属郑州，后郑州治所移至管城。唐中期曾改属荥阳郡，复改属郑州。

五代，管城县属郑州。

北宋，管城县先属开封府，后属郑州。

金代，管城县属南京路郑州。

元代，管城县属河南江北行省汴梁路郑州。

明代，管城县属郑州，郑州属河南布政使司开封府。

清代，郑州先属河南省开封府，后为河南省直隶州，再改属河南省开封府，清末仍为河南省直隶州。

民国，郑州改称郑县，先属河南省豫东道，后直属河南省，再属河南省第一督察区。1948 年，郑县城区设郑州市，四郊为郑县。

1949 年，郑州市属河南省。1953 年，郑县并入郑州市。1954 年，郑州市为河南省省会至今。

郑州建制隶属沿革表　　表 2–1

朝代	地名	时间	隶属
夏			《禹贡》豫州
商			为都邑

续表

朝代	地名	时间	隶属
西周	管		先属管国，后属郐国
东周	管邑	前 765 年，郑灭郐	属郑国
		前 375 年，韩灭郑	属韩国
		前 230 年，秦灭韩	属秦国
秦代	管邑		属三川郡京县
西汉	管邑		属河南郡中牟县
东汉	管城	建武十五年（39 年）	属河南尹中牟县
曹魏	管城		属司州河南尹中牟县
西晋	管城	泰始二年（266 年）	属司州荥阳郡中牟县
北魏、东魏	管城		属北豫州荥阳郡中牟县
北齐	管城		属北豫州广武郡中牟县
北周	管城		属荥州广武郡中牟县
隋代	管城	开皇三年（583 年）	属郑州内牟县
	管城县	开皇十六年（596 年）	属管州，为州治所
		大业二年（606 年）	属郑州
唐代	管城县	武德四年（621 年）	属管州，为州治所
		贞观元年（627 年）	属郑州
		贞观七年（633 年）	属郑州，为州治所
		天宝元年（742 年）	属荥阳郡
		乾元元年（758 年）	属郑州
五代	管城县		属郑州
北宋	管城县	熙宁五年（1072 年）	属开封府
		元丰八年（1085 年）	属郑州
金代	故市县	贞祐四年（1216 年）	属南京路郑州
元代	管城县	太宗七年（1235 年）	属河南江北行省汴梁路郑州
明代	郑州	洪武元年（1368 年）	属河南布政使司开封府
清代	郑州直隶州	雍正二年（1724 年）	属河南省
	郑州	雍正十二年（1734 年）	属河南省开封府
	郑州直隶州	光绪三十年（1904 年）	属河南省
中华民国	郑县	民国 2 年（1913 年）	属河南省豫东道
		民国 16 年（1927 年）	属河南省
		民国 22 年（1933 年）	属河南省第一督察区
	郑州市	民国 37 年（1948 年）	属河南省
中华人民共和国	郑州市	1949 年	属河南省

据表 2-1，郑州市域为早期先民重要的活动区域，郑州在先秦时期尤其是商周两代曾先后为朝国都城。西周管国被灭后，郑州逐渐沦为小邑，东汉以来逐渐发展为城镇，于隋代置县。隋唐管城县始为州县治所，成为郑州地区的中心城市。明初裁撤附廓县后郑州改为属州领有属县，清代又两次升格为直隶州，民国初年又降为郑县。郑州于 1954 年成为河南省省会城市，1983 年市管县体制确立后，经过近几十年的发展，郑州城市建制得以稳定，形成今日之规模和格局。其演变过程如图所示：

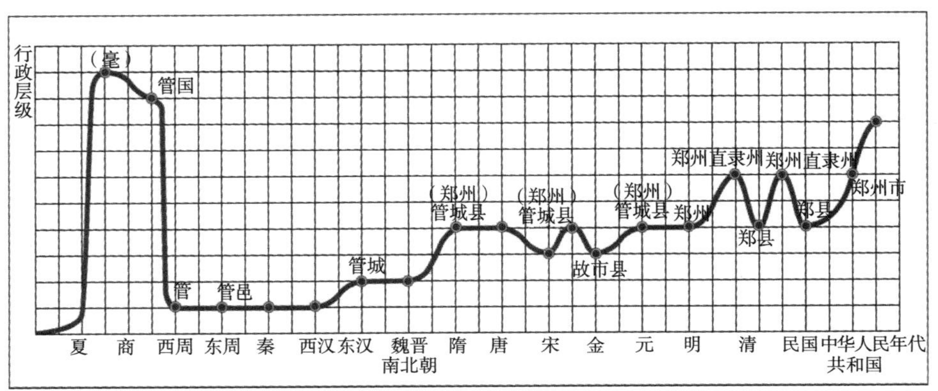

图 2–1　郑州建制演化图

二、城市发展阶段

远古时期，郑州地区气候温和、森林茂密，在旧石器时代就有先民在这块地域居住生活。进入新石器时代的裴李岗文化、仰韶文化、龙山文化时期，本地区的人口趋于密集，在市域内发掘有大量的古代聚落遗址，尤其是仰韶文化晚期的西山古城遗址为一处重要聚落中心，是我国早期的雏形城市。龙山文化晚期和夏代，郑州地区位于华夏部族活跃的中心区域，登封告成镇王城岗遗址、巩义稍柴遗址、郑州洛达庙遗址、郑州洼刘遗址的发掘研究都支持本地区为夏文化发生的地域之一。

郑州地区的城邑，在夏代以前即已出现，而郑州城肇始于商代。夏代末年，商族在东方展开征伐并向西进入夏后氏核心区域，于灭夏前后在郑州地区筑城，其中商代郑州城的建设经考古探测鉴定，始于这一时期。根据文献史料记载，结合考古发掘鉴定，学界目前一般认为商代郑州城为商汤之亳都，亦有学者认为是仲丁之隞都，同时有商代偃师城为亳都说相对照[①]。目前，由于商代

① 刘琼:《商汤都亳研究综述》,《南方文物》,2010 年第 4 期,101-119 页。作者回顾了商汤亳都的学术史,目前“郑亳说”相对有理有据，但仍存在一定争议，商汤亳都问题有待于进一步研究。

郑州城的考古发掘逐渐丰富，学术界关于商代郑州城为商汤亳都的说法占据主流，主要依据有 4 个方面：（1）西晋杜预在《左传・襄公十一年》中在“亳城”条目作的注：亳城，郑地。（2）郑州城古城遗址内发现有东周时期“亳”字陶文及考古材料。（3）汤都亳的邻国及其地望与商代郑州城相合，同时也与商汤进军路线相合。（4）郑州城商代文化遗址发现的情况与文献记载中的成汤居郑地之亳相合①。此外，学者还通过其他方式论证支持郑州亳都说，主要包括：（1）“亳”字释义以及其他文字释义②。（2）商代郑州城和商代偃师城的两京制和主辅都制观点体系③。（3）小双桥遗址隞都说和祭祀遗址说④。（4）商汤亳都历史地理观察⑤。（5）商代牛肋骨刻辞补识⑥。然而支持商代偃师城为商汤亳都说的学者也从很多方面论证了商代偃师城为亳都说的合理性和商代郑州城为亳都说的主要缺陷。就城市营建时间而言，认为大约在同时期营造的比偃师城要大的郑州城为商代在商汤立国稳定之后于繁盛时期出现的都邑，出现诸如“隞都说”“桐宫说”等观点，但这些说法在商王纪年、商代纪事、考古发掘等方面仍旧有一定缺陷。

综上，由于郑州地区其他重要商代城址——小双桥遗址和洛阳地区的重要商代城址——商代偃师城尚未明确定论，包括文献记载及史料研究对于商代前期的历史仍旧存在一定争议，另外不排除郑州地区在未来的考古发掘中再次发现大型夏商时期的城址，结合目前的观点和依据，我们参照主流说法，就“亳”字本身的含义，将商代郑州城的名字以“亳”表示它是商代都城。需要指出的是，通常所见的“郑亳说”是基于商汤亳都这个概念基础上的观点，从严谨的考古学和文献学角度来看，这个说法为推论意义上的概念。

郑州城邑演变表 **表 2-2**

时间	主要城邑	备注	其他城邑
商	亳	商代早期都城	小双桥城邑（遗址）
西周	管	管国，周武王封弟管叔鲜	祭

① 邹衡：《郑州商城即汤都亳说》，《文物》1978 年第 2 期。

② 李维明：《“亳”辨》，《中国历史文物》2004 年第 5 期。作者阐述了“亳”字的含义：推断“亳”及“亳土”来源于郑州商代牛肋骨刻辞中的“乇”与“乇土”，并且其“应是设在商代首都的特定祭祀场所”，“应与商代首都有着密切的联系”。其他学者如牛济普、郑杰祥、常玉芝等也阐发了“亳”字的意义，将“亳”与都城和郑州商城性质联系起来。参见：牛济普：《“亳丘”印陶考》，《中原文物》1983 年第 3 期。郑杰祥：《释亳》，《中原文物》1991 年第 1 期；常玉芝：《郑州出土的商代牛肋骨刻辞与社祀遗迹》，《中原文物》2007 年第 5 期。

③ 许顺湛：《中国最早的“两京制”——郑亳与西亳》，《中原文物》1996 年第 2 期。作者认为郑亳西亳（偃师商城）并存，同时兴衰，汤先居西亳又迁郑亳；张国硕：《夏商时代都城制度研究》，郑州大学 2010 年博士学位论文。作者认为郑州商城为主都，偃师商城等为辅都。

④ 陈旭：《商代隞都探寻》，《郑州大学学报（哲学社会科学版）》1991 年第 5 期；《关于郑州商城汤都亳的争议》，《中原文物》1993 年第 3 期；邹衡：《郑州小双桥商代遗址隞（嚣）都说辑补》，《夏商周考古学论文集・续集》，科学出版社，1998 年。

⑤ 此类成果较多，由于对文献过于依赖和专业背景限制，论证缺陷明显，不予列出。

⑥ 李维明：《郑州出土商代牛肋骨刻辞补识》，《中国文物报》2006 年 1 月 6 日。

续表

时间	主要城邑	备注	其他城邑
周 - 西汉	管邑		祭伯城、郔、垂陇城、水城、宅阳城、鳌城、衍、荥阳故城、武强、故市等
东汉 - 南北朝	管城		荥阳故城、陇城
隋 - 元	管城县	管城县为郑州治所	
明 - 清	郑州	郑州为单一州城治所	
中华民国	郑县		
中华人民共和国	郑州市	1954 年起为河南省省会	

自建城起，郑州城的发展经历了都城—邑城—州城—县城—省城共 5 个阶段。（1）都城主要指商代前期郑州城作为商代都城的发展阶段；（2）邑城指西周中后期至隋初郑州城作为管邑、管城的发展阶段；（3）州城指隋、唐、宋、金、元时期郑州城作为管城县和郑州治所的发展阶段；（4）县城指明清时期郑州城作为郑州（为属州、与县平级）治所、民国时期郑州城作为郑县的发展阶段；（5）省城指 1954 年以来郑州城作为河南省省会城市不断发展壮大的阶段。此外，需要指出的是郑州城自商代中后期被废弃至西周时期并不是处于毫无人烟的状态，它在西周初年为武王弟姬鲜的封地，管国都城目前尚未有明确发掘。西周到魏晋南北朝时期，除了“管”以外，郑州市区范围内还有若干城邑分布于市区北部近黄河一带，但在历史的发展演变过程中基本上都逐步没落、遭到废弃，隋唐时期管城成为今郑州地区的主体城邑。

1. 都城

商代郑州城为商朝早期具有都城性质的城邑，它的出现与商族向西方迁徙和商汤革命等重大历史事件相关。商族兴起于黄河下游的河南、河北、山东一带。夏代末年，商族从东方逐步向西迁徙，在首领成汤的带领下于鸣条之战中大败居于河洛地区的夏桀。约在灭夏前后，商族在郑州、洛阳一带靠近夏都斟鄩的地方筑城建都，商代郑州城即营建于此时。

根据对商代郑州城遗址的考古发掘，其内城和宫殿始建于洛达庙晚期，绝对年代约为先商末期（夏代末年）至商代初期。郑州城由宫殿、内城、外城和护城河组成，其中还有一系列居民点、手工作坊、祭祀区、墓葬区等都城基础设施。城墙分为内城和外城两部分，内城近似长方形，周长近 7 公里，面积约 3 平方公里，外城墙对内城墙形成环抱之势，已确定的外城城墙圈筑在内城的南部和西部南段，西部北段和北部城墙可以推测走向，东部可能与古湖泊或沼泽相接，外城墙整体大致呈圆形。[1] 商代郑州城是目前考古发现的商代早期最大的都城遗址，同时期的商代偃师城面积约 2 平方公里，其遗存状况不及商代郑州城。商代偃师城与商代郑州城先后被废弃，二者的废弃年代大约在公元前 1300 年前后，相当于盘庚迁殷时期。商代郑州城为目前发掘的商代都城遗址中规模仅次于殷墟的大遗址，在商代早期历史中具有重要地位。

关于商代都城制度有两种主要的观点，一种是“两京制”，认为商代的郑州城与偃师城为商前期的两座并存的都城；一种是“主辅都制”，认为这二者的关系为郑州城主都偃师城辅都。同时还有一种看法是郑州城为商前期主都，其他盘庚迁殷前的都城为辅都，起军事据点、拱卫主都的作用。总体上看，这两座城址在聚落层级上的差异是可以显见的；同时，其城市功能也很可能有较大的不同。鉴于此，通常认为商代郑州城为主要都邑，商代偃师城是军事色彩浓厚且具有仓储转运功能的次级中心或辅都。[2]

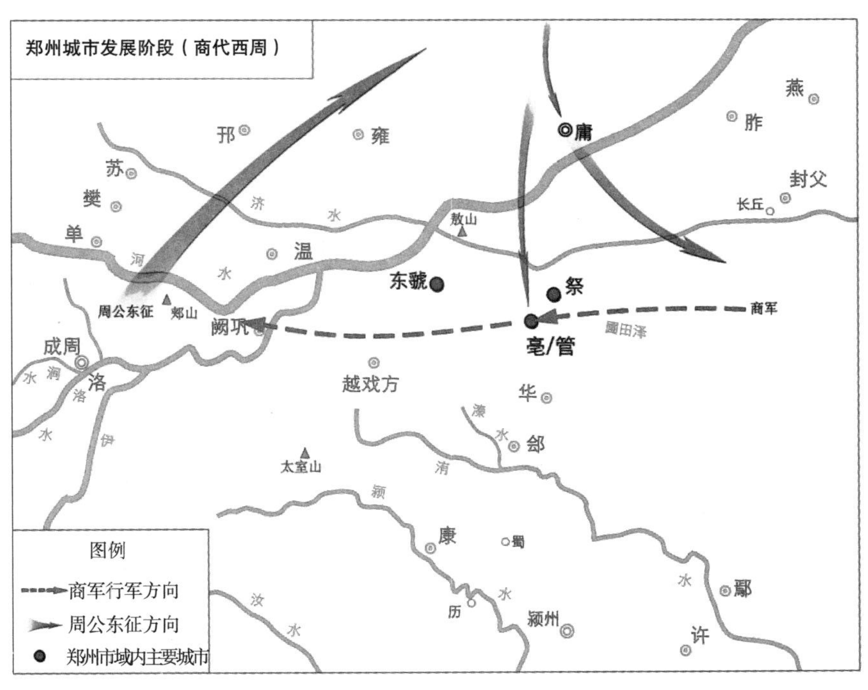

图 2–2　郑州城市发展阶段（商代西周）

此外，郑州市石佛乡小双桥村发现有同为商代前期的都邑遗址，发现有夯土墙、大型高台夯土建筑基址、宫殿建筑基址、小型房基、大型祭祀场、祭祀坑、

① 刘彦峰、吴倩、薛冰:《郑州商城布局及外廓城墙走向新探》，郑州大学学报“哲学社会科学版”2010 年第 3 期。

② 许宏:《夏商考古[四]：偃师商城的发现及其认识》，引自博客文章 http://blog.sina.com.cn/s/blog_5729cae10102gb5n.html，2013 年 12 月 12 日。

奠基坑、灰沟、与冶铜有关的遗存等文化遗迹及大批质料各异、种类繁多的文化遗物。小双桥遗址范围南北、东西各2000米，考古年代上为白家庄期，是目前所发现的处于郑州商代城址和安阳洹北商代城址之间的惟一一个白家庄期的、具有都邑规模和性质的遗址。结合考古发掘和文献资料，小双桥遗址历时较短，合于仲丁迁隞的历史记载，遗址中大量岳石文化因素的出现，可以和仲丁征蓝夷的历史相对应，推测可能是商代仲丁所迁之隞都，亦有观点不认同小双桥遗址“隞都说”。[①] 就现有材料而言，小双桥遗址规模尚不及偃师商城，郑州商城在其存在时期也并未废弃，因而难以确认其为商王朝的都邑。小双桥遗址应是二里岗文化晚期商代郑州城都邑圈内的一处重要遗存，在追溯商代前期历史上有重大价值。

武王灭商，封其弟姬鲜于郑州地区，称管国。同时，将纣王子武庚封于商王畿，此外还封姬度（封于蔡）、姬处（封于霍）于殷商王畿周围，以管、蔡、霍作为三监来监督武庚和商遗民。成王即位后周公摄政，因管叔勾结蔡叔、武庚发动叛乱，周公东征杀管叔放蔡叔，管国由此被废，其地后来并入郐国。管国存在时间较短，总计不到10年，其都城目前也尚未有确切的考古发掘，综合文献资料、历史环境和考古推测，管国都城也可能在商代郑州城遗址附近。

考古发掘中，郑州市西北郊一带发现有西周时期的墓葬、青铜器等遗存，在商代郑州城遗址的北部发现有战国时期的陶文陶器，遗址南部基本上无西周时期文化遗存，汉代遗存也不多，主要为唐宋以来的遗存。文献中，关于“管”的称谓也有不少，《汉书•地理志》载:“中牟，圃田泽在西，豫州薮，有筦叔邑”；《水经注•渠水》载:“渠水又东，不家沟水注之……其水自溪东北流迳管城西，故管国也，周武王以封管叔矣”；清顾栋高《春秋大事表》载:“在今开封府郑州北二里，即管叔所封国”。此外，文献记载的关于春秋战国时期的历史事件中有部分各国交战于管地附近的记录，尤其是战国末年韩、魏、秦三国在管地形成攻守之势，与商代郑州城遗址北部的战国文化遗存相吻合。推测管国位置应当在市区西北郊以东，且离东部中牟圃田泽不远，大致在商代城址范围附近，且与春秋战国的管邑存在联系。

周公东征灭管后，郑州市区的主要封国为周公第五子的封国——祭国，其都城位于今郑州市金水区祭城乡祭城村，春秋时期为郑国所灭。

这一时期为郑州城起源和发展过程中最重要的一个阶段，也是郑州成为历史文化名城最主要的地位依托和支撑内容，尽管郑州城在商周时期作为商代都城和西周管国封地的时间并不长，但在历史上长河中足以证明郑州在华夏文明发展史上和在古代中原地区产生过较大影响。商代郑州城为商代早期都邑，对

① 李维明:《论“白家庄期”商文化》,《中原文物》2001年第1期；韩香花:《小双桥与郑州商城遗址白家庄期商文化的比较》,《中国历史文物》2010年第2期。

遗址的考古发掘研究在夏商考古和断代课题中有重大意义，同时有助于探讨商族迁移路线、商代都城制度等相关议题。

2. 邑城

西周管国被废后，成为小邑。西周至战国的管邑大致位于商代郑州城遗址北部和北郊一带，汉代至隋代的管邑、管城位于商代郑州城遗址南部，也是隋唐至明清郑州旧城的主城区，即管邑的活动区域在汉代已经从商代郑州城遗址北部转移到南部。

春秋时期，管邑属郑国，《左传·僖公二十四年》载："管、蔡、郎、霍……文之昭也"，杜预注："管城在荥阳京县东北"，《左传·宣公十二年》载："楚子围郑，晋师救郑，楚子次于管以待之"，杜预注："荥阳京县东北有管城"。管在郑国北境，晋楚二国争霸时在管地附近靠黄河一带发生争战。

除管邑外，今郑州市区还有祭伯城、邲、垂陇城、沙城、水城、宅阳城、鳌城等城邑。祭伯城（在郑州市东北祭城镇）为西周祭国都城，周平王四十九年（前722年），郑国灭祭国，祭伯城属郑国。邲在春秋史上有重大影响，关于邲的地望有多种说法，郑州东部、郑州北部、荥阳北部、荥阳东北等，目前考古发掘认为春秋时期的邲城在今郑州市东部郑东新区商都路办事处（原属管城区圃田乡）的古城村，但结合文献记载来看，邲城应当在郑州北部一带。公元前597年，晋楚争霸的第二次战役——邲之战发生于此。《左传·宣公十二年》载：楚子"告令尹，改乘辕而北之，次于管以待之，晋师在敖、鄗之间"，管即管邑，敖、鄗即敖山和鄗山，在荥阳以北的黄河边上，已被冲刷，不复存在。当时管邑东面有圃田泽、西北有荥泽，晋楚两军交战于邲，那么邲必定在双方进军路上，晋军在战斗中主要在驻地前后方行动且预先留有渡河北撤之计，不可能绕到管邑东面与楚军交战。楚师至邲后又进军衡雍（在原阳县西），在黄河南岸祭祀作宫，班师而还。晋楚邲之战以楚国胜利告终，此役奠定了楚庄王"春秋五霸"的历史地位。垂陇城、沙城、水城、宅阳城、鳌城在荥阳市与郑州交界一带或在郑州市区西北部、北部，位于荥泽以东、济水出荥泽自西向东流的故渎沿线上，这些城邑在春秋战国时期常以诸侯会盟或交战事件见于史籍。《左传·襄公二十七年》（前546年）载："郑伯享赵孟于垂陇，子展、伯有、子西、子产、子大叔、二子石从"；《水经注》曰："荥阳东二十里有垂陇城"；《清一统志》载："宅阳城，在荥泽县东北。《水经注》济渎际有故城，世谓水城，非也。《史记》秦昭王四十二年（前265年），魏冉攻魏，走芒卯，入北宅，即故宅阳城也"；《清一统志》又载：鳌城"在荥阳县东，《春秋》隐公十一年（前712年），公会郑伯于时来。《左传》作郲，杜预注时来，郲也。荥阳县东有鳌城，郑地也"。

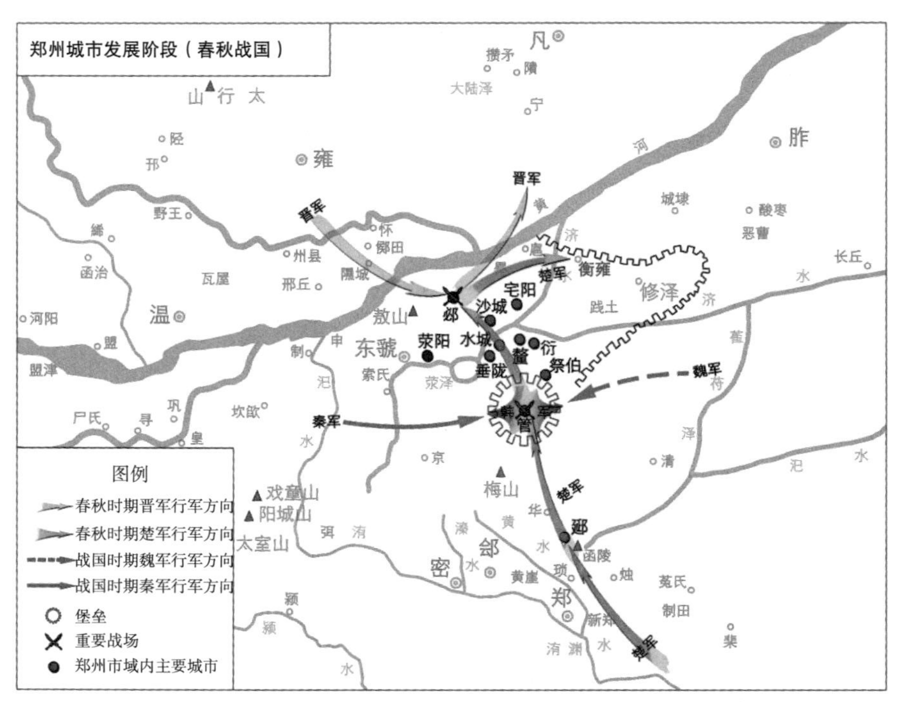

图 2-3 郑州城市发展阶段（春秋战国）

战国时期，赵魏韩三家分晋成为诸侯，韩国封地与郑国接壤，并在随后伐郑。韩灭郑后管邑属韩，其地在韩魏交界处，韩国、魏国、秦国曾在此数次交兵。《战国策 • 魏策》载:“秦攻韩之管，魏王发兵救之”，又记“魏攻韩之管而不下”。《韩非子》曰:“魏安釐王攻韩，拔管，使缩高守管，信陵君攻之不下。”可见，管在当时的战略位置十分重要，位于秦国向东方进军的要道上，魏国也欲以韩之管为边境卫城来阻击秦国的扩张。

除管邑外，今郑州市区还有衍邑（又作衍氏邑，在郑州市北），战国时期属魏地。《史记 • 魏世家》载：景湣王五年（前 238 年），“秦拔我衍”，《史记 • 秦始皇本纪》载：秦王嬴政九年（前 238 年），“杨端和攻衍氏”。荥阳故城（在郑州市西北古荥镇），战国属韩，秦汉多次修建城垣，为兵家必争之地，公元前 204 年，西楚霸王项羽与汉王刘邦决战于此。三国魏正始三年（242 年），创建荥阳郡，治所在荥阳故城，至北魏太和十七年（493 年），孝文帝移荥阳治于索城后，故城逐渐废弃。

秦代，管邑属三川郡;汉代，管邑属司隶校尉，东汉时期逐渐称为管城。《汉书 • 地理志》载:“中牟，有管叔邑”,《后汉书 • 郡国志》载:“中牟，有管城”。管邑范围在中间偏北一带被隔开的商代郑州城遗址南部，北部逐渐被废弃。

除管邑（城）外，今郑州市区还有衍氏、武强、故市等城邑。楚汉之争中，柱天侯在衍氏反叛，曹参曾击败叛军，夺回衍氏。武强在郑州市区北部，曹参追击羽婴时曾攻打武强。故市在郑州市区西北，为汉高祖封给功臣故市侯阎泽赤的封地，后来汉武帝以酎金成色不好或斤两不足为由对一些诸侯进行“夺爵”，故市侯国被除。

魏晋南北朝时期，管城仍为中牟县属地。隆安二年（398 年），东晋南阳太守间丘羡、宁朔将军邓启方率兵两万攻打已于当年四月在滑台称燕王的南燕皇帝慕容德，军队驻扎在管城，慕容德派兵前去迎敌，结果晋军大败而还。义熙六年（410 年），东晋刘裕北伐灭南燕。

这一时期，管邑（城）处于战略要冲地带，春秋战国时期先后为晋楚争霸、秦与韩魏交战之地，秦汉时期为吴广起义、楚汉之争、官渡之战的守卫要地，诸多改朝换代的征伐大事在郑州地区都有见证。东周秦汉，除了管邑之外，周边地区还有其他城邑，但在魏晋之后仅有管城仍旧见于文献，其他城邑逐步消失。这一方面表明这一地区战略位置的重要性以及管城相对于其他城邑的特殊性，另一方面也可以作为管城位置基本上变动不大，其范围在商代郑州城遗址一带的佐证。另外，郑州西北在魏晋时期开始形成区域中心城市，即荥阳故城。由于行政区划的影响，荥阳故城处于郑州市区范围内，荥阳迁治后的老城位于今荥阳市区。

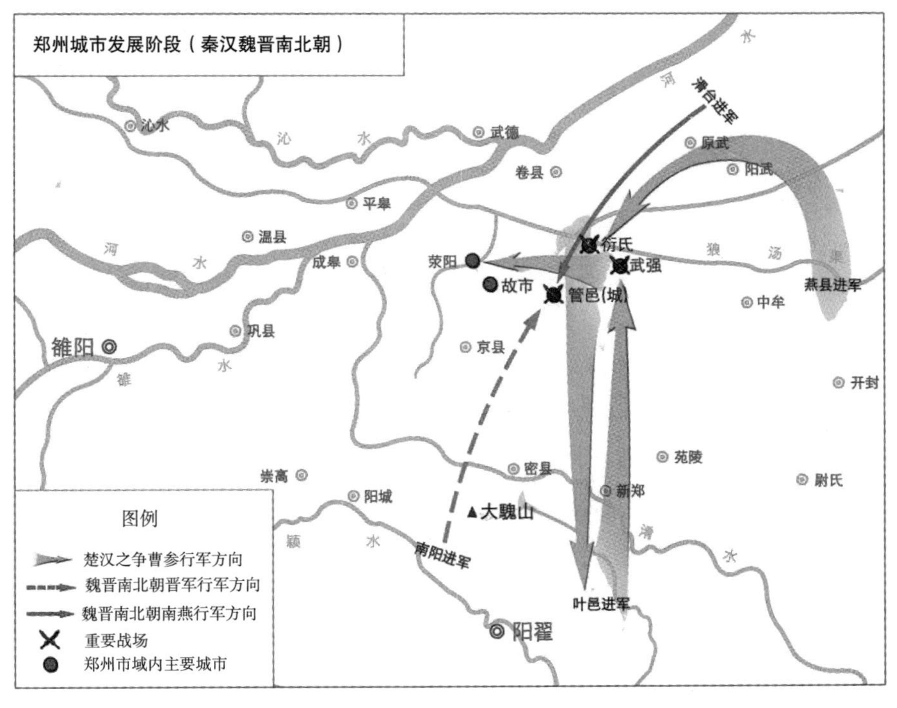

图 2-4　郑州城市发展阶段（秦汉魏晋南北朝）

3. 州城

隋开皇三年（583 年）改荥州为郑州，今郑州地区始以郑州为名，但最早的郑州并不在此，且在其后郑州又有变化。郑州作为州一级行政区，最早出现在东魏时期，孝静帝武定七年（549 年）改颍州为郑州。颍州在秦代为颍川郡，辖新郑、阳城等县，东魏改为郑州后治颍阴（今许昌市区），辖许昌郡、颍川郡、阳翟郡，这一地区为西周许国、春秋郑国之地。因此郑州的命名与历史上的郑国有关，郑州即郑地之域，设州统领。隋代的郑州最初是以荥阳虎牢为治所，于唐贞观年间移治管城县。因此，历史上的郑州有 3 个：许郑、虎郑和管郑，管郑即今之郑州。

隋开皇十六年（596 年），管城从中牟划出单独为县，郑州改称管州，州治由成皋迁至管城，管城县至此成为州县治所，隋末又不断改置郑州、管州及其治所。唐武德四年（621 年），在汉代以来管邑范围的基础上筑城墙，设城门 4 座。唐贞观七年（633 年），又"自武牢移动郑州理所于管城"，管城县作为州县治所才稳定下来。直至明初并省管城县，郑州在隋、唐、五代、北宋、金、元 6 代曾为州治，仅在北宋熙宁变法期间（1072 ~ 1085 年）曾归属开封府管辖以及在金代末年（1216 ~ 1235 年）改称为故市县。唐末，郑州遭到兵毁，曾与黄巢联合作战的秦宗权攻陷郑州，后为朱全忠所败。宋初郑州升为防御州，景祐元年（1034 年）升为节度州，崇宁四年（1105 年），建郑州为西辅，属京西北路，有"介二都之浩穰，承千里之风化，陪京之重，是惟郑邦"（宋 • 刘攽《彭城集》）之誉。

唐宋时期是郑州地区发展的一个高峰，管城县的交通地位十分突出，位于都城附近的水陆交通要道处，有拱卫都城之区位。唐代郑州尚处于入京要道上，为长安、洛阳通向东方的咽喉，附近又置有武牢仓、河阴仓转运漕粮。安史之乱后，郑州因为区位显著，唐后期仍旧车马络绎不绝，通夜难于宵禁。唐代管城县城内建有管城驿，是东南地区进入东都洛阳这条主道上的大驿站。大和二年（828 年），管城驿因人员往来频繁而由郑州太守杨归厚向唐文宗上奏请求移驿站于城外。驿站在古代为供传递公文的人中途休息、换马的地方，等级不同，驿站的设施有所差别。唐代的馆驿一般分为 4 个区：公共活动区、住宿区、杂物堆放区和牲口饲养区，管城驿为唐代一等驿站。刘禹锡的《管城新驿记》记述了管城新驿的一些概况，如"远购名材，旁延世工"，"蘧庐有甲乙，床帐有冬夏，庭容牙节，庑卧囊橐，示礼而不慁也"，表明驿馆的设施构造精致，条件较为优良。

宋代郑州处于开封和洛阳的驿道上，北宋王朝的命脉汴河流经于此，郑州地区的治理和发展因此颇受北宋政府重视，有许多相关举措，如疏浚河道、兴修水利、轻徭薄赋、兴学重教等，郑州渐而成为物产丰富、文风浓厚的畿辅城市。另一方面，离都城越近也容易对城市发展形成诸多限制，尤其是在汴京和洛阳两京之间的夹缝中生存，郑州城市发展更显拘束。郑州在宋代为汴京的物资供给地，加上要治理水患、供奉山陵、招待驿官等，其作用更多是拱卫京师。北宋末南宋初，宋金就多次交战于此。金代和元代，随着都城迁离中原、漕运河渠疏于治理和京杭大运河通航，郑州城市发展趋缓。

这一时期，由于管城逐渐成为区域中心以及郑州州域的行政划分，单一的城邑逐渐向领有腹地的政区转化，郑州在唐代领八县、北宋领五县、金代领六县、元代领四县，这样的行政设置基本上将黄河渡口、虎牢关口、河运通道等重要地理环境要素纳入郑州域内。

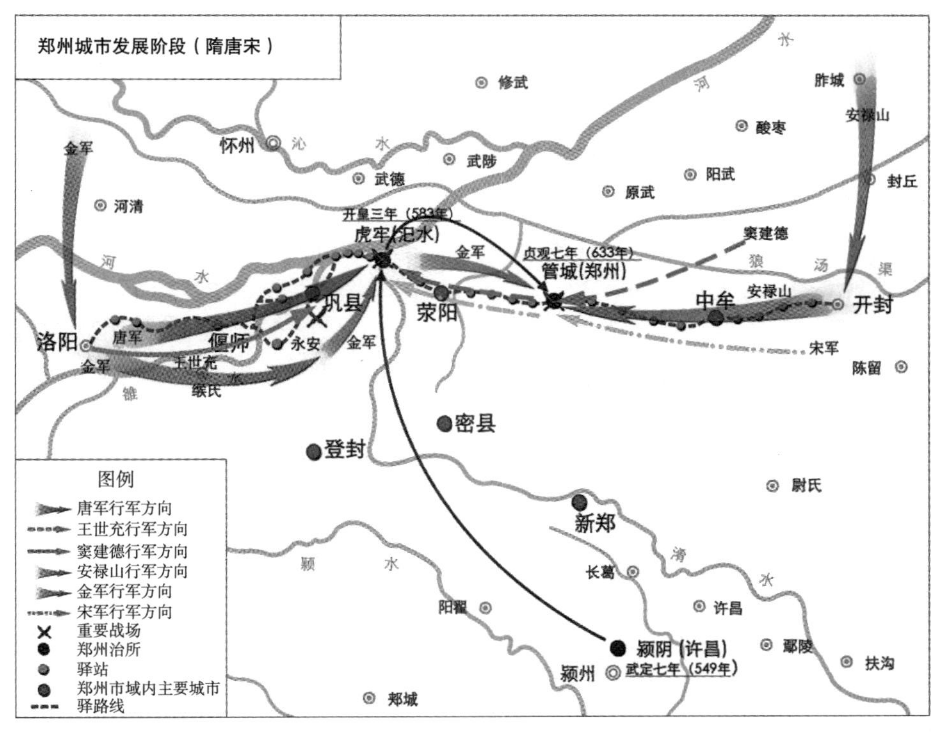

图 2–5 郑州城市发展阶段（隋唐宋）

4. 县城

明初裁撤附廓县，管城县并入郑州，郑州成为今郑州地区的主体称谓。郑州城在唐代所筑城墙为夯土墙，这种状况一直延续到明末。《乾隆郑州志》载，明清以来郑州因饱受匪患侵扰，城池多有重修加固。明崇祯二年（1629 年）因流寇猖獗，郑州开始修砌砖城。

在裁撤管城县后，郑州所辖县域和城市地位都有所下降，虽然名义上为州，但在明清地方行政制度中实为县级州城，属府的下一级行政单位。明清实行省、府（直隶州）、县三级制，一般散州相当于县。郑州辖地比唐宋时期大大缩小，含荥阳、荥泽、河阴、汜水四县，作为属州与中牟、新郑、密三县隶属开封府。清代雍正年间和光绪末年，郑州两次上升为直隶州，直隶于河南省，为州城级别（直隶州为地方二级行政单位）的时间前后不到 20 年。清代曾进行过地方行政改革，设置直隶州的目的是为了缩减府一级统县政区的幅员，并且简化政区层级，以利于行政管理。与一般散州不同的是，直隶州直接隶属于省，其级别等同于府,领有属县,成为一级统县政区。郑州升为直隶州即是因为本身有属县，范围相对较大，便于协调府州之间的关系。当领县超过 5 个时，直隶州多半要升为府，因郑州直隶州尚不满足条件，随后被降级再次隶属开封府。

明清时期郑州城市饱经水患和战祸的侵扰，也产生了诸如“郑州八景”所代表的城市人文现象。郑州地区河流众多、流量丰富、沟渠纵横，如贾鲁河可以行船，在降水集中的夏秋季节，位于平原地区的郑州就常常处于兴水利、除水害的人水关系之中。史料记载的水患灾害较多，较大的如明宣德元年（1426 年），黄河、汝河泛滥，淹郑州、荥泽等 10 余县；清雍正二年（1724 年），黄河决口，淹没郑州、中牟乡村数百个和 9 万户人家；清光绪十三年（1887 年），连续 10 日大雨，黄河在郑州下汛十堡决口，决口 300 余丈、水深 1.7 丈，淹没郑州以下中牟等 40 余县。明代中后期和清晚期，郑州地区频繁遭遇战事，比较重要的为李自成农民军和太平军、捻军等在中原地区的军事活动。明崇祯八年（1635 年），李自成农民军攻占汜水、荥阳、河阴、荥泽等县，于崇祯十五年（1642 年）占领郑州。清咸丰三年（1853 年），太平军进入郑州地区北上黄河，咸丰十一年（1861 年），捻军进入郑州，与清军激战后退走。

这一时期，郑州领一城四县，即郑州州城和荥阳、荥泽、河阴、汜水四县。除州城外，其他四县的历史情况分别为：荥阳县为北魏太和（477 ~ 499 年）以来的荥阳治所（大索城）地区，今县已建为市；荥泽县为隋仁寿元年（601 年）改广武县置，因为水患，县治数次迁移，明洪武八年（1375 年）县城南迁，成化十五年（1479 年）再次南徙，清康熙三十七年（1698 年）将县治迁至古荥阳城内西北隅；河阴县为唐开元二十二年（734 年）在汜水、武陟、荥泽地区析置，主要为便利东南漕运、并在汴口修筑河阴仓，治所曾 3 次迁移，始建治所在黄河、汴渠分水处，开元二十三年（735 年）迁于输场之东渠口，元至正四年（1344 年）迁大峪口，明洪武三年（1370 年）迁黄店街；汜水县为隋开皇十八年（598 年）改成皋县置，汜水由此注入黄河。

郑州城市在隋唐北宋经历了一次发展高峰之后，逐步进入衰落阶段直至民国时期重新开始恢复发展生机。1906 ~ 1909 年，京汉铁路和陇海铁路汴洛段先

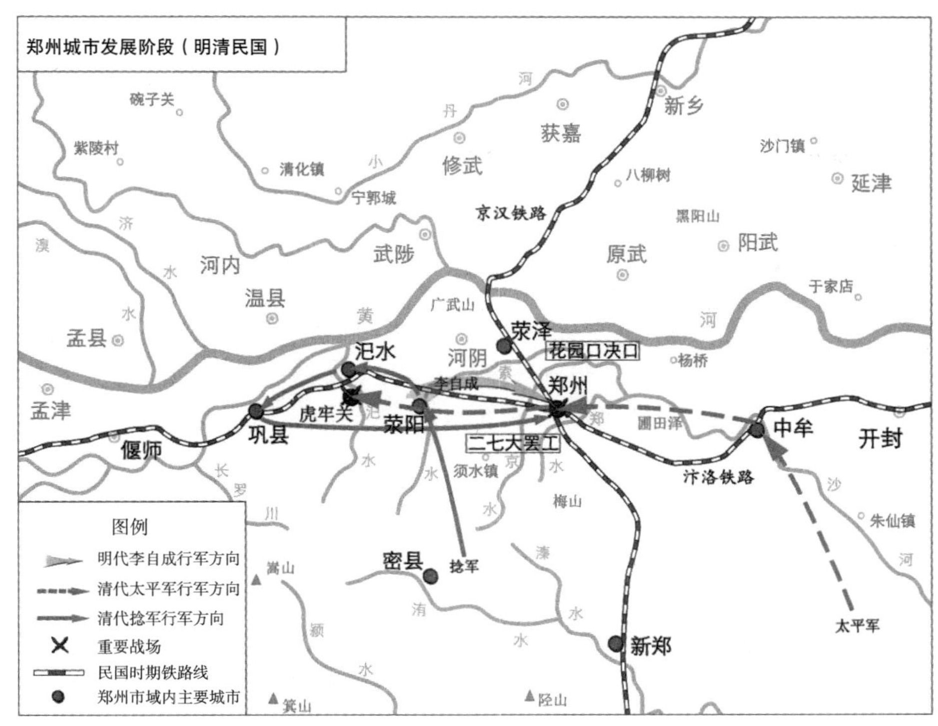

图 2–6　郑州城市发展阶段（明、清、民国）

后竣工通车，郑州成为中原地区的交通枢纽，沿线地区煤矿、机械工厂逐步兴建，手工业和商业开始发展起来。1913 年，郑州直隶州改为郑县。随着郑县城市发展壮大，城市面积不断增加，1920 年，郑县城和火车站之间已经形成了新市区，于 1923 年被正式开辟为商埠。1928 年 2 月，为解决城区交通和城市发展问题，冯玉祥核准拆除郑县城墙，所拆城砖 700 万用以铺马路或建民居。1928 年 3 月 18 日～1931 年 1 月 13 日期间曾设郑州市，为郑县城区析置，后撤销。为适应城市发展的需要，民国时期对郑县先后进行了两次城市规划，一次是 1927 年制定的《郑埠设计图》和 1928 年制定的《郑州新市区建设草案》，一次是 1947 年编制的《郑州市初步建设计划纲要》，这两次规划根据郑县的发展情况和远景展望做了积极的规划尝试，但由于诸多原因没有得到很好的实施。其中，1928 年的规划将规划区分成商埠区、新市区和旧城区 3 个部分，体现了“新旧分治”的城市规划思路。随着城墙被拆除以及方格网和放射城市道路系统的形成，郑州历史城市格局风貌逐步被打破，老城区与商埠区逐渐融合，1947 年的规划又在铁路以西划了一块工业区，这些都对郑州城市今后的发展产生了很大影响。①

民国时期，郑州先后经历军阀割据、革命运动、抗日战争和解放战争等阶段，

① 参见郝鹏展：《论近代以来郑州的城市规划与城市发展》，陕西师范大学 2006 年硕士学位论文。

也发生了诸多历史事件。其中，“二七”大罢工、花园口决口在郑州近代历史中最为著名。民国 12 年（1923 年）2 月 1 日，京汉铁路总工会在郑州成立，由于受到军警干扰，总工会决定举行大罢工。2 月 4 日，吴佩孚对郑州、江岸、长辛店等地的路工进行血腥屠杀，酿成“二七”惨案。民国 27 年（1938 年），在日军强势进攻下，蒋介石决定决黄河大堤，以阻日军前进。6 月 9 日，花园口决堤造成豫、皖、苏三省 44 县遭到水淹，损失惨重，这也导致了 1942 年的大饥荒。

清末铁路在郑州地区通车后，光绪三十四年（1908 年）清政府开放郑州为商埠，民国 11 年（1922 年）北洋政府内阁会议又决定开郑州为商埠。民国 17 年（1928 年）3 月 18 日至民国 20 年（1930 年）1 月 30 日期间，郑州成立郑州市。

5. 省城

1948 年 10 月 22 日，中国人民解放军接管郑州，设郑州市。1954 年，河南省人民政府由开封迁入郑州，郑州市成为河南省省会。自 1948 年以来，郑州城市建制隶属不断变化，城市内部空间和城市区域结构处于不断探索之中。1983 年实行市带县建制模式后，郑州市城市范围逐步稳定。郑州市由 6 区组成，分别为管城区、二七区、金水区、中原区、惠济区和上街区，其中上街区不与其他城区相接，同时郑州市又代管荥阳市、新郑市、新密市、登封市、巩义市和中牟县。

民国时期，在铁路沿线工业生产和经贸往来的带动下，郑县城市逐步向老城西部和铁路东部扩展。20 世纪 50 年代以来，城市发展的环境得以稳定，城市迎来了新的发展高潮，在不断修订完善城市总体规划的同时，城市发展延续民国时期的规划分区思路和发展方向，出现了沿铁路向 4 个方向扩展的格局。沿陇海铁路西段向西形成了棉纺织工业区，同时形成了和陇海路平行的棉纺路、中原路，市区随即延伸至此；沿京广铁路北段继民国时向北发展的步伐形成了轻工业区，出现了南阳路；而向东沿陇海铁路东段出现了货栈仓库和服务业集中区。城市出现了沿铁路生长的指状形态，其后城市的发展正是在这样的基础上形成的。[①] 可见交通优势在郑州城市发展中有着举足轻重的作用，沿交通线扩展更成了郑州城市发展的特点。在城市发展空间上，郑州城市在铁路东西都有了很大的扩展。

20 世纪 50 年代前后，郑州城市发展主要在老城区和京广铁路线之间南北延伸，随后以大规模工业项目建设布局为契机，向西跨越铁路线延伸到贾鲁河，向东延伸至老飞机场（今金水区机场路），其中铁路西部为工业区，东部为行政

① 参见郝鹏展：《论近代以来郑州的城市规划与城市发展》，陕西师范大学 2006 年硕士学位论文。

文化区，整个市区以二七塔和火车站为中心呈现圆形分布。与中心城区相隔的上街区即是在 1958 年正式成为郑州市区，其主要功能便是发展工业。在 20 世纪 60 ~ 70 年代，经过一段停滞和缓慢发展后，80 年代又开始向南部地区扩展，向西扩展至贾鲁河西岸地区并且逐步向北延伸。2000 年以来，随着郑东新区和航空港区的规划和建设，郑州市区继续东向和南向扩展，建成区面积不断扩大。在城市行政区划和规划建设上，出现了行政上的建制区与规划上的功能区相互交织的二重结构的问题。可以预见，随着城市建设的不断深入和壮大，郑州将会继续在行政区划上作出相应调整。

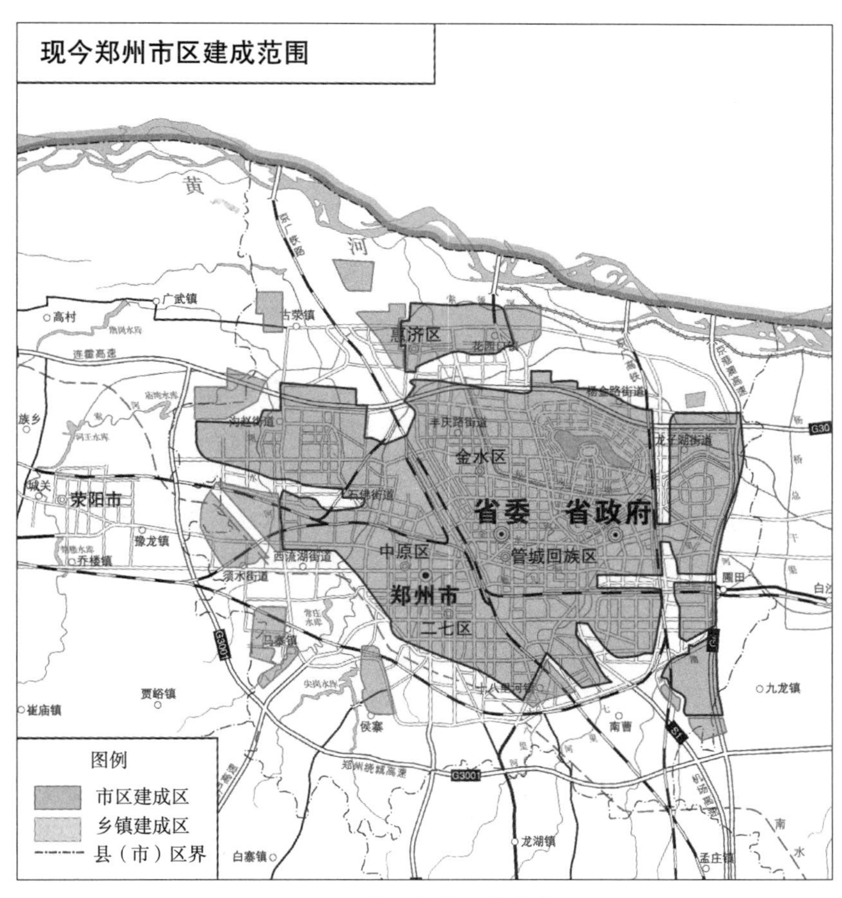

图 2–7　现今郑州市区建成范围图

三、社会经济变迁

1. 经济状况

郑州地区的人类活动踪迹可以追溯到史前时期，但郑州城开始有大规模的社会经济活动的时期当在商代郑州城存在的这一重要时期。在商代郑州城遗址考古发掘的遗存中，发现有铸铜、制骨、制陶的手工业遗迹以及海贝、海蚌、玉等商品交换的产物，这些都是早期郑州中心城区内居民生产生活的遗迹。

西周以来至隋代，由于郑州历史城市管邑、管城主要以军事作用凸显于史籍，其社会经济发展情况难以窥得全貌，仅从战国时期发掘的陶文陶器来看，郑州仍旧有一定的居民生活踪迹，战国时期的文化遗址在商代郑州城遗址东北部一带有发掘，出土有印戳“亳”、“十一年口口口”等陶文的战国陶器，豆盘、豆柄、罐、盆、瓮、碗等[①]。

隋唐管城县逐步成为郑州州治，在唐代处于东南地区往洛阳、长安转输贡赋的节点上，人员往来络绎不绝。管城县内有管城驿，为洛阳以东地区重要的大驿站，承担着帝国统治权威向东南地区渗透过程中的信息传达中转站的职能，车马往来相当频繁，由于唐代实行宵禁的政策，在唐后期不得不在城外设立新驿站，以供夜宿。北宋，郑州位于东京开封和西京洛阳之间，文化相对于经济要繁盛，境内有夕阳楼、开元寺、灵显王庙等诸多胜迹，皇帝士人皆至郑州观风览俗。物产方面有金泉酒、语儿梨、鸡头米等当地特产，但由于唐末五代的战乱对于这一地区造成了较严重的破坏，郑州整体上呈现地广人稀的景象，而且北宋以周边地区为畿辅用以拱卫都城和保障物资供给，在这种防卫策略影响下，郑州地区的经济发展为汴京的繁荣所消解。在熙宁变法期间，郑州被废州为县的原因就是“地狭民贫，不能输役”，与唐代的经济地位相去甚远。[②]

元明清以来，受天灾人祸的影响，郑州经济发展缓慢。黄河在明宣德元年（1426年）、清雍正二年（1724年）、道光二十三年（1843年）、光绪十三年（1887年）等大大小小的决口所造成的洪涝灾害以及数次干旱，加之明末清初闯王义军、晚清时期捻军等在郑州地区征战以及匪患流窜骚扰等，都严重阻碍了郑州地区的社会经济发展。明清时期，郑州社会经济与前代相比仍有一定进步，除了田亩垦殖和人丁繁殖增长外，突出表现为郑州八景“古塔晴云、凤台荷香、圃田春草、汴河新柳、龙岗雪霁、梅峰远眺、卦台仙境、海寺晨钟”所描绘的郑州城市景象，是郑州地区当时自然人文环境的写照。[③] 与历代知州加固城墙相伴随的是社会文化生活的丰富，如为纪念子产重建子产祠，民间祭祀活动活跃，城内外有许多庙观。因为水患频繁，历代都注重河渠工程建设，另外城内设有递运所，负责运递粮物。

20世纪以来，随着郑州通信、邮政、矿务、铁路、西医医院、新式学堂、银行等事业的发展，郑州工商业逐步兴盛起来，于1908年和1922年两次自开

① 张立东：《郑州商城与战国陶文“亳”、“十一年□□□”》，《考古与文物》2002年先秦考古专号，199-202页。
② 鲍君慧：《宋代郑州研究》，58-62页、70-71页，河南大学2011年硕士学位论文。
③ 薛枫、薛永卿：《明清“郑州八景”意蕴及传承》，《城乡建设》2013年第9期。

商埠，郑州呈现“轨道衔接，商民辐辏，财赋荟萃，其繁盛尤逾于昔时”（民国《郑县志》）的局面。1908年以来，郑州机器工业主要有：平汉路机务修理厂、电务修理厂等铁路工厂，明远电厂，豫丰纱厂，以切面机、弹花机等为主要产品的铁工厂，志大、中华等蛋品加工厂，德成、新华、德丰等面粉厂，以及皮革、卷烟、织布等行业工厂。手工业方面有缝纫、制鞋、白铁、竹木、印刷等作坊行。商业方面，郑州在1913年成立了郑州商务会，到20世纪30年代入会的各行业组织同业公会数量增至三四十家，同时期郑州大商户有1000～2000家。①

由于军阀混战、抗日战争和国共内战的影响，郑州工商业发展经常遇到危机。战争中拆毁铁轨致使供货中断，而且郑州工商业具有中转地特征，是中原和西北地区农副土特产品和沪、汉、津等地工业品、洋货运销内地的主要集散地，货物往来较多、成交少。此外，铁路沿线地区发展起来后，郑州商业也逐渐失去优势。如郑州地区本身植棉很少，但在铁路通车后棉花市场逐渐繁荣起来，周边地区的棉花通过郑州行销外地，甚至连“陕州、灵宝以及关中、泾阳、渭南、朝邑等棉花系悉运郑州集中，成交后打成机包再行输出”。当时所俗称的“郑州棉”，实际几乎全都是陕西、山西、河南西部所产，只是聚集于郑州后再送往各地，所以时人才称之为“郑州棉”。②

20世纪20年代，棉业成为郑州唯一大宗交易，由此带动了打包、纺织、金融等行业的发展，在车站沿线建有专门打包棉花的厂房，诸多银行、银号也介入到棉花从生产到销售的整个过程中，形成了一个棉花贸易体系。郑州棉花市场十分活跃，棉花交易中心位于饮马池，大商户中也以棉商居多，还有花行、货栈等中间商。但由于中原大战、旱灾、豫西棉花就近打包、农村经济凋敝、世界经济危机、铁路推行货物联运制等诸多因素的影响，郑州棉市一落千丈。抗战时期，郑州对外交通阻塞、物资供应不足、物价起伏不定，又发生大饥荒，郑县受灾严重，物质生产生活出现停顿甚至倒退。③

2. 人口变迁

先秦时期的人口统计比较缺乏，西汉时期起中国人口统计开始有明确的记载。西汉时期，河南郡辖22个县，有户二十七万六千四百四十四，口一百七十四万二百九十七（《汉书·地理志》）。今郑州地区的荥阳、京、中牟、巩义、故市、密、成皋、苑陵、新郑等地均属河南郡，管邑属京县。郑州地区的人口统计在文献中开始有确切记载的是在唐宋时期。唐代，郑州辖

① 李杰：《近代郑州市民物质生活变迁研究（1908—1948）》，6-7页，郑州大学2011年硕士学位论文。
② 宋谦：《铁路与郑州城市的兴起（1904—1954）》，郑州大学2007年硕士学位论文。
③ 刘晖：《铁路与近代郑州棉业的发展》，《史学月刊》2008年第7期；李杰：《近代郑州市民物质生活变迁研究（1908—1948）》，7页，郑州大学2011年硕士学位论文。

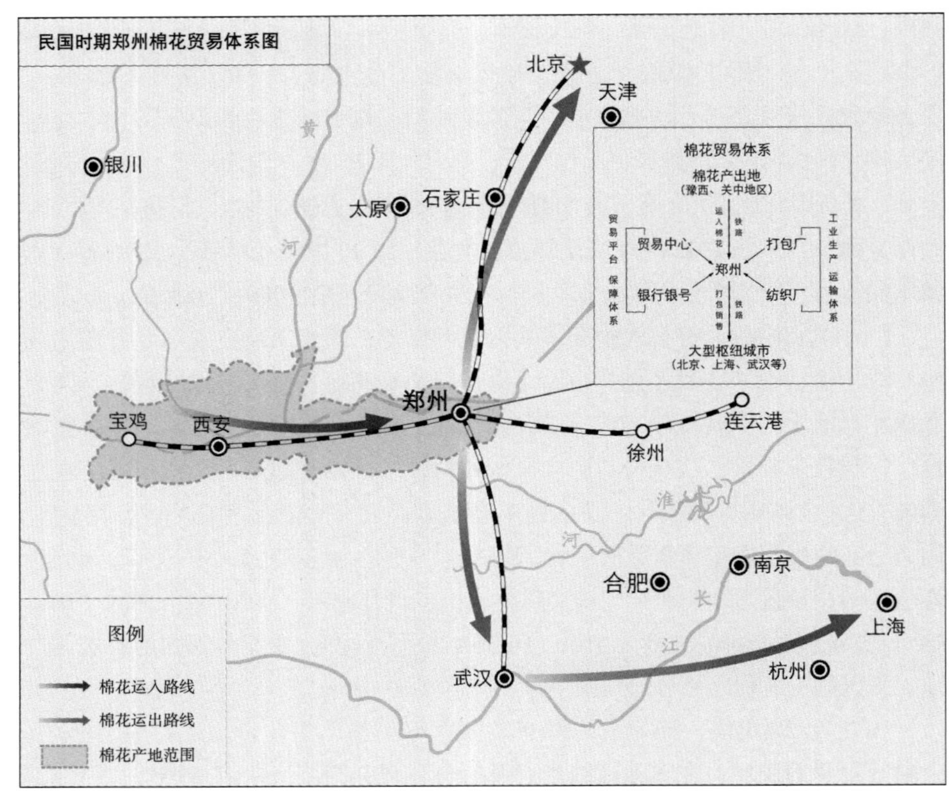

图 2–8　民国时期郑州棉花贸易体系图

管城、汜水、荥阳、荥泽、密、新郑、中牟、阳武 8 县，开元二十八年（740 年），有户七万六千六百九十四，口三十六万七千八百八十一（《新唐书 • 地理志》）。北宋，郑州辖管城、新郑、荥阳、荥泽、原武 5 县，崇年元年（1102 年），有户三万九百七十六，口四万一千八百四十八（《宋史 • 地理志》）。明清时期，郑州辖荥阳、荥泽、河阴、汜水 4 县。明嘉靖《郑州志》载：洪武年，户三千七百六，口二万三千四百五十五。嘉靖年，户六千五百二十二，口五万九千六百五十八。明末清初，政局动荡，人口损失严重，人口统计缺失。清代人口统计以丁计算，与明代有所不同，丁是纳税单位，不代表实际人口数。清康熙《郑州志》载：原额六则人丁，共计一千五百五十二丁，见在人丁，共五千六百二十一丁，除足额外逾额人丁四千零六十九丁。乾隆《郑州志》载：乾隆元年编审，新旧共人丁八千九百七十丁，乾隆六年编审，新旧共人丁八千八百零三人。这个“丁”不是成年男性（16 ~ 60 岁）的人口数，因此严格意义上的定量讨论清代郑州全境及州治人口十分困难。根据郑州建制和常理推测，在城市面积差异不大的情况下，州治（即管城县）人口一般要比辖县的人口多，仅就平均数而言，唐代开元年的郑州州治人口为 45985 人，北宋崇宁年郑州州治人口为 8370 人，洪武年郑州州治人口为 4691 人，嘉靖年郑州州治人口为 11932 人。由于唐代辖县中数量较多、地域范围大小不一，因此州治人口与平均数的差异会有较大出入，但相比宋明时期的城市人口仍旧要多得多。1913 年，郑州改为郑县，全县总人口为 153843 人，1916 年增加到 205145 人，1948 年，新设立的郑州市总人口为 164839 人。20 世纪 30 年代起，郑州民族工业和手工业得到快速发展，城市人口急剧增长，随后人口有所下降，主要是受 1938 年黄河花园口决堤以及抗日战争时期郑州为日军侵占导致交通受阻、商业萧条影响。1942 ~ 1943 年的河南大灾荒致使郑县死亡 9.5 万人，人口损失相当严重。抗日战争胜利后，郑州人口逐步增加，但在内战的影响下，人口又有所减少。

民国时期郑州县城人口统计 **表 2–3**

年份	郑县全境 / 人	郑县城区（郑州市）/ 人
1913	153843	
1916	205145	
1928		81360
1930		95482
1931	257083	
1934	329635	124377
1938	213144	
1942	172194	
1945	182628	53390
1946	233986	
1947	242814	
1948		164839

注：统计来源为《郑州市志》。

在人口迁徙方面，郑州地区的人口迁移比较频繁，外迁和内迁的分界点为清末民初。清末以前，郑州地区因地处中原，濒临黄河，饱受战乱、黄河水患、蝗灾干旱的困扰，造成中原地区的人口流失、减少，如“永嘉之乱”、“安史之乱”、“靖康之变”等重大历史事件导致人口南迁影响了中国人口地理格局，郑州地区都处于这一漩涡之中。明清时期，官方曾推行移民政策，《明太祖实录 • 卷二二三》载，洪武二十五年（1392 年）十二月，命后军都督佥事李恪、徐礼去山西招募移民共 598 户，分别迁至彰德、卫辉、广平、大名、东昌、开封（时郑州隶属开封府）、怀庆等地。同时，为了改变中原地区人口稀少、土地荒芜、农业衰退的局面，在河南专设司农司，管理垦田事宜，并采取了各种奖励垦殖的政策[①]，但这些都功效不大，19 世纪末郑州城人口不过 2 万。民国时期，随着京汉、陇海两大铁路在郑州交会，在郑州谋生经商的外来人口增多，在 20 世纪 30 年代，城区增加到 12 万多，全县增加到 32 万多，除了人口的自然增长，外来经商、务工人员是主要新增人口。[②] 改革开放以来，郑州地区人口增加除了城市本身发展壮大之外，还与行政区划面积增加有关，2015 年郑州市区面积达到 392.8 平方公里，而 1948 年郑州市区面积仅有 5.23 平方公里，在 67 年间市区面积扩大了 75 倍，市区人口也增加到接近 400 万，与 1948 年相比也增加了 20 多倍。城市人口相对于市区建成面积而言，城市人口密度加大形成了人口压力。

在民族成分方面，郑州是一个多民族聚居的地方，其中回族占少数民族中的多数，管城（民国郑县城）为回族主要集中居住地区，现设管城回族区。回族在我国南宋至民国时期泛称为“回回”，也引申称呼穆斯林地区，它始于唐中叶阿拉伯使节和商人在唐代两京地区寄寓或留居，管城在当时为交通驿站，郑州地区的回族即来源于此。唐代以来，因军事征战、移民迁入以及经商贸易等原因，明清时期逐渐有较多回族在郑州城乡定居下来，当时的郑州城内有“回回巷”（管城区清真寺街一带），城内北大街有始建于元末明初的清真寺，现称北大清真寺。到了近代，由于京广、陇海两大铁路的开通，河南交通地位提高，吸引了大量的回民在交通要道处聚族而居。近代郑州回民数量在 1928 年达到 5311 人，1935 年达到 6223 人，到新中国成立前夕，城内回族已近 7000 人（当时郑县城区总人口约在 10 万），是郑县少数民族中人口最多的。回民的聚居点已由明清以来的少数几处扩大到北下街、清真寺街、丁光里、河东街、河阳街、城南路西段、南顺城街、阜民里等多处，成为郑州城市发展过程中的一个特殊现象。

第二节　城市形成与发展的环境要素

一、地理区位条件

地理区位对城市的影响在于它在很大程度上决定城市的形成规模、存续时间和功能结构等，郑州城邑的形成和发展与地理区位有着十分紧密的联系，其城市发展的兴衰主要受到政治依附、经济格局和地理交通等因素的影响。

政治依附方面，在原始社会时期，人类居住区就产生了防卫体系，最主要

① 郝鹏展:《论近代以来郑州的城市规划与城市发展》，7 页，陕西师范大学 2006 年硕士学位论文。
② 刘永丽:《民国时期郑州城市人口变迁研究（1912—1948）》，41 页，郑州大学 2008 年硕士学位论文。

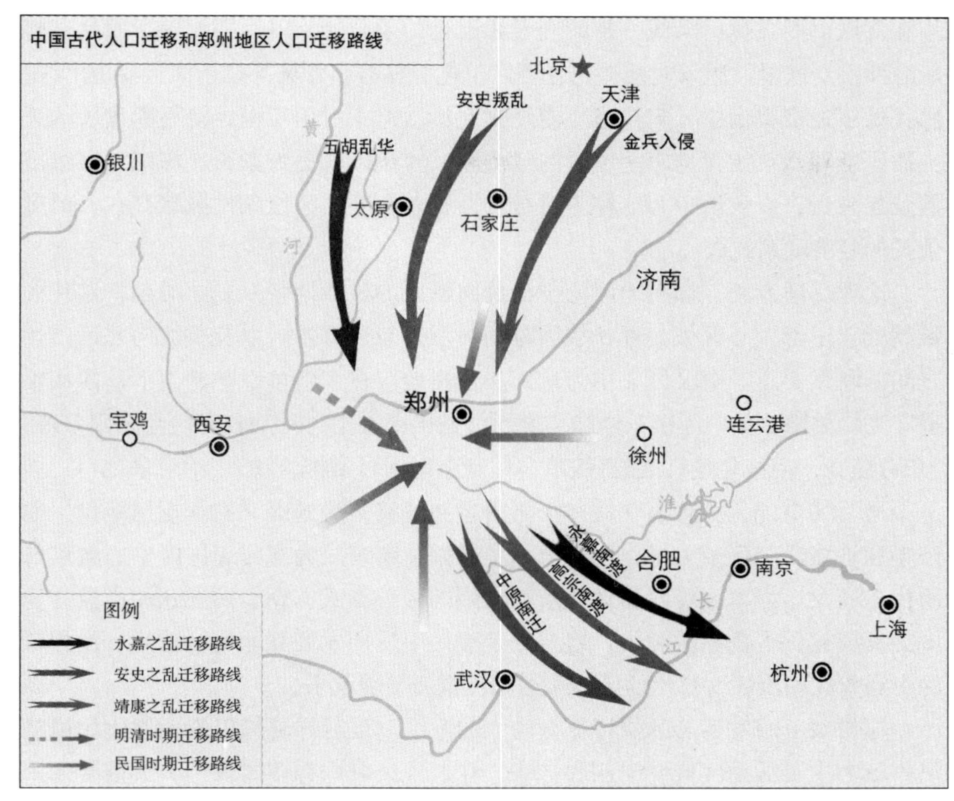

图 2–9　中国古代人口迁移和郑州地区人口迁移路线

的代表就是环绕部落所修建的壕沟。进入奴隶制社会以后，原始部落间的冲突和征伐产生了政权上的更替，为了保障自身安全和维护统治秩序，奴隶制王朝及封建王朝对统治中心的防卫要求成为早期城市形成和发展的主要因素，出现了内城、外城、壕沟等多重城市防御设施。随着国家疆域的扩大，王朝中央对统治中心周边地区的治理和控制随着离心距离的增加会越来越孱弱，又出现了辅都或陪都这样的一个或多个次中心，同时在重要城市附近的山隘险要、河川渡口处设关隘驻防，作为都邑的屏障。郑州城在商代为都邑体现为城市主体综合职能的特征，城市生产生活与自我防御设施兼备。秦汉至唐宋时期，郑州地区又成为都邑的军事要冲地带，政治中心北移后郑州城市的衰落和地理区位弱化有明显关联。

经济格局方面，郑州城市自春秋战国以来城市经济有较大发展，韩国的荥阳（郑州市惠济区古荥镇）是当时郑州地区的富饶城市，西汉时期为重要的冶铁场所。《盐铁论》载："燕之涿、蓟，赵之邯郸，魏之温、轵，韩之荥阳，齐之临淄，楚之宛丘，郑之阳翟，三川之两周，富冠海内，皆天下名都，非有助之耕其野而田其地者，居五诸侯之衢，跨街冲之路也。"韩魏地区的经济重镇不在都城，而在黄河沿线一带的交通要道上，荥阳迁治以后郑州城市发展在隋唐时期重新恢复。唐宋时期郑州经济区位优势显著，管城县位于河运要道沿线，唐代处于通济渠南岸，宋代汴河流经其北境，但相对于江南经济不断发展的势头而言，郑州在唐代与东南地区的经济联系要比宋代更为紧密。江南地区经济繁荣起来后，以政治中心北移为转折点，城市发展的区位条件虽然存在，但所依托的经济联系式微。

地理交通方面，郑州地区位于山地向平原的过渡地带。夏商时期，这片区域就处于王都核心区域，春秋战国时期为王都与东方各国以及黄河南北诸侯国之间的联系要道。秦汉以关中为重，从郑州地区往东南可以驰骋而下，西却可退守高岭关隘。关中往山东的陆路交通就是出函谷关，穿豫西山区，至荥阳分道，"东穷燕齐，南极吴楚"，遇有战事，控制荥阳即可掌握主动，"绝成皋之口，天下不通"（《史记》)。唐宋管城在水路漕运和驿路转运方面又占据枢纽地位，通济渠和管城驿起到了关键作用，尤其是管城在隋唐成为郑州地区的中心城市与隋代疏通大运河密不可分，近邻东都洛阳的区位和武牢仓、河阴仓的设置为管城的发展提供了良好的契机，管城也于唐代中后期发展到鼎盛。近代，因为新的交通方式的出现，郑州地区的交通区位重新显著起来。

郑州城市的发展与区位特征有较大的联系。夏后氏部族以嵩山周边和伊洛河流域为主要活动区域并向四周扩张，在这片区域内有多座都邑，最重要的一座都城是洛阳附近的斟鄩,夏朝末代帝王桀亦居于此。成汤自商丘一带起兵灭夏，其后商王朝在斟鄩附近建立都城，可西向监守嵩山及伊洛河地区的夏遗民，也能与东面商丘的故居之都取得联系，商代郑州城的营建即有这方面的区位条件。

西周立都镐京，又以洛邑为成周，政治中心位于渭河流域。对于疆域的治理和统治的维系，西周采取分封制和宗法制相结合的政治制度，将商人故地以及东夷、戎狄之地分封给宗族和功臣，让他们去开拓繁殖。管叔是文王三子，排在伯邑考和武王发之后，武王灭商建国将管叔鲜封于管地，建立管国，并与蔡叔度、霍叔处协助、监督商纣王子武庚，一同治理商朝遗民。在周初所进行的初次分封体系中，管叔鲜及其所封管国在洛邑以东地区的地位和作用相当重要，兼有开疆拓土稳定东方的战略意图和镇守殷地防卫殷民的政治任务。

管国被废后，城市发展相当缓慢，春秋战国时期管邑先后为郑国、韩国的边邑重镇，常常受到邻国的侵扰，如晋国和其后的魏国、秦国。秦汉之际，荥阳(今郑州市古荥镇)活跃起来,一度成为这一地区的中心城市。终于在隋唐时期，因为荥阳迁治和地区水陆环境产生了变化，管城才重新被重视而成为州县治所。

进入近代，郑州再次获得腾飞的关键是铁路的修建和交会，郑州在洛阳、开封两大城市之中脱颖而出乃是地理区位和地形地貌等诸多因素作用的结果，洛阳靠西居于山地之间，开封靠东居于平原之上，郑州居中位于山地向平原的过渡地带，在当时水患灾害、地质勘察和修建条件的制约下，郑州成为南北向铁路与东西向铁路交会的理想选址，取代洛阳和开封成为具有优势区位条件的城市。

二、地形地貌特征

郑州城邑最初形成和在故址上绵延发展，有其地形地貌的独特性，选择在山地向平原的过渡地带而建。商代郑州城的主要特点就是建在平地上的临水地区，利于生产生活取水和往来水陆交通。郑州中心城区基本上处于黄淮平原北部边缘，城区西部为略高的山地台阶前缘，东部、北部和东南部为坦荡的平原和低洼地区。地质学上，在冰川作用活跃的更新世（结束于一万多年前）晚期，郑州地区的海浸才消退，形成一个陆地湖泊沼泽区。

在早期城邑的发展过程中，城邑的选址、建设对地形地貌的依赖性较强，它往往决定城邑的格局、大小、交通，甚至人口的繁衍生息。由于人类早期的生产力水平较低，对于自然灾害的抵抗能力较弱，在定居、迁徙的过程中会趋利避害，确保安全。《管子·乘马》云:“凡立国都，非于大山之下，必于广川之上，高毋近旱而水用足，下毋近水而沟防省。因天材，就地利，故城不必中规矩，道路不必中准绳。”由此可知古人早在春秋战国之际的营国营城理念，尤其对于都城的选址已经颇有讲究。

根据目前的考古发掘，在商代早期的郑州中心城区内存在两座主要城邑，位于今管城区的商代郑州城和西北郊小双桥地区的城邑，在时间上商代郑州城要早于小双桥城邑且其延续时间也相对要长。夏商时期，这一区域温暖湿润，森林植被覆盖程度较高，适宜人类居住，发掘了诸多具有龙山文化和二里头文化特征的遗址。但就史书记载，夏朝末年伊洛河地区遭遇特大干旱，“伊、洛竭而夏亡”，以至于“汤王桑林祷雨”，这虽然只是夏朝灭亡的原因之一，但足以证明城邦的发展离不开水源。考古发掘显示，商代郑州城的选址在很大程度考虑到取水便利的因素，外城的其他部分均发现有城墙遗迹，唯有东面可能紧邻一片古湖泽地。值得注意的是，小双桥遗址的发掘表明当时这一片区域尚处于平地之上，未受到河水浸润。这两片泽地对郑州城市的形成和发展有重大影响，在春秋战国时期分别称为荥泽和圃田泽。

荥泽是春秋战国到秦汉时期黄河南面的一个著名泽薮，《尚书·禹贡》中有记载:“荆河惟豫州，伊、雒、瀍、涧既入于河，荥播既潴”，这里的荥播为泽名，乃是沇水（济水）溢出河后所形成的泽地。古荥泽的地理位置大致在荥阳故城（古荥镇）附近今索河流下高崖处的东南，荥阳北面的广武山在郑州中心城区西部成为平地，于古荥镇的东面从慢坡陡降为高崖，并斜向东南一直到郑州城附近。[①] 小双桥城邑恰好位于古荥镇东南小双桥村及其西南部，索河流经其西北，考古证实岳岗村东北有古湖泊存在的痕迹，结合地形地貌分析可以推测这一区域在商代前期地势相对平缓且荥泽尚未完全形成，从另一方面也可以推测《尚书》应为周人所作，描绘的山川地理为周代的景象。荥泽在西汉末年基本淤塞，《尚书正义》载："自汉平帝（公元 1 ~ 5 年）后，荥泽塞为平地"。济水在古荥镇南侧由黄河分出后在古荥泽沉淀，泥沙减少水质变清，适宜人类利用。大约在两晋时期，济水在失去泥沙沉淀的地方后河道逐渐湮塞最终完全消失，但鸿沟水系和隋唐时期的通济渠、汴渠都利用了济水的部分河道。春秋至秦汉，郑州北部古荥泽周边及济水自西向东流经的沿线上分布着诸多城邑，荥阳是这一区域较大的城邑。荥阳迁治后在随着大运河的开凿和行政区划的变迁，隋唐时期管城的崛起，这种历史变迁现象正好与荥泽和济水存续的时间相应照，水陆环境的变化影响了郑州西部和北部地区的发展。

圃田泽的存续时间相对复杂，在历史时期时为泽地、时又淤塞。《周礼·职方》载："河南曰豫州，其山镇曰华山，其泽薮曰圃田"，《吕氏春秋·有始览》《尔雅·释地》《汉书·地理志》《淮南子·地理篇》中也有关于圃田的记载，朱熹考证认为《诗经·车攻》中"车有甫草，驾言行狩"的"甫草"为甫田，即圃田泽，为周王的田猎巡狩之处。根据对商代郑州城的考古发掘，结合《诗经》记载的西周时期圃田泽的生态环境，可以大致推测圃田泽在商代即已形成，由洼地演变成水泊并在历史时期有所盈缩。圃田泽的位置在中牟西、郑州东，春秋战国至魏晋时期，湖泊范围保持相对稳定，唐宋时期有所扩大，金代陂塘变得淤浅，元明清黄河改道又倾注进来，清代鼓励垦田发展以后，圃田泽最终逐渐成为陆地。[②] 圃田泽的演变在很大程度上限定了郑州的东部边界，由于这一地区地势一直比较低洼，城市的东向发展显得较为谨慎。

对郑州城市发展有重要影响的还有黄河，它流经郑州市北部，并且自唐代起，郑州北界一直以黄河为分界线。历史时期的黄河曾有过多次改道，其中郑州市地区的黄河河道在春秋战国至元明无较大变化，其走势为孟津——温县——武陟——获嘉沿线，因而在郑州北部地区存在较大的一片区域，在荥泽、济水的孕育下，形成了若干城邑，管邑（城）也因远离黄河，在某种程度上有利于城市的稳定发展。此外，鸿沟水系、通济渠、汴渠都或多或少的对郑州城市的发展产生了促进作用。明天顺七年（1462 年），乾隆《怀庆府志》载："河自武陟徙入原武，而获嘉之流塞"，黄河在武陟折向东北流的历史彻底结束，改从原武东流。民国 27 年（1938 年）花园口决堤事件人为影响了黄河河道，在决口

① 陈隆文:《古荥泽考》，见《郑州历史地理研究》，中国社会科学出版社，2011 年；侯卫东:《"荥泽"的范围、形成与消失》，《历史地理》2012 年第 00 期，110-115 页。

② 陈隆文:《黄河水患与圃田泽的湮没》，见《郑州历史地理研究》，中国社会科学出版社，2011 年，116-128 页。

合拢之后，郑州北界随着这一段黄河河道的稳定基本上确定下来。

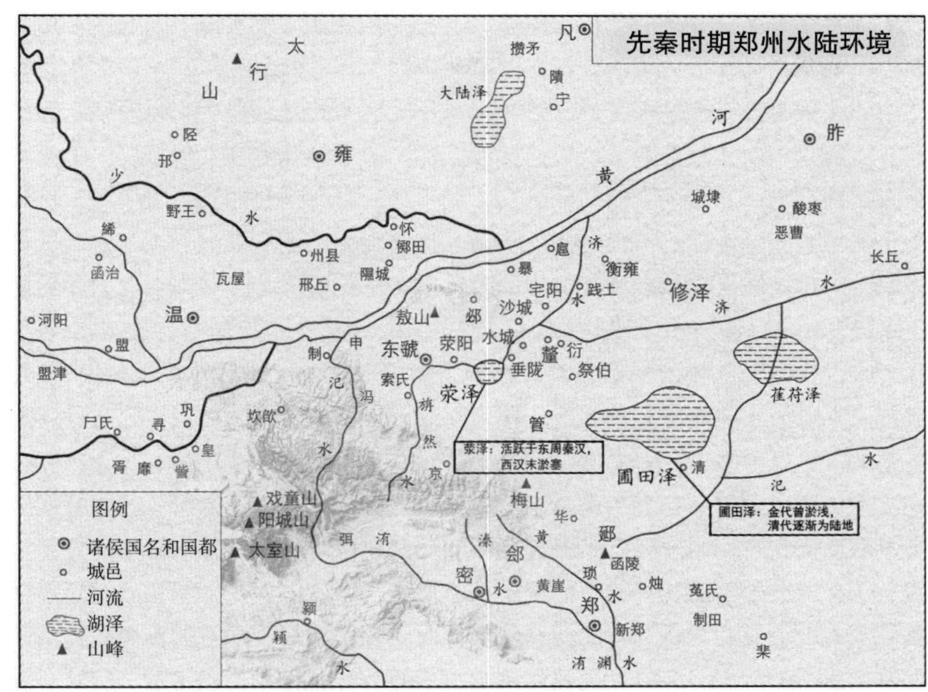

图 2-10　先秦时期郑州水陆环境

郑州城市的形成与发展有着地形地貌因素的作用：其一，郑州西南部为山地，北部为黄河和济水河道，东、西又有荥泽和圃田泽，郑州城即夹在其中，与历史环境相适应呈现缓慢发展的状态。荥泽地区的水陆环境变迁使得这一地区的城邑发展逐渐沉寂，管城地区的水陆优势逐渐凸显，处于平原地带是现今郑州城市规模不断壮大的便利条件。其二，郑州城周边的重要水系及支系河流构成的水路网络是郑州城市过境交通发展的优势条件。古人在寻找安居点时，除了考虑土壤质地条件以便于农耕畜牧外，对于水源的需求也是一大内在因素。逐水而居，是古人在改造自然能力相对较弱的条件下迁徙、定居的一种方式，一方面可以较为便利地获得生产生活用水，维系生命；另一方面在古代陆路交通建设水平落后的情况下，河流是交通运输的重要通道。

三、区域交通优势

地处黄淮流域之间的郑州在地形地貌和水陆环境的影响下，其区域交通优势逐渐突显，由此衍生出文化遗产积淀和军事战略地位。

考古学为我们呈现了早期历史中郑州地区的区域交通优势和聚落分布情况，在中国历史地图集中，黄河沿线地区有一条古遗址分布带，从西安延伸到郑州后呈现两个分叉，一条沿太行山东麓北上，一条沿淮河水系南下，这些古聚落在沿线河流的哺育下，不断繁衍交融。裴李岗文化、仰韶文化、龙山文化在较广阔的区域内都有遗址被发掘，对龙山文化晚期尤其是二里头文化时期，燕山南北、鄂尔多斯、甘青地区、成都盆地、长江中下游等地都发现带有二里头文化因素的遗物。文明国家的初创时期，郑州地区卷在融合的潮流之中。二里头文化的核心地区为横跨嵩山北侧的洛阳盆地与嵩山南侧的颍河、汝河流域，最终整合为跨越黄河流域和淮河流域的政治实体并扩展势力至黄河以北，其后的二里岗文化又为漳河型、辉卫型等东方文化与二里头文化相交融。

以古代交通依赖的水系来看，临近黄河主干道的郑州地区属于黄河流域，但黄河下游的支流除了沁河并无其他大河注入，黄河沿线的渡口在郑州地区和临近地区的分布也相对适宜，曾有几处著名的津渡如孟津、小平津、玉门、官渡、延津等，而在郑州南部直接就是淮河支流，有多条水系注入淮河。这个特征所产生的意义在于郑州地区既是跨越黄河的安全地带，也是连接中原与南方各地的交通孔道，处于南北交通上的重要枢纽地位。以黄河冲积平原相隔，郑州地区位于关中平原和海岱地区之间，是与东西双方保持紧密联系的重要孔道。向东由黄河、古济水、淮河可达黄河下游和东部沿海，向西由黄河过三门峡、函谷关可达关中及以西的地区。古来南征北战，郑州地区常为战火所侵扰，区域地理交通与政治经济需求相结合，对这一地区的城市发展产生了深远影响。

郑州地区在夏商时期的人类活动虽然已经相当活跃，但西周以来有关这一地区的史料记载呈现出更加生动的局面。周平王东迁后，春秋战国时期郑州地区地理位置十分优越，郑国荥阳（郑州古荥镇）与京（荥阳京襄村）、制（郑州上街区）是在新郑的郑国与在洛阳的东周王都之间交通孔道的枢纽，晋楚争霸中，郑国作为缓冲地带，晋楚南北交锋于此。韩国灭郑并迁都到郑国都城，其国境跨越黄河南北，从荥泽至衡雍可渡河至野王（今河南沁阳），向北直到上党（今山西长治），这条孔道是韩国控制国境内黄河以北地区的咽喉。战国魏惠王开凿鸿沟，济水、河水、泗水、汝水、淮水形成水路交通网，郑州地区正当其中，东有鸿沟通淮泗，北依山临河，南遥望京索连嵩山，西过虎牢关接洛阳、长安，地势险要，交通便利。

春秋战国以来，以郑州境内的城邑为主要节点形成了两条主要的交通线连接各个区域，有的是战争需求所形成，有的是贡赋输役所形成，在区域、城市的各类往来中，道路交通体系不断成熟。同时，在这些主要交通线中还延伸出支线通往周边地区，如东向交通除了到达东海地区外，还可以抵达齐鲁地区、江淮地区。

一条是形成于商周时期，在秦汉时期正式确定的东西向交通线，秦汉称为三川东海道，是由都城向东通往滨海的大道。黄河沿线上的几座古都西安、洛阳、郑州、开封为主要连接点，这条线路与现今的陇海铁路线走势基本一致。在这条大道上，洛汴间的古驿道最为著名。商自东方攻伐西边的夏王朝形成了初期的交通路线。周代殷商后，封管叔于郑州商城立国，又因其谋乱被周公平叛，管国从此不再，管地式微。郑州地区的政治、经济中心先后南移新郑，北移古荥。荥阳至战国时建城，已然发展成洛汴古驿道上的政治、经济、军事、商贸和交通重镇。唐宋时期，洛汴之间交通繁忙，沿途驿站林立，其中最大的便是郑州的管城驿，东西向道路之间在郑州境内的走向和主要连接点也逐步确立。

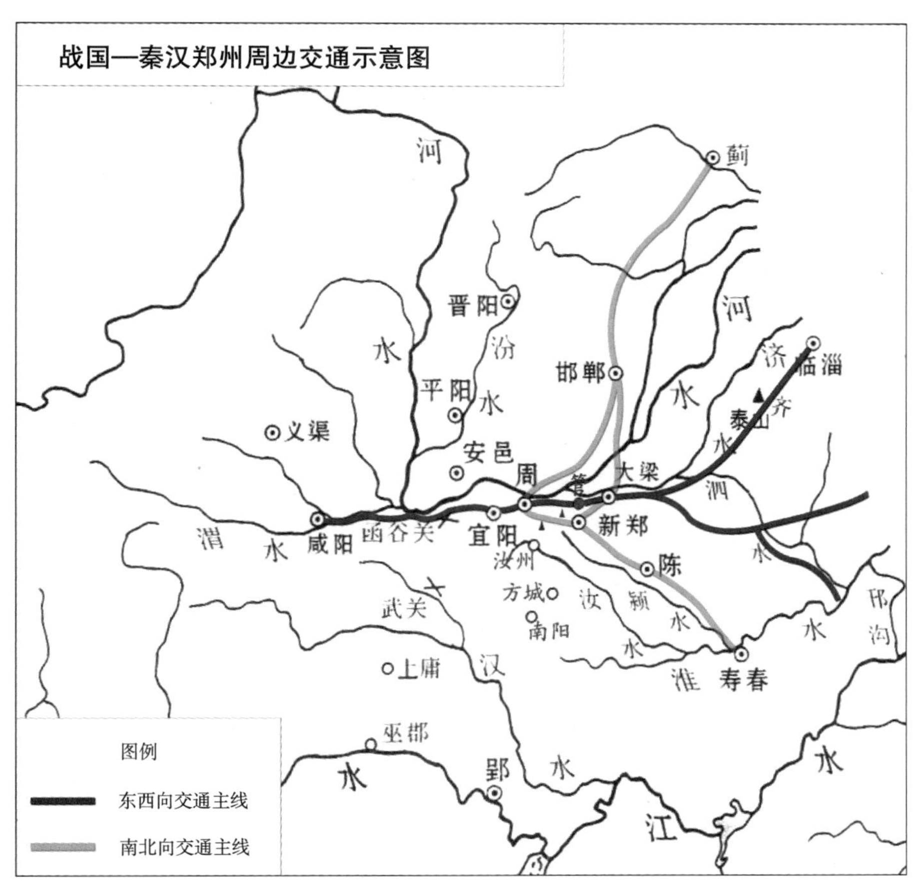

图 2-11　战国—秦汉郑州周边交通示意图

一条是形成于夏商时期，在春秋战国时期初步稳定并在民国正式确定的南北向交通线。北段大致从洛阳—郑州一带渡河北上后沿着太行山东麓的城市淇县、安阳、邯郸等至北京及辽东，南段大致从郑州南下往新郑、许昌至楚地最终抵达南海之滨，这条线路与现今的京广铁路线走势基本一致。夏末商族渡河南下经郑州至洛阳，代夏而立，这次具有较大规模的渡河行动在古史和考古中都有相关文献记载和实物资料。黄河从郑州北部过境，自洛阳到开封沿岸有诸多古渡口，其中不乏孟津、延津等以津渡命名的地点，荥阳汜水北注黄河处的玉门古渡与周边的古渡一起成为连接黄河南北与连接东西的水陆交通枢纽和中转地，商贾云集，车水马龙，与古荥泽沿岸的城邑及洛汴古驿道紧密联系，路网纵横交织，构成等次分明的区域道路交通体系雏形。

交通对于城市的发展具有至关重要的作用，大都市的交通特点就是畅通发达，洛阳地区的繁荣、通济渠的开凿是隋唐时期管城县兴盛起来的历史契机，伴随着郑州城市发展的是其交通中枢地位的确立。近代以来，随着铁路、航空运输的兴起,先进的运输工具和交通方式不断更新,全国区域交通网络逐步完善，郑州在中原地区的铁路枢纽地位确立后，又在航空领域加强航空港建设，立足于现代立体交通的发展，扩展交通辐射范围，缩短时空距离，继续提升交通中枢在更大区域中的影响。

第三节　郑州古城形态发展演变初探

一、城邑发展过程

在前文中主要探讨了郑州城市的发展演变阶段，在这里着重就郑州历史时期的主要城邑或者称为中心城邑的古城作具体形态方面的分析。郑州古城从夏商之际建城后，经历几千年的发展演变，其基本的形态有较大的改变，不同时期古城的范围、位置关系上也有一定变化。总体上看，郑州古城在不同时期体现着不同的城市性质，分别为：商代都城——亳都、西周封国——管国、汉魏古邑——管城、郑地驿城——郑州、民国商埠——郑县。

郑州古城所在的地区不仅仅是商代前期的都城，西周管国也封于此地，春秋战国以来陆续作为管邑、管城、管城县、郑州至民国成为郑县，历代古城的大体位置基本上处于郑州商文化遗存范围内，只是在若干时期城邑的具体位置和大小不太一致。其中较为确定的是商代都城的位置和大小以及汉代至民国管邑、管城、管城县、郑州、郑县的位置和大小以及明清民国古城的街道布局和官式、礼式建筑分布情况，而西周管国、春秋战国管邑的位置和大小相对不太确定，文献记载的情况不太具体，诸如“郑州北二里”的说法以及明代裁撤郑州附廓县管城县，使得对于管城的位置大小认识变得模糊不清。目前的考古和文献研究从整体上进行推断，给出了它们大致的位置和范围。

根据对商代城垣遗址的考古，发现商代都城城墙在后代陆续有加筑叠压现象，这也是商代城垣遗址能够经历约 3600 年保存下来的原因。商代在郑州地区建设都城，其内外城郭的范围面积较大，远胜二里头遗址以及其他大型聚落遗址。西周管国就封后仍在商代文化遗址区域范围内活动，郑州西周文化遗址大多分布于今贾鲁河两岸。春秋战国时期，在古济水沿岸有诸多城邑分布，这些城邑发生了诸多会盟和交战事件，管邑也不例外。以此与当时的城邑相对照进行推测，管邑的大小和范围基本上也不会太大，而在东里路发现的战国陶瓮上刻有“官（管）”字，大致能够推测管邑的地望所在。汉代以前的管邑基本上处于商代城垣范围内，只是当时的主要活动区域位于商代城址的北部，往北有管水和古济水流经。有迹象表明在汉代时，管邑进行了一定程度上的城垣修筑，其北城墙向南移筑到今城北路南侧和管城后街一线，其他三面仍以商代城垣为基础，进行增高加固，这个城垣范围基本上沿用至民国。

有史记载的管城城池建设始于唐代，古城城墙、城门以及城池的位置一直延续到民国时期。民国以来的城市建设陆续改变了古城的模样，城门被或拆或毁、城砖被扒掉、城墙也陆续遭到破坏，只剩下若干段不连续的土墙。自 20 世纪后期发现商文化遗址和商代城址以来，郑州在考古发掘、文化研究和遗址保护方面做了许多努力，尤其是在遗址保护方面不断进行探索，编制遗址专项保护规划，较为有效地保护了城垣遗址不被继续破坏。近些年来，郑州对遗留的城墙实施了保护性措施，如城墙里外壁均用花砖砌护坡面，空间植以草被，并且恢复加固了若干段城垣，在城墙上种植各种树木，如杨柳、松柏、柿树、核桃树及各色花灌木。

二、城邑主体形态

1. 商代都城——亳都

郑州商代文化遗存分布范围较广，东起凤凰台，西至西沙口，北至花园路，南到二里岗，遍及整个市区，面积达到 25 平方公里，商代都城遗址即位于其中。考古发现揭示，在郑州商城遗址范围内，以宫殿区为中心，周围逐步建造有内城、外城、宫城等多道城垣，其中有一系列居民点、手工业作坊、祭祀区、墓葬区等都城基础设施。①

（1）内城

内城近似长方形，周长近 7000 米，面积约 3 平方公里。其北城墙有拐折，

① 刘彦峰、吴倩、薛冰:《郑州商城布局及外廓城墙走向新探》，郑州大学学报（哲学社会科学版）2010 年第 3 期。

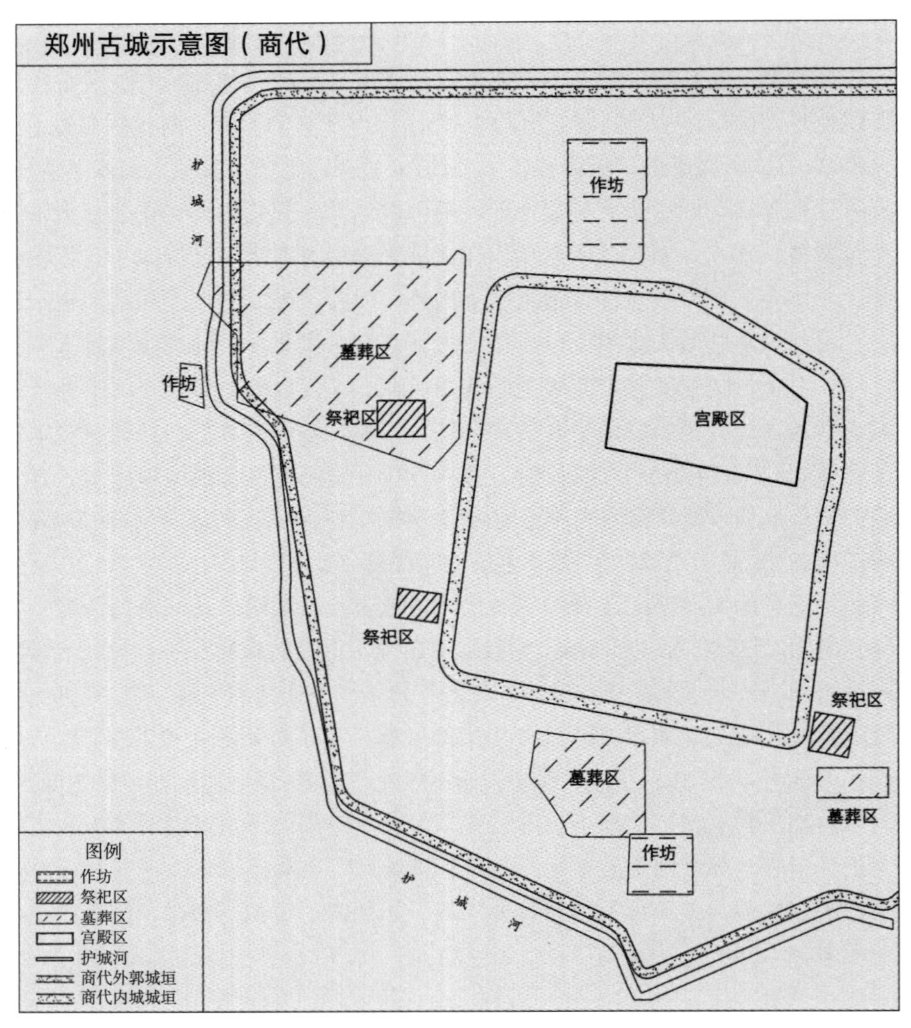

图 2–12 郑州古城示意图（商代）

东端位于顺河路与城东路交叉口西南，西北至紫荆山公园西门，再向西沿金水路南侧延伸至杜岭街北端东侧缓折向南，全长 1690 米；西城墙从杜岭街北端东侧接北城墙，向南穿越人民路，再向南沿北顺城街和南顺城街东侧，至南顺城街南端与南城墙相接，长约 1870 米；南城墙始于南顺城街南端与城南路交叉口东北侧，沿城南路北侧东向延伸，穿越紫荆山路，至城东路金水路两侧，全长约 1700 米；东城墙从城南路东端向北穿越东大街、商城路、东里路，至顺河路南侧与北城墙相接，全长约 1700 米。其中，东城墙和南城墙保存状况较好，现今仍大多立于地面之上，尤以东南城角保存最好。曾在内城城墙上发现 11 个宽窄不同的缺口，有的应与城门有关。城墙是用夯土筑成，内坡较缓，外坡陡直，平均底宽约 20 米、顶宽约 5 米、高约 10 米。

（2）外城

目前已确定的外城墙位于内城墙南墙和西墙之外约 600 ~ 1100 米处，呈西南一东北走向的一个大敞口，圈筑在内城东南角、南墙、西南角及西墙之外，对内城形成环抱之势。在内外城墙之间，多分布有商代文化遗存。由于年代久远及后来进行城市建设时的破坏，使遗存之间既有间断又有联系，但仍是一个统一的整体。在外城墙之外还发现多处商文化遗址，但相对比较孤立，应属当时的村落遗址。依据考古工作者的钻探、发掘结果并结合以往的考古材料来看，外廓城墙的走向应东起凤凰台，南部穿过货栈街、新郑路、陇海路，向西折向福寿街、解放路、太康路、北二七路，北部从金水路穿过花园路、纬五路与经三路一带，东部与古湖泊、沼泽地相接，大致呈圆形。

（3）功能区

宫殿区。位于内城的东北隅，东面、北面紧临城墙，西边至人民路，南边至商城路。在东西 1000 米、南北 900 米的范围内遗留有各类高低不平的夯土台基遗迹。夯土台基的排列不甚规则，但靠近东北隅的较密、西南部的稀疏。宫殿都坐落在这些夯土台基上，台基高度一般在 1 米左右，台基的大小依宫殿范围而定。在城内东北隅长约 750 米、宽约 500 米的范围内有夯土台基数十处。

普通居民区。主要围绕内城分布，在外城内分布有较多的商代遗址，发现有小型房基、灰坑和窖穴。二里岗一带应是东南部重要的居民区，这里地势较高，视野开阔，适宜人类居住。此处灰坑、窖穴密布，出土遗物丰富，包括陶器、石器、骨器、小件青铜工具以及卜骨等，说明当时居住人口较多。

祭祀区。分布于内外城多处地方，如在东南部的二里岗、南关外的郑州卷烟厂和铸铜作坊遗址内、内城西的人民公园内、城北制骨作坊遗址东南部等，都发现有掩埋人骨架和兽骨架的祭祀坑，说明祭祀在商王朝的政治生活中是相当普遍的事情。较为集中的祭祀场位于内城东北部北城墙东端内侧，这里地势高而平坦。此外，在城西的张寨南街、城东南隅外侧的向阳回族食品厂、城西南外侧的南顺城街等地，共发现 3 处青铜器窖藏坑。这 3 座青铜器窖藏坑距地表较深，坑的底部均坐落在生土之上，青铜礼器放置井然有序，有的坑底和铜器上面还铺有朱砂，以此可知其放置时是十分从容的，不是发生重大政治动乱中仓皇逃离时所为，其性质当与举行某种祭祀时的埋葬有关。

手工业作坊区。大多位于内城的四周，主要有铸铜、制骨、制陶等。在位于内城南墙外约 600 米处和内城北墙外约 300 米处，各发现一处铸铜作坊遗址。制骨作坊已发现两处：一处位于内城外紫荆山北新华社河南分社院内，在一长方形竖井形窖穴内出土一千多件骨器的成品、半成品、料骨、废料和 11 件制骨器的磨石等；另一处在河南省文物考古研究所商城工作站内，一条壕沟内发现人头骨近百个，不少头骨上还遗留有明显的锯痕。在城西铭功路西侧郑州十四中学院内，发现了一处制陶作坊。

墓葬区。在宫殿区附近、内城、外城范围内都有墓葬分布。其中在商城东北隅外的白家庄、城东南隅外的杨庄、城南的郑州烟厂、城西的北二七路、人民公园和铭功路一带，都是集中的墓葬区。白家庄一带属于沙岗高地，墓地规格较高，除了发现多座随葬陶器的墓葬以外，还发现一批随葬青铜礼器的贵族墓葬；杨庄墓地位于内城东南隅外约 500 米，向南临近二里岗遗址，地势较高，发现了大量各种类型的墓葬。

王陵区。目前还未确定郑州商城的王陵区所在，但有迹象表明其王陵区应在都城之西或西北一带。郑州商代城址的地势是东北、东面地势低洼，王陵区不可能建在那里，而西部、西北方地势高爽，王陵区选择这里比较合乎情理。而时代稍晚、同属商王朝都城的安阳殷墟，其王陵区就在洹河北岸的西北岗一带，所处位置正是在宫殿区的西北方向。在郑州商代遗址西北方向有若干重要遗存分布，其中小双桥遗址即位于这一地区，但是它在年代上要晚于商代城址区域的文化遗存。

2. 西周封国——管国

郑州西周文化遗址主要位于商代遗址北部和郑州西部地区，商代遗址内的西周遗物较少，在西郊洼刘村一带发现有多座西周贵族墓地。此外，在石佛乡董寨村、沟赵乡祥营村、瓦屋李村、冉屯村等地也发现有西周文化遗址。其中，洼刘遗址共发掘出西周时期的青铜器墓葬 12 座，小型陶器墓葬 60 余座，车马坑 2 个。青铜器墓从形制上看为中型贵族墓，最大的南北长 4.2 米，宽 2.5 米，出土青铜器 20 余件，主要有鼎、簋、尊等，其中 10 多件青铜器上铸有铭文“聑作父丁宝尊彝”。经过进一步的文物钻探与调查发现，在此墓地北约 1 公里、西 1 公里范围内是一处大型西周文化遗址，总面积达 100 万平方米。其他西周文化遗址大多为聚落遗址，出土物主要为陶器，诸如鬲、甗、盆、簋、罐等。在洼刘遗址南面的布袋李村发现有春秋时期的墓葬。在南阳路沿线与金水路和北环路交接的广阔范围内，清理出了 700 多座战国时期墓葬群，这批战国墓葬属于战国晚期韩国遗存。[①] 结合商代城址北部出土的东周陶文来看，应当可以确认的是，至少战国时期的管邑就在商代城址北部。

西周时期的主要城邑功能布局中，古墓葬的分布有一定特点，墓葬一般位于城邑的西部，如丰镐城址的西部地区有张家坡和客省庄西周墓葬群，成周城遗址西部和北部的庞家沟、北窑村已清理数百座西周墓葬，墓葬区基本上位于城址附近不远处，紧靠着古城址。根据前文可以推断出两种观点：

① 内容参考自《郑州文物考古与研究（一）》与《郑州文物考古与研究（二）》有关考古发掘简报。张松林主编：《郑州文物考古与研究（一）》，科学出版社，2003 年；张松林主编：《郑州文物考古与研究（二）》，科学出版社，2010 年。

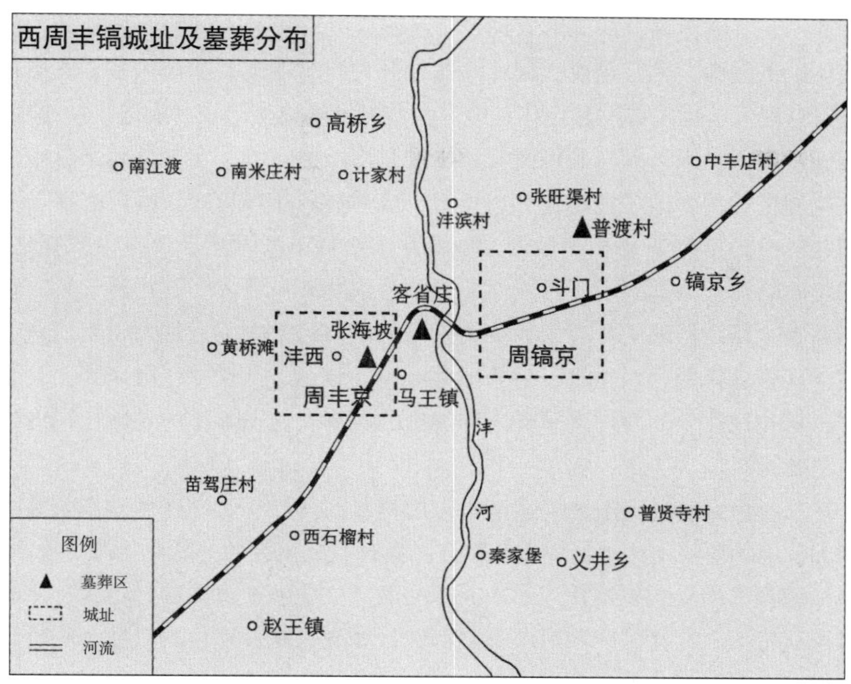

图 2–13　西周丰镐城址及墓葬分布

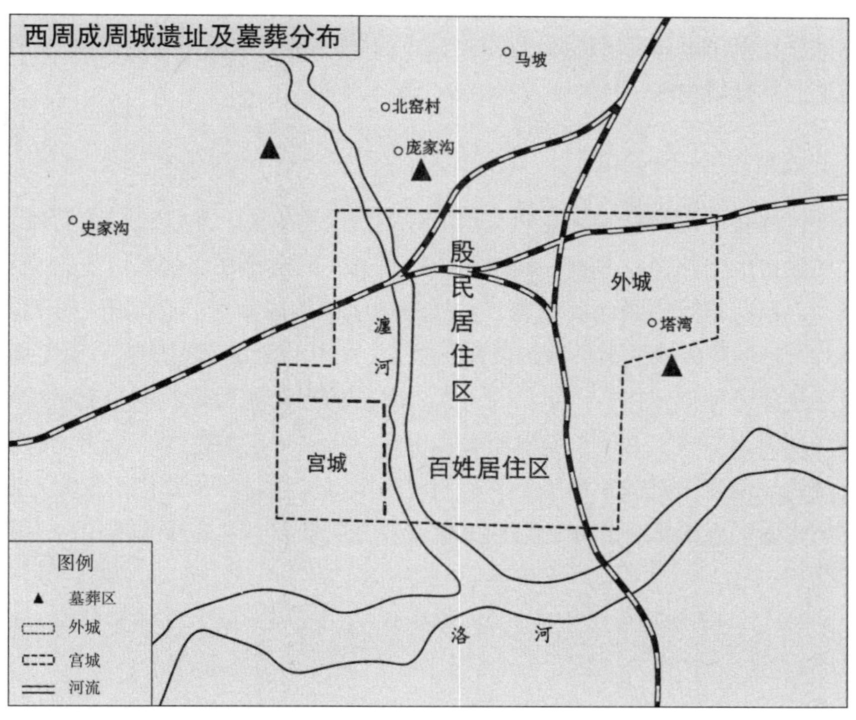

图 2–14　西周成周城址及墓葬分布

其一，西周至春秋战国的管国、管邑位置相对一致，其核心城址范围位于商代城址范围内，尤其是商代城址北部地区为当时的主要活动区域，这里在商代曾为宫殿区，据考古发掘商代宫殿区的基础设施建设已较为先进，如蓄水池、输水管道等。管国可能会利用商代城址的北部以为宫城，在城址西部分布的其他文化遗址或为普通居民居住区，类似于成周城的布局形式。战国时期，大国之间在管邑地区的争斗相当激烈，魏秦两国在韩国的管邑形成你争我夺之势，韩国也不断加强城池守卫，管城西北部的战国墓葬可能多为阵亡将士墓。存在的问题是，郑州西部的西周墓葬群离管邑的距离还是太远，远大于丰镐城、成周城与其墓葬区的相对位置，且管国存续时间较短，其遗存范围应当不会覆盖太广，郑州西北郊的西周墓葬群连同周边的西周文化遗址或为管国范围内的一处大型聚居区。

其二，西周管国位于洼刘遗址以东的贾鲁河两岸一带，这种观点与墓葬区附近大范围的西周文化遗址分布相契合。结合管国被废和祭城受封的历史事件，可以推测管国的受封领地在郑州西北郊的西周文化遗址范围内，不仅有墓葬区还有普通聚落。在管国废除后，东北部的祭城成为这一地区的首邑，临近祭城的商代城址区域逐步形成聚居区域，进入春秋战国后作为管邑才发展起来。这个观点缺乏明显支撑，西北郊的管国与春秋战国以来的管邑相去甚远，作为管邑的传承，其城址变动应该不会太大，孰是孰非尚无明确定论。可以肯定的是，西周的管国和春秋战国的管邑应当均位于汉代以来的管城附近或北偏西一带，即城址上具有延续性，只是在范围大小上略有不同。①

3. 汉魏古邑——管城

汉代的管邑有所整修，恰如文献记载中西汉称管邑，东汉以后称管城，其城池建设也应当在东汉时期。城墙东、南、西三面坐落在商代城垣上，北面向南缩，弃商代城址宫殿区于城外。管城范围南移的原因可能有几个：（1）古代礼制对于不同等级城邑大小的约束和限制。（2）商代城址北部因战国后期和秦末、西汉末年战争的摧残损坏严重。（3）人口聚居的规模和保障安定的意愿对城邑形成规划需求。（4）为便于城池防御和屯守而合理界定城邑大小。唐代以前关于管城的城池建设记载相当匮乏，因当时荥阳地区相对区位要优于管城地区以及管城常受兵患毁坏，管城的同期文化遗存并不丰富，考古仅发掘出极少数汉代遗存。

① 陈隆文在《商周管邑地望研究》中认为“（战国）管在韩魏交界处，其城址可能在今郑州市区偏东部的管城回族自治区、郑县旧城以及北关一带”，“而商、西周、春秋时代的管邑笔者认为应是管城回族自治区的靠北部分”，参见《郑州历史地理研究》，中国社会科学出版社，2011 年，102 页。

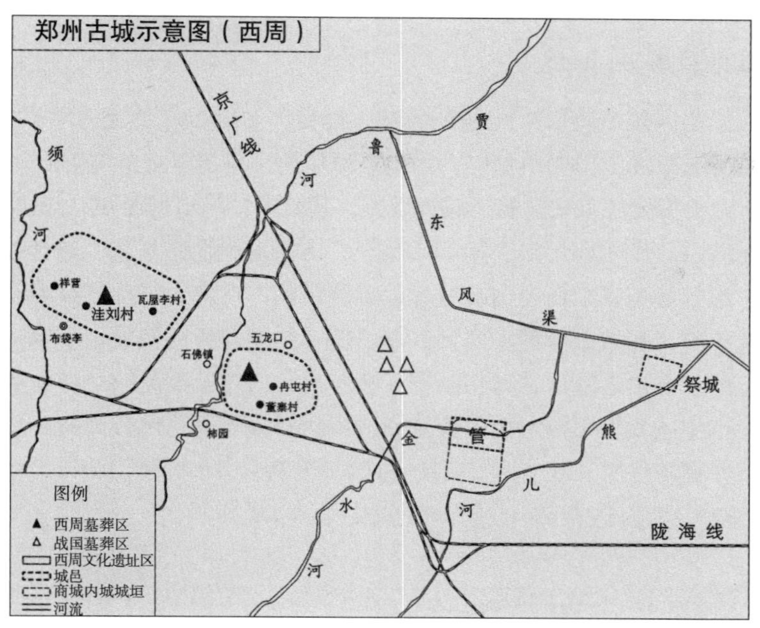

图 2–15　郑州古城示意图（周代）

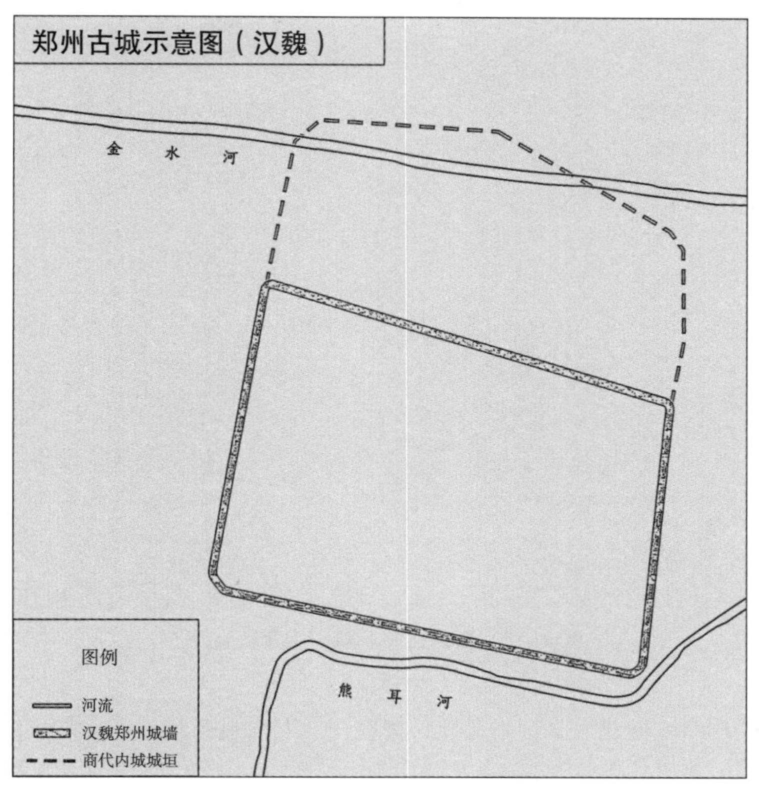

图 2–16　郑州古城示意图（汉魏）

4. 郑地驿城——郑州

唐代武德四年（621 年），筑修城池，设城门 4 座。唐贞观七年（633 年），郑州移治所于管城。当时城内建有开元寺，城墙西南角上建有夕阳楼。除衙署外，唐代郑州最为重要的官式建筑当属管城驿，其始建年代不得而知，约建于唐初，驿站设在城内。唐文宗大和二年（828 年），因管城驿往来频繁、通宵难禁，郑州太守考虑到城池安全而奏请在城外设管城新驿。古代奉行“日出而作，日落而息”的准则，在城市管理上实行宵禁，这一制度在唐代发展到顶峰，实施最为严格，但在安史之乱后，宵禁制度逐渐松弛，这对城市商业经济发展和文人文学创作产生了积极影响，唐代管城驿的变化反映着鲜明时代的特征。刘禹锡对管城新驿赞赏有加，赋文《管城新驿记》，记载了诸多详情。唐代，管城驿是东都洛阳与东南地区进行信息传送转递的一大节点。

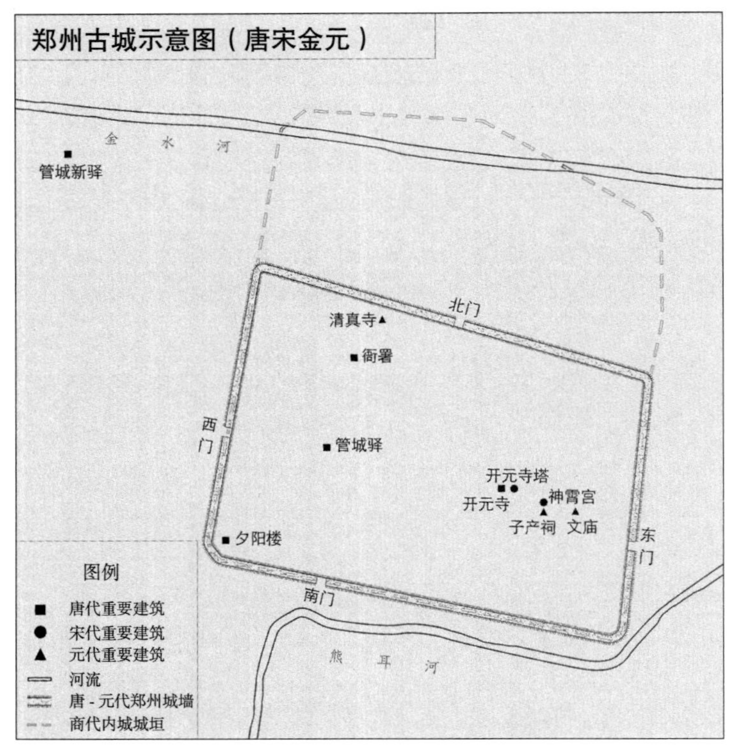

图 2–17　郑州古城示意图（唐宋金元）

宋代郑州城内建设又有新变化，如在开元寺内建开元寺塔，在开元寺东建神霄宫等。郑州文庙在明嘉靖《郑州志》中记载创建于东汉明帝永平年间（58—75 年），元至正年间（1341—1370 年）重修，但结合诸多因素来看，郑州文庙最早当建于唐宋时期。首先郑州城池在汉代为管城，隋代才设县，唐代成为州城，在此期间荥阳为地区首邑，且管城屡遭兵患，城内的基础设施应当不甚完善;其次唐宋时期郑州地区的文化呈现繁荣景象，有诗人杜甫、白居易、李商隐，画家郑虔，建筑学家李诫等名人，这样的氛围有助于文化的传播和场所的建立；再次，文庙亦称儒学、学宫，是早期官学场所，汉武帝诏令天下郡国皆设学宫，汉平帝元年（3 年）始建立地方学制度，郡曰“学”，县道邑侯国曰“校”，乡曰“庠”，聚曰“序”。唐代地方官学兴盛，由长史管“儒学”，宋代曾 3 次兴学（庆历兴学、熙宁—元丰兴学、崇宁兴学），形成全国普遍设立地方学校的局面，郑州自唐代为州治,地方长官中当有掌管教学者。最后,文庙为祭祀孔子的场所，汉武帝采行“独尊儒术”后,文庙在北魏太和十三年（489 年）首次落座于京城，唐贞观四年（630 年），太宗下诏:“天下学皆各立周、孔庙”，自此孔庙与地方官学相结合，遍及各地，地方文庙多由官学演变而来。结合以上诸多因素来看，郑州文庙当属于唐宋时期城市地位提升、文化繁荣发展的产物、

元代，文庙建筑群已有一定规模，为祭祀子产又在宋代的神霄宫旧址上建子产祠，元末明初在城北建有清真寺。

明初,郑州城周长九里十三步,高二十尺,广十尺,城池（有水壕沟）深一丈，阔二丈。清末，城高三丈五尺，顶阔二丈，趾宽五丈，城隍（无水壕沟）宽四丈、深二丈五尺。城门四座:东曰寅宾、西曰西成、南曰阜民、北曰拱辰，东西二门相对、南门偏西、北门居中。城设角楼四座，更铺八所，瓮城四座，警铺七十二所，女墙一千六百。我国州县城墙多为夯土城墙，明中叶以后始以砖包墙，郑州古城也在明末崇祯十二年（1639 年）创砌砖墙。此外，明初还扩建衙署府馆，新建城隍庙、养济院、递运所、东里书院等建筑，同时重建管城驿。此时的管城驿在城内的位置尤为突出，处于东大街、西大街、衙前街与南大街的十字交汇处，递运所处于东大街、北大街的丁字交汇处。明代的城池格局为清代沿用，只是由于明末清初战乱的影响，城池和衙署等基础设施的修缮整治进行得比较缓慢，在乾隆前期，衙署仍未恢复至明制规模。随着地方官吏对城池建设的重视和社会经济的恢复发展，又由于黄河泛滥和流民匪寇的不断侵扰，郑州古城才逐渐在功能形态上再度恢复发展起来。明清时期，郑州城内的功能区布局主要为:衙署区位于西北，西部营门街设有军营，中部为邮驿区，东部为祭祀和文化区，居住区则主要在城南部。

从古城的整个空间形态上看，汉代以来的郑州古城基本上延续管城的整体空间，城内的主体建筑、街道布局、功能分区等随着城市的发展不断扩增，晚清时期郑州古城的内部空间已相对充实。我国封建时代的古城在明清时期基本定型，建筑坐北朝南，4 座城门 4 条主街，官式礼式建筑有序分布。清末，铁路在古城西部建成通车后，城市整体空间开始往外突破，向城门外尤其是古城西部拓展。

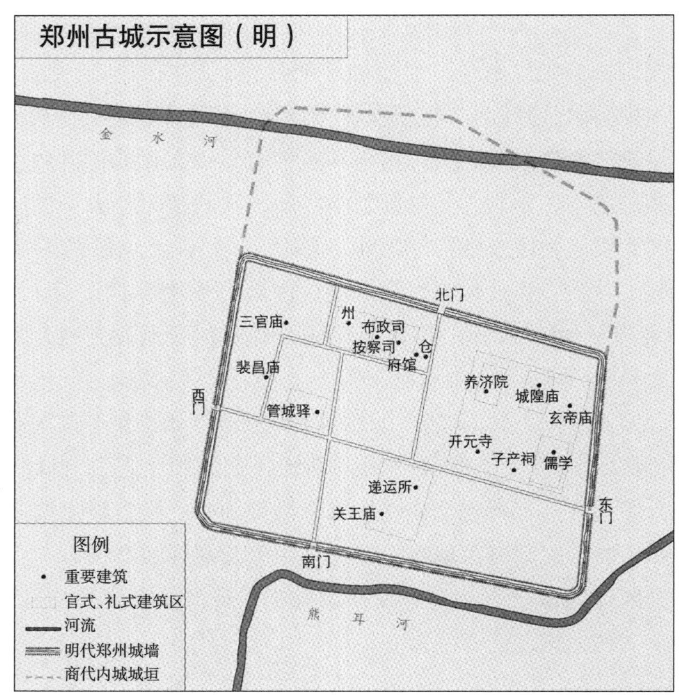

图 2–18　郑州古城示意图（明）

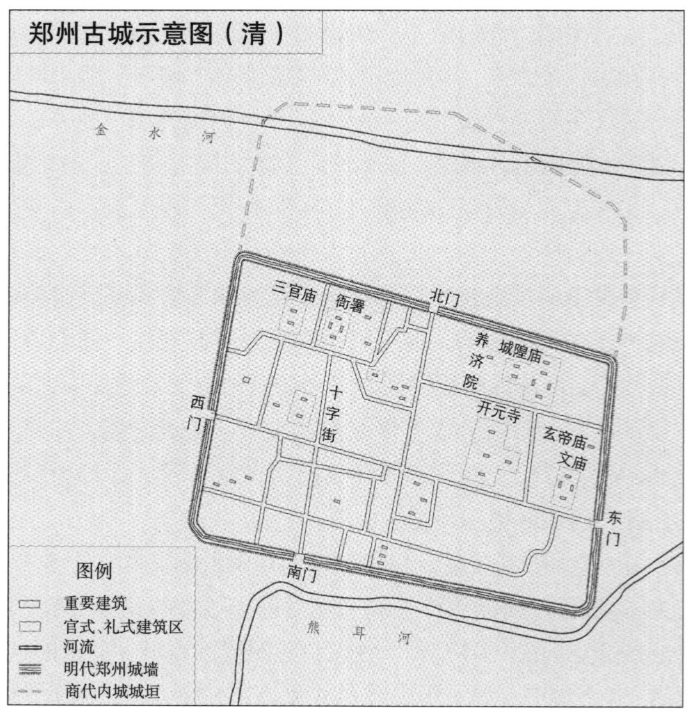

图 2–19　郑州古城示意图（清）

5. 民国商埠——郑县

民国郑州县城内除政府外，主要有医院、学校、报社以及法院等新式机构，或占用旧式建筑，或新建建筑。商埠区内有德化街、大同路、敦睦路、长春路（后改为二七路）、太康路、铭功路、乾元街、苑陵街、兴隆街、福寿街、正兴街等街道，街道商铺林立，往来繁忙。

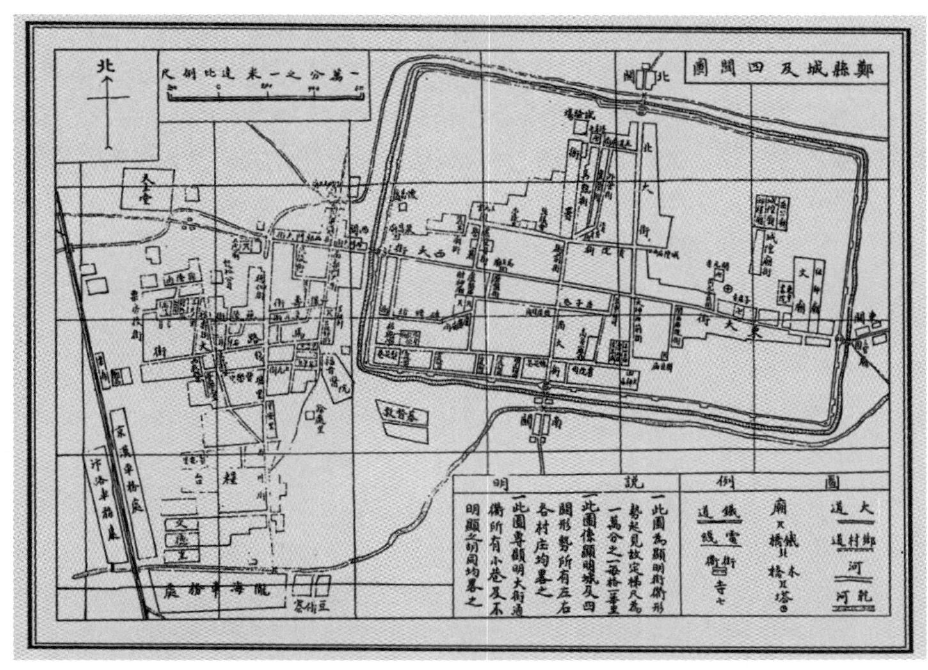

图 2-20　1916 年郑县城及四关图（1916 年《郑县志》）

德化街上有酱菜店、餐饮店、洗浴店、理发店、医药店、布匹服装店、首饰店以及钟表、钱庄、花铺和眼镜行等，如京都老蔡记馄饨馆、亨利钟表店；大同路上有旅馆、布匹绸缎店、时货店、银行、饭馆、首饰店、医药店、书店、百货店以及铁工厂等，如大金台旅馆、法国饭店、华阳春饭店和浴池、王大昌茶庄等；正兴街上有粮行、粉条行、转运公司、花行、酱菜园、浴池等；福寿街上有棉花打包厂、杂货铺、土产铺、五金店、铁工厂、银行、货栈、转运公司以及外国来华公司的经销商或代理商，如郑州永隆铁工厂；兴隆街上有花行、银行、仓库、客栈、旅馆等；敦睦路上有饭馆、杂货店、银行等。[①] 从这些店铺分布和街道位置可以看出，商埠区东部靠近古城的德化街和大同路一带商业发

① 孟宪明:《图文老郑州 • 老街道》，中州古籍出版社，2004 年。

展层次较高，当属较为发达的区域；商埠区西部福寿街、兴隆街、正兴街敦睦路一带生活气息相对浓厚，商业与生活联系紧密；商埠区南部靠近火车站一带多与铁路运输和对外贸易有关，棉花贸易和工业生产多在此进行。

郑州古城发展演变有明显的承继关系，自商代郑州古城建城起，历代古城几乎叠压在商代城址上，所不同的是先秦时期的城址主要利用商代城址北部，汉代以来的城址主要利用商代城址南部，商城与管城之间具有“城套城”的形态特征，早期的大城套着后期的小城。与先秦时期曾为都城的西安、洛阳、安阳等城市相比较，说郑州拥有3600年的建城史完全不为过，一座古城传承数千年是郑州市的一大奇迹，郑州是我国单体城邑年龄最长的大城市，在八大古都中具有唯一性。这样的城市发展特征和古城空间形态为郑州历史文化名城保护提供了良好的保护背景和延续条件，利于历史文化名城的规划统筹和保护展示。

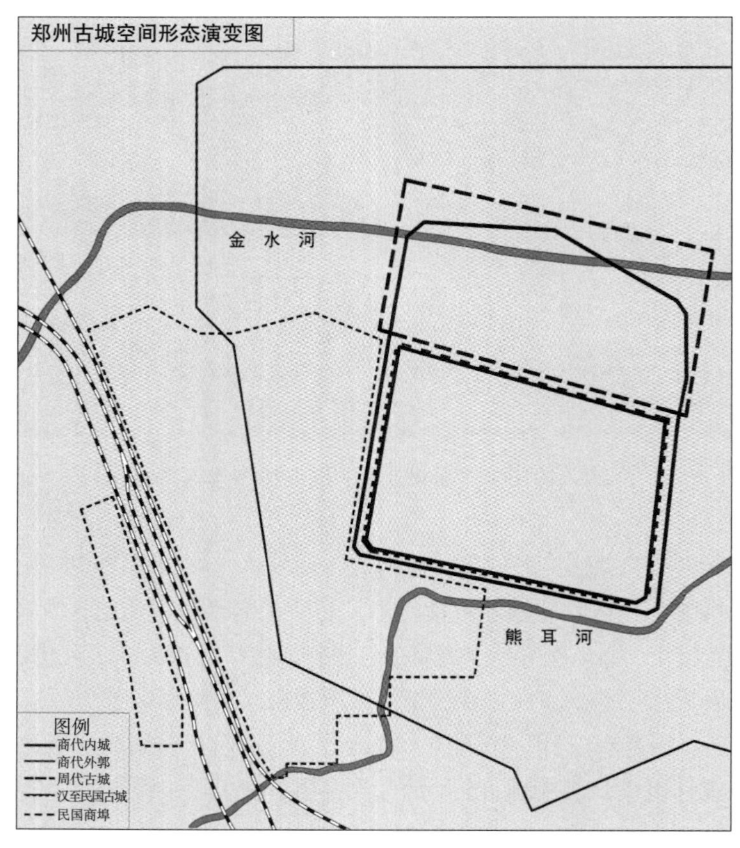

图 2-21　郑州古城空间形态演化

对比先秦时期的都城，西安、洛阳、安阳3座古都的历代城址分布、空间形态都处于变化之中。西安的周代丰镐城、秦代咸阳宫与阿房宫、汉代长安城均不在同一位置，其后西安的城市发展主要在唐代长安城的范围内。洛阳的二里头遗址、商代偃师城、周代成周城与王城、汉魏洛阳城、隋唐东都城也不在同一位置，其后的城市发展也主要位于唐代洛阳城范围内。安阳的洹北商城、殷墟遗址隔河分布，元明时期发展起来的安阳古城也不在原故都遗址上。较大城市选址和规划对后代城市的空间形态和范围分布具有很明显影响，我国中古时期的城市规划和营建水平已经处于一个高峰。随着社会发展不断进步，西安、洛阳在城池建设上规模不断扩大、形态不断完备，城市与山水格局关系等历史条件为后代所延续。

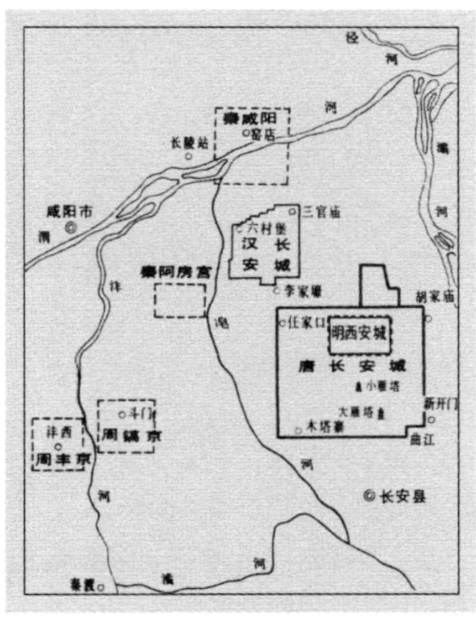

图 2-22　西安古城平面图

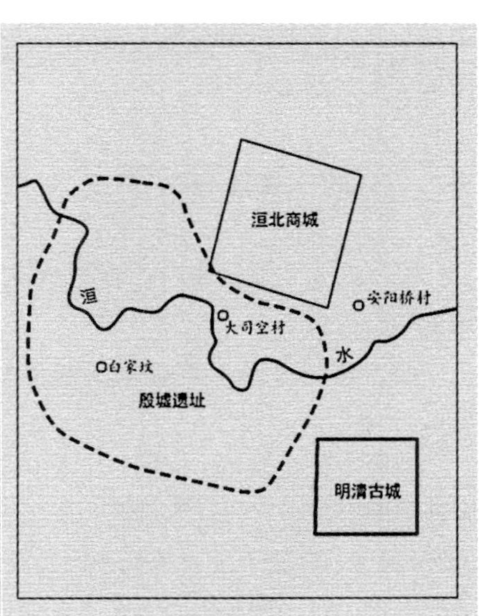

图 2-23　安阳古城平面图

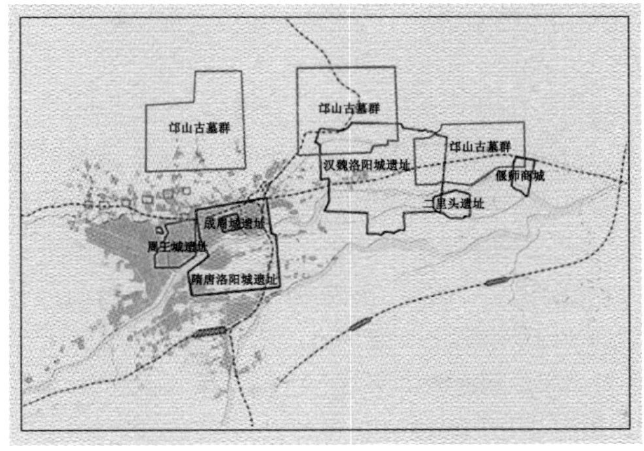

图 2-24　洛古城平面图

第四节　郑州地区行政区划变迁

城市形成和发展的过程带有政治主导、军事防御、经济交往等方面的特点，由于地域广博、治理不便等因素困扰，城市在资源集聚方面有所差异，通过政治或行政力量形成的城市体系屡有变化。郑州市现今的行政区划由历代的行政建制沿革演变而来，以郑州市作为整体，考察城市历史变迁过程中形成的城市体系对于我们认识和把握今天的郑州市的区域空间格局和历史文化名城保护工作具有重大意义。

一、古代政区变迁与改属

夏，郑州市属《禹贡》豫州之域，市域内有龙山文化晚期的具有都邑性质的王城岗遗址。

商，郑州市区主要有郑州城和小双桥城邑，为商代前期具有都邑性质的城市。

西周行分封制，郑州为管国、祭国封地，今市域内有密、郐、东虢、阙巩等封国。春秋战国时期，郑州主要城邑为管邑，市区内有祭伯、垂陇、邲、衍等城邑，市域有郑韩国都、原西周封国都邑以及京、阳城、负黍等城邑。管邑在春秋时属郑国，战国时韩灭郑国后属韩国，郑州东部地区属魏国，秦灭韩后属秦国。

秦统一中国，废除分封制，地方上行郡县制，管邑属三川郡京县，今市域分属三川郡、颍川郡。

西汉，管邑属河南郡中牟县，今市域分属河南郡、颍川郡。东汉，管邑始称管城，属河南尹中牟县，今市域分属河南尹、颍川郡。

魏晋南北朝时期，地方上行自东汉末已形成的州郡县制。曹魏，管城属司州河南尹中牟县，今市域分属司州，辖河南尹。两晋，管城属荥阳郡中牟县，今市域分属司州，辖荥阳郡、河南郡。北魏，管城属荥阳郡中牟县，今市域分属北豫州，辖荥阳郡、河南郡、阳城郡。东魏，管城属荥阳郡中牟县，今市域分属北豫州，辖荥阳郡、广武郡、成皋郡；洛州，辖阳城郡、中川郡。北齐，管城属广武郡中牟县，今市域分属北豫州，辖广武郡、成皋郡；洛州，辖阳城郡、中川郡。北周，管城属广武郡中牟县，今市域分属荥州，辖广武郡、成皋郡；洛州，辖阳城郡、中川郡。

隋统一全国后，以州统县，地方上行州县制，开皇三年（583 年）改荥州为郑州，今郑州始得名，管城属郑州内牟县，今市域分属郑州、洛州。开皇十六年（596 年），始置管城县属管州，为管州治所，今市域分属管州、洛州、嵩州。大业二年（606 年），管城县属郑州，今市域分属郑州、豫州、嵩州。

唐武德四年（621 年），管城县属管州，今市域分属郑州、管州、洛州。贞观元年（627）分全国为十道作为监察区，管城县属河南道郑州，七年（633 年），管城县为郑州治所，今市域分属河南道郑州、洛州。开元二十一年（733）分全国为十五道，管城县属都畿道郑州，今市域分属都畿道郑州、河南府。

五代，管城县属郑州，今市域分属郑州、河南府。

北宋至道三年（997 年）分全国为十五路作为监察区，地方上行州（府、军、监）、县制。熙宁五年（1072 年），管城县属京畿路开封府，今市域分属京畿路、辖开封府；京西北路，辖河南府。元丰八年（1085 年），管城县属京西北路郑州，今市域分属京西北路，辖郑州、河南府、孟州；京畿路，辖开封府。

金，路成为地方一级行政机构，地方上行路、府、州、县制，管城县属南京路郑州，今市域分属南京路郑州、开封府、钧州、河南府。

元分全国为十个行中书省，在地方上行行省制度，行省下设路、府、州、县，管城县属河南江北行省汴梁路郑州，今市域分属汴梁路，辖郑州、钧州等；河南府路，辖河南府。

明代实行省、府（直隶州）、县三级制，裁撤各州附廓县，州与县同级，隶属于府。洪武初管城县省入郑州，郑州为属州，隶属河南布政使司开封府，今市域分属开封府、河南府。

清雍正二年（1724 年），郑州升为直隶州，属河南省，今市域分属郑州直隶州、开封府、禹州直隶州、河南府。雍正十二年（1734 年）废直隶州，郑州属河南省开封府，今市域分属开封府、河南府。光绪三十年（1904 年），郑州再升为直隶州，属河南省，今市域分属郑州直隶州、开封府、河南府。

二、近现代行政区划调整

民国 2 年（1913 年），在全国主要地区实行省、道、县三级制，将全国的府、直隶厅、直隶州、散厅、散州治所皆改为县。郑州直隶州改为郑县，属河南省豫东道，今市域分属豫东道、豫西道。民国 16 年（1927 年），在地方上行省县制，郑县属河南省直辖。民国 17 年至民国 20 年（1928—1931 年），析郑县置郑州市。民国 22 年（1933 年），河南划分为 11 个行政督察区，郑县属河南省第一督察区，为专署驻地，今市域内属第一督察区、第十督察区。1948 年 10 月，在郑县城区设立郑州市，城区为郑州市、四郊为郑县。

1949 年，郑州市属河南省、郑县属河南省郑州专区，今市域内分属郑州市、郑州专区。1953 年，郑县并入郑州市。1954 年，河南省省会由开封迁往郑州。1983 年，实行市管县体制，郑州市辖 8 区、6 县。2015 年，郑州市辖 6 区、5 市、1 县，分别为：中原区、二七区、金水区、惠济区、管城区、上街区，巩义市、新郑市、登封市、新密市、荥阳市，中牟县。

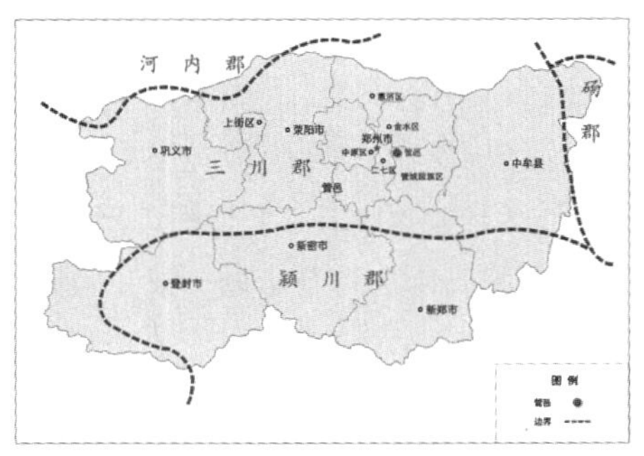

图 2-25　郑州行政区划图（秦）

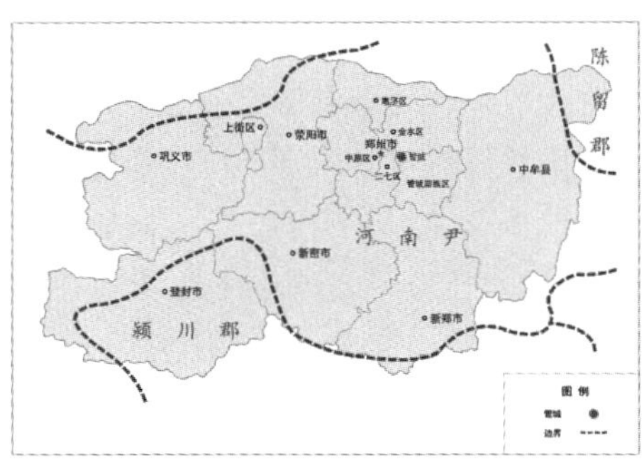

图 2-26　郑州行政区划图（东汉）

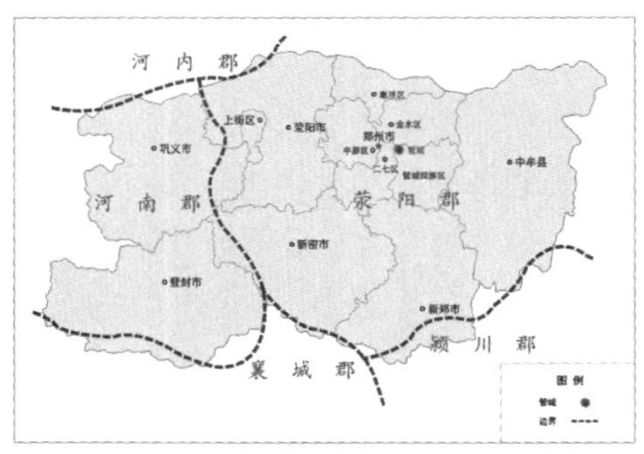

图 2-27　郑州行政区划图（隋）

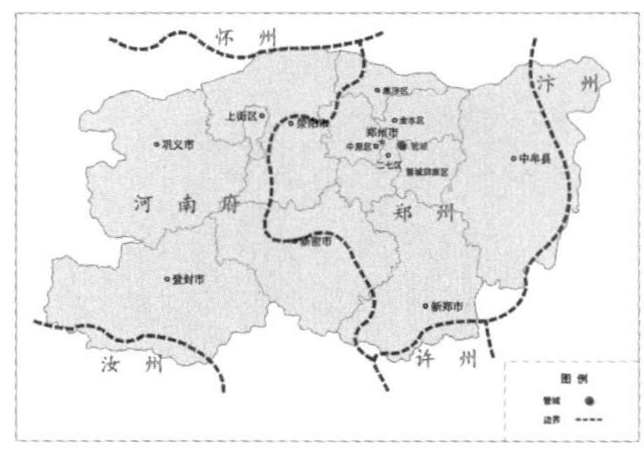

图 2-28　郑州行政区划图（唐）

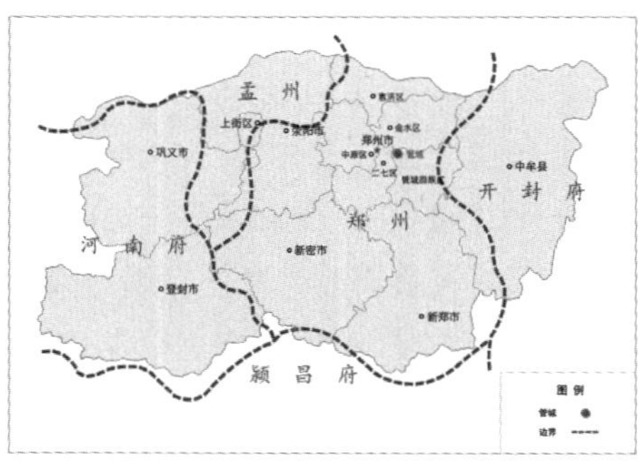

图 2-29　郑州行政区划图（北宋）

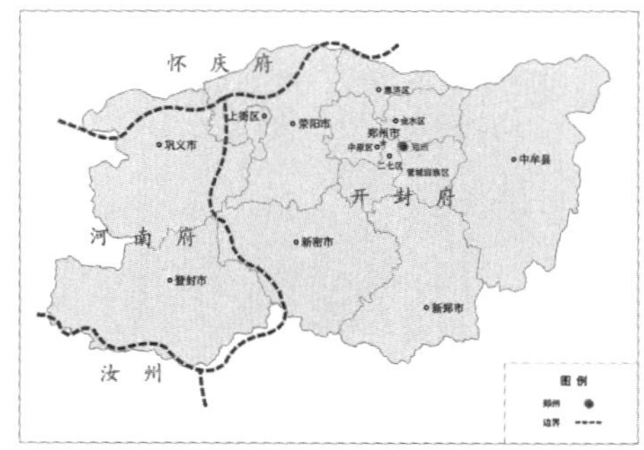

图 2-30　郑州行政区划图（明）

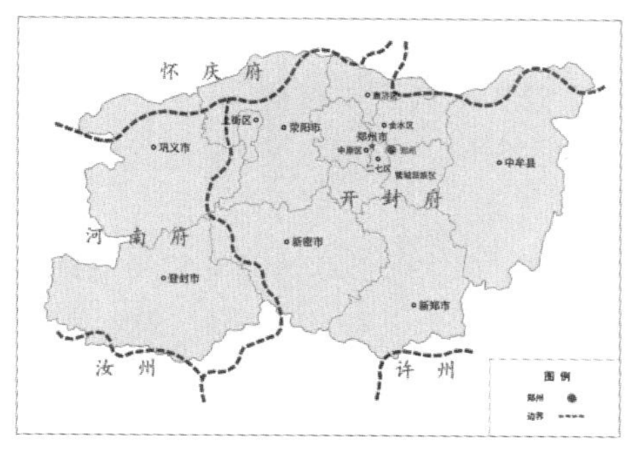

图 2-31　郑州行政区划图（清）

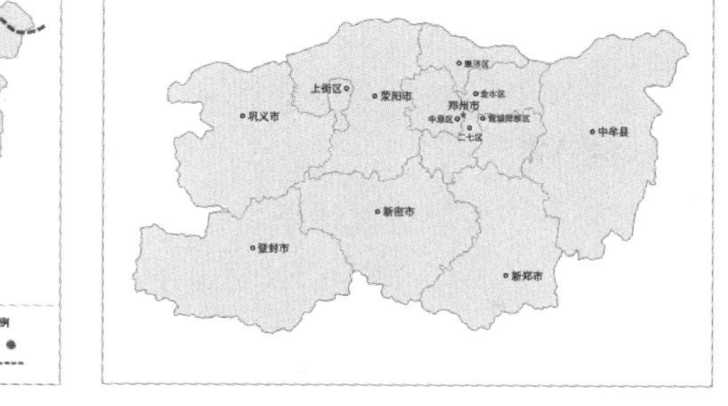

图 2-32　郑州行政区划图（今）

1949 年以来，郑州城市区划不断调整，市域范围不断扩大，形成了较大的地级市。除郑州市外，周边县市从郑州专区改属开封专区，又改属开封地区，1983 年实行市管县体制后，郑州市与周边县市共同构成新的郑州市。与历史时期的周边城市洛阳和开封相对照，现今的郑州市域分别向西和向东扩展，与这两座城市强化了地域上了直接联系。2011 年，巩义市确立为省直管试点城市，2014 年正式成为河南省直管市，由河南省政府全面管辖。

三、现行市管县建制模式

市管县体制，又称市领导县体制，是指由具有地级行政建制的设区城市对县的党政事权实行全面管辖的行政区划建制模式。在新中国成立初期，我国仅有少数城市实行市管县体制。绝大部分县直属于省、自治区和直辖市管理，包括人、财、物等资源统一由省调配。现行的市管县建制模式在全国逐步推开始于 20 世纪 80 年代初期，它是我国实行改革开放政策后特定历史条件下的产物。当时经济体制改革的目标是“建立社会主义市场经济体制”，仍旧带有明显的计划经济体制色彩。探索实行市管县管理体制的初衷在于借助行政手段推动城乡经济共同发展，满足城乡“互补”性要求，从而实现城市带动农村经济发展的设想。

市管县体制在我国经济体制改革逐步深化的情况下，已经暴露出许多弊端。例如我国建立历史文化名城保护制度时，对其历史文化价值和革命纪念意义的评估、保护对象的分布、保护内容的涵盖、保护范围划定等，主要围绕着古城本体和各级文物保护单位。实行市管县体制以后，历史文化名城的地域范围扩大到了整个市辖区县。在这一区域内往往还包含其他省级历史文化名城（如郑州所辖的新郑、登封），以及历史文化名镇和诸多历史文化名村、历史文化街区、传统村落。因此市域历史文化遗产的保护工作面临许多新问题需要解决。如果仍然仅仅注重中心城区的古城或旧城范围，却忽视所辖县的历史文化名城名镇名村和传统村落保护，对于保护对象、保护要求和保护措施缺乏明确的界定，疏于监督管理，也很少资金投入，结果带来保护不力的弊端，难免造成无法挽回的损失。

郑州城市发展也经历了城市整体扩张的过程，在市管县体制下郑州市域范围不断增大。1948 年 10 月，郑州分为郑州市和郑县，原郑县城区为郑州市，下设第一、二、三区，原郑县城区外的地区仍为郑县，划分为 6 个区。1983 年 8 月，郑州实行市带县体制，郑州市共辖二七、金水、管城回族、中原、上街、新密、金海、郊区 8 区和荥阳、登封、巩县、密县、新郑、中牟 6 县。2015 年，郑州市共辖 6 区、5 市和 1 县。行政体制的重大变动带来了城市空间结构的重组和公共资源分配的调整，随着市辖区人口规模和用地规模骤然猛增以及市、县政府职能的转变，对郑州历史文化名城保护提出了新的要求。

郑州被公布为历史文化名城后，城市行政建制在名城保护规划中的作用就开始体现，1995 年版历史文化名城保护规划中已经考虑到郑州市区和郑州市域的关系，2010 年版城市总体规划中建立了国家和省级两级历史文化名城保护体系。在新一轮城镇化建设浪潮中，随着城市组团发展的格局逐步形成，城市功能分区和行政区划调整以及各县市经济社会的持续发展，将会对市管县建制的管理体制形成冲击，市管县和省管县也会在较长时期内并行和转换。大区域中的——中心多点模式逐渐转变小区域中的——中心多点模式，大区域内的中心点增加的直接影响是各县市逐步脱离原有的单中心管理结构，形成中心与中心之间的联结关系，城市关系也会从托管关系变为直辖关系。这样的困境或挑战在所难免，城市资源分布、发展水平不均衡，一定程度上迫使管理者在城市管理体制中重新审视各县市之间的发展定位，如 2014 年起巩义市已经正式成为河南省直管市。就文化遗产资源而言，若郑州本身在文化发展方面得不到提升，而登封、巩义等地区的文化遗产保护和利用在不断提升城市经济活力和文化印象，会令郑州本身发展陷入黯淡。

在变革的环境中，郑州市在历史时期的政区沿革以及城市体系的变迁所展现的城市划分状况对于郑州市的城镇化建设、城市管理体制改革具有重要参考价值。历史文化名城保护也需要着眼于整个市域范围，统筹考虑，深入发掘和整合历史文化遗产资源，针对不同的保护对象和保护要求，分别采取必要的保护措施，使之与历史城区格局、历史文化街区和历史建筑的保护相辅相成。因此，郑州历史文化名城保护和发展要兼顾现行城市管理体制以及未来的发展趋向，也要促进区域内经济社会文化等方面的融合发展，在历史和现实的映照下推动城市发展步入新阶段。

四、城市体系建构与演变

城市体系有若干内涵：是在一定区域范围内，以中心城市为核心，各种不同性质、规模和类型的城市相互联系、相互作用的城市群体组织；是一定地域范围内，相互关联、起各种职能作用的不同等级城镇的空间布局总况；是经济区的基本骨骼系统；是区域社会经济发展到一定阶段的产物；是城市带动区域最有效的组织形式。这个概念虽然形成于20世纪上半叶，但就城市历史而言，它对于我们认识今天范围相对辽阔的地级市具有较大的借鉴和参考价值。

郑州地区历史上的行政区划变化复杂，自秦代在全国推行郡、县二级政权的地方行政制度以来，地区行政体系演变大致可以分为4个时期：秦汉时期，郑州地区以县为单位分属不同政区；魏晋以来，荥阳正式成为郑州地区的政治经济中心；隋唐以来，郑州的政治经济中心移至管城；20世纪50年代以来，郑州市成为区域政治经济中心。城市体系受诸多因素的作用形成，包括朝代都城和区域中心的迁移，地区交通条件的变化，国家政策的调整等。其中，政治经济中心的迁移对周边城市凝聚和辐射产生了较大影响，造成中原地区经济地理格局发生重大转变。洛阳和开封是历史上对郑州地区具有重要影响的两座城市，在隋唐及以前，洛阳在较长时间内为都城或陪都，对郑州形成向心影响，在经历了唐代安史之乱后，城市地位发生了升降，五代时期开封取代洛阳为经济重地，郑州地区的行政区划建置也发生了改变。北宋以来，郑州与开封关系密切，它在较长的时期内隶属于开封管辖。自郑州成为河南省省会以后，洛阳、郑州、开封在区域中的关系定位成为城市发展和区域协作所探讨的重点。郑州地区和中原地区的城市体系有两个重要特征，概述如下：

1. 郑州地区中，荥阳、管城为隋代前后两个区域中心

周代以前的中心变迁较为复杂，考古学界对夏商遗址的性质研究已取得诸多成果，毋庸置疑的是商代郑州城作为都城在当时属于较大的城邑，周围有诸多部落聚居拱卫。东周时期郑国迁都新郑，新郑在较长时期内都为郑州地区的中心，其幅员基本上涵盖了现今郑州市域。为强调郑州地区中心城市主体地位，就区域地理而言，郑州地区的区域中心变迁过程为：商代郑州城——东周郑韩故城——魏晋荥阳城——隋唐至明清郑州城。

在这里主要说明秦汉地方行政制度推行以来的地区中心变迁。在地方行政体系中，州郡治所一般为地域中心城市，郑州地区的区域中心在隋代前后有变化，分别为：魏晋荥阳——隋唐至明清的管城（郑州）。这个中心经过秦汉时期的漫长酝酿之后，正式形成于魏晋，变迁于隋唐，但又弱化于明清。就城市的行政区划变迁，郑州城市体系可以表述为：城邑独立发展阶段（秦汉时期）——

以荥阳为中心的城市体系（魏晋南北朝时期）——以管城为中心的城市体系（隋唐至明清时期）。

我国郡县制起源于春秋，形成于战国，从县制形成郡县制。就县的意义而言，春秋战国的县有 3 个发展阶段：县鄙之县、县邑之县与郡县之县。县鄙之县，县与鄙的意义相同，指的是国以外的大片地域。县邑之县，县与邑的意义相同，邑大小不等，有十室、百家、千家甚至万家，县指的是这些可数的聚落。郡县之县，县具有行政治理上的意义，县为国君直属地、长官为任命、范围为划定、有乡里基层组织。郑州城自西周中后期以来直至隋初，一直为县以下的邑城，可见其城邑规模不大、人烟稀少而且发展相当缓慢。

秦代，郑州境内始置荥阳县、巩县、京县、新郑县、苑陵县、阳城县，汉代，又置成皋县、密县、中牟县、嵩高县等。无论是秦代的三川郡、颍川郡还是汉代的河南郡、颍川郡，其治所均不在郑州地区，这些县归属于高一级的郡管辖，也就是说郑州地区在秦汉之际尚未形成独立的行政区划，主要依附于洛阳地区。东汉定都洛阳，周边地区的区位变得更加重要，郑州城在此时逐步由从管邑发展为管城，魏晋时期仍为军事要地。

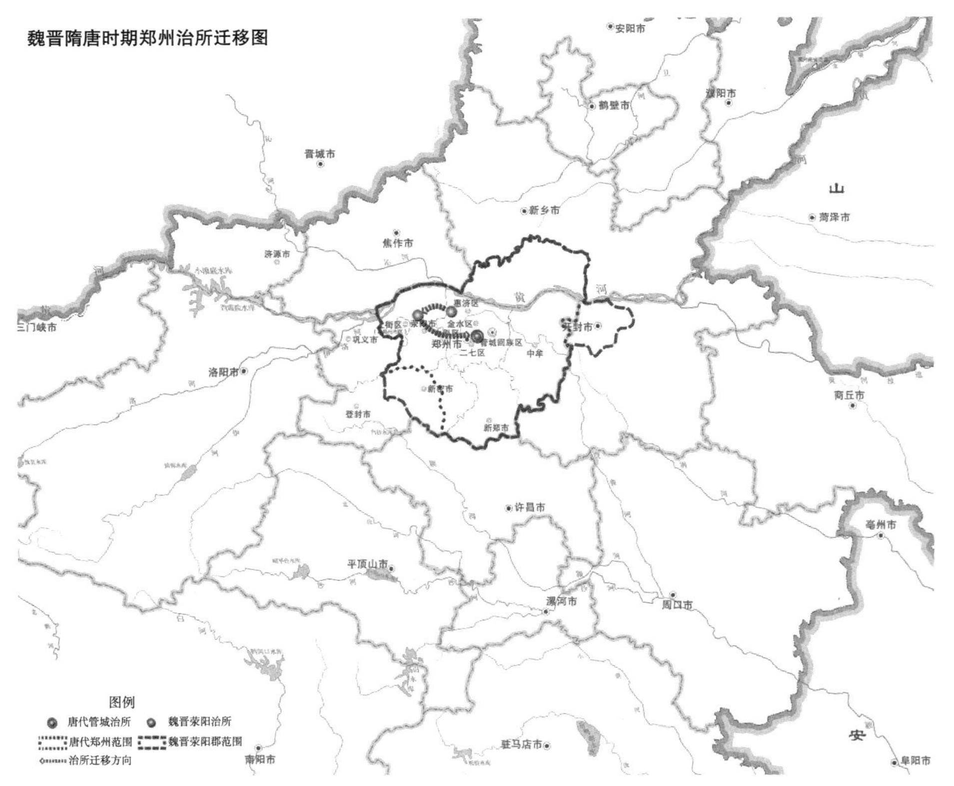

图 2–33　魏晋隋唐时期郑州治所迁移图

隋代以前，荥阳故城（古荥镇）在郑州地区历史上占重要地位，与汉代以来称为陪都或东都的洛阳关系密切。荥阳有汜水、虎牢等关口，具有屏藩和拱卫都城的作用，又有敖仓漕运转输之便利，其城市发展得到提升，直至魏晋荥阳成为州郡治所。但受水陆交通变迁等因素的影响，北魏以后荥阳日渐衰落，北魏太和年间（477—499 年）荥阳县治由汉古荥城（郑州市惠济区古荥镇）西迁至大索城（荥阳市老城区）。隋唐时期，管城逐渐繁盛，郑州地区的政治经济中心在唐贞观年间（627—649 年）由荥阳（大索城）东移至管城，荥阳也改为隶属郑州。此后，管城主要作为郑州州治延续到清末，明初管城县被裁撤，管城遂单名郑州。

郑州地区行政区划的变迁受东西部的开封、洛阳和北部的黄河影响较大，唐代至清代，巩义和登封一直不在郑州辖境内。巩义紧邻洛阳，登封境内的轩辕古道是古代洛阳与东南地区连接的通道，交通、军事等因素使登封成为洛阳东南方向的门户。五代以后，洛阳与开封政治地位的一升一降，使得夹在两地之间的郑州在行政区划建置方面随之发生改变。郑州自古以黄河为北界，受黄河南摆和迁徙的影响，历史上郑州北部范围大于今日。黄河对南岸山体的侧蚀使得历史上不少县级治所被迫一再南迁，郑州州域也在不断缩小。

自贞观七年（633 年）管城县为郑州治所以来，郑州州域范围从唐初的管城、汜水、荥阳、荥泽、密、中牟、新郑、阳武 8 县，缩小到清末的除州治外辖荥阳、荥泽、河阴、汜水 4 县，至民国初，州治单独为郑县，与原辖四县同隶于豫东道。现今郑州市区范围大体上相当于明清时期郑州的大部分区域，郑州市域范围大体上相当于唐代郑州的大部分区域，与历史时期的城市体系较为对应。郑州州域的演变过程为：唐代 8 县（管城、汜水、荥阳、荥泽、密、中牟、新郑、阳武）—宋代 5 县（管城、新郑、荥阳、荥泽、原武）—金代 6 县（管城、荥泽、密、河阴、荥阳、汜水）—元代 4 县（管城、荥阳、汜水、河阴）—明清 1 城 4 县（郑州城、荥阳、荥泽、河阴、汜水）。

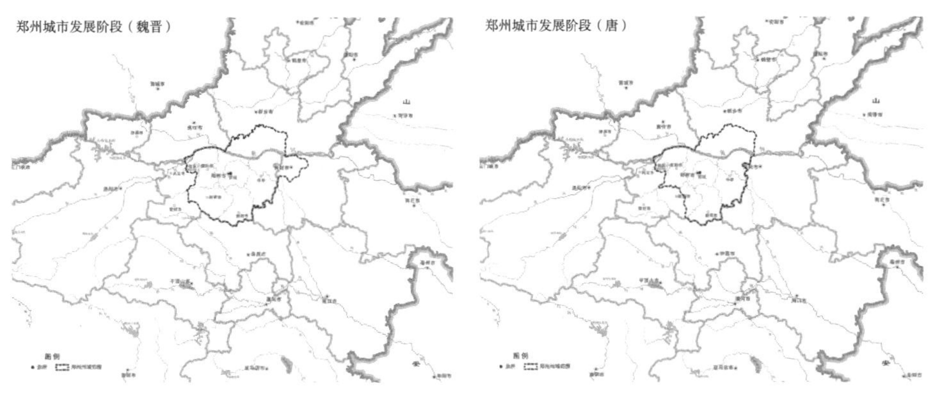

图 2-34　郑州城市发展阶段（魏晋）　　图 2-35　郑州城市发展阶段（唐）

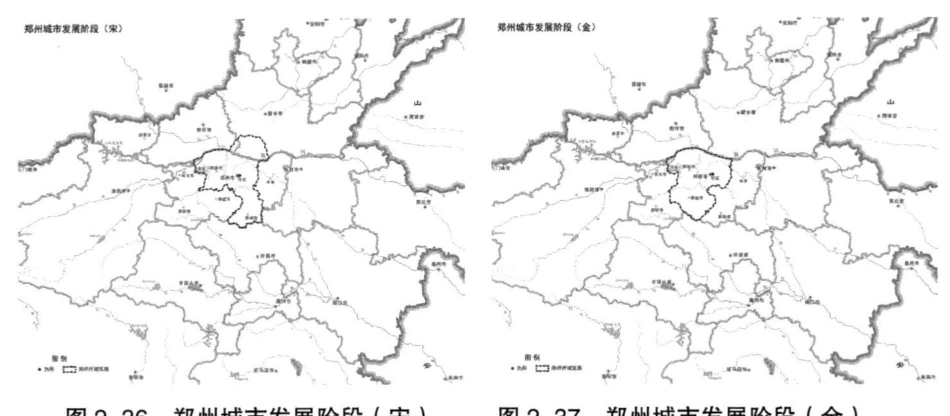

图 2–36　郑州城市发展阶段（宋）　　图 2–37　郑州城市发展阶段（金）

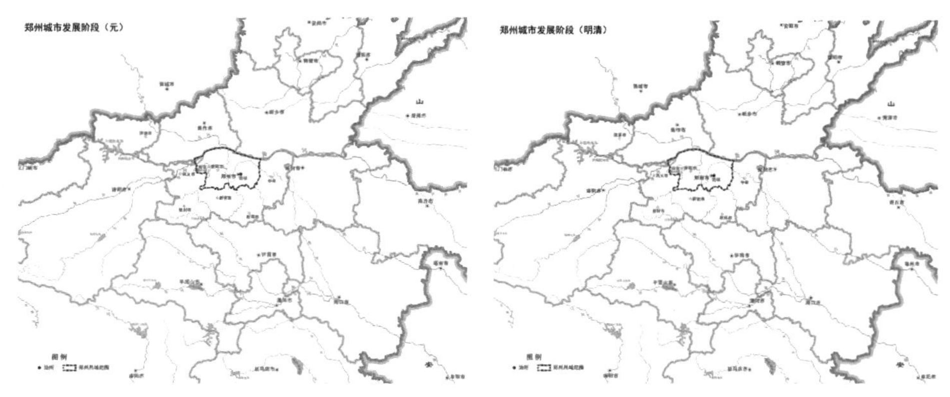

图 2–38　郑州城市发展阶段（元）　　图 2–39　郑州城市发展阶段（明清）

2. 中原地区中，洛阳、开封为五代前后两个区域中心

一般而言，都城既是政治中心，又是经济、文化中心，即都城所在的地方一般也是经济繁华的地方，人口众多，商贸活跃，文化兴盛。夏商时期，华夏部族的主要活动范围在河南地区，朝代都城多位于此地，山西南部、河北南部和山东西部也在这一活动区域内，演变为我们今天所通称的中原地区。周代，宗周和成周是两个主要都城，其中关中地区的宗周为统治中枢，洛阳地区的成周用以镇守东方封国和监视殷遗民。战国以来，秦在关中地区兴修水利，发展农业，关中经济日渐繁荣，且秦在吞并六国后，山东（华山以东）地区始终具有反叛基础，六国旧势力以及西汉分封的诸侯王是政权统治的主要威胁，于是又迁徙东方的贵族豪强入关中加以控制和削弱，《史记·货殖列传》称“故关中之地，于天下三分之一，而人众不过什三，然量其富，什居其六”，西部地区的重要性超过了中原地区和东部地区。

夏商周三代不断开拓、奠定的区域形势随着朝代的分分合合而呈现变化。

宋代以前,我国古代政治中心和经济中心相对重合,除了个别江南地区的政权外,政治、经济中心主要位于中原及以西的区域。唐宋时期，城市经济的发展使得部分地区经济属性超过政治属性，江南地区经济发展迅速。宋代以后，我国政治中心和经济中心逐渐分离，至元明清将政治中心确立在北方后，经济倚重东南地区，中原地区衰落。为加强疆域治理和权威渗透，不少朝代的统治者在都城以外，又设立陪都或辅都作为副中心来控制更为广阔的地方，这些陪都往往也是经济较为发达的地方。秦汉以关中为重，中原地区则以洛阳来直接或间接治理。隋唐以长安为主都，洛阳为辅都，将“两京制”的理念实践发展到一个高峰。宋代则奠定了开封为这一区域中心的基础并为后代所延续，同时在都城的东西南北 4 个方向都立有辅都建立严密的防卫体系。由于地理位置的特殊性，中原地区除了被洛阳、开封两大都城的光环笼罩之外，经常为水患、战火等天灾人祸的侵扰，这导致中原地区中心城市的变迁以及政治中心远离后地区发展的整体下滑。

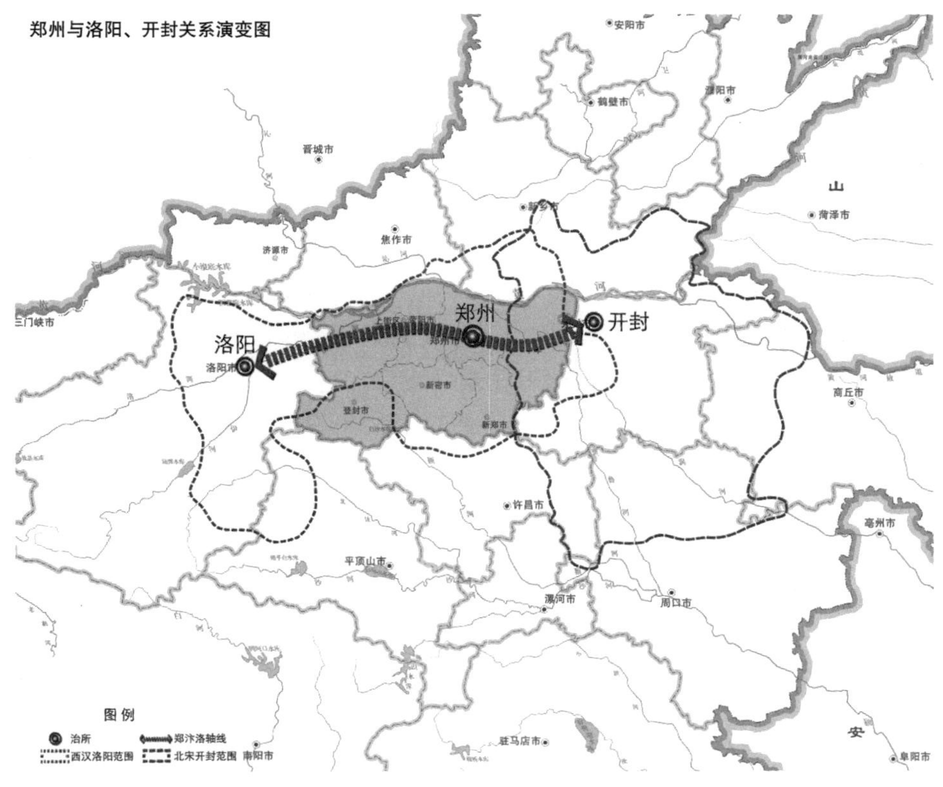

图 2–40　郑州与洛阳开封关系演变图

洛阳和开封是五代前后中原地区的两大区域中心，城市地位在经济上和政治上于唐末五代时期安史之乱和朱温灭唐的重大历史事件中先后发生转移。洛阳自古雄踞“天下之中”，“东压江淮，西挟关陇，北通幽燕，南系荆襄”，秦汉以来主要作为中原地区的镇守重地数次为都，或为陪都。唐代，洛阳有运河沟通南北，物资转运便利，在唐前期的战略地位相当重要。安史之乱后，长安和洛阳受到重创，在唐末相继丧失都城地位。唐末五代之时，因水陆交通等因素的变迁，开封成为全国经济重地，汴京周边的河渠水运为都城的繁荣提供了自然保障。随着江淮地区对于王朝的作用越来越大，在南宋迁都临安后，南方经济超过北方。五代北宋以开封为都，开封在金元明清时期延续区域重镇这一政治地位，在经历了多次改朝换代后仍为中原地区第一都会。

自秦以来，由于西接洛阳，郑州的嬗变受洛阳的影响较大，统辖郑州地区的一级行政区划治所基本上都在洛阳，即洛阳在较长时间内管辖着郑州地区。历时 8 年的安史之乱，不仅是唐代由盛到衰的分水岭，也是分别位于郑州东西的两座城市——开封与洛阳，地位消长逆转的分界点。五代起，开封地区的政治地位提升，金元时期，整个郑州地区除了巩义和登封外，都归开封管辖。郑州由五代以前西向依附于洛阳变为北宋以后东向依附于开封，既是郑州自身历史延续性的反映，更是时代的政治、经济、军事以及社会发展等因素的高度浓缩，其背后隐藏着复杂的历史发展进程和深刻的社会发展规律。1954 年，河南省省会迁至郑州后，郑州成为河南地区的中心城市。

历史上的洛阳、郑州、开封在唐宋时期就已经形成一条紧密的轴线，如今又形成了以郑州为中心的洛—郑—汴轴线。在某种程度上可以认为，西周以后的郑州城市是在洛阳和开封的带动下，填补二者之间因时空距离过长造成的人口、资源集聚空白，近代以来又抓住历史机遇成为引领区域发展的中心地区。随着城市规划的不断调整和城市建设的不断扩张，各城市之间的地理空间联系继续得到强化。现今，在中原经济区的框架下，以郑—汴—洛轴线为核心，如何依托区位优势复兴中原地区成为当前的历史重任。

THREE CHAPTER

第三章

郑州市自然资源与人文遗存梳理

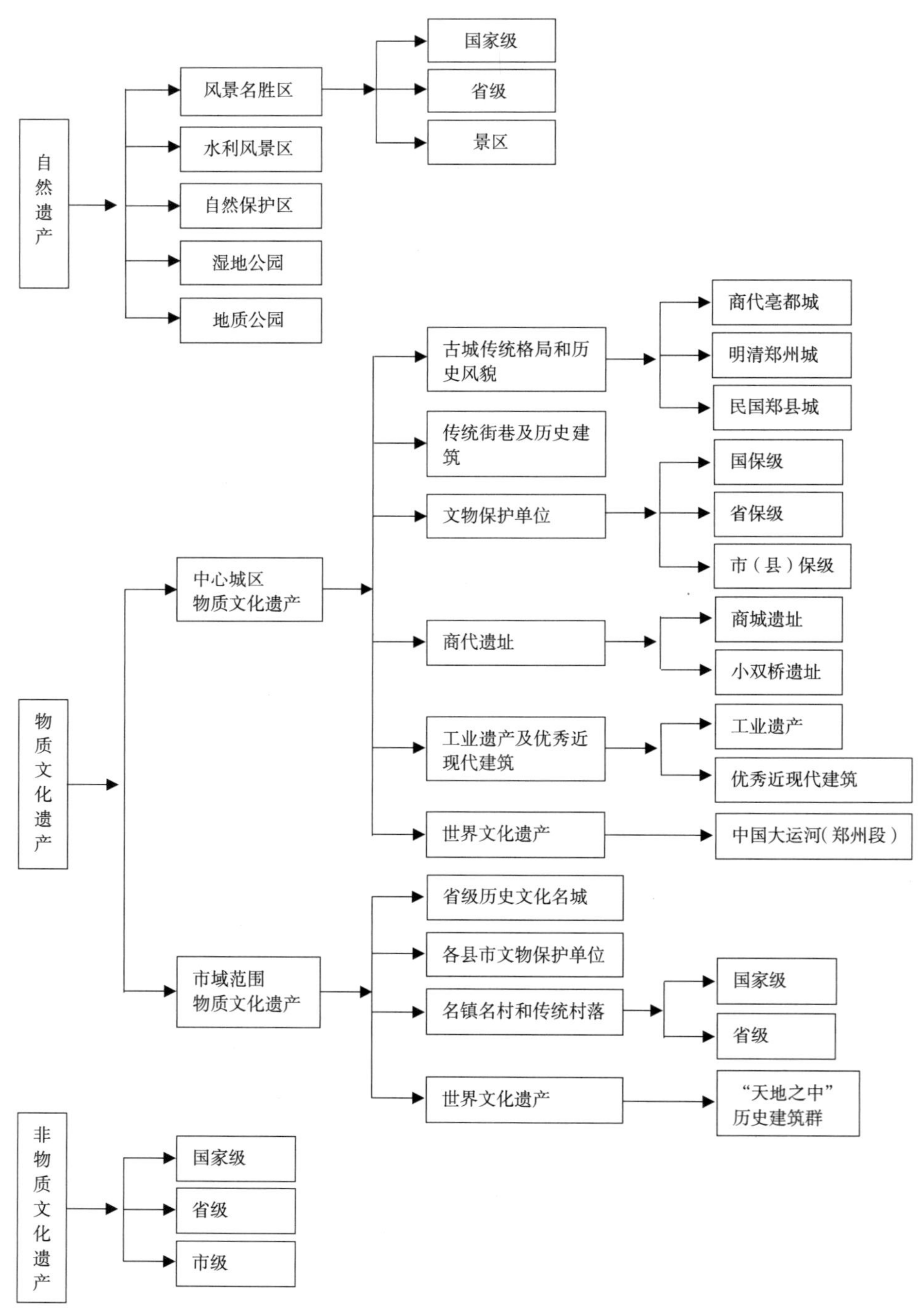
自然遗产
风景名胜区
国家级
省级
景区
水利风景区
自然保护区
湿地公园
地质公园
物质文化遗产
中心城区
物质文化遗产
古城传统格局和历史风貌
商代亳都城
明清郑州城
民国郑县城
传统街巷及历史建筑
文物保护单位
国保级
省保级
市（县）保级
商代遗址
商城遗址
小双桥遗址
工业遗产及优秀近现代建筑
工业遗产
优秀近现代建筑
世界文化遗产
中国大运河（郑州段）
市域范围
物质文化遗产
省级历史文化名城
各县市文物保护单位
名镇名村和传统村落
国家级
省级
世界文化遗产
“天地之中”
历史建筑群
非物质文化遗产
国家级
省级
市级

郑州市历史人文遗存资源和自然资源丰富，结合历史文化名城的保护体系和基本要求，按照遗产类型与保护等级，可将其分为三类：自然遗产资源，主要指自然人文风貌景观；历史文化遗存，主要指古城格局风貌、街区及建筑、文保单位，以及市域范围内公布的其他文化遗产等；非物质文化遗产，主要指国家和省、市确定并公布的非物质文化遗产。

自然遗产资源包括以山体、水系为主体含人文景观在内形成的景区、保护区和公园等。历史文化遗存分为两大部分，一部分是中心城区（包括中原、二七、金水、管城、惠济 5 区）内的历史文化遗存，主要为古城传统格局和历史风貌、传统街巷及历史建筑、文物保护单位，此外，鉴于历史城市发展过程中形成的部分历史文化遗产具有特殊性，将商代遗址、工业遗产及优秀近现代建筑、世界文化遗产单独列出；一部分是市域范围（包括新郑市、荥阳市、登封市、巩义市、新密市和中牟县 5 市 1 县）内的历史文化遗存，主要包括省级历史文化名城、文物保护单位、名镇名村和传统村落，同时将世界文化遗产单列，突出其重要性。非物质文化遗产包括国家级、省级、市级三级分类，由于其名目相当众多，重点关注国家级非物质文化遗产。

第一节　市域范围自然遗产

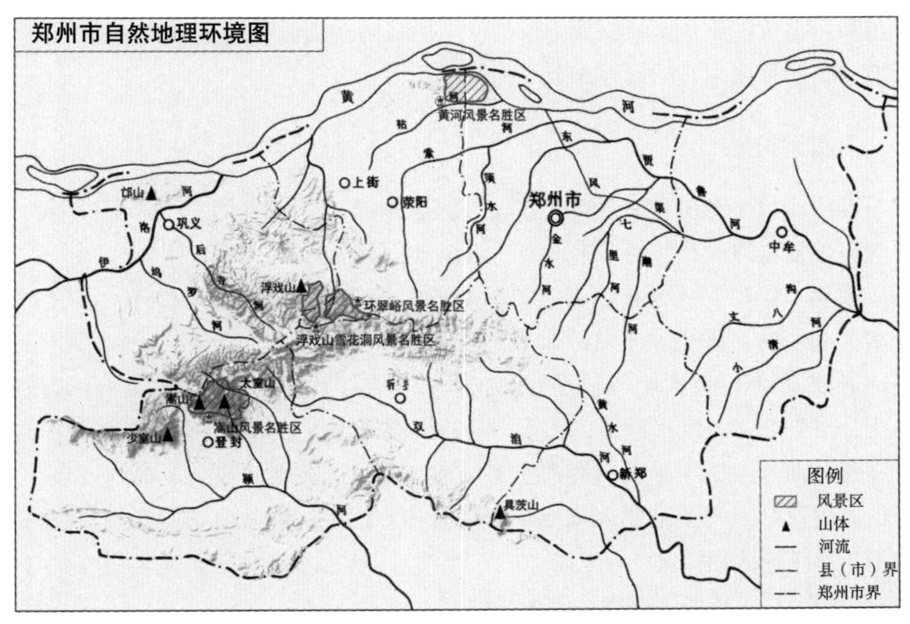

图 3–1　郑州市自然地理环境

一、河流水系

郑州市总体地形为西南部高，东北部低，河流多为西南东北流向，仅颍河、双洎河自西向东流出市区。郑州的河流，分黄河和淮河两大水系。流入黄河水系的有伊洛河、汜水、枯河；流入淮河水系的有颍河、双洎河、贾鲁河、索须河、七里河、潮河、丈八沟、小清河、梅河、金水河、熊耳河及东风渠等大小河流。

1. 黄河流域

黄河流域包括巩义全部，荥阳西部、北部，及市区、登封、新密一小部分。

黄河　黄河是中国第二条大河，发源于青海省，向东流经川、甘、宁、蒙、陕、晋、豫、鲁 9 省（区），在山东注入渤海。黄河从巩义的曹柏坡进入郑州市境，经巩义、荥阳、市区、中牟的北部，至中牟的狼城岗出境，黄河中下游的分界线位于荥阳桃花峪。黄河进入郑州境后，河床由窄突变宽阔，水势平缓，泥沙逐渐淤积，至市区邙山头以下形成“悬河”。伊洛河、汜水河、枯河都是黄河的支流。

伊洛河　伊洛河是黄河主要支流之一，由洛河和伊河组成。洛河发源于兰田县秦岭华山草链岭南麓，伊河发源于秦岭东支熊耳山麓，两河在偃师高庄汇合后称伊洛河。它至巩义回郭镇流入境内，在神堤注入黄河。伊洛河悬移质输沙量和河水含沙量是黄河支流中较少的。伊洛河的支流有狂水河、干沟河、曹河、天波河、后寺河、石子河等季节性河流。

2. 淮河流域

淮河流域包括中牟、新郑全部，市区、新密、登封大部，荥阳东半部。主要河流包括颍河、贾鲁河、索须河、双洎水、金水河等。

颍河　发源于登封县西石道乡李家沟，东流横贯全县通过君召、石道、大金店、东金店、告成乡入白沙水库，坝下即入禹州境内。主要支流少阳河、少溪河、双溪河、五渡河、石淙河、佛洞河、玉堂河、白坪河、马峪河。颍河的源头，泉眼众多，泉水涌流，长年不断补给颍河。

贾鲁河　发源于新密白寨的圣水峪和二七区的冰泉、暖泉、九娘庙泉。流经市区西部，至北郊老鸦陈折向东，经柳林、娇桥，再经中牟的白沙，绕城东南至胡辛庄流入尉氏县，后至周口市入沙颍河，再入淮河。元至正年间（1341—1371 年），工部尚书贾鲁率工疏浚，故名。它的支流主要有：索须河、贾峪河、金水河、小清河等。贾鲁河以往水量充沛，古时可通舟楫。贾鲁河是市区工业、生活用水第二水源。

双洎河　洧水发源于登封阳城山，溱水发源于新密白寨乡，二水在新郑、新密交界处的交流寨南汇合后称双洎河。东西流经新密、新郑，至高辛庄流入长葛。主要支流有泽河、洪河、寺沟河、黄水河等。

二、主要山脉

郑州地区横跨中国第二级和第三级地貌台阶，西南部嵩山属第二级地貌台阶前缘，东部坦荡的平原为第三级地貌台阶后部组成部分，山地与平原之间的低山丘陵地带，构成第二级地貌台阶向第三级地貌台阶过渡的边坡。基本地势有西南向东北倾斜，呈阶梯状降低，相对高差 1439 米。根据地形地貌组合，大致可分为山地、岗地、平原、沙丘等 4 种地貌类型。山地丘陵与平原分界明显，最高处是登封市西部少室山主峰，海拔 1512.4 米，最低处是中牟县韩寺一带，海拔 73 米。境内主要山脉为嵩山、箕山、邙山、具茨山、浮戏山等。

嵩山　嵩山是秦岭东迤的一部分，以伊河龙门与西部诸山隔开而成一相对独立的山体，呈圆锥体突兀于华北平原西南，面积约 4000 平方公里，东面为广阔的华北大平原，南隔汝河与伏牛山相连，北隔黄河与太行山相望。嵩山为五岳之一，称为中岳。由于地处中纬温带，四季分明，生物繁茂，辟为国家森林公园。水资源丰富，河流发育，呈放射状，为淮河重要源头，系淮河最重要支流颍河干流发源地，为其支流汝河、双洎河和贾鲁河的发源地，也为黄河支流伊洛河的重要水源地，为万里黄河入华北平原增加了活力。嵩山中心区可分 3 个地貌单元，北部，即嵩山主峰所在，最高峰玉寨山海拔达 1512 米，次高峰海拔达 1492 米，为呈东西布列的中低山。南部为箕山，较北部山低，多在海拔 1000 米以下，为低山丘陵。嵩山中的低丘与盆地，南北宽 10 公里左右，东西长约 80 公里，面积约 100 平方公里。低丘中由西向东分列着南河涧沟、顾家河、少林河、老东沟、书院河、五渡河和石淙河共 7 条河，这些河源于嵩山主峰南麓，共同南流汇入箕山北的颍河。

箕山　箕山在登封境内，西起伊川、汝阳和汝州市交界地段，沿汝州市北部登封南部边缘向东延伸，至禹州、郏县的西部边缘。山脉略呈西北—东南方向延伸，构成了汝河、颍河间的分水岭。箕山东起马峪口，西至焦山坡，南起大潭沟，北至白寨沟，东西长 13 公里，南北宽 9.5 公里，面积 82 平方公里，海拔 723 米。箕山由于众多支流的侵蚀切割，山体较为破碎，山势也比较低缓。

邙山　也称邙岭，位于郑州市西北隅，距市中心约 25 公里处，邙山的展布范围是在黄河以南，涧河、洛阳盆地至广武以北，西起石珍河和云罗山以东，东至京广铁路，东西长约100公里。郑州境内为邙岭延伸的东端，约长60多公里，宽1～5公里，自西向东沿黄河横贯巩义、荥阳、惠济区北部。整个地势北陡南缓，东西起伏绵延，中间沟谷甚多，长短不齐，呈南北或西北走向。邙山的地貌主要为黄土台地和黄土丘陵。其中广武以北的地段呈北陡南缓的黄土丘陵状态，顶部海拔在180～260米之间。郑州西北的邙山，海拔为200～260米，高出黄河100～160米，由于黄河的侵蚀和众多沟谷侵蚀作用，使得黄土丘陵形态显得异常陡峭。1972年这里建起邙山提灌站，随之进行绿化辟为黄河游览区，已成为著名游览胜地。

三、自然景观

郑州市自然及人文景观资源兼具，其资源种类占全部旅游资源种类的90%，其中自然景观资源包含地文景观类、水文景观类、气候生物景观类。著名的代表性景观有：嵩山风景名胜区、黄河风景名胜区、浮戏山雪花洞风景名胜区、环翠峪风景名胜区等。黄河、嵩山设有国家地质公园。

嵩山风景名胜区 国家级风景名胜区，位于登封境内，主体为嵩山。内有众多的人文景观和自然景观，人文景观主要为天地之中建筑群，如少林寺、嵩阳书院、会善寺、中岳庙等；自然景观主要为太室山、少室山上的奇峰异石。

黄河风景名胜区 国家级风景名胜区，位于郑州市西北30公里处，南依岳山、广武山，黄河绕山而过。区内有五龙峰、岳山寺、骆驼岭、汉霸二王城四大景区，共有景点50多个，黄河自然风光壮美、历史文化底蕴深厚。

浮戏山雪花洞风景名胜区 省级风景名胜区，位于巩义境内，主体为浮戏山。区内有自然、人文景观126处，除了山水地质景观，还有道教建筑、近现代革命遗址分布。

环翠峪风景名胜区 省级风景名胜区，位于荥阳境内，主体为浮戏山。区内主要为自然景观，地质奇貌、植物多样，人文景观主要为革命遗迹和传说典故。

第二节 中心城区物质文化遗产

中心城区物质文化遗产一般分为3个层次：历史城区、历史文化街区及传统建筑和文物保护单位，这是构成历史文化名城的主要内容，能够反映名城的传统风貌格局、街巷建筑特色和人文活动信息，鲜明地记录了城市的古老历史，也是城市历史地位的象征。在我国近代以来的曲折发展历史中，部分城市还带有一些新特征，较为突出的是工业文明在农业文明古城中刻下的烙印，它也是这些城市历史文化名城的主体构成内容。

一、古城传统格局和历史风貌

分析郑州古城，需先从保存至今商代都城遗址入手来分析历代城市建设不断演变发展的过程，尤其是以明清时期的古城来确定历史城区的风貌格局。商代遗存基本处于地下，地上多为明清时期的遗存。明清古城位于管城区，古为商代都城位置，后为管国、管邑、管城，隋代置管城县，唐代为郑州州治，明清为单一郑州城。考古发掘有商代、周代、汉代乃至唐宋时期的文化层和遗迹，现存城池格局据明嘉靖《郑州志》记载始建于唐代，唐代筑城墙、设城门，历代多有重修，明清时期的郑州城仍延续唐代旧制。因此，明清古城坐落于先秦时期古城遗址上，经过漫长时期的缓慢发展，是从唐代至清代不断建设而形成，也是我国封建时代地方州县城池中的历史脉络较为清晰的一座古城。民国时期的城市建设也影响了郑州城市的整体格局风貌，较为突出的是铁路开通后逐步建设形成的商埠区。由于历史上的天灾人祸，郑州城市频繁受到冲击、屡被损毁，其建筑、街道主要是明清、民国以来逐步建设、形成的，商代遗址因历史较远且深埋地下，无法辨认其历史风貌。因此，这里着重分析明清以来的郑州城市格局风貌。

1. 商代城址区传统格局

商代亳都城的城市基本格局和功能分区在前文已经作了较为详细的介绍，这里不再赘述。需要指出的是，商代城市尚不具备传统格局和历史风貌的特定特征。

2. 明清古城区传统格局[①]

明清郑州城传统格局包括 3 个方面：城墙、城池、城门；街道、里巷路网；官式、礼式建筑，这是封建时代的城市建制和传统礼制所确立的古城基本形制。

① 内容梳理自：(明) 徐恕修，王继洛纂：《(明) 嘉靖郑州志校释》，郑州市地方史志编纂委员会，1988 年；(清) 张钺：《郑州志》，清乾隆十三年 (1748 年)；(民国) 周秉彝修：《郑县志》，成文出版社，民国二十年 (1931) 重印。

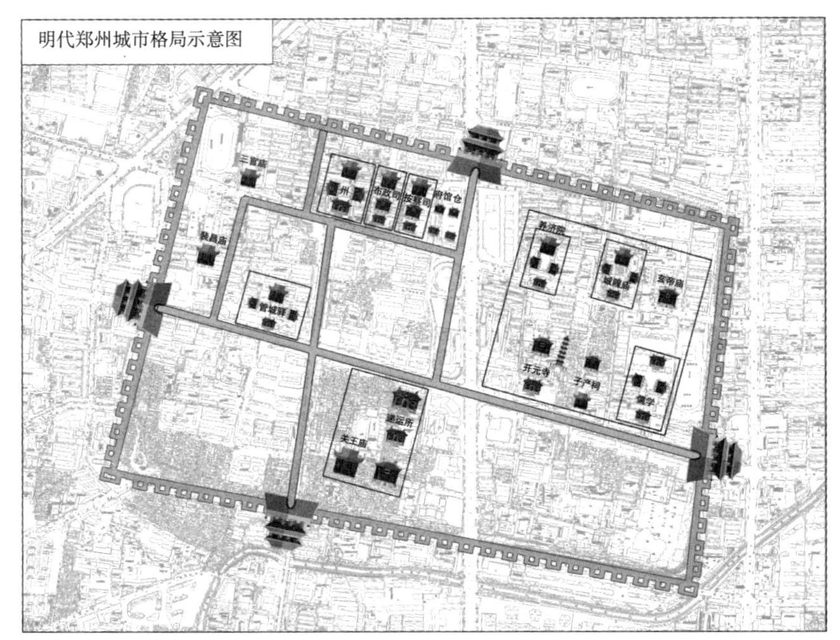

图 3-2　明代郑州古城格局示意图

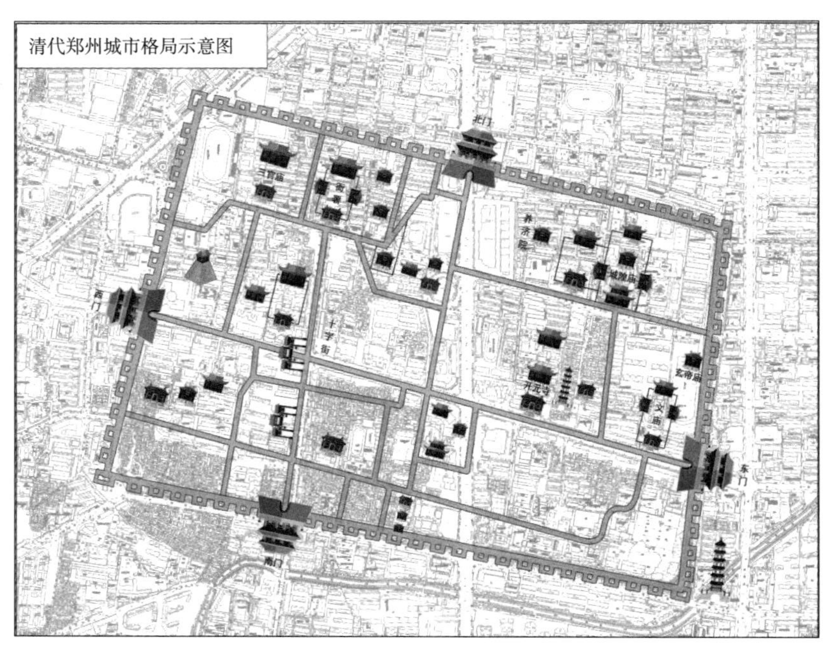

图 3-3　清代郑州古城格局示意图

（1）城墙、城池、城门

城墙、城门、门楼　郑州古城城墙周长九里三十步，约合 4.55 公里。墙高三丈五尺，约合 10.5 米。城墙顶部宽二丈，约合 6 米。城墙底部宽五丈，约合 15 米。城壕宽四丈，约合 12 米，深二丈五尺，约合 7.5 米。老城东西南北各有一门，东门曰“寅宾”、西门曰“西成”、南门曰“阜民”、北门曰“拱辰”。四门方位，东西相对，南北相错，各守一方。“寅宾”其意“春夏民欲早作，故令民日出而作”，“西成”其意“秋位在西，於时万物成熟”，二者出自《书，尧典》“寅宾出日”与“平秩西成”两句，对应古代易学中东震、西兑之位，分别代表春生之机和秋盛之气。“阜”其意盛，通富，寓意物盛民丰、民殷财阜。“辰”意有二，其一，十二地支中第五，与龙相应；其二，星宿北辰即为北极星，古学称其为天帝，即为帝星。“拱辰”即为拱卫京师，忠于皇权。南门偏西而北门居中，所以两门相错。两门各有门楼在月城上，月城即为瓮城。郭门有四，曰东“东望奎躔”、西“西维禹甸”、南“南瞻舜日”（重修后改为“过化存神”）、北“京水朝宗”。州城形态，平面东西略长，南北稍窄。明宣德八年（1433 年）时，所在知州修筑城墙，其为土筑，即为土城。明崇祯十二年（1639 年），时任知州鲁世任因流寇盗匪猖獗不息，重筑城墙，改为砖砌，之后被流匪损毁。清代顺治二年（1645 年），时任知州对州城城墙重新修整，其后城池规模百雉，固若金汤，伟然耸立。随后，顺治七年（1650 年），建西成楼 1 座，十四年（1657 年），建东成楼 1 座。同治三年至十年（1864—1871 年），知州王连塘曾拨团练费修葺城垣。

城池 郑州古城原有城池，从唐代修筑城墙、城门后一直不太通畅，处于湮塞状态。因古城原为土城，遇洪涝常易土崩，明代重修城池时多次疏浚，如正德六年（1511 年）、正德十三年（1518 年）才间隔 7 年就重新疏通池沟。城池环绕城墙，四面城门外设有吊桥，东门桥曰迎春桥、西门桥曰和义桥（清代改称社稷桥）、北门桥曰广济桥、南门桥曰广通桥，桥梁也多有修缮，有的改建为砖石桥，城池废后桥废。清同治三年（1864 年）知州王连塘曾拨团练费疏浚壕堑。因历时岁久、旱涝不断，城池最终还是在民国时期塞为平地。

（2）街道、里巷路网

老城街道路网格局，基本沿承古法选址建城之道，棋网格局，阡陌交通，沿城墙内有马道。城内主要道路为东西南北大街。东西大街以大十街为界，向东向西延伸至两门。南北大街起至两门，而端点却不相同。北大街始于北门而收于大市口，南大街始于南门而收于衙署门前。东大街亦称敏德街，南大街亦称咸宁街，西大街亦称里仁街，北大街亦称清平街。

除东西南北主道外，其他街巷有：东区的火神庙前街、关岳庙后街、岳家胡同、城隍庙前街、文庙街等；南区的官井巷、主事胡同、上元巷、书院街、马道街、火神庙后街、孙家胡同等；西区的磨盘街、穿心胡同、裴昌公胡同、砖牌坊街、卢医医庙街；北区的奶奶庙胡同、贡院街、五道庙胡同、马路、马号街、清真寺街、代书胡同、马王庙后街、三官庙街、裴昌公庙后街等。

城内建筑格局也丰富精彩，各具特色。其中，城区北部主要有衙署、学宫、贡院、仁寿堂、三官庙、裴昌公庙、马王庙、养济院、真武庙、卧佛殿、子产祠、法云寺、文庙、玄武庙等。其中衙署、贡院居中，衙署正对南门；城区南部主要有卢医庙、关帝庙、火神庙、钟楼。其中火神庙正对北门。

（3）官式、礼式建筑

官式、礼式建筑主要包含3类：行政建筑、文化建筑和宗教建筑。

行政建筑

衙署 衙署原为州治，与州城南门相对。始于唐，为唐武德四年（621年）复置郑州时修建，到明代被流寇盗匪纵火烧毁，清代顺治十五年（1658年）由时任知州刘永清复建。由于清初百废待兴财力有限，只建二堂五间，其余待建。清康熙四十五年（1706年），时任知州在旧址重新修葺。建鼓楼一座，房有三间，四周均有抱厦相接；修仪门三间，即衙署内门，也为旁门，东西各门各有三间。在仪门内甬道中修戒石亭。后任知州重修东西厢房各六间。清乾隆十年（1745年），时任知州增建三间，于甬道之西侧，衙役房设于露台下，东西各设一间。后又增建于甬道东侧三间，大堂五间，东西库房各两间。二堂五间，门房东西各有一间，宅门一间，两旁各有书馆三间。三堂五间，其功能为官宅。东西耳房十二间。其中，东院有房十二间，前三间有卷棚建筑，有露台；西院有房八间。南房有九间。仪门东侧有土地祠，有房三间。至此郑州衙署规模初定。

郑州衙署旧址，现今为管城区政府大院所在地。1913年时，郑州改为郑县，州衙改为县衙，1927年县府大堂改称“中山纪念堂”。1932年，河南省第一行政督察专员公署成立，与县政府分占旧县衙。1948年郑州解放，郑州市人民政府在此办公。1958年市政府西迁中原路，这里便成为管城区政府驻地。前边迎壁、鼓楼、仪门等建筑因扩街修路先后拆除，其他建筑年久失修，多被现代化楼房所代替，1995年大殿也被最后拆除，至此，郑州旧衙署的遗存就只剩下依然枝繁叶茂的两棵古槐树。

管城驿 最早为唐代所建，是一个掌管投递文书、转运物资、招待来往官员的公办机构，为洛阳和汴州之间的唯一的一个大驿站。管城驿最初位于城内，由于每天的驿车和人员来往于驿站内外，使得城门昼夜不能关闭，治安不便。唐大和二年（828年），太守杨归厚奏请在管城郊外重新建造一座新驿站。新修建的管城驿设施完善，舒适便利，是唐朝最标准的驿站。宋代以后管城驿没落，奉宁驿替代了管城驿。明洪武元年（1368年），驿丞王敬祖在州治的西南（今代书胡同南口、马王庙左侧）重修管城驿，共有正厅五间、后厅五间，左右马房、左右厢房、驿丞宅、学校厅、马神庙以及鼓楼等建筑，驿站备粮签马14匹、浙江市户马28匹、水充马2匹、签粮驴33头、管夫12名、铺陈库子2名。管城驿后移到州治东的马号街，临清真寺。民国4年（1915年），管城驿被改为贫民工厂。

递运所 始建于明洪武九年（1376年），大使唐德茂奉命在郑州东十里铺（牛岗铺）建立郑州递运所，掌管运递粮食物品和转送军队、囚犯等事情。成化十二年（1476年），郑州递运所又被迁到郑州东大街三皇庙路东，此处有一条胡同名叫“所胡同”，就是因为明朝的郑州递运所位于该胡同旁而得名，这条胡同在民国初期更名为“岳家胡同”,1927年更名“向阳街”。民国2年（1913年），郑州递运所被废除不用。

文化建筑

学宫 学宫即文庙、孔庙，在老城东侧，接近于东城墙。明嘉靖《郑州志》载郑州文庙“乃汉永平之故基”，又载“在昔有学而无庙，后世因庙以立学”，隋代郑州始为县，唐代郑州为州，且自贞观年间令“天下学皆各立周、孔庙”后孔庙才遍及各地，因此郑州文庙当时是在原官学故基上而建。由宋至元，累加修复，元顺帝至正六年（1346年），官署按照原来的样式重建，元末毁于战乱。明代洪武年间，时任知州重新修建。明正统、成化、正德、嘉靖年间，时任知州相继修葺，续建。乾隆三年（1738年）曾经大规模修建，至清代光绪年间，基本初成，魏焕可观。其建筑规模大体如下：大成殿七间，东西两庑二十间，东院官厅三间，戟门三间，东角门一间，西角门一间，泮池半规棂星门一座，启圣祠三间，土地祠三间，明伦堂五间，敬一亭三间，尊经阁五间，名宦祠三间，乡贤祠三间。东西有过街牌坊各一座。清乾隆年间，又增建明伦堂东西斋房六间，射圃厅三间。另据相关史料记载，还有其他建筑如金声玉振坊、居仁门、由义门、祭器库、乐器库、神厨、育德仓、义仓、宰杀厅、进德斋、修业斋、存诚斋等。规模体制宏大，在文庙建筑群中等级较高。清光绪二十二年（1896年）文庙再遭大火，建筑毁废殆尽。以后虽又修复，规模已远不如前，后来仅存有大成殿和戟门两座古建筑及几间小厢房。1949年后幸存有清代建筑大成殿，具有较大的历史、艺术和科学价值。

贡院 即会试考场。始建于清代雍正年间，在衙署东侧，临近衙署。雍正二年（1724年），郑州升州为直隶，负责郑州、荥泽、荥阳、河阴、汜水5处的生员，遂建此贡院。据史料记载，贡院占地十余亩，南北长三十丈，约合百米，东西长二十丈，约合65米。东西各有猿门一间，乐楼一间，龙虎亭一座。东西有文场各七间。大堂三间，承快房五间，军隶房五间，外门房一间。二堂三间，东西厢房各有三间，寝房三间，看卷所五间，书吏房七间，厨房三间。后又并禹州、密县、新郑三县共计八州县合考与此，可谓场面壮观。

书院 郑州古城中的书院为天中书院，后改称东里书院。天中书院，建于明崇祯十年（1637年）。郑州知州鲁世任重视教育，提倡学子读书上进，为给读书人提供一个学习进步的场所，鲁世任于街北（今三职专校园处）创建了“天中书院”，在明末的战乱中损毁。建筑规模大致如下，正堂七间，拜厦五间，房内塑有先师塑像。后殿三间，寝房一间，厨房一间，东西斋房各有三间，大门三间，二门一间，左右各有角门一间。乾隆十年（1745 年）重修，郑州知州张钺整修天中书院，但修葺规模较小。乾隆十九年（1754 年）改建为东里书院，以子产采邑命名，原在老城东门内的孔庙（文庙）西侧，光绪八年（1882 年）迁至花园门街路北侧南公馆，街道在其后也因此改为书院街。南公馆，照壁一座，大门三间，临街有房三间，二门一间，东西各有斋房五间，讲堂五间。东西各有楼三间，前院有祠圣楼五间，后院有邵公祠三间。光绪三十年（1904 年），东里书院改为中学校，后又改为小学校。民国 13 年（1924 年）初于东里书院内创建了郑县县立初级中学。1931 年初，学校改制为郑州市私立明新中学。1949 年 3 月，创建郑州市立高级中学。

宗教建筑

城隍庙 又称城隍灵佑侯庙，供奉汉将纪信。始建于明洪武二年（1369 年），被敕封为灵佑侯，并有御赐碑文在此。明弘治十四年（1501 年）知州石纯粹，嘉靖六年（1527 年）知州刘汝，隆庆四年（1570 年）知州李时选均曾重修。清康熙三十年（1691 年）知州陈一魁、五十三年（1714 年）知州张鋐，乾隆五年（1740 年）知州张钺、光绪十六年（1890 年）知州吴荣桀亦重修。城隍庙坐北朝南，原占地面积约 10 亩。由大门、过庭、戏楼、大殿、后寝宫和东、西廊房组成。其中的建筑以建造精致、结构坚实而著称。庙内原有碑刻，其中有明初郑州同知张大猷草书石碑《福赞》《寿赞》两通，前者碑高 1.88 米，宽 0.83 米；后者高 1.81 米，宽 0.8 米，笔迹苍劲挺拔，现仅存《福赞》碑。城隍庙是河南省规模较大、保存完好的明清古建筑群落之一。数百年来，虽屡遭兵燹、火灾及人为破坏，后经多次营建修葺，基本上保留了历史原貌，因此弥足珍贵。

北大清真寺 始于元末明初，有明代宣德炉两只。清乾隆十九年（1754 年）和四十七年（1782 年）两次重修。雍正三年（1725 年）重修寺门照壁，嘉庆七年（1802 年）重修大殿滚白，光绪三十三年（1907 年）重修望月楼。1953 年、1982 年两次翻修。寺院现占地近 17 亩，为两进院对称，中国传统宫殿式建筑，主要由大门、望月楼、大殿、南北讲堂、浴室、殡仪馆组成。北大清真寺是伊斯兰教在郑州建造最早、规模最大的清真寺，为郑州回民主要的宗教活动场所。

子产祠 又称郑大夫庙，在文庙西侧，始建于元代大德九年（1305 年），位于宋神霄宫故址上，是郑人为祭祀子产而作。宋神霄宫在宋末毁于兵火，成为废墟，元代以地入官，监县拜不华始立子产庙，有殿三楹，整修山门，粉饰墙壁。明成化八年（1472 年）州民捐钱修缮，万历三十九年（1601 年）郑州知州王弘祖加以整修并于祠门立碑曰“古之遗爱”。清乾隆十三年（1748 年）郑州知州何源洙重加整修后题额“惠人祠”。民国初年新式学校兴起，子产祠辟为小学，现为郑州塑料五厂。

开元寺 在郑州古城东大街北侧，始建于唐开元元年（713 年），建筑早已不存。寺内有舍利塔，宋开宝九年（976 年）建，又叫开元寺塔。舍利塔高 52.7 米，为十三级，后失塔尖降为十一级，底层外径 18 米，壁厚 5 米，内径 8 米，八棱，砖灰结构，系有重约 10 公斤、长 40 厘米、宽 20 厘米、厚 10 厘米的特大古砖砌成。塔有棚板、木梯，可盘旋上至“藏经楼”，塔周八面轩窗。塔旁有一道教经幢，全称《太上洞玄灵宝无量度人上品妙经》，因刻有道教经典而得名，唐会昌六年（846 年）正月十五日刻立。青灰石质，八棱柱状。底座及顶盖已失，高 1.6 米，面宽 22.5 厘米。经文楷书，太原王维度刻字，除少部分残毁外，大都清晰可辨。开元寺塔多次重修，明永乐十八年（1420 年）僧明福重建，清咸丰元年（1851 年）焚毁，同治十二年（1873 年）郑州张暄倡修，光绪十一年（1885 年）又加修缮。抗战期间古塔被轰炸毁坏，只有塔基。1947 年，以东大街开元寺为址，建立了河南省立郑州医院，1974 年建为郑州第一人民医院，塔基不存，只存塔湾路路名以纪念。以开元寺塔为主体的“古塔晴云”是郑州著名的八景之一。

除此之外，古城内外的宗教建筑还有很多。道教建筑方面比较著名的有关圣帝君庙，即关帝庙，在旧州治东，即现在老城东，宋朝太平兴国年间建。明清时期，时任知州分别重修重建，民国 4 年（1915 年）改为关岳合祠。列子观，也称列子祠，在州东圃田，始建无考，重建于明万历八年（1580 年）。其他大小庙宇繁多，如吕祖轩（在州西门外）、金龙四大天王庙（州治西门处）、三皇圣祖庙（州治东所巷）、火帝真君庙（州治南纸坊巷）、真武庙（州治东，南北郭外各一）、三官庙（一处在州治西，一处在东门外）、裴昌公庙（州治西）、三圣堂（一处在州治东北回回营，一处在西门外小北巷）、三结义庙（西门外小南巷）、卢医庙（州治南孙家园）、马神庙（州治西，另一处在州治东）等。佛教建筑方面，较为著名的有崇圣寺，位于州北郭外，创建于宋熙宁年间，明洪武十五年（1383 年）重修并置僧正司，清顺治九年（1653 年）僧福山重修，康熙二十九年（1690 年）僧慧珍重修。其他寺宇还有德胜寺、法云寺、洪福寺、延寿寺、观音堂等。

3. 民国商埠区传统格局

民国郑县城除了明清以来的古城之外，还有因铁路开通所形成的民国商埠区，其传统格局为铁路线与旧城区之间的街巷道路网络和近代多样建筑形成的城市特征。

（1）商埠区的形成

民国商埠区的形成源于铁路车站的修建，明清古城的西面和铁路线之间的荒芜区域逐步建成为近代工商业经济区，城市的重心也开始向火车站附近推移，郑州因此被称为“火车拉来的城市”。1906 年、1908 年京汉铁路和陇海铁路汴洛段相继竣工通车，京汉、陇海两条铁路在郑州交汇，郑州一跃成为中原交通的枢纽。

1908 年，清政府开放郑州为商埠，年底马路大街率先成为郑州第一条有路基、有面层的结构道路。1920 年，郑州呈现以大同路、德化街为中心，街巷纵横有序、店铺林立、生意兴隆、人气十足的商业景象，同年河南省议会通过了在郑州设立商埠的议案。1922 年，北洋政府正式下文将郑州开辟为商埠，在郑州设立商埠督办公署，郑州旧城区与火车站之间地区被逐步带动起来。1927 年制定了《郑埠设计图》，规划建设商埠区，将新区与旧城区隔开，以工商业设施为主。1928 年又制定了《郑州新市区建设草案》，在铁路以西规划建设新市区。随着郑州商业的发展，城市道路交通需求日增，老城与火车站之间的商埠区在道路体系上与老城不相适应，在西门新开小西门依然无法解决问题。1928 年主政河南的冯玉祥批准拆除老城城砖，所拆 700 余万城砖用来铺路和建造民居，旧城区的整体格局遭到破坏。1930 年，郑州市城区规模扩大至郑县县城及火车站周边地区，面积 5.23 平方公里，人口达到 16. 4 万人。抗战时期，郑州陷入混乱。1947 年公布《郑州市规划指导委员会初步建设计划纲要》，未能完全加以实施。

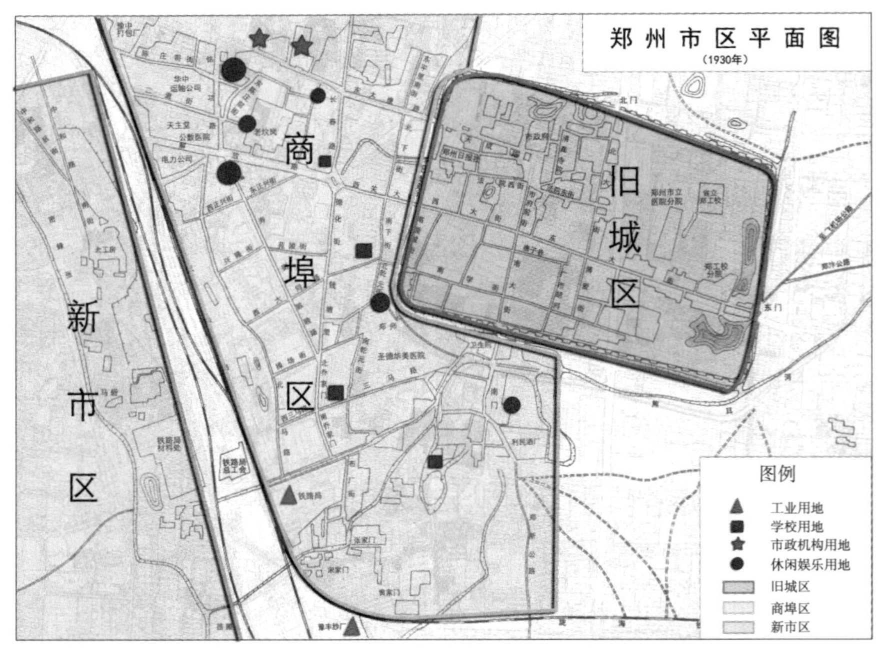

图 3–4　民国时期郑州城市格局

（2）道路、街巷

商埠区在清末处于城西门外，人烟稀少，也无街道，铁路建成后，这一地区的街道逐渐增多。商埠区的街道网络与传统的古城道路体系不同，在棋盘式网格状的基础上，为便于各区域之间的交通，采取放射状的自由式布局，最终形成棋盘放射式街道网络，在今二七塔附近形成多条路网交叉的特点。

最早形成的街道有：大同路（最初叫票房后街、马路大街，1916年改称大通路。北伐战争前，正式名叫大同路）、德化街（与南端的天中里合并后，称为德化街）、福寿街、钱塘里（新中国成立后改称钱塘路）、敦睦东里和西里（后合并称为敦睦路）、西郭门大街（即西关大街西口）、苑陵街、延陵街等几条商业街。由于商业贸易的兴起，商店云集，居民大增，以商业街为中心，向两侧延伸出多个居住的小街道，有：裕元里、裕亨里、裕贞里、裕信里、裕仁里、智仁里、商场巷、汉川街、天莘街、石平街、保寿街、静安里、王公巷（后改称通商巷）等。棉花贸易繁盛起来后又陆续形成了兴隆街、操场街、正兴街、一马路、二马路、三马路、迎河街、顺河街、慕霖路、五虎庙前街、后街、陇海大院（后称陇海马路，1956年改称陇海路）、南下街（曾叫吕祖轩街）、银行街、万顺街、善结街、花园街、武英里、文华里（后称文化里）、彭城里、青云里、三德里、汉昌里、荣花里、五权路、永康里、丁字胡同、上西淮里、下西淮里、贫民东街、贫民西街、明远路、长春路等。1927年进行城市规划建设后，出现了铭功路、老坟岗片区、西一街、西二街、一道街、二道街、新春南里、北里、民强巷、益民北街、益民西街、益民东街、益民大院、富春南里、北里、陈家巷、聚玉里、瑞祥巷、共和胡同、杏花里、惠兴街、复兴里（后改称新兴里）、光明胡同等新兴街道。

（3）近代建筑

商埠区以工商业和住宅为主，工厂方面有铁路、机器工厂，蛋品、面粉、皮革、卷烟、织布、缝纫、印刷、粮行、花行等厂坊以及西式医院、教堂、餐馆等；棉花贸易繁盛起来后，棉花商行、货站、仓库、转运公司、金融、保险、服务等行业兴起，电力、运输、打包、银行纷纷在郑州设厂或建立分支机构。德化街、大同路、福寿路是较为著名的商业街区，商贸建筑较多。

民国时期商埠区内较为著名的建筑有天主堂公教医院、华阳春饭店等。天主堂公教医院建于1912年，为意大利传教士所建，起初仅有两间平房，设备简陋，药品很少，1924年扩建，1949年后改为郑州市公教医院。华阳春饭店建于1933年，为5层高楼，上层为旅馆，下层为澡塘和饭店，顾客多为社会名流，生意很是兴隆，因建筑很高十分醒目，1938年为日军炸毁。其他建筑有法国饭店、郑县商场（1912年）、交通银行郑州支行、普乐园戏院（1913年）、明远电灯股份两合公司（1914年）、中西大药房、中国银行郑州支行（1915年）、龙文书庄（1917年）、鑫开饭店（1920年）等。

4. 郑州明清古城区和民国商埠区风貌现状

目前，郑州古城虽经大量的建设改造，由于对商代遗址的保护，老城城垣仍大部分存在，文庙、城隍庙、清真寺也列为文物保护单位得到原地的保护修复，城内外的街道名称多沿用旧名。但是，当前明清古城区和民国商埠区的历史环境已经有了很大变化，具体表现在：

明清古城区：首先，城墙残垣只剩部分存在，明清城墙已经大部分被拆除，护城河（城壕）更是无法识别，基本被填平或者改道。过度强调商代遗址和城垣而忽视明清遗址城垣同为郑州古城城垣的做法，遮盖了郑州自汉代以来尤其是唐代以来的城市发展历史阶段以及民国时期城市发展的特征。部分空间界定范围的要素逐渐消失，使得原本就不易识别的传统与现代空间，更加难以识别明晰，平面轮廓混淆难辨。割裂城市发展阶段，对认识城市造成极大困扰，产生认识误区。历史街道、传统街巷在城市的发展建设中，也发生了较大的变化。城内原先的主轴街道虽然清晰可见，较为容易辨析，其整体结构脉络尚存，但是已经发生了变化，主轴街道两侧的传统建筑基本无存。其次，传统街巷现今只剩南部片区局部，街巷机理清晰可辨，保存较好，但传统建筑遗留较少，基本已经不成体系，但是其历史文化作用依然存在。传统古建在老城内部遗存较少，大多已被湮灭在历史的黄沙之中，或是毁于战火或是淘汰于城市发展的浪潮，个别遗留古建筑，由于疏于管理维护，或是在当前城市发展中失去相应的作用，已经年久失修，破旧不堪，现代建筑更是充斥着老城的每一个角落。再次，城内历史古建、传统民居与古建旧址等遗留资源并不丰富。再加之城市化的快速推进，大量现代建筑的不断建设与无序的更新，新建建筑盲目追求大体量、现代化、未来化等指标，导致历史资源周边的新建建筑与其严重不协调，破坏了古建周边空间的形态，影响了古城传统的格局，并不断地蚕食着这些历史资源的生存环境，阻碍着古城传统空间的整体保护，最终形成这些历史文化遗产的“孤岛化”。古城内部一些传统建筑由于长期缺乏保护关注与修葺维护，早已破落不堪，成为人们心中的“危房”。最后，古城内部的传统民居，也在城市建设的过程中，或被征用成为市政建设用地，或被统一拆除改造，特别是古城主轴道路两侧的历史古建，早已被各类商业、办公、交通等大型综合建筑替代。而古城南部片区，残留至今的局部传统民居早以成为名副其实的危房。以书院街传统民居为例，大部分建筑主体破落不堪，结构倾斜不稳，墙体塌陷甚至断裂下滑。这些建筑与周边的现代化空间形成了鲜明的对比，内部生活居民的居住矛盾日益激化。特别是市政配套严重不足，基础设施不完善，垃圾随处可见，污水横流，整体环境亟待改善。古城的传统风貌与整体空间，就是在这些因素的综合影响下逐渐丧失的。

民国商埠区：其一，仅存的民国建筑多已被拆除或改作他用。2011 年郑州市公布了首批《郑州市优秀近现代建筑中心城区保护名录》，其中有南乾元街 75 号院（高氏故宅）、郑州天主教堂公教医院（1912 年）、郑州绥靖公署大礼堂（1945 年）、人民影剧院、百花影剧院（1949 年，后合称东方红影剧院）等。现今，绥靖公署大礼堂改为河南省武警总队干休所礼堂，东方红影剧院已被拆除，南乾元街 75 号院（高氏故宅）已根据拆迁计划异地重建，郑州天主教堂公教医院仅存一座修女楼。其二，街区的历史风貌在城市的建设中不断消逝，较为著名的德化街改建为德化商业步行街。德化街早期店铺林立，有德茂祥酱菜园、同仁堂药铺、魁祥花铺、俊泰钱庄、五洲派报社（发行报刊）、博济医院、鸿兴源第一分号、天一泉浴池（德化街浴池前身）、京都老蔡记馄饨馆等。1949 年后，德化街得到大力整修，陆续建设若干商业大楼，如德化街百货大楼、三得利商场、妇幼用品大楼以及亚细亚商场等。2000 年以来，德化街成为一条具有现代化气息的步行街。其三，商埠区中心原为道路交汇处，中间为小块绿地。1923 年发生的二七大罢工中，郑州地区的工人群众也参与了这次运动，在长春桥（二七广场）附近发生了流血惨案。1951 年，郑州市召开城乡物质交流大会，在二七广场中央修建了一座高 21 米的木塔，木塔破旧后于 1971 年重新修建为混凝土结构的建筑，为郑州城市增添了新的亮点，也是当代郑州的城市标志建筑。

二、传统街巷及历史建筑

历史街区是指“保存有一定数量，一定规模的历史建筑物和构筑物并且风貌相对完整的生活性地区，该地区的整体能够反映出某一历史时代的风貌以及特色，具有较高的历史文化的价值。在概念的界定上，历史街区属于“历史文化保护区”的范畴，它是单体文物建筑保护、历史文化保护区、历史文化名城保护这一套完整的保护体系中的一部分，历史街区中的街巷空间、建筑风貌、山河湖水等具有许多历史价值和文化价值。历史街区是从保存较好的传统街巷中得来。

郑州明清古城内有许多老街老巷，分为书院街街区，包括书院街、博爱街、主事胡同、鼎新街、唐子巷；文庙—城隍庙街区，包括职工路、商城路；代书胡同街区，包括营门街、代书胡同、黄殿坑等。街巷尺度宜人、界面连续，以线型串联街区内各功能建筑及节点空间，形成起承转合、丰富生动的空间序列。民国商埠区内有德化街—大同路街区，包括德化街、大同路、延陵街、苑陵街、彩虹路、裕元里、金光路、汉川街、福寿街。根据实地调研结果，认为文庙—城隍庙街区和书院街街区具有保护价值，保存状况相对良好，能够整治恢复。以文庙—城隍庙街区和书院街街区为例，对这两个街区进行具体阐述。

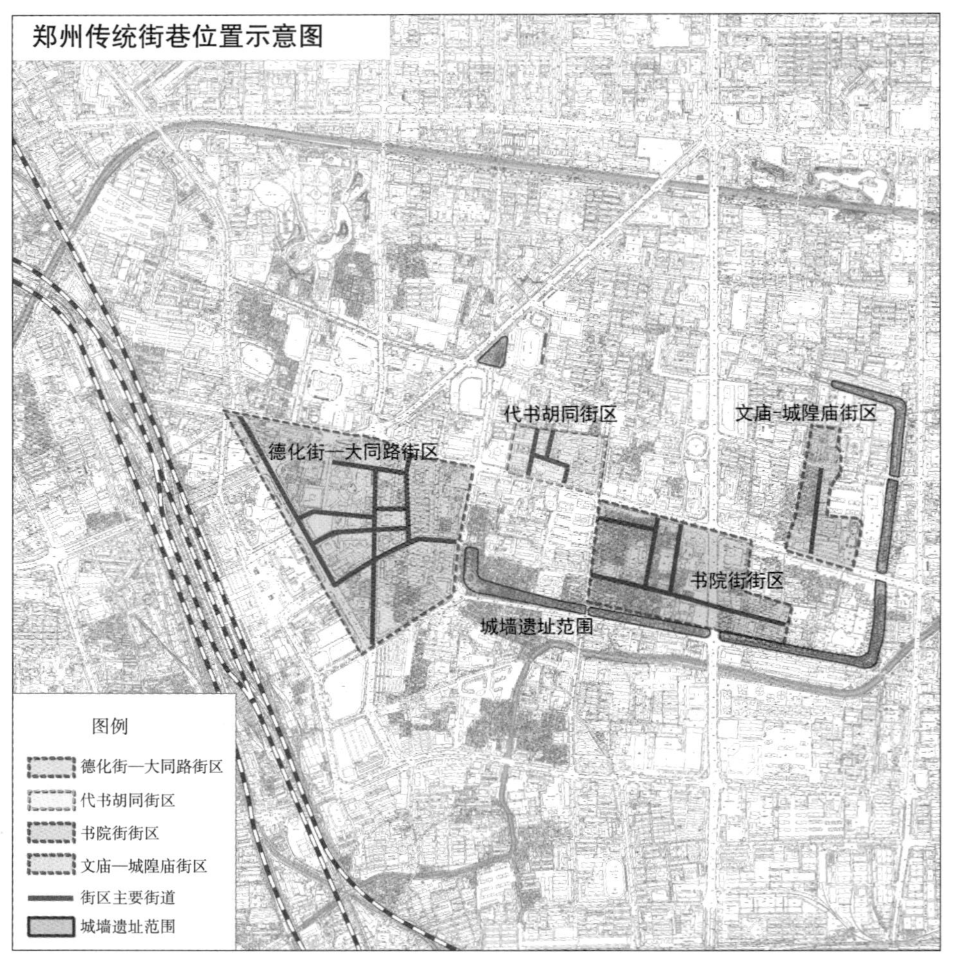

图 3–5 郑州传统街巷位置示意图

1. 文庙—城隍庙街区

历史变迁：文庙—城隍庙街区主体为职工路，原名城隍庙街，是明清时期的传统街道，清代《郑州志》中，城隍庙街路北至城隍庙，南抵东西大街，东侧为开元寺塔，西侧为文庙，文庙西边有东里书院、子产祠，地理位置较为重要。文庙历史较早，开元寺塔建于宋代，子产祠于元代建于宋神霄宫基址上，城隍庙建于明代，东里书院原为天中书院，始建于明末。历代建设使得城内东北区域成为地方民众宗教祭祀和人文教育的活动场所，建筑体量较大。

空间格局：文庙—城隍庙街区北起商城路以北的城隍庙，向南经职工路至东大街，东大街向东跨至文庙，街区整体呈“L”形。城隍庙、文庙为街区南北两个重要节点，占地面积分别为 0.85 公顷和 0.36 公顷。道路系统呈“工”字形，中间为狭长的职工路，南临东大街，北有商城路穿过，古城传统街道格局保存较好。文庙—城隍庙街区为祭祀型历史街区，内部功能结构以祭祀、居住为主，兼有教育、商业等功能。沿街区内主要道路两侧主要为居住区，街区边缘地带为商业门面。街区内部空间较为单一，视线宽阔。街区西侧建筑多为低层（H ≤ 10 米）建筑，东侧多为中层（10 米 <H ≤ 20 米）建筑。

保存现状：目前，职工路已然没有传统风貌的影子，作为大城市中的一条较狭窄的支路，街道两侧均为居住建筑，风貌以现代为主。职工路东侧为联排式居民楼，属于中层建筑，建筑高度范围为 15 ~ 20 米，建筑体量较大，间距较宽，基础设施较为完备。西侧为连片较杂乱的低层居民院落，院落进深 20 ~ 30 米，建筑高度范围为 3 ~ 10 米，属于低层建筑，建筑体量较小，间距较窄，基础设施较差，沿街为商住混合。

历史遗存及街区价值：文庙—城隍庙街区主要保留了文庙、城隍庙两座大型历史建筑，也是街区内重要的文物保护单位。街区在历史时期为城内礼制建筑的集中区，是郑州古代人文活动的主要区域，子产祠、城隍庙、开元寺塔和文庙带来的儒道佛祭祀、教育活动十分活跃。街区向南隔东大街与书院街街区相连，向东靠近古城墙，周围交通便利，是郑州城市古老历史的鲜活见证。

2. 书院街街区

历史变迁：元代时，郑州地区才逐渐稳定下来，书院街原名为花园门街。明万历二十八年（1600 年），曾在街东段路南建了一座火神庙，明崇祯十年（1637 年）郑州知州鲁世任于此创建天中书院，远近来学习的士子多达千人。清乾隆十年（1745 年）重修书院，十九年（1754 年）改为东里书院。咸丰四年（1854 年），郑州知州对书院进行了修葺，建成讲堂、号舍等总共 100 多间高大宽敞的房屋，供青年学子读书。清光绪八年（1882 年），郑州知州王成德把原在东大街文庙西、房屋已倒塌无存的东里书院迁移到此街，置于南公馆内。修建广厦数十间，供青年学子读书学习，此街由此得名书院街。

空间格局：书院街位于郑州老城内的南部偏东，管城区南大街路东，呈东西走向。书院街西至南大街，东跨越紫荆山路至瓦楞纸箱厂，街区内现状街巷宽 3 ~ 9 米，建筑多为 1 ~ 2 层砖木结构普通民居住宅，呈不规则院落式布局，整体呈现出典型的传统街区肌理特质。书院街历史街区的街巷格局，是人们依据自身的生活所需逐步形成的符合步行尺度的空间格局。纵横交错的棋盘式道路系统，与沿主要道路延伸的鱼骨式系统及建筑之间狭小的通道，构成了书院街典型的历史街区空间格局与肌理。书院街作为居住型历史街区，内部功能结构以居住功能为主，并兼具教育、商业、工业等功能，有较强的功能复合性。沿街区内主要道路两侧有商业门面，街区中部和东南角有两处中小学教育用地。同时街区内还有多处工业厂房用地。街区的基础设施主要沿书院街南侧布置。街内遍布小型公共空间，街道边、转角处、庭院中、台阶上下等，这些连续的、不同功能、不同尺度及围合程度的场所构成了书院街多样且丰富的景观空间序列。

保存现状：整体风貌变化较大，街道两侧已被现代建筑占据，失去了古街风貌。街道狭窄，属于城市支路，基础设施及整体风貌较差。街区内主要用地性质为居住，沿街商住混合，住宅以中层联排式建筑及底层院落式建筑为主。书院街由紫荆山路划分为东西两个片区。东片区西侧建筑以中层联排式居民楼及中低层厂房为主，建筑高度范围为 9 ~ 20 米，建筑体量较大，间距较宽，基础设施较为完备。东片区东侧目前已被拆除，属于待建区域。书院街西片区建筑以低层院落式居住建筑为主，其中夹杂少量中层联排式居民楼，整体建筑高度范围为 3 ~ 18m，院落进深为 20 ~ 30m，建筑体量较小，基础设施及环境较差，街道两侧均为商住混合。底层院落式建筑布局较为杂乱，建筑质量较差，年久失修，从部分建筑院落中尚可看明清及 20 世纪 80 年代建筑风貌的影子。如何顺利地复兴书院街历史文化韵味，延续书院街的肌理、空间、生活，成为当下重要的议题。

历史遗存及街区价值：书院街历史街区遗留了大量的历史建筑，包括民国时期的传统民居和 20 世纪 50、60 年代的一些工业厂房、住宅，这些传统民居密集且成片的布局，在形式和结构上存在着极大的相似度与关联性。这种密集成片的建筑布局及其相互间的关系构成了书院街历史街区的传统肌理和风貌。街区内有两所学校，第十中学和创新街小学；三处厂房，版纸厂、第四木器厂和向阳中药厂；一处明清古宅，郭家大院；一颗千年古木；水井、石墩、石雕、牌楼、古树等属于历史风貌的要素若干。书院街与郑州传统教育有着很深的渊源，从古至今汇集了东里书院、郑州市私立明新中学及郑州市立高级中学，保留了郑州的历史文脉，是郑州城市重要的精神财富。

三、文物保护单位

郑州中心城区共有全国重点文物保护单位 12 项，省级文物保护单位 19 项，市级文物保护单位 50 项。其中，国家级文保单位主要有：（1）古遗址：商城遗址、西山古城遗址、大河村遗址、荥阳故城（古荥汉代冶铁遗址）、小双桥遗址、尚岗杨遗址、后庄王遗址、祭伯城等；（2）古建筑：郑州城隍庙（含文庙大成殿）、郑州清真寺、通济渠郑州段等；（3）近现代重要史迹及代表性建筑：郑州二七罢工纪念塔和纪念堂等。

图 3–6　郑州中心城区文物保护单位分布图

1. 古遗址

西山古城遗址　仰韶文化（前 4700—前 2300 年）遗址，1996 年被公布为第四批全国重点文物保护单位。遗址位于郑州市惠济区古荥镇孙庄村西邙岭余脉上，西山城址平面近似圆形，四面城垣向外弧凸，由黄褐土夯筑而成。在城址外还发现了环壕，它与城墙及外侧壕沟共同构成了西山城址完备的防御体系。遗址共清理出房基、窖穴、灰坑、灰沟、墓葬、瓮棺等遗迹，另外还发现奠基和祭祀遗迹。西山城址位于这一区域仰韶文化遗址的中间，是唯一的一座城址，地位高于其他聚落遗址，为地区中心要邑。

大河村遗址　仰韶文化（前 4700—前 2300 年）遗址，2001 年被公布为第五批全国重点文物保护单位。位于郑州市的东北郊，柳林公社大河村西南 1 公里的漫坡土冈上，当地称“花冈”。大河村遗址为多时代分布遗址，遗址的文化层堆积较厚，包含有仰韶文化，龙山文化，二里头文化和商文化。大河村遗址面积大、文化堆积层厚、延续时间长，为研究我国古代文明演进历程提供了珍贵的实物资料，遗存中的外来特征，为研究不同区域之间文化交融提供了地层证据和实物资料。

荥阳故城（古荥汉代冶铁遗址）　战国至秦汉时期遗址，2006 年被公布为第六批全国重点文物保护单位。位于今郑州北郊古荥镇北隅向南至纪公庙村东南角，城垣略呈长方形，大部尚存，城墙版筑，东城墙已被黄河冲毁，仅存东北、东南两城角，西城墙有三缺口。故城内发现有房基、夯土台、水管道等设施。城外发现汉代冶铁作坊遗址。古荥冶铁遗址位于郑州市的古荥镇西门外，是汉代河南郡的一处重要官营冶铸作坊。遗址中保存有汉代最大的炼铁炉和完整的冶炼系统，出土有成套的铸造铁器的范模。荥阳故城地理位置险要，秦汉时期为征战之地，冶铁业十分发达。

尚岗杨遗址　仰韶文化（前 4700—前 2300 年）遗址，2013 年被公布为第七批全国重点文物保护单位。位于郑州市管城回族区南曹乡西尚岗杨村西的土岗上，遗址西靠七里河，包含有房基、窖穴、墓葬等。

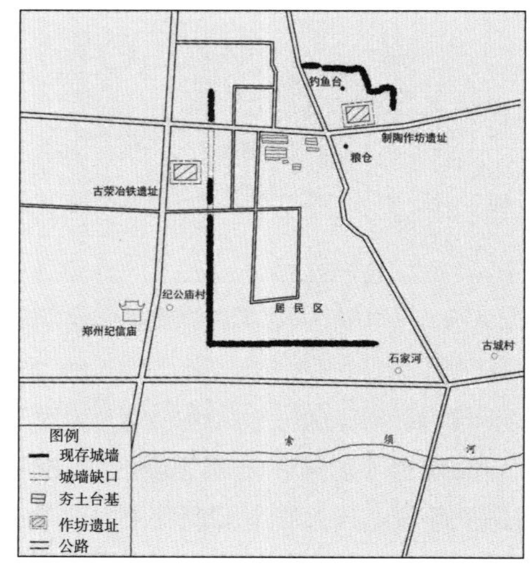

图 3–7　荥阳故城遗址平面图

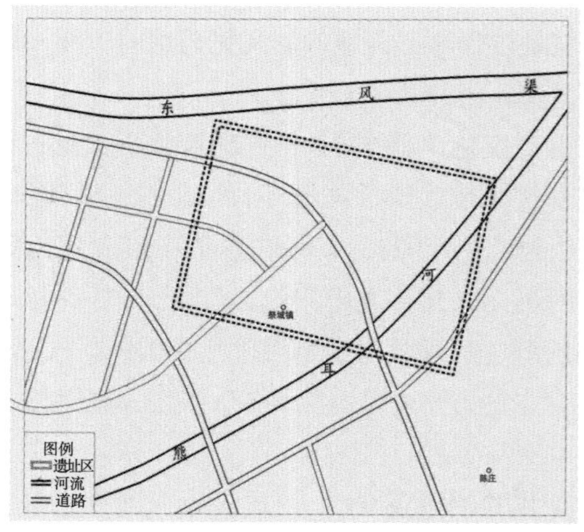

图 3–8　祭伯城遗址平面图

祭伯城 周代遗址，2013 年被公布为第七批全国重点文物保护单位。位于郑州市金水区祭城镇，发现有城圈、护城河、夯土基址等遗迹，初步探明该遗址范围达 50 万平方米。为周公东征平定“三监之乱”后其子的封邑，春秋时期为郑国大夫祭仲的食邑。

2. 古建筑

郑州城隍庙（含文庙大成殿） 明清建筑，2013 年被公布为第七批全国重点文物保护单位。城隍庙位于管城区商城路北，文庙大成殿管城区东大街北。两处建筑保存较好，为明清时期郑州城内的宗教、礼仪建筑。

郑州清真寺 明清建筑，2013 年被公布为第七批全国重点文物保护单位。位于管城区北大街。为伊斯兰教在郑州建造最早、规模最大的清真寺。

通济渠郑州段 隋唐大运河通济渠一段，为隋唐大运河引黄入淮的起始处，2013 年被公布为第七批全国重点文物保护单位。后文单列介绍。

3. 郑州市区内主要文物特征和价值

郑州市区内的文保单位主要集中于上古至秦汉、明清近现代这两大时段，文保单位中古遗址相对较多，广泛分布于商代遗址周边和荥泽一带。秦汉以前的古遗址占据多数，足见这一地区在古代文明和城市发展过程中的区域地位，上古文化遗址和城邑遗址在中原地区持续闪耀，有规划布局的城市建设对后世城邑的建设产生了深远影响。与此相对应的是市区尤其是中心城区在古代地理区位、水陆交通方面的优势条件，适宜人类的繁衍、生存。生产力和生产关系的协调与进步是郑州市区由聚落走向城市发展的关键，石器时代、青铜时代、铁器时代的社会形态发展轨迹在诸多遗址中都有遗存实物。明清以来的建筑遗存是郑州古城在封建社会顶峰期城市建设不断完善、习俗秩序不断深化的代表性建筑，道教、儒家、伊斯兰教的主体建筑保存较好，十分可惜的是作为佛教代表建筑的开元寺塔不幸被毁，基址也为现代建筑所占。民国时期的革命事迹也在郑州留下了纪念性建筑，工人运动的兴起与郑州近代城市的新变化密不可分。而花园口决堤则是数千年来郑州城市发展的人为梦魇，黄河泛滥给郑州带来的苦痛是深沉巨大的。

四、郑州商代遗址

郑州商代遗址包括二里岗时期（相当于早商时期）的郑州商城遗址和白家庄时期（相当于早商时期）的郑州小双桥遗址，这两者为商代都邑性质的城邑遗址，是郑州作为国家历史文化名城的主要地位依托。

1. 郑州商城遗址

早商时期（前 1600—前 1300 年）遗址，1961 年被公布为第一批全国重点文物保护单位。商代都城遗址东起凤凰台、西到西沙口、北至花园路、南到二里岗。遗址占地面积约 25 平方公里，遗址中部是城墙环绕的城址。城墙上有 11 个缺口，可能是当时的城门。城墙内外分布有居民区、宫殿区、手工业区、墓葬区等。其中，宫殿区位于城内东北部，宫殿区东部还有蓄水池和输水管道等贮水设施。在城垣外围发现了郭城遗迹，南、北、西三面环绕内城，东面临古湖区。城外有 3 个祭祀窖藏，埋藏多件铜器，包括青铜鼎。郑州商代遗址是一座具有一定规划布局的都城遗址，城郭之制还体现着“外圆内方”的建造理念，城邑为商代前期的政治、经济中心。

2. 郑州小双桥遗址

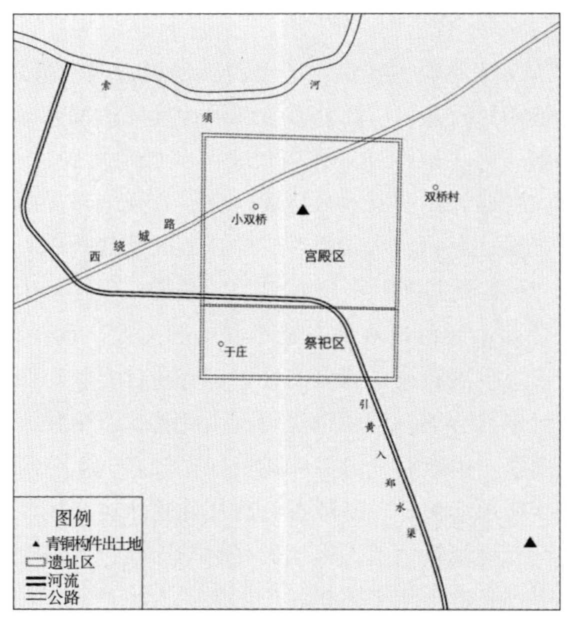

图 3–9　小双桥遗址平面图

早商时期（前 1600—前 1300 年）遗址，2006 年被公布为第六批全国重点文物保护单位。位于郑州市西北郊石佛乡小双桥村与于庄村之间的河旁台地上，北依索须河，时间上晚于商代郑州城。发现有宫城、道路、灰坑、壕沟、夯筑基址及石柱础等遗迹。其中，两件青铜建筑构件造型极为奇特罕见，还发现在陶器表面书写的“朱书陶文”。小双桥遗址的商代遗存内涵单纯，延续时间短，为一处具有都邑性质的遗址，它的发现为郑州商代遗址的进一步研究提供了许多重要的线索。

五、工业遗产及优秀近现代建筑

从广义工业遗产分析，郑州工业遗产有古代工业遗产和近现代工业遗产之分，古代工业遗产指古代遗留下来的冶铁、冶铜、瓷窑、采矿遗址等，如古荥镇汉代冶铁遗址、铁生沟冶铁遗址、登封窑遗址等。本书所研究的工业遗产是指自 1840 年鸦片战争以来，随着资本主义工业萌芽的出现，中国出现了一批中小工厂，郑州地区早期的工业遗产如郑州光华机器厂、全盛隆弹花厂等在其工业史上占有重要地位。随后，在整个 20 世纪的中国工业发展史中，地处国家交通要道的郑州，其工业发展在国家发展计划中也扮演着重要的角色，尤其在全国铁路运输中一直担负重任。

1. 郑州市近代工业发展历程回顾

中华人民共和国成立初期，我国各地区域发展极为不均衡，工业企业多集中在东部沿海地带，郑州以其丰富的资源、优越的地理位置和重要的交通枢纽地位成为重点建设城市，并作为新兴的棉纺织工业基地，列入当时全国六大纺织工业中心之一（另外五大纺织中心分别是上海、沙市、广州、西安和重庆），一大批国家重点工业项目在郑州陆续建成。“一五”期间，是郑州工业发展的重要时期。郑州西部工业区与东部行政区形成了“西生产、东居住”的城市基本格局，为郑州工业及以后的城市发展打下了基础。“二五”期间，国家对郑州的发展重点放在了机械工业和重工业上，对郑州基建投资金额较“一五”时期增加了近一倍，达到 10.3 亿元。停滞破坏时期（1966—1976 年）——“文化大革命”使整个郑州乃至全国工业陷入混乱中。尽管工业生产并未停止，但工厂缺乏有效管理、生产效率低下、资源严重浪费，使这一时期的郑州工业发展进入无序状态，利润也随之降低。1977 年开始，国家经济体制和管理体制发生了根本性的改革，经过几年的恢复和调整，郑州工业恢复有序生产并达到新的高度。

20 世纪 80 年代至 90 年代，为符合现代市场需求，国家对工业体制进行了一次重大变革，把郑州的棉纺工业由原来的工业局主管改革成了几个大型企业自主管辖。但这次改革并未达到预期，企业之间各自为政，对市场变革反应迟钝，产品线更新滞后。导致郑州西部的大部分国有企业出现结构性衰退，整个西部工业区开始衰败，工人下岗、企业倒闭成了当时郑州经济发展的最大阻碍。至此，曾经为郑州带来经济高速发展辉煌的传统工业步入了黄昏时期，其作用正在被逐步替代。

2. 工业遗产及近现代优秀建筑概况

郑州市最具代表性的 18 处工业遗产，覆盖了 9 种工业类别，可知郑州工业遗产门类齐全，轻重工业结构合理，工业生产体系完善。不仅包含有机械、煤炭、冶金、电力、化工等重工业企业，还建立了纺织、服装、食品、卷烟、造纸等轻工业产业，但是目前这些工业遗产的保护都不尽如人意，大部分工业处于停产状态，厂房废置，缺乏经济效益，如郑州纺织机械股份有限公司。部分厂房通过吸引外部资金，发展多样化产业，如郑州第二砂轮厂。部分工业遗产厂房仍在生产原产品，且经济效益良好，如郑州宇通重工有限公司。企业根据产业类别与社会的适应度，面临不同的生存现状。

郑州市区主要的近现代工业遗产 **表 3–1**

所在区	序号	工业遗产名称	地址	类别	年代	总计
中原区	1	郑州第二砂轮厂	郑州市华山路 78 号	机械生产	1964	8 个
	2	郑州新力电力有限公司	郑州市秦岭路 1 号	电力	1992	
	3	郑州国棉三厂	郑州市面纺西路 3 号	棉纺织厂	1954	
	4	郑州黄河机械厂	郑州市淮河西路 29 号	机械生产	1980	
	5	郑州金阳电气有限公司	郑州市伏牛路 1 号	机械生产	20 世纪 50 年代	
	6	郑州煤矿机械集团股份有限公司	郑州市华山路 105 号	机械生产	1958	
	7	郑州铝业（集团）股份有限公司	郑州市秦岭路 10 号	有色金属	1966	
	8	郑州宇通重工有限公司	郑州市冉屯东路 23 号	机械生产	1965	
二七区	9	国营嵩山机械厂	郑州市航海中路 68 号	机械生产	1969	2 个
	10	火车站	郑州市二马路 82 号	铁路运输	1904	
管城区	11	郑州第二面粉厂	郑州市城东路 263 路	粮食加工	1988	4 个
	12	金星啤酒厂	郑州市新郑路 188 号	啤酒加工	1982	
	13	郑州货运东站	郑州市货运街	交通铁路	1953	
	14	郑州卷烟厂	郑州市陇海东路 72 号	烟草加工	1948	
金水区	15	郑州纺织机械股份有限公司	郑州市南阳路 290 号	机械生产	1949	2 个
	16	郑州油脂化学集团有限责任公司	郑州市黄河路 68 号	粮食加工	1954	
惠济区	17	黄河铁路大桥	郑州市惠济区	交通铁路	1905	1 个
上街区	18	中国铝业河南分公司	郑州市上街区	有色金属、冶炼	1958	1 个

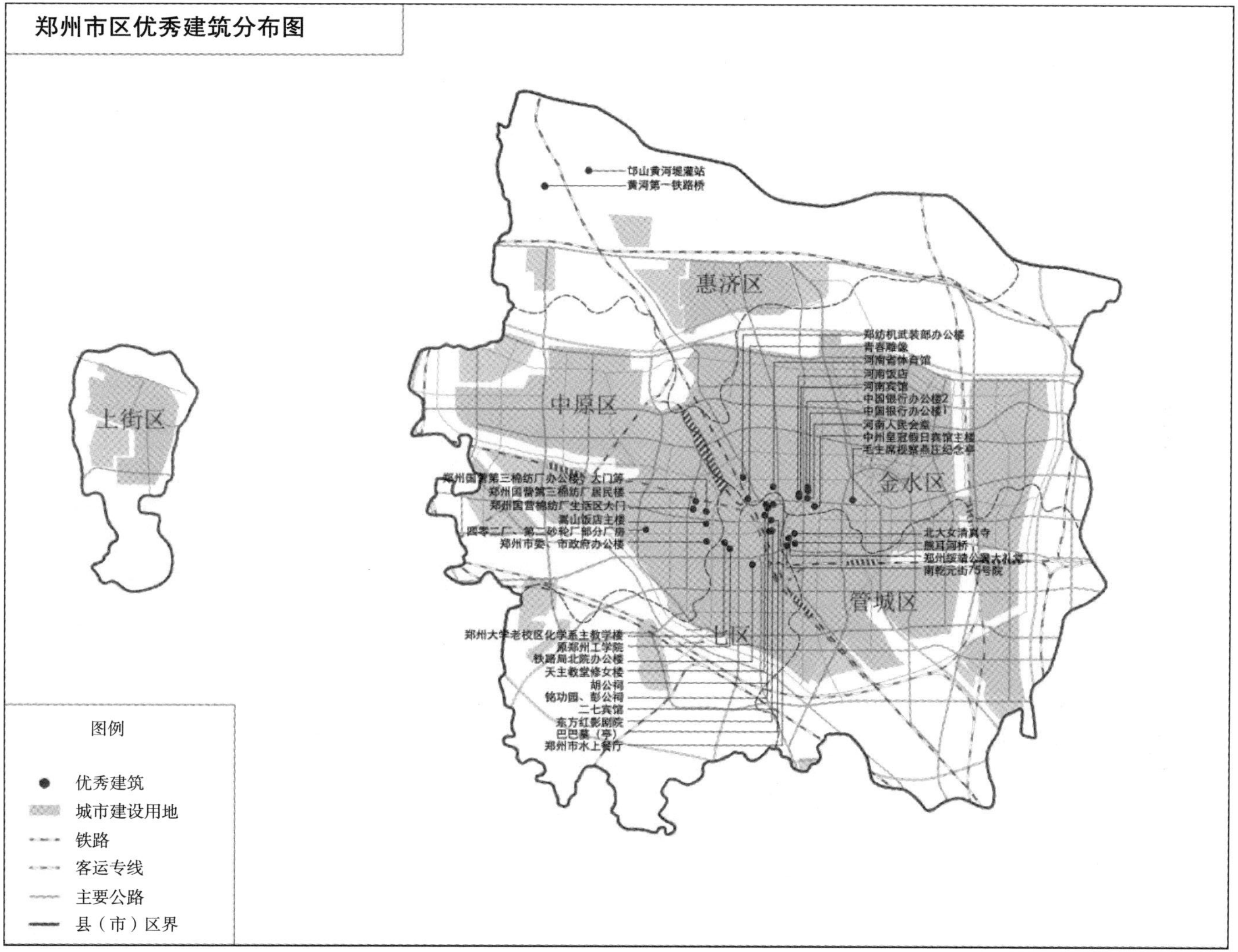

郑州市区优秀建筑分布图

邙山黄河提灌站
黄河第一铁路桥
惠济区
中原区
上街区
金水区
管城区
七区

郑纺机武装部办公楼
青春雕像
河南省体育馆
河南饭店
河南宾馆
中国银行办公楼2
中国银行办公楼1
河南人民会堂
中州皇冠假日宾馆主楼
毛主席视察燕庄纪念亭

郑州国营第三棉纺厂办公楼、大门等
郑州国营第三棉纺厂居民楼
郑州国营棉纺厂生活区大门
嵩山饭店主楼
四零二厂、第二砂轮厂部分厂房
郑州市委、市政府办公楼

北大女清真寺
鹰耳河桥
郑州绥靖公署大礼堂
南乾元街75号院

郑州大学老校区化学系主教学楼
原郑州工学院
铁路局北院办公楼
天主教堂修女楼
胡公祠
铭功园、彭公祠
二七宾馆
东方红影剧院
巴巴墓（亭）
郑州市水上餐厅

图例

优秀建筑
城市建设用地
铁路
客运专线
主要公路
县（市）区界

图 3-10　郑州市区优秀近现代建筑分布图

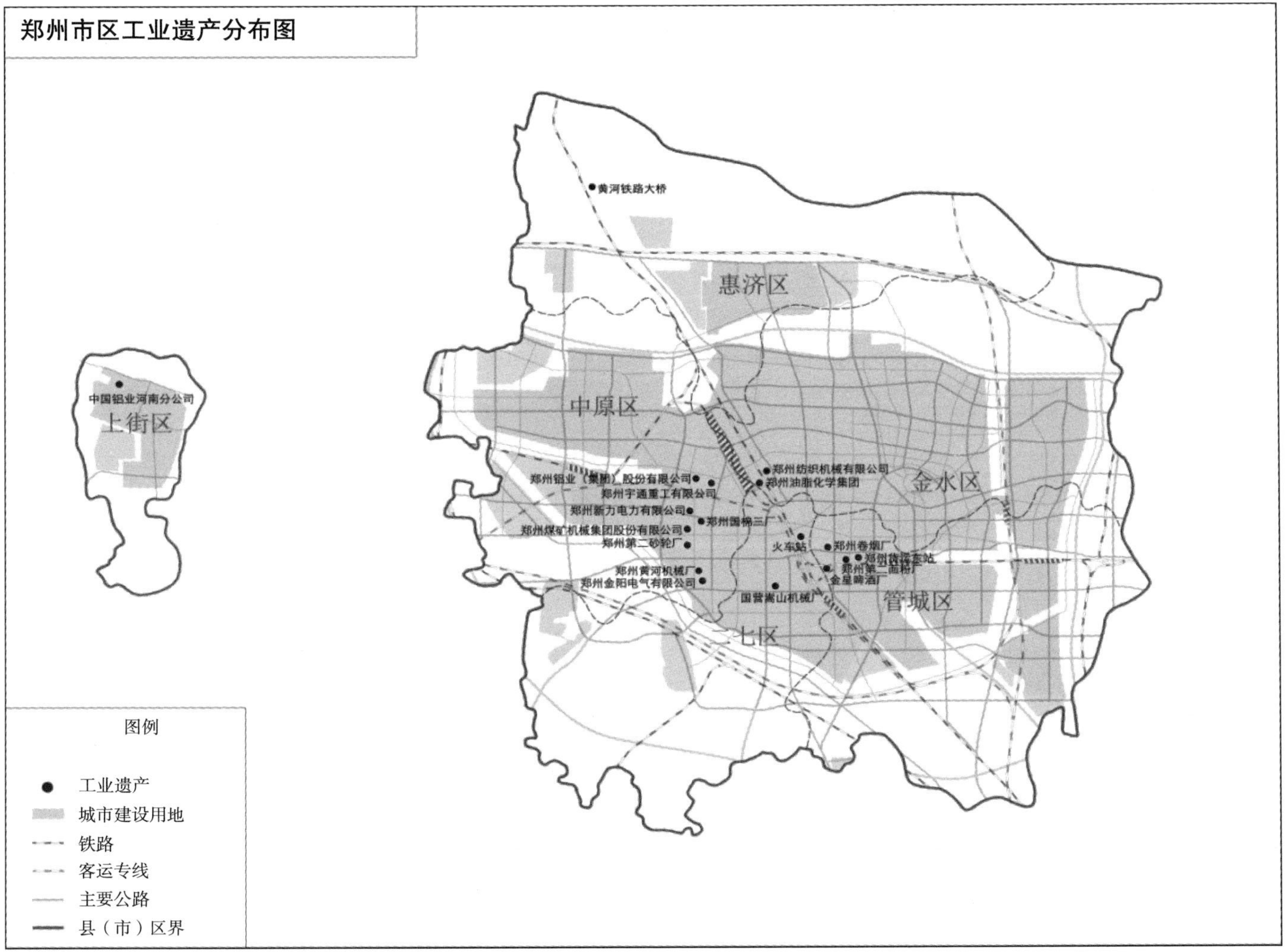

图 3-11　郑州市区工业遗产分布图

2011 年郑州市公布了 32 处优秀建筑名录，其中有 1 处位于上街区，为郑州铝业河南分公司。其余 31 处全部位于市区，具体有郑州大学老校区化学系教学楼、东方红影剧院、河南宾馆、河南饭店、嵩山饭店主楼、二七宾馆、河南体育馆、郑州国营第三棉纺厂居民楼、北大女清真寺等建筑。这些优秀建筑用途多样，有生产办公用楼、居住休闲场所、宗教祭祀场所以及水利桥梁等多种类型。

郑州市对优秀建筑的保护力度不及其他遗产的保护，到 2015 年为止，郑州市政府公布的 32 处优秀建筑在郑州城市发展扩张的过程中已有 5 处被拆除，分别为东方红影剧院、郑州绥靖公署礼堂、南乾元街 75 号院、郑州铁路局 6 号楼、二七宾馆。其他建筑也需要及时保护，以免遭受同样的厄运。

总的来说，郑州市区的工业遗产及优秀建筑的再利用程度较低，而且多是首先作为文物保护单位被列入国家、省级重点文物保护单位名单后，才切实开展了保护工作。部分工业遗产及优秀建筑以景点的形式对社会公众开放，例如古荥汉代冶铁遗址通过建立专题博物馆的形式进行科普宣传和旅游开发，整体而言，保护和再利用模式相对单一。针对工业遗产区域的商业开发缺乏科学的规划设计，其丰富的社会价值和文化内涵不能充分体现出来。

六、中国大运河（郑州段）

中国大运河于 2014 年成功列入世界文化遗产名录，大运河共分为隋唐运河与京杭运河两部分，郑州地区的运河为隋唐通济渠的一段，河道水运历史悠久。春秋战国时期，郑州北部就有古济水河道，且古济水与荥泽关系紧密，河泽沿岸有诸多城邑。郑州地区的第一条人工运河始于公元前 361 年开凿的鸿沟水系，这条水系的主干从荥阳以北和济水一起分黄河水东流，至大梁（今河南开封）后往东、南两个方向分流到彭城（今江苏徐州）和睢阳（今河南商丘）、陈（今河南淮阳）等地，通过泗水、颍水、睢水等与淮河相连。隋唐大运河通济渠段以鸿沟水系为基础开凿，通济渠从洛阳引水至黄河后，在河阴（荥阳东北）的板渚从黄河引水沟通淮河，是洛阳往江南的主要水路。宋代时称为汴河，但河道与隋唐时期的不同，疏通后的汴河从浚仪县（属开封）引黄入淮，不再过境郑州北部。宋元以后，通济渠和汴河河道逐渐湮塞。

隋唐通济渠的前身鸿沟水系在战国、秦汉、魏晋时期一直是黄淮间中原地区的主要水运交通路线之一，历代多为征战之地，如楚汉曾以鸿沟为界，二分天下。隋唐时期的通济渠更为重要，它延续秦汉以来漕运功能，江南粮食物质通过运河运送至洛阳附近，并在这附近设置仓储以供给京师和用于军事，如秦代的敖仓，隋唐的洛口仓、河阴仓等。

大运河通济渠郑州段世界文化遗产项目位于郑州市惠济区，包括通济渠索须河段和通济渠惠济桥段。通济渠索须河段为现状河道，西自丰硕桥，东至祥云寺村与贾鲁河交汇处，长约16公里，呈西—东走向，部分河段河面宽40余米，河堤基宽20余米、顶宽近7米，河床宽200～300米不等。此河道为不通航河流，主要是城市泄洪排涝景观河道。通济渠惠济桥段经考古调查和局部试掘，确认埋藏于地下的河床、河堤遗迹基本保存完整。现已探明的河道北起东孙庄村东侧黄河南岸大堤处，南至索须河段丰硕桥处，全长约4公里。除惠济桥处尚保留一段河道外，其余部分均已埋于地下。考古勘探显示，地下埋藏部分运河故道宽150～220米，两侧断续保留有河堤，经勘探河堤顶宽4～6米，底宽8～12米。

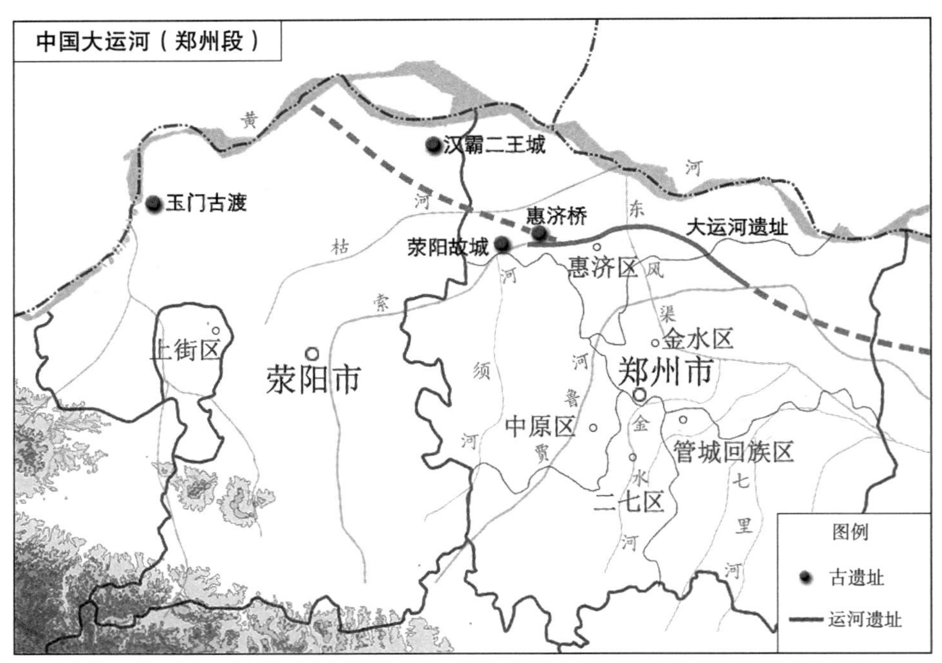

图 3–12　世界文化遗产——中国大运河（郑州段）

郑州境内的运河水运历史悠久，鸿沟水系和通济渠沿线保留有若干遗迹，其中，汉霸二王城遗址和惠济桥遗址是郑州地区运河地位和作用的实物见证。黄河与古济水及其后身鸿沟水系、通济渠、汴河之间的水系关系变迁对这一地区的城市发展产生了持续影响，诸多城邑因此兴起而又被废弃，保留下来的郑州明清古城是河济地区最坚韧的明珠。

第三节　市域物质文化遗产资源

一、省级历史文化名城

1. 新郑

1989年被公布为河南省省级历史文化名城。新郑历史文化名城重点是新郑古城区范围及重要的文物保护单位，古城区范围主要包括郑韩故城和双洎河、黄水河所围合的范围，这是体现古城格局和风貌的主要区域。新郑古城的总体框架可以归纳为："双水双城，三区三片"。双水：是指双洎河、黄水河两条孕育了郑韩故城的河流，成为古城格局的重要骨架，是延续历史环境景观格局的重要部分。双城：是指郑韩故城、明清新郑县城两个时期留存的城墙、遗址，是新郑古城的主体，是它们呈现了古城区历史格局。三区：是指黄帝文化传承区、明清古城风貌区、宫殿遗址风貌区3个历史文化风貌控制区。三片：是指城东、城南、城西墓葬区，是确定的文物埋藏区。

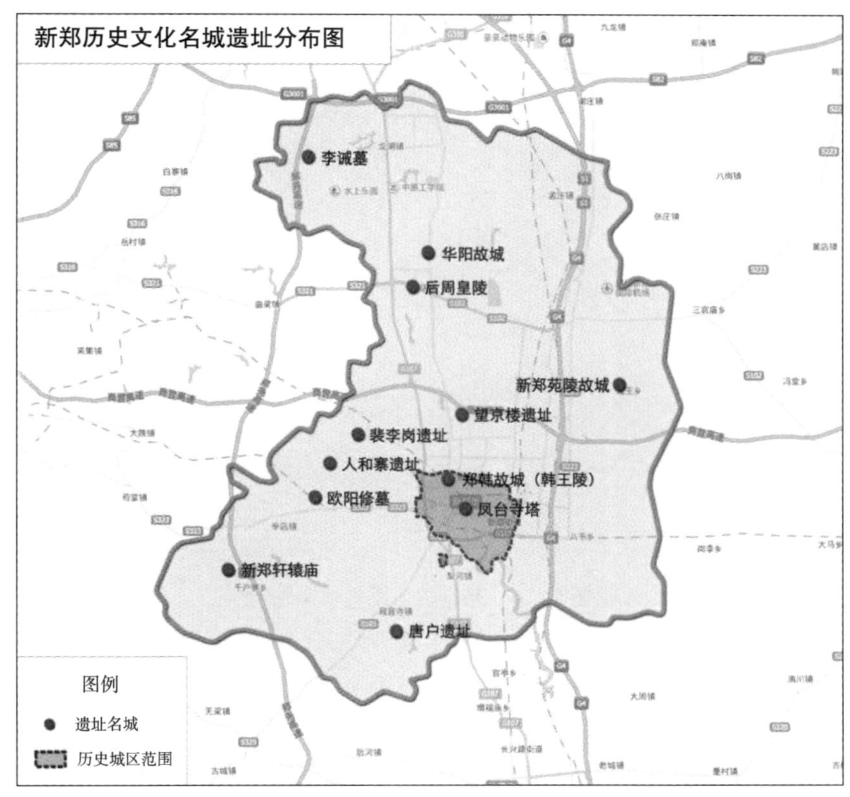

图3–13　新郑历史文化名城遗址分布图

郑韩故城空间格局 郑韩故城作为新郑历史主要载体，有众多的文物古迹分布和丰富的文化内涵。整个故城坐西朝东，分东西城区，西城区主要居住郑韩二国贵族，发掘有大型宫殿遗址、缫丝作坊、阴凌井、郑君子婴大墓和韩国宗庙遗址。东城区为居民、军队居住和手工业区，发掘有郑国的大型社稷遗址和宗庙遗址。整个故城从空间形态上来看，历史的痕迹已不明显。故城现只有北城墙和东城墙较为完整，南城墙残缺不全，无法体现城市顺应地形、依水而建的古代城市建城特点。且由于城市中现代建筑的侵占和小城墙的缺失，故城“城”与“郭”的位置关系以及古城宫殿的布局特点也无法体现。而且由于其大部分遗址都埋于地下，无法展现故城整体风貌。目前，故城城墙两侧控制了建设用地，形成了较开阔的视野范围。

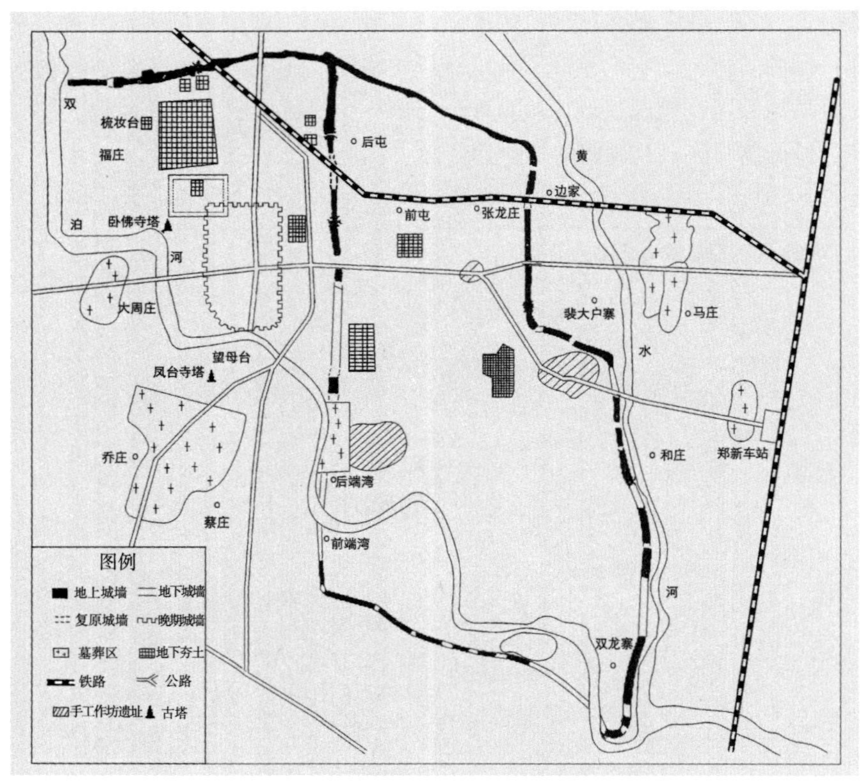

图 3-14 郑韩故城遗址平面图

明清新郑县城 乾隆四十一年（1776 年）《新郑县志》中记载明宣德元年（1426 年），知县朱佩修筑邑土城。隆庆四年（1570 年），知县匡铎因西南隅城啮于水，修筑砖城墙，于东西两方建望楼，今已毁。新郑城墙第一次毁于崇祯十四年（1641 年）李自成攻城，城毁殆尽。后从明末崇祯十六年（1643 年）

到清乾隆二十六年（1761 年），经过 6 次修缮，新郑城墙得以修复。第二次毁于民国 28 年（1939 年），为防日军空袭，县政府令各区分段拆除县城城墙，新郑城墙逐渐消失。随着新郑城墙的拆除，明清新郑县城的风貌也受到了破坏，大部分风貌遗迹都已不存在，古城街道肌理也已破坏，没有划定的历史文化街区。至今尚存的遗址有清康熙五十六年（1717 年）由县令修建的子产庙，位于旧县城东门外，今处新郑市区步行街中段。

2. 登封

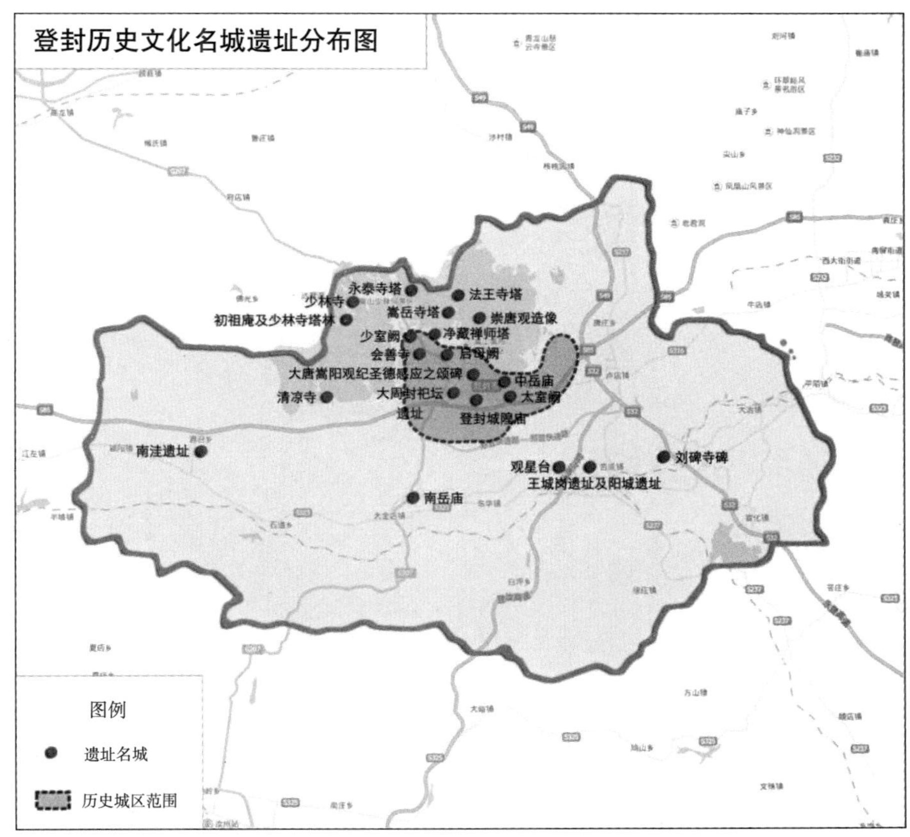

图 3–15　登封历史文化名城遗址分布图

1997 年被公布为河南省省级历史文化名城。登封历史文化名城特有的城市区位造就了登封山城相依、城景一体的独特城市风貌。登封作为省级历史文化名城，其名城保护的重心主要集中在嵩山“天地之中”历史文化建筑群。就目前来说，整个嵩山上分布的古建筑群，每个建筑群的基址均未改变，都坐落在自身历史上某一重大阶段的原始位置，分布总体保持着真实的历史格局，其所在的嵩山风景区山水环境也保持良好。嵩山古建筑群作为文化载体，具有很高的完整性。但这些建筑群分布较为零散，整合这些离散分布的文物古迹，还是需要结合登封城区的历史风貌，强化登封历史文化名城以城为核心，山城相依的空间格局。此外，登封境内有王城岗遗址、阳城遗址等诸多古代城邑遗存，其中王城岗遗址又是探讨古代国家起源的重要古遗址，与嵩山、中岳庙、少林寺等有关的祭祀、庙会活动自古以来就十分重要，形式丰富。

登封城区 登封城区内目前尚存的文物古迹主要有:城隍庙、明清城墙遗址、嵩阳楼遗址。历史地段主要有：东西老街、鸡鸣街等。登封市城区遗址分布也较为松散,城区内的历史地段风貌破坏严重,如残留的城墙为周围现代建筑围堵,城隍庙周边的环境质量、建筑尺度都将城隍庙淹没。

3. 巩义

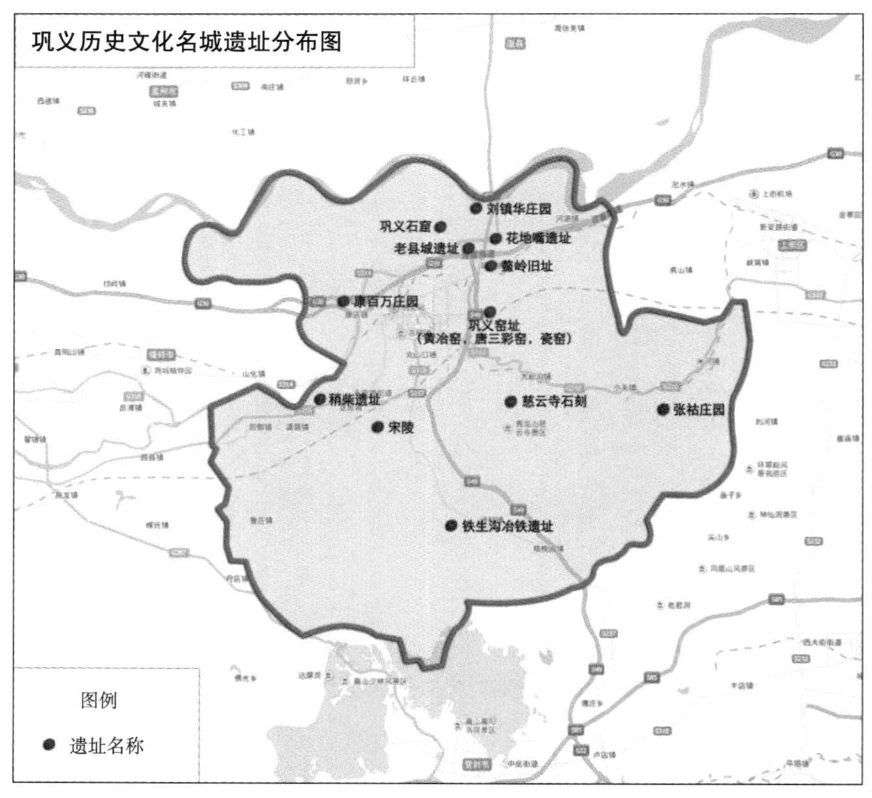

图 3–16 巩义历史文化名城遗址分布图

1989 年被公布为河南省第一批省级历史文化名城。作为省级历史文化名城，巩义历史上的古城要追溯到其县治的演变上。巩义的县治始于秦庄襄王元年(前

249 年），历经变迁，县治先后五易其地。周显王二年（前 367 年）惠公封少子班于巩，号称“东周惠公”，筑城与今康店、焦湾一带。秦灭东周，设县城于东周故城，前后 500 余年。至魏晋年间（220—398 年），县治一度迁到小平城，后县治迁至今站街镇老城村一带。隋大业元年（605 年），县治迁移至今河洛镇洛口村。唐初又迁回老城，直至民国 17 年（1928 年），县治迁往今站街镇鳌岭。1964 年巩县县治迁往孝义镇。巩义市站街镇自古闻名于世，自北魏以来到 1961 年，一直是巩县县治所在地，素有“东都门户”之称，这里有杜甫故里、唐三彩遗址、兴洛仓遗址、龙窑遗址等。站街镇有两座巩县老县城，一座在今老城村，从北魏到民国 17 年，延续了 1500 多年；另一座在鳌岭，历时 36 年。

老县城遗址 老县城遗址北近洛河，明、清《巩县志》上均载有当时县治形势图，城墙环绕，街道纵横。民国时期发生两次洪水，将老城变成了平地，导致县治东迁鳌岭。现留存的只有老城中的紫金山和山下一段老城墙。

鳌岭旧址 鳌岭旧址在东泗河、西泗河之间的高地上，作过 36 年的县治。现在是站街镇政府所在地，当时的一些老建筑、老设施至今仍然可见。

二、各县市文物保护单位

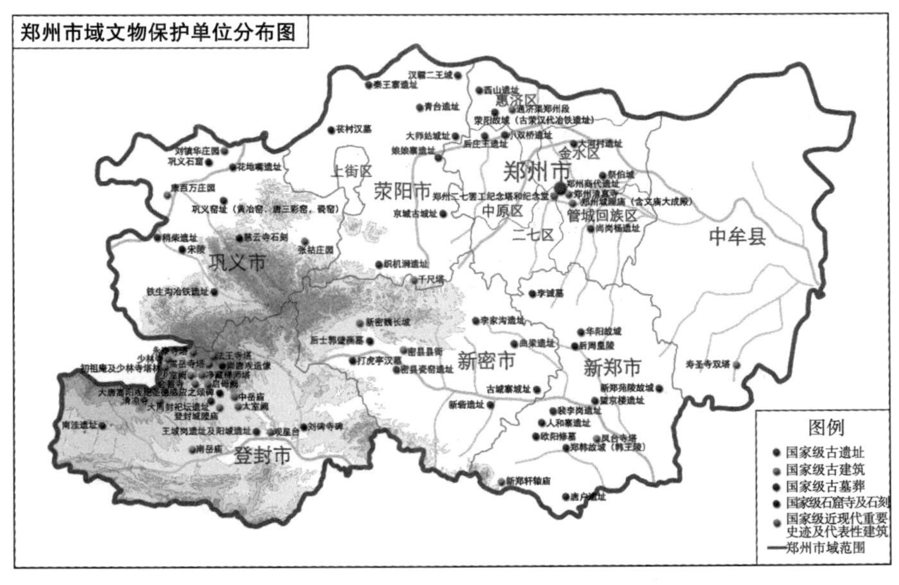

图 3–17 郑州市域内文物保护单位分布图

郑州市域内的历史文化遗产资源类型多样，文化异彩纷呈。中心城区的历史文化遗产资源主要表现了商代的历史文化特征，市域内的新郑、荥阳、登封、巩义、新密、中牟 5 市 1 县境内的文化遗产资源也各具特色。市域内的文化遗产已作详细阐述，以下对各市县的重要文保单位作简要介绍。

1. 新郑

新郑地处中原，历史悠久，地上地下文物众多，素有“露天博物馆”之称。新郑市有全国重点文物保护单位 12 项，省级文物保护单位 21 项，市级文物保护单位 35 项。具体内容包括：(1）古遗址：裴李岗遗址、唐户遗址、人和寨遗址、望京楼遗址、华阳故城、苑陵故城、郑韩故城；(2）古墓葬：后周皇陵、李诚墓、欧阳修墓、轩辕庙；(3）古建筑：凤台寺塔。

（1）古遗址

裴李岗遗址 新石器早期遗址，2001 年被公布为第五批全国重点文物保护单位。裴李岗遗址文化内涵丰厚，它的发掘为“中华文明之源头”提供了实物证明，其出土的文物和遗迹表明这一时期有原始农业、手工业、家畜圈养业、建筑业等的出现。裴李岗遗址的发掘填补了中原地区新石器时代早期文化的空白。

唐户遗址 新石器早期遗址，2006 年被公布为第六批全国重点文物保护单位。唐户遗址是多时代分布遗址。遗址突出的特征是聚落规模大，对于研究裴李岗文化时期的社会组织结构和家庭形态具有重要价值。遗址内发现的房屋及排水沟、壕沟等遗迹在中国古代建筑史上具有重要地位。

望京楼遗址 二里头文化遗址（约前 1800—前 1500 年）于 2013 年被公布为第七批全国重点文物保护单位。望京楼遗址的发掘为认识夏商都城军事防御体系、城址布局及中国早期城池建设等问题提供了新资料。

郑韩故城 春秋战国时代古城址，1961 年被公布为第一批全国重点文物保护单位。郑韩古城为春秋战国时期郑韩两国的都城。都城始建于郑国，当时叫“郑城”，今称郑韩故城。它初创于东周初年郑武公之世。韩国灭郑，即迁都于此。韩灭郑后，城址仍呈不规则长方形，规模基本沿袭郑城旧制，是在郑国城垣基础上加宽加高修建起来的，故城前后延续 539 年。该城址东西两城并列，西城是政治活动中心，东城是经济活动中心，宫廷、官署主要分布在西城，手工业作坊则聚集在东城。郑国贵族墓葬区置于城内，韩国王陵级墓冢均设在郊外。郑韩故城的城市布局对后世的都市规划产生了深刻的影响，在我国古代城市发展史上占有极其重要的地位。

（2）古墓葬

轩辕庙 明清时期古建筑，2013 年被公布为第七批全国重点文物保护单位，轩辕庙（轩辕故里）是中华人文初祖轩辕黄帝的诞生地，位于新郑市区轩辕路北。史料记载，轩辕庙（轩辕故里）始建于汉，明清修葺。现今轩辕庙周边整体有所扩建，扩建后的轩辕故里分为 4 部分：广场区有轩辕桥、乾坤浮雕晷盘、千年古枣树和百年银杏、国槐。目前，轩辕故里已成为海内外炎黄子孙寻根拜祖的圣地。

后周皇陵 五代时期古墓葬，是五代（907—960年）中原唯一保存下来的一座较为完整的陵墓群，2001年被公布为第五批全国重点文物保护单位。现存陵墓包括嵩陵、庆陵、顺陵和懿陵，后周皇陵规模较小，体现了后周统治者难能可贵的政治开明及与民休息的政策，陵园和祭碑都有较高的历史和科学价值。

李诫墓 北宋古墓葬，2006年被公布为第六批全国重点文物保护单位，位于新郑市龙湖镇于寨村西。李诫于北宋大观四年二月（1110年），葬于新郑梅山，其后李诫家族先后葬入墓区，形成了李诫墓群。墓冢前建有四角碑亭，灰瓦顶，下有高台，砌四出踏道。在李诫墓右下方有4座砖室墓，为李诫家族墓地。

欧阳修墓 宋代古墓葬，2006年被公布为第六批全国重点文物保护单位，位于新郑市辛店镇欧阳寺村，欧阳修于宋熙宁八年（1075年）九月二十六日葬于此地，自此以后其夫人子孙先后葬于此。现存墓冢8座，墓前立碑，陵园建有祠。以后元、明、清历代对墓祠多有修葺。

（3）新郑市主要文物特征和价值

新郑历史文化遗产资源体现的文化内涵丰富多样，裴李岗文化因首掘地在新郑而得名，传说中的中华人文始祖轩辕黄帝也诞生并建都于此。春秋战国时期，郑国和韩国先后在这里建都，时间长达539年之久，故城内外遍布文物遗迹，屡有惊世发现。新郑山水环境秀美，五代北宋时期，因紧邻都城开封，皇帝和士人多将墓葬安置于此。黄帝文化、郑文化为新郑地域文化中的代表性文化。

2. 荥阳

荥阳南依嵩岳，北濒黄河，自古就有“东都襟带，三秦咽喉”之称，境内河山秀丽，名胜古迹、人文景观和自然景观众多。荥阳市内有全国重点文物保护单位9项，省级文物保护单位14项，市级文物保护单位28项。具体内容包括：（1）古遗址：织机洞遗址、大师姑遗址、青台遗址、秦王寨遗址、娘娘寨遗址、京城古城遗址、汉霸二王城；（2）古墓葬：苌村汉墓；（3）古建筑：千尺塔。

（1）古遗址

青台遗址 仰韶文化（前4700—前2300年）遗址，2013年被公布为第七批全国重点文物保护单位，该遗址的史前堆积从仰韶文化中期遗址延续至晚期，遗址内出土了大量墓葬遗物和纺织物。

娘娘寨遗址 主要是一座两周时期的城址，兼有二里头文化遗存，2013年被公布为第七批全国重点文物保护单位。遗址由内城、外郭城及护城河组成。

内城外勘探发现有护城河，围绕内城一周，河内填土均为淤土层，包含物较少。外城墙始建年代为春秋初期，战国时期对城墙进行扩建，外城在春秋、战国两个时期使用。

汉霸二王城 秦汉时期的遗址，2013 年被公布为第七批全国重点文物保护单位。遗址为秦汉之际，刘邦与项羽对垒，于广武山修筑东、西二城相持，西边为汉王城，东边为霸王城，中间隔着广武涧。二王城见证了楚汉争霸的历史转折之机，也是楚河汉界的典故出处。

（2）古建筑

千尺塔 又称曹皇后塔，宋代古建筑，2013 年被公布第七批全国重点文物保护单位，位于荥阳贾峪镇大阴沟西南大周山顶之圣寿寺内，建于北宋仁宗年间。该塔坐北朝南，为六角形七级密檐阁楼式砖塔，高 15 米。千尺塔翼角起翘的做法，采用了类似中国古代木构架层面曲线处理的手法。塔檐的技术处理和艺术造型达成了和谐的统一，堪称匠心独运。

（3）荥阳市主要文物特征和价值

荥阳地区文化遗址层较厚，表明这一地区的人类活动历史悠久。荥阳与黄河、荥泽、古济水、鸿沟水系的关系密切，为军事重镇和疏运枢纽。荥阳在秦汉为“天下名都”，既有汜水、虎牢之天堑险阻，又有敖仓、河阴仓等粮储重地，历来为兵家必争之地。

3. 登封

登封历史文化悠久，素有“文物之乡”之称。登封市内现有各级文物保护单位 210 处，其中全国重点文物保护单位 21 处 23 项，省级文物保护单位 17 处，郑州市文物保护单位 40 处，登封市级文物保护单位 132 处。其境内代表性的文物保护单位主要有：（1）古遗址：王城岗遗址及阳城遗址、南洼遗址、大周封祀坛遗址；（2）古建筑：少林寺、中岳庙、少室阙、太室阙、启母阙、嵩岳寺塔、刘碑寺造像碑、净藏禅师塔、法王寺塔、永泰寺塔、崇唐观造像、初祖庵及少林寺塔林、清凉寺、观星台、会善寺、南岳庙、崇福宫、登封城隍庙；（3）石窟及石刻：大唐嵩阳观纪圣德感应之颂碑、石淙河摩崖题记。

（1）古遗址

王城岗遗址 1996 年被公布为第四批全国重点文物保护单位，为多文化时代遗址，但其核心遗址属龙山文化时期（约前 2300—前 1800 年）。王城岗遗址发掘出来的文化遗存中，年代最早的为裴李岗文化，其次是龙山文化、二里头文化、商代二里岗文化、商代晚期文化及周代文化。王城岗遗址内包含大城和小城，小城位于大城的东北部，被视为当代最为重要的考古发现，大城的年代应晚于小城。根据文献记载和考古研究，不少学者主张王城岗小城就是禹都阳城。

南洼遗址 2013年被公布为第七批全国重点文物保护单位，为多时代文化遗址，其核心遗址属二里头文化时期（约前1800—前1500年），东周时期遗存也有少量发现。出土遗迹包含有二里头文化时期的壕沟、墓葬、陶窑、水井、灰坑等。这些遗迹的发掘为深入探讨二里头文化聚落形态提供了重要资料。

阳城遗址 1996年被公布为第四批全国重点文物保护单位，春秋战国时期遗址。阳城遗址城垣位于告成镇东北的平坦高地上，它依山傍河，北高南低。城垣呈长方形。其中城垣北墙保存较好，东、西、南三面城大都被夷为平地，某些城段的城墙基址断断续续地埋藏在地下。阳城城址的发现，对于探索登封境内的颍水沿岸夏文化，具有非常重要的意义。

（2）古建筑

"天地之中"历史建筑群 2010年被列入《世界遗产名录》。后文单列介绍。

（3）石窟及石刻

大唐嵩阳观纪圣德感应之颂碑 2001年被公布为第五批全国重点文物保护单位，唐代碑刻。位于嵩阳书院旧址大门外，唐天宝三年（744年）二月五日立，为嵩山第一大碑。额题"大唐嵩阳观纪圣德感应之颂"，为裴迥篆书。碑文为李林甫撰文，所有雕刻均华丽精细。

（4）登封市主要文物特征和价值

登封市历史文化遗产特色主要集中在嵩山古建筑群中，嵩山古建筑群是多元文化的载体，其建筑集中展示了中国历史上近两千年的礼制文化、封禅文化和儒、释、道文化。嵩山的礼制、宗教、科技和教育建筑类型深刻地影响了中国内地这四类建筑形式的形成和发展，这多种类型的建筑集中于此，为研究中国古代宗教、哲学、科技、建筑的关系提供了最佳范本。同时，登封王城岗遗址为探寻我国文明形成和发展提供了重要线索。

4. 巩义

巩义南依嵩岳，北濒黄河，境内历史文物景观众多，自然景观资源丰富，历史文化积淀丰厚。巩义境内有全国重点文物保护单位10项，省级文物保护单位21项，市级文物保护单位38项。具体内容包括：（1）古遗址：花地嘴遗址、稍柴遗址、铁生沟冶铁遗址、巩义窑址等；（2）石窟及石刻：巩义石窟、宋陵、慈云寺石刻等；（3）古建筑：康百万庄园；（4）近现代重要史迹及代表性建筑：张祜庄园、刘镇华庄园等。

（1）古遗址

花地嘴遗址 龙山文化（前2300—前1800年）遗址，2013年被公布为第七批全国重点文物保护单位。花地嘴遗址是在嵩山以北发现的第一个"新砦期"遗存，它的发现为早期夏史中的有关问题的研究提供了资料。花地嘴遗址发现的遗物主要有玉器、骨、石、蚌器、陶器等。

铁生沟冶铁遗址 秦汉时期的冶铁遗址，2013 年被公布为第七批全国重点文物保护单位。该遗址西部为冶铁区，东部为铸铁区，北部为生活区，南部为通道和出渣区。在此发现的矿井有方井、斜井、竖井、巷道，采矿工具有铁镢、铁锤等。是一处规模较大的汉代冶铁遗址。

巩义窑址 2006 年被公布第六批全国重点文物保护单位，该遗址始烧于北朝，发展于隋，盛于唐，式微于宋、金，烧造历史长达 500 年。经考古发掘，发现有窑炉、窑室及火膛遗迹，有支烧、垫饼等窑具。该遗址以烧制白瓷为主，釉色有透明、蜡白、蛋清、黑、黄、蓝、褐等颜色。

（2）古墓葬

宋陵 宋代古墓葬，1982 年被公布为第二批全国重点为文物保护单位。位于巩义市嵩山北麓与洛河间的丘陵和平地上，是北宋皇帝及其陪葬宗室的陵寝，共有 300 余座陵墓，总面积约 30 平方公里，是中国中部地区规模最大的皇陵群。现地上所存 700 多件精美石刻，具有重要的文物价值和艺术价值。

（3）古建筑

康百万庄园 明清时期古建筑，2001 年被公布为第五批全国重点文物保护单位，位于巩义市康店镇，始建于明末清初。康百万庄园临街建楼房，靠崖筑窑洞，四周修寨墙，濒河设码头，集农、官、商风格为一体，布局严谨，规模宏大。康百万庄园内部可分为寨上住宅区、寨下住宅区、南大院、祠堂区、作坊区、菜园区、龙窝沟、金谷寨、花园、栈房区等十余部分，庭院建筑基本属于豫西地区典型的两进式四合院，已具有园林、官府的一些特点，各类砖雕、木雕、石雕华丽典雅，造型优美，是华北地区黄土高原封建堡垒式建筑的代表。

（4）近现代重要史迹及代表性建筑

刘镇华庄园 为民国时期的重要史迹及代表性建筑，2013 年被公布为第七批全国重点文物保护单位，位于河南巩义市黄河和洛河交汇处的神都山南侧。庄园坐北朝南，依神都山自然地势，将建筑错落有致地分为 3 层，总面积约 1 万平方米，共分为办公区、住宅区、祠堂区等 6 个院落。庄园现存建筑中最有特色的是办公大楼，又名仿重庆大厦，建于 1931 年，为庄园后期所建，为刘镇华专用。该楼为德国人帮助设计建造，较多地吸收了西方建筑艺术特点，是庄园中最豪华的代表建筑。

（5）巩义市主要文物特征和价值

巩义的地理环境优越，有多种矿产资源分布。巩义古代冶铁和制陶业的发达，展现出历史时期的经济地位相当重要。最具代表性的是宋陵和明清民国建筑，蕴含着丰富的历史信息，杜甫等文人也是巩义历史上文化气息浓厚的代表。

5. 新密

新密历史悠久，历史文化厚重，文物古迹众多。新密市有全国重点文物保护单位 9 项，省级文物保护单位 10 项，市级文物保护单位 37 项。具体内容包括：（1）古遗址：李家沟遗址、古城寨遗址、新砦遗址、曲梁遗址、密县磁窑遗址；（2）古墓葬：后士郭壁画墓、打虎亭汉墓；（3）古建筑：密县县衙、新密魏长城。

（1）古遗址

李家沟遗址 新旧石器时代交替时期（前 10000—前 7000 年）遗址，2013 年被公布为第七批全国重点文物保护单位。李家沟遗址发掘过程中发现了包含旧石器时代晚期到新石器时代早期文化叠压关系的地层剖面。旧石器阶段主要发现了典型的细石器文化，也有反映相对稳定栖居形态的大型石制品及人工搬运石块的出现。新石器阶段的主要发现是出现较成熟的制陶技术，以及细石器技术的明显变化。

古城寨遗址 多时代文化遗址，其核心遗址为龙山文化（前 2300—前 1800 年）时期，2001 年被公布为第五批全国重点文物保护单位。目前已经证明，古城寨遗址内包含有仰韶、龙山、二里头、二里岗、殷墟、战国和汉代及北宋时期一些重要文化遗物。古城寨遗址内有丰富的植物种子遗存，表明该地区为旱作农业区，农业在该社会复杂进程中发挥着重要作用。

曲梁遗址 多时代分布遗址，其中大部分为二里头文化（前 1800—前 1500 年）遗址，2013 年被公布为第七批全国重点文物保护单位，少部分属于商文化遗存，个别为汉代遗存。曲梁遗址的发掘对于了解郑州地区夏商文化的分布及对以往所获有关材料的补充具有重要的作用。

（2）古建筑

密县县衙 清代建筑，2013 年被公布为第七批全国重点文物保护单位。密县（今为新密市）古县衙始建于隋代大业十二年（616 年），距今已有 1400 多年的历史，是国内现存历史最久的官署衙门。其中衙署内的监狱一直使用到 2003 年，专家称为监狱使用之最，这在中国乃至全世界都是一个奇迹！所以在文物界有“中华第一衙”之称。县衙历代屡有增修重修，后毁于元代战火。明洪武三年（1370 年），知县冯万金在旧址重建，自南向北沿中轴线依次排列，形成五进院落。密县县衙布局合理，建筑错落有致，结构严谨，集中体现了古时官衙庄重、肃穆的威严气势。

（3）新密市主要文物特征和价值

新密地区的遗址较为突出的是古城寨遗址，连续的文化层表明这一地区人类活动的集中性。另外，拥有千余年历史的古县衙堪称我国古代城池内官式建筑的瑰宝，为饱经战乱的中原地区之奇观。

6. 中牟

中牟地处中原腹地，历史悠久，傍商城而居汴、洛两大古都之间，名胜古迹甚多。中牟县内含有全国重点文物保护单位 1 项，省级文物保护单位 5 项，市级文物保护单位 23 项。国家级文保单位为古建筑：寿圣寺双塔。

寿圣寺双塔 宋代建筑，2013 年被公布为第七批全国重点文物保护单位。双塔分东塔和西塔，其中东塔 4 层高 18 米，西塔 7 层高 30 米，双塔建筑均为六角形无塔顶。塔四周有内寨和外寨双重土寨墙，内寨墙至今保存完好。塔后原有寿圣寺，坐北朝南，毁于 20 世纪 50 年代。

中牟地区因古代圃田泽和北部水系的影响，境内大多为低洼之地，保存下来的历史文化遗产资源不多，但是人文活动丰富多彩，列子、潘安、史可法等历史名人辈出，也是“官渡之战”的古战场。

三、名镇名村、传统村落及民居

郑州市从 2007 年开始申报中国历史文化名镇名村，从 2012 年开始申报传统村落。

截至目前，郑州市共有名镇名村 6 个，其中国家级 1 个，为 2007 年第二批公布的郑州市惠济区古荥镇；省级名镇 4 个，分别为 2008 年第三批公布的巩义市康店镇、2012 年第五批公布的登封市召君乡、2014 年第六批公布的登封市颍阳镇、荥阳市汜水镇；省级名村 1 个，为 2014 年第六批公布的上街区方顶村。郑州市共有传统村落 19 个,其中包含中国传统村落 4 个,河南省传统村落 15 个。其中郑州市入选第三批和第四批中国传统村落名录各 2 个，分别为：登封市大金店镇大金店老街、登封市徐庄镇柏石崖村、荥阳市高山镇石洞沟村、新密市刘寨镇吕楼村。

郑州市入选河南省传统村落 15 个，主要分布在登封、荥阳和巩义。分别为：登封市大冶镇垌头村、登封市大冶镇朝阳沟村、登封市颍阳镇刘村、登封市君召乡君召村、登封市君召乡三过尧村、登封市君召乡胥店村、登封市中岳街道北高庄村、新密市刘寨镇吕楼村、荥阳市高村乡油坊村、荥阳市高村乡刘沟村、巩义市康店镇康南村、巩义市鲁庄镇小相村、巩义市西村镇东村村、巩义市大峪沟镇海上桥村。2016 年 8 月通过的第四批河南省传统村落为登封市少林街道办事处玄天庙村杨家门。

名镇的形成主要源于其区位优势，在局部地区形成人口集中于分散地，并且部分名镇在历史上也曾起到重要战略作用。在村落选址上，这些村落大多建立在郑州西南及西北等山间盆地及山前台地上，择水而居，背阴向阳，错

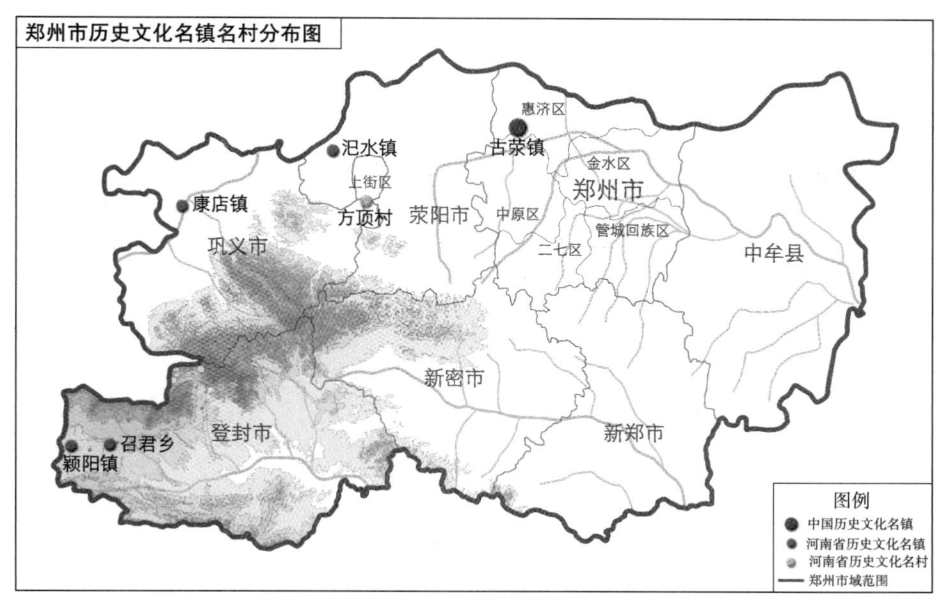

图 3–18　郑州市历史文化名镇名村分布图

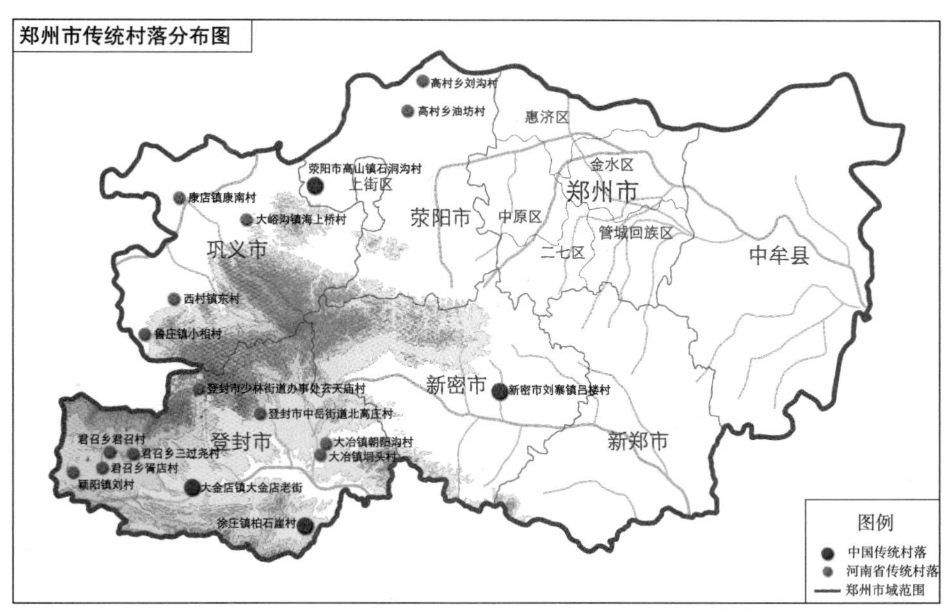

图 3–19　郑州市传统村落分布图

落有致、防御性强。从村落的形态结构来说，大都随地就势。这样的布局特征也就造就了村落本身发展的局限性，在社会发展程度不断加深的情况下传统村落发展相对滞后，亟待解决村落当前的发展需求及未来的前景展望。

郑州地区作为中华民族形成和文明起源的核心地区，在中国文明史上起着举足轻重的作用。悠久的历史和古老的文明，也使这里成为中原民居最为丰富和集中的重要地区之一。

根据河南省第三次全国文物普查资料显示，郑州地区现存传统民居共有1454处。另据郑州市文物局资料显示，在各类文物保护单位中民居数量为41处，其中国家级文物保护单位3处，省级文物保护单位4处，郑州市级文物保护单位17处，一般市县级文物保护单位18处。

郑州地区现存传统民居概况 表3-2

地区		现存民居数量（处）				共计（处）
		明代	明、清	清代	民国	
郑州市区	中原区	1	0	42	1	44
	二七区	0	0	27	0	27
	管城区	0	0	17	1	18
	金水区	0	0	0	0	0
	上街区	1	2	50	1	54
	惠济区	1	1	11	0	13
	小计	3	3	147	3	156
中牟县		0		23	2	25
巩义市		4	0	173	18	195
荥阳市		3	4	205	3	215
新密市		11	3	137	3	154
新郑市		3	0	185	0	188
登封市		2	8	508	3	521
合计		26	18	1378	32	1454

郑州地区现存民居保护概况 表3-3

地区	国保单位	省保	郑州市	市、县保单位	小计
郑州市区	0	0	2	（4）	（6）
中牟县	0	0	0	2	2
巩义市	3	3	7	6	19
荥阳市	0	1	2	1	4
新密市	0	0	2	2	3
新郑市	0	0	2	1	3
登封市	0	0	2	2	4
小计	3	4	17	18	41

四、登封“天地之中”历史建筑群

2010 年 8 月 1 日，我国申报的“登封‘天地之中’历史建筑群”在巴西首都巴西利亚召开的第 34 届世界遗产大会上被正式列入《世界遗产名录》，这是河南省成功申报的第三项世界文化遗产。登封“天地之中”历史建筑群包含 8 处 11 项建筑内容。具体包括：以中岳庙、太室阙、少室阙和启母阙所代表的礼制建筑；以嵩岳寺塔、会善寺、少林寺常住院、初祖庵及少林寺塔林所代表的宗教建筑；以登封观星台、嵩阳书院为代表的科学教育建筑。该项遗产在时间上跨度长达 1793 年，从东汉元初五年（118 年）起，经北魏、唐、五代、宋、金、元、明、清（1911 年）各时代。“天地之中”历史建筑群按照现存形制格局可分为：礼制建筑、宗教建筑、科技建筑、文化教育建筑四类。

登封“天地之中”历史建筑群分类表　　表 3–4

建筑类型	建筑名称	公布时间	批次
礼制建筑	太室阙	1961 年	第一批全国重点文物保护单位
	启母阙	1961 年	第一批全国重点文物保护单位
	少室阙	1961 年	第一批全国重点文物保护单位
	中岳庙	2001 年	第五批全国重点文物保护单位
宗教建筑	嵩岳寺塔	1961 年	第一批全国重点文物保护单位
	会善寺	2001 年	第五批全国重点文物保护单位
	少林寺常住院	1986 年	第一批河南省重点文物保护单位
	少林寺塔林	1996 年	第四批全国重点文物保护单位
	初祖庵	1996 年	第四批全国重点文物保护单位
科技建筑	观星台	1961 年	第一批全国重点文物保护单位
文化建筑	嵩阳书院	2001 年	第五批全国重点文物保护单位
	大唐嵩阳观纪圣德感应之颂碑	2001 年	第五批全国重点文物保护单位

嵩山历史建筑群的礼制建筑以汉三阙和中岳庙为代表，宗教建筑以嵩岳寺塔、少林寺建筑群、会善寺为代表，科技建筑以观星台为代表，文化建筑以嵩阳书院为代表。少林寺、中岳庙、嵩阳书院、观星台、嵩岳寺等都是古代建筑的精华。少林寺初祖庵大殿是河南现存最早的木结构建筑，周公测影台是中国现存最早的天文建筑，嵩岳寺塔是中国现存最早的古塔建筑，汉三阙是中国现存最早的石结构建筑。该建筑群时间持续长、类型多，展现了佛、道、儒等不同文化价值的古代建筑艺术作品，连同其中丰富的古代碑刻、壁画等类型的文

物遗存，构成了全中国乃至全世界独一无二的传统文化景观，代表着中国古老的文明传统和突出科技、艺术成就，反映了其作为东方文明发祥地在文明起源和文化融合中的核心角色，也是当今文化延续和发展的巨大财富。

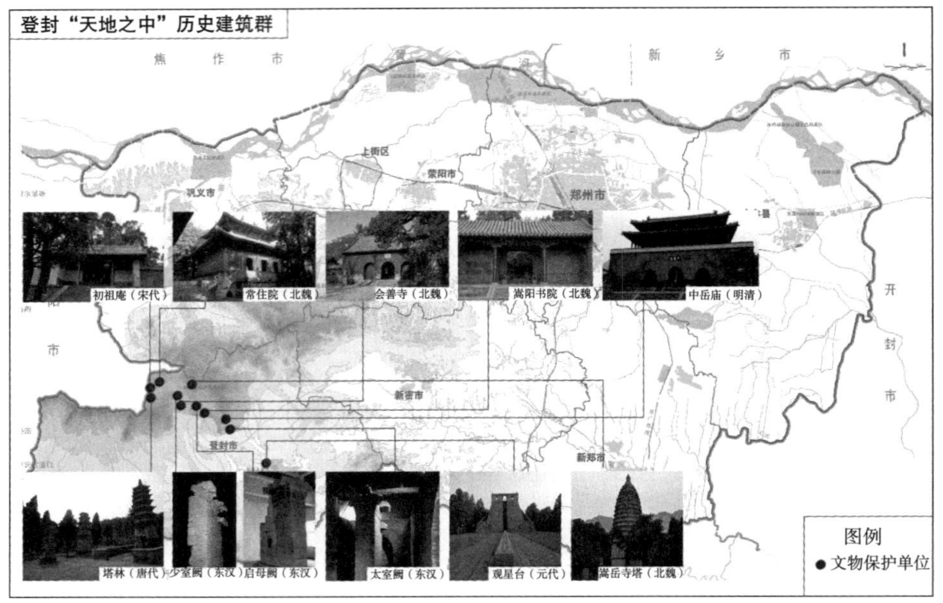

图 3-20 世界文化遗产——登封“天地之中”历史建筑群

第四节 市域非物质文化遗产综述

一、非物质文化遗产内容及分布

郑州是中原地区的腹地中心城市，其遗产的特征完整地体现着中原文化的诸多特征，在传承中原地区优秀传统文化，继承和发扬华夏文明方面具有先天的基因优势。郑州的各级非物质文化遗产类型丰富，具体包含：民间文学（许由的传说、大禹神话传说、列子传说、先蚕氏嫘祖的传说、黄帝传说、潘安的传说、新郑嫘祖传说、洛神传说、河图洛书传说等）；民间美术（黄河澄泥砚、嵩山木版年画、朱氏古建筑彩绘、泥塑、剪纸等）；民间音乐（黄河打硪号子、黄河玉门号子等）；民间舞蹈（独脚舞、挑经担、登封闹阁等）；传统体育与竞技（太乙拳、沈氏中国式摔跤等）；戏曲（河洛大鼓、嵩山大鼓书等）；民间手工技艺（猴加官、荥阳柿树栽培技艺、霜糖生产技艺、登封窑陶瓷传统烧制技艺、新郑枣树栽培技艺、葛记焖饼等）；民俗（上巳节、嵩山摸摸会、中岳庙会、新密溱洧婚俗、中原汉族丧葬习俗等）。此外，生产商贸习俗、岁时节令、民间知识等这些与文化表现形式相关的文化空间内容也很丰富。

结合申报地区和单位、涵盖类别与级别等因素，根据郑州非物质文化遗产研究中心网站公布的资料分析可见，郑州的非物质文化遗产几乎涵盖了联合国教科文组织公布的所有非物质文化遗产类型。郑州市现有国家级项目 6 个，省级项目 40 个，市级项目 149 个。国家级非物质文化遗产代表性传承人 4 人，省级传承人 30 人，市级传承人 149 人。类别分为民间文学，传统美术，传统音乐，传统舞蹈，曲艺，传统体育、游艺和竞技，传统手工技艺，传统医药，民俗等。内容涵盖庙会、祭典、民间信仰，人生仪礼、居住、民间组织、民俗节日等民俗。

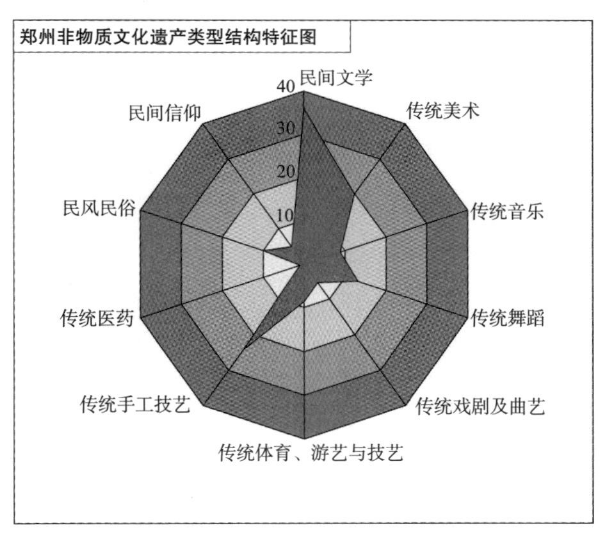

图 3–21　郑州非物质文化遗产类型结构特征图

郑州市非物质文化遗产分类表　　**表 3–5**

遗产类别	遗产名称
民间文学	许由的传说、大禹神话传说、列子传说、先蚕氏嫘祖的传说、黄帝传说、潘安的传说、新郑嫘祖传说、洛神传说、河图洛书传说等
传统美术	黄河澄泥砚、嵩山木版年画、朱氏古建筑彩绘、泥塑、剪纸等
传统音乐	黄河打硪号子、黄河玉门号子等
传统舞蹈	独脚舞、挑经担、登封闹阁等
曲艺	河洛大鼓、嵩山大鼓书等

续表

遗产类别	遗产名称
传统体育、游艺与竞技	太乙拳、沈氏中国式摔跤等
传统手工艺	猴加官、麻纸制作技艺、荥阳柿树栽培技艺、荥阳柿饼、霜糖生产技艺、香包、登封窑陶瓷传统烧制技艺、新郑枣树栽培技艺、葛记焖饼等
传统医药	李氏膏药、割烙法喉疾疗法、袁氏肚脐贴、健身药枕、何首乌炮制技艺等
民俗	上巳节、嵩山摸摸会、中岳庙会、新密溱洧婚俗、中原汉族丧葬习俗等

郑州国家级非物质文化遗产有 6 项，分别为：少林功夫、新郑黄帝故里拜祖大典、超化吹歌、苌家拳、小相狮舞、登封窑陶瓷烧制技艺。其传承形式、传承场所和代表性传承人如下表：

郑州市国家级非物质文化遗产传承形式、场所和传承人 表 3–6

项目	传承形式	传承场所	传承人
少林功夫	师徒	登封少林寺	释永信
新郑黄帝祭典	集体	新郑轩辕庙	
超化吹歌	集体	新密超化寺	
苌家拳	父子、师徒	荥阳	苌山林
小相狮舞	集体	巩义小相村	李金土
登封窑陶瓷烧制技艺	集体	登封	吕延芝

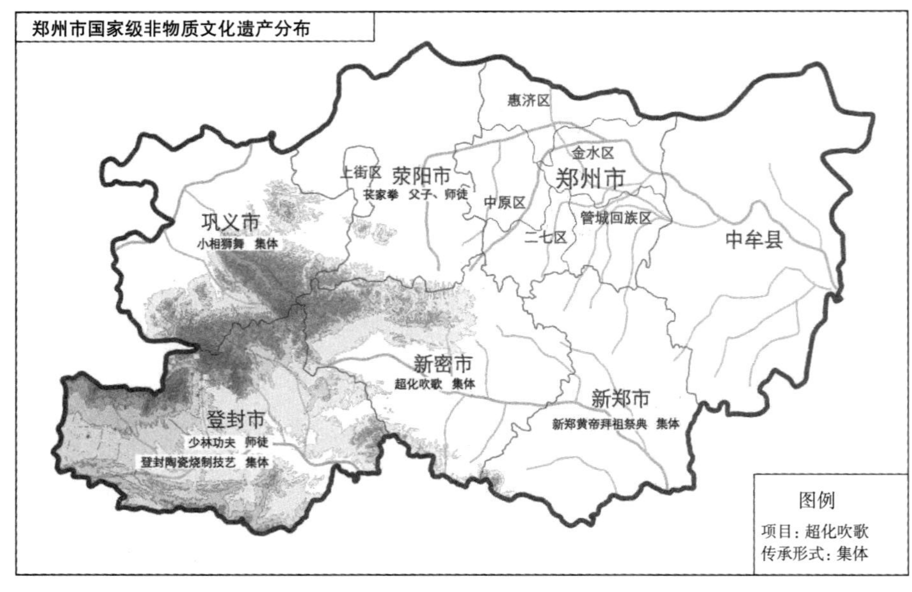

图 3–22 郑州市国家级非物质文化遗产分布

1. 少林功夫

2006 年被列入第一批国家级非物质文化遗产名录。北魏太和十九年（495 年），孝文帝为印度高僧跋陀在少室山北麓敕建少林寺。其后，又有不少印度高僧到少林寺传授禅法，少林功夫信仰的最初形态——神力信仰和禅定就是这一时期形成的。其中印度高僧菩提达摩在少林寺首倡禅宗，由此确立了少林寺禅宗祖庭的崇高地位。

少林功夫是指在嵩山少林寺这一特定佛教文化环境中历史地形成，以佛教神力信仰为基础，充分体现佛教禅宗智慧，并以少林寺僧人演练的武术为主要表现形式的传统文化体系。少林功夫在追求技法精进的同时，同样重视心性的修炼，称为"禅武合一"。少林功夫具体表现为以攻防格斗的人体动作为核心、以套路为基本单位的表现形式，是中国武术各个流派中，历史悠久，门类最多，体系最大的一个门派。

2. 新郑黄帝祭典

2008 年被列入第二批国家级非物质文化遗产扩展名录，现通称为新郑黄帝故里拜祖大典。河南新郑是中华人文始祖轩辕黄帝诞生、建都地。古代官民为纪念黄帝功德，在轩辕丘旁建轩辕故里祠，在其建功立业的具茨山（今始祖山）风后顶之巅筑轩辕庙。自春秋时期起，每年三月初三当地民众都要在轩辕庙、轩辕故里祠隆重举行黄帝开国建都周年拜祖庆典以示纪念，拜祖习俗延续至今，从未间断。

新郑黄帝故里拜祖大典并存公拜和民拜两种形式。民拜表现为"三月三，拜轩辕"等广为流传的民谚。公拜习俗古已有之，道光十七年（1837 年），林则徐擢升湖广总督赴任，二月二十途经新郑，到轩辕故里拜谒黄帝。另据清代《新郑县志》和明清时期碑刻显示，官方对黄帝的祭拜接连不断。1992 年以来，新郑市政府连续举办多届黄帝故里拜祖大典。

3. 超化吹歌

2008 年被列入第二批国家级非物质文化遗产名录。超化，出自佛教梵语："超凡化度，脱俗绝尘"，新密有超化寺，供奉着释迦牟尼真身舍利。"吹歌"，是我国十分古老的一种吹奏乐演奏形式，是由汉代的鼓吹曲、吹打乐发展而来。超化吹歌，由北魏、北齐时期的宫廷鼓吹乐、吹打乐发展而来，到明代景泰年间（1450—1457 年），由超化寺流布于民间，形成吹歌社，广泛应用于迎神赛社活动，成为服务于民间神社组织的高雅乐队，流传至今。

超化吹歌以管子为主奏乐器，辅以笙、笛、箫，再加上打击乐韵鼓、大铙、手钗、锣、云锣、钹、碰铃、木鱼、编钟等。超化吹歌的记谱方式是古代的工尺谱，有尺工调、上凡调等。曲谱唱名是固定唱名法，上尺工凡六五乙在管子的八个孔中是固定的，利用气息和哨口的吞进多少，来掌握转调和音高。

4. 苌家拳

2008 年被列入第二批国家级非物质文化遗产名录。苌家拳创始人苌乃周（1724—1783 年），河南汜水县（今为荥阳辖）苌家村人。苌乃周“成童嗜武”，潜心《周易》，洞彻阴阳起伏之理，集易理、医理、拳理之大成，融内气、外形、技法于一炉，创苌家拳派于世。

苌家拳的理论集为《中气论》，这是苌家拳的核心理论，是指导苌家拳械的纲领。其中练气之术，纵横开合之妙，均发前人所未发。苌家拳的套路有拳、棒、剑、刀、枪、鞭、镰、弹（弓）等数十种，皆有图有批，注解详明。苌家拳理论资料和拳谱资料流传至今，完好保存，且苌家拳传人师承明晰，传承有序。流传至今近 300 年，代有名手，至今苌家拳传人仍不乏能者，在全国武术挖掘整理过程中及全国传统武术比赛中多次获得大奖。

5. 小相狮舞

2008 年被列入第二批国家级非物质文化遗产名录。巩义小相狮舞发源地位于巩义市鲁庄镇小相村，小相村的狮鼓表演始于清朝嘉庆年间（1796—1820 年）。

小相舞狮的“狮子”是以羊皮制作而成，既保留了狮子雄健威猛的形象，又极具民间色彩。经过时代的变迁，小相狮鼓表演从最初的“地摊狮子”演变成“高台狮子”，最后变成今天的“狮子上牢杆”。“牢杆”是一根高十余米的木杆，顶端放椅子，周围用八根大绳加固，玩“狮子”的人就沿着绳子爬到“牢杆”顶端表演。这是小相“狮子”的独家绝技。从 20 世纪 80 年代至今，小相“狮子”参加过多次省和国家的重大庆典活动，先后获得“中原第一狮”“中原狮王”“中华第一狮”等荣誉称号。

6. 登封窑陶瓷烧制技艺

2014 年被列入第四批国家级非物质文化遗产名录。登封盛产制作陶瓷的原料和燃料，例如高岭土、石灰石、钾长石、石英石、煤炭等。登封窑位于禹州神垕钧瓷遗址、宝丰清凉寺汝瓷遗址、郏县窑口遗址和巩义唐三彩遗址群的中心区域。主要分布在登封市的南半部颍河及其支流岸边的 3 个区域：一是以白坪为中心的宋、金、元时期古瓷窑遗址群；二是以宣化前庄为中心的隋、唐、宋、金、元时期的古瓷窑遗址群，即民间传说的神前窑；三是位于告成曲河的晚唐、五代、宋、金、元时期的古瓷窑遗址区。

登封窑主要烧造钧瓷、珍珠地划花、白釉剔刻划花等产品。烧造主要有原料选取、原料加工、练泥、成型、化妆、施釉、装烧等工艺流程。登封窑装饰技法最具代表性的是珍珠地划花和剔、刻、划花综合装饰；登封窑的窑炉结构以堰壁窑、馒头窑为主；登封窑的烧成工艺，唐前是用支柱、支钉、垫饼裸烧，晚唐五代以后，多采用窑具匣钵装烧；登封窑的造型体现了文人的审美志趣、佛教文化和酒茶文化特色；登封窑以白描的技法，传承并发展了唐代吴道子的画风。

二、非物质文化遗产特色价值分析

非物质文化遗产有诸多特征，它是一个地区的民众对历史的共同记忆和认识，是对物质生产、生活的情感表达，是对本地区风土人情的经验概括。这些在民众中传承已久的非物质文化遗产具有完好的人文内涵和社会功能，蕴涵着民族和族群的历史渊源、精神价值、思维方式和审美情趣，体现了文化特质和文化交融，反映了不同地域、不同民族、不同经济社会发展阶段聚落形式的历史过程，真实记录了民间手工技艺、传统民俗民风和原始空间形态等，具有很高的研究和利用价值。

郑州的非物质文化遗产资源品种多样，各地区遗产特色鲜明，市区及5市1县的文化遗产内涵各有千秋。总体来说，郑州市域内的非物质文化遗产主要可以划分为：民间文学、传统风俗、曲艺、传统技艺、传统舞蹈、传统体育竞技、民间音乐、民间信仰等类别。以下就郑州市域内最具知名度的代表性非物质文化遗产类型特色价值做简要分析。

民间文学 指民众在文化生产和社会生活里传承、传播、共享的口头传统和语辞艺术。从文类上来说，包括神话、史诗、民间传说、民间故事、民间歌谣、民间叙事、民间小戏、说唱文学、谚语、谜语等。民间文学是地域文化的活态传承，郑州市域内的民间文学内容十分丰富，黄帝传说、先蚕氏嫘祖的传说、列子传说、潘安传说等都久负盛名。如列子传说，传颂的即为春秋战国时期的郑国人御寇，他是老子和庄子之外的又一位道家思想代表人物。有关列子的遗事至今在郑州民间广为流传，是郑文化活态传承的生动表现。民间文学一般历经时间较长，传播形式简洁，传播人群分散且成本低，内容具有很强的教育意义和现实意义，应得到高度重视和保护。

民间音乐 简称民谣、民歌、民乐，是经过口口相传发展起来的普罗大众的音乐，音乐散布过程纯粹是由演奏者或音乐接收者记录教习，并亲自相传所得。郑州市域内最具特色的传统音乐是超化吹歌，距今有1500多年的历史。超化吹歌作为地域音乐形式，是随着寺院的建立和兴旺发达，先在北魏时期以宫廷鼓吹曲的形式走进寺院，成为佛教法乐，后在唐代借助以歌舞音乐为标志的音乐艺术的高峰式发展，经过充分的涵育，成为兼具宫廷格调和梵乐韵味的成熟音乐，被誉为中国民族乐器活化石的古老音乐。另一个是黄河号子，是黄河船工及黄河两岸人们在紧张、繁忙的劳动、抢险中，为了统一劳动节奏，营造劳动氛围而创造的歌唱形式。这种歌唱形式是广大劳动者即兴创作，依据的是生活中的事件或民间传说、历史故事等，充分表现了这一地域民众的文化心理。河南地处黄河中下游，黄河流经河南达 700 多公里，拥有丰富的黄河号子。黄河号子具有悠久的历史，取材广泛，在长期的积累中，包含着丰富的地域文化内涵，从中可以透视出河洛文化的重要精神，是深入研究河洛文化的重要资料。由于长期在黄河沿岸流行，一直保持着原有的基本形态，很少外来文化的融入，具有独特性和唯一性。

传统风俗 指人们在社会生活中逐渐形成的，从历史沿袭而巩固下来的，具有稳定的社会风俗和行为习俗，并且已同民族情绪和社会心理密切结合，成为人们自觉或不自觉的行为准则。传统风俗往往带有很浓重的地方色彩，延续时间长，且带有特定的文化特色。郑州市域内最具特色和名望的传统风俗是黄帝故里拜祖大典。黄帝故里拜祖大典是自春秋战国以来华夏炎黄子孙于农历“三月三”在黄帝故里轩辕之丘祭拜先祖黄帝的仪式。唐代后升格为官方祭典。自 2006 年开始升格为“黄帝故里拜祖大典”,这一风俗弘扬中华民族优秀传统文化，缅怀始祖功德，突出了中华民族寻根拜祖的主题，象征炎黄子孙血脉相连、薪火相传，是保护和传承中华文明优秀传统文化的典范。

传统武术 以中华文化为理论基础、以技击方法为基本内容，以套路、格斗、功法为主要运动形式。郑州市域内最具有代表性的传统武术为少林武功。少林武功是汉族武术最具代表性，最具文化内涵，最具宗教文化底蕴，最具完整的体系，最具权威性，又最具神秘感的中国武功流派，它无疑已成为汉族武术的主流学派。少林武术作为一种人文文化现象，作为一种人体形态文化或是作为健身、御敌、竞技专案在中国早已家户喻晓、妇孺皆知，已成为中华文化的宝贵遗产。

传统技艺 指一门有着悠久文化历史背景的技术、技能，并必须经过一定的深入研究学习才能掌握的技艺，如针灸、按摩、中药、茶道、刺绣、剪纸等。每一门技艺都是民族和地域的烙印。郑州地区最具代表性的国家级传统技艺为登封窑陶瓷烧制技术，“登封窑历史悠久，工艺精道，品类丰富，装饰独特，是北宋中、早期的贡窑之一，是中原地区民窑系最具代表性的窑口之一，也是北宋时期陶瓷装饰的集大成者。登封窑在长达 1500 多年里始终在民间星火相传未曾间断，脉络清晰，为中国陶瓷史的研究提供了不可多得的实物资料，且其艺术价值很高。传承和创新登封窑陶瓷烧制艺，并通过传播其价值吸引陶瓷手工艺人和瓷器爱好者，对于发扬光大这一技艺将具有重大的价值。

针对以上分析，相关部门要在深入发掘最具地域特色的非物质文化遗产资源基础上，保护和发扬以黄帝拜祖大典、少林武术、超化吹歌、登封磁州窑烧制技术等为代表的非物质文化遗产资源，使其传播范围更广，受众面积更大。并要致力于将无形的文化资源物化，使之成为有形资源，实现非物质文化遗产的社会价值、文化价值和经济价值。

郑州地区的非物质文化遗产具有自身独特的气质，主要有以下几个方面的特点：

其一，历史人文悠久。考古发掘表明，中原地区自旧石器时代开始就已经有人类活动，嵩山周围地区是人类繁衍生息的重要场所。中原地区大量的非物质文化遗产，承纳了中华民族悠久的历史传统，在神话传说、民间音乐、民间美术中都有诸多体现。如古帝神话传说、大禹治水等，不仅形式古老，而且所涉及的内容也大多可追溯到远古时期。而且，这些古老的民间传说，长期以来被不断传诵，对增强中原人民战胜自然灾害的信心起到了积极的作用。黄帝是中原文化的象征，黄帝族是发源于中原地区的古老部族，早在黄帝时代，天下之中的正统观念业已萌芽。

其二，凸显农耕色彩。中原地区以平原为主，农业生产历史悠久。中原的物质文化、制度文化和精神文化，是在农业生产方式逐渐成熟以后逐渐形成的。农耕文化孕育并深刻影响着民间文化，与农耕相关的非物质文化遗产众多。如民间舞蹈“打春牛”、皇帝在先农坛祭祀亲耕等。中原地区的非物质文化遗产保存了农耕社会许多珍贵的东西，它来自乡野，也给生活在乡村地区的人们提供精神食粮和情感喜悦，乡土环境、民俗文化对它的形成、发展都有很强烈的影响。我国乡村社会结构和文化结构中，非物质文化遗产仍然在很多方面凝聚着民心，提供着养分。

其三，原创内容丰富。中原地区最具原创性的非物质文化遗产为周易文化和少林功夫。周易文化在中原地区诞生后，其经文《易经》被尊为五经之首，影响着古代人们思维方式，是我国哲学思想的精髓，在古代科举考试中处于相当重要的地位。少林功夫中禅与武相结合，使少林功夫显示出独特的风格。少林功夫对众多武术流派和拳种都有影响，且在国内外都具有广泛影响。

其四，地域特征显著。中原地区诞生了众多先贤人物，他们受到后人的尊敬和祭奠，如盘古、伏羲、黄帝、太昊等上古传说人物和帝王，今都有陵寝和祭祀场所，庙会活动非常丰富，如新郑轩辕庙、淮阳太昊陵、桐柏盘古庙等。此外，地方名人，如子产、张仲景、诸葛亮等人物在本地区都有墓、祠进行祭祀活动。豫西地区的地坑院民俗，是在当地独特的地理环境、生活方式和文化背景下形成的，带有鲜明的地域特色。

其五，文化相互交融。由于中原地理位置得天独厚，其非物质文化遗产始终在与周边地区不断交融中发展。如剪纸艺术受山西、陕西剪纸大省的影响。戏曲中西北的秦腔传入中原，与昆曲和地方性演唱曲调结合，形成种类繁多的各种梆子腔，河南梆子在较广的范围内流行。其中，豫剧的影响范围已不限于中原地区，成为中国最有影响的地方戏之一，并在艺术上取得巨大成就。文化交融为中原文化增添了影响力，也汲取了其他文化的影响，充满生机。

FOUR CHAPTER

第四章

郑州历史文化名城价值特色研究

郑州地区的考古遗存相当丰富，旧石器时代，新石器时代中裴李岗、仰韶、龙山等文化层连续不断，它们都是郑州地区上古时期人类繁衍活跃的见证，代表这一地区早期文化的生成和发展。但这一时期仍处于原始社会发展阶段，尚未进入文明时代。论及文明，首先跃起的是河洛地区的二里头时代，它从龙山时代的满天繁星进化为具有区域文化性质的高级文明，是一个划时代的开端，但由于缺乏文字考古自证，它仍处于原史时代。郑州地区的文明特征是在此基础上进一步演化，使古代中国文明进一步发展为有确切文字记录的安阳殷墟时代，具有信史特征的中国的文明史由此开启。因此，以考古文化和文献资料相印证是探讨郑州地区历史人文特征的基础，且相对合理妥当。

第一节 郑州历史文化名城重大价值与地位

对于郑州历史文化名城重大价值和地位的认识，一直以来，关注的重点是具有 3600 年悠久历史的商城遗址和以商城遗址为代表的大遗址群的考古发掘，及其夏商断代史研究、古都定位和文物保护，而涉及郑州城市变迁的历史规律、文化内涵及其文脉传承的轨迹特征发掘梳理明显不够。因此在郑州虽然古老的商文化意蕴极其深厚，但是在商都迁址后的数千年间逐渐被边缘化，乃至销声匿迹，直到清末民初铁路交通的兴起，郑州才又重新复兴起来。这种状况给人造成一种普遍错觉，误以为郑州的历史文脉早被中断，“有历史没文化”，不过是一座近代“火车拉来的城市”，从而割断了郑州的悠久历史，忽视了珍贵的文化品质，贬低了郑州历史文化名城的重大价值和地位，也深深伤害了郑州人民的尊严，仿佛郑州就是一座缺少文化灵魂的城市。尤其当前在实施“一带一路”和建设中原经济区的国家战略中，“建设大枢纽、发展大物流、培育大产业、塑造大都市”的新形势下，应当充分重视郑州历史文化名城的深刻研究，正本清源，达成共识，从历史的回声中，寻找创造未来的动能和激发点，不失时机地提升郑州文化软实力。

本书经过深入调查探讨，在尊重和吸收考古发掘成果，对相关历史文献和论文进行认真检索梳理、整合研究中，在郑州历史文化名城的重大价值和地位评估的基础上作出如下定位：**“华夏文明发祥地与核心传承区”**。郑州在人类社会发展史上，历经华夏文明起源、繁衍、丰富、发展的所有进程，具有华夏文明发祥地与核心传承区的重大价值和不可替代的历史地位。郑州历史文化名城不仅是孕育华夏民族与中原文化的腹地中心，开启了我国古代城市文明，创立了中国王都典制，而且彰显了“天地之中”的宇宙观和立国治世理念，拥有纵贯古今的区域交通大枢纽中心地位。

根据李伯谦先生的研究，中原地区的考古发掘在华夏文明发展史上地位突出。华夏文明是多民族文化不断融合发展的结果，中原地区的华夏文明是中华文明的核心，是任何其他地方不能取代的。中华文明是一个大概念，它包括汉族以及其他兄弟民族所创造的文化，在长期的共存发展过程当中逐步向前推进，其中起领导作用的就是中原地区的华夏文明。以河南为核心的中原地区的华夏文明是中华文明的核心，这一地区的旧石器时代考古发掘发展迅速。据不完全统计，发掘的旧石器遗址有几十处，其中李家沟的重要性是发现了旧石器时代晚期向新石器时代过渡的遗存，新时期时代的重要遗址更多，时间序列相当连贯，如裴李岗、仰韶、二里头、二里岗等。其主要缘由有 4 个方面：一是中原地区是中国现代人起源的发祥地之一。二是中原地区是最早进入文明门槛的地方。三是中原地区是历代重要王朝建都之地。四是中原地区是一个文化的熔炉。

关于文明起源与国家形成的研究有多种评判标准，如摩尔根的“部落联盟”和“军事民主制”[①]、文明“三要素”或“四要素”、“酋邦”[②]、“古国—方国—帝国”[③]等。结合当前聚落考古学、社会形态学的研究动态，我们整合文明与国家的重要研究理论与方法，从物化形态和社会形态两个方面认识和分析，借以抓住文明国家的本质与表征，从而在科学合理的层面把握郑州历史文化名城定位。

就中原地区而言，古代物化形态的文明要素演变过程可以表述为：城市，聚落—城邑—王都；礼仪建筑，“大房子”—宫殿、宗庙；青铜器，石器—铜石并用—青铜器—铁器；文字，符号（骨刻文、朱书陶文）—甲骨文—石鼓文、金文—篆书、隶书等。古代社会形态的国家模式演变过程可以表述为：“史前大体平等的农耕聚落形态—含有不平等的中心聚落形态—都邑邦国—复合制国家结构的王国—郡县制的帝国”5 个发展阶段和形态[④]。

1. 文明定义方面。文明是社会发展到高级阶段后产生的现象和状态，是一个地区文化相对于另一个地区文化的发展程度上的本质差异，它使人类脱离野蛮状态的所有社会行为和自然行为，其要素包括家族、工具、语言、文字、信仰、法律、城邦等。一般而言，古代文明有四要素：文字、青铜器、城市和礼仪建筑，不过这些并不是判断一个地区是否进入文明时代的必备条件，而是支持一个地区在具有这些要素的基础上才是一个成熟的、发达的文明。

夏商周是中国先秦时期的王朝时代，夏朝是我国第一个世袭制朝代，中国的文明发展进程也由此开启了新的征程。尽管史书对夏朝言之凿凿，但目前在

---

① 参见摩尔根：《古代社会》，商务印书馆，1977 年。

② 参见王震中：《中国文明与国家起源研究中的理论探索》，《中国社会科学院研究生院学报》2011 年第 3 期。

③ 参见苏秉琦：《三部曲与三模式》，见《中国文明起源新探》，130 页，三联书店，1999 年。

④ 王震中：《文明与国家起源的“聚落三形态演进”说和“邦国—王国—帝国”说》，《中国社会科学院研究生院学报》2012 年第 5 期。

考古学方面仍然没有发现公认的夏朝存在的直接证据，比如文字的自证物，因而近代史学界一直有人对夏朝的存在持怀疑态度。就目前的考古发掘来看，夏代的存在是不容置疑的，同时期出土的文物中有一定数量的青铜和玉制的礼器以及相当于夏代纪年时期的城邑遗址。结合考古材料和史料记载，比较中肯的观点认为夏王朝在早期仍然处于邦国林立状态，战乱频仍，族群不相统属，外来文化因素明显，“王朝气象”较弱，直到中期随着龙山文化系统的城址和大型中心聚落纷纷退出舞台，代之而起的二里头文化在极短的时间内吸收了各区域的文明因素，以该地区的文化为依托最终崛起[①]，这类考古学印象与文献记载中的太康失国和少康中兴相契合。与此同时，河洛地区的二里头文化突破地理单元的限制，遍布于整个黄河中游地区，是我国古代文明的一大进步。

青铜器作为礼器的重要使用则为商代出现的青铜鼎，并且青铜文化在考古学中作为文明与国家起源的研究领域亦十分突出青铜器的地位。大约在公元前21世纪，中国进入青铜时代，经过二里头时期的初始阶段，早商时期的发展阶段，晚商至西周的鼎盛阶段，西周后期至春秋的衰落阶段，到战国初最终被早期铁器时代所代替，大约经过了1500～1600年的时间。二里头文化的青铜制品为爵、斝等酒器。二里岗文化的青铜器为酒器、武器、工具等和以乳钉纹方鼎为代表的青铜礼器，小双桥遗址还发现了青铜建筑构件。殷墟的青铜器为饮食器、兵器、饰品、乐器、工具、车马器、建筑构件、仪仗与宗教制品、生活杂器等和以酒器、“司母戊”鼎为代表的青铜礼器。西周时期青铜鼎、簋的多少成为身份地位高低的标志，并且为礼制所规定。西周后期，青铜文化开始走向衰落，进入东周以后，社会剧烈动荡，社会制度改变，铁器最终得到推广。[②]

我国较为成熟、发达的文明是在殷商时期，殷墟时期的商朝已经呈现出较为显著的文明特征，除了青铜器、城市和礼制建筑在形制或规模上有了巨大进步，发现的甲骨文字是文明步入新阶段的证物。美国学者摩尔根在其《古代社会》一书中提出：“文字的使用是文明伊始的一个最准确的标志，刻在石头上的象形文字也具有同等的意义。认真地说来，没有文字记载，就没有历史，也没有文明。”摩尔根的论点也得到马克思和恩格斯等人的赞同[③]。中国的文字萌芽较早，在仰韶文化的陶器上就已发现了各种刻划符号，成为中国文字的雏形。后经二三千年的孕育、发展，到了商代，中国的文字达到基本成熟阶段。据考古发现，安

① 许宏：《前中国时代与“中国”的初兴》，《读书》2016年第4期。

② 参见李伯谦：《中国青铜文化结构体系研究》，科学出版社，1998年。该论著收录了作者31篇青铜文化研究的文章，从青铜文化发展的角度阐述各个地区考古文化的特点。

③ 恩格斯在《家庭、私有制和国家的起源》中指出“摩尔根在美国，以他自己的方式，重新发现了40年前马克思所发现的唯物主义历史观，并且以此为指导，在把野蛮时代和文明时代加以对比的时候，在主要点上得出了与马克思相同的结果”，“由于文字的发明及其应用于文献记录而过渡到文明时代”。参见著作第1页、23页，人民出版社，1972年。卡尔•雅斯贝尔斯在《历史的起源与目标》中指出“文字对管理是必不可少的，这使掌笔杆子的人获得了社会统治地位，他们形成了知识贵族”。参见著作第57页，华夏出版社，1989年。

阳殷墟出土的甲骨文是我国最早成熟的文字，形成于晚商。文字成熟的一个重大意义是代表王朝能够对更广阔的区域宣施教化，将这些原属四裔的区域纳入先进的文化圈内，最终融合成为华夏文明的一部分。

2. 国家演进方面。根据史书记载和考古发现，华夏族是黄河流域的最早居民，自旧石器时代进入新石器时代，人类从狩猎经济逐步进入农耕经济发展阶段，物质生产生活也越来越丰富。华夏先民早在8000年前就在黄河流域建立了大地湾文化（甘肃天水一带）和裴李岗文化（河南新郑一带）。又于公元前4700年至前2300年在北到长城沿线及河套地区，南达鄂西北，东至豫东一带，西到甘、青接壤地带建立了仰韶文化。再于公元前2300年至前1800年在分布于黄河中下游的山东、河南、山西、陕西等省地区建立龙山文化。进入龙山文化晚期，在公元前2000年前后，嵩山地区及河洛地区、河济地区的登封王城岗遗址、新密新砦遗址、偃师二里头遗址与商城遗址、郑州商城遗址等先后跃起，这些相当于夏商时期的具有都城性质的城址在文化序列上具有延续性，在区域中具有独特性，与我国历史时期的夏代和商代相吻合。最终，伴随着文明四大要素在安阳殷墟时期的成型，华夏文明的人文基础也由此奠定。西周以后，分封制、宗法制等统治制度以礼乐制度为核心，糅合六经、六艺、五常等思想文化本质，逐步渗入文化形态当中，进而成为区分文明程度高低的参照，中央华夏族与四方之夷裔既相融合又相争斗，华夏文明的主要特征得以确立。

国家演进第一个阶段：大体平等的农耕聚落期，包含了农业的起源和农业出现之后农耕聚落的发展时期。在旧石器时代晚期，人们开始尝试谷物的栽培和牲畜的驯养，这种从采集植物过渡到培育植物，就是所谓农业的起源。农业的起源，是人类历史上的巨大进步。以农耕畜牧为基础的定居聚落的出现，是人类通向文明社会的共同的起点。国家演进第二个阶段：含有初步不平等的中心聚落形态阶段，是指距今5000～6000年间的仰韶文化中期和后期、红山文化后期、大汶口文化中期和后期、屈家岭文化前期、崧泽文化和良渚文化早期等，属于中国新石器时代晚期。中心聚落形态的不平等表现为两个方面，一是在聚落内部出现贫富分化和贵族阶层；另一是在聚落与聚落之间，出现了中心聚落与普通聚落相结合的格局。国家演进第三个阶段：都邑邦国阶段，主要指考古学上龙山时代所形成的早期国家阶段。考古发现了大批城邑，有的明显属于国家的都城。阶级产生和社会分层出现，城邑的规模、城内建筑物的结构和性质发生质的变化。国家演进第四个阶段：取得了“天下共主”地位的邦国，变成王国。王国的王权，不但支配着王邦（王畿），还支配着附属于或从属于王邦的属邦。由于出现了可以支配其他族邦的这样一种王权的存在，使得其他族邦的主权变得不完整，没有独立的主权，从而使得王国时期统一的国家结构或者说国家形态是一种“复合型国家结构”。国家演进第五个阶段：实行专制主义中央集权的郡县制帝国取代复合形态的采邑制或分封制王国，成为单一制的中央集权国家结构。中国古代帝国阶段始于战国之后的秦王朝，秦始皇统一六国后对于文字的统一，是中国两千多年来国家统一与文明传承的文化保障。[①]

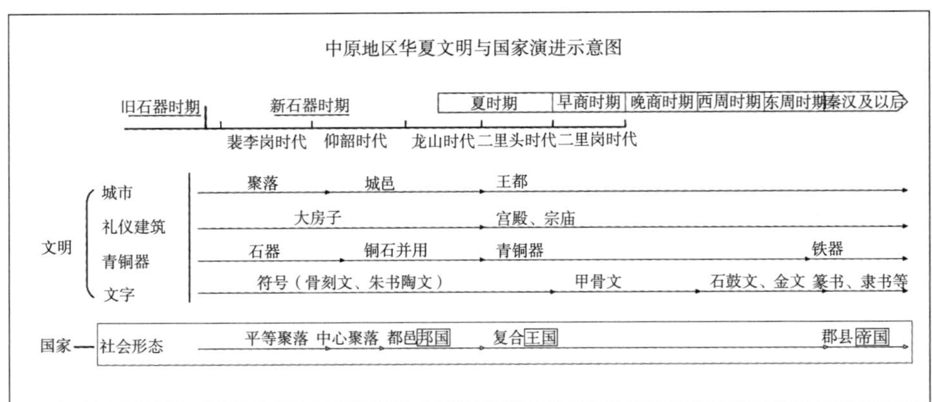

图 4-1　中原地区华夏文明与国家演进示意图

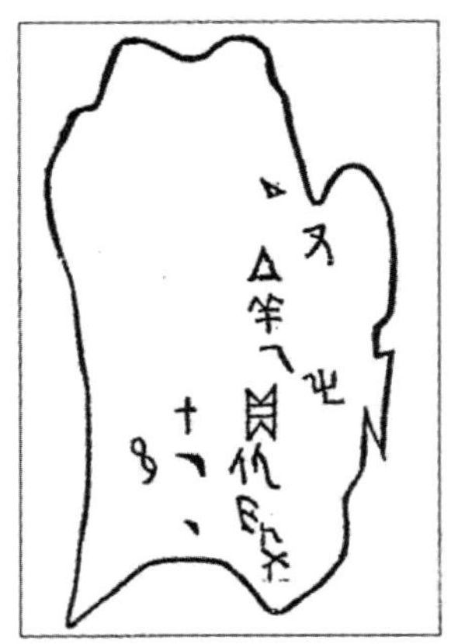

图 4-2　郑州商城出土牛肩胛骨刻辞

从图 4-2 中可以看到，文明的主要要素并不在同一时期一同成熟，其发展有快有慢。考古发现的早期城市出现在仰韶至龙山时代，至二里头形成具有都邑性质的王都；礼仪建筑在聚落或城邑中呈现“大房子”的建筑基址特点，而以王都为突出地位的城市，已经变化成具有明显礼制特征的宗庙、宫殿建筑；青铜器在新石器时期的仰韶文化后期至龙山文化时期处于铜石并用时代，并在王都中同样出现出具有礼制特征的青铜器，战国后期为铁器的大规模普及所取

① 王震中:《文明与国家起源的“聚落三形态演进”说和“邦国—王国—帝国”说》,《中国社会科学院研究生院学报》2012 年第 5 期。

代；文字在早期的考古发掘中还处于符号发展阶段，如骨刻文、朱书陶文等，作为现代汉字的早期形态，甲骨文出现于商代早期，成熟于商代后期，并在其后不断发生形态以及意义演变。古代国家演进过程表现为社会形态的性质变化，从聚落向邦国、王国、帝国转变的过程中，实际上仍然强调了王权、王都在国家社会中的首要地位，并且逐渐强化，成为华夏国家以政治属性凸见历史的本质特点和文化基因。

郑州历史文化名城重要定位：华夏文明发祥地与核心传承区

文明要素中，城市、礼仪建筑和青铜器在二里头时期已经出现，而最重要的甲骨文字已在郑州商城出土发现。20 世纪 50 年代，在郑州二里岗发掘工地采集到一片早商时期牛肋骨残片上的刻辞，虽仅十余字且学界释文各有所见①，但作为表意语句与殷墟时期的甲骨文有很大的相似之处，这至少表明早商时期的郑州已有文字出现，并且甲骨刻辞与更早的考古文化中发现的单个字符有着本质区别，具有图腾意味的文字符号进化为连贯表意的文字语句，早商时期的郑州进入文明发达时代，是中原华夏文明最早的发祥地不应存疑。作为商代都邑，郑州商城遗址与安阳殷墟一道，同为这个文明兴起时代最伟大的城市，是华夏文明演进和商代文明扩张的重要环节。

中国古史时代的概念划分中分为四类：史前、原史和历史；五帝、夏商周和秦汉至明清；前王朝、王朝（王国）和帝国；石器时代、青铜时代和铁器时代，这几组概念之间具有相应联系。对比郑州地区的考古遗址，就可以发现郑州在古代中国文明的起源和繁衍中居于中央地位，与华夏文明形成有关的诸多新时期城址中多半分布在中原地区。在中华文明探源工程中，已经初步勾勒出公元前 2500 年至前 1500 年即传说中的尧舜时代到夏商之际的社会图景。在这一历史时期，农业生产取得长足进步，如粟、稻、麦等出现，种植耕作蓄养也有所呈现；铜器冶铸技术出现，二里头文化时期已经能够造鼎，王权的象征出现；社会等级制度分化，墓葬品的多寡表示财富权力的差异，大型城邑与聚居聚落形成反差。大型都邑的出现成为这个时代文明演进的中心，灵宝西坡遗址、襄汾陶寺遗址、登封王城岗遗址、新密新砦遗址、偃师二里头遗址、郑州大师姑遗址与黄帝、尧、禹、启等古代帝王有关。其中，登封王城岗遗址和新密新砦遗址是古代王权国家初步形成的开始，区域文化出现整合，为王权国家的发展奠定了基础。二里头与二里岗之间的文化交替又产生了我国古史时代上的首次政权冲突和更易，影响了此后中国数千年的历史变迁，而二里岗与殷墟时代的时空变幻则是中国文明正式成熟的转折，地处中原腹地的郑州—洛阳地区成为中原王朝文明的发祥地。

---

① 李维明:《郑州出土商代牛肋骨刻辞补识》,《中国文物报》2006 年 1 月 6 日；孙亚冰:《对郑州处突商代牛肋骨刻辞的一点看法》,《中国文物报》2016 年 1 月 6 日。

文化类型	仰韶文化（前 4700　前 2300 年）	龙山文化（前 2300　前 1800 年）	龙山文化晚期为主	龙山文化晚期 二里头文化早期	二里头文化（前 1800　前 1500 年）	二里岗文化（前 1600　前 1300 年）
黄河流域	西山遗址（前 3300　前 2800 年）	陶寺遗址（前 2300　前 1900 年）	王城岗遗址（前 2469　前 1543 年）	新砦遗址（前 1850　前 1750 年）	二里头遗址（前 1750　前 1500 年）	郑州商代遗址、偃师商代遗址
文化类型	大溪文化（前 4400　前 3300 年）	良渚文化（前 3300　前 2000 年）	宝墩文化（前 2700　前 1800 年）			
长江流域	城头山遗址（前 4000　前 2800 年）	良渚遗址（前 3300　前 2500 年）	宝墩遗址（前 2300 年）			

图 4–3　新石器时代中晚期重要城址分布图

华夏文明的主体是以中原地区为中心的黄河文明，黄河文明的核心在嵩山文化圈。以中岳嵩山为中心的嵩山文化圈包含嵩山及两侧的洛阳、郑州，嵩山向两侧的河洛、河济延伸的三角地带所孕育的文化是华夏文明的精华，从各个方面影响着后世中国。嵩山、河洛地区、河济地区发现了旧石器时代以及新时期时代中的裴李岗、仰韶、龙山诸考古文化，又发现夏商周时期的大型都邑遗址多处，在中华文明的形成和繁衍历史上堪为源流所在。其中，嵩山是华夏中原文明的中心圣地。象征着中华人文的始祖黄帝在郑州地区留下了足迹，传说中的黄帝居轩辕之丘，定都于有熊，汉代在新郑北关轩辕丘前建有轩辕故里祠。值得一提的是，登封“天地之中”建筑群代表着帝国时代诸多王朝的王权活动，如帝王对山岳的祭祀、对佛僧的敬畏、对儒学的尊崇，其中包含古代中国天文地理观、传统建筑营建制度与艺术、宗教哲学思想等诸多人文价值。都城的衰败代表着繁华的逝去，都城的迁徙代表着繁华的另起，嵩山地区对时代的记录远胜于诸多朝代都城，从上古延续至今，是华夏文明传承最直接、最显著、最连续的见证，长安、洛阳、开封、南京、北京等都城在文物遗存时间序列上都不能与嵩山地区相比。以上古考古文化遗址、先秦大型都邑城址和秦汉以来登封"天地之中"历史建筑群为代表的郑州历史文化遗存是华夏文明最具代表性的传承载体，年代链条清晰、文化形态连贯。因此，郑州地区既是华夏文明发祥地，也是华夏文明的核心传承区。

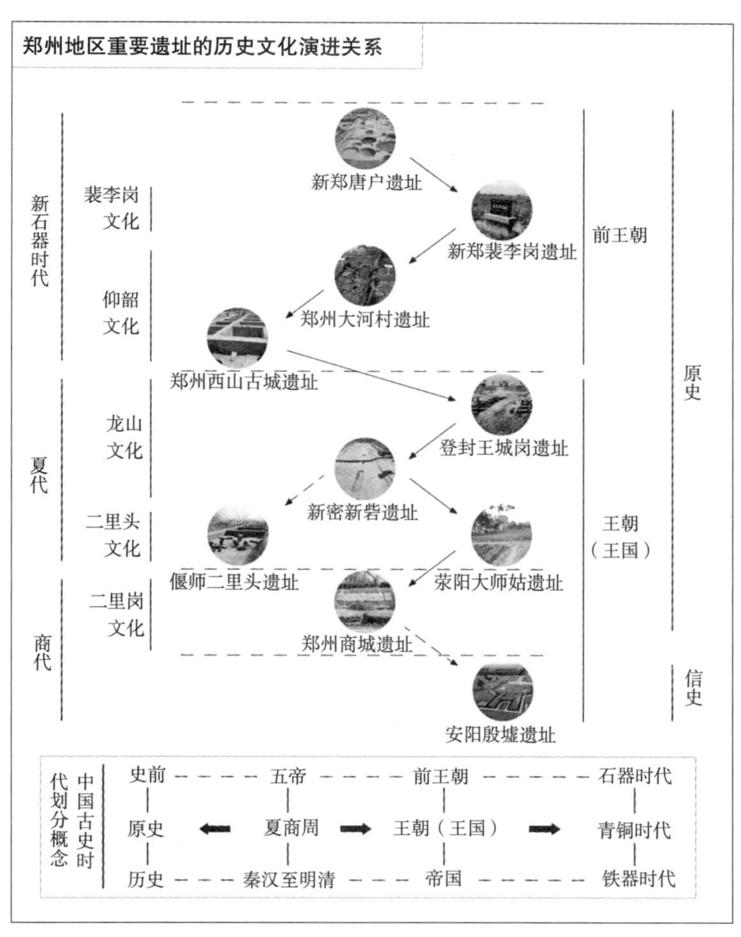

图 4–4　郑州地区重要遗址的历史文化演进关系

一、孕育华夏民族与中原文化的腹地中心

"华夏"是古代居住于中原地区的汉民族的自称，以区别于四裔（东夷、南

蛮、西戎、北狄），这二字连用，在殷墟文字中尚未发现，而屡见于周代器物典籍，《尚书·周书》载:“华夏蛮貊，罔不率俾”，孔子云:“裔不谋夏，夷不乱华”，表明较强烈的族属意识到周代才形成。周人沿用“夏”名，因诸夏政权遍及河南及其周边，商汤灭夏也居于诸夏之间。中原古为“中国”，是中央的大城邦所在地，商代以后、秦汉统一以前，“中国”逐渐成为国土的称谓，且与“华夏”的内涵有很大相似，中原则为夏商部族特别是商族活动主体区域的称谓，如“中原”早期指代以安阳为中心的区域，后来指代以郑州为中心的区域。相当于夏商周时期的都城或方国遗址在郑州境内不断被发掘出来，可以说郑州地区见证了华夏民族在中原地区形成、发展、演变并建立王朝国家进行统治、征伐和创始文明的主要历程，是孕育华夏民族与中原文化的腹地中心。

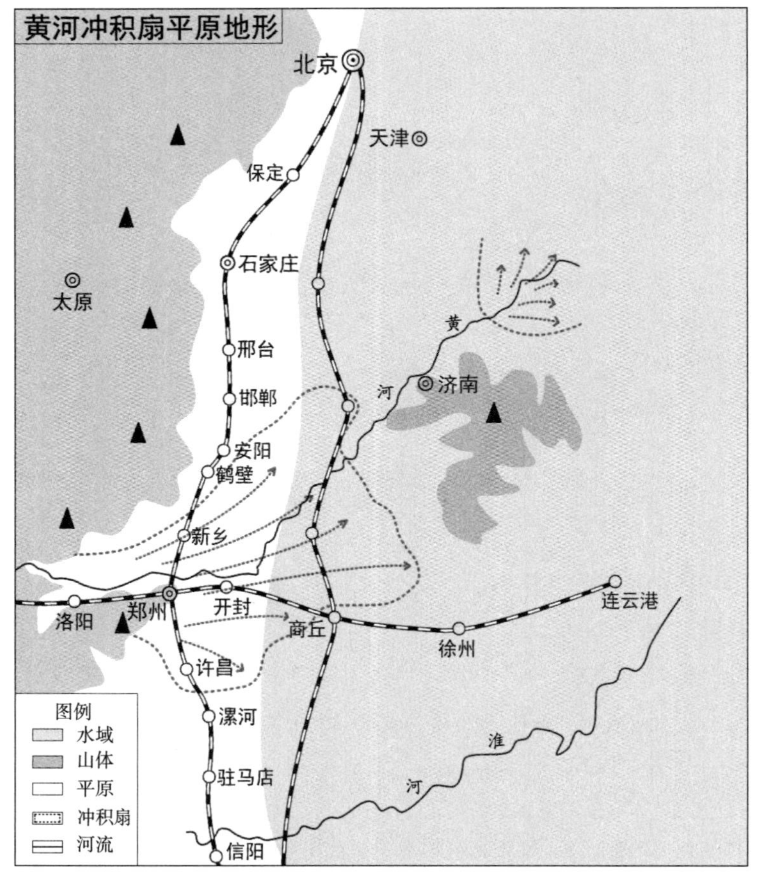

图 4–5　郑州地区的黄河冲积扇与上古时期的海岸

1. 上古时代特殊地缘环境禀赋。这一区域成为孕育华夏民族和中原文化的腹地中心，首先取决于古代中原地区独特的地理特征。根据考古发掘和文献研究，远古时代的中原地区实为海湾，距今8000年的新石器早期，约在裴李岗文化时期，海岸线大体上位于今京九铁路和京广铁路之间，包括泰山在内的山东丘陵也不过是海中的群岛。[①]黄河中游通过黄土高原，由于地表径流不断侵蚀两岸黄土，至河南孟津河道突然变宽，水流减缓，河床抬高，加之下游河道频繁变迁，堆积而成黄河大冲积扇。同时发源于山西黄土高原的漳河脱离山地涌出，也形成冲积扇向东堆积延伸，以致那一时期的中原陆地范围就近分布在自孟津向东、南、北展开的黄河大冲积扇的顶部，以及太行山脉东麓的黄土台地，也就是考古发现裴李岗文化、仰韶文化、二里头文化的今郑州、洛阳、安阳、禹州一带和磁山文化的太行山东麓文化轴带。当时再往东去海、湖、沼泽毗连，不适宜人类栖息生活，到距今4500年前的大汶口文化末期和龙山文化中期，以东地区的人类活动才逐渐多了起来。显而易见，远古时代郑州所处的特殊区域历史地理条件，注定是华夏文明的源头和孕育中原文化的腹地中心。

这些与历史上大禹治水的历史典故相对应，当时河水在中下游地区泛滥，尤其是黄河下游在先秦时期依然湖泽众多。考古发掘的大量人类文化遗址表明，华夏先民的活动区域主要集中在黄河中游地区，黄河以南嵩山为中心的地区诞生了最初的中原文化。特别是嵩山以东的今郑州是人口稠密、土地膏腴、温暖湿润、资源丰富的区域。正是在这里诞生了人文始祖黄帝，集聚了华夏民族，发明了历法，出现了最早的文字、青铜器、夏商王城、礼制建筑、国家形态、政治制度、哲学理念、思想文化、宗教艺术等，并由这一区域发散远播，影响到了整个中国，乃至华人世界。

华夏起源于华胥氏，夏代有“诸夏”之称，周代凡遵周礼、守礼仪之人称“华人”“夏人”等，华夏又称“中土”“中国”等。大约从春秋时代起，我国古籍上开始将“华”与“夏”连用，合称“华夏族”。在上古传说中，华夏祖先黄帝和炎帝在阪泉之战中获胜，形成了炎黄联盟，他们联合起来在涿鹿之战中战胜东夷九黎族首领蚩尤，联盟势力不断扩大。在考古发掘中，仰韶文化和龙山文化即为华夏先民的文化遗存，文献记录与口述史话上，人文始祖黄帝出生在新郑。黄帝集团后裔大约于公元前2100年开始在黄河中下游地区先后建立夏、商、周三朝。龙山文化时期、二里头文化时期、二里岗文化时期诸多具有都邑性质的遗址和安阳殷墟、周代宗周、成周等古代都城都位于这一地区。作为华夏民族最主要的特征，文化的高度发达而形成的普遍认同是华夏民族区别于四方之裔的明显标志，而华夏先民的活动中心区域为早期的“中国”，即后世所称的“中

① 宋柏松、张松林在《商汤都亳的环境因素和历史原因》中指出郑州所处的黄淮平原北部边缘区“受海浸，至更新世晚期才基本退水，形成陆地湖泊沼泽区”，文载《殷都学刊》2004年第2期。范晓在《太行山——高原向平原转折很壮丽》指出“对古海岸遗迹的科学研究，已表明距今7400年时，华北海岸线还位于保定—石家庄—邯郸—安阳一线的太行山麓”，文载《中国国家地理》2011年第5期。

原”，在这一地区形成和发展了中原文化。

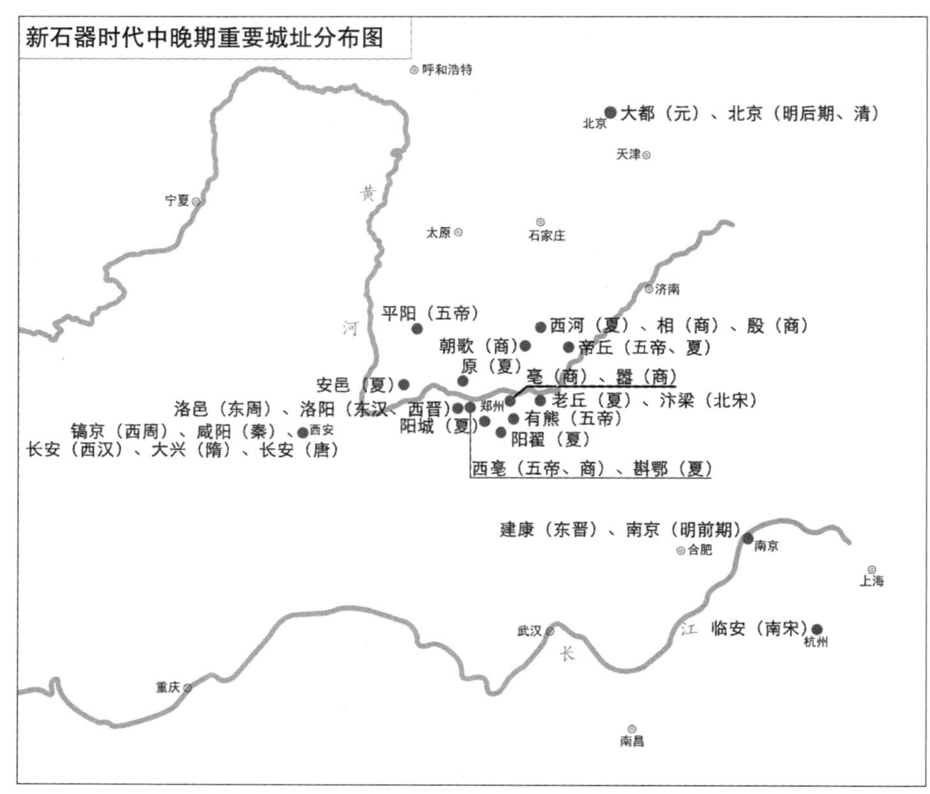

图 4–6　传说时代及历史朝代都城分布图

中原文化是根植在我国中原地区特殊地理环境条件下的地域文化，也是以农耕文明为内核的华夏文明的源头和根基。它凝聚了中华民族的伟大精神，集中体现了中华优秀传统文化的特征。由于中原文化具有独特的根源性、原创性和包容性，因此催生、培育和主导了中华文化，在中华文化历经漫长岁月的兼收并蓄，辐射涵化，形成一体多元鲜明特征的发展中，其始终处在主流和支配地位。代表着黄河文明的中原文化作为主体，融合了多种民族、地域文化元素，传承至今，在弘扬中华优秀传统文化中，发挥着极其重要的引领作用。广而言之，中原文化的地域范围泛指黄河中下游流域，包括今河南省及其毗邻地区，包括山西东南部、河北南部、山东中北部、山东西南部、安徽北部、江苏北部等大片区域。狭义来说，中原文化地域指整个河南省。它与其他地域文化不尽相同。相比燕赵文化、齐鲁文化、三秦文化、巴蜀文化、楚文化、吴越文化等，中原文化独有的特征及其先贤们创生的文明和阐发建构的思想文化体系，由腹地中心向周围区域辐射发散，远播海内外，影响之深广，已非某一特定空间地域的文化所能涵盖。

中原地区较为重要的历史文化名城为洛阳、开封、安阳、郑州、邯郸，它们都曾为朝代都城。其中，河南的几个城市为夏商时期的都城所在地，洛阳和开封在区域中的历史地位又相对突出，而河北的邯郸从战国以来一直为华北地区主要的城市，充当着中原地区的北部屏障。以中原地区的主要城市进行对照，可以分析出本区域的历史地位：华夏民族活跃的地区和中原文化形成的腹地。

中原地区中国历史文化名城历史地位（夏至清） 表 4-1

性质 / 城市 / 时期		夏商周	秦汉	魏晋南北朝	隋唐	辽宋金	元明清
中国历史文化名城	洛阳（河南）	夏都斟鄩、商都西亳、西周成周、东周洛邑、	东汉洛阳	曹魏、西晋、北魏洛阳	隋唐东都	五代、北宋金陪都	
	开封（河南）	夏都老丘、魏都大梁				后梁、后晋、后汉、后周、北宋都城，金代南京开封府	
	安阳（河南）	夏都西河、商都殷					
	南阳（河南）						
	商丘（河南）						
	郑州（河南）	禹都阳城、商都亳、郑韩都城					
	浚县（河南）						
	濮阳（河南）	卫都帝丘					
	邯郸（河北）	赵都邯郸		曹魏、后赵、冉魏、前燕、东魏、北齐都城		北宋北京大名府	
	聊城（山东）						
	亳州（安徽）						

中原文化作为先秦时期形成的地域文化集合体，腹地中心在以郑州为主体的豫中文化区，包括夏商时期的畿内地和周王室分封的郑、韩、卫、宋等主要诸侯国疆域，范围大体在夏商王朝的核心区域。郑州居于洛阳、安阳、开封等中原都城之间，郑州古为郑国地域，位于春秋战国以来形成的文化区域中的周、卫、宋、许等之间，在中原地理和中原文化方面皆为地域中心，从而也奠定了郑州为中原文化腹地中心的历史地位。

2.“中原”始于“中国”。郑州地区在古代中国历史发展进程中，既是地理中国的衍生区，也是文明中国的衍生区。地理上，龙山文化系统跃进为二里头文化区域系统后产生了最早的“中国”，二里岗时代将“中国”的范围逐渐扩展，至殷墟时期臻于一个巅峰，以至于后世以“中原”称呼“中国”时，常以安阳为中心。春秋战国以后，“中原”的范围大体底定，从河洛一带拓展到包含今河南省及周边地区的广大腹地。夏商王朝的根基地洛阳、郑州、安阳包括商丘等河、洛、淮、济地区所形成的统治圈成为代表“中国”的主体范围，郑州地区位于中原地区的地理中心。文明上，夏商周是我国华夏文明的奠基时期，夏代已经出现了文明的诸多特征，以二里头为遗址代表的典型考古文化广布于晋南、豫西地区。我国古代文明的质变和成熟是在殷商时期，这首先归结于夏商王朝在郑州一带产生的历史更替。一般将史前时代与信史时代之间的时期称作原史时代，这个时代的主要特征是文明本身书写系统未出现而由他者文字进行记载，而在商代后期自身文字走向成熟并记录着时代活动，这个巨变现象表明我国古代文明大约在商代中期从原史时代过渡到信史时代的发展阶段。商代前期的中心地区——郑州地区是文明中国的前身。

早期的国家在空间上是由若干“点”组成的，这些不同等级的聚居点以中心城市为中心形成统治网络。最早的“中国”也仅指在群雄竞起的过程中兴起的王国都城，以及以都城为中心的社会政治实体所处的地域，尤其是它的中心区域。随着中国历史进程由王国时代进入帝国时代，历代政治版图也不断扩大，“中国”一词作为地域、文化和政治疆域概念，它的内涵也经历了不断扩大和变化的过程。郑州地区所处的中原地区即是地理中国与文明中国的衍生区，在诸多方面蕴含着古代中国的历史意涵。

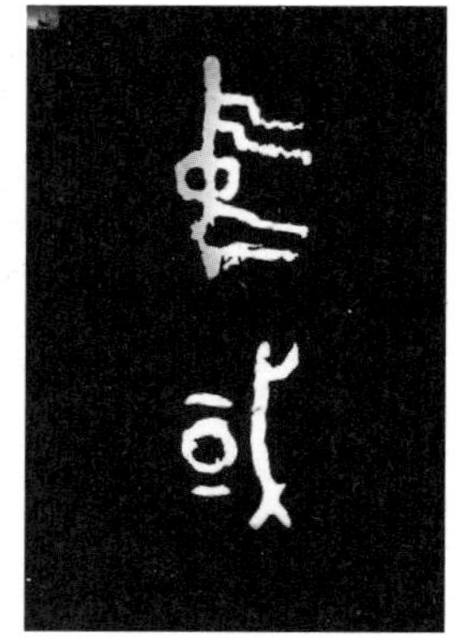

图 4–7 “中国”二字的金文

“中国”的“中”字表示对峙的政治军事力量之间不偏不倚的地带，“国”字含义是“城”或“邦”，表示邦国是以都城为中心并与四域的乡野结合在一起的，“中国”就是“中央之城邦”，其后也表示王国都城、京畿地区、中原地区乃至中华国家等，近代以来的“中国”为“中华民国”及其后的“中华人民共和国”的简称。“中国”是“诸夏”政权扩张的结果，而这一观念最早当起源于商代，史学家胡厚宣曾言：“商而称中商者，当即后世中国称谓之起源也”。[①]“中国”一词至迟在西周初年就已出现，1963年在陕西出土了一口周成王时代的“何尊”，其铭文刻有：“惟武王既克大邑商，则廷告于上天，曰：‘余其宅兹中国，自兹乂民’”，大意为武王克商后在祭天仪式上宣告：“我已经具有中国，自己统治了这些百姓。”《尚书·梓材》也有“中国”二字，这篇文献是周公教导他的弟弟康叔如何治理殷商故地的训告之词，其中载：“皇天既会中国民越厥疆于先王”，意思是皇天将中国的土地与人民交给周的先王治理。在这里，西周金文中把最早的“中国”指向洛邑所在的洛阳盆地及以其为中心的中原地区，与殷墟甲骨文中的“大邑商”“天邑商”有异曲同工之妙，都表示王朝都城和它附近的京畿地区。[②]周公在登封地区测景，《周礼·司徒》：“以土圭之法测土深、正日景，以求地中”，这是地理中国最直接的形象表达。

3.“中原”象征“中国”。古文字特征中的象形功能对于认识早期事物有极大的帮助，概念上的意义阐释有助于辨析现象产生的缘由。“国”字的象形释义值得重视，其铭文为“或”，形状像“戈”加“口”，表示执戈守卫的城邑，它是一个范围上的概念。到了春秋时期，四周又加上了外廓“囗”，表示疆界，即“国”从无明确疆界的城邑逐渐演变为有疆界的地区，与“国”字意义相对应的是“中国”在疆域上从相对宽泛的范围成为具有特定指称的政治实体。“大都无城”是学界对于夏商周时期都邑遗址的特点总结，如二里头遗址、殷墟、丰邑、洛邑等王朝都城都没有发现城墙。[③]对于这种现象，在《左传·昭公二十三年》中，楚大夫沈尹戌是这样解释的：“古者，天子守在四夷。天子卑，守在诸侯。诸侯守在四邻。诸侯卑，守在四竟。慎其四竟，结其四援，民狎其野，三务成功，民无内忧，而又无外惧，国焉用城？”三代王都居于中心，有诸侯的屏藩以拱卫王室，无需再建筑高大的城垣，殷墟时期的商代即是最典型的特征，不仅都城无城垣，周围还有众多侯国方伯。在都城营建上，处于夏年范围的二里头遗址没有发现城垣遗迹，而处于商年范围的二里岗遗址则出现了城垣，这种现象体现了当时地理、政治环境对城市营建的要求。在代际更替之时，新的政治势力尚未完全巩固统治，同为早商时期的郑州城和偃师城都发现有城垣，这是商初选择在河洛一带的“中国”立都后不得不采取的防御措施。通过对字形的辨义可以发现一个吻合的现象，“中或”演变为“中国”是“国”字意义的初步演变，恰好体现了二里头遗址向二里岗遗址的过渡，即在城邑外加筑了一道城垣。商王朝的立都和迁都将“中国”的地理范围拓展到河济地区的郑州以及洹水地区的安阳

① 蔡学海：《万民归宗——民族的构成与融合》，见邢义田主编《中国文化源与流》，96页，黄山书社，2012年。

② 许宏：《最早的中国》，4页，科学出版社，2009年。

③ 参见许宏：《大都无城：中国古都的动态解读》，三联书店，2016年。

一带，这一广大区域在后世为新的名词“中原”所取代。

有中心，必然有四方，它们是一个相对的概念。从夏商以至春秋战国，随着中原华夏族在地理空间上的向外扩展和经济文化的繁荣，出现了中原与四方的关系表述，四方相对于“中国”或中原之外在周边而存在。在地理方位上有东齐西秦南楚北赵之分，在华夷观念中有东夷西戎南蛮北狄之别，前者以战国时期的大国合纵连横为关系特点，后者以文化之间的冲突融合为关系特点。处于中间地带的中原华夏正是在这个过程中将周边地区不断卷入先进文明的发展轨迹中，通过地理空间上的联系建立政治、经济、文化统一体。在封建时代，古人对中原的地理认知赋予了这个词汇更浓厚的政治内涵，夺取中原成为掌握天下的必要条件，丢失中原仿若丧失根基。天文地理与王权象征相结合，原来的“中国”变成“中原”，而现代的“中国”又以“中原”为中心地区。在“中国”“中原”所具有的政治社会含义中，“天下”“华夷”“尊卑”等观念凸显这一地区文明的相对发达和进步。中国历史朝代的更替循环往复，中原地区多为王朝立都所在或紧邻都城，大规模的军事争斗尤其是历史上北方少数民族的数次南迁产生了几次人口大迁移，我国人口地理格局在这个过程中逐步被改变，中原地区的人口被迫南迁，永嘉南渡、安史之乱和高宗南渡为三次迁徙高潮。一方面，人口南迁为江南地区带来了丰富的劳动力、先进的生产技术和经验，促进了南部中国的经济、地理开发；另一方面，中原地区成为江南移民的祖籍归属，宋明时期文化的繁荣引导许多士人大族进行家谱、族谱编修，明代以来私人修谱也逐渐昌盛，其家族源流多指向中原。早期的传说和西周的封国也将姓氏文化根植在中原地区，不管是华夏后裔共尊的炎黄始祖还是西周对尧舜禹夏商后代和宗室功臣分封后衍生的诸姓，中原地区都占据了很重要的一部分。古代对黄帝就有纪念和祭祀活动，近代中华民族的身份形成后，对于共同祖先的崇拜和祭祀成为民族凝聚和身份认同的主要形式，许多南迁后裔和海外华人、华侨常至中原寻根问祖。

地理中国与文明中国的现代表述是中原地区和中原文化，这是虞夏以来，东方的商文化与西方的周文化在黄河流域碰撞、融合的产物。在两周秦汉，东至滨海、北至大漠、南至南海、西至西域的广大地域都纳入了“中国”的疆域。秦代开始，中原一词的含义进一步拓展，可以指黄河中下游一带大片地区，包括今河南、山西南部、河北南部、山东西南部、安徽北部、江苏西北部。例如《史记·平津侯主父列传》“然不能西攘尺寸之地而身为禽于中原者”，以及诸葛亮在《出师表》中说：“今南方已定，兵甲已足，当奖率三军，北定中原”，这里中原就是指中原地区。《晋书》中涉及“中原”如“中原沦没”“中原覆没”“中原大乱”“克复中原”等词语既透露出东晋人的中原情结，也反映了东晋时期中原已经作为一个相对固定的地理单元。偏居江南地区的宋、齐、梁、陈等王朝都沿用了东晋以来关于中原的地理概念，表明从东晋南北朝以来，中原地区已经作为一个相对完整的地理概念出现在人们的视野中，后来的每一个朝代都沿用了中原地区的地理范畴。如宋代陆游的“王师北定中原日，家祭勿忘告乃翁”作为千古流传的名句，就蕴含了南宋人对中原念念不忘的情结，可以与六朝人相比。元明清以前历朝历代的都城大多位于中原地区，洛阳、郑州、开封、安阳、邯郸等都曾为都邑，在现代城市地理格局和区划建制中，郑州地区俨然为中原腹地。

二、开启我国古代城市文明并创立王都典制

郑州商代都城是古代聚落演变为都城的关键城址，从西山城址、登封王城岗遗址、新密新砦遗址、偃师二里头遗址向郑州二里岗遗址的城市营建形态和城邑聚落体系转变开启了我国古代城市文明。郑州商城的都城形制、功能区分布等最早创立中国古代王都典制。郑州作为商代都城也是我国最早出现的城郭结构的都城，其都城形制中的一些特征对其后的古代都城产生了深远影响，主要有城郭形制、墓葬布局、宫殿布局、郊祀制度、主辅都制以及城镇体系等。总体上看，郑州历史文化名城开启了我国古代的城市文明，最早创立了中国古代王都典制。

1. 开启了我国古代城市文明

由聚落向城市的居住形态转变是我国古代社会的一次深刻变革，中国古代聚落形态演进和城市国家发展阶段所呈现的古代中国社会形态可以表示为：农耕聚落—都邑邦国—复合王国—郡县帝国。其中农耕聚落自旧石器时期延续至新石器时期，在仰韶文化时期产生了邦国（方国）形态，至龙山文化晚期和二里头文化时代产生了复合王国形态，即王权中心和四方方国相联系的结构，至战国末期和秦汉产生了郡县帝国形态。郑州地区新石器时期的考古文化层自裴李岗、仰韶、龙山连绵不断，夏商时期的二里头、二里岗和两周时期的文化遗址异军突起。唐户遗址、大河村遗址、西山遗址、王城岗遗址、大师姑遗址、郑州商代遗址、小双桥遗址、郑韩故城等是我国历史由农耕聚落进入城市国家之邦国时代、王国时代的诸多见证，汉霸二王城遗址又是帝国阶段第一次巅峰开启的关键历史遗迹。

早期人类由山地走向河谷、平原，在适宜农业耕作的地方建立聚落，开启了农耕文明的新纪元，城市的萌生又引导文明出现质的飞跃。城市是人类群居生活的高级形式，随着城市营建制度的发展以及各类功能的完善，城市在区域中的作用也越来越大，尤其是城市所具有的防御功能在古代社会至关重要，这

种作用对周边地区能够形成极强的集聚和吸引效应，在政治功能的引领下成为该区域的中心。根据现有文献史料和考古实物证明，我国早期城市产生于原始社会末期向奴隶社会过渡的时期，起源于传说时代的三皇五帝之都，初形于夏，形成于商代末期。传说时代的都城不尽可信，但它们作为原始社会末期的部落及部落联盟的中心所在是毋庸置疑的。

郑州地区开启我国古代城市文明主要体现在 3 个方面：

（1）城邑营建技术。郑州地区的西山城址已经具有版筑夯土技术，首次以夯土城垣都城形态出现的当属郑州商城，其内城同样采用了版筑，出现较大规模的夯土城垣。此后数千年的古代城池发展过程中，版筑夯土城垣是我国古代城市的重要特征之一。城墙包砖从魏晋南北朝时期逐步出现但实例不多，目前记载的最早用砖包砌城墙的是孙权于建安十三年（208 年）所筑的铁瓮城，其他有后赵时期石虎邺城“饰表以砖”，并且南北朝时期至唐代的城墙包砖多为局部包砖，主要在城门、城墙转角修建上使用。宋代以后城垣全部包砖才开始增多，东京皇城的四面城墙即全部包砖，在扬州、广州、潭州、梧州等地也出现了砖石包砌城垣，这与战争武器中的火器、抛石机等的参与有关。元代土筑城垣仍不鲜见，元大都也为夯土城垣。明代开始出现大规模的用砖筑城，城垣包砖在明中叶以后才普遍推行，但城墙内部仍以夯筑为主，外包以砖。[①] 尤其是古代都城从商代郑州到元代大都，其城墙形态为夯土城垣，而城墙包砖主要出现在军事地位突出的城邑，内部仍以夯筑为内核。这些都足以说明在我国古代城邑建设中，夯筑技术始终处于相当重要的地位。

（2）城邑功能分区。考古发现的夏城规模很小，还没有具备一般城市拥有的基本物质要素；与其同时期的先商文化（漳河型）发展水平也并不高，只发掘有小型的青铜工具，与二里头文化（出现青铜礼器）相比似乎还要落后。据现代发掘资料表明，商代时期的城市与夏代时期的城市相比，已具备了一般城市的基本要素，我国早期城市也形成于这一时期，而且构成城市的基本要素是逐步形成和发展起来的。从构成城市的城市中心建筑、城市防御设施、城市商业和手工业以及城市居住区的形成发展来看，城市中心建筑由宗庙到宫室、城墙与城池由城池分设到合二为一、城市商业由农村到城市、城市手工业作坊布局由城郊到城缘、城市居住区方面有“内城外郭”的地域结构。[②]

（3）城邑层级结构。郑州地区的王城岗遗址、新砦遗址、商城遗址是具有都邑性质的遗址，在这些大城的周边分布有许多聚落、卫城等。从早期的乡村聚落与乡村聚落之间的关系逐渐发展为城邑聚落与乡村聚落的关系再进一步发展为城邑与城邑的关系，城乡之间出现层级区分，开始产生了人口、经济、文

① 参见贾亭立：《中国古代城墙包砖》，《南方建筑》2010 年第 6 期。

② 参见顾朝林：《中国城镇体系》，15-19 页，商务印书馆，1992 年。

	朝代	典型都城遗址	宫城＋郭城		宫城＋郭区	都城存废时间
			宫城外郭	城郭并立		
防御性城郭时代的都城形态	夏？	偃师二里头			■	1700BC—1500BC
	商	郑州商城、偃师商城	■			1500BC—1300BC
		安阳殷墟（含洹北商城）			■	1300BC—1000BC
	西周	长安丰镐、陕西歧邑、洛阳洛邑			■	1000BC—771BC
	春秋	洛阳王城、晋都新田、楚郢都			■	585BC—403BC
		齐都临淄、鲁都曲阜、郑都新郑	■			770BC—403BC
	战国	洛阳王城、齐都临淄、鲁都曲阜、韩都新郑、赵都邯郸、楚郢都、燕下都		■		403BC—221BC
	战国－秦	咸阳城			■	350BC—207BC
	西汉－新莽	长安城			■	202BC—23A
	东汉	洛阳城			■	25—190
礼仪性城郭时代的都城形态	曹魏－北齐	临漳邺城	■			204—557
	北魏	洛阳城	■			494—534
	隋唐	大兴－长安城	■			582—904
		东都洛阳城	■			605—907
	北宋	卞梁城	■			960—1127
	金	中都城	■			1153—1214
	元	大都城	■			1267—1368
	明清	北京城	■			1421—1911

图 4–8　我国古代都城形态演变

化要素集约发展的空间地域系统，是我国古代城市文明进步的重要标志。城邑间的这种空间结构伴随着西周时期分封制的建立和完善，演化为我国最早的城镇体系。

夏商时期，郑州地区的城市文明由此开始形成并获得飞跃发展，在防御性城郭时代，郑州商城带有后世礼仪性城郭时代的形态特征。由仰韶文化晚期西山古城的两重防御结构雏形，演变为“内城外郭”的防御结构体系，被以后的曹魏邺城所传承发扬，成了都城形制的稳定形态。可见，郑州地区开启了夏商时期的城市文明。

2. 最早创立中国古代王都典制

其一，都城的主要形态特征。都城是在国家机构产生以后出现的，是在古代城市基础上赋予政治功能时的称谓，具有明显的形制特征。原始社会时期，氏族聚落已经采用壕沟或围墙作为保护安全的措施，聚落也有一定布局，以西安半坡遗址、临潼姜寨遗址为代表。城墙是比壕沟更进一步的防御措施，龙山时代晚期的王城岗遗址、平粮台遗址都发现有城墙夯筑的遗迹。二里头遗址有宫殿建筑基址、平民居住址、手工业作坊、城市主干道网、墓葬和窖穴等，其宫殿建筑带有中轴布局的特征，但尚未发现城垣。与二里头遗址相邻的商代偃师城小城遗址的宫殿区也居于遗址中央，但在小城北又建设有大城，这与周代的城郭结构有点相似。商代的郑州城、偃师城、安阳殷墟和黄陂盘龙城等国都和方国都城在都城营建方面具有共同的特征，有的以城墙作为防御设施，有的以壕沟结合河流作为防御设施，有的以城墙和壕沟相结合作为防御设施。而商城在此基础上还进一步采取了内城、外城两重防御体系。

同时，王城是一国之都，是国家权力的中心。它的营建在政治、礼制上的意义都远远超过了城邑的要素条件。王城和城邑的主要区别在于：王城专门设有宗庙、社稷坛等祭祀场地。《左传•庄公二十八年》："凡邑，有宗庙先君之主曰都，无曰邑"。孔颖达注疏说的更加明白："小邑有宗庙，则虽小曰都，无乃为邑。为尊宗庙，故小邑与大都同名。"商城遗址发掘出来的祭祀坑，表明已有宗庙和社稷郊祀的制度，印证了我国古代祭祀制度成于商代。郑州商城已有一定的布局，作为政治中心的宫殿区设在城内东北部，全城以东北部为重心，墓葬区、手工业作坊分布在四周外围地带，居民点分布于四周外围的农业、手工业地区，形成等级秩序有别的差异分布。

其二，郑州商城的形态和制度特征。都城形态方面，城郭分置、两重防御、功能分区、贵贱等级、郊祀和墓葬区域等规划理念初步形成，且已呈现出建立国家权力中心礼序规范的规划布局。而且曹魏以来的都城形态与之有很多相似之处，反映了延续中的传承。都城制度方面，郑州商城与周边城邑形成的城邑关系，如主辅都制、城邑体系等是周代以来形成的城市等级制度和城市体系的萌芽。因此，郑州商城从整体上可以视为最早创立了中国古代王都典制。

（1）都城形态之城郭形制。城市建设中，"筑城以卫君，造郭以守民"的思想是古代都城营建制度上对防御和政治两大功能的精辟概括。城郭结构和都城形制最早可上溯到商代早期，商代郑州城内城和外城的城郭结构表现出明确的防御性质，宫城在内居城北，作坊、民居在外环绕分布。西周，天子的王畿和诸侯的封国，都实行"国""野"对立的乡遂制度，都城城郭以内称"国中"，距城百里之内称"郊"，"郊"以外称"野"。东都成周布局以小城大郭相结合，进行驻军和安置殷遗民。春秋时期，齐、鲁、郑等国曾以内城外郭布局。进入战国时代，中原各诸侯国的都城如赵、齐、鲁、魏、楚、秦等都城都采取城郭并立的方式筑城，小城以政治功能为主，大郭以军事和经济功能为主，这样的特殊城郭布局是在时代社会背景下，王室贵族为城池防卫、居住安全、严明等级等采取的自我防卫措施。[①]

（2）都城形态之功能布局。郊祀祭天是中国古代国家宗教的中心，帝王通

① 参见杨宽：《中国古代都城制度史研究》，上海古籍出版社，1993 年。

过“绝地天通”，获得沟通神圣世界与世俗国家的独占权，以之作为王权合法性的基础和终极来源。古代帝王每行祭天地，例于都城之郊，故称郊祀。周代冬至祭天称郊，夏至祭地称社，故亦称郊社。天子之祭，莫重于郊，因以祭天也。后又于南郊祀天，北郊祀地，因又称南北郊祀，北魏则在东西郊设坛，至唐以后，南北郊分祭天地之制乃定。[①] 清世祖入统中原，沿明制，于京师南北郊建坛祭天、地。祭祀制度在殷周时期即已产生并对汉唐郊庙祭仪产生了很大影响，又据《汉书·郊祀志》载：“东北神明之舍，西方神明之墓”，这在都城形制上的特征是都城四郊设有祭祀区，墓葬区主要在城西，而宫殿区主要在城的东北。

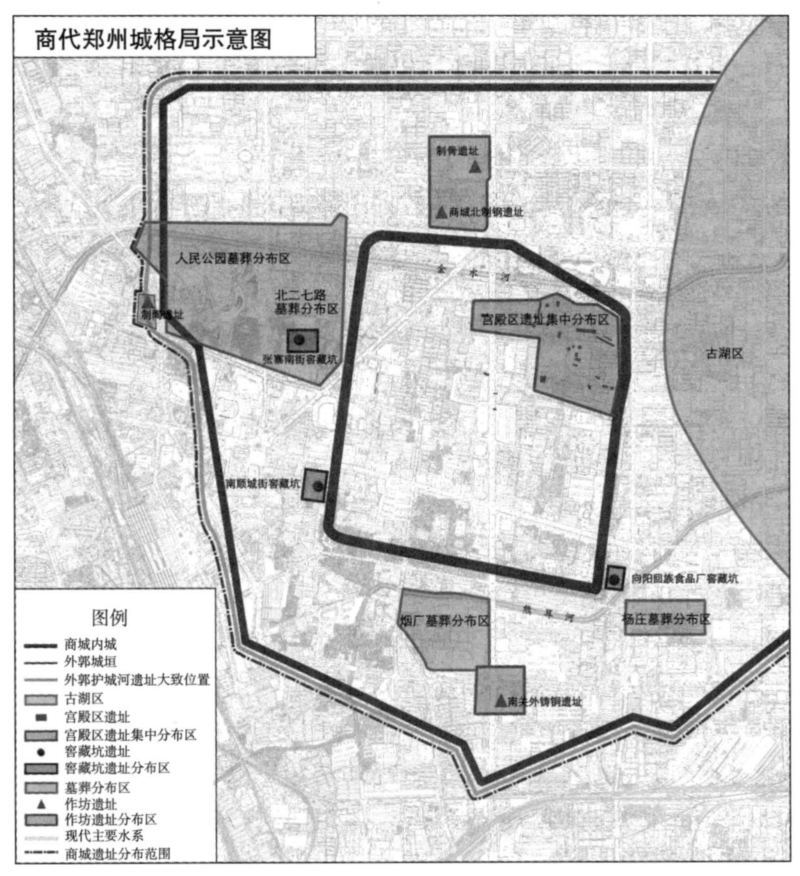

图 4–9　郑州商城遗址格局示意图

商代郑州城充分体现了早期王都的基本形制，功能布局清晰、城池结构完整。秦汉以来，都城的宫殿区逐渐布局于都城的中间，都城结构变为城郭合一，曹魏邺城又将古代都城建设经验加以总结呈现，内城中的道路网状、宫殿布局和

① 徐迎花：《汉魏至南北朝时期郊祀制度问题研究》，20-37 页，福建师范大学 2008 年博士学位论文。

里坊制度相当完善。明清北京城的布局则是我国古代都城发展的顶峰形制，城内、城外的街道网络、礼制建筑、都城形制基本定型。紫禁城居中，宫殿、皇城、内城、外城布局严整，城外四郊以西北地势较高成为墓葬的主要分布区，除南北有天坛地坛外，东西还设日坛和月坛。

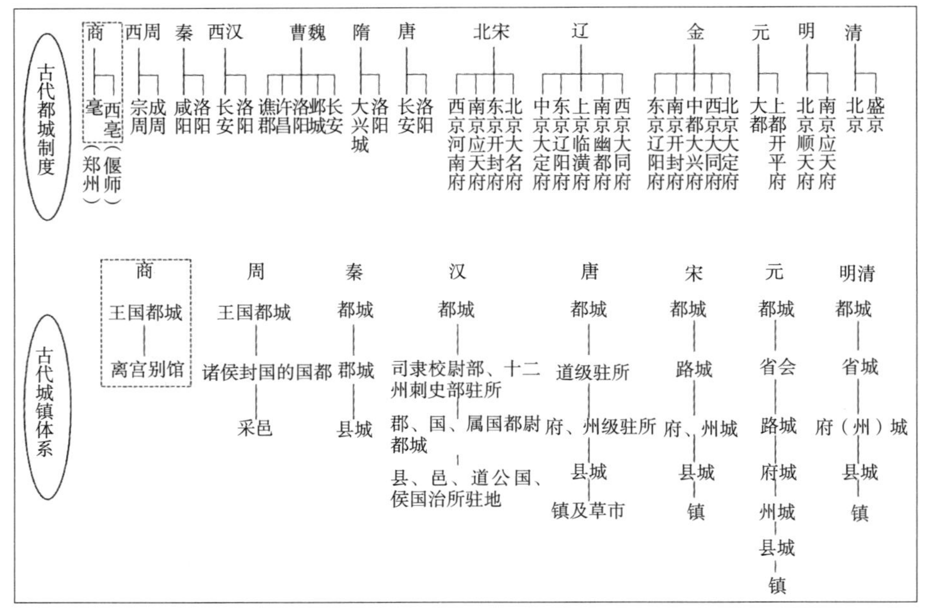

图 4–10　古代都城制度与城镇体系

都城制度方面。古代不少朝代都有两京制、主辅都制等都城制度，如西周、唐代、明代，有的朝代还有多个陪都，如金代、辽代等。商代前期的郑州城和偃师城恰是一大一小的两个都城，为这个都城制度的雏形。同时，周代分封制的推行、城邑的大量建设、城市工商业的发展、郡县制的试行以及地域之间的人员货物往来频繁，至战国晚期形成了早期的城镇体系，即王国都城—诸侯封国都城—士大夫采邑三级城镇体系。张国硕先生在《夏商时代都城制度研究》中认为郑州商城与安阳殷墟为商代前后期的两座主要都城，其中盘庚迁殷前的数次都城迁移极有可能是疆域开辟的行动，在对外战争中设置了诸多城邑用以镇守四方之疆土，这些城邑多带有军事防御特征。考古发掘显示，二里头文化是地区文化聚合的结果，文化遗址分布由龙山时代晚期的“星光灿烂”转为“月明星稀”的现象，而二里岗文化除了郑州地区外在更大范围的分布则多为武装开拓的结果，如东下冯、垣曲、盘龙城等。西周推行分封制和宗法制的一个特征也是通过分封让各诸侯国进行武装拓殖、拱卫王都，间接吸取了商代早期国家治理的经验，不再单独依靠王室自身力量来进行扩张。商代早期的军事镇守城邑和后期的离宫别馆共同与王都一起构成了城镇体系中的早期城市等级格局。城邑与聚落的关系变为城邑与城邑的关系，代表着疆域治理的扩展与深化，随着战国末期郡县制的推行以及秦汉中央集权制国家的建立，最终形成具有行政隶属关系的城镇体系。

三、彰显“天地之中”宇宙观与立国治世理念

世界文化遗产登封“天地之中”历史建筑群之“天地之中”饱含思想价值。从方位上说，“天地之中”就是天下和大地的中间。天地之中，字义上容易理解，就是所称的“中国”“中原”。天下，是东亚民族对宇宙的专有概念，普天之下，没有地理、时间和空间的限制，在皇权专制时代突出的含义为对普遍秩序原则所支配的空间，也就是“华夏”“中华”。在人为万物之灵的宇宙间，天地之中的“中”字指的就是人类，人与自然的关系自始至终贯彻其中。“天地之中”，衍生出“天人合一”的和谐理念，天圆地方的宇宙观也影响了古代城邑的选址建设和帝王的活动。此外，由中央大国、中华皇帝主宰的华夷秩序理念，从早期的恩威并举来融合四方之夷裔到后期的通过册封朝贡国形成“朝贡体系”，形成了中国古代历史发展的一个重要特征。郑州“天地之中”思想是我国古代哲学思维的精髓，引导着人与自然的“天人合一”关系和“天圆地方”的宇宙观，影响着古代都城选址营建和整体格局，也体现在中国古代国家治理和国家关系当中。

“天地之中”是古代人类活动中对世界地理空间的朴素认知，与嵩山在华夏中原的地理位置关系有深厚渊源。因为历史建制与人文活动的关系，往往将嵩山与河洛联系起来而忽视更大范围的文化联系，尤其是考古发现的王城岗遗址、新砦遗址、偃师二里头遗址及商城遗址、郑州商城遗址及其后的洛阳城，乃至相当于五帝时代的文化遗址，都围绕嵩山广泛分布。与其说是嵩山与河洛构成的狭义“天地之中”，不如看作嵩山与周边辽阔的腹地形成的广义“天地之中”。

1.“天地之中”是一种宇宙观，表达的是人与自然的关系，衍生出“天人合一”的和谐理念与“天圆地方”的宇宙观。

在世界上，对于人和自然的关系，东方文化与西方文化之间有着很大差异。东方文化注重人和自然融为一体，而西方文化强调人要征服自然，改造自然，才能求得自身生存和发展，两种宇宙观迥然不同。作为东方文化最具影响力的杰出代表，中华文化自古认为人来源于自然，统一于自然。我国古代伟大的思想家老子在传世之作《道德经》里提出了“道法自然”的宇宙观，指出天、地、人三者和谐共生于自然界，“人法地，地法天，天法道，道法自然。”他强调只

有遵循自然法则，巧借大自然禀赋的条件，人才能够生息繁衍。庄子更将老子的宇宙观进一步阐述凝练，诠释为“天人合一”理念。随着中华文化代代相传，这一哲学理念逐渐形成思想理论，进而演变为一种精神，升华为一种境界。

“天人合一”的文化内涵旨在追求和谐。在古人看来，立身天地之间，达到和谐的理想境界莫过于中和之美。诚如《礼记·中庸》所云:“中也者，天下之大本也，和也者，天下之达道也。致中和，天地位焉，万物育焉。”唯有执中守正,方能和谐交融。于是“中”的观念和“中”的文化深深扎根在古人心底。“中”字被赋予了极其深厚的文化意蕴。仅就空间方位观之，无论上下左右，或者东西南北，犹如众星拱辰，围绕居“中”核心，突出“中”的地位，相互间主次轻重关系不言而喻。“居中为尊”顺理成章成为人们共识观念，“天地之中”的宇宙观和审美观也便油然而生。

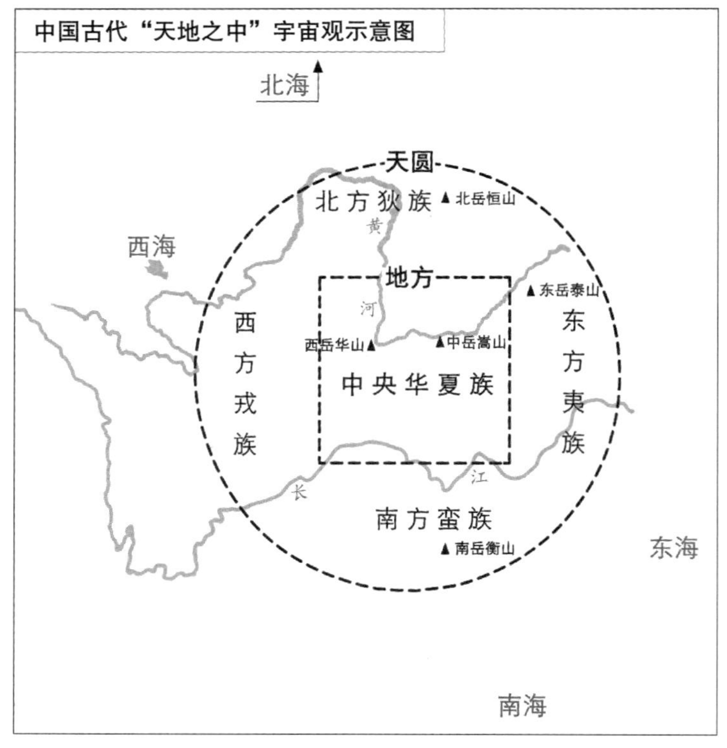

图 4-11　中国古代“天地之中”宇宙观示意图

中国古代哲学对宇宙的认识采取一种独特的思维方式，把天体想象成一个笼罩在大地上空周而复始运动的闭合圆周；而把人们赖以安身立命的大地想象成一片广袤的方形田园，形成“天圆地方”的概念。在“天圆地方”概念形成的想象宇宙中，东、西、南、北四海为地之边际，东、西、南、北四岳为地与天之连接，华夏族与中岳居于中央，夷、戎、蛮、狄四裔居于四周，共同支撑起整个世界中的人和自然万物。随着华夏文明的不断发展与扩张，四方之裔逐渐融入华夏内部，华夏文明也广泛吸收四裔所创造的文化，天下大同、世界和谐等重要价值观成为东方文化的独特底蕴。

2.“天地之中”是一种礼制观，在古代社会中具有仪式性质，影响古代都城的选址、营建和布局。

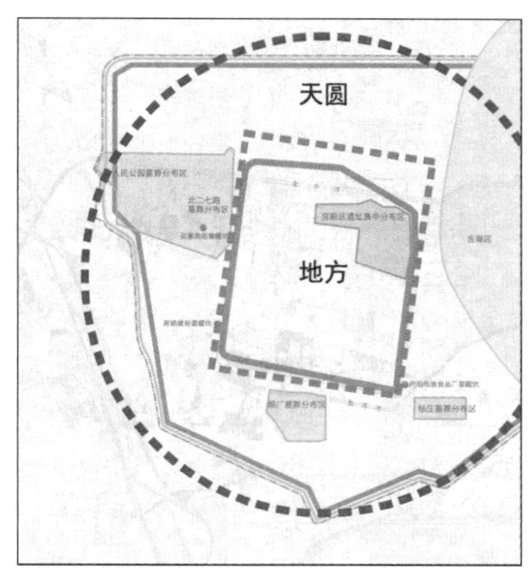

图 4–12　郑州商城“天圆地方”的城郭形态

早在商周时期，在王权至上的思想支配下，古人“中”的宇宙观已经被用作治国理政的一个重要理念。凡王者想要统领四裔，必然秉持“天人合一”理念，“居天下之中”。商代郑州城内城为方形，外郭为圆形，王居于其中，这是“天地之中”最形象的表达。《史记·周本纪》曰：“成王在丰，使召公复营洛邑，如武王意。周公复卜申视，卒营筑，居九鼎焉。曰：此天下之中，四方入贡道里均。”周公称洛邑为天下之中，实则指西周时期的岳山一带。公元前 770 年周平王迁都洛阳后，定岳山为中岳，以“嵩为中央、左岱、右华”，将中岳看作“天地之中，五代以后名之中岳嵩山”。

嵩山地处我国富庶的中原，在国土疆域的地理位置上属于中央腹地，自然和人文地理地位独特。中原本意为“天下至中的原野”，自古被视为天下中心。华夏民族第一个王朝的夏都阳城就建在今嵩山东南的郑州登封告成镇。商的都城也围绕着嵩山迁徙、发展。周灭殷商后，出于政治需要，在原夏都阳城的城址处营造周王城，以示正统。周公曾在阳城筑圭表测影台，求得北极星为“天中”，并将阳城测影台所在对应视为“地中”，使之成为周王朝的统治中心。藉此寓意王城建在大地正中央，尽收“天人合一”及“君权神授”之效。把“天地之中”的宇宙观从思想意识物化为特定的地域空间和古城、建（构）筑意象形态。之后历代不断在此测量太阳在大地上投影的变化。嵩山也由此成为历代帝王仰天功之巍巍而封禅祭祀五岳的地方，更是历代帝王受命于天，定鼎中原的象征。

3.“天地之中”是一种秩序观，不仅仅体现在中国古代国家治理上的畿服制度，也体现在古代国家关系中的朝贡体系。

（1）国家治理。《尚书•禹贡》中记载了五服制，以王畿为中心，甸服、侯服、绥服、要服、荒服各五百里，缴纳赋税各有不同，由内到外逐层管理，兼举文教武卫，声教讫于蛮荒，是华夏王朝历来的治国思想来源。商朝时期，统治者建立了“越在外服，侯甸男卫邦伯”的内外服制度，在这个制度当中，中国中原王朝的君主是内外服的共主。君主在王国中心地区（内服）设立行政机构，进行直接管理。在直属地区之外的外服，则由接受中原王朝册封的地方统治者进行统治，内服和外服相互保卫。根据《尚书》的记载，古代统治者分天下为九州，九州之内的各地区，还负有进贡的责任。周朝取代商朝之后，将这一制度细化，进一步发展出了五服、六服和九服的概念。特别是在《周礼》中，详细规定了各服的贡期和贡品的种类，还第一次提出了“九州之外，谓之番国”的概念，试图将这一制度推广到更广阔的中原王朝尚未实际掌控的地区去。商朝的畿服制度带有强烈的原始部落军事联盟色彩，而周朝由于确立了“普天之下，莫非王土”的世界共主思想，将这一制度系统化和理想化，试图作为已知世界的准则。但是，由于周朝采用分封制度，后期又陷入诸侯纷争，所以这一制度基本仅停留在纸面上，最终为秦汉统一中央集权制国家建立以后所设立的郡县行政管理体制所取代。

（2）国际关系。作为一种构想的实践，从秦汉建立严格意义上的中央集权制帝国起，畿服体系开始逐步向外推广，最终形成明清时期的朝贡藩属制度。汉朝时，曾册封“倭奴国王”“南越武王”“疏勒国王”等，受封国有进贡和提供军队的义务；对于敢于挑战统治地位的政权就会遭到军事打击，如灭南越、朝鲜，远征大宛；对在控制范围之外的国家，如安息、大秦，则承认其独立地位，不进行册封。朝贡体系在经历了魏晋至宋元的紊乱之后，于明清时期迎来重新稳固发展阶段。洪武四年（1371 年），明太祖朱元璋明确规定了安南、占城、高丽、暹罗、琉球、苏门答腊、爪哇、湓亨、白花、三弗齐、渤泥以及其他西洋、南洋等国为“不征之国”，实际上确立了中国的实际控制范围。在这个体制中，中国中原政权成为一元的中心，各朝贡国承认这一中心地位，构成中央政权的外藩。在朝贡体系影响下，东亚地区逐渐形成一个以汉字、儒家、佛教为核心的东亚文化圈。文化圈内，强调文化上的华夷之辨。在这个天下体系的中间，中国以“天下共主”“中央上国”自居，通过社会制度、思想文化等方面的共性和认同来维持这样一个“小世界”。1840 年以前，东亚主要国家之间以朝贡藩属制度维持了数百年的关系稳定，随着西方列强以野蛮的手段打破了长久以来的安定平衡，东亚国家关系最终为近代的条约体系和殖民体系所取代。

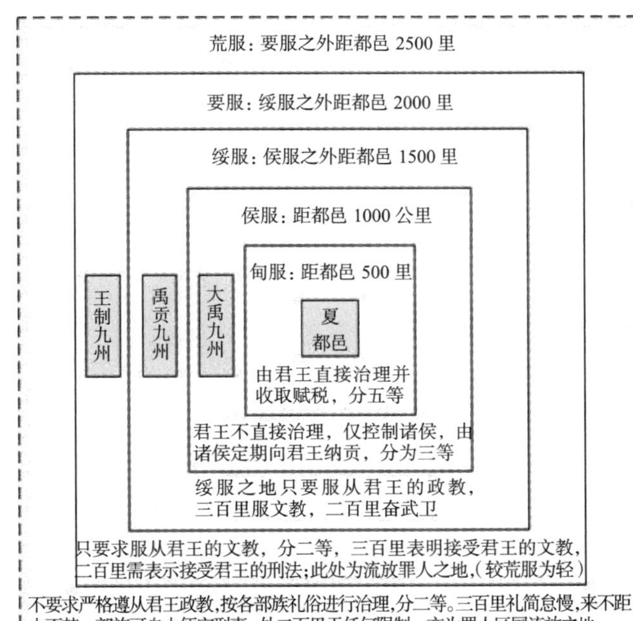

甸服五等；
一百里赋纳总禾；
青葱禾草可饲马；
二百里纳铚（干禾带穗）；
三百里纳秸（去禾秸谷穗）；
四百里纳粟
含壳曰粟，即俗语的谷；
五百里纳米（谷去壳曰米）；

侯服三等；
百里卿大夫邑地，
再二百里男爵之国，
三百里起为侯国

由内而外以邑地、小国，大国安排

大禹时代九州五服制及大一统国家

图 4–13　禹贡五服制

古代“天地之中”宇宙观显示出了强大的生命力和辐射力，孕育了中国，遍及到了社会的方方面面。乃至儒家的思想精粹“中庸之道”，以及佛教传入中国后，在中国传统文化的深远影响下产生的“圆融”观，无不渗透了“天地之中”的理念。在漫漫历史长河中，儒、释、道秉持着包容精神，经过交流互鉴，构成了支撑中华文明的三大主流文化。正是这种包容互鉴，使得儒释道从初唐开始便出现了“三教合一”的融汇调和趋势，最终到了明代蔚然成风。如今历经汉、魏、唐、宋、元、明、清各代，以“天地之中”为基本理念，汇聚中岳嵩山，在同一片天地下，积淀起我国时代跨度最长、建筑种类最多、文化内涵最丰富的历史建筑群。8 处 11 项建筑分别代表不同时代的各类主导文化。“三教合一”的儒释道寺观建筑以及礼制、科技、文化、教育等古建筑群一起所体现出的深远内涵，不仅以不同的方式展示了天地之中的概念，还体现了嵩山作为虔诚的宗教中心的力量，构成了一部中国中原地区上下 2000 年形象直观的建筑史，而且真实体现了中国先民独特的宇宙观和审美观，尽显中和之美。它们为一种已消失的科学、教育和信仰体系文明和文化传统提供一种独特的、至少是特殊的见证。

自古以来，围绕人和自然的关系，东西方文化的碰撞从未中止过。西方社会长期以强国之势把“神人合一”与“天人合一”两种古代宇宙观对立起来，认为上帝主宰一切，排斥天、地、人和谐共存。如今登封“天地之中”和历史建筑群被联合国教科文组织列入世界文化遗产，本身就是对中华文化古代宇宙观的认可，标志着东西方文化交流互鉴的又一次突破，使登封“天地之中”和历史建筑群具有了世界文明史上的里程碑意义。

四、拥有纵贯古今的区域交通大枢纽中心地位

在上古考古文化中，已经发现中原地区的仰韶、龙山时代的文化遗址分布上具有明显的交叉路线特征。洛阳—郑州一线为横向轴线，中间呈“Y”型口向南北侧翼延伸，北面伸向新乡、安阳、邯郸一线，南面伸向许昌、平顶山、漯河一线，这是文明诞生前的古聚落分布特点，体现了原始社会阶段人类之间的文化联系。夏居中央河洛，商族自东方来，周则自西方徙，三代文明在中原地区交汇。春秋战国时期，各国之间的战争、人员、物质往来频繁，晋楚南北针锋相对，齐秦东西遥相呼应，周室与郑地夹居其间，中央与四方的关系在此时愈加鲜明。秦汉以来，随着帝国统治者在国家管理制度上的强化，各区域之间的联系日益密切，如驰道、邮驿、运河乃至近现代铁路、航空等大大增强了不同区域之间的地理联结。郑州是我国区域地理交通的大枢纽，古代陆上交通和水上交通主道在此交汇，形成政治中心与经济中心的联系命脉，促成近现代交通方式在此联结，是我国地理交通枢纽的中心。

1. 陆路交通中，汴洛古道和轩辕古道是政治中心与经济重心两大区域之间进行联系的两条主要官道；从古荥地区跨越黄河，沿太行山脉东麓台地的南北向陆路也是重要官道，与著名的“太行八陉”主要通道相连，这条官道在清末民初成为中原地区黄河南北近代交通主线。

（1）古代陆路交通。商周时期从洛阳所在的河洛盆地通往郑州地区的官道陆路辟有两条，一条是东西向的洛汴古驿道（现通称为汴洛古道），经嵩山北部豫西丘陵地带，出大坯山土阜岭的虎牢关隘，与黄河并行东去，是连接政治中心长安、洛阳和中原经济富庶地区的必由之路。另外一条通衢捷径为东南向的轩辕古驿道，穿行于今偃师、登封与巩义交界处的轩辕山上，由洛阳回环盘旋于嵩山东南部的峻岭间，通过古轩辕关，去往豫东、豫南和荆楚之地。其中，

轩辕古道是利用嵩山岩层斜面和缓坡开凿的人工道，由石板铺成，从河洛平原经嵩山至于颍河、汝河的上游，往东南可以继续进入淮河流域乃至江南地区。轩辕古道大约夏代时已是从河洛盆地播迁夏文化的通路。[①] 春秋战国时期，今郑州南部的新郑成为这一地区的中心城市，郑、韩两国诸侯相继在此处建立国都，是东周列国都城的典型。郑韩古城扼守轩辕古道，南控古都洛阳通往豫南地区许昌、信阳和荆楚湖广的交通命脉。并与境内双洎河（古洧水）、黄水河（古溱水）、溴水河、梅河、莲河、暖泉河、高路河等水利灌溉和水运交通相得益彰。汴洛古道和轩辕古道两条古道如同钳形南北合围之势，构成郑州对外交通的最重要官道。形成这种格局，除地形地貌原因之外，主要是郑州地区政治地理形势使然，同时与陕西、河南古代交通运输主要依靠水路密切相关。自战国到唐宋，鸿沟、汴渠、通济渠里承载舟楫往来的水，都是从黄河分流而来的，历史上引黄水口屡经变迁，有荥口、石门、汴口、板渚等，都在郑州地域，具体说，都位于广武山之北。这样的地理形势，决定了古代郑州的交通地位：陆路的虎牢关，水路的黄河引水口，都是天造地设的交通枢纽。

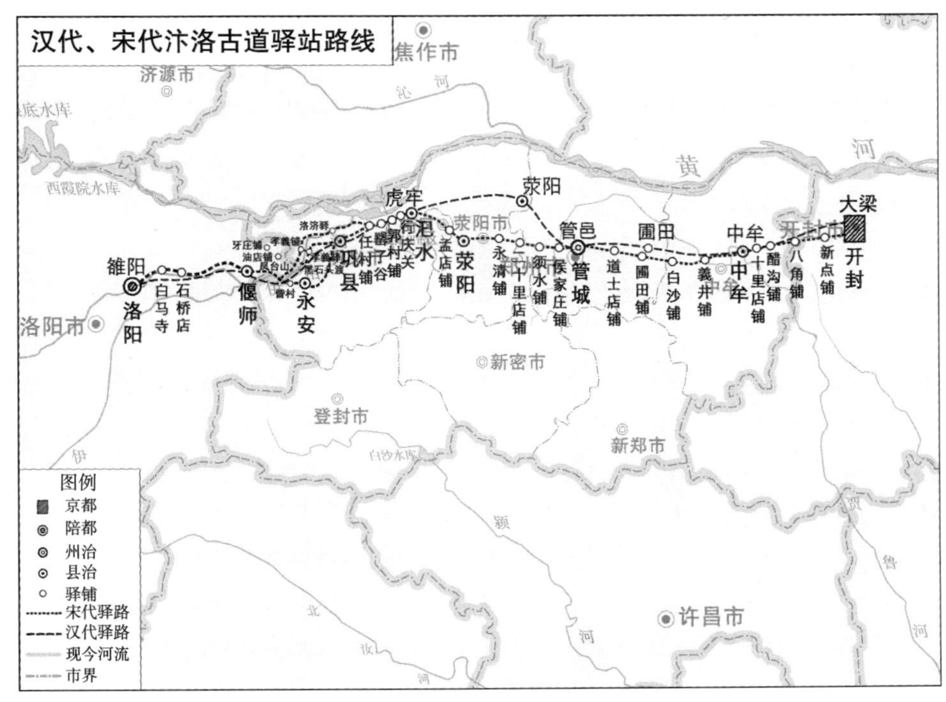

图 4–14 汉代、宋代汴洛古道驿路线

秦汉以来，尽管郑州地区再未作为都城，但是由于地理区位重要，境内的

① 陈隆文:《夏路与轩辕古道变迁》，见《郑州历史地理研究》，182-203 页，中国社会科学出版社，2011 年。

人类活动依然十分活跃。东汉时，蔡邕在《述行赋》中记载了当时汴洛古道的主要节点。隋代起荥州改称为郑州，及至唐和五代，由于隋代大运河的漕运能力极大提升，连通大运河的郑州通济渠也在粮食和物资漕运上发挥了空前的作用。管城恰在通济渠东西段之交，是南、北、东 3 个方向西去京都的中转之地，地理条件优越，渐渐形成交通枢纽、物资装运和商品集散的中心，经济迅速发展。于是郑州的州治也由荥阳迁至今郑州市管城区一带，随之政治上再度崛起，作为地域中心雄踞一方。洛汴古驿道和轩辕古驿道的交通地位进一步提升，加强了和郑州的联系。管城驿站声名鹊起，加之郑州所辖周边城邑大小驿站遍布，不仅发挥了郑州在这一地区的交通枢纽中心作用，而且完善了道路交通体系。对此《新唐书》《旧五代史》多有记载。特别到了北宋，京都汴梁至西京洛阳间的东西驿路已是最重要的一条交通线路，是联结通往全国各政治、经济、军事重镇的驿路纽带，交通往来十分频繁。郑州不仅是这条驿路上的交通要冲，也是京城和河东、关中、川蜀之间的交通枢纽。王文楚在《北宋东西两京驿路考》中援引日僧成寻《参天台五台山记》里的一段文字，详细记述了从京都汴梁经郑州、荥阳、汜水、巩县、永安后，北渡黄河浮桥，经孟州、怀州，通往河东泽州、潞州、太原的路线。又据《三朝名臣言行录》卷六《太傅鲁国曾宣靖公》记载："郑居数路要冲，冠盖旁午，州将疲于应接。"可知当时郑州及洛汴古驿道各县均设多处旅舍、驿馆。这种鼎盛繁荣状况持续到了明初。明清时期中原地区经由郑州，连接中原地区的东西向的交通线，基本是在洛汴古驿道基础上发展起来，只是因为水患不断，驿道位置向南略有偏移。

经由郑州贯通中原南北的交通线，从卫辉府折向西南新乡，再经新乡西南大约 50 里的荥阳玉门古渡过黄河而至郑州，继续南下新郑、襄城、叶县、裕州、南阳，进入湖广地区。不过由于河南开封府在明清时期尚属中原地区的区域中心，地位和影响明显高于郑州，因此经由郑州的南北通道与另一条从卫辉折向东南，经由开封而至汉口的古驿道相比，尚在其次。然而自清康熙年间实行了"裁驿丞，归州县"以后，官道与地方行政中心结合更加紧密。在河南省府开封联结所辖各府州县的 7 条主要驿道中，竟有 3 条经由郑州，足见郑州在地域交通网络中的重要性。至此，郑州基本形成了纵横四方的交通枢纽架构。

（2）近代陆路交通。黄河南北向交通中，从卫辉往南在孟津、玉门、延津 3 个主要渡口渡河可以分至洛阳、郑州、开封。这一状况，在铁路交通发展起来后有所改变，铁路交通时代的到来确立了郑州在地理上的交通中枢地位。据《河南省志》第三十七卷记载：光绪十五年（1889 年），两广总督张之洞向光绪皇帝上折奏请，建议清政府修筑从卢沟桥经由河南至汉口的铁路。张之洞在奏折中说："豫、鄂居天下之腹，中原绾毂……筑路宜自京城外卢沟桥起，经行河南，达于湖北之汉口镇，此则铁路之枢纽，干路之始基，而中国大利之所萃也"。但是修

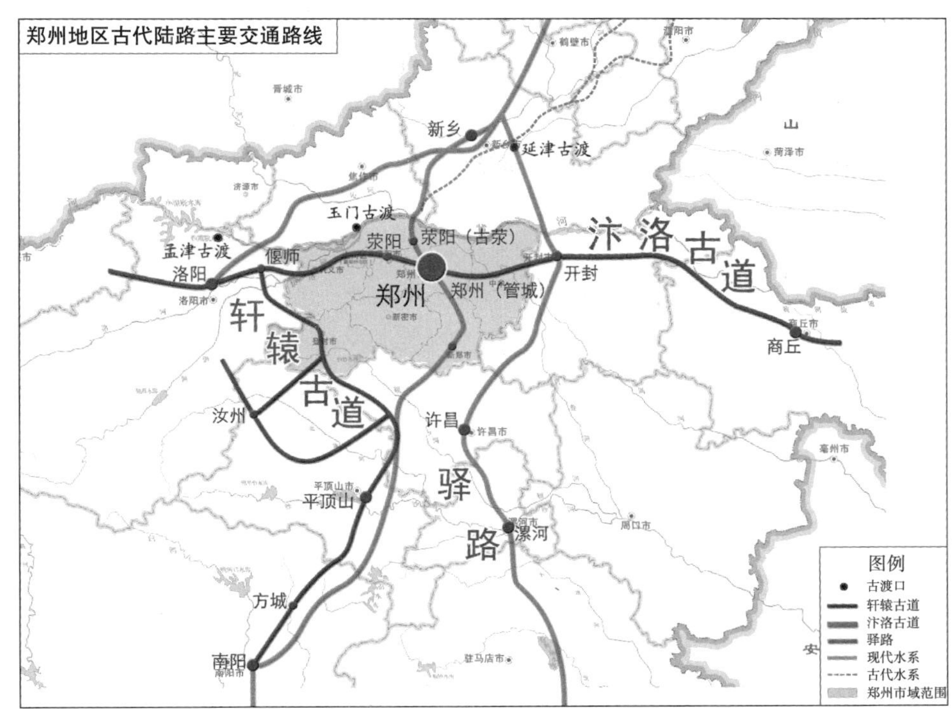

图 4–15　郑州地区古代陆路主要交通路线

筑卢汉铁路的关键和难点是确定跨越黄河的大桥位置。只有大桥定了位，才能进行铁路选线。对此张之洞建议“渡黄之处，约在荥泽左近”。也就是位于郑州城北四十多里处的广武山东缘，即邙山头。因为这里是豫西山地的尽头，属于中国二级台地向三级台地过渡的地带，土质坚硬，河床较窄，河道稳定，建造桥梁的费用比较低。同时最重要的是选择在这里修黄河大桥，可以避免黄河水患的威胁。于是最终纵贯南北的卢汉铁路线绕开了卫辉府至省府开封的古驿道，而是直接通过了郑州。

卢汉铁路也称平汉铁路。1906 年建成通车，由郑州北达北平，转接天津，南抵湖广重镇汉口，不仅连通了长江水路，东去上海，西至重庆，而且借助东西南北交通大动脉，把陕西、山西、河北、河南、山东、江苏、安徽、湖北、湖南、广西等省区，以及沿海的青岛、海州、上海、宁波等多处通商口岸连为一体，将来自四面八方的农副产品迅速地散往全国各地。卢汉铁路带来的时代机遇，彻底改变了整个中原地区的交通大格局。郑州地处中国大十字铁路网的核心地位，一脉传承的历史地理条件很快转化为得天独厚的区位优势，促使郑州经济迅速崛起，如今成为国家层面的区域中心，在实施“一带一路”大战略中，是唯一凭借京广铁路和陇海铁路通道，汇集我国四面八方的物流和技术，承接欧亚大陆各国合作的门户城市。

2. 水路交通中，以先秦时期的古济水、战汉时期的鸿沟水系、隋唐时期的大运河通济渠和宋代的汴河为主体，连通黄河流域与江淮地区。元代以来，不再与黄河连通的贾鲁河也在一定程度上便利了郑州地区与江南地区的联系。

古代中国，因经济区位上的差异，贡赋徭役、漕运转输是国家的大事，这关系到京师的安全和边防的战事；因气候物产上的差异，不同区域之间在物质上互通有无，商旅往来不绝。在古代的物质运输中，水路交通相当重要，因此历代统治者十分注重加强京师与富庶地区的水路联系，以便于大规模的转运输送。郑州地区的水路交通除北部的黄河外，从先秦至北宋还有古济水、鸿沟水系、通济渠和汴河等天然河道或人工运河，且河道沿线原有诸多城邑分布于古荥地区，尤其是在春秋战国之际，城邑沿着古济水自西向东分布，蔚为壮观。

由于太行山、中条山与伏牛山、崤山包挟，华北平原西部呈现向东开口的漏斗状，郑国处于漏斗的中心地带，历来就是一个交通枢纽，这样的区位无疑是有利于商业发展的。古代交通运输以行船为主，便利发达的水系可以运输承载更多的货物，这是在道路修建技术相对滞后的时代下重要的交通方式。

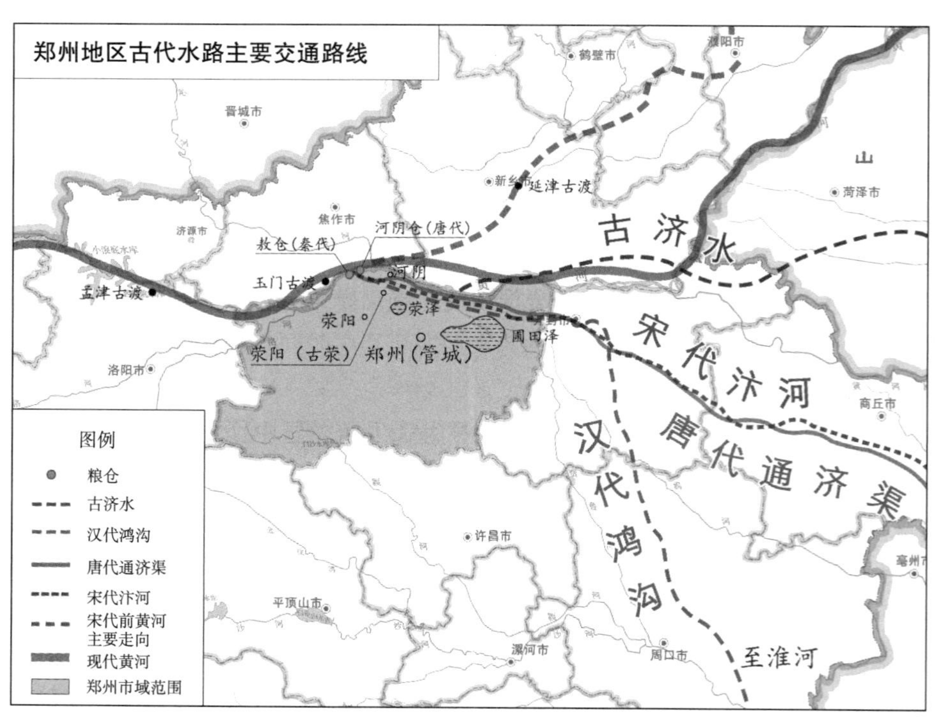

图 4–16　郑州地区古代水路主要交通路线

郑州地区的水陆交通在春秋战国以来越来越重要，水路、陆路在这里与都城相连接。陆路以四方诸侯向周王室朝聘贡赋和诸侯之间的征战为契机，郑州地区的地理交通已经形成了较为发达的陆路系统。战国时魏惠王开凿鸿沟，自荥阳以下引黄河水为源，向东流经中牟、开封，折而南下，入颍河通淮河，把黄河与淮河之间的诸多河道连接起来，构成鸿沟水系。这条水系南通淮河、邗沟与长江贯通；向东通济水、泗水，沿济水而下，可通淄济运河；向北通黄河，溯黄河西向，与洛河、渭水相连，整个中原腹地能与周边地区畅通直达，使河南成为全国水路交通的核心地区。鸿沟水系自东汉逐渐淤塞。隋代的大运河通济渠一段，宋代的汴河都曾利用鸿沟水系故道。

在漕运方面，秦始皇统一中国后，为应对随时可能出现的战争，在荥阳东北敖山置敖仓积谷，当时的敖仓当关中与山东之冲，且储粮丰富，战略价值极其重要。秦汉之际，陈胜吴广进军关中曾在敖仓展开争夺。《汉书·陈胜项籍传》载：秦二世二年（前 208 年）“田臧乃使诸将李归等守荥阳城，自以精兵西迎秦军于敖仓。与战，田臧死，军陂”，擅杀吴广的部将田臧在敖仓与秦军交战，兵败被杀。可以说，敖仓是陈胜义军走向失败的历史见证。楚汉之争中，刘邦和项羽在荥阳的争夺的原因之一就是此处有储粮丰富的敖仓。《史记·高祖本纪》载：汉王二年（前 203 年）“汉王军荥阳南，筑甬道属之河，以取敖仓，与项羽相距岁余”，《汉书·高帝纪》载：汉王四年（前 205 年）“汉王引兵渡河，复取成皋，军广武，就敖仓食”，是汉军反攻的标志。敖仓是楚汉战争时的生命线，坚守成功者后大都因此封侯，如“汾阴侯”州昌以“内史坚守敖仓”，“东武侯”郭蒙以“都尉坚守敖仓”。战后重建工作之一，便是“修敖仓”，汉景帝时的吴楚七国之乱亦曾以敖仓为战略争夺据点，汉武帝时敖仓与武库为国家命脉所在。敖仓是国家战略粮储中心，在秦汉时期地位突出，南北朝以后地位降低，唐代为新置的河阴仓所取代。唐开元二十二年（734 年），为便利东南漕运，在古汴河口修筑河阴仓，再运至长安。也就是说，古荥地区的地位之所以突出，不仅仅因为虎牢关，还因为其水运交通带来了漕运仓储的便利，从而在区域中愈发突出自身战略地位的重要性，军事斗争中多凭借黄河天险、虎牢关隘，据守荥阳敖仓以挡其冲要。

3. 水陆交通为郑州地区的物质生产以及商业贸易提供了便利，郑州及其所在的中原地区为古代重要的商贸中心。

（1）先秦时期。商业与城市互相依赖而发展，郑国“西到周，北到晋，东到齐，南到楚”，其都城也为天下之中的一大都会。东周各国的经济发展各有特色，物产各不相同，如齐国的鱼盐、铁器、文彩布帛闻名天下；晋有矿产、畜产品和池盐；楚国的杞梓、皮革、鸟羽、象牙为他国稀有，各国之间有互通有无的愿望。《荀子·王制》载：“北海则有走马吠犬焉，然而中国得而畜使之。南海则有羽翮齿革曾青丹于焉，然而中国得而财之。东海则有紫纮、鱼盐焉，然而中国得而衣食之。西海则有皮革文旄焉，然而中国得而用之。”这里的“中国”即中原，中原地区是各地物品的集散地，郑国居于中原腹地，处于各国往来的必经之路，非常有利于商业的发展。商业经济的发达，不仅使郑国更加富裕，而且对各国之间的物质交流也十分有益。晋楚争霸后的弭兵会盟中就有“交贽往来，道路无壅”的条文，其后各国之间的物质交往有了一个和平稳定的发展环境。

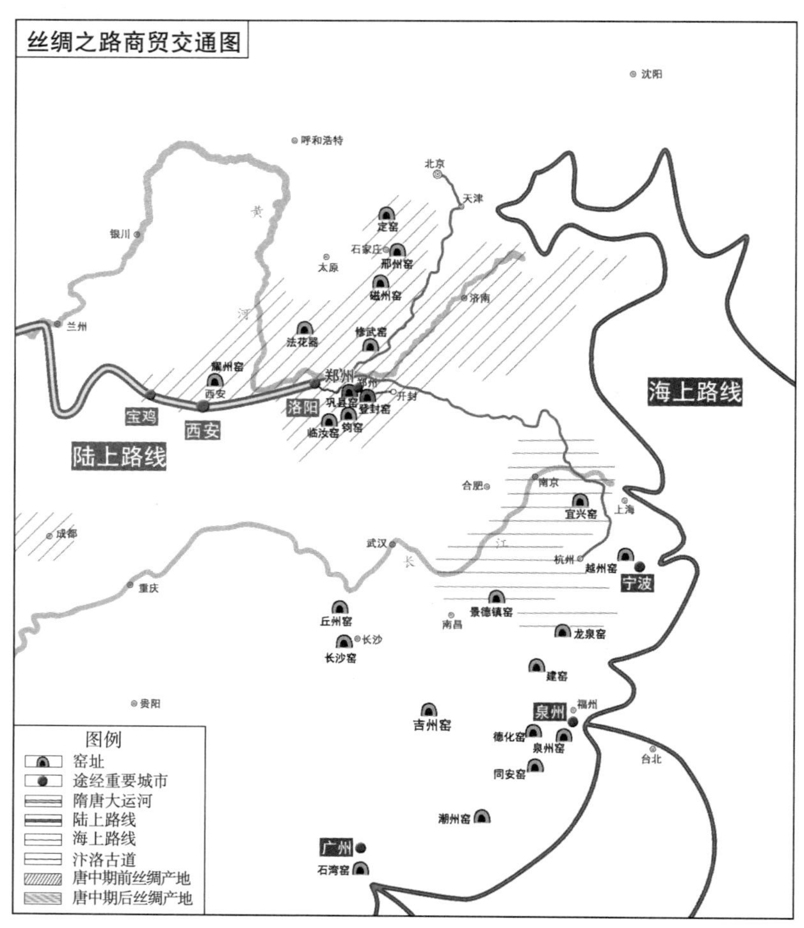

图 4–17 “丝绸之路”商贸交通图

（2）秦汉以来。郑州地区的物质交流有一个特征是：宋代以前，主要是中原地区、华北地区的物质通过贡赋、买卖的形式输往京师长安、洛阳地区。民国以来，主要是中原和西北的物质通过加工、贸易的形式输往京沪等沿海、沿江城市和海外地区。这是我国近代社会经济发展的阶段性特征，反映了交通方式、贸易体系等多个因素对地区社会经济发展的影响。就我国古代“丝绸之路”而言，它以西汉时期长安为起点（东汉时为洛阳），经河西走廊到敦煌。从敦煌起分为南北两路：南路从敦煌经楼兰、于阗、莎车，穿越葱岭今帕米尔到大月氏、安息，往西到达条支、大秦；北路从敦煌到交河、龟兹、疏勒，穿越葱岭到大宛，往西经安息到达大秦。它的最初作用是运输中国古代出产的丝绸，后来包括缎匹、绣彩、金锦、丝绸、茶叶、瓷器、药材等。陆上“丝绸之路”的起点虽然在长安，但是作为丝路贸易的重要内容，长安地区对外贸易的货物中如丝绸、瓷器等主要产自中原地区。郑州是古代交通廊道上的重要商贸基地，考古发掘中，郑州地区发现了较早的丝绸（距今 5500 年的荥阳青台遗址）、瓷器（距今 3600 年的郑州商城遗址），而郑州历史上又出产绫罗绸缎中的罗，登封、巩义、新密又有陶瓷窑址。

第二节　郑州历史文化名城文化特色与内涵

论及郑州历史文化名城的文化特色，首先需从长时段考察郑州历史时期的发展演变过程，以上古至今的人文活动丰富性及其城市历史地位的重要性相结合，发现郑州在历史长河中所刻下的文化烙印，而地区文化特色从先秦时期产生后不断传承演变，影响至今。郑州在先秦时期主要地位为商代都城，隋唐以后又被命名为郑州，在城市的文化基因中存在商、郑两大历史文化链条。时至今日，将郑州建设成为现代化国际商都的战略目标已经确定，而如何实现这个目标，有赖于城市历史文化形象和品牌的竖立，因此有必要对城市的发展历史作一番梳理。

以郑州地区历史上的人类活动及其历史影响而言，商代前期和春秋战国是郑州历史人文的奠定时期，这与郑州曾为商代都城和今为郑州城的历史地位密不可分。商前期是以郑州为中心、商族及其势力所渗入区域的活动时期，其范围包括河南、山西、河北、山东乃至湖北这一广大地区，历史文化的覆盖面相对较广；春秋战国是以新郑为中心，郑韩两国在郑州、许昌、开封等地的活动时期，其中郑国历时较长、影响较大，更为重要的是现今的郑州城主要继承了“郑”的国名和历史人文主体。因此，我们将商代和郑国作为地域两大历史主体来考察历史上这一地区的人文活动，进行历史文化特色提炼，但不忽视其他时期郑州的历史人文痕迹。

一般将商王朝分期分为盘庚迁殷前、后两个时期，时间大致为约前 1600 至前 1300 年和约公元前 1300 年至前 1046 年，郑州地区的商代历史处于盘庚迁殷前的商代前期，商代郑州城和小双桥城邑是这一时期的两处重要都邑。郑州之所以称为郑州，除了与历代行政区划建置有关外，也是历史上的郑国在唐代以来的缩影，管城一跃成为郑地州城，历史文化时空也发生了转移。由于文字和实物相对缺乏，对商代前期的历史只作简述，为考察郑州地区早期的具体人文活动，也有必要对郑国的历史作一番概述。

一、地域文化历史主体为商和郑

1. 盘庚迁殷前的商

商代前期的帝王活动中心在河济、河洛的郑州、洛阳一带，自第十二代帝王河亶甲起扩展到内黄、邢台、曲阜等今华北平原地区。盘庚迁殷后，商族的活动中心主要在安阳，在周边地区还有若干离宫别馆如邯郸、沙丘、朝歌，商族的分布地区较为广泛。

商汤革命代夏立商。夏自少康中兴后，传至帝孔甲，史称他“好方鬼神，事淫乱，夏后氏德衰，诸侯叛之”。夏朝末代帝王桀“不务德而武伤百姓，百姓弗堪”，对内高压，对外征伐，诸侯对此不满，引起反抗。商族先祖生活在河漳至易水一带，自夏代末年向南迁徙至豫东地区。商汤时，商族逐渐强盛起来，他成为部族首领后，见到夏王朝日益腐朽，便准备对夏用兵。商汤灭夏分为几个步骤，首先以德立威，厉兵秣马，使临近的部落纷纷归附，为讨伐夏桀积蓄力量；其次用伊尹的计策离间夏桀与其盟九夷族的关系，使夏商之间的力量对比发生倾斜；最后经过誓师大会，先灭韦、顾、昆吾，再与夏桀决战，夏桀逃奔南巢而死，汤践天子位，以商代夏朝天下。

根基不固四迁都城。商汤立国后在夏后氏腹地建立都城，根基不是很稳固，内政矛盾、水患侵扰、夷狄渐强等多方面的影响迫使商代前期的帝王不断迁都。商汤之后，太甲当国，但是太甲“不明、暴虐、不遵汤法、乱德”，伊尹屡谏不止。太甲三年，伊尹囚太甲于桐宫，待太甲悔悟后迎太甲归朝，行汤之政。其后至第九代帝王太戊时，任用伊陟、巫咸掌握国政，诸侯纷纷归顺，商朝再度兴盛。第十代帝王仲丁将都城从亳迁到隞（嚣），当时东南的夷族兴起，仲丁出兵击退了蓝夷。仲丁之后，出现了九世之乱，诸弟争夺王位，商朝一度中衰。在此期间，商都也发生 3 次迁移，河亶甲迁相，祖乙迁邢，南庚迁奄。

2. 周代郑国的兴亡[①]

（1）审时度势护周东迁，开疆辟土始奠基业

西周时期的分封在成康之世基本完成，郑国是西周晚期为数不多的分封国家，它最初是以王畿内的采邑的形式出现的。西周时代在王畿内享有采地的主

① 主要梳理自司马迁：《史记》；苏勇：《周代郑国史研究》，吉林大学 2010 年博士学位论文；李慧芬：《子产治郑的策略研究》，陕西师范大学 2006 年硕士学位论文。

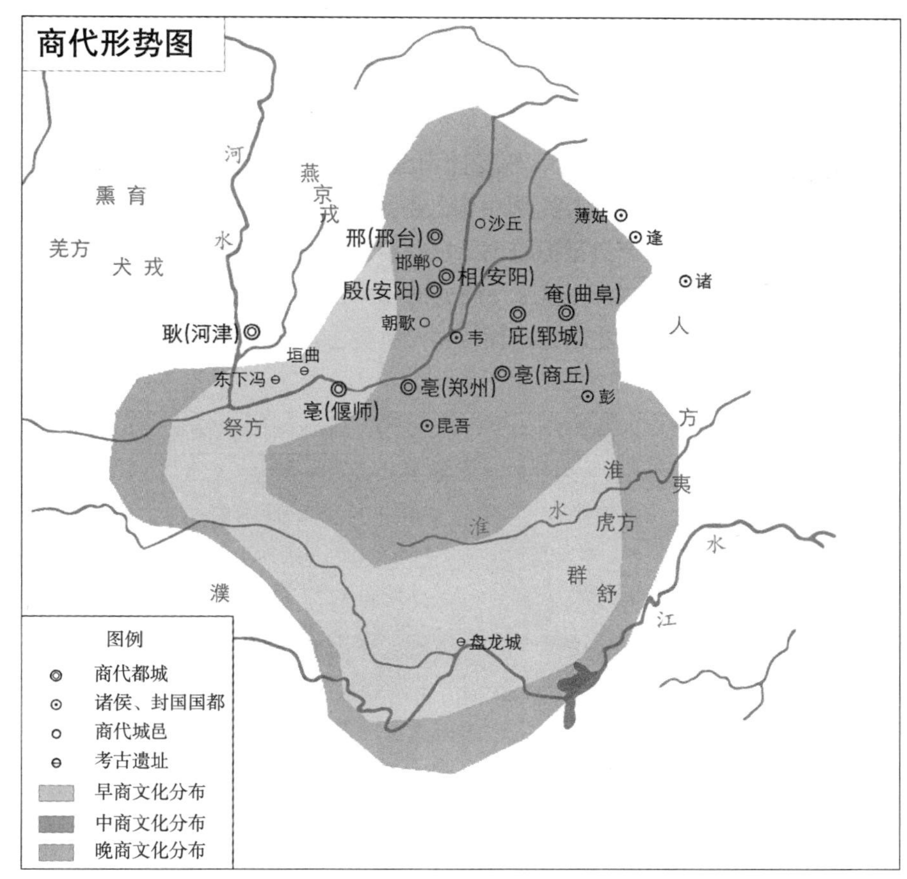

图 4-18　商代形势图

要是在王朝任职的高级官吏及少数王子弟，郑国的封君即是周王室子弟，《史记·郑世家》载："宣王立二十二年，友初封于郑"，即在周宣王二十二年（前 806 年），封其弟友于郑（今陕西凤翔一带），是为郑桓公。

郑桓公立国的时代背景显得相对复杂，在西周末年，王权呈现衰落现象。周厉王因贪利且重用佞臣又对民怨加以监谤，造成"道路以目"，最终引发"国人暴动"，而被赶走。经过短暂的共和执政，厉王子（即宣王）即位，在内政和外战方面采取了一系列行动，于宣王中兴的鼎盛时期封王子友食采于郑。但在晚期的对外战争中经常失败，如伐太原戎、条戎、奔戎、姜氏之戎等均以"不克"或"败绩"告终，至宣王子幽王时，"夷狄叛之"。

对桓公本人而言，更为重要的命运抉择也摆在面前。幽王八年（前 774 年），郑桓公在受封的第三十三年因治理郑国颇有政绩而被任命为周司徒，掌管国家的户籍和土地。就在同年，幽王废王后申后和嫡长子宜臼改立褒姒和子伯服，这引起了申后父亲申侯的愤怒，申侯于幽王十一年（前 771 年）联合犬戎杀死幽王，西周灭亡。早在担任司徒的次年，郑桓公目睹废嫡立庶后感觉大难将至，问计于周官史伯。史伯为郑桓公分析西周末年形势，为郑国日后的发展提出了3个步骤：首先利用桓公为周王司徒的身份寄帑与贿于虢、郐二国，然后待宗周败落之时，二国必将叛郑，郑以讨伐违誓为名借成周之师克之，最后占有其地和附近的共10个城邑，迁居于此。郑桓公信服此说，审时度势，未雨绸缪，从此定下了东迁之计，这是郑国历史上的一个重大决策。

幽王九年（前773年），郑桓公请求周幽王向东迁移他的百姓到洛邑以东。得到允许后，桓公派长子掘突带上丰厚的礼物向虢、郐二君借地，郑国在京邑（今京襄城）等地区有了立国的基础。在西周灭亡之际，桓公以身殉国，其子武公同晋文侯、秦襄公保护周平王东迁，并借机灭掉东虢国、郐国、胡国，把郑国迁至河、洛、济、颍之间，开辟了郑国发展的新道路。

郑国的始封地位于宗周畿内，与同为宗室的早期封国晋、鲁、卫乃至蔡、曹、虞、虢等国不同的是，它不能任由开拓垦殖，扩大疆域。而在郑国东迁之前，当时的中原腹地主要为虢、郐、祭、许、霍等小国。郑国迁此后，改变了这一地区的格局。在灭掉虢、郐之后，郑武公顺势灭掉其他八邑（邬、弊、补、舟、依、鞣、历、华），周平王为表彰武公在东迁中的功劳，又赐之虎牢以东地区，等于承认了郑国在河南的领地。于是郑武公把陕西的郑国民众及财物陆续迁徙到此，在中原建立了新的郑国。郑国趁着两周之乱，借成周之师，完成了蓄谋已久的东迁大计，从狭小的王畿内采邑跻身济、河、洛、颍间的大国。经过桓公和武公两代国君的努力，郑国踏上了新的发展阶段，迎来了它的全盛时期。

春秋之初，周室衰微，诸侯强并弱，齐、楚、秦、晋逐渐强大，在政治上开始有所作为。但在诸侯相继称霸之前，最先兴起的是刚刚迁居河南的郑国。当时的齐国未统一山东半岛，周围还有莱、莒、阳、遂、谭、鄣等几个小国。楚国以"凌江汉间小国"开始发迹，尚未深入中原。秦国虽然享有陕西的大片沃土，然而经历了犬戎之乱后的宗周地区局势不稳，没有实力逐鹿中原。晋国此时领土较小，在晋昭侯之后国内翼与曲沃之争此起彼伏，无暇外顾。迁郑后的郑武公和郑庄公都为平王卿士，继承司徒官职，恃辅佐之功，在此时首先登上政治舞台。

郑庄公先解决的是内政问题，首件大事便是"郑伯克段于鄢"。郑武公长子庄公出生时不吉利，名为"寤生"，其母武姜建议废长立幼，被武公拒绝。庄公当政后，武姜又为子段请制未遂，于是请京。制是一处重要战略要地，古为荥阳虎牢关地区，控扼险要。京是郑桓公寄帑币的虢、郐十邑之地，是郑国在河南早期经营之邑，也是郑灭虢、郐的重要根据地之一，其地位相当重要。段封于京后，不断扩充军队，侵占地盘，大有耦国之势，其掌控的范围从西鄙至北鄙（郑国西部与北部边境地区）至廪延（延津县），至鄢陵（鄢陵县），相当于郑国近半壁江山。在共叔段叛乱之时，郑庄公立刻派军镇压，平息了事件。用人方面，郑庄公任用祭仲、高渠弥等人，献策进谏，统领军队。外交方面，郑国倚仗政治优势扩张势力，频繁“以王命讨不庭”为借口偕王师四处征战，开启春秋之际挟天子以令诸侯的先河。

郑国在河南地区立国后，面临地理条件的制约，处于四战之地，南有蛮楚、北有晋国、西有东周，最终选择向东发展，这一地区有卫、曹、鲁、宋、陈、蔡等国。郑庄公对外用武首先定目标于作为殷商之后而国大爵尊的宋国，遂与齐鲁结盟假命伐宋。前 719 年，郑国击败宋、陈、蔡、卫、鲁等国联军，前 707 年，繻葛之战中郑国击败周、虢、卫、蔡、陈联军，此外还有若干大大小小的战役郑国都有参与并都取得胜利，如鲁隐公九年（前 714 年）大败北戎，十年（前 713 年）大败宋师，十一年（前 712 年）伐许、又与息侯战于竞，郑国空前强盛。卫、宋被征服，连齐国也跟着郑国东征西讨，郑庄公因此被称为“春秋小霸”。

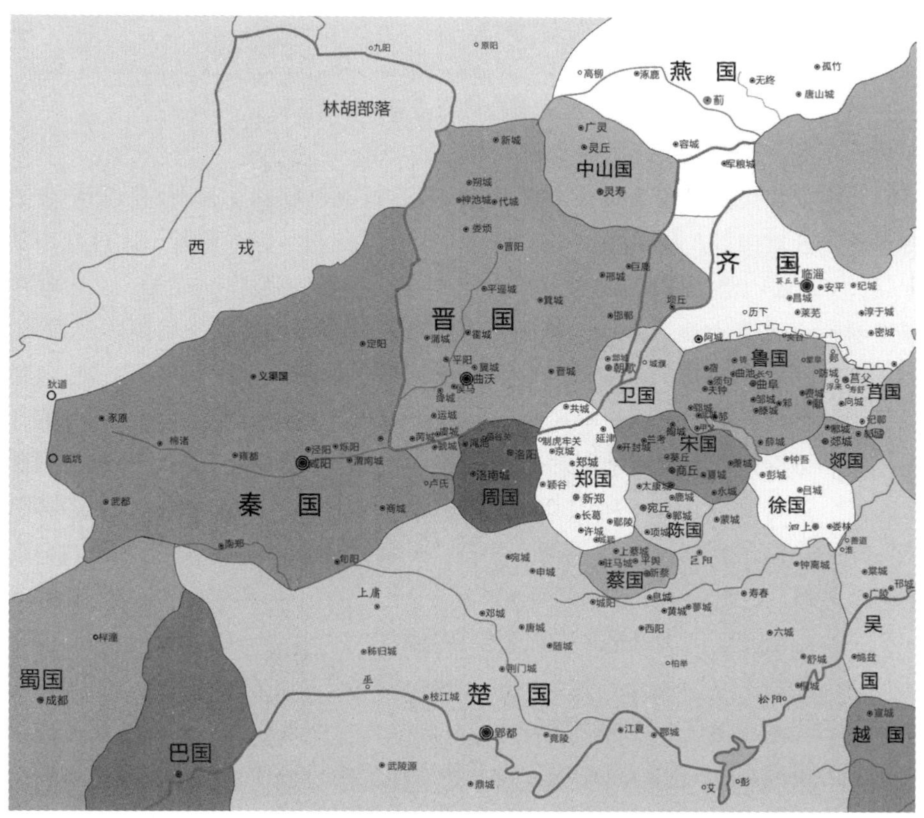

图 4–19　春秋诸侯形势图

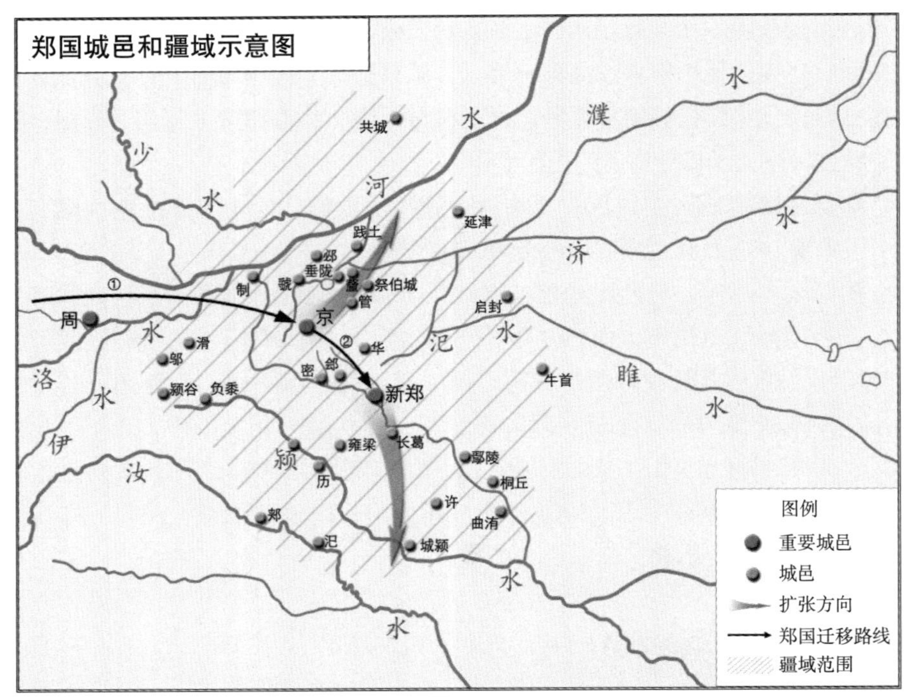

图 4–20　郑国主要城邑与疆域范围图

郑庄公身为王朝卿士，一方面手握实权，操纵王朝全军，利用政治优势远交齐鲁，近攻宋卫，侵略小国，扩张势力，在春秋初年纵横驰骋，加速郑国的崛起；一方面，势力膨胀，怠慢周王，与之关系越来越紧张，终于失去了郑国三世所传王朝卿士一职，郑国赖以建国及发展的政治优势一去不返。郑武公、郑庄公时期的功绩是十分显著的，在陆续灭掉了原来封于这一地区的虢、郐、祭、密等国后，郑国范围从早期的十邑迅速扩大。郑武公时，郑国疆域北起郑州，西北至虎牢，西到偃师南部，西南达禹州，南至郾城，北与宋相邻，两国之间有空隙地带，居于今河南中部地区，"前颍后河，右洛左济，主芣、騩而食溱、洧"；郑庄公时，郑国疆域东至陈留、牛首，东南至鄢陵、扶沟，南至许昌、临颍，西南至禹州，西至颍水上游，北至虎牢接黄河，拥有今河南省的中心腹地地区。

（2）局势变迁内忧外患，中兴短暂终归败亡

周与郑的关系转变是春秋初期的大事，周郑交质、周郑交恶是重要事件，周与郑之间不相信任、终至决裂，此后，诸侯渐至强盛，周王权威衰落。周郑交质是为缓和双方关系所作的努力，互派人质，增进信任。继平王之后的周桓王对郑采取强硬态度，郑庄公也不甘示弱，向周王示威，于是周、郑交恶，繻葛之战，周郑双方决裂。

周郑交恶后，周王的军事力量已经不能控制诸侯，繻葛之战战败，王室基

本上不再派直属军队与大国较量，而依赖于霸主和其他诸侯的力量控制局势。周德渐衰，诸侯争夺权力的局面大开。王权的威慑力、约束力逐渐变弱，旧秩序不易维持，郑庄公恰是试图冲破这种旧秩序的先驱。但是，周、郑的命运实为一体，郑庄公认识到王朝的没落使依靠其福荫的姬姓之国也逐渐衰落，“王室而既卑矣，周之子孙日失其序”。郑庄公在处理与周桓王的关系上曾作出调和努力，但由于桓王为维护王室权威而态度强硬，双方刀兵相见。郑国不甘示弱，取得繻葛之战的胜利，也失去了周王朝的靠山，之后虽然继续活跃在诸侯国的政治舞台上，但光景转瞬即逝，没能在齐、晋、楚等大国的兴盛之前继续利用政治优势使郑国取得飞跃式发展。后世的齐桓公、晋文公都打出“尊王”旗号，并且吸取郑庄公的经验，表面上不与周王公开对抗，而是通过壮大自己的实力，让周王更加依赖他们而为其树立声威，春秋争霸的序幕真正开启。

郑庄公之后的局势开始复杂起来，经历了短暂强盛的郑国开始走下坡路，对外扩展中断。庄公之后君位之争再起，曾辅佐庄公的卿大夫甚至参与谋划，昭公、厉公并存的时期与齐、鲁、卫、宋等东方诸侯相互争执、联合，造成郑国遭到重创，与齐国的良好同盟关系被打破，此后不敢出兵会盟和征伐，在此期间又丢失部分领地，其后郑国陷入大国争霸的斗争中。作为小国，强大起来的齐、楚、晋等国从东、南、北三面夹击郑国，在这种局面下，郑国不得不首鼠两端，朝秦暮楚，十分无奈。

继郑国之后，齐、楚率先展开争夺。齐国一直是东方大国，可开发的土地空间很大，在僖公时就与郑国共同讨伐中原小国，控制中原政局，桓公时任用管仲，励精图治，变得强大起来。楚国位于江汉之间的蛮夷之地，为获得中原诸侯的尊重，在诸夏混战之时，也不断向中原试探，楚成王遣使朝拜周惠王，周王赐胙承认其在南方的地位，楚国开始疆土扩展。齐桓公首先称霸，郑国在公元前 667 年重新归入齐国阵营，桓公卒后齐国内乱，中原群龙无首，郑国立即转投楚国。

在春秋时代具有重大影响力的事件是晋、楚两国长期的争霸斗争，这左右着春秋中晚期的国际局势，郑国夹杂于其间。由于郑庄公时期的斗争主要集中于东部边境，对南北方向的重视不够，没有遏制晋、楚的发展，趁庄公之后郑国国内动乱逐渐衰落之时，两国先后向中原渗透。晋国在曲沃代翼之后又平定王子带之乱，晋文公护送襄王复入成周获得黄河以北八邑的封赐，触角已经伸向郑国边境。郑国的虎牢和宋国的彭城，历来是兵家必争之地，“得郑则可以致西诸侯，得宋则可以致东诸侯”。公元前 632 年，晋国为救援宋国之围，在城濮击败楚军，晋国以弱胜强，与郑、齐、鲁、宋、卫、蔡、莒盟于践土（郑地衡雍附近），“一战而霸”。城濮之战后，郑文公立即向晋求和，弃楚投晋。晋国在灵公、成公时期，逐渐失去大国风范，交战中又不敌楚国，郑国在晋、楚交相侵郑时只好晋来服晋，楚来服楚。楚国在使吴越臣服后又与秦联合，开始集中力量北上，与晋国展开新一轮争夺。公元前 597 年，楚国侵郑，几乎要将郑灭国，晋国来救郑国，在邲（今郑州市北）展开斗争，楚国获胜，楚庄王由此称霸中原。邲之战后，郑国臣属楚国，此后随着实力的增长，由于不满楚国对郑、许之间的纠纷态度，郑国又背楚投晋。长达百年的争霸战争，晋、楚双方消耗巨大，郑国居其中而处境困难，郑公子騑自称为“天祸郑国”。经过公元前 579 年和公元前 546 年的两次弭兵大会，郑国稍获缓解，有精力整顿内政，盟约中有“交贽往来，道路无壅”的规定，这有利于郑国成为商贾往来的集散地。经济的活跃带来了文化的繁荣，子产之后，邓析、列子等名人登台。

在外战平息之时，内乱又起。郑穆公（前 648—前 606 年）的诸子中，灵公、襄公先后继位，另有四子或被杀或出逃，剩下七子从公室分离出来另立宗族，即罕氏、驷氏、国氏、良氏、印氏、游氏、丰氏。七穆当权从郑襄公到郑声公 8 个君主，长达 150 年，从三卿、六卿渗透，由上而下掌握郑国政权。七穆之间有联合，也有斗争，互相杀伐、祸乱公室，在斗争中产生离心力逐步导致七穆本身和郑国实力的衰落。但在大国争夺郑国的外部环境下，七穆仍然以团结为主。在维护团结的过程中，子产是重要代表人物，在他的努力下，郑国出现中兴局面，史称子产兴邦。

子产在内政方面团结七穆，改良井田、赋税制度，铸刑书、颁布成文法。其中制定和颁布成文法是社会的一大进步，传统的礼制秩序被破坏后新的法律秩序开始建立，公布法律既是对统治者的自我规制，也是对民众的公开约束。子产不毁乡校、让人民参与议政也体现了子产的仁，孔子因此赞子产为“古之遗爱”。子产外交上的功绩相对卓著，处于大国之间的小国，生存不易，他非常注重外交策略和维护国家主权，并且工于辞令、对大国不卑不亢。在他的积极争取下，郑国对大国的贡赋负担减轻，把握时局，为郑国赢得了发展契机。这些行动在维护郑国稳定，促进经济发展，加速法制化进程以及维护郑国独立地位等方面起到重要作用，经过一个相对稳定时期的发展，至战国初期，郑国仍保有相当实力。

赵魏韩三家分晋，历史进入战国时期，这时的郑国政局很不稳定，四位末代君主有两位为郑人所杀。新立的韩国对郑国虎视眈眈，屡次进攻郑国，郑国虽然凭借春秋末年中兴而积攒的实力能有所反击，但因为内乱不断，国力消耗，最终于公元前 375 年被韩哀侯所灭，郑国从此消失于历史舞台。一百多年后，韩国在公元前 230 年也为秦所灭，历史进入新的发展时期。

二、商——郑文化的形态与内涵

解读和研究郑州城市文化主要从这一地区开始有较为集中且活跃的政治、

经济活动的时期入手，商代与郑国是郑州地区的两大历史主体，是我国华夏文明的形成、发展、融合的重要阶段，也是郑州地域文化形成的重要时期。把握郑州地域文化应当关注夏后氏部族的活跃中心，商族迁徙路线和活跃区域，殷商遗民的分布和特征，周代封国和与之相关的重要历史事件、人物活动等，分析郑州与周边地区的内在文化联系。因为就其形成和发展所贯穿的整个时空地域范畴而言，商文化和郑文化不等于商代文化或郑国文化，也不等于郑州文化。商代和郑国的存续时期并不短暂，文化影响也极为深远，它存续的范围不只是在郑州域内，也涵盖了夏代和商代的商丘、洛阳、安阳，春秋时期的开封、许昌等地，在更广阔的中原地区发挥着深刻影响。因此，认识商文化和郑文化的价值与特色，发掘郑州地区历史文脉及其内在文化特质，应当高屋建瓴，从广布于我国中原地区的文化着眼，拓展视野，不仅仅局限在商代、郑国和当代郑州市域范畴。

商文化始于夏代（即考古中所称的先商时期），在早商时期逐渐繁荣而在晚商时期臻于鼎盛，郑州的商文化所代表的是商代前期的文化，而安阳所代表是商代后期的文化，且后者形态丰富、特点鲜明、内涵厚重。郑文化脱胎于西周，在分封制度下具有明显的地域特征，春秋时期是其发展繁荣的高峰。从公元前771年郑武公东迁郑国至公元前375年韩国灭郑，郑国在397年的时间里对这一地区的开拓垦殖促进了区域经济的发展和文化的繁荣，广大地域之间更紧密地联系在一起，将这个时代演绎得生动而又壮观。尤其是郑国东迁郑州地区后，随着殷商遗民的迁移以及西周工商食官制度逐步瓦解，从事工商业的商人活跃于郑国历史舞台，商文化所具有的魅力也广泛地融于郑文化之中。

商文化与郑文化历久弥新，经过漫长岁月的孕育积淀，逐渐呈现出鲜明的形态特征，造就了深邃的文化内涵。在这个过程中，商人与郑人在春秋战国时期的结合是文化繁衍的关键时期，郑国的东迁为标志事件。此后，它们凭借着强大的生命力和政治依托，通过自身不断创新和拓展，生成并释放出巨大能量。在我国诸多地域文化中，商文化和郑文化前后相继，逐渐演变成为中原文化的主体，吸纳、融合周边地区的地域文化，生成的文化根脉和精神基因在中原大地历代传承不息，在潜移默化中持续、广泛影响着人们的思想方式和行为方式。

对商文化和郑文化的关注重点不在于特定时期发生的历史事件和出现的文化现象，而是深刻剖析体悟其内涵特质。同所有文化一样，商文化和郑文化也由文化形态和文化内涵两个要素构成。其中文化形态是文化内涵的外在表现形式和状态。文化内涵则指文化形态内在蕴含的思想内容和精神价值。文化形态作为人能直观感受到的各种文化现象和文化属性的存续表征，一方面展示出人类文化创造力的程度、状态和成就，另一方面生动形象地阐释着这一文化的本质意义。而文化内涵隐含于文化形态中，正是其内涵特质所在。二者表里相依，互为存续条件。

1. 商——郑文化的形态表征

（1）商文化主要形态表征

商文化首先是有关历史时期商代、商族的文化，其内容相当丰富，包括政治制度、手工业、农业、畜牧业、商业、天文历法、音乐舞蹈、甲骨占卜等多个方面。根据文献和考古的对证，商文化主要指的是通过对殷墟的发掘、研究所呈现的商代文化特征，其代表是甲骨文文字、鬼神信仰和祖先崇拜。郑州地区的商文化形态主要表现在两个方面：一是郑州二里岗文化遗址所发掘的实物遗存及商代早期的人物活动，二是殷商遗民在春秋战国时期郑国境内的活动。

文献与考古相结合是探究早期历史的主要手段，在传统的文献考证中，公元前 841 年中国进入完全信史时代，有确切的纪年和详实的事件互相对照，在这之前的千余年中，诸多历史需要考古发掘和研究来印证。商文化也是如此，郑州商文化的形成是一个动态且复杂发展的过程，这一过程基本反映了郑州商文化形成的大致轨迹。

考古学上，商文化分为先商文化、早商文化和晚商文化，先商文化指的是《史记·殷本纪》所载契至汤 14 位商族先公为代表的活动踪迹，即《国语·周语下》云“玄王勤商，十有四世而兴”的历史，早商和晚商指的是商代前期和后期。以漳河流域地区为中心的先商文化，主要指以河北省邯郸涧沟遗址为代表的先商文化遗存，下七垣文化是代表性的先商文化。先商文化以漳河类型为主体向外扩展，在先商文化中期，漳河类型的商族先民直驱南下占领豫东（辉卫类型），到先商文化晚期向西进入郑州地区（南关外类型）。多数学者认为二里头文化（公元前 1800—前 1500 年）是夏文化，漳河型文化是先商文化，岳石文化(前 1900—前 1600 年)是东夷文化。[①] 在二里头文化的三、四期，先商文化因素已经影响到受二里头文化统治的郑州

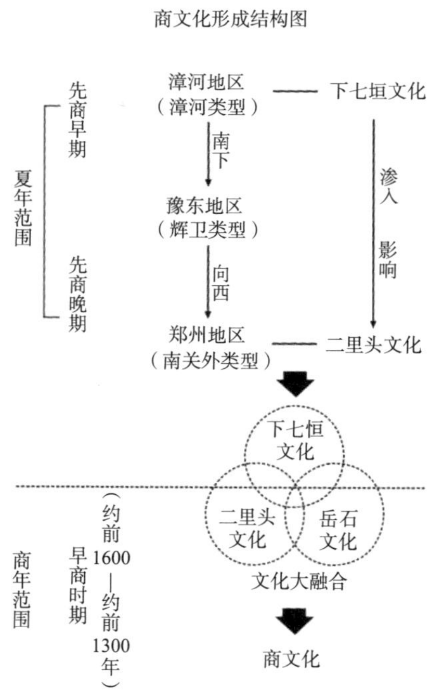

图 4–21　郑州地区商文化结构图

① 董琦:《虞夏时期的中原》，1 页，科学出版社，2000 年。

地区并迅速增强，多种文化因素在此交流、碰撞相互融合，至二里岗下层一期，二里头文化、下七垣文化、岳石文化等多种文化因素在郑州地区加速融合，最终创造出独具特色的郑州商文化。[①]

与夏代遗存的标志性器物——高领陶鬲和三足瓮不同的是，商文化的突出特点是以陶鬲作为炊器。从出土物来看，商代郑州城遗址发掘有青铜器、玉器、石器、骨器、蚌器、瓷器和陶器等，在骨料上发现了若干甲骨文字符号。青铜器包括鼎、尊、觚、罍、盂、卣、鬲、簋、斝、爵、戈、钺等，花纹主题是饕餮纹和乳钉纹，还有连珠纹、弦纹、三角纹等，布局有简有繁，线条有粗有细；玉器有琮、璜、玦、璧等；其他的有海贝、海蚌等商品交换的产物。

青铜鼎尚在商代以前的考古发掘中未有发现，郑州二里岗商代铜器的大量发现，将中国的青铜文明推进了一大步，殷墟的青铜文化是承袭郑州二里岗商文化发展而来。鼎在先秦时期的国家政治生活中地位突出，所谓“问鼎中原”“鼎立中原”在商代已经具备基本物质要素，郑州所处的中原地区日后成为具有政治意义指称的对象。郑州商城出土的青铜鼎是商文化质的进步，它逐渐成为古代国家政治制度与秩序主要衡量标准。

商代郑州城是我国迄今发现的第一座具有一定规划布局的都城遗址，由宫城、内城和外廓城的护城河构成，手工业区、墓葬区也都有序分布。宫殿区发现有宫城城墙、大型壕沟以及规模宏大的蓄水池、管道排水沟等，在城址周围发现有制陶、制骨、青铜铸造等作坊。这些表明郑州城市建筑已有了早期的规划布局，是我国城市建设和都城营建制度上的飞跃。

商代郑州城的经济相当活跃，农业、手工业和商业的发展孕育了早期的商业文化。许多非中原地区的遗物，如西北的玉、沿海的贝、海蚌，南方的锡等，除了依靠进贡和战争掠夺外，可以肯定的是其中有一部分是通过商业贸易得到的。农业生产的粮食也多以商品在市面进行交换与出售。手工业的发展致使生产的手工产品必然作为商品出现在市面上，郑州没有发现原始瓷器陶器作坊以及玉器作坊和象牙、鲟鱼等，这都表明这些物品多是以商品运来郑州的。这是商代郑州城比较突出的文化现象。特别提到的是，作为商汤的丞相，伊尹又被称为厨祖、烹饪之圣，视为中原菜系的创始人，有“伊尹煎熬”“伊尹负鼎”“伊公调和”等记载。结合考古文化特征和出土实物来看，商代在我国饮食文化方面具有开创意义的贡献。

郑州地区商文化的另一重要表现是作为商人的殷遗民与郑国历史发展的融合，在时代演进的过程中变为对从事商业活动的人的称呼。商人的先祖王亥开创了中国商业之源，其频繁地与四周部落进行以物易物的贸易活动，王亥亦因

① 汪培梓:《郑州商文化形成研究》，摘要，郑州大学 2007 年硕士学位论文。

此丧命，《竹书纪年》载："殷侯子亥宾于有易，有易杀而放之"。商朝的商业十分繁荣，有"商邑翼翼，四方之极"之称，商民善于经商，周初将这些经商的人通称为"商人"。周王除了对商朝的贵族集中于一处严加管束外，对其善于经商的商遗民也基本限制其自由，并只准许其继续经商。《左传·定公四年》追述周初大分封时说，周王分给鲁国"殷民六族，条氏、徐氏、萧氏、索氏、长勺氏、尾勺氏"，分给晋国"殷民七族，陶氏、施氏、繁氏、锜氏、樊氏、饥氏、终葵氏"。这 13 个家族中，至少有 9 个是专门从事手工业的家族。这些被集中管束的商遗民经商者被通称为"商人"，以便与周人区别开来，这显然带有轻蔑和歧视之意。年深月久，人们慢慢淡忘了商人"贱民"的含义而成为买卖人的代称。三千多年来，"商人"的称呼遂一直经久不衰。《管子·小匡》载：商人必须善于"观凶饥，审国变，察其四时而监其乡之货，以知其市之贾"，能够"服牛辂马，以周四方，料多少，求贵贱"。

商人在郑国的活动始于西周末年，郑桓公在向虢、郐等国寄帑与贿的同时，也派人去其地经营自己的财产，这是郑国在河南最早的经营。《左传·昭公十六年》载："昔我先君桓公，与商人皆出自周，庸次比耦，以艾杀此地，斩之蓬蒿藜藋，而共处之。世有盟誓，以相信也。曰：尔无我叛，我无强贾，毋或匄夺。尔有利市宝贿，我毋与知。"杜预注："桓公东迁，与商人俱"。最早迁到此地的郑国人当中就有殷商后裔，这些殷商后裔大多经营商业。商人与其他郑国人在虢、郐等十国的荒芜之地开始了初期的开发，为郑国的东迁做准备。郑国国君与商人盟誓也是为了酬谢商人在郑国东迁过程中立的大功，给予其一定的优惠待遇。

《孟子·公孙丑下》："古之为市者，以其所有，易其所无者，有司者治之耳"。郑国国都设有商品交换场所，并有专门官吏负责管理，其市称为"逵市"，面积很大，与逵路相连接，管理市场的官员称为"褚师"。郑国对商人采取保护政策，《左传·昭公十六年》载晋国权臣韩起至郑国，请求郑君为他向郑商人索要玉环，与自己的玉环相配，子产以"非官府之守器也，寡君不知"为由拒绝，韩起后来想以低价购买，郑商人告知子产，子产以桓公与商人的誓言为根据，说明不能违誓，阐明商人在郑国的重要地位，制止了韩起的强买行为。郑国的商人有两件大事载于史册。一是公元前 627 年，郑国商人弦高到周去做生意，路遇偷袭郑国的秦师，他用皮革和 12 头牛，假托君命犒劳秦师。秦人认为偷袭消息已经泄露，便将军队撤回。当郑国君主要奖赏弦高时，他却婉言谢绝道：作为商人，忠于国家是理所当然的，如果受奖，岂不是把我当作外人了吗？另一件是公元前 597 年，晋、楚间的邲之战中，晋国大夫荀莹被楚所俘。郑国商人到楚国经商时，曾经准备把囚在楚国的晋大夫荀莹秘密置于货车中营救出来。后来没有成为事实，楚国就把荀莹释放了。而后，荀莹在晋国见到了那个商人，非常感激他，而那个商人却说："吾无其功，敢有其实乎？吾小人不可以厚诬君子"，于是去了齐国。总之，商人在郑国的地位和作用对维护郑国的稳定和独立有很大帮助，其行为表现出高度的爱国精神和诚恳品质。

（2）郑文化主要形态表征

郑文化是中华地域文化的一支，它是郑人足迹涉及的广大地区的一种历史悠久的文化。郑国脱胎于西周，其礼制习俗沿袭周室，但由于其诞生于乱世，之后也出现了“叛逆”的一面，所谓礼崩乐坏的始作俑者当属周郑之间的矛盾摩擦，其挑起的诸侯争霸也在客观上促进了历史文化统一的进程。郑文化在传承周代主体文化时，有自己的特色，具有较强的开放性与流动性。郑国在新郑立国后，郑文化的独特内涵也逐渐成形。郑文化滥觞于西周末，兴旺于春秋，融于战汉，唐宋以来重新彰显于世，在历史的长河中流淌至今。《诗经》是周代礼乐教化的重要内容，其中《郑风》二十一篇，是研究郑国文化风俗的重要材料，《左传》中记载了许多关于郑国的历史和人物活动，郑文化的形态表征主要体现在政治、经济、思想、外交、艺术等方面。

政治上，发愤图强。西周末年的动乱是夷狄联合小国对中央王朝的侵犯，衰落的周王室不得不依靠晋、郑、秦的力量东迁，这种处境使身为小国的郑国产生了谋求发展和强盛的欲望。在武公和庄公的努力下，郑国不仅吞并了中原地区西周分封的许多小国，客观上实现了这一地区的政治统一和文化融合，增强了郑国的实力，而且身为周室公卿，郑国的强大也有利于维护周王朝的统治，威慑夷狄。在东周初，“一统中原”的气势并不符合周王朝的宗法分封制度，郑国的扩张也与周王室产生了较大冲突，但这种诉求无形之中促进了春秋战国时代兼并战争和走向统一的进程。郑国的崛起标志着扩张的时代到来，齐国并吞山东半岛的小国，晋国从南下抵黄河以北、向东至太行山以东，楚国从江汉开启蛮濮，秦国稳固关中、吞灭西戎。大国的扩张从更广阔的地域上将原来分散的城邑和小国凝聚成相对紧密的政治实体，通过实行政治改革，加强区域治理等措施，形成了我国地域文化的地理分区，如中原文化区、燕赵文化区、齐鲁文化区、三晋文化区、三秦文化区等。

经济上，重视农商。郑国都城附近“土狭而险，山居谷汲”，随着疆域的扩大，黄淮平原上河流纵横，土地肥沃，气温适中，有利于农业生产。郑国的农业发达，农作物种类丰富，家畜家禽种类也很全。农业的发展促进了生产工具的进步，郑国遗址出土的农具有青铜器、骨器和石器。农业的发展对井田制度产生了冲击，郑国的井田制度在春秋中晚期遭到破坏，土地私有化倾向明显，子产协助子孔镇压公田与私田之争的内乱后作封洫和作丘赋，在土地赋税制度方面进行改革，适应了土地私有化初级阶段和郑国“国小而偪”的国情。郑国铸铜业、制骨业、制陶业、纺织业比较发达，商业的发展冲破了“工商食官”制度，部分商人不再依附于官家，私人商业兴起。郑城（新郑）是地处天下之中的商业大都会，历来就是一个交通枢纽。郑国的馆驿制度比较完善，设有客馆，供往来宾客停留驻足，利于各国之间的物质交流。

思想上，名道并存。郑文化中含有名家和道家文化特征，代表人物是名家邓析和道家列子。第二次弭兵之会后，郑国进入社会文化发展相对的稳定时期，子产当政时，为适应社会发展而铸刑书，开成文法先河，这些法律条文并不完善，邓析利用法律漏洞，大行两可之法，私著《竹刑》对法律条文进行解释并用于诉讼，干扰了郑国官方法律的推行，然其《竹刑》仍有可取之处，因此被保留下来，成为与法律并行的教材，在当时的社会变革环境下是具有进步意义的。《列子》是列子及其弟子、后学著作汇编而成，是道家的经典著作。列子在老子思想的基础上发展了道的学说，完善了道家宇宙观，是老子与庄子之间重要的衔接人物。列子认为“无所由而长生者，道也”，道超脱于万物之上，没有任何依靠而自然存在。列子贵虚，非徒其名，而是真正地追求清静无为，以掌握道。《列子》中的寓言故事，如《愚公移山》《夸父追日》《杞人忧天》等，用虚构的故事来说明玄虚之理，妙趣横生，发人深省，推动了中国古代文学的发展。此外，子产在执政期间采行“以宽服民”“以猛服民”的主张，“宽”“猛”相济，既强调道德教化和怀柔，也用严刑峻法和暴力镇压。后来，儒家主要继承和发展了“以宽服民”，法家主要继承和发展了“以猛服民”。儒家学派的创始人孔子推崇子产，称其“古之遗爱”，具有古人仁爱的遗风；战国新郑人韩非子是法家的集大成者，倡导君主专制主义，与子产的“猛政”相契合。从这个层面上讲，子产是儒家和法家的先驱。

外交上，维护国尊。晋楚争霸之时，郑国经历了晋楚的屡次兵患，处境不幸，郑国不得不根据时势反复服从于两国，“唯强是从”。子产为卿后，郑国改行“从晋和楚”的外交路线，以晋为中心，必要的时候，郑国同意，才与楚国交往，改变了被动的外交局面。大国的武力逼迫下，小国不得不向大国进贡贡赋和朝拜，小国的负担日益沉重。通过对晋征朝，劝轻币及献捷于晋等，子产据理力争，维护国家尊严。在这个过程中，需要有极大的胆识，对列国形势的洞察力和作为国家代表的尊严感。春秋时代郑国独立自主的外交策略和战国时期合纵连横的外交策略截然不同，前者注重国家主体利益，强调国家的独立性，后者作为特殊时代的产物也是重要的外交手段，但前者是最根本的出路。

艺术上，雅俗共赏。商业的发展使郑国虽“国小而偪”，却有较强的经济实力，并且商人辗转于各地经商，见多识广，带动郑国的民风开放，《诗经·郑风》多爱情诗，热情奔放，活泼生动。《郑风》与郑声、郑音一起构成郑国文化艺术的佼佼代表。《郑风》是郑国的雅乐，共21篇，属于礼乐教化的重要内容，在《诗经》中占十五国风的八分之一多，其中爱情婚姻占据绝大多数。古代学者多以《郑风》为淫奔之诗，但其内容仍符合周礼，且多隐喻政治事件，孔子仍视其为雅乐。

郑国出土的大批青铜乐器皆用于演奏雅乐，郑国也常常把乐师、乐器作为礼物赠与他国。郑声、郑音则是郑国通俗音乐的代表，在春秋礼崩乐坏之时反映了社会思想的活跃。郑声所代表的通俗音乐，既是对传统雅乐的背叛，也打破了音乐政治教化的束缚，突出其娱乐特征，注重个人感受，“朱弦而疏越，壹倡而三叹，有遗音者矣”，更加注重真实情感表达，把周代音乐引向新的领域，在中国音乐发展史上占有重要地位。

2. 商——郑文化的内涵特质

一个地区的民风、民俗的特色及其发展水平与该地区的社会政治力量发展程度密切相关，互相促进。商、郑时期是郑州地区得到开发的重要时期，自郑国东迁以来，尤其是郑庄公时期的领土扩展将郑国势力拓展到更为广阔的区域，郑国所处的地理位置和子产施行政策为郑国带来了空前的发展机遇。商文化与郑文化的交融，形成了郑州地区独特的文化特征，在内在动力和外在压力的双重作用下，郑州地区的文化在特定的历史时期得以形成和发展。

根据郑州城市自然地理和历史人文特征，结合商代和郑国的发展历程、兴亡历史及其所表现的文化形态表征，可将郑州历史文化内涵特质概括为：**鼎新求变、中和包容**。

鼎新求变：鼎新求变是指为了生存和发展，孜孜以求变革创新。这种文化特质形成了昂扬向上的中原人文精神，对中华优秀传统文化的核心价值产生了重要影响。商代在没有任何先例可循的情况下，不断推进农耕文明，无论是耕作技术、天文历法、创造文字、铸造青铜器，还是营建城邑聚落、改革国家制度，都开创了华夏文明的先河。商代普遍使用青铜器、文字成为华夏文明的独特标志。当时商代的国土疆域堪称世界之最。不仅如此，鼎新求变还体现在许多方面，例如商汤在灭夏的过程中，能够审时度势合理评估自身实力，通过自身蓄势完成既定目标，为商族赢得了天下。又如在郑国东迁的过程中，郑桓公能够敏锐地观察时局并及时作出保全国家的决策和行动，为郑国争取了发展空间。

中和包容：中和包容是对地处中原核心的商郑文化内在人文精神和思想品格的褒扬。商族和郑人生息在社会生产力十分低下的农耕经济初期。赖以生存的天、地、山、河等各种自然禀赋条件使其形成了“天人合一”的宇宙观，认为天地容万物生养、纳百川入海，因此敬畏天地，崇尚天地，效法天地的博大气质，渐渐养成心胸开阔、宽厚待人、和合共生、不走极端的中原人文精神。这种品质也成为后来产生“天地之中”宇宙观和立国治世理念的源头。如郑国太甲被伊尹放于桐宫，认真反省自己，改过自新。又如郑庄公采取一系列举措建立郑国权威时，都善于纳谏，听取公卿的意见。再如子产不毁乡校，允许庶民议政也是坚持虚心听取意见的重要举措等。《诗经·郑风》反映出的民风宽厚淳朴，也与中和包容的中原文化特质密切相关。

3. 商——郑文化的地域分布与传承

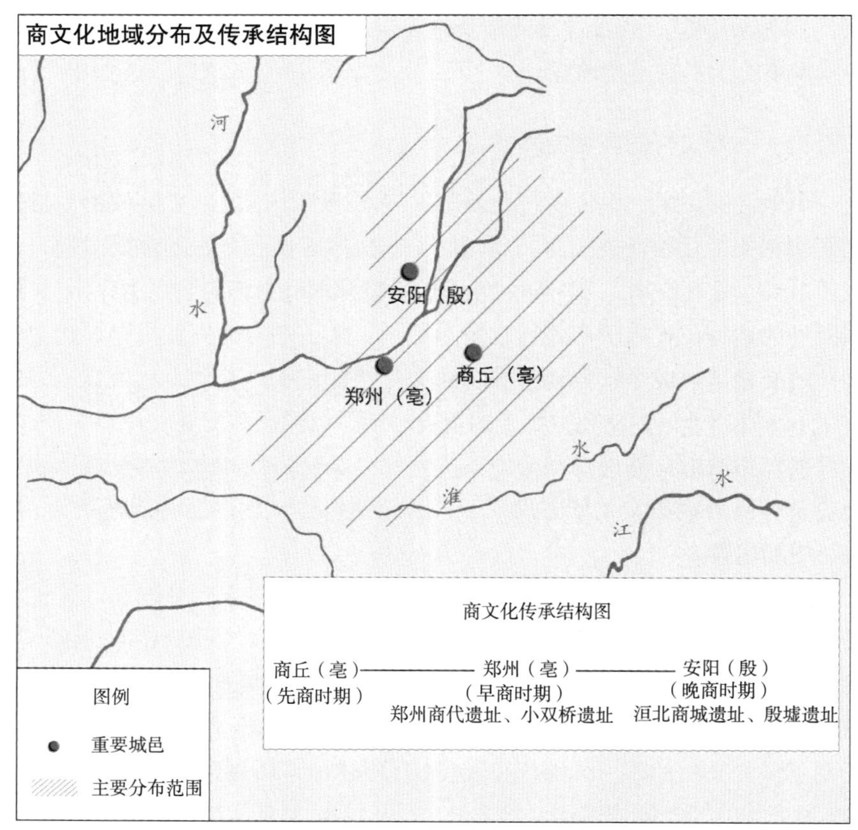

图 4-22　商文化地域分布及传承结构图

夏商时期的统治范围主要集中在黄河中下游地区，以今河南地区为主，覆盖今山西南部、山东西部、河北南部以及安徽西部等地区。都邑一般为早期朝代的文化中心，根据考古发掘显示，二里头、二里岗、殷墟不仅在本地区同时代的文化遗址中发展程度较高，而且带有明显的外来文化融入特征。商文化的分布范围更为广阔，今湖北地区发现有商代方国盘龙城遗址，山西地区发现有商代东下冯遗址、垣曲遗址。以都邑所在的地区为文化中心，可将商文化的核心圈表述为：以商丘、郑州、安阳为 3 个中心点，其他若干商代都邑和离宫别馆相连接构成了一个商文化核心圈。每个中心点代表商文化不同的活跃时间，商丘地区是夏末商族的活跃地带，也是西周初殷遗民的主要聚居地区。郑州地区是商代前期的商文化中心，安阳地区是商代后期商文化中心。

以河南郑州为中心的早商文化在地域分布上十分广阔，湖北盘龙城、山西垣曲商城、东下冯商城等都明显地表示商代前期的文化影响力达到了较为广阔的区域，在考古发掘中的一些器物都具有二里岗文化的特征。商代早期的政治势力也伸展至我国南部、西部以及北部地区，“自彼氐羌，莫敢不来不享，莫敢不来王”，各方国都臣服于商，表明此时王朝的政治、经济十分繁盛。郑州地区的商文化发展至安阳殷墟时期则表现得更为成熟，中国的历史也进入了信史时代。

郑州地区对商文化的传承主要体现在商人、商路、商业等与商有关的范畴领域。春秋战国以来，郑州地区位于各国交通往来的中间，商业活动频繁，荥阳（古荥）逐渐在秦汉之际发展成为繁荣的城市，《盐铁论•通有篇》载：“韩之荥阳……皆天下名都，非有助之耕其野而田其地者，居五诸侯之衢，跨街冲之路也”。郑州的商贸区位优势延续到现今，在古代丝路贸易、近现代的棉花贸易以及当代铁路枢纽和航空港中都具有商业发展的先天条件。20 世纪 90 年代，在郑州发生的“商战”闻名全国，也源自于郑州本土的商文化意识，并在此基础上不断进行着创新发展。考古发掘已经证明商代前期的都城在郑州，而郑州地区的商人活动、商路交通、商业往来以及当前的国际商都建设都在不断续写着郑州商文化传统。

春秋战国时期，郑国疆域从早期的十邑不断扩大，封国数量在减少，封国与封国之间的空隙也在不断缩小，鼎盛时期的郑国东至开封与宋、卫接壤，北至河济地区与晋国接壤，西至河洛地区与东周接壤，南至许与蔡、楚接壤。就郑州地区的主要城邑来看，可将郑文化核心圈表述为：以郑州、新郑和荥阳（今京襄城）为 3 个中心点，其他重要关隘、渡口相连接构成了一个郑文化核心圈。其中，新郑代表的是郑文化中的故都人文，如郑韩故城遗址和王陵、车马坑遗址所反映的郑国文化精髓；荥阳代表的是郑文化中的姓氏人文，如以郑氏三公（郑桓公、郑武公、郑庄公）为拜祭对象的荥阳郑氏宗亲联谊；郑州则代表的是郑文化的传祀人文，郑国国灭之后大部归属洛阳，迟至魏晋才设荥阳郡管辖郑国故地，隋唐始设郑州统领郑地，此后随着郑人身份意识的增强，历代又以子产祠、东里书院、金水河、东里路等来传续和祭祀郑国的人文“血统”。

郑文化具有很强烈的开拓精神，郑国自关中东迁于郑州地区以来，凭借着目睹王室衰败、外族入侵而引发的政治抱负和闯荡精神，终于在这一地区立足，扩展版图。郑国与周王室之间的纠葛拉开了春秋战国争霸战争，随着礼崩乐坏的加剧，客观上促进了中国的统一进程。郑文化对中国古代的儒家、道家、法家的形成与发展都具有重要意义。郑庄公与母“黄泉相见”以及子产“不毁乡校”等所表现出来的仁爱精神为儒家思想精髓，列子对老子思想的阐发形成了先秦老庄道家思想的重要过渡，子产“铸刑鼎”、邓析著《竹刑》以及出生于郑地的法学大家韩非子推动了我国古代法学的发展，这些在当时的社会政治变迁的大环境下表现相当突出，具有进步意义。

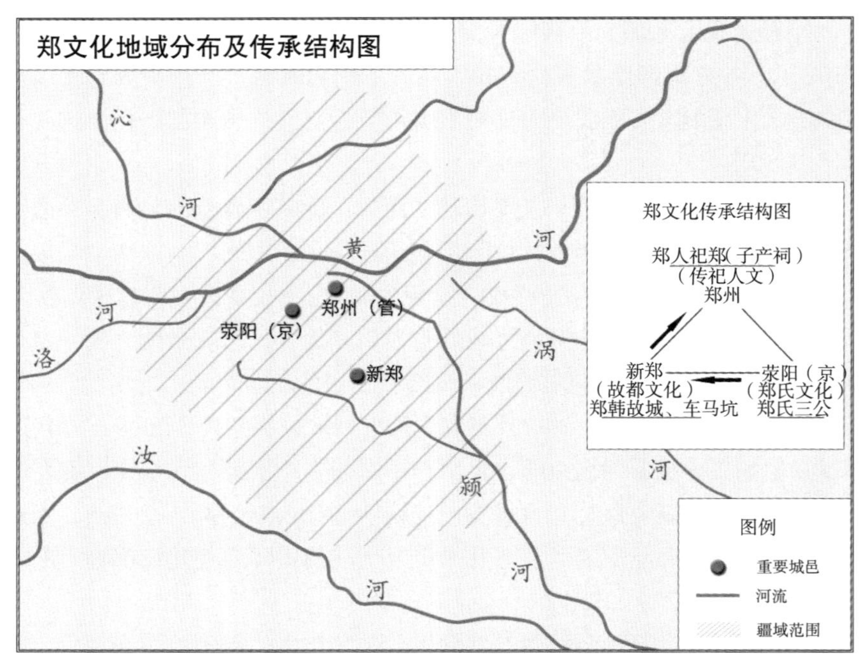

图 4-23　郑文化地域分布及传承结构图

唐代郑州移治于管城县，为郑州古城贴上了郑文化中心的标签。宋元以来，郑州的郑人身份认同和文化认同逐渐强烈起来。元代，子产祠的建立既是统治阶级重视儒学和加强地方治理的反映，也体现了郑州人的郑文化认同。及至明代，子产祠因塌圮常有修缮，明人曾有重修子产祠的记文，明嘉靖《郑州志》有明人撰文："子产功德在郑，岂直一邑，皆庙不于郑，而谁祀哉"，"今去子产二千余年，而郑人思之愈久而不忘"。意为子产对郑的功德流传于后世所有的郑地，作为生活在郑国故地尤其是郑地州城的后人应当祭祀先人，而郑州人的确做到了这点。金水河的由来也与子产有关，子产为政爱民，他去世后孔子称其为"古之遗爱"，百姓为纪念子产也将珠宝投入河中，珠宝的绚丽光芒泛起了金色的斑斓，从此得名金水河。时至今日，在管城区仍有一条以子产封邑东里来命名的东里路。

商人、郑人的称谓是我国华夏民族和文化认同典型代表。汉族是中国的主体民族，为炎黄后裔，在汉朝以前称"华夏"或"诸夏"，汉朝以后因历史上的汉王朝而称汉人。作为主体民族，汉族并不像诸多少数民族那样以单一的宗教信仰、文化特色而呈现明显差异特征，而是开放虚怀、兼收并蓄，形成多元文化的民族。在历史时期，汉人也曾称为唐人，其得名都源于历史上重要的王朝国号，是华夏历史文明发展的高峰期所赋予的文化符号和形象。作为先秦时期人文活动的主体,夏商周中只有商人的称呼传承下来,周代分封的中原诸国如晋、郑、卫、蔡、陈、赵、魏、韩等只有郑人的称呼传承下来，二者仍然具备历史文化意义。现代汉民族的文化主体性与多元性正在于此，商人、郑人所具有的文化含义闪现着华夏民族的独特文化基因，集坚韧与包容于一身，既保持着文化核心内质的同时，又不断融合周边地域、民族所创造的文化，是华夏文明传承与创新的突出现象。因此，应当充分认识商和郑在郑州历史文化名城文化特色中的重要地位。

总之，郑州历史文化中考古文化遗存丰富且层级连续，具有鲜明城市区域特征的历史文化当属商文化和郑文化。在其后的历史发展过程中，郑州历史文化为区域文化所取代，更多地表现为地理、人文内涵所构成的文化特征。我们强调商文化和郑文化并不代表郑州历史文化中只有商和郑，而是就它们本身在历史上的影响尤其是在郑州地区的影响而言，这两者在郑州具有很强的文化代表性。

三、郑州城市形象的代表性文化

从地域人文角度来看，郑州城市文化特征与内涵更多地表现为商—郑文化为主导的城市人文特色；从城市性质角度来看，郑州城市也具有若干代表城市形象的文化形态。郑州在先秦时期曾为都城，在唐宋以来又屡设驿站，也是古代国家区域地理通道上的重要城市，因此古都文化、古道文化、驿城文化是郑州城市最为突出的代表性文化。

1. 古都文化

古都文化具有多方面的特点：其一，古都文化为当代全国文化的汇集和代表，郑州二里岗商文化就吸收融合了多种文化，创造出了新的文化。其二，域外文化的吸收使古都文化更为丰富多彩，作为商品交换工具的海贝等是沿海地区与中央王国进行物质文化交流的见证。其三，古都文化为后代文化的繁衍打下了基础，自郑州商代城址奠定都城空间形态，历代都城的营建于此不断完备。郑州中心城区的古代都城遗址有多处，除了商代城址外，还有西周封国、管国和祭国。管国存在时间较短，周公东征后废管国另以子封祭国。祭国为西周至春秋时期郑州中心城区内的主要封国，春秋为郑所灭但仍为郑国大夫祭氏的采邑。就地位而言，商代都城所代表的古都文化更能体现郑州城市的文化特征。

中国目前公认的古都城市有 8 个，分别为洛阳、郑州、安阳、西安、开封、杭州、南京、北京，其中郑州是第 8 个被史学界承认的古代都城，以发现商代前期的都城遗址而名彰于天下。郑州古都地位是在 50 余年的考古发掘和相关学科专家学者深入研究的基础上才确立的，这座商代早期建立的都城至今已有 3600 年的历史，其建筑规模之大，规划布局之严整，文化内涵之丰富，堪称当时世界之最。郑州商城作为商代早期政治、经济、军事、文化的中心，是中国古都发展史上一个重要的里程碑，在探索三代文明发展史中具有承上启下的重要作用。郑州虽然不像洛阳、西安那样保留有鲜明而又能够辨认的汉唐风迹，也不像南京、北京那样有较大规模且形制完备的明清建筑，更不及属于同一文化主体的安阳殷墟那样保存有商代王陵墓葬乃至大量刻有文字的甲骨，但在古代都城营建史上，郑州商代城址是具有明确布局规划和功能分区的都城遗址。

2. 古道文化

古道文化包含的内容十分丰富：首先，古道是区域间政治、经济、文化等交流的主要道路；其次，古道也是地域文化乃至文明之间不断碰撞交融的文化通道；再次，古道沿线保存了许多人文、地理遗存，如石板道路、桥梁、建筑以及水文、地质环境等；最后，许多古道走向乃至道路线演变为今天的地理交通大动脉。早在夏商时期，洛阳开封一线的东西向的道路就已经形成，秦汉三川东海道指称从洛阳至海州（连云港）的大驰道，汴洛古道就是其中最重要也是最繁忙的一段。在洛阳和开封两个大城市之间，郑州居于其中，南北向交通为渡黄河分往洛阳、古荥（今郑州惠济区）、开封，在这一区域构成相对密集的交通网。今天的汴洛古道为开封、郑州、洛阳之间的城市联结干道所取代，南北之间的古道为途经新乡、古荥、郑州的京广线所取代。要特别指出的是，作为世界文化遗产的大运河，郑州这一段河道从战国鸿沟、隋唐通济渠、宋代汴河到元代为贾鲁河所截断，在一千多年的时间里为东南地区与京师地区进行物质、人员往来的水上大动脉，在古道交通工具和道路修建条件限制下，水路比陆路更为畅捷和繁忙。

《古道歇棚记》载:“古道者，古来人世跨空移时、运往行来之途;贯朝穿代、纫忧缀乐之线。”古道尤指人工开凿或形成的大型交通道路，在军事征战和商业往来方面起着重要连接作用。历史上较为著名的古道有商于古道、羊肠古道、茶马古道、京西古道、剑门蜀道等，而汴洛古道为军事、商贸乃至国家治理中的要道。其中，茶马古道是唐宋“茶马互市”以来西南与中原地区商业文化交流的典范，而汴洛古道与大运河一道，是古代“丝绸之路”上丝绸、布匹转输的大通道。无论是作为陆上与水上的交通古道，都承载着人类文明的进步与发展，是历史进步的母体和载体。

3. 驿站文化

驿站文化主要体现在两个方面：一是为确保国家政令体系和军事预警体系通畅设置邮驿制度是古代社会制度不断完备的体现；二是驿站与驿路相结合构成古代交通运输道路网络演变为今天的中心城市与交通主干相结合的交通枢纽网。驿城分为驿站与驿路，郑州驿站为管城驿，驿路主要为汴洛古道。郑州管城驿从唐代起，一直到民国 4 年（1915 年）才改为贫民工厂，在近 1300 年的历史中，一直为洛阳和开封约 200 公里路程之间的交通大驿站。尤其是在唐代，设在城外的管城新驿既是郑州交通往来繁忙的见证，也是时代社会经济文化繁荣的佐证。宋真宗往西京洛阳时，也曾驻跸郑州，还给祭祀唐将李靖的晋王庙立碑刻赞。明清时期，管城驿主要供军事用途，驿站西面的营门街即是军营所在。此外，城内另设递运所负责押解钱粮输往京师。

驿站起源于秦汉时期的国家交通机构“邮”“亭”“传”“置”等，其制度的重大变革是在唐代，唐中期以前对驿站实行“捉驿”制度，官府取当地富户充当驿站负责人，称为驿将，为军人身份，在安史之乱平定后，驿站遭到严重破坏，漕运、信息和税收不通，驿站开始由军队直接负责管理，这一举措在唐后期藩镇割据的局面下显得尤为重要，军事化管理在很大程度上确保信息传递和赋税征送的通畅，凸显驿站在古代国家治理过程中的重要性。经过此番变革，唐代确立了兵部直属管理驿站的体制，后代基本相沿袭。[①] 关于驿站的著名事件有：唐玄宗在安史之乱时逃往成都的途中，在马嵬驿下令勒死杨贵妃；宋太祖赵匡胤在北上御敌时于开封北面的陈桥驿发动兵变，兵不血刃建立北宋王朝。

四、郑州地区其他文化辨析释义

一个地区的文化是独特性和多样性的统一，郑州历史文化名城是以商郑文化的形态内涵作为主要特色支撑的，又在黄帝文化、夏文化以及革命传统文化等方面有着自身的特点，但是后几者的文化本义及其对郑州地区历史发展的影响不具有特殊性和代表性，以下就相关内容进行辨析释义（黄帝文化在后文的非物质文化遗产保护传承中进行详细阐述）。

1. 夏文化

《中国考古学•夏商卷》绪论中指出：“‘夏文化’是指夏代在其王朝统辖地域内夏族（或以夏族为主体的人群）创造的物质文化和精神文化遗存，核心内

① 况腊生：《论唐代驿站的军事化管理体制》，《军事历史研究》2010 年第 1 期。

容是关于夏王朝（国家）的史迹。需要说明的是，夏文化、商文化同后来的宗周文化、秦文化、楚文化一样，是历史时期考古学文化的名称。它们同以典型遗址或最初发现的遗址地名命名的诸史前文化或二里头文化、二里岗文化、小屯文化的命名原则不同，属于考古学与历史学整合层面上提出的命名”。目前考古学界的共识：仰韶文化、东方文化区的龙山文化不是夏文化。中原文化区的龙山文化（前 2300—前 1800 年）早期超出夏年范围，晚期已接近或进入夏年范围（约前 2070—约前 1600 年）。中原文化区的二里头文化已处于夏年范围，多数学者认为二里头文化（前 1800—前 1500 年）是夏文化。经过几十年的考古发掘，郑州地区处于夏年范围的考古文化遗址大多得以揭露，主要有王城岗遗址、稍柴遗址、花地嘴遗址、新砦遗址、望京楼遗址、大师姑遗址、南洼遗址等。

郑州地区的夏文化，代表性遗存指的主要是王城岗遗址。王城岗遗址为多文化时代遗址，但其核心遗址属龙山文化时期（约前 2300—前 1800 年）。王城岗遗址发掘出来的文化遗存中，年代最早的为裴李岗文化，其次是龙山文化、二里头文化、商代二里岗文化、商代晚期文化及周代文化。遗址内包含大城和小城，小城位于大城的东北部，被视为当代最为重要的考古发现，大城的年代应晚于小城。根据文献记载和考古研究，不少学者主张王城岗大城就是禹都阳城。就学科的研究对象而言，夏都是夏代物质文明的汇集之处，研究夏代早期都城及其变迁问题是夏史、夏文化研究的重要内容，对于探索华夏文明的起源与早期发展历程具有重要意义。河南登封王城岗城址是近年来考古发现的夏时期最重要的早期城址之一，在中华文明起源与发展研究中有重要学术地位和价值。

诚然，与“夏”的文化联系是郑州历史发展过程中的重要一环，但相较于偃师二里头遗址的性质以及文化遗址的内在关联程度，夏文化在郑州地区并不具有代表性，主要理由如下：

其一，华夏数千年文明史并不是以史书所记载的“夏”为开端，推测为“夏”的王城岗遗址不具备文明的重大构成要素。一直以来，我国都有五千年文明史的说法，这个时间从今往上溯已经远远超出夏代纪年范围。华夏文明史主要是从早期先民的农耕生产生活作为开端的，大致相当于考古文化中的仰韶时期，与聚落的形成发展、王朝国家的诞生、生产工具的进步、礼仪制度的形成、文字符号的出现息息相关，王朝国家的出现是文明出现质的飞跃的一项见证。夏王朝的诞生在文献记载中与夏禹、夏启的活动紧密联系起来，但文明的重大构成要素在王城岗遗址中出现明显缺失，如青铜器、文字等，仅仅就城址本体来研究和分析文明是不够的。试图通过文献记载的夏遗民和所谓夏禹后裔活动地域的遗存与夏王朝统治区域内的遗存的比较来反证夏王朝时期的夏文化，从末流向上逆推，这在夏文化已经衰落、文化特质不很明显的情况下，其收效也不会理想。

图 4–24　龙山文化遗址分布图（据谭其骧《中国历史地图集》绘制）

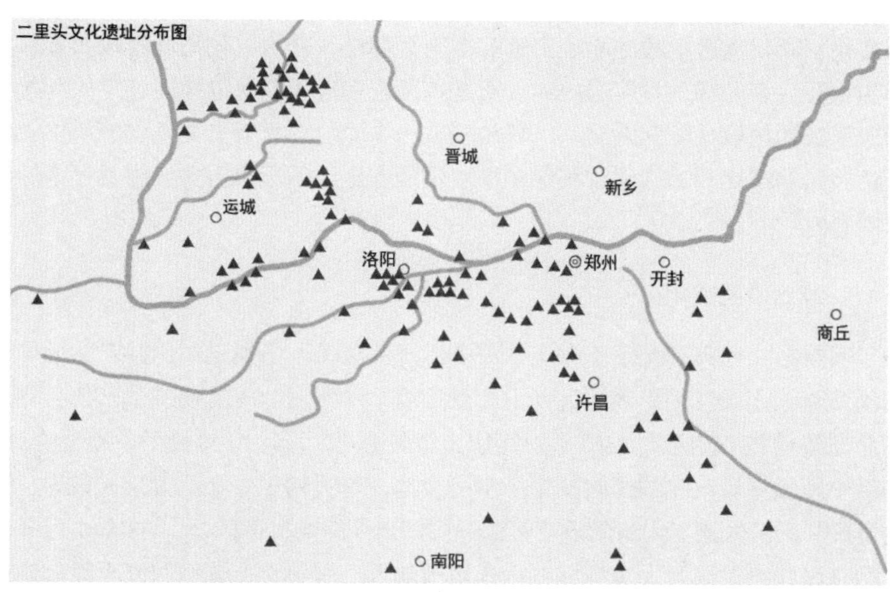

图 4–25　二里头文化遗址分布图（据社科院考古所《中国考古学·夏商卷》绘制）

其二，夏文化本身存在争议并且仍旧处于动态的发掘研究过程中，年代上与“夏”相近的龙山文化晚期和二里头文化是广泛分布的。有关夏文化争议的核心议题是“何者为夏？”的问题，也就是我们以什么样的凭证去认定所看到的文化遗存为夏文化，这是在殷墟出现甲骨文得以与文献进行互证从而解决殷墟文化性质之后需要认真面对的。处于夏年范围内的龙山文化晚期和二里头文化在中原地区广泛而大量的分布，更让夏文化遗存的准确定义失去判断标准。

在长期研究二里头文化的许宏研究员看来，以考古学视角的方式去审视夏文化也能呈现文明发展生动的一面。如果说龙山文化晚期遗存还处于“满天繁星”的状态，那么二里头文化时期已经呈现“月明星稀”的局面，河洛地区的二里头遗址规模和气势呈现了王朝国家的景象。“二里头文化与二里头都邑的出现，表明当时的社会由若干相互竞争的政治实体并存的局面，进入到广域王权国家阶段。黄河和长江流域这一东亚文明的腹心地区开始由多元化的邦国文明走向一体化的王朝文明。”[①] 也就是从二里头开始，华夏文明真正有了一个中心。

学界开展的相关研究已经非常接近历史的真相，但限于没有实物证据进行自证，不能像古埃及那样通过金字塔、古碑刻中的文字建立公元前几千年有关法老的历史脉络，关于我国殷商以前的文化研究，仍有待科学技术的进步和理论方法的创新。因此，不宜纯粹就时间上的相近就想当然地将考古文化与历史文化画等号，这样很容易出现错误和产生误解，应当尽量慎重。基于这些基本概念，早于二里头文化的龙山文化遗存如登封王城岗遗址、新密新砦遗址由于其自证资料缺乏，更难以认定为夏王朝的核心族群夏民族所创造的文化。对于周文化，郑州地区本身的周代史迹并不十分突出，其周文化光环为以西安、洛阳为主要代表的周王室所居的地区所笼罩，更多地表现为以郑国为主的周代封国所形成的地域文化。因此，以郑州城市为主体的郑州历史文化名城历史文化特色当属商文化和郑文化，其他多样文化形态也都是郑州历史发展过程中的重要内容。

2. 革命传统文化

郑州是一座具有光荣革命斗争历史传统的城市，特别是中国共产党领导的京汉铁路工人大罢工影响深远，由此产生的一些宝贵的历史遗迹，已成为郑州革命遗迹的核心内容。如郑州铁路职工夜校是 20 世纪 20 年代的“湖北会馆”和新中国成立后改建的郑州扶轮小学所在地，李大钊等曾在此为工人讲课，这里也成为京汉铁路工人运动重要策源地。郑州铁路局机务段是 1923 年 2 月 4 日拉响京汉铁路总同盟大罢工第一声汽笛的地方。南菜市街管城花园小区后院的玉庆里 4 号是当年京汉铁路总工会筹备处旧址，1923 年 2 月 1 日京汉铁路总工会成立大会的决定就是在这里做出的。1951 年，郑州市在总工会成立的旧址处修建了二七纪念堂，又于 1971 年在烈士牺牲地修建了二七纪念塔。五处革命遗址形成“二七”纪念遗址群。此外，1964 年迁于郑州黄冈寺烈士陵园的吉鸿昌烈士墓则成为纪念中国共产党的优秀党员、著名的抗日民族英雄吉鸿昌烈士以及各界群众祭奠英雄的地方。

---

① 许宏：《二里头：开启华夏王朝文明篇章》，《中国社会科学报》2011 年 5 月 10 日。

郑州革命传统文化的代表性遗存为郑州二七罢工纪念塔，是为纪念京汉铁路工人大罢工中牺牲的烈士，发扬“二七”革命传统精神而修建的纪念性建筑。1923年，在中国共产党的领导下，京汉铁路工人在郑州举行总工会成立大会，遭到军阀吴佩孚血腥镇压，制造了“二七惨案”，引发了铁路工人全线的大罢工。1951年，郑州市人民政府将郑州市西门外长春桥旧址扩建为二七广场，1953年，在广场中置六角木制塔一座。1971年7月1日至9月29日，在木塔原址重建钢筋混凝土五角联体双塔，即今二七纪念塔。1990年5月二七纪念塔更名为郑州市二七革命纪念馆，馆内设有10个陈列展览室和1个地下展厅，陈列面积1000多平方米，陈展内容分为4个单元：京汉铁路的修建和早期铁路工人的斗争、京汉铁路总工会的成立和“二四”大罢工、英勇悲壮的“二七惨案”、踏着“二七”烈士的血迹前进，全面真实地再现了刚刚觉醒的京汉铁路工人在中国共产党的领导下，以政治大罢工的形式同帝国主义支持的封建军阀进行英勇斗争的一幕，讴歌了中国工人阶级团结奋斗、不怕牺牲的斗争精神，以及严密的组织性、纪律性和大无畏的英雄气概，是对广大群众和青少年进行爱国主义教育和革命传统教育的生动课堂。

京汉铁路工人大罢工是中国共产党领导的第一次工人运动高潮的顶点，显示了中国工人阶级的力量，也扩大了中国共产党在全国的影响。毋庸置疑，“二七”大罢工策源于郑州，但从整个京汉铁路工人大罢工的历史来看，郑州地区有关“二七”的工人运动革命传统并不占绝对优势地位。

其一，京汉铁路大罢工主要发生在长辛店、郑州、江岸等地，毛泽东对“二七”大罢工给予高度评价：“中国工人运动是从长辛店开始的”。长辛店工人运动是在北京共产主义小组的领导下开展活动的，这个小组是继上海共产主义小组之后由李大钊发起成立的，在党史上占据重要地位。长辛店最先开始工人罢工活动，其后向郑州、江岸等地传播，长辛店有关“二七”罢工的旧址有劳动补习学校旧址、京汉铁路长辛店工人俱乐部、“二七”纪念馆等。[①]

其二，“二七”惨案是京汉铁路大罢工中的重要事件，当时京汉铁路总工会所在的江岸成为军阀屠杀的重点，林祥谦、施洋等主要人物遇害于武汉。自京汉铁路总工会在郑州成立以后就不断受到军阀破坏，不得不将总工会转移到江岸，2月7日军阀派出军警在长辛店、郑州和江岸等地进行血腥镇压，武汉地区损失惨重，京汉铁路全线牺牲烈士52人，其中江岸就有39人。武汉设有“二七”纪念馆、“二七”纪念碑、施洋烈士公园等有关“二七”罢工的纪念场所。

就党史评价的角度和运动影响的角度而言，郑州地区的铁路工人运动是整个罢工运动的关键导火索，应该从更为全面的角度去认识它。郑州“二七”革

① 杨建国：《长辛店与“二七”大罢工》，《北京晚报》2014年2月12日。

命传统文化是我国近代铁路发展建设、郑州地区的交通区位优势、中国共产党领导下工人运动的展开、近代工商业在中原内陆地区的发展等多种因素交相汇聚形成的，有着更为广阔的文化视野。从文化的意义和塑造来看，革命传统文化对郑州的历史人文塑造远不及数千年以来商文化和郑文化的影响，但它所包含的内容也属于对于郑州历史文化名城重大价值地位判断的论据支撑。

总之，对应历史文化名城的概念，核心区所表现的价值文化特色才是名城的价值文化特色主体，郑州古城自商初建城，则其历史人文特色是从商代以来才不断彰显突出的。因此，所谓夏文化、黄帝文化并不是郑州历史文化名城的特色文化，它们应当分别是登封历史文化名城和新郑历史文化名城的特色文化，所以前文并没有以此直接切入到郑州历史文化名城的价值文化特色研究当中，而建议在登封、新郑申报成为国家历史文化名城以后，以名城为主体进行宏观研究。

第三节　地域文化演变形态及其特征

一、地域文化的多样演变形态

郑州地区的原始社会文化遗址丰富，从旧石器时代进入新时代时代的诸多文化层显示郑州地区文化发展的连续性，在中原地区的考古学文化谱系中占有重要地位。夏代处于夏后氏腹地，商代为都邑所在，西周为管、郐、祭、密、虢等国封地，春秋战国又先后为郑、韩两国的主要领地。秦汉以来，郑州地区进入郡县制分属发展时期，唐代管城县成为郑地州城后，原郑国范围内的部分地区又重新凝聚起来，但在洛阳、开封等朝代都城的强势挤压下，地域文化生存空间不断缩小。近世郑州地区的行政区划和等级不断改属变迁，郑地的文化特性也因城市的发展丧失了许多历史文化形态。

但是从与郑州有关的政府文件、文献著作等方面的梳理发现了几十种文化概念，大大小小的概念充斥其中，诸如华夏文化、中原文化、中华文明、黄帝故里文化、黄河文化、黄帝文化、农耕文化、少林文化、商都文化、河洛文化、遗址文化、商文化、汉文化、三国文化、汉魏文化、隋唐文化、大宋文化、拜祖文化、根亲文化、祖根文化、寻根文化、姓氏文化、嵩山文化、功夫文化、武术文化、古都文化、土城文化、古代帝王文化、宗教文化、老子文化、儒释道三教文化、名人文化、“二七”文化、红色文化、文博文化、军事文化等。由于事物本身带有人类活动的痕迹，基于对事物的不同认识可以认定同类事物具有不同的文化含义，表达出某一方面认知角度、价值取向、态度判断等。因此需要在认同文化多样性的基础上梳理这些文化概念认识的基本逻辑，才能准确地把握郑州地域文化的主体形态特征。

1. 地域文化的多样特征

文化的传承最主要的表现是文化多样性的发展，在继承的基础上不断开拓文化发展的新领域，迸发文化的活力。商、郑文化的融合在郑国历史发展阶段基本完成，郑国灭亡后，战国时期的韩国在经济社会发展方面又有所开拓，如铁制农具的生产和荥阳地区的繁荣。秦汉以来，郑州地域文化继续吸收历史时期人类活动所创造的文化中的有益成分，为地域文化发展谱写新篇章。在商、郑文化形成以后，由于秦汉以来郑州地区行政区划的变迁，郑州地区的历史文化开始具有跨地域特征，如以洛阳为中心的河洛文化，以嵩山为中心的嵩山文化，以黄河为意涵的黄河文化，以黄帝为意象的黄帝文化，以大运河为依托的运河文化等。在诸如此类的地域文化中，首先需要弄清楚这些文化的概念和内涵，从文化的层次上去认识林林总总的文化，便于辨认地域核心文化及其衍生文化，抓住核心文化要素，形成地域文化主体印象。

以科学实证角度而言，考古学并不能与历史学或文献学画等号，没有实物自证的古代大城址的性质仍只能视为推论，不能视为定论。由于夏代时期的文化遗址争议较大，夏文化仍然是一个需要探索的考古学文化，目前主要集中于二里头文化及其相关遗存上。关于二里头遗址的性质又有新的观点，多数学者主夏都斟鄩，新观点有认为是商代城邑的。更早的位于今郑州境内的王城岗遗址、新砦遗址（分别主张为夏禹和夏启之都）的性质定义也以推论意义为主，若二者为都邑又历时较短，文字证物相当缺乏。随着对商代郑州城遗址的考古和研究的不断深入，郑州考古文化的历史面貌也会不断呈现出来。鉴于此，我们将郑州地区的主体文化形态最早上溯至商代，郑州城遗址的丰富遗存信息是商文化的力证，但仍然要强调郑州地区龙山文化晚期和二里头文化遗存丰富，处于上古人类的主要活动区域内和夏文化核心圈内。

商代前期文化及周代郑国文化是人类对河济地区进行开发、在这块土地上活动所产生的区域文化，他们的特征主要体现在政治、经济这两个方面。从政治上看，河济地区位于河洛地区和洹水地区的中间地带，商人迁徙至这一地区后，郑州地区的地位突显出来，成为和洛阳地区并重的早期中国之域。郑国对这一地区的经营及其与东周的地理关系成为大国争夺的首要地区，春秋战国以来郑州地区的战事频繁发生，各方争相引以为国家之根基。从经济上看，商人及其活动是郑国历史上浓重的一笔，“九州通衢”的位置关系和国家对商业的重视态度都为这一地区商业的繁荣打下了良好的基础。尤其是在危难关头，商人能在国家政治中发挥重要作用，而且商人的品德也十分高尚。

秦汉以来，郑州地域文化不断演变发展，产生了许许多多的历史人文活动，不断丰富地域文化内涵。如古荥地区在秦汉魏晋时期的区位显著，地区活动频繁，嵩山地区持续保持着人文往来交融的传统，建筑多样纷呈。近代以来，伴随着两大铁路在郑州的交汇，地域人文活动又有新的特征，在交通枢纽地位发展的同时，郑州地区的商业发展进入新的阶段，也促成了近代工人运动的兴起。

2. 地域文化的层次划分

郑州地域文化分为 3 个主要层次。第一个层次：地域上为中原文化，地理上属黄河文化；第二个层次：中原文化中的嵩山文化，黄河文化中的河济文化；第三个层次：构成嵩山文化的代表性实物如“天地之中”历史建筑群、王城岗遗址、阳城遗址等，构成河济文化的代表性实物，如荥阳故城、荥泽故城（荥泽县城隍庙）、古济水（郑州段部分黄河河道）、大运河（郑州段）等，构成佛教文化、道教文化、儒家文化的代表性实物如少林寺、中岳庙、嵩阳书院等，代表性人物有道家列子，构成诗词歌赋、音乐绘画的有杜甫、白居易、郑虔、李诫，历史名人有韩非子、子产、陈胜、黄帝等。应当注意的是，高度提炼概括的文化在内容上具有交叉性、多重性等特征，要抓住文化实质，从内涵上加以解剖。如宗教文化中佛教文化的代表少林寺，它既是佛教精髓，也是我国汉魏以来时代背景的具体反映，同样包含了建筑制度乃至武术技艺、传说故事等方面的丰富内容。

广义文化指人类在社会历史发展过程中所创造的物质财富和精神财富的总和。它包括物质文化、制度文化和心理文化 3 个方面。物质文化是指人类创造的种种物质文明，包括交通工具、服饰、日常用品等，是一种可见的显性文化；制度文化和心理文化分别指生活制度、家庭制度、社会制度以及思维方式、宗教信仰、审美情趣，它们属于不可见的隐性文化。包括文学、哲学、政治等方面内容。文化有诸多分类方法：如有物质文化与精神文化两分说；物质、制度、精神三层次说；物质、制度、风俗习惯、思想与价值四层次说；物质、社会关系、精神、艺术、语言符合、风俗习惯六大子系统说等。文明与文化之间亦有区别。文明是文化的内在价值，文化是文明的外在形式。文明是一元的，是以人类基本需求和全面发展的满足程度为共同尺度的；文化是多元的，是以不同民族、不同地域、不同时代的不同条件为依据的。

我国具有悠久的历史、广阔的疆域，不同时代有自己的特性，不同地域有不同的风俗，世世代代生活在这片土地上的人们生产劳作，最终形成了广义的中华文明，也铸就了多种多样的文化。我国的文化从不同的角度来划分有若干层次：以地域属性划分，华夏文化包括中原文化、三秦文化、三晋文化、燕赵文化、吴越文化、巴蜀文化、荆楚文化等；以民族属性划分，民族文化包含汉文化、藏文化、壮文化等；以类别属性划分，可以分为宗教哲学、文学艺术、历史名人等，其中又有若干层次，如宗教哲学包含儒家文化、佛教文化、道教文化、伊斯兰教文化等；以地理属性划分，中华文化又可以分为黄河文化、长江文化等。在这些次级文化层中，又可以分为若干子文化，仅中原文化可以从 3 个角度划分：从自然地理特征上看，中原文化区域可分为“一山四水”的典型区域，即嵩山文化区，河洛文化区，黄淮文化区，汉淮文化区，河内文化区；从考古学的新石器文化角度看，可分为仰韶文化区，屈家岭文化区，大汶口文化区。从行政区划、地理位置、天文星区、人文理念、风俗习惯等特征看，可将其分“五方”典型区域，即豫中文化区，豫东文化区，豫西文化区，豫南文化区，豫北文化区。

二、嵩山文化区与河济文化区

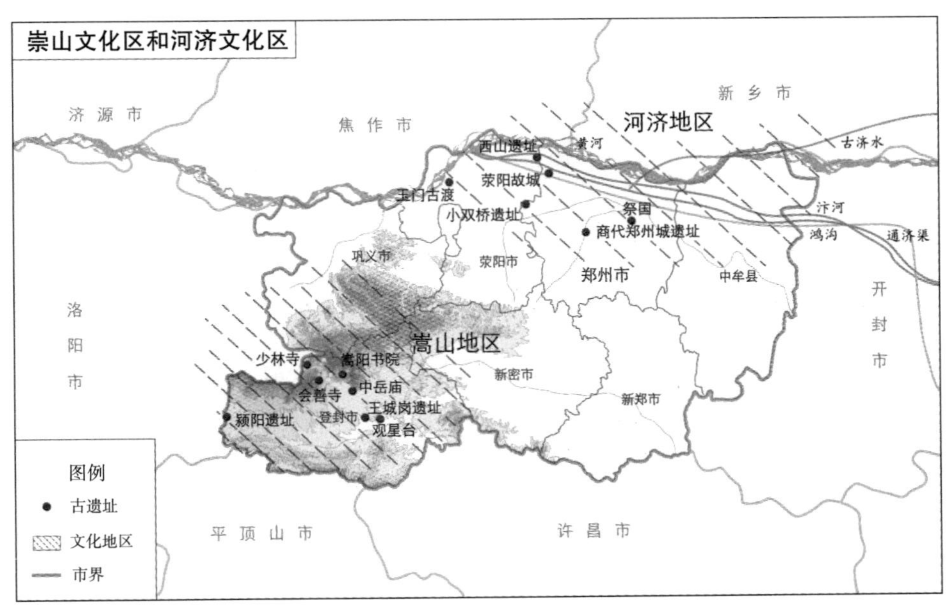

图 4–26　嵩山文化区和河济文化区

由于文化形态多样、分层复杂，对于如何全面理解和认识地域文化应当从文化的共性角度出发，既突出某些元素对地域文化的形成塑造，也突出这些元素本身的象征意义及其代表性。鉴于此，我们以地域文化的典型特征来考察郑州地域文化层次、内涵，认为郑州地域文化可以分为嵩山文化区和河济文化区，突出嵩山和河济地理环境因素对本土人文活动的影响及其性格、形象各方面塑造。

1. 嵩山文化区——古代王权政治的中心、天下宇宙观的中心

嵩山地区有狭义和广义之别，狭义的嵩山地区指的是嵩山本体所在的地区，广义的嵩山地区包括其向周边的延伸地区。嵩山文化区是以嵩山为中心形成的文化区域，在郑州境内的嵩山文化区包含现今登封、新密、巩义等地区，主要有历史、天文、地质、宗教等方面的地理人文内涵，代表性文化形态为世界文化遗产登封“天地之中”历史建筑群。在历史上，嵩山地区的行政区划较为松散，或属禹州，或属洛阳，1949 年后才从行政上划入郑州地区，因此在审视嵩山文化在郑州地域文化中的地位时，应当注意兼顾历史和现实，把河洛地区与嵩山地区联系起来。嵩山文化区的载体是五岳之一的中岳嵩山，在早期传说时代，就有诸多古代帝王在此留有足迹，唐代武则天曾在嵩山封禅祭天。夏商周三代皆以此为中心立国，如禹都阳城，启都阳翟、斟鄩，商都偃师、郑州，东都洛邑，周武王灭商后在太室山祭天，是中国历史上第一次有文字记载的封禅活动，历代帝王也多游历嵩山。天文方面有周公测景，僧一行和郭守敬也曾在此改进历法；地质方面有古代地质活动形成的山地岩层和奇峰异石；宗教方面有佛教建筑、道教建筑、儒学建筑等与三教相盛行，有“文物宝库”之称。在嵩山文化区内，根据物质实物和人文活动等方面又可以提炼出多种子文化，如宗教文化、古都文化、古道文化、天文文化乃至衍生的少林文化、书院文化等。

嵩山古称“外方”，夏商称“嵩高”、“崇山”，周又有天室山之谓，古人以“嵩为中央，左岱右华”，因以呼为“天地之中”。中国地理地势自西向东倾斜，古老的昆仑山脉绵延至此而隆起嵩山，在地质时期经过多次地壳运动，嵩山与东部地区的平原地带形成地势落差。嵩山以东地势平坦、一望无垠，嵩山以西沟壑相间、起伏连绵，促成人文的激荡与交汇。以嵩山为背景所形成的文化景观，自上古时期一直绵延至今，其典型的物化代表就是各个时期兴建的重要建筑。《尚书》载舜帝常常巡守嵩山，《周语·国语》称火神祝融诞生于嵩山地区，其受封地为有熊故墟，《诗经·大雅·嵩高》载：“崧高维岳，骏极于天。维岳降神，生甫及申”，盛赞嵩山之俊美。嵩山及其周边地区文化遗存一脉相承、连绵不断，在华夏文明起源、形成、演变上占据重要位置。嵩山在很早就成为礼制活动场所，秦始皇筑太室山神祠，汉武帝登太室山以通神仙并以 300 户为太室祠供奉，其后演变为道教活动场所中岳庙，代表了华夏本土神灵信仰崇拜的朴素形式。魏晋南北朝时期，佛教在中土的发展在嵩山形成了少林寺建筑群，其宗教理念以及建筑、艺术特征等在保留原有的思想精髓时不断本土化，成为古代思想体系中的一大信仰。儒家自汉武帝取得独尊地位后，日益凸显其在封建统治、官式教育中的地位，在唐宋时期形成儒学发展的一个高峰，建于嵩山之侧的嵩阳书

院即是文化繁荣的时代特征反映。与“天地之中”概念相印证的是历代在此进行的天文测景活动，如周公测影寻“地中”，元代郭守敬在此观星。

嵩山文化区的文化特质主要表现为古代王权政治的中心、天下宇宙观的中心。在神系神话、帝系神话、英雄神话等异彩纷呈的神话体系里，大禹、汉武帝、武则天留给嵩山的帝系神话，是流传最广、生命力最强盛的一个分支。古代帝王立都选址紧靠嵩山，与传说典故有关的西山城址、王城岗遗址、新砦遗址、二里头遗址到郑州商城遗址、偃师商城遗址等均环绕嵩山分布，其后帝王之居皆定于嵩山北部河洛之间的洛阳。古代政治实体的分布特征在人们的思想意识中生成了以嵩山为中心的宇宙观，称为“天地之中”。东亚古代国家特有的天下体系中，帝王之居即是天下的中心，称为“中国”，而古代五岳四海的地理认知中，嵩山独居中间，尊为“中岳”。“天下”之“中国”、“中原”之“中岳”，构成了具有政治、文化象征的意向所指，在古代思想文化领域具有特殊地位。保存至今的“天地之中”历史建筑群是嵩山文化特质的集中体现，文化内涵也更为丰富。

2. 河济文化区——水陆交通上的孔道、军事上的战略要地

河济地区指的是黄河和济水的交界地带，不同于流经 9 个省区的黄河流域。河济文化区指的是在黄河和古济水交界地带形成的文化区域，包含现今郑州市区及古荥、荥阳的跨黄河地带，主要有历史、水文、交通等方面的地理人文内涵，代表性文化形态为世界文化遗产中国大运河（郑州段）。河济地区与河洛地区一样，同为早期人类进入平原地带后的主要活动区域。以黄河和古济水的关系变迁为历史脉络，郑州北部边界逐渐向南收缩，古济水河道也多为黄河所占据，带来沿线城市因黄河泛滥而不断淹没、迁址的惨痛经历。历史上，在河济地区开凿了几条人工运河，先后有鸿沟、通济渠、汴河等，将黄河流域与淮河流域连通起来，这些人工运河不仅是当时的交通运输大动脉，也是地区物质人文交流的主要通道，延伸了河济文化的内涵。自古南北路线上的黄河渡口有若干处，荥阳玉门古渡便是其中一处，近代以来更是成为铁路交通中跨河大桥的选址点。这一地区有西山城址、商代郑州城址、小双桥遗址等都邑古城，还有荥阳故城、荥泽县城等与黄河变迁关系紧密的重要古城以及敖仓等古代军事战备仓储。在河济文化区内，根据地理环境和实物遗存又可以提炼出多种子文化，如运河文化、古都文化、古道文化、荥阳汉文化等。

黄河与济水在郑州地区的关系已经不甚明朗，在明清以来随着地理环境的变迁，济水为黄河所占，淮河也最终汇入长江，只剩下长江和黄河两条大河奔流入海。黄河与济水原本分流共同注入渤海，但自周代以后以黄河在下游不断摆动，最终与济水故道合流，形成今天的黄河走向。如黄河沿线上的济南、

济阳、济宁等城市都曾经是济水河边的城邑，现今都位于黄河两岸。这段黄河改道摆动的起始点就在今天郑州的北部的古荥一带，古济水原是从黄河穿越过来溢出形成荥泽后转而向东流入大海。南宋建炎二年（1128 年），黄河自滑州（今滑县）分别向东、南由济水和泗水入海，潘季驯在明嘉靖、万历年间治河后，黄河主要南流入海，至清咸丰五年（1855 年），黄河从兰考北岸铜瓦厢改道北流，经大清河（原济水一段）注入渤海。由于黄河河道在明天顺七年（1462 年）从获嘉南摆，郑州北部的原阳县地界等不再归属郑州，郑州西北部的荥泽县原址位于今黄河河道附近，康熙三十七年（1698 年）南徙至今古荥镇。

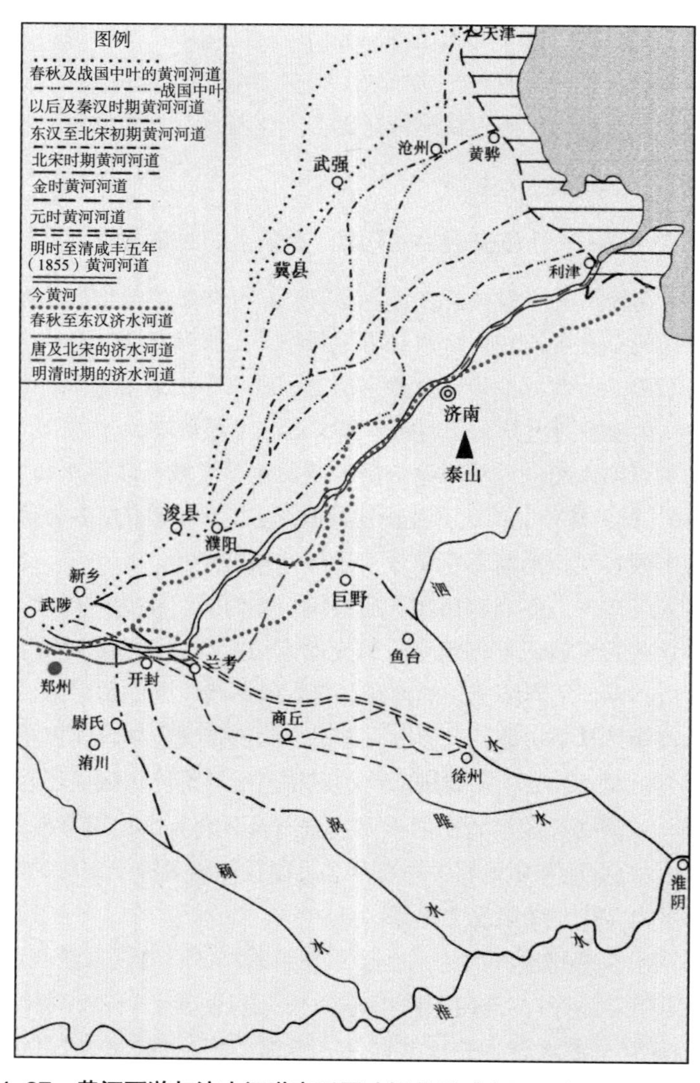

图 4-27　黄河下游与济水河道变迁图（据蓝勇《中国历史地理学》改绘）

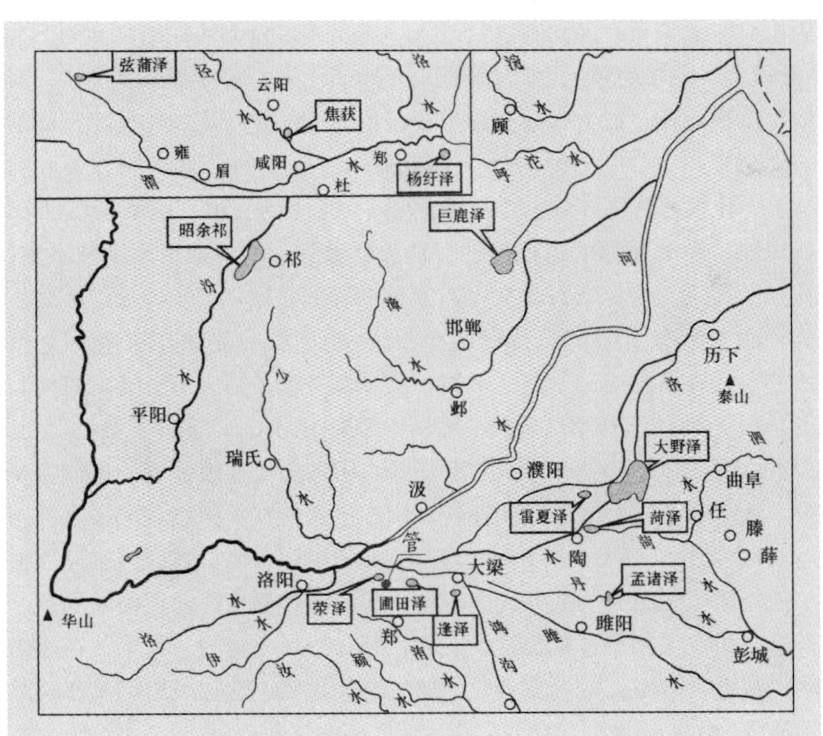

图 4–28　郑州地区黄河济水历史位置和黄河流域湖泊（摘自蓝勇《中国历史地理学》）

应当指出的是，部分学者提出的黄河文化的地域范围包含黄河流经的 9 个省区，其分布特征、具体内容各有不同，并且黄河文化本身的内容主要表现为自然因素带来的自然人文景观，如壶口瀑布、“几”字形、水库、洪水等。郑州地区的黄河文化仅仅表现为北部黄河流经地带的自然风景区，是黄河文化的组成部分，不能以点概面，且其内容空泛、特征单调。而本文所强调的河济文化区专指郑州古荥及周边地区因历史地理环境因素所形成的具有共性特征的文化区域，这一地区的历史人文活动均与这一特殊的地理环境有关。

此外，河济文化区又是黄河文化、济水文化地理文化分类体系中的主要文化内涵的代表性地区。在古人的地理认知中，山川自西向东倾斜涌动，大山延伸出小山、小冈，小河，汇入大河、大海，而从内陆地区发源的河流只有江、河、淮、济 4 条大河是单独注入大海的，称为四渎。古代的天子祭天下名山大川，即五岳与四渎，五岳视同三公，四渎视同诸侯。《史记·殷本纪》载：“东为江，北为济，西为河，南为淮，四渎已修，万民乃有居”，《风俗通义·山泽》又载：“渎者，通也，所以通中国垢浊，民陵居，殖五谷也。江者，贡也，珍物可贡献也。河者，播也，播为九流，出龙图也。淮者，均也，均其务也。济者，齐也，齐其度量也。”古代的自然崇拜在形式上表现为立庙祭祀。从周朝开始，四渎神就作为河川神的代表由君王来祭祀，四渎在汉代进入国家祀典之列，明代称西渎为“大河之神”，北渎为“大济之神”，岁时祭祀。在郑州地区，黄河与济水交汇，又通过大运河与江淮相连，成为水路交通主线，也促进了黄河流域和长江流域的文明交流。

河济文化区的文化特质主要表现为水陆交通上的孔道、军事上的战略要地。在东西纵横、南北贯通的古代地理交通大动脉中，河济地区牢牢地掌控物质、人员往来的孔道，这在新石器文化的分布中特别明显，自东向西、从北往南有两条长长的文化遗址分布带，河济地区恰恰处于文化交汇的中心地区。历史时期形成的东西汴洛古道和南北大驿路，以及自然形成与人工开凿的黄河、济水与鸿沟、通济渠、汴河乃至贾鲁河一道，构成以中原地区向四周发散的交通路网，持续促进文化交流、商贸往来。与此同时，中国历史发展演变的规律表现为兴衰更替，而与之直接关联的改朝换代军事斗争常常从关中烧到东海之滨，从岭南跨越长城内外，又因为诸多朝代将都城立于中原，河济地区因水陆交通通畅以及关隘天险阻隔，多为战争的主战场。如商汤代夏在郑州至洛阳地区、刘邦项羽楚汉之争在荥阳、曹魏奠定大业的官渡之战在中牟等，虎牢关在历史上赫赫有名，敖仓、荥阳、运河在古代征战中至关重要。中国大运河（郑州段）即见证了河济地区古代地理交通与战略传承演变的过程，

郑州地区的嵩山文化区、河济文化区呈现出文化上的厚重与灵动，具有静态的神韵与动态的观感。这两大文化区同以洛阳地区为主的河洛文化区关系密切，它们内部的文化遗址、遗存和历史时期的人文活动异常丰富，在较长的时期内是华夏文明和中国历史演进的主体，农耕文明开启以来，在这里诞生了早期王权国家，更成为华夏中原的指向和标志。应当指出的是，通常所称的河洛地区相当宽泛，不仅仅包括黄河与洛水交汇地带，还包括了嵩山地区乃至郑州，内容相当庞杂。经过对嵩山地区和河济地区的文化内涵分析，有必要重新审视区域之间的内在联系和文化特征。

以洛阳为中心的河洛文化区、以嵩山为中心的嵩山文化区和以郑州为中心的河济文化区，地理位置上相近，文化内质上各异，共同构成了以嵩山为中心的文化圈。从自然地理的因素考虑，它们是黄河流域的中心地区，也是中原地区的腹地；从人文历史的角度考虑，它们是史前以来人类活动的中心地带，中原王朝在此立都近三千年；从行政建制的隶属考虑，它们之间历来都密不可分，嵩山古代归属洛阳而现今归属郑州。嵩山文化圈恰如华夏历史文明的内核，华夏从这里不断向外扩张的同时，也掐住物质人员往来和思想文化交流的孔道，形成四方向中央汇聚的文化融合，因而华夏后裔在探寻最早的“中国”和自己的祖先时将目光投向于此，以此为中心强调天下国家体系和思想文化认同，颇具历史文化深意。

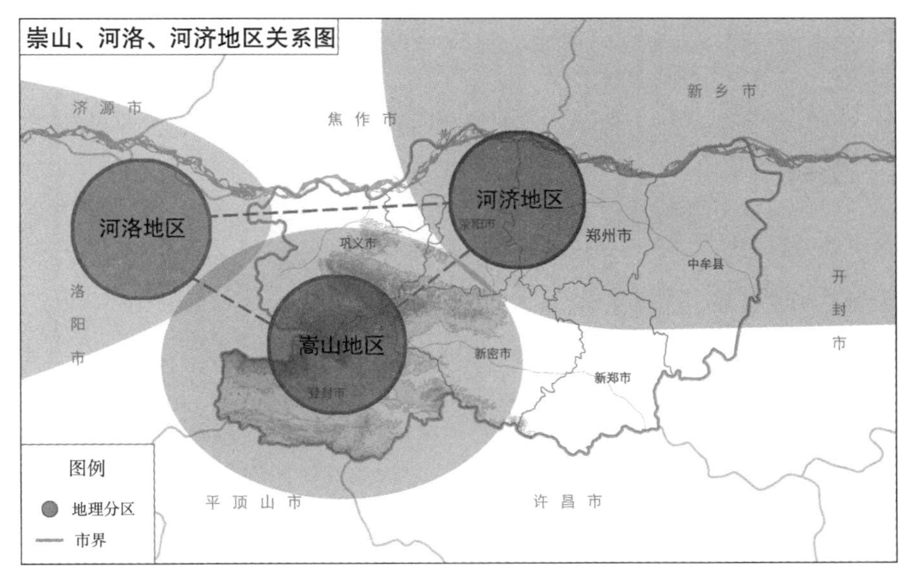

图 4–29　嵩山、河洛、河济地区关系

三、“一核两区多元”的文化结构

地域文化是指一个地区在历史发展过程中，本地区人类在实践中所创造的文化总和，具有时代性、延续性、整体性。因为文化形态的多样，这些具有不同特征的地域文化可以根据一定的分类方法进行共性概括。郑州地域历史文化可以建构为以“崇商祀郑”为核心的“一核两区多元”的文化结构，即以商—郑文化所形成的历史文化为核心，在郑州地区内衍生的嵩山文化和河济文化是两大区域文化，在郑州地区衍生的诸多文化体现了郑州地域文化的多元性。商—郑文化也是两大区域文化中的重要历史文化成分，城市历史文化与城市区域文化在城市本体与城市体系的关系变迁中互相融合，不断丰富城市文化形态和内涵。

1.“一核两区多元”文化结构释义

郑州城市和地域文化结构　　表 4–2

性质	名称	繁衍时间	主要内涵
一核	商文化	商代前期	顺势应变、团结自强、爱国奉献、中和包容
	郑文化	春秋战国	
两区	嵩山文化区		古代王权政治的中心、天下宇宙观的中心
	河济文化区		水陆交通上的孔道、军事上的战略要地
多元	古都、古道、佛教、道教、儒家、运河、少林等		

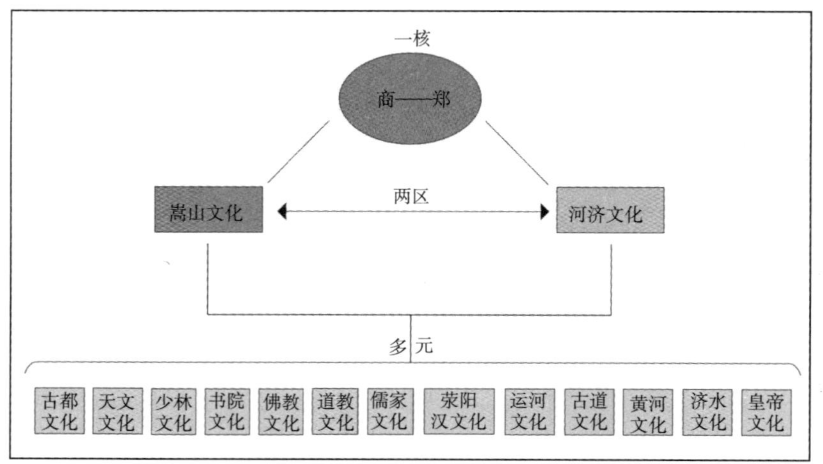

图 4-30　郑州地域文化结构示意图

一核：以"崇商祀郑"为内涵的商——郑文化。在历代文化的演变过程中，"崇商祀郑"成为郑州地域文化的主要内容，文化的融合和生命力十分旺盛，秦汉以来的地域文化特点都表现出这个本质特征。

所谓"崇商"，指的是对商代、商人、商业的重视和尊崇，包括商代时期郑州的商文化形态特征和历史地位，郑国时期商人对郑国的贡献及其受到的信任，郑地因为自身地理交通区位的重要而形成的商业贸易繁荣。所谓"祀郑"，指的是对郑国历史人文地理等诸方面的传承和纪念，郑国虽已远去，但唐代郑州的地域范围以及今天郑州的地域范围都是在将历史上的郑国区域凝结起来，以此传续共同的文化底蕴，郑文化是市域内各县市共同拥有的独特历史文化。商朝和郑国对郑州地区的开拓是郑州地域文化奠定的历史时期，广大的地区逐步纳入到以国都为中心的文化圈中，并催生了独具历史人文特征的文化形态和内涵。因为地理区位的特点，商人在此进行四方往来的贸易，突出的两个时代是春秋战国和民国时期。因为郑国的历史地位，郑人在时代的辗转中保存承续着郑国的历史人文，突出的特点是对"郑"地的命名和对子产的祭祀。

商——郑文化是郑州地域文化的历史基础，在此基础上历朝历代的郑州人民创造了多种文化，但其根基始终是以商——郑文化的核心特质为文化内质的。郑州在商代为都邑城市，但城市的衰落和淹没尘封了这一地区的历史人文活动，其主要特点为殷商遗民所继承，并在郑国对此地的开拓中不断融合，郑国对中原小国的兼并是本地区文化集聚发展的关键时期，尽管郑州地区在秦汉以来分别受到洛阳和开封两大都城的影响致使本地区文化独立发展受到阻断、压缩，但郑州地区历史文化所孕育的内涵特质是挥之不去的。

新石器时代 夏 商 东周 秦汉 魏晋南北朝 唐宋元明清 民国
裴李岗文化
仰韶文化
龙山文化
二里头文化
二里岗文化
（商文化）
郑文化
古聚落
古聚落
古聚落
古聚落
以商代郑州城为中心的城市体系
以郑韩故城为中心的城市体系
以荥阳为中心的城市体系
以管城为中心的城市体系
现行行政建制：以郑州市区为中心的城市体系

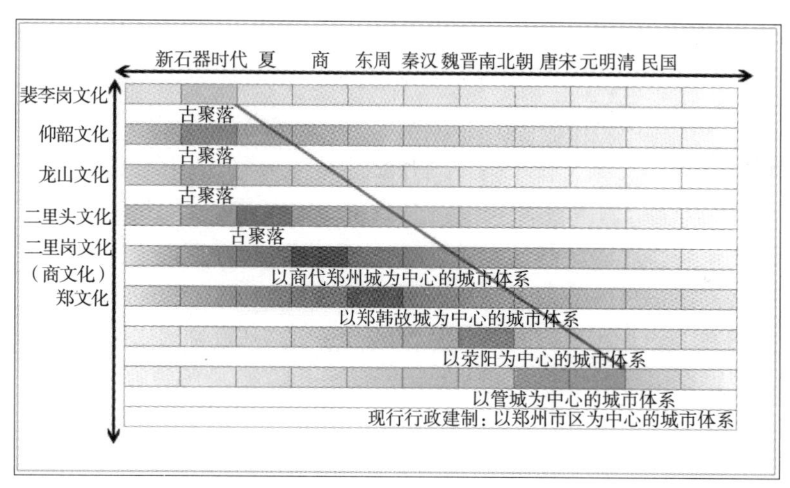

图 4-31　郑州市历史文化示意图

二区：以地理特征为特点的嵩山文化区和河济文化区。郑州地域文化从上古时期繁衍至今，多彩纷呈的地理人文形成了两大文化区，嵩山文化区和河济文化区是地域文化演变发展最具代表性也最为集中的文化区域，两大世界文化遗产又是地域文化中的佼佼者。嵩山地区为昆仑山脉自西向东延伸往平原地带过渡的地区，河济地区为太行山脉自北向南延伸且黄河和济水在此相汇形成的冲积带地区，这样的地理特征对郑州人文的塑造是鲜明的。嵩山文化区中，历史、天文、地理、宗教等包罗万象，与河洛文化、河济文化等关联密切，在华夏文明形成和发展过程中地位突出，历史时期线索贯古通今。河济文化区中，历史、水文、交通等风云变幻，是古道文化、运河文化、古荥文化等诸多要素文化共同的地域特征，也是中华文化中黄河流域文明的集中缩影。

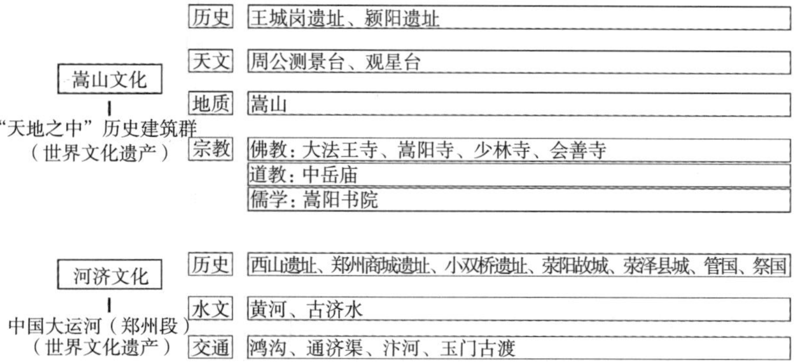

嵩山文化
“天地之中”历史建筑群
（世界文化遗产）
历史
王城岗遗址、颍阳遗址
天文
周公测景台、观星台
地质
嵩山
宗教
佛教：大法王寺、嵩阳寺、少林寺、会善寺
道教：中岳庙
儒学：嵩阳书院
河济文化
中国大运河（郑州段）
（世界文化遗产）
历史
西山遗址、郑州商城遗址、小双桥遗址、荥阳故城、荥泽县城、管国、祭国
水文
黄河、古济水
交通
鸿沟、通济渠、汴河、玉门古渡

图 4-32　嵩山文化和河济文化形态内容

多元：以黄帝文化为代表的多元地域文化。郑州地域文化又具有多元特征，包括历史、地质、天文、水文、宗教、交通等方面，其具体文化形态有城址、建筑、河道、人物及其相关的历史人物活动等。其中，最具代表性的有黄帝文化、少林文化等。以传说人物黄帝为代表的历史名人与华夏文明有着密切的联系，其所处时代的物质生产生活呈现史前时期的开创景象，人文始祖的尊崇形象为历代所供奉和祭拜，影响深刻、广泛且长远。以少林武术为代表的少林文化与佛教传入中国和嵩山地区的地理区位相关，历史传说和故事为少林武术蒙上了神秘的色彩。黄帝文化和少林文化具有非物质特征，其保护传承依赖于具体场所和环境，将在非物质文化遗产保护传承中进行阐述。

2.“一核两区多元”文化结构关系

“一核”强调的是作为郑州历史文化名城核心的郑州城所具有的文化特色，即曾作为商代都城和郑地州城的郑州历史城市，在历史时期人类活动的基础上表现出来的文化形态表征与内涵特质。商人、郑人在郑州的历史活动造就了郑州典型的商文化和郑文化，其遗存实物、历史建筑都具有或反映了时代特征，如商代都城遗址、子产祠等，并且通过社会文化活动的传承延续了商文化、郑文化的某些重要内容，如商业贸易交通往来、祭祀郑大夫子产等。商——郑文化应当成为郑州历史文化名城文化特色和形象塑造的核心内容。

“两区”强调的是作为郑州历史文化名城不可缺少的内容，嵩山地区、河济地区的文化遗存构成了郑州历史文化名城历史价值地位、文化特色内涵的重要补充内容，突出的代表即为两大世界文化遗产。尤其是这两大文化区具有源远流长的历史文化轨迹，传递着华夏历史文明演进的关键信息。嵩山地区和河济地区的地理区位与地缘环境造就了这一片区人类活动的活跃性、丰富性与重要性，这在历史文献的记载、口头传说的流传以及考古发掘的探寻中不断得到印证，并且在其后的历史进程中仍旧扮演着重要的角色，成为物质与精神荟萃交融、人物与事件辗转其中的主要场所。商——郑文化中的历史信息和要素有机地体现在两大文化区中，是两大文化区中重要历史文化环节。商——郑所代表的郑州城市历史文化统一于具有区域乃至世界历史文化地位的长河之中，既显示了华夏历史文明的博大广袤，也彰显了其精深入微的一面。

“多元”强调的是郑州历史文化名城文化内容和特色的多样性，在多元文化体系当中，文化的层次和内容之间具有关联性。在数十万年的现代人演变历程以及数千年的历史长河之中，随着人口的增加以及活动的丰富，文化也在持续不断形成，有的内容具有地域色彩，有的内容具有广域特征。在分析文化本身内容特征和相互关系的基础上，突出地域色彩的文化，并且挖掘广域文化中本地文化的价值特征，从而能够更准确、更深入地把握郑州历史文化名城文化特色。

在深入挖掘文化特殊性的同时，应当看到文化的普遍意义。如郑州所提倡的少林文化实际上属于禅宗文化的一支，而禅宗文化又属于内容更为庞大的佛教文化；又如书院文化体现了古代儒学教育的发展进步，当从儒家文化的角度去探求书院的文化意义和象征；又如黄帝文化，在郑州地区的具体表现为具有非物质文化特征的黄帝拜祖大典这样一项古老的民间习俗传统，通过具有喜庆意味的活动来庆祝黄帝在此诞生，并纪念其功德，由于黄帝的神话意味浓厚，史书记载的黄帝活动范围广阔，黄帝文化在不同的地方就有不同的形式和内涵，当从本土黄帝拜祖的传统中去弘扬和传承具有地域特征的黄帝文化。因此，应当辩证地看待郑州地区文化的多样性及其价值意义，并且准确地理解文化与本土的价值融合。

综而述之，以“崇商祀郑”为核心，打造和践行“鼎新求变、护国担当、并力同心、中和包容”为内涵的郑州城市精神，是基于郑州地域历史文化本体进行提炼的。以区域发展为要务改革创新、在生活和工作中追求爱国奉献、以和谐稳定为前提团结自强、在为人和处世方面宽怀包容，这是郑州地域历史文化赋予我们的现代意义。在华夏历史文明的传承上，嵩山文化和河济文化是两条重要的地域主线，自夏商周以来，中原、中岳构成一体，黄河、济水汇成一线，地区的文化厚度代表着文明的持续性，在华夏文明的繁衍中不断见证各个历史时代，形成根底深厚、灿烂多姿、包罗万象的文化景象。

FIVE CHAPTER

第五章

郑州历史文化名城保护工作与现状评估

第一节　历史文化名城保护工作回顾

一、名城保护工作的缘起和阶段特征

我国对历史文化名城的保护最早可追溯到 20 世纪 40 年代末，始于对新中国成立前北平城文物古迹的保护。北平解放前夕，为了保护这座古都，中央军委决定同北平守敌谈判，争取和平接管，1946 年 1 月 16 日发出关于保护北平文化古城电报，指示前委“必须作出精密计划，力求避免破坏故宫、大学及其他著名而有重大价值的文化古迹”，并请梁思成先生在北平军用地图上标出北平城内重要古建筑的位置，以免被迫攻城时造成文物古迹的破坏。北平解放后，又将梁思成先生主持编写的《全国重要文物建筑简目》印发给南下部队，用于各地作战和接管时保护古建筑，自此拉开了对我国历史文化名城及文化遗产保护工作的序幕。

郑州是国家历史文化名城，是具有 3600 年历史的我国古代都城之一，历史久远。郑州各类文物古迹达 10315 处之多，以地下埋藏为主。自新中国成立起，郑州市委、市政府在党中央的领导及号召下，十分重视历史文化遗产的保护工作，尤其是 1994 年被国务院批准为国家历史文化名城后，立即邀请清华大学建筑学院编制《郑州历史文化名城保护规划（1995—2010 年）》，将其作为城市总体规划的一个专项规划纳入《郑州市城市总体规划（1995—2010 年）》。历经半个多世纪的不断实践和探索，郑州对历史文化名城及文化遗产的保护工作积累了丰富的经验，取得了瞩目的成就，但与此同时也存在一些突出问题。回顾新中国成立以来郑州历史文化遗产及名城保护工作，大致可划分为以下两个阶段：

1. 中华人民共和国成立到 1994 年——文物保护阶段

这一阶段我国在经济建设上实行计划配置资源的经济体制，致力于推进工业化发展，对于文化遗产的保护采取完全由国家财政负责的体制和政策。新中国成立后，郑州被国家确定为重点建设城市之一，城市进入了快速发展时期。首先，新建了一批重点大型建设项目。“一五”期间，根据全国生产力布局需要，国家在郑州投资兴建、改造、扩建了 5 个棉纺厂、纺机厂等以轻工业为主的大中型骨干企业，奠定了郑州作为国家重要轻纺工业基地的物质基础。

在重点发展大型工业项目的同时，国家相关部门十分重视对郑州历史遗存的文物，特别是大遗址的考古发掘和研究。1950 年考古学家韩维周发现郑州商

城遗址并报告文物部门，1954年春，郑州市城市基本建设工程全面开展，考古学家安金槐带领郑州市文管会的工作人员在二里岗一带开展了大规模的考古发掘工作。1955年发现城墙遗址并确定此为商代城市。可以断定郑州商城东北部，就是商代二里岗时期王室贵族的宫殿区。1961年，郑州商城遗址被国务院列入第一批全国重点文物保护单位，也是郑州国家级历史文化名城的核心和主要支撑内容。此后，商城遗址的发掘研究工作不断加强。

这一阶段，由于我国经济基础比较薄弱，没有太多资金投入文化遗产的保护，加之此时人们的保护意识尚处于初始阶段，对文化遗产的保护一直局限在文物古迹个体保护的范畴，尚无名城整体保护的意识。郑州市在新中国成立后30年间编制的多次城市规划方案中均没有对整个古城的保护作出具体的规定，对商城遗址勘探也不够全面，尤其是对保护范围内的建筑高度控制不力，致使商城遗址在整体风貌和具体维护方面均没有很好的效果。“文革”动乱时期，郑州许多文物古迹、老建筑遭受了严重的破坏，非物质文化遗产大量消失。

1982年颁布了《中华人民共和国文物保护法》，标志着我国以文物保护为中心的文化遗产保护制度形成，并首次把历史文化名城保护纳入法制轨道，国务院公布了第一批国家历史文化名城的名单。该阶段的保护内容从单个的文物古迹扩大到了成片的历史地段和更大范围的古城，包括古城的整体格局和传统风貌。

2.1994年至今——历史文化名城与文物保护阶段

1994年郑州市被批准为国家历史文化名城后，郑州市人民政府立即邀请清华大学建筑学院编制《郑州历史文化名城保护规划（1995—2010）》，初步形成了保护方法框架结构。规划将历史文化名城分为3个层次，市域范围名胜区保护及旅游体系规划；市区范围名城保护规划；市区重点地区名城保护详细规划。确立了以“保护为主，抢救第一”的方针和“整体保护，积极保护”的原则，并与旧城改造、经济发展紧密结合，做到既有利于经济发展，又有利于文物保护。该规划作为城市总体规划的一个专项规划纳入《郑州市城市总体规划（1995—2010年）》，于1998年12月获国务院批复。之后，郑州在历史文化名城保护中始终坚持这些原则，采取多项措施，加大历史文化名城保护力度。

从省级政策层面看，1995年河南省发布实施了《河南省古代大型遗址保护管理暂行规定》，2005年施行《河南省历史文化名城保护条例》。地方性法规的相继施行为大遗址保护和历史文化名城保护提供了可靠保障。这一时期，无论从保护规划内容看，还是从公共政策的制定与执行看，名城保护总体上仍偏重于文物保护，重视制定文物保护规划的编制和实施，严格按照文物保护规划要求，保护以商城遗址为标志的各级文物建筑、遗址和遗迹，监管控制建设行为，但对保护历史文化名城还缺乏清晰的思路。由于这一阶段正处于我国不断加快工业化、城镇化进程时期，经济建设进入快速增长，大规模的旧城开发改造导致历史文化名城、历史文化街区、历史地段、文物环境和历史建筑面临严峻挑战。

从市级层面看，郑州市从 2003 年起，通过举办商城遗址保护利用专家研讨会、郑州学术座谈会、商城遗址学术研讨暨规划评审会等，向专家学者征集保护、开发、利用历史文化资源的意见。2009 年，根据《中共郑州市委郑州市人民政府关于印发郑州市人民政府机构改革实施意见的通知》(郑文〔2009〕179 号)，设置郑州市文物局，为主管全市文物和博物馆事业的市政府工作部门，增设遗产管理办公室，并将郑州市文物考古研究所和城市文化研究所进行了升格和扩编；新建了郑州市文物稽查大队，加强日常巡视和破坏文物案件的查处，进一步夯实了历史文化名城保护工作的基础。

继 1994 年《郑州历史文化名城保护规划》作为城市总体规划的一个专项规划纳入《郑州市城市总体规划(1995—2010)》之后,《郑州市城市总体规划(2010—2020)》再次将历史文化名城的保护作为重点内容列入总体规划之中，划定了包括自然保护区与风景名胜区、地下文物埋藏区、人文景观保护区、生态环境屏障区等在内的禁止建设区、限制建设区，加以严格保护。2004 年，郑州市文化局委托清华大学编制《郑州商代都城遗址总体保护规划》，历经 4 年，经多次论证，2008 年才上报国家文物局审定。为了使保护更加科学，又委托中国文化遗产研究院编制了《郑州商代都城城墙墙体保护方案》。在此基础上，为了彻底解决商城遗址较大范围的保护问题，经国家文物局批准立项，再次委托清华大学编制了《郑州商代都城国家考古遗址公园建设规划》。2011 年郑州市人民政府立即公布：“郑州市人民政府关于公布郑州市级文物保护单位保护范围和建设控制地带的通知，要求各县（市、区）人民政府、市人民政府各部门、各有关单位按照《中华人民共和国文物保护法》《中华人民共和国文物保护法实施条例》、《河南省实施文物保护法办法》等有关规定及国家、省有关文物保护政策，切实加强郑州市级文物保护单位的保护管理工作，按照市级文物保护单位保护政策，切实做好郑州市市级文物保护单位的保护工作”。

郑州市 2008 年还在完成了《郑韩古城文物保护规划》，2009 年完成了《郑州市城乡优秀近现代建筑保护规划中心城区保护规划》《郑州新区文物保护总体规划》，2011 年完成了《大河村遗址保护规划 2011》，2012 年完成了《郑州商城遗址公园（南片区）详细规划》《宋陵保护总体规划》等，在名城保护工作中做到了规划先行、科学规划。

制定完善的地方性法规是加强历史文化名城保护工作的基本保障。2003 年《郑州市登封观星台嵩岳寺塔少林寺塔林保护管理条例》、2005 年《郑州市古树名木保护管理办法》等一系列规范性文件的出台，让郑州的文化名城保护走上了法制化道路，保护工作的主动性、权威性得到了充分体现。

随着郑州市所辖登封、巩义、新郑被列为河南省级历史文化名城，按照《郑州市城市总体规划（2010—2020）》，形成郑州国家历史文化名城、省级历史文化名城两级名城保护体系，规划郑州商都历史文化片区、古荥汉文化历史文化片区、嵩山历史文化片区、黄帝故里历史文化片区、河洛历史文化片区构成的整体保护格局。划定书院街、文庙—城隍庙、德化街—大同路为历史文化街区，保护城市文脉和历史风貌。这些举措作为郑州今后城市保护规划的重要指引，旨在完整保护郑州古城传统格局和历史风貌，为历史文化名城保护与发展奠定基础。

总体规划实施过程中，按照规划确定的规划实施措施要求，2010 年，郑州市文化局委托北京清华城市规划设计研究院编制了《郑州商代都城遗址保护规划》；2011 年，郑州市文物管理局委托北京清华同衡规划设计研究院完成了《大河村遗址保护规划与考古遗址公园规划》等多项与名城保护有关的规划。这些专项保护规划使总体规划确定的保护原则和要求具体化为保护方案。

在保护规划的实施过程中，郑州市积极申报各级文物保护单位，保护内容和范围不断扩大。截至 2015 年，郑州市共有各类文物古迹 10000 多处，其中全国重点文物保护单位共 74 处 80 项；省级重点文物保护单位 95 处；市级重点文物保护单位 268 处。此外还有众多县级文物保护单位。无论文物保护单位的数量还是规模，均居全国各城市前列。2011 年在国家文物博物馆事业发展"十二五"规划中，郑州与西安、洛阳、荆州、成都、曲阜一起被确立为"十二五"期间国家重点支持的 6 个大遗址片区。郑州商城、郑韩故城、大河村、宋陵、古城寨、王城岗 6 处大遗址被列入国家重点保护的 150 处大遗址榜单，这为郑州历史文化名城保护工作带来了新的机遇。

在历史文化名城保护实践上，对文化遗产的资源化利用进行了探索和创新。郑州市委、市政府投入大量资金，对现有文物保护单位进行维修保护，先后投入 270 多万元对纪公庙进行了保护维修、环境整治，并对社会免费开放；投资 600 万元对二七纪念塔进行维修、陈展提升及消防和水电改造；下拨经费 100 万元对古荥城隆庙进行了修缮；争取国家资金约 3300 万元对郑州城隍庙、文庙进行了重修和维护。组织实施了北伐阵亡将士祠堂、康百万庄园、崇福宫、李诚墓等多项本体维护及环境整治工作。此外，积极举办文物成果展、知识竞赛、文化庙会等活动，不断增强市民保护历史文化名城的意识。郑州市利用历史文化资源建设了一批地方特色的博物馆，如郑州博物馆、大河村遗址博物馆、河南博物院等。

在非物质文化遗产传承上，建设郑州非物质文化遗产展示馆，并免费开放。2006 年，成立郑州市非物质文化遗产保护中心，负责全市非物质文化遗产保护工作。为加强领导，积极推进非物质文化遗产保护工作，郑州市人民政府成立了“郑州市非物质文化遗产保护工作领导小组”，由主管副市长任组长，各有关局委及各县（市）区主管领导为成员。领导小组办公室设在郑州市文化局（现为郑州市文化广电新闻出版局），同时成立了“郑州市非物质文化遗产保护工作专家委员会”，负责为全市非物质文化遗产保护提供专业咨询、论证、评审与业务指导。2008 年郑州市人民政府批准公布了第一批市级非物质文化遗产名录（57 项）。

在公共政策制订上，郑州市针对部分历史文化遗产制定了具体的政策法规。其中包括自 2000 年 5 月 1 日起施行的《郑州商城保护管理规定》、2003 年 12 月 1 日实施的《郑州市登封观星台嵩岳寺塔少林寺塔林保护管理条例》、2005 年 9 月 10 日实施的《郑州市古树名木保护管理办法》、2015 年 1 月 1 日施行的《郑州市郑韩故城遗址保护条例》。以上规范性文件的出台，让郑州的文化名城保护走上了法制化道路，规范了名城保护工作，体现了保护工作的主动性、权威性。2010 年 2 月 1 日起实施的《郑州市城乡管理条例》针对文物及文物保护区做了相关法律规定。

总而言之，郑州列入国家历史文化名城以后，在制定的两次总体规划和一次名城保护规划中，确定了名城保护的内容，保护思路不断深化，保护的范围不断扩大，保护的机制逐步调整优化，保护的实践不断取得新的突破，虽然目前还存在不少的问题，但历史文化名城保护工作整体上正在逐步形成一条保护与综合开发利用相结合的道路。

二、名城保护公共政策体系分析

历史文化名城保护的公共政策，是历史文化名城保护的公共意识和公共意志的体现。在我们国家，历史文化名城保护的公共政策，是指党和国家机构为了促进历史文化名城保护、更新和发展而制定的法律、法规和其他合法性政策文件，以及管理制度、管理机构、管理机制的总和。郑州历史文化名城保护的公共政策体系包括元政策、核心政策、专项政策和基础性公共政策 4 个部分。

1994 年郑州市被批准为国家历史文化名城后，郑州市人民政府，确立了以“保护为主，抢救第一”的方针和“整体保护，积极保护”的原则。倡导名城保护工作与旧城改造、经济发展紧密结合，做到既有利于经济发展，又有利于文物保护。之后，郑州在历史文化名城保护中始终坚持这些原则，采取多项措施，加大历史文化名城保护力度。但是，郑州市名城保护公共政策体系仍旧存在着一些不足和问题，以下为对名城保护公共政策体系进行的具体分析：

1. 国家及省级元政策为郑州市名城保护指明大方向

郑州历史文化名城保护的元政策来自于国家和省委、省政府的政策。从国家政策层面看，自 2008 年 7 月 1 日起施行的《历史文化名城名镇名村保护条例》，2011 年党的十七届六中全会做出的《关于深化文化体制改革推动社会主义文化大发展大繁荣若干重大问题的决定》,2012 年 2 月公布的《国家“十二五”时期文化改革发展规划纲要》，2013 年 12 月召开的中央城镇化工作会议和 2014 年 3 月公布的《国家新型城镇化规划（2014—2020 年）》，对国家名城保护的政策方向做出了新的规定。

从省级政策层面看，1995 年河南省发布实施了《河南省古代大型遗址保护管理暂行规定》，2005 年河南省颁布了《河南省历史文化名城保护条例》（2005 年 10 月 1 日），并于 2010 年对《河南省历史文化名城保护条例》进行了修正。2007 年河南省人民政府发布了《关于加强大遗址保护工作的通知（豫政〔2007〕41 号）》，2010 年河南省实施了《中华人民共和国文物保护法》，2013 年 9 月 26 日发布了《河南省非物质文化遗产保护条例》。

以上政策说明，河南省的历史文化名城保护工作实施较早，对文物保护、名城名镇名村保护的法规方面随着时间推移有长足进步，国家及省级政策为郑州市名城保护指明了大方向，但在省级政策层面缺乏针对保护工作具体的技术标准及规范和财政支持等方面政策，在此方面仍需改进。

2. 核心政策存在缺失，需要制定郑州历史文化名城保护的地方法规

制定完善的法律法规是加强历史文化名城保护工作的关键，但是在市级层面上迄今尚未根据郑州历史文化名城的实际情况，进而制定相关的地方性法规和管理政策。对国家及省级元政策没有深化、细化，提出郑州市的详细保护管理办法，对已经编制实施的历史文化名城保护规划缺乏呼应，难以发挥指导、规范、加强名城和名镇名村的保护作用，急需对这些规章组织开展编制工作。

在文物保护工作上，郑州市对保护体制进行了扩充及更新。2009 年，郑州市文物局成立，增设遗产管理办公室，并将郑州市文物考古研究所和城市文化研究所进行了升格和扩编。新组建了郑州市文物稽查大队，加强日常巡视和破坏文物案件的查处，但在历史文化名城保护工作上，管理制度特别是监管制度、管理机构和管理机制还不健全。

3. 专项政策的制定规范了名城保护工作

郑州市针对部分历史文化遗产制定了具体的政策法规。其中包括自 2000 年 5 月 1 日起施行的《郑州商城保护管理规定》、2003 年 12 月 1 日实施的《郑州

市登封观星台嵩岳寺塔少林寺塔林保护管理条例》、2005年9月10日实施的《郑州市古树名木保护管理办法》、2015年1月1日实行的《郑州市郑韩故城遗址保护条例》。以上规范性文件的出台，让郑州的文化名城保护走上了法制化道路，规范了名城保护工作，体现了保护工作的主动性、权威性。在后续的工作中应当继续制定此类专项政策文件，针对不同遗产需要制定有针对性的具体政策，使得郑州市历史名城保护工作规范化进行。

4. 基础性公共政策匮乏

我国基础性公共政策对历史文化名城保护存在不适用性，这主要是因为经济发展、土地管理、规划管理的基础性政策适用于新区开发，对于名城保护与有机更新，在基础建设程序特别是项目审批上存在严重的不适用性。

而郑州市针对历史文化名城保护相关政策出台较少，城市建设基础性公共政策匮乏。2010年2月1日起实施的《郑州市城乡管理条例》针对文物及文物保护区作了相关法律规定。《郑州市城乡管理条例》规定，城乡规划主管部门进行规划选址，涉及文物等相关事项的，应当征求相关部门的意见，重要建设工程选址，应当组织选址论证；城乡规划确定的自然保护区、风景名胜保护区、文物保护区等公共服务设施用地以及其他需要依法保护的用地，不得擅自改变使用性质，任何单位和个人不得侵占；规划区范围、规划区内自然与历史文化遗产保护以及防灾减灾等内容，应当作为城市总体规划、镇总体规划的强制性内容。

综上所述，郑州市在历史文化名城保护的公共政策体系上，对名城保护的体制机制进行了一定程度的完善加强，但是法定公共政策体系尚处于起步阶段，如历史文化名城保护的核心政策尚处于初建阶段，较为匮乏，文物保护、名城保护、非物质文化遗产方面的地方行政法规亟待编制完善。专项公共政策方面比较完善、详实，但仍需要补充完善，对其他不同类型和种类的遗产制定有针对性的具体政策。郑州市城市建设中基础性公共政策总体较为匮乏，应当在后续编制完善的工作中注意名城保护问题，使之适用于名城保护。

三、名城保护规划编制及实施

1. 历次城市总体规划中的郑州古城及商城情况

郑州市主要编制了6次城市总体规划（民国两次），在历次城市总体规划中，郑州市的城市规划及古城遗址经历了以下的演变过程：

（1）民国时期

从1906—1908年京汉铁路和陇海铁路先后竣通车，两条铁路在郑州交汇，这使得中原的交通枢纽点落在了郑州。这也是郑州能在当时快速发展的一个重要原因，与此同时铁路带动了沿线的煤矿、机械工厂的建立，促进了手工业和商业的发展，进而导致该地区自然经济的解体和民族资本主义工业的兴起。也正因为这个时期工商业的迅速壮大，为后面爆发著名的二七工人运动埋下了伏笔。同时也正是这两条铁路的修筑，使得延续了汉唐宋元明清几百年的古城格局被打破，在旧城区和火车站之间扩展，拉开了郑州近代以来的城市发展序幕。

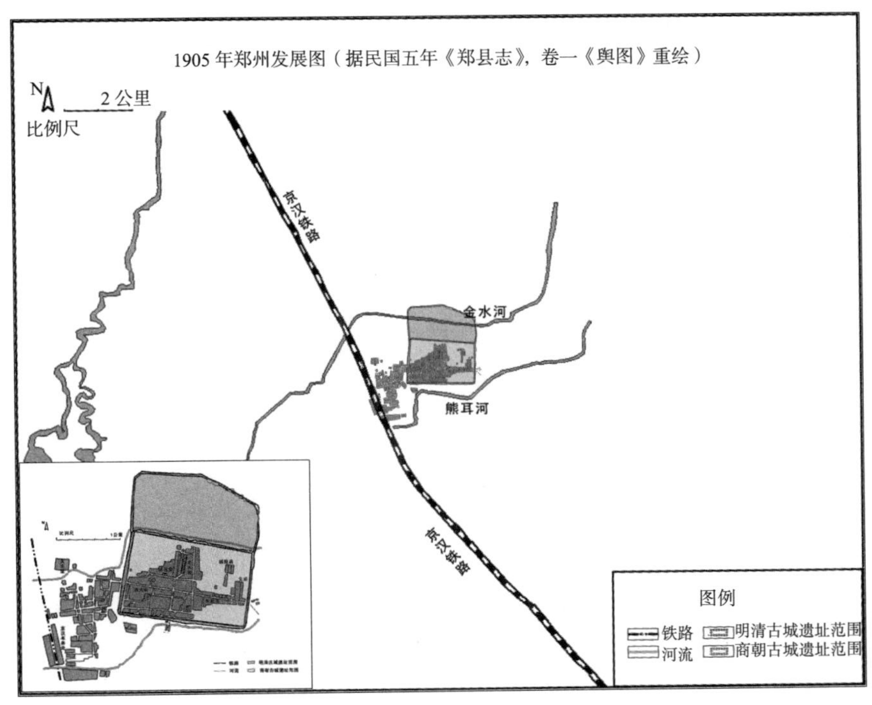

图 5–1　1905 年郑州发展图（据民国五年《郑县志》，卷一《舆图》重绘）

虽然当时交通的优势触发了郑州的发展，但是在清末，清政府根本无暇顾及。到民国成立后的 1912 年，一个占地 60 亩的郑州商城在火车站对面落成，随之 1913 年郑州商会成立，成片的工业区和工业住宅开始出现，使得新建的火车站和古城西门间形成了新的城市生长点，到 1920 年火车站与古城西侧 2.5 公里的地区已经街道纵横、商店林立。特别是 1920 年后郑州的棉花产业迅猛发展，形成了第一批近代工业，如豫丰纱厂。期间在 1923 年因工会阶层提议改善工作条件与当权者利益发生冲突，爆发了“二七”大罢工。城市的迅速发展带来了经济的提高和用地的扩展，北洋政府在 1922 年通过了开辟郑州为商埠的决议。这一切都迫切地催促着一个合理的总体的规划来指导整个郑州的发展。

1927 年国民政府制定了《郑埠设计图》，对铁路和旧城区之间的商埠进行了规划。本次规划主要以商埠区为主，规划避开了旧城区的位置，主要原因是因为城墙的存在，把用地分隔开了，于是规划把旧城区让开，在已经形成的西门与火车站之间道路的基础上，南北向生长，对老城区的格局基本没有破坏性的规划。同时这次规划主要服务于商埠区，其中设立了很多的商业基础设施。

由于 1927 年的《郑埠设计图》主要规划了老城区和陇海铁路线以东的区域，所以用地规划为南北长条形的发展。此时老城区格局拥挤，而受西方“田园城市”理论思想的影响，政府在 1928 年制定了《郑州新市区建设草案》，对铁路以西地区进行了规划。主要以行政区为主，作为未来新区的考虑，其中规划了大片的园林中心绿地，笔直的园林大道，放射状的路网格局，设立了两处跨越铁路的立交桥与商埠区联系。规划模式完全跳出了我国的传统古城格局。同年，古城城墙越来越不能满足对于商业发展对交通的需求，新式运输工具无法大批量运输。先是在西城墙开设了小西门，但依旧解决不了问题，于是冯玉祥命令刘治州筹办“郑县拆除城墙之议”，“经冯核准后，即于（1928 年）二月二十日动工，二十九日拆完，全城拆下城砖为七百余万。刘即利用此项废砖建造平民住所及修筑全市马路”。城墙是我国传统城市格局中最重要的部分，有着防御外敌侵略、抵御洪水的功用，同时也是政治或权利的象征。而在民国郑州经济发展的阶段，城墙的作用也只有抵御洪水了。城墙的拆除，也代表我国封建帝制的传统城市格局被打破，古城传统风貌、格局、肌理的破坏不可避免地开始了。

这两次规划由于时间接近且地域相邻，因此可视为一次整体规划。规划将城市性质确定为“南北东西两大干线联络枢纽，开放的商埠区”。规划整体格局使得郑州形成三大区片：一个是由遵循我国古代传统礼制格局形成的古城，以及周围由于铁路发展在火车站与老城间兴起的商业区构成；二是 1927 年规划的郑州商埠区，在铁路和旧城区之间；三是位于铁路沿线以西，郑州未来的发展空间上。这两次总体规划若能实施，在一定层面上对郑州古城有保护意义。

上述两次规划并未得到很好的实施的原因：一是当时政局变动，在民国成立后的 30 几年中一直到 1948 年，郑州经历了战争破坏、发展缓慢，尤其是 1938 年左右成为战争的前线，抗战胜利后又卷入了内战，使得大批的工厂搬迁，大批的工人失业，到 1948 年时，市区面积仅为 5.23 平方公里；二是由于规划自身问题，如规划用地偏大，商埠区与新城区是旧城区的 20 倍还多，同时规划人口也是旧城区的 22 倍，可以说这个阶段的规划理想化的成分居多，尤其是铁路以西部分；三是对于一个城市的发展，尤其像民国的两次跨越式发展，需要非常强的经济实力做后盾才可以实现，也就是我们说的鲍•马利什教授的“门槛理论”；所以当时郑州一直没能跨域铁路向西做大规模发展。虽然未得到实施，但为郑州今后的发展指明了道路，提供了重要的经验及资料。

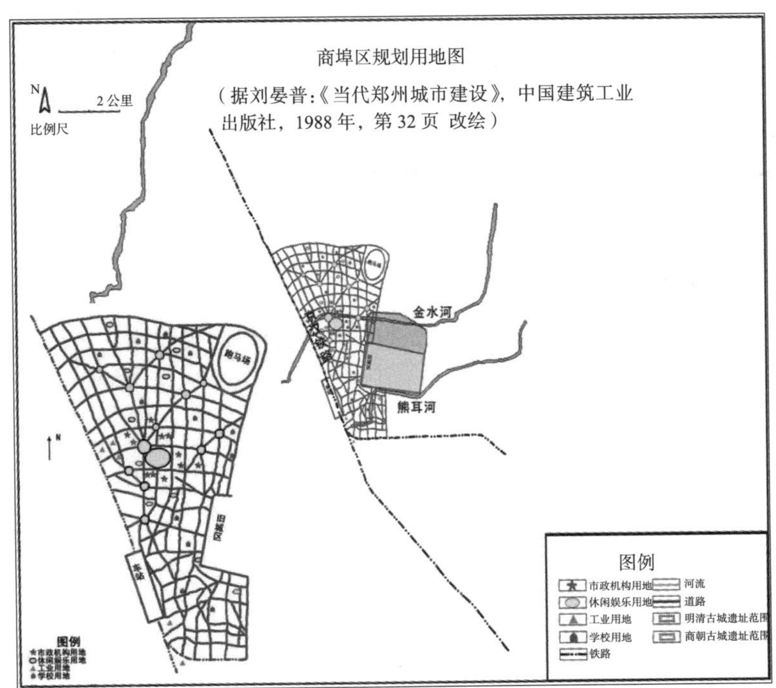

图 5-2　商埠区规划用地图（据刘晏普:《当代郑州城市建设》，中国建筑工业出版社，1988 年，第 32 页，重绘）

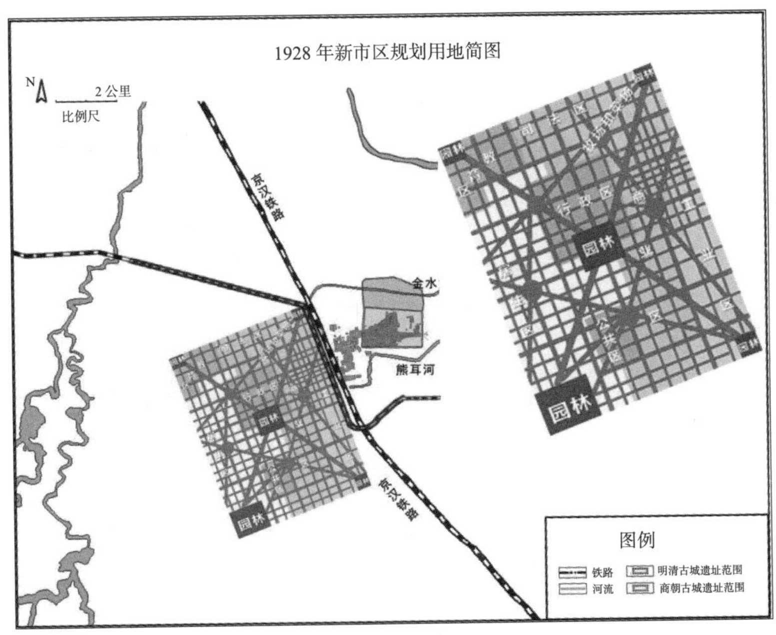

图 5-3　新市区用地规划图（据《郑州新市区建设计划草案（续）》刊于 1929 年《郑州市月刊》第四期，重绘）

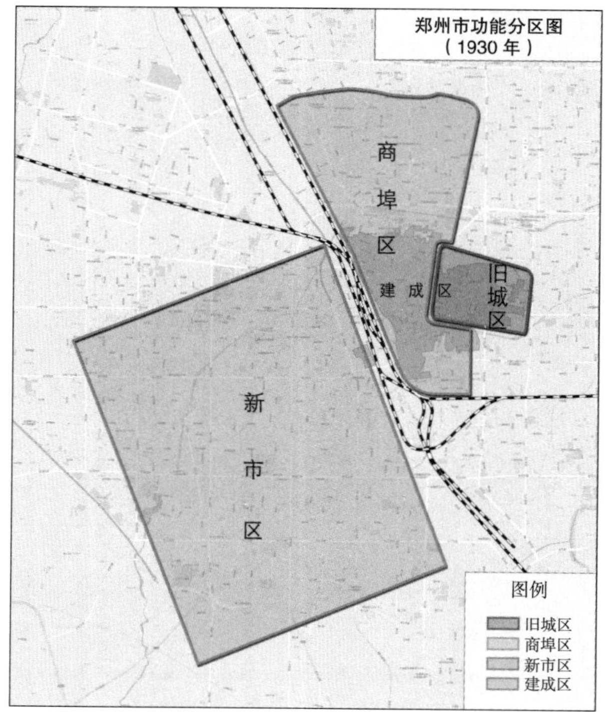

图 5-4　旧城区、商埠区和新市区整体结构示意图（重绘）

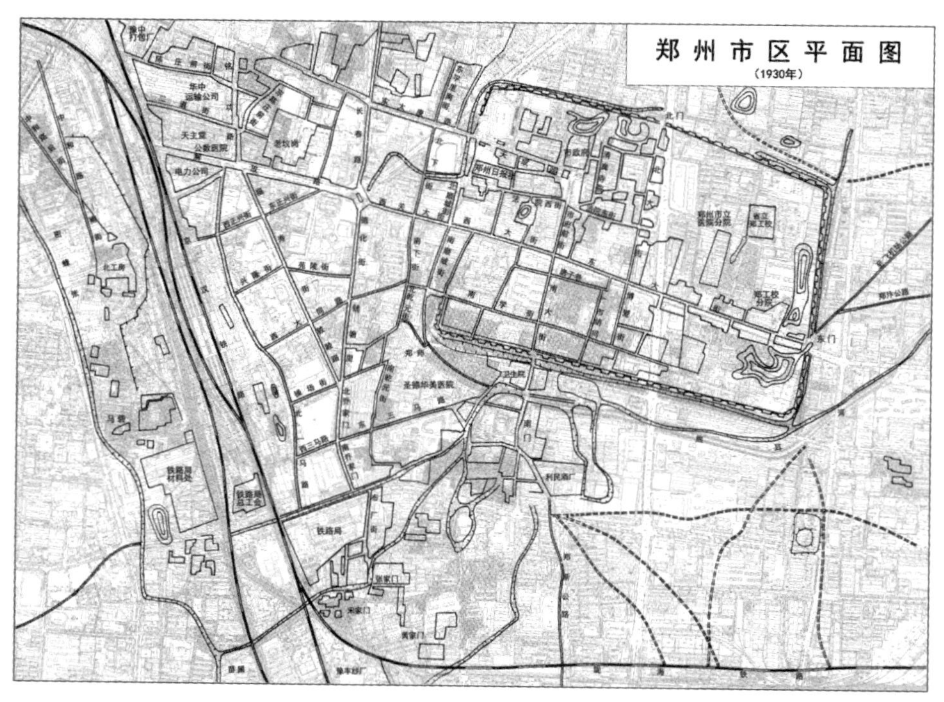

图 5-5　1930 年郑州市平面图

1922—1948 年发生在郑州附近的战争表　　表 5-1

战争	时间	战争	时间
冯玉祥驱逐赵倜之战	1922.4—1922.5	胡景翼、憨玉坤之战	1924.11—1925.4
民国二军和吴佩孚之战	1926.1—1926.3	吴佩孚和靳云鹗之战	1926.9—1927.1
靳云鹗与奉系之战	1927.2—1927.3	冯玉祥豫中讨靳之战	1927.9.5—9.28
冯玉祥豫东驱鲁之战	1927.10—1927.12	冯玉祥豫北驱鲁之战	1927.12—1928.2
冯玉祥和奉系安阳之战	1928.4.7—4.29	冯玉祥和樊钟秀之战	1928.4—1928.5
蒋冯之战	1929.6—1929.12	蒋唐之战	1929.12—1930.1
中原大战	1930.3—1930.11	抗日战争	1937.11—1945.8
解放战争	1947—1948		

由于抗战期间社会动荡，郑州作为铁路枢纽成为敌我双方反复争夺的地区，其间郑州曾两次失陷，1941 年 10 月郑州第一次失陷，至 1941 年 11 月收复，1944 年 4 月日军发动“河南战役”，郑州第二次失陷，至 1945 年日军投降，郑州才得以收复。1945 年抗日战争结束后，恢复生产和开展建设被提上了日程，但是国民党又挑起了内战，使社会难以安定，人民生活生产难以开展。为了安定社会，稳定人心，1946 年郑州市成立了“复兴规划指导委员会”，负责战后的郑州城市发展规划，编制了《郑州市规划指导委员会初步建设计划纲要》。并在 1947 年 6 月 23 日至 28 日连续刊登在当时的《郑州日报》上。

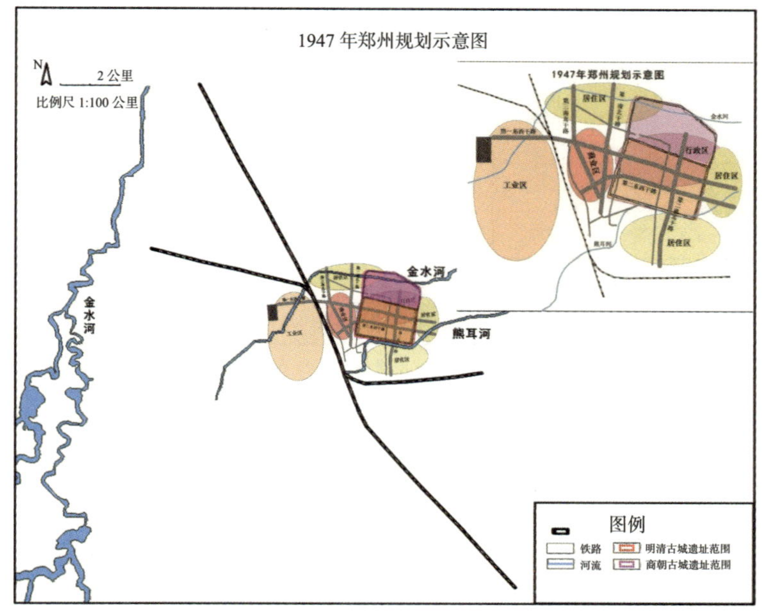

图 5-6　1947 年郑州规划示意图（据《郑州市复兴规划指导委员会初步建设计划纲要》重绘）

编制这个规划纲要的目的，更多的是安定社会和稳定人心，所以可以从图上看出，规划对大规模远景发展并没有做过多考虑，对原城市面貌恢复的内容更多，疏散城市中心区人口、保留空地、增加绿地、改善市民生活条件和增进城市环境。规划将城市性质确定为："交通枢纽城市，工业、商埠重点复兴城市"。此次规划从整体上考虑了城市环境、分区、铁路的影响及城市发展等方面，为城市的重建指引了方向，但规划以保持现状为主，较为粗糙简单且未得到较好的实施，没有引导城市进一步发展。从规划中，我们可以看出这个时期，老城中的很多道路都改变了原有的宽度。在老城范围以内被定义为干路的有：中山大街（西大街）、中山东街（东大街）、中山南街（南大街）、中山北街（北大街）、博爱街、南学街、书院街。定义为路的有：中山前街（管城街）。老城内，基本所有主要街道宽度上都进行了扩宽，原本的街道尺度都已经消失。

1947 年规划道路宽度和人行道宽度　　表 5–2

道路类型	宽度	每边人行道宽度
干路	至少 20 公尺（20 米）	4 公尺（4 米）
路	至少 15 公尺（15 米）	3 公尺（3 米）
街	至少 10 公尺（10 米）	2 公尺（包括街宽在内）（2 米）
里巷	至少 2 公尺半（2.5 米）	

1947 年规划道路与道路之间地段的限制宽度　　表 5–3

用地类型	宽度
一般城区	100 公尺（100 米）~ 200 公尺（200 米）
商业地带	60 公尺（60 米）~ 120 公尺（120 米）
居住地带	80 公尺（80 米）~ 150 公尺（150 米）
工业地带	150 公尺（150 米）~ 300 公尺（300 米）

1947 年规划的干路和路　　表 5–4

干路	第一东西干路	由碧沙岗经顺河街、西关大街、中山大街、中山东街至东门
	第二东西干路	由平汉车站经大同路、干元街、南学街、书院街至东南门
	第一南北干路	由长春路经德化街、钱塘里、乔家门、布厂街至豫丰纱厂
	第二南北干路	由北大街经中山北街、博爱街至新公路
	第三南北干路	由铭功路经福寿街、郭睦路、乔家门、布厂街至豫丰纱厂
路	一马路、二马路、东三马路、西三马路、太康路、天成路、中山前街、中山南街、南关大街、北下街、南下街、干元街、苑陵街、兴隆街	

到了 1948 年，郑州的实际发展演变并没有按照预计的两次规划进行多少，而是出现了在原有旧城区基础上不断“摊大饼”的格局。总体来说，民国时期的两次城市规划对郑州市的城市分区、城市规模、道路、公共设施等方面都进行了具体的规划，在古城格局上虽然第一次规划中并没有破坏，但受当时政局变动、战争等其他外在因素影响规划大多没有得到实施。随着城市自身的发展，人口的增加的需要受到古城封闭模式的阻碍，古城城墙被拆掉，道路被扩宽，原有的古城格局初步遭到破坏。

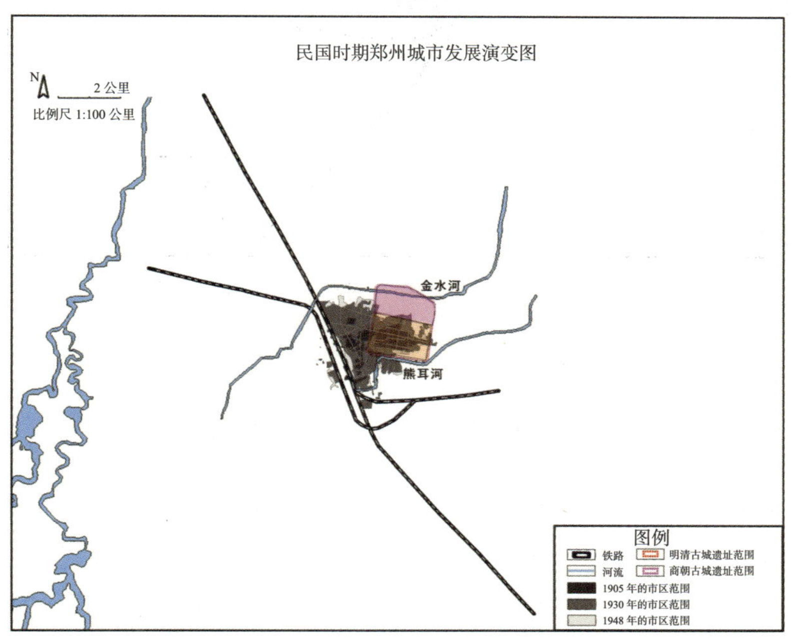

图 5-7　民国时期郑州城市发展演变图（1905 年市区范围据民国《郑县志》，1930 年市区范围据《郑州市志》，1948 年市区范围据刘晏普主编，《当代郑州城市建设》）

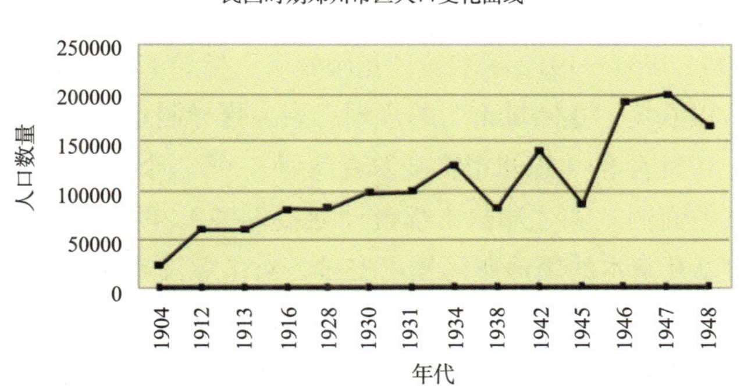

图 5-8　民国期间郑州市区人口变化曲线

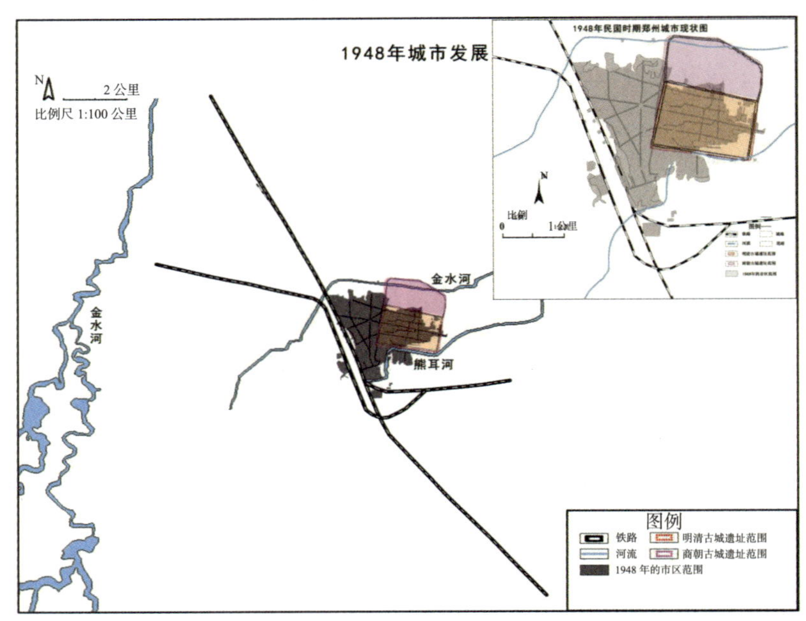

图 5-9　1948 年郑州市区范围图

（2）新中国成立后 30 年

郑州于 1948 年 10 月解放，在当时十分落后，只有几家小工厂，基础设施差，城市急需复兴，于是开始了城市规划的狂潮。同时由二七广场至紫荆山广场的斜向道路已经形成一部分，横穿过原商城遗址的范围，而二七广场和紫荆山广场也逐渐成为放射性道路的两个中心点。在此时古城区经历了建设性破坏，其间曾制定过 6 次城市总体规划方案，可以分为前后 3 个阶段：一为 1953 年前以欧美“花园城市”的规划思想为指导制定的两个城市规划方案，一为 1953—1958 年以“苏联模式”为指导思想制定的两次规划方案，一为 1958—1960 年以加大绿地面积为指导进行的两次修改规划。

1952 年河南省将郑州市定为省会，这一决定赋予了郑州新的城市职能，1954 年省会迁郑后，用地布局、城市结构等随之也有了调整。

第一个阶段：1951—1952 年欧美“花园城市”指导下的城市规划。

1951 年后以欧美“花园城市”的规划思想为指导制定的两个城市规划方案中，第一个是 1951 年的《郑州市将来发展计划》，第二个为 1952 年的《郑州市都市计划草案平面图》和《郑州市都市计划报告书》。两个总体规划中都主要是对道路骨架以及基本的用地布局作出安排，对工业没有作出充分的考虑。并且可以看出在那个百废待兴的时期，人们对经济发展的渴望，但是这两次规划都过高地估计了发展速度，使得规划的人口都达到了 100 万以上，而当时的郑州市区人口仅有 16.5 万人，规划的城市面积都超出了当时实际面积 20 倍左右，这在刚刚新中国成立、各项事业百废待兴的情况下是难以实现的，是不符合当时的实际发展需要的。

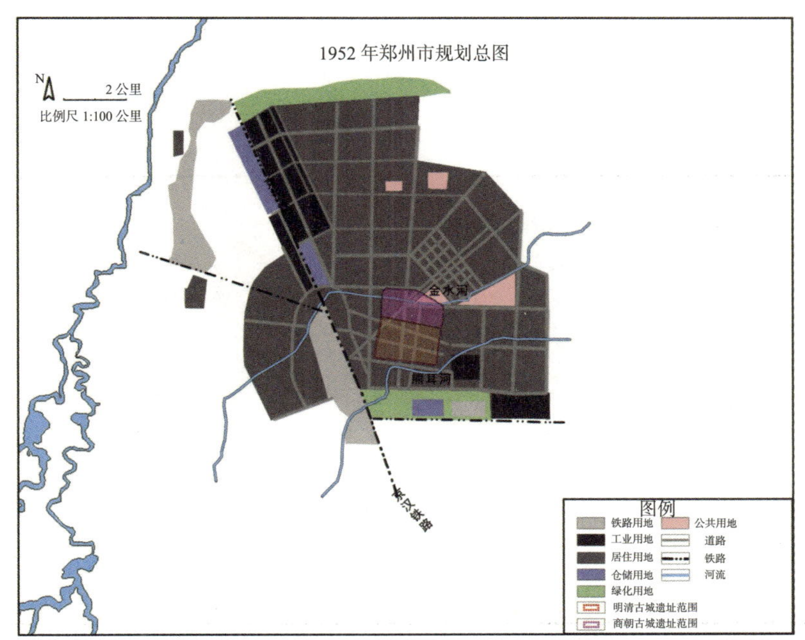

图 5-10　1952 年郑州市规划总图（据郑州市规划管理局、郑州城市建设档案馆:《郑州市城市规划建设图册》重绘）

同时，两个总体规划对路网的梳理中将道路取直可以说把古城的街道格局全部打破，不是简单地在原有道路上修筑，而是重新开拓，由于当时文物遗址考古和研究成果有限，规划完全没有考虑古城的保护。1950 年，政府把原有的幕霖路、顺河路、迎河路合并改建成解放路，使其和西大街、东大街连成一体，一直向东延伸连接通向开封的郑汴路，成为郑州东出的干道，这一举措基本使得对外交通穿越了古城，古城东西大街道路再次加宽，道路两边建筑风貌与形制也随之改变。在 1951 年修建的金水路至太康路的一段土路称为省府大道，就是后来的人民路。

第二个阶段：1953—1960 年“苏联模式”指导下的城市规划。

由于国内外局势的变化，我国与苏联关系日益增近，苏联的规划理论成为我国规划的主流模式。因此前面的两个规划被搁置，在苏联专家的亲自指导下 1953 年编制了郑州规划草图，经过不断地修改与完善，在 1954 年完成《郑州市初步规划方案》，在 1955 年 10 月上报国家建设委员会，成为郑州第一个上报国家并批准的城市发展总体规划。本次规划压缩了东北方向的市区，将京广铁路线以西、陇海铁路线以南辟为市区，城市跨铁路东西发展，道路布置以“二七广场”为中心，呈放射加正环形道路骨架。这次总体规划的城市性质为,“以轻工业为主导的城市,全国重要的交通枢纽和河南省的政治、经济、文化中心”。此次规划为以后郑州工业的发展、道路的建设、城市的扩展确立了合理的框架，同时此时规划的道路骨架，也多少确定了如今坐落在古城范围内的道路格局。

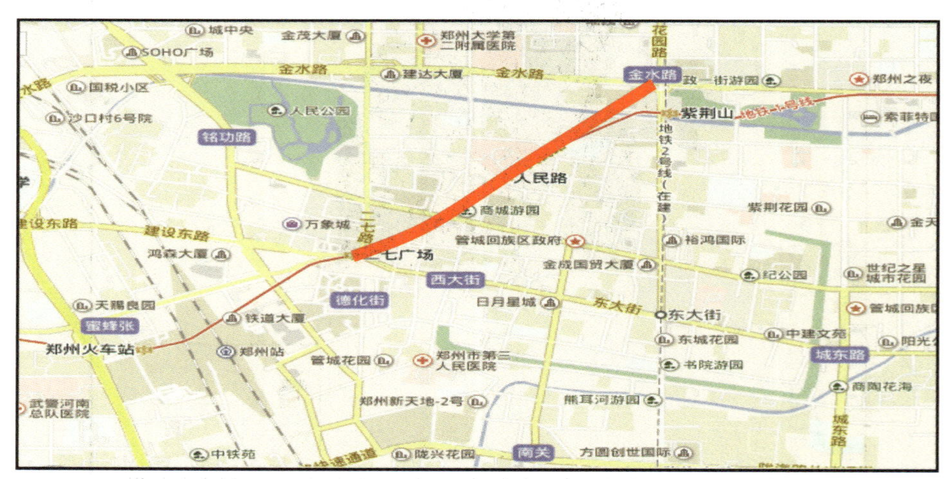

图 5-11　人民路位置（红线）

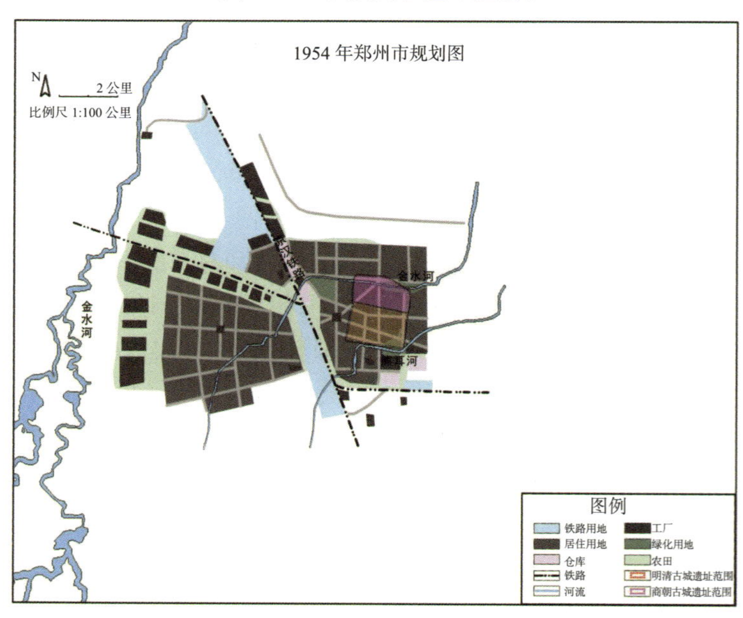

图 5-12　1954 年郑州市规划图（据郑州市城市规划管理局、郑州城市建设档案馆:《郑州市城市规划建设图册》重绘）

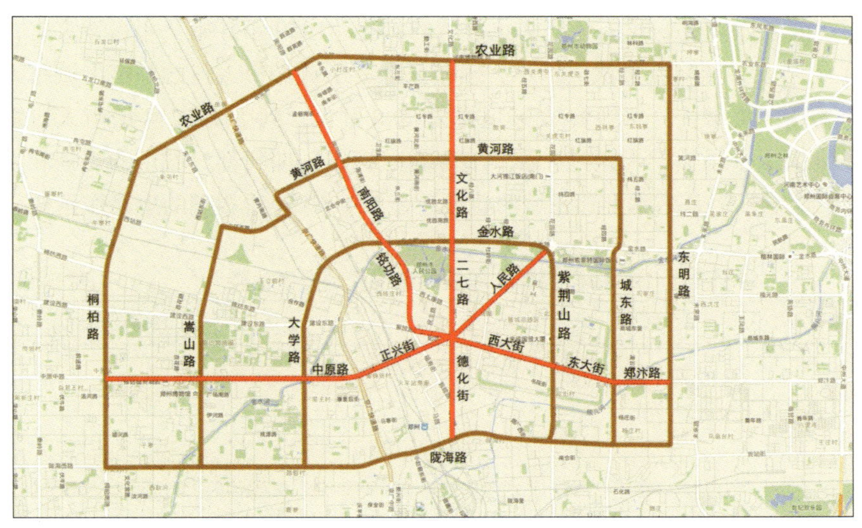

图 5–13　1954 年规划的放射形环状道路格局

本次规划中的道路整体布局结构呈放射形环状。放射路：以二七广场为中心，向北沿二七路、文化路，西北方向铭功路、南阳路，向东北人民路，向东是西大街、东大街延长线，向西为正兴街、中原路，向南德化街乔家门，形成以二七广场、火车站地区为中心，向四周辐射的放射状路网。其中，西向原本计划沿着解放路跨越京广铁路，因铁路局在线上修建了机车修理厂房，解放路成为断头路，不得不规划中原路。环状路规划 3 个环：第一环为金水路 - 紫荆山路 - 陇海路 - 大学路，第二环为黄河路 - 经三路 - 城东路 - 陇海路 - 嵩山路，第三环为农业路 - 桐柏路 - 陇海路 - 东明路，其中陇海路因城市发展到此为止而成为 3 个环道共用的一个边。在此基础上，形成农业路以南，陇海路以北，东明路以西，砂轮厂以东，整个城区范围内的主、次干道和支路在内的三级道路网。道路布局网络相对严整，东部道路方正，西部道路呈弧状，既有我国平原城市道路的特点，也具有十分明显的苏联城市痕迹。环状路中，新规划的紫金山路对郑州老城的格局造成了较大破坏，既从中分割了古城完整的城市格局，也改变过去南北向街道不相对的局面，且其正南正北向的道路走向对相对倾斜的古城平面形成不对称的切割，传统的北大街为紫金山路所挤占。

第三阶段：1958—1960 年以加大绿地面积为指导的规划。

1958 年“大跃进”运动开始，在“左”倾的思想的影响下对规划方案进行了调整，使得规划对城市人口和规模盲目扩大，城市人口急剧增加，城市规模失去控制，从 1958 年至 1959 年人口增加了 21.7 万人，导致规划后来无法实施和城市建设的混乱。“大跃进”运动至 1960 年结束，尽管这条总路线的出发点是要尽快地改变我国经济文化落后的状况，但由于忽视了客观经济规律，根本不可能迅速地改变我国经济文化落后的状况。1959 年开始三年自然灾害，到 1961 年结束，期间城市供应困难，于是采取了下放城市人口的举措，城市人口规模出现了负增长。1959 年人口规模为 70.8 万人，到了 1962 年城市人口缩减为 49.4 万人。虽然“大跃进”和“三年自然灾害”期间都对城市的规划和发展带来了影响，但是基本上郑州城的建设还是以 1954 年所规划的思路作延伸。

1951 年、1952 年、1954 年规划城市用地分区比较　　表 5-5

类别	1951 年	1952 年	1954 年
行政区	市区北部任寨，南接旧市区	省府位于金水河北，向东扩展，市府位于市区西部	东北部
工业区	乔庄以东，豫丰纱厂以南，冯庄以南	西北部三角地带和陇海路东段外侧	重工业：市区西南；棉纺工业：陇海铁路西段南面带形区；中小型工业：京汉铁路北段两侧；轻工业、服务业：市区东部沿陇海铁路南北两侧
住宅区	环绕市中心分部，工人住宅区：齐礼闫以北，郑洛公路以南	铁路的西南和东北	西部工业区及东部旧城区
文化区	市区北部	市区东北	北部
商业区	旧城区及岗社、货站以东狭长地段	市中心	
铁路区		南阳寨和天主教堂之间	火车站以南
仓库区		市区北部和东部	岗社附近京汉铁路以东及二里岗铁路货站附近

从表 5-5 中我们不难看出，城市旧城区的商业职能一直没有变，行政区渐渐脱离开旧城区，从 1951 ~ 1959 年的 4 次规划中同时可以看出，规划侧重于铁路西侧的发展，并且 4 次规划的道路体系，都是以“二七广场”为中心，向四周延伸，这种单中心的道路格局其实成为郑州市后来中心城区交通拥挤的症结。20 世纪 70 年代路网的发展延伸了这一格局，对于古城内路网的设计主要还是考虑结合原有路网与外围道路的沟通和联系，并没有采取保护的设计手法。

（3）改革开放以来

由于“文革”阶段的干扰，郑州的城市规划受到影响，旧城区人口密度和建筑无序增长，商城遗址核心区的历史文化资源遭到侵蚀。但从 1978 年以后，随着政治大环境的稳定，郑州市的城市规划建设在 1978 年至 1988 年的发展开始步入正轨。特别是在 1978 年国务院下发了《关于加强城市建设工作的意见》后，于 1981 年完成了《郑州市修订城市总体规划纲要》。1982 年上报了《1981—2000 年郑州总体规划》，1984 年得到国务院的批准，这是郑州被正式批准的第二个总体规划。

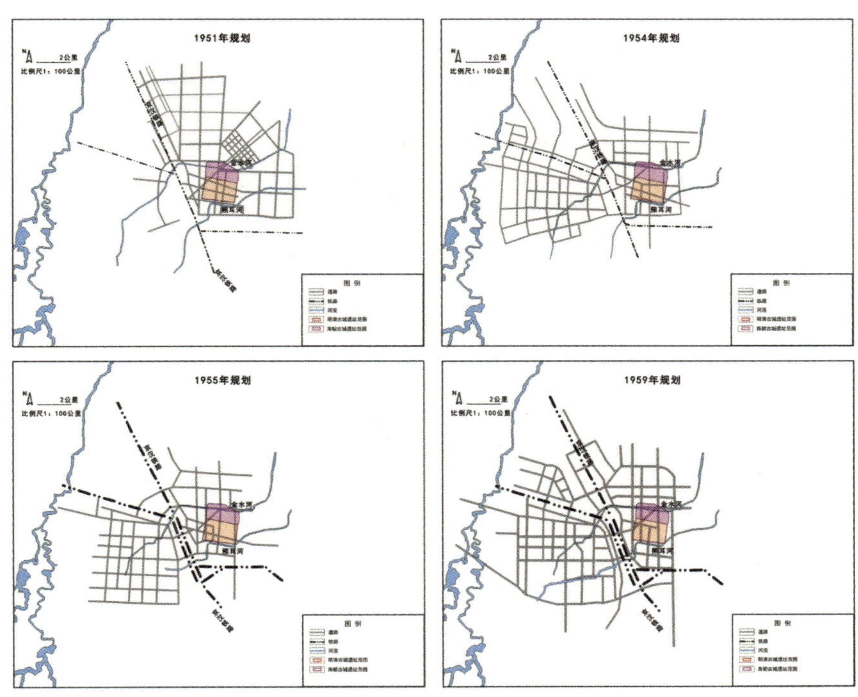

图 5-14　1951—1959 年 4 次规划道路比较图

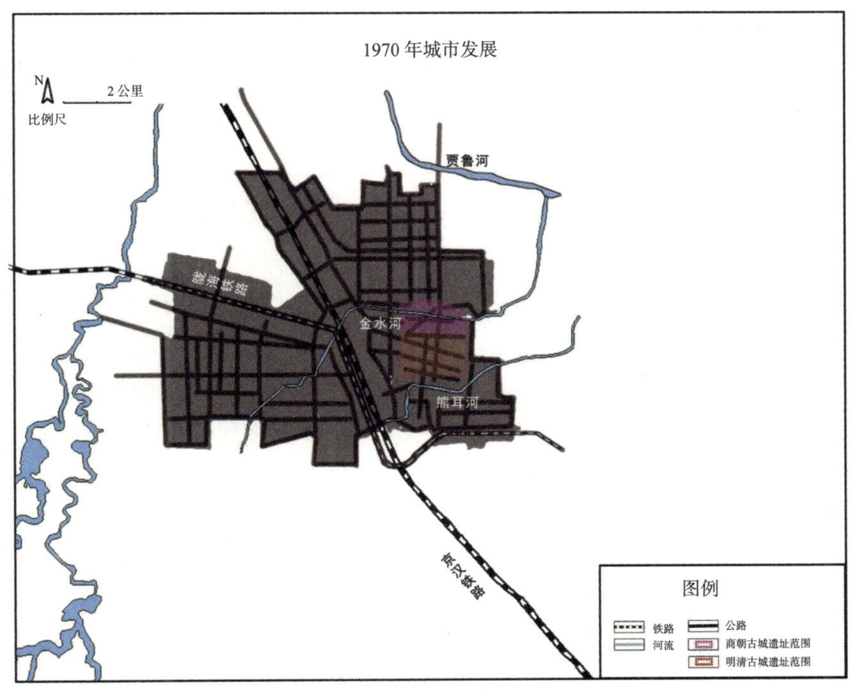

图 5-15　1970 年城市范围图

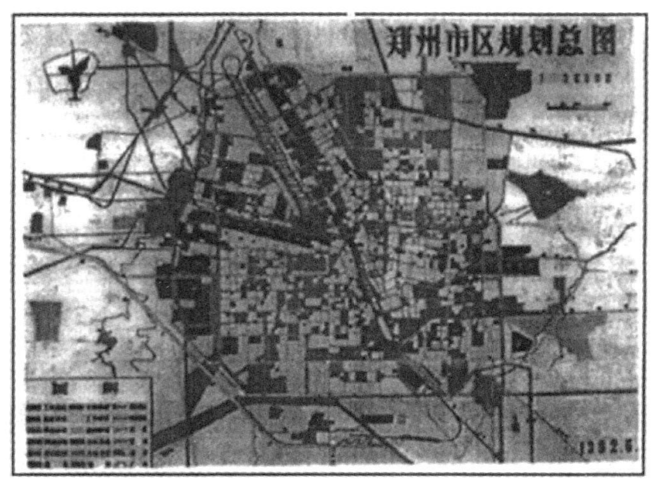

图 5–16　1981 年郑州市总体规划图

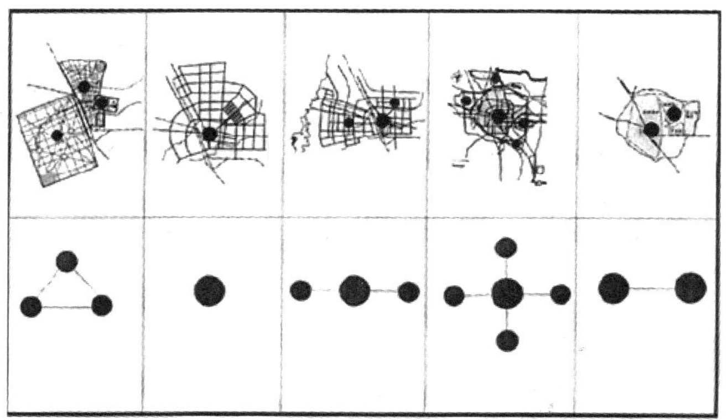

图 5–17　横轴城市规划核心结构变化示意图

此次规划确定城市建成区以紧促环状发展为主，建设重点为铁路以西、陇海铁路西段以南。采用多中心方案，改变以往以二七塔为中心的城市单中心结构，有利于城市内部结构优化。总体规划的城市性质为“河南省省会，重要的铁路交通枢纽和以轻纺工业为主的工业城市”。此次规划，有利于城市内部结构的优化，缓解二七广场城市中心的压力，疏通了城市主要干道，优化增添了城市市政基础设施。此次规划的道路体系主要集中于对城市已有道路的疏通，特别是对二七广场周围制约交通的一些道路。同时增加建设城市立交桥，降低铁路对城市交通的影响。规划拓宽兴隆街、福寿街、大同路等，打通商城路、人民路、紫荆山路；拓宽重要交通路口；将德化街、钱塘里、大同路等改造为步行商业街：沿金水河、熊耳河两侧开辟自行车专用道。规划建设铁路立交桥 17 处，城市干道立交桥 6 处。

郑州市人口、城市用地规模变动状况表　　　　表 5-6

年份	1949	1954	1957	1958	1959	1962	1966	1981	1985	1987
建成区面积 /km²	5.23		40.3				58.0	65.0	72.2	74.2
市区总人口 / 万	16.4	24.7	45.7	49.1	70.0	49.4	63.56	78.0	90.4	158.0
年份	1988	1989	1990	1991	1992	1993	1994	1995	1996	1997
建成区面积 /km²	76.0	78.9	102.0	117.2	93.1	99.5	102.0	108.0	113.0	116.0
市区总人口 / 万	193.0	180.0	171.0	173.0	187.0	180.0	188.0	192.0	195.0	200.0
年份	1998	1999	2000	2001	2002	2003	2004	2005	2006	2007
建成区面积 /km²	116.0	124.7	133.2	137.5	147.7	212.4	230.0	262	282	294
市区总人口 / 万	204.0	210.0	219.0	270.7	278.3	286.0	296.6	302.2	309.3	318.9
年份	2008	2009	2010	2011	2012	2013	2014	2015		
建成区面积 /km²	303.0	310.0	316.0	328.0	346.3	365.6	392.8			
市区总人口 / 万	326.5	333.1	428.4	437.4	443.4	466.3	478.4			

从表 5-6 中我们可以看到，人口在 1981 年到 1987 年间增长非常快，从 78 万人增加到 158 万人，短短 6 年时间增加了 1 倍多，可见当时的城市发展速度，城市建设也随之增加了许多，在 1976 年至 1985 年期间，建成中原路立交桥、金水路立交桥和陇海路立交桥，新建和扩建了中原路、花园路、商城路等十余条干道，大大增加了郑州东西部之间人流、车流的通过能力，提高了城市总体的辐射力和凝聚力。其中商城路东西向贯穿了商城范围。1986 年人民路南段打通，使太康路和二七广场连通，人民路的打通贯穿了原有商城遗址的范围，并且这条路基本成为郑州的主干路，于 2013 年 12 月修筑的地铁一号线在此路地下通过。

1989 年颁布了《城市规划法》，其中第二十五条："城市新区开发应当具备水资源、能源、交通、防灾等建设条件，并应当避开地下矿藏、地下文物古迹"。第十四条："编制城市规划应当注意保护和改善城市生态环境，防止污染和其他公害，加强城市绿化建设和市容环境卫生建设，保护历史文化遗产、城市传统风貌、地方特色和自然景观。编制民族自治地方的城市规划，应当注意保持民族传统和地方特色"。可以说颁布的《城市规划法》是郑州历史文化保护的一个重要节点，郑州于 1994 年被国家纳入历史文化保护名城，在此后的规划中，郑州古城的传统格局、历史风貌等的保护，才逐渐被重视起来。

1994 年郑州市邀请清华大学建筑学院编制了《郑州历史文化名城保护规划（1995—2010）》。郑州开始重点保护郑州历史文化古迹及人文特色。规划中制定了"保护为主，抢救第一"的方针，坚持"整体保护，积极保护"的原则。在工作重点上包括了两个方面，一个是市域范围，一个是市区范围，就市区范围来看，主要是对商城文化和汉文化遗址的保护。尤其是对商城遗址的保护，保护范围分为重点保护范围和一般保护范围。重点保护范围内禁止新建，必须建设的需经文物部门批准，建筑高度控制在 6 米，建筑形式应考虑传统风貌；一般保护范围内建筑高度控制在 18 米，建筑材料、色彩、形式应考虑与环境协调。在规划方案中作出了以下规定：

图 5-18 《郑州历史文化名城保护规划（1995—2010）》规划图

①严格保护地面商代城墙遗址，并加以绿化和小品添置，形成环城绿带，供居民与游人参观、游览。其中东北角紫荆山公园，西南角夕阳楼绿地，东南角商城博物苑为绿地系统中的重点。②对地下部分城墙遗址，结合旧城改造，按遗址宽度留出绿带，以利于保护遗址和展示商城规模。③在商城内东南角建商城博物苑，内有宫殿区、墓葬区、祭祀区、手工业作坊区，陈列商代出土文物，模拟当时社会生活，寓教于乐，使之成为展示商城文化的重要旅游景点。④博物苑北门与城隍庙、文庙相联系，形成内城完整文物古迹旅游体系。⑤在靠近商城东城墙遗址的东里路两侧，清理出两座商代宫殿遗址，与隞墟一起构成商城文物古迹遗址展示场地与博物馆。⑥在沿商城城墙重要路口和城门口结合城市设计，添置一些具有商文化特征的雕塑和纪念物。⑦对商城遗址保护应制定相应法令条例，严格保护。⑧从规划中我们不难发现，规划的手法多以遗址保护的模式完成，绿地、博物馆成为主要保护的方法。

到了 1995 年，制定了《郑州市城市总体规划（1995—2010 年）》。此时，郑州成为大陆中部地区对外贸易和转运贸易的中转站和“内陆港口”，城市进一步发展提升。规划在用地布局方面，分散了中心区的人口、交通压力，对综合产业结构和用地进行了调整，在中心区外环道外围规划了 5 个产业集团，保持原有规划的多中心形式。在道路系统方面，此次规划的中心城区道路采用环形加放射的道路系统。总体规划的城市性质：“河南省省会、陇海—兰新地带重要的中心城市、全国重要的交通枢纽、著名商埠、国家历史文化名城”。此次规划采用了分散组团的规划思想，摆脱了围绕城市中心向外“摊大饼”式的发展模式，将规划的视角范围放得更宽更远，通过划分区域组团结构，解决了城市发展用地被局限的被动局面，成功跨越了城市发展的瓶颈，城市有了跨越性的发展。这样也保护了老城区中仅存的一些历史遗迹。

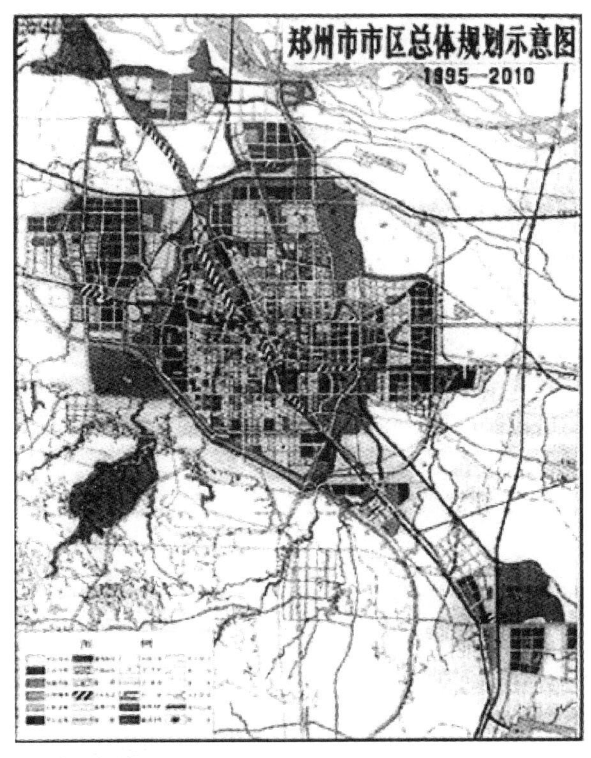

图 5-19　1994 年郑州城市总体规划图

为了更好地保护老城区内的文物古迹，于 2008 年编制了《郑州商代都城遗址保护规划》，保护内容包括郑州商城遗址的所有构成要素，即（内）城垣遗址、外郭城垣遗址、宫殿区遗址、居住聚落遗址、墓葬区、手工作坊遗址、青铜器窖藏坑等，保护内容同时包括遗址各构成要素及其环境的整体性，以及遗址相关历史、文化、艺术、科学价值。

图 5-20　2008 年商城城墙遗址保存现状

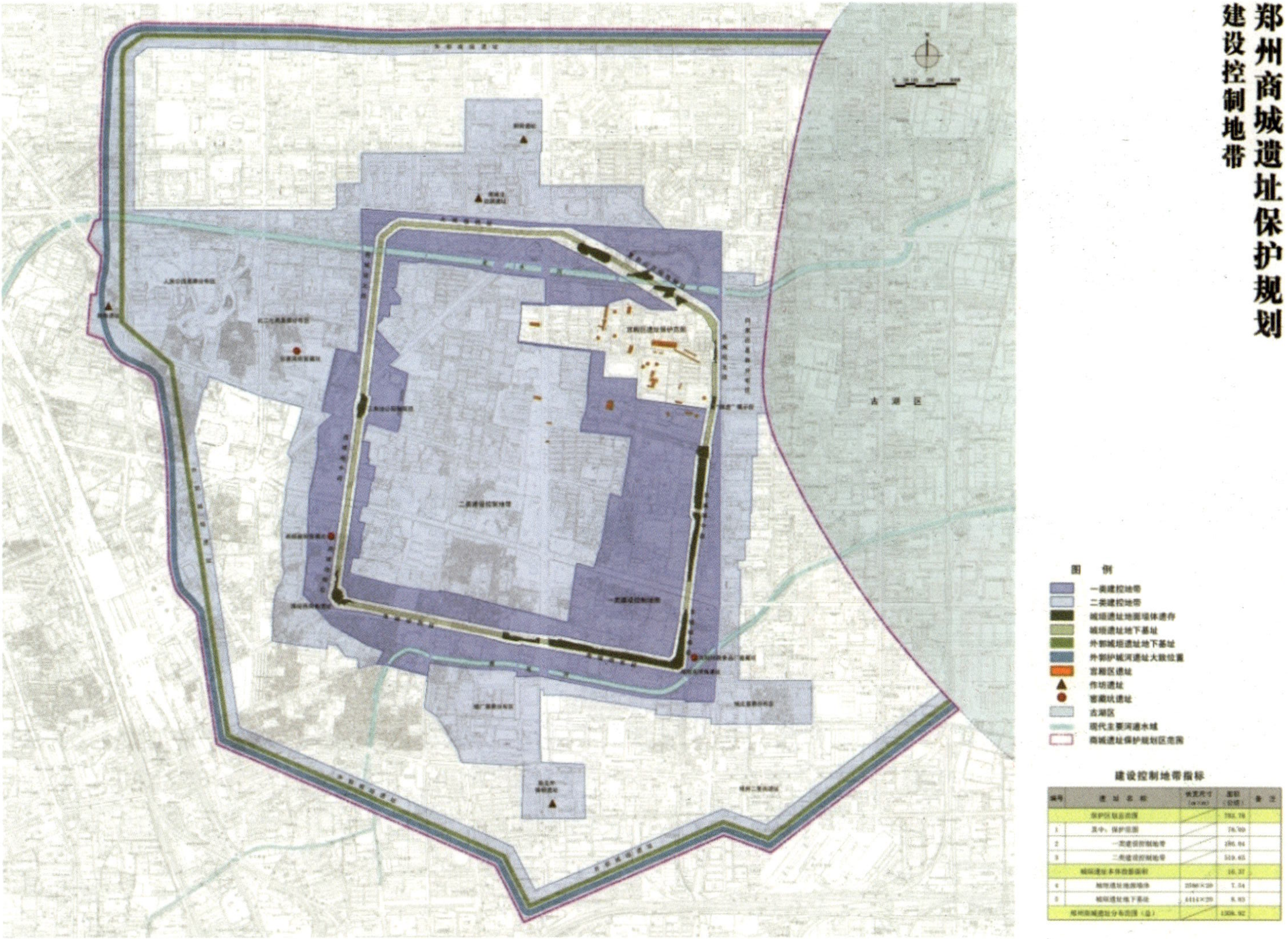

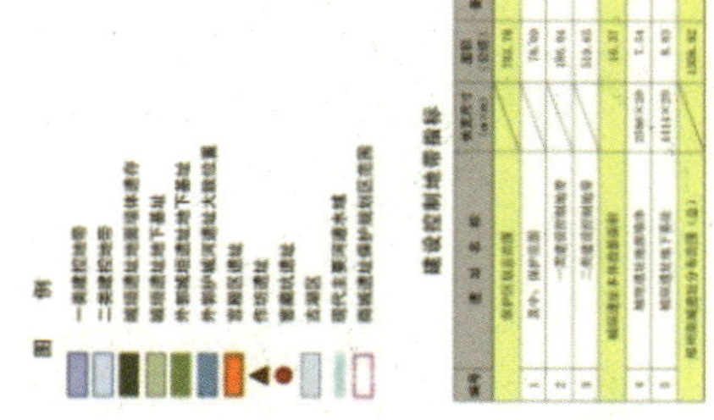

图 5-21　2008 年《郑州商代都城遗址保护规划》郑州商城遗址保护区划图

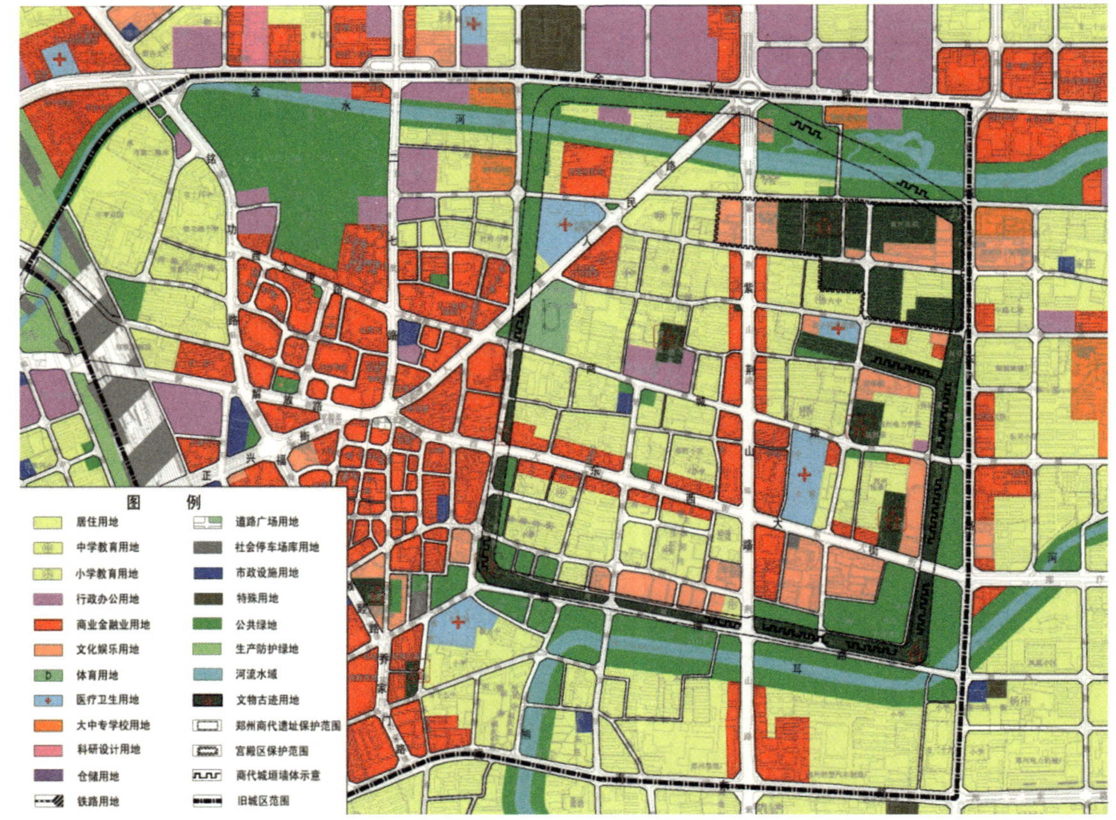

图 5–22　2010 年郑州老城区现状图

到了 2010 年，郑州成为国家综合交通枢纽，城市在快速发展的同时面临着发展方式转型，城镇化进程快速推进。为了适应发展，2010 年制定了《郑州市城市总体规划（2010—2020 年）》，规划以交通干线及沿线城镇为依托，点轴式发展城市与功能组团，形成以中心城区为核心，外围组团和中等城市为次中心，重点镇为节点，其他小城镇拱卫的层级分明、结构合理、互动发展的网络化城镇体系。总体规划的城市性质为“彰显中华文化传统和中原城市特色、适宜创业发展和生活居住的现代化、国际化、信息化和生态型、创新型国家区域性中心城市”。

《郑州市城市总体规划（2010—2020 年）》中对郑州历史文化名城保护进行了详细的规划。其中提出的主要保护内容为：与历史文化相关的自然环境要素、物质文化遗产以及非物质文化遗产。其中，物质文化遗产主要有：郑州历史城区城市格局、大遗址和各级文物保护单位、历史文化街区、近现代工业遗产和有价值的历史建筑、古树及城市林荫道等。规划中就以上内容提出了详细的规划方案。在文物古迹保护方面，保护以郑州商城遗址、嵩山历史建筑群为保护

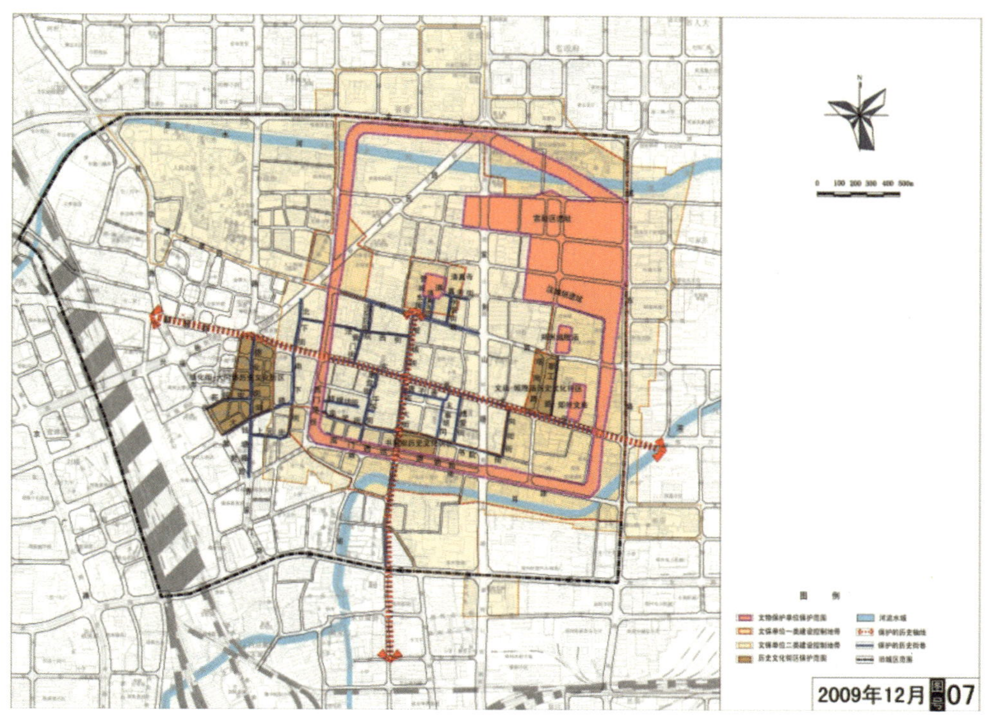

图 5-23 《郑州市城市总体规划（2010—2020 年）》旧城区保护规划图

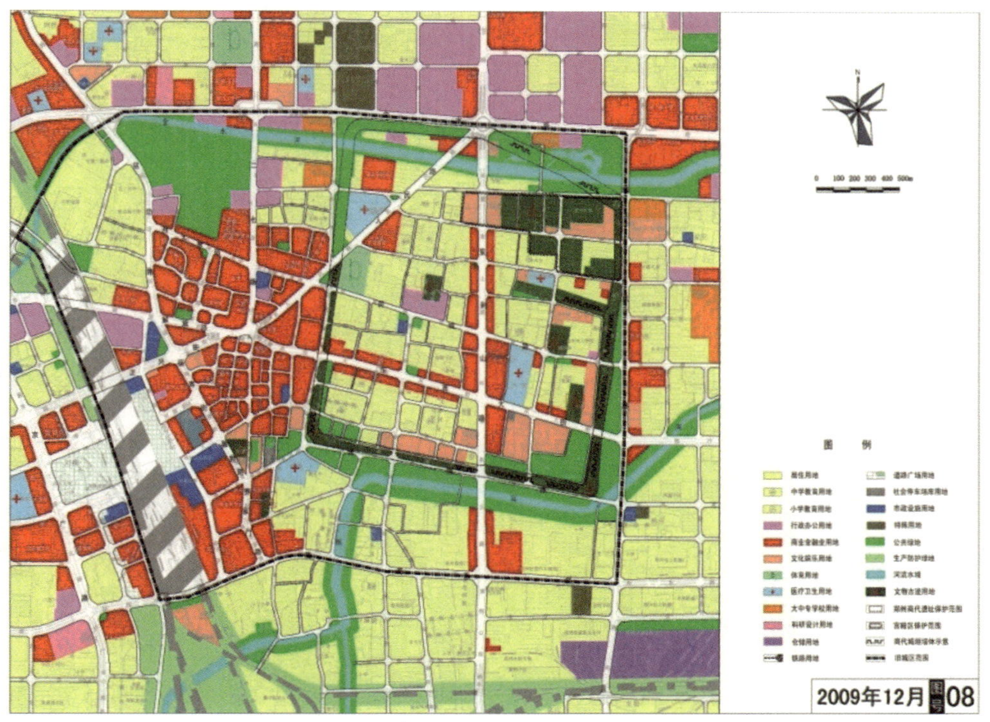

图 5-24 《郑州市城市总体规划（2010—2020 年）》土地利用规划图

重点，协调好文物保护与城乡发展之间的矛盾，使居民从中受益；以黄帝文化、少林功夫等为宣传重点；对历史街区实施抢救性的保护，保护建筑外观，改善居民生活条件，延续城市历史风貌；强调历史文化遗产（包括物质和非物质）保护、研究机构的建设，通过重点文物展示设施的建设，推动相关城市文化产业的发展。

规划同时对郑州市历史文化遗产现状、文化价值特色以及保护所面临的问题进行了分析,并对历史文化遗产的保护规划和实施确定了思路。其思路大体为：

在城市空间环境方面，加强商城遗址文化中心和二七纪念堂、二七商业中心、省政府行政中心之间的交通和景观联系，形成城市综合中心区，与郑东新区在城市风貌和城市功能上互补；商城遗址的保护与利用要着眼城市总体布局、旧城功能区调整、重大交通设施（地铁）布局，安排与文化产业相关的文物展示研究、文化市场和服务业等用地；强调城市历史格局的延续性，保护民国以后老城区的城市格局；在规划中，不仅要注重文物本身的保护，也要重视文物所处环境的保护。

在实施管理方面，尽快编制历史文化名城保护条例等相关法律、法规，使文化遗产妥善保护，城乡居民从遗产的保护中受益。

在规划的实际操作中，郑州市颁布实施了一系列保护规划条例，规范了保护规划的具体实施。其中包括，《郑州商城保护管理规定》《郑州市登封观星台嵩岳寺塔少林寺塔林保护管理条例》《郑州市古树名木保护管理办法》《郑州市郑韩故城遗址保护条例》等。以上管理措施,促进了历史文化名城的保护和发展，展示了城市历史文化特色，为未来历史名城保护的总体目标的实现奠定了基础。

图 5-25　2015 年郑州老城区现状卫星图

综上所述，郑州市从民国开始至现在，有影响力的规划共6次，其中民国两次，后有1954年的《郑州市初步规划方案》《1981—2000年郑州总体规划》《郑州市城市总体规划（1995—2010年）》和《郑州市城市总体规划（2010—2020年）》，在这些规划中城市性质由民国时期的交通枢纽、商埠型城市逐步转变为国家级综合交通枢纽、国家区域性中心城市、陇海—兰新地带重要的中心城市，城市范围不断扩大，城市功能层级逐步分明细化，由城市点逐渐演变为城市群。同时，1989年《城市规划法》的颁布，成为郑州历史文化遗产保护的转折点，对古城的不断地破坏性建设逐步减少，尤其在郑州被评为中国历史文化名城以后，对古城的保护力度更是增加，不但在总体规划中体现相关内容，同时还专门做了文化遗产保护的专项规划，不断地恢复着古城的面貌。

2. 名城保护规划的编制和实施管理

郑州市人民政府于1994年邀请清华大学建筑学院编制了《郑州历史文化名城保护规划（1995—2010）》。其后，2008年完成编制了《郑州商城遗址保护规划》《郑州市大运河遗产保护规划》，2011年编制了《郑州商城遗址公园（南片区）详细规划》，2013年编制了《郑州大遗址片区战略规划》，2014年编制了《郑州航空港经济综合实验区文物保护专项规划》，以及其他专项保护规划等。

《郑州历史文化名城保护规划（1995—2010）》，提出了名城保护规划方针原则及工作重点，明确了保护规划目标与期望。确定了规划框架，将历史文化名城保护规划分为3个层次，并对各层次中的各部分提出了具体规划方案，为郑州的名城保护工作起了重要指导作用。其历史保护规划内容主要包括：历史文化名胜区、风景名胜区、市域范围旅游路线、名胜区内文物古迹保护及重点名城遗迹详细规划。

该保护规划基本符合历史文化名城保护规划规范的要求，对名城古迹、历史文化及现状做了必要的分析，有着相对明确的框架和定位，并且确立了保护目标及原则。但由于该规划编写时间距今已有20年，受时间及当时编制环境影响，此规划仍有较多内容需要补充，并需要编制新一版的《郑州历史文化名城保护规划》。

该规划需要完善的内容方面主要有：深度发掘和研究历史文化古迹，对其进行现状评估；分析郑州市历史遗产的地位与特色价值，进行全面的SWOT分析；制定系统科学历史遗迹价值评估体系；确定严谨的保护范围，制定保护及再利用措施；提升规划内容的详细程度及深度，提升规划成果质量。

在实施管理方面，《郑州历史文化名城保护规划（1995—2010）》详细地阐述了名城保护规划实施与管理的方案，包括人口及用地控制、法律保障、名城保护与管理措施及划分了各部门组织及职责。此规划在名城保护工作中起到了方向指引的作用，为后续的保护规划编制积累了宝贵经验。但由于早期保护工作相关体制机构设置不完整，缺乏相关政策支持及法律效力，导致该保护规划在具体实施过程中收效甚微。

四、历史文化名城保护的主要经验

2004年，由中国古都学会通过并经国内史学家一致认可，郑州被列为中国八大古代都城之一，同年又被世界历史都市联盟批准为会员城市。显然，这对郑州历史文化名城的地位和知名度是一个很大提升。近些年来，尤其是从被确定为国家“十二五”大遗址保护展示示范片区以来，郑州市政府紧紧围绕片区核心价值的深入挖掘和展示，凝聚社会共识、加大资金投入、创新规划思路，统筹大遗址保护利用与经济社会发展，为我国大遗址保护利用工作提供了有益的借鉴和启示。综上所述，郑州历史文化名城保护的主要经验如下：

1. 高度重视城市总体规划编制和实施，不断完善名城保护相关内容，探寻保护工作的有效方法和路径。

郑州具有城市规划的优良传统。设市以来，很早就开始启动城市规划编制工作，新中国成立前已有规划蓝图，新中国成立后历届市政府都把编制实施城市规划列为重要议事日程。1994年国务院公布郑州历史文化名城不久，市政府立即组织编制了名城保护规划。虽然当时国家主管部门对于历史文化名城保护规划编制工作，还没有具体要求和指导意见，但是郑州历史文化名城保护规划还是抓住了保护内容的核心，并从市域范围整体分析研究了文化遗产资源状况，初步构建了保护框架，提出了以商城遗址保护为标志的科学规划。2008年国家实施《历史文化名城名镇名村保护条例》后，市政府又在编制《郑州市城市总体规划（2010—2020）》时，进一步探讨了有关历史文化名城保护的专项保护规划内容，进一步明确建立历史文化名城保护体系，对市域范围内的文化遗产提出了保护要求。为编制新一轮的名城保护规划奠定了基础，指明了方向，确定了基本原则。市政府专门组织力量进行深入调查研究，并多次到同类历史文化名城考察学习保护工作经验。特别是近几年来，以编制郑州大遗址片区保护展示利用规划为契机，启动了历史文化名城保护规划编制工作，并在反思总结经验的基础上，就整合市域文化遗产资源，探索郑州历史文化名城保护的总体思路、途径和方法等重要问题，组织开展前期战略研究，对历史文化名城保护工作的理念、思路、原则、途径、方法和实施方略，有了比较清晰的认识。

2. 科学编制商城遗址和郑州大遗址片区保护展示利用规划，文物保护工作扎实，卓有成效。

近年来，随着我国大遗址保护成为中央政府高度重视、全社会热情关注的一项文化遗产保护事业，郑州市政府进一步加强了商城遗址保护，并在探索郑州大遗址片区保护展示利用方面取得了重要进展。国家文物局和河南省文物局对郑州商城遗址保护给予高度关注和支持，将其列入“国家考古遗址公园”建设立项名单中。目前郑州商城城墙遗址保护展示工作，是根据国家文物局批准的《郑州商代都城遗址保护总体规划》《郑州商代都城城墙墙体保护方案》《郑州商代都城国家考古遗址公园建设规划》，首先启动的是商城遗址保护项目。当前，土遗址保护是个世界性科学难题，尚在探索试验中。大规模的商城夯土城垣保护困难重重，迄今在我国尚无成功的先例，没有成熟的经验可供借鉴。因此，郑州商城遗址保护展示具有独特性，目前的工作具有创新性和试验性。郑州商城遗址城垣保护展示设计的基本思路正确，技术措施可行，为我国其他遗址片区的保护提供了丰富的经验。

不仅如此，郑州市政府还委托北京大学考古文博学院、北京大学震旦古代文明研究中心，在我国著名考古学界泰斗李伯谦先生亲自主持下，编制了《郑州大遗址片区保护展示利用规划》。这一规划立意高远，用战略性眼光和创新性思维，探索了郑州大遗址保护与利用的新思路，为实现郑州大遗址保护利用与社会经济协调发展、人民生活素质提高和生态环境优化的良性互动提供宏观指导，同时为把郑州市建设成为世界历史文化名城提供了战略支撑，对于郑州历史文化名城保护具有重要指导价值。

3. 依托历史文化遗产资源打造文化品牌，大力推进全域旅游发展。

郑州市政府依托丰富的历史文化资源，举全市之力，集成利用财政资金和社会资本，一方面修复遗产整治环境，一方面加快全市域旅游业发展，把加快全域旅游发展作为郑州现阶段发展的重要特征和以航空港经济综合实验区为统揽的郑州都市区建设的重要产业支撑，专门下发文件统筹部署，分层推进。其中，打造登封少林寺和新郑黄帝故里两大世界品牌，抓好“少林”和“黄帝”文化旅游产品的开发和提升，发展文化遗产旅游，是郑州加快全域旅游发展的一大亮点。通过积极推进世界文化遗产“天地之中”历史建筑群、大运河世界遗产郑州段、大河村遗址、郑韩故城、新密古城寨等考古遗址公园的展示利用，打造文化旅游特色产品，已经取得了显著成效，极大地促进了郑州历史文化名城保护工作。

4. 各级政府坚持加大文化遗产保护和保障资金投入。

保障历史文化名城保护的资金投入，是郑州近年来保护工作取得成绩的重要成就之一。郑州市委、市政府投入大量资金，对现有文物保护单位进行维修保护，郑州市先后投入3亿多元资金推进商城遗址周边环境改善和遗址保护，一座“一环一带八点五区”的商代都城遗址公园正在中心城区逐步展现（数据来源:《郑州日报》）；投资600万元对二七纪念塔进行维修、陈展提升及消防和水电改造；争取国家资金约3300万元对郑州城隍庙、文庙进行了重修和维护。据统计，郑州市用于历史建筑修缮和历史文化街区基础设施改造的资金达5.8166亿元（数据来源:《郑州：一座名副其实的历史文化名城》）。河南省和郑州市将名城保护资金纳入了财政预算。每年开展年度省级历史文化名镇名村保护工程专项资金申报工作，研究确定名城保护补助资金后下达到名城、名镇、名村。如《河南省住房和城乡建设厅关于开展历史文化名镇名村保护工作检查的通知》（豫建村镇〔2014〕29号），调研检查近年来国家下拨名镇名村保护专项补助资金使用和地方资金配套的落实情况。

5. 通过文化创新创意建设，弘扬具有中原精神特质的郑州历史文化。

郑州市政府把历史文化名城保护同组织创作中原民俗文化活动紧密结合起来，使保护物质文化遗产和保护非物质文化遗产相辅相成，传承和弘扬了具有中原精神特质的郑州历史文化。

中原民俗文化活动包括古乐情景音乐剧《上元灯月》《记忆：非遗传承与文化创意产业未来》专题论坛等近50个非遗项目。此外，还有管城回族区的“保护文化遗产，添彩魅力管城”小学生绘画比赛展览，文物知识“进机关、进社区、进学校、进乡村”宣讲；登封文化遗产体验游、嵩阳书院举行“拜孔仪式”，游客可身穿汉服亲自祭祀儒家圣贤等各种形式的活动。这些文化艺术成果对弘扬历史文化精神，传播郑州文化名城的精神内涵，发挥了不可低估的重要作用。郑州市积极筛选非物质文化遗产传承示范基地和非物质文化遗产项目代表性传承人。组织少林功夫、超化吹歌等非遗项目参加国家、省各类非遗展示活动，并结合非物质文化遗产保护，组织文化庙会、建立传习所、民俗文物收藏馆（室）等，使传统文化在公众心中的影响力不断扩散。近几年来，郑州市还出版了若干弘扬郑州历史文化的专业出版物，如《古都郑州》《华夏都城之源》《古都之魂》《图文老郑州》等，对于探讨和交流郑州历史文化和地位具有重要意义。

第二节　历史文化名城保护现状评价

保护历史文化名城，旨在保护文化遗产。郑州历史文化遗产包括物质文化遗产与非物质文化遗产两大部分：物质文化遗产包括历史城区、历史文化街区、文物古迹等；非物质文化遗产包括传统艺术、传统工艺、传统民俗等。本次研究对历史遗存评估设计的范围包括郑州商城遗址、郑韩故城等重要的城池遗址及郑州市区内历史文化街区及在郑州历史上产生重要影响的历史建筑、各级文物保护单位、传统民居、非物质文化遗产等。

一、商代遗址

著名的郑州商代都城遗址位于郑州市中心城区，是商代前期商王都邑遗址，遗址总面积约 25 平方公里，其内外城池和宫殿区的整体形制奠定了中国城市发展的基础。

图 5-26　郑州商代遗址

长期以来，除小规模零星的保护展示措施，郑州商代遗址基本处于城市旧民居和现代城市建设的包围蚕食之中。在现有地面及集中出土遗存中，城市建设对遗存保存的威胁以南城垣遗址西段、西南城角遗址、宫殿区遗址最为明显。在完成发掘考古研究和出土器物保护转移后，地下考古遗址大都回填并继续进行地段的建设项目，遗址本身几乎未得到保护，对整个郑州商城遗址的真实性、完整性和延续性都带来巨大威胁。

遗址（内城）城垣地面墙体遗存以城垣西南角、南城垣遗址东段、东城垣遗址中段和南段保留较为完整，至今保存着平均底宽 20 米、主要区段为高度 8 ~ 10 米的夯土墙体，这些区段的城垣遗址地面可辨墙体长度共计 1960 米；此外，在东城垣遗址北段、北城垣遗址东段（紫荆山公园内）、西城垣遗址的三角地公园等还残存七小段尚可辨认的地面遗存；而北城垣西段、西城垣的地面遗存则已基本荡然无存。为了更好地保护遗址，作为首批国家考古遗址公园立项之一的郑州商城考古遗址公园成立，其专项规划内容以国家文物局颁布的《国家考古遗址公园管理办法（试行）》为依据。

2010 年，郑州市启动郑州商代都城遗址国家考古遗址公园商都博物院片区和夕阳楼片区建设，投入 5 亿元进行棚户区拆迁安置。经过两年建设，占地 20 万平方米的遗址公园已经对外免费开放。疏林绿地映衬着巍然屹立、雄浑沧桑的古老城墙，昔日的棚户区已经成为文化氛围浓厚、环境优美的城市新景观。已建成的遗址公园坚持免费开放，成为和市民生活密切相关的城市绿色开放空间，许多专家称赞它是“更加亲民的遗址公园”和“国家考古遗址公园的新形态”。

二、古城传统格局和历史风貌

1. 古城整体历史风貌破坏严重

保护历史文化名城的整体风貌通常包括古城的空间格局、自然环境和建筑风格，即保护其具有鲜明个性的形态特征与景观特征。这些特征的构成要素如古城的平面形状、城墙及城门结构形体、传统街道格局和尺度、建筑与建筑之间的空间关系及空间轮廓、建筑物和构筑物的造型、建筑的屋顶形式、材料、色调、视觉走廊的节点建筑及山水景观等，通过有机系统地融合，形成完整的自然和人文特色，才能在人们的视觉感官上产生影响力，给人们留下形象的历史记忆。

目前郑州古城基本上保留了其传统的街巷肌理，但整体历史风貌破坏严重，一些标志性建筑（如鲁班庙、火神庙、过街牌楼等）损毁殆尽。古城城墙消亡，古城格局日益模糊。一入管城区，映入眼帘的建筑五花八门，有仿古的、欧式的，大量是火柴盒式的，建筑的颜色有红的、黄的、白的、绿的，可谓五颜六色；建筑高度参差不齐，新老建筑混杂，传统历史风貌的保护与恢复迫在眉睫。如位于紫荆山路与书院街交叉口的郭家大院，紧邻郑州商城遗址南城墙，是“郑州最后的四合院”。这座四合院东面和南面几间是青砖墙体，北面两间的墙体是红砖，为后来新建。老房子上面用的是灰瓦，翘角飞檐。木门上面注明宅院建造日期为民国 21 年（1932 年）。2003 年，郑州市政府曾下令保护郭家大院，将院落纳进“书院幽荷”小游园的一部分，改造周边环境，却一直未及时修复宅院。

图 5-27 博爱街

为了更好地说明问题，下述内容将结合古城中的相关数据分析进行阐述。

（1）古城区总用地数据分析（明清古城范围）

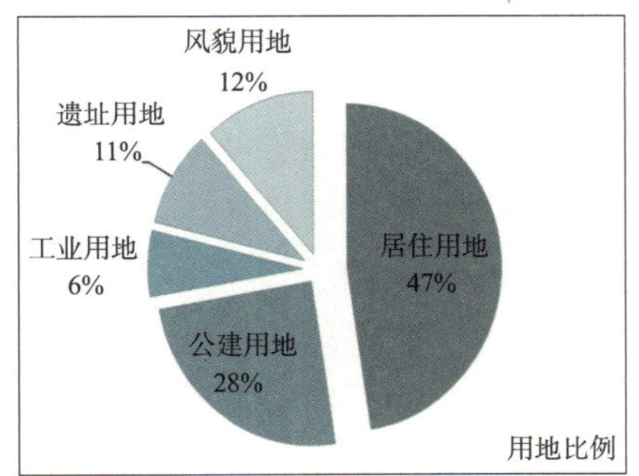

图 5-28 总体用地比例

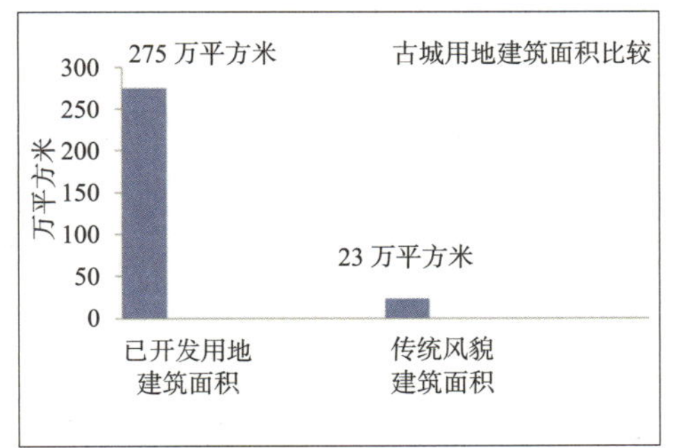

图 5-29 古城用地建筑面积比较

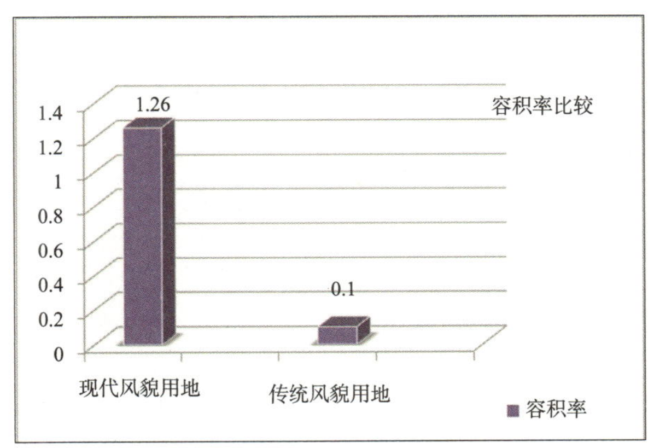

图 5-30 总体用地容积率比例

总用地数据 郑州古城指按照明清时期格局遗留下来的城址范围。古城建设总用地为 2178716.0 平方米，已开发为现代建筑用地为 1716597.61 平方米，其中居住用地 1036428.91 平方米，公共建筑用地 539121.4 平方米，工业用地 141047.3 平方米，商城遗址用地为 208570.81 平方米，空间格局还保持传统风貌的用地 253547.58 平方米。在用地中，已经为现代建筑风貌的用地占到了 78.8% 以上，只有 22% 为传统风貌及遗址的用地，现状条件极其不乐观。这也给我们的保护工作带来了巨大的难度。在所剩物质条件不乐观的同时如何把古城格局及其文化内涵凸显出来，成为需要攻克的难题。已开发现代建筑建筑面积为 2749985.75 平方米，容积率为 1.26。剩余用地基本上为古街民居建筑，其中包括一些庙宇、道观等，面积为 230935.4 平方米，容积率为 0.1。古城总建筑面积为 2980918.15，容积率为 1.36。从图中可以看出由于历史原因在古城中转变为现代建筑的容量是很大的，这些建筑中不乏高层、大体量的建筑，不但影响着古城的整体风貌，同时改变了古城原有的天际轮廓线以及空间体量感。

明清古城用地中大多以居住为主，但就其用地中分布的功能来看，北部用地中行政办公部门比较集中；中东部地块公共商业服务设施类较多，尤其是沿着紫荆山路两边；西南部大部分地区居住建筑比较密集；东南部一些小型工厂分布较多，如兴达塑料厂、开关厂、保险器材厂、兴华纸箱厂等。有些厂舍紧挨着古城墙遗址。在现有的明清古城中还存在一些历史遗存，有清真寺、城隍庙、文庙以及两处历史文化街区，还有古老的城垣遗址等，散落分布在古城中。古城的城墙是不完整的，城门已经荡然无存。但还有一些传统街巷保留至今，从中还能感受到一些郑州古城的历史沧桑。

图 5-31　古城用地现阶段用地性质概括

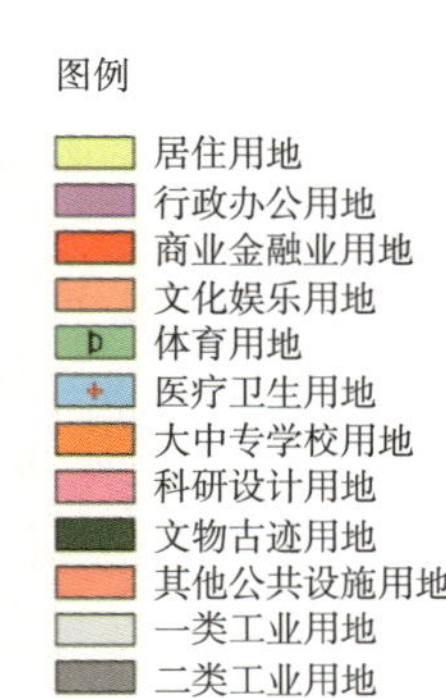

图 5-32　古城用地性质现状

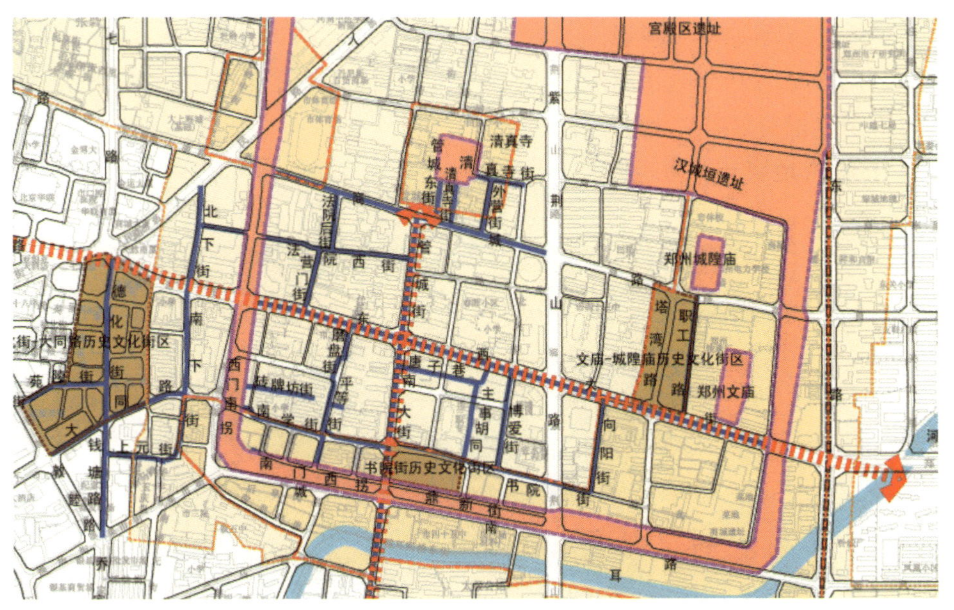

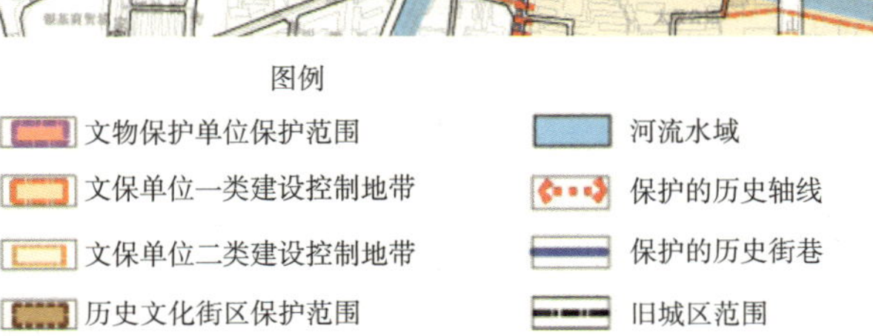

图 5-33　古城用地性质现状

图 5-34　古城用地分块

（2）分地块数据分析

为了对古城内用地情况作出更细致、更准确的分析，我们将古城用地分为3块，分别进行数据整理与分析。

古城 A 地块

图 5-35　古城 A 地块

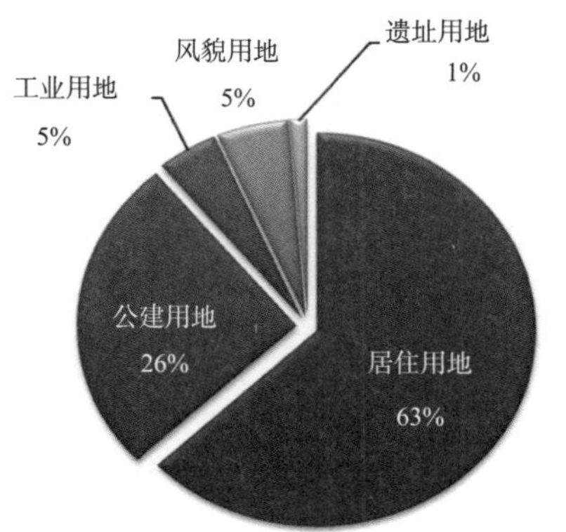

图 5–36 A 地块用地比例

古城的西北地段，北至明清原北城墙位置，西至西城墙位置，南至东西大街处，东至紫荆山路。该地块在明清时期为官府署衙用地，现在用地性质中依旧有着行政用地的功能。

地块数据分析 该区建筑总用地 680625.6 平方米，已开发现代建筑用地为 636456.11 平方米，其中居住用地为 428419.91 平方米，公共建筑用地为 177440.5 平方米，工业用地为 30595.7 平方米。古街民居及一些古建筑用地 35723.08 平方米（图 5-35 紫色区域）。郑州商代遗址用地面积为 8446.41 平方米（图 5-35 褐色区域）。开发用地占到了 93.5%。没有较完整的传统街道格局，只有分布较散的带有部分传统房屋格局形式的用地。

现有建筑分析 该区整体开发建设较大，开发建设部分的类型有住宅、小学、中学、技校、医院、酒店、商业、工厂、行政单位。现存的民居主要分布在河南辅读中专附近及管城街西侧，保留完好的民居只有很少一部分，在清真寺与清真女寺周围。

结论 该地块开发规模比较大，可保护的历史街区和传统建筑面积很小，行政单位较多，也多为现代类型建筑，并且商城路两侧多为商业性质（如图 5-36 所示），可以从图上看出剩余民居分布比较松散，已没有或无法呈现古城道路系统，因为不可能把所有建筑恢复原貌，所以想整体保护古城风貌有很大的难度，建议选择有一定历史价值，且保存状况较好传统建筑划定保护范围进行保护。

古城 B 地块

古城的西南地段，北至东西大街，西至西城墙位置，南至明清南城墙处，东至紫荆山路。用地中包含了明清时期就存在的书院街、南学街等老街巷，相对保留了一部分传统空间格局用地，但建筑大多已经更新。在现在用地性质中主要以居住为主。

地块数据分析 该区总用地 572964.6 平方米，已开发现代建筑用地为

425250.9 平方米，其中居住用地为 339175.4 平方米，公共建筑用地为 70078.7 平方米，工业用地为 15996.8 平方米。古街民居及一些古建筑用地 143555.4 平方米（图 5-37 紫色区域），西南角商代遗址（旧城墙）占地 4158.3 平方米（图 5-37 黄色区域），开发用地占到了 74.2%。

现有建筑分析 该区整体开发建设比较大，相对略优于 A 地块，开发建设部分的类型有住宅、小学、中学、技校、广场、酒店、商业、工厂。现存的民居主要分布在南学街、书院街南侧、主事胡同两侧、西门南拐两侧以及维新街周围的小部分，保留完好的民居只有很少一部分。传统风貌空间格局有连片布置的形式，书院街历史文化街区就位于本地块中。

结论 该地块开发规模相对较大，空间体量上有与传统风貌接近的区域且连接成片，可作为历史街区保护。建议选择有一定历史价值，且保存状况较好的传统建筑集中区片划定保护范围进行保护。在风貌协调区中，改善建筑外立面效果，统一成与历史街区协调的风貌形式。

古城 C 地块

位于古城整体的东面地段，北至明清古城北面城墙位置，西至紫荆山路，南至明清古城南城墙处，东至明清古城东面城墙位置。用地中包含了明清时期就存在的城隍庙、文庙等文物建筑，是我国古代城池建设中“左文右武”中“文”的用地，相对保留了一部分传统空间格局用地，建筑也大多已经更新。在现今用地性质中主要以居住为主，包括部分不再使用的厂房等。

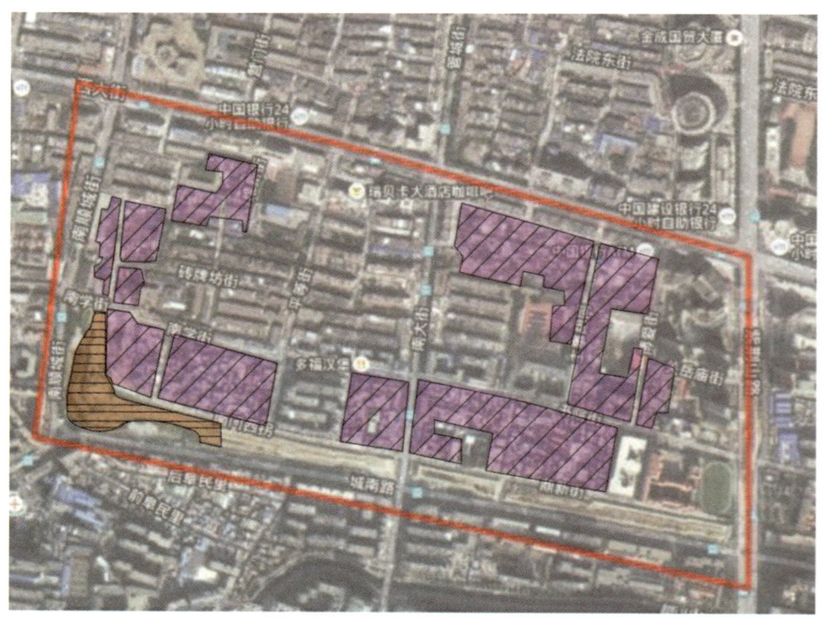

图 5–37 古城 B 地块

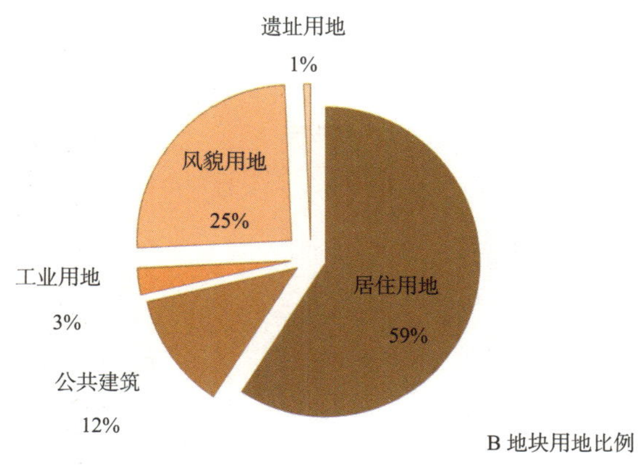

图 5–38　B 地块用地比例

地块数据分析　该区建筑总用地 925125.8 平方米，其中商城遗址用地 195966.1 平方米。郑州商城是商代早中期的都城遗址，郑州商城的发掘，对于研究商代历史和古代城市发展史都具有重要价值（图 5-39 褐色部分）。已开发现代建筑用地为 654890.6 平方米，其中居住用地为 268833.6 平方米，公共建筑用地为 291602.2 平方米，工业用地为 94454.8 平方米。古街民居及一些古建筑用地 74269.1 平方米。开发用地占到了 89.8%。

现有建筑分析　该区整体开发建设较大，开发建设部分的类型有住宅、小学、中学、技校、医院、酒店、商业、工厂。现存的民居主要分布在郑州市第一人民医院东侧及东大街南侧，保留完好的民居只有很少一部分（图 5-39 紫色部分）。郑州城隍庙位于管城回族区商城路北，建于明代初年，建筑造型精致，结构紧凑（图 5-39 黄色部分）。郑州文庙位于东大街东段路北，文庙布局合理，建筑典雅，具有较大的历史、艺术和科学价值（图 5-39 绿色部分）。

结论　该地块开发规模相对较大，相对 A 地块情况略好。有传统风貌格局的地段位于城隍庙和文庙的南边，是文庙—城隍庙历史文化街区的所在地段。建议选择有一定历史价值，且保存状况较好的传统建筑划定保护范围进行保护。应对文物周边的建筑进行改善，符合传统风貌。其他位于风貌协调区的建筑进行外观整治，与传统建筑有统一的风貌。

古城整体开发用地面积较大，大多为多层建筑，且多为现代建筑；西南、东南面有部分古街民居较为集中，其他古街民居分布较散；部分古城墙得以恢复，但是代表城池整体格局的“城门”已经消失，居于东、西、南、北 4 条街上的传统建筑缺失，已被现代建筑占据。总体来看整体保护古城风貌难度较大，时间上、人力上、财力上都达不到，所以说我们只能对有价值的内容进行选择性保护。比如在传统格局上保留较集中或文化价值较大的历史遗存地区，设立历

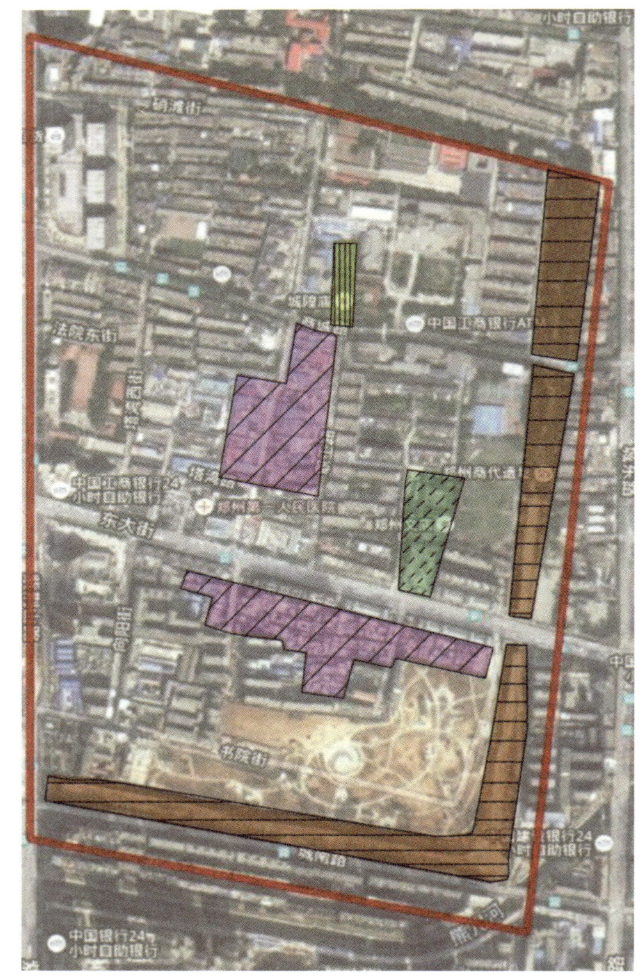

图 5-39　古城 C 地块

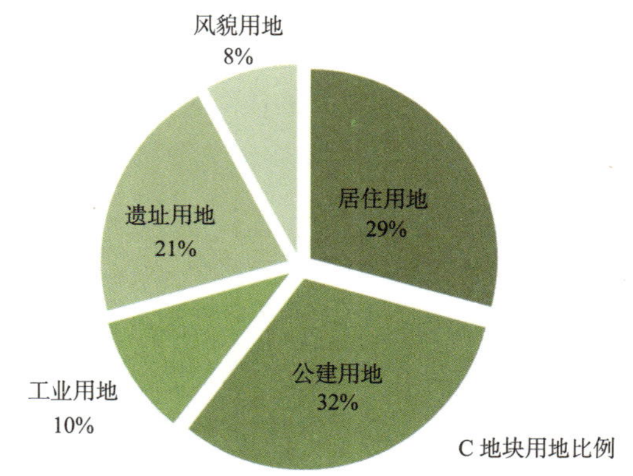

图 5-40　C 地块用地比例

史文化街区，按照有关规定进行保护整治；对于过于零散的文化遗存，按照文物保护法等相关规定，划定保护分区进行保护；对于已经消失但是确实对于郑州历史文化有着关键作用的历史遗存，会同相关部门，按照规定审定、批准后考虑复建。

2. 部分文物建筑周围环境风貌丧失

郑州古城新建不协调建筑的特点是数量多、体量大，沿街蚕食文物环境和历史街区。在古城主道沿街两侧现代建筑材料和装饰材料建造的不协调建筑比比皆是，将重点文物分割包围其中，完全改变了古城内建筑之间原有的空间关系、空间布局以及主次分明、错落有致所形成的天际线轮廓。

例如位于郑州市东大街东段路北，市第一人民医院东 200 米的文庙，据明嘉靖《郑州志》记载，始建于东汉明帝永平年间（58—75 年），殿宇廊亭 200 余间，占地约 5 万平方米，东西有过街牌坊各 1 座，乾隆三年曾经大规模修建，光绪二年遭火焚。新中国成立后幸存有清代建筑大成殿，因有较大的历史、艺术和科学价值，1963 年 6 月被河南省人民政府公布为省级文物保护单位。

图 5–41　郑州文庙

随着城市的迅速发展，郑州文庙周围环境发生了很大变化，周围的道路在建设中被一次次垫高，文庙院内地平相对变低，形成一个“盆地”，致使雨水倒灌，积水无法排出，成为大成殿最大的危害，严重影响大成殿的安全。文庙西面和北面的居民楼均属于中高层建筑，对文庙及周边整体的传统历史风貌影响较大；文庙南面牌坊及棂星门直接临近宽敞的东大街，尺度完全不符。

三、历史文化街区及建筑

历史文化街区的总体保护状况比较差，虽然政府对此制定了相关的制度条例，国务院 2010 年 8 月 19 日在《关于郑州市城市总体规划的批复》中第八条批复重视历史文化和风貌特色保护。但由于对历史街区保护缺乏认识，重视程度不够，宣传不到位，缺乏得力的措施和办法，保护所需费用也严重不足，其结果是严重挫伤了群众参与保护的积极性，加上历史街区保护工作自身量大面广，涉及群众百姓切身利益，以及商城遗址的保护问题，致使对街区的保护工作难上加难。

在郑州历史文化名城的历史街区中，保护规划明确划分了 3 处历史文化街区，即书院街、文庙—城隍庙、德化街—大同路。但目前这些街区保护状况不佳，除商城书院街、文庙—城隍庙个别地段保持了民国时期的城市风貌外，绝大部分地区的城市风貌已经完全转变为现代城市风貌，包括“二七”大罢工纪念塔和纪念堂附近地区，街道大多尚在整治中，即建设了许多风格不协调的现代居民自建房，水泥、瓷砖建筑基本上成为沿街建筑的主流，对于历史风貌造成了极大的破坏。仅有街道肌理和部分历史建筑和格局保存较好，建筑形式大多数有整治恢复的基础，不过这些历史建筑也大多处于岌岌可危的状态。历史街区从路面到两边的建筑均需要加以修缮，进行高度控制和风貌恢复。

1. 书院街历史文化街区

书院街处于郑州市商业、交通的中心位置。紧靠在商代城墙遗址内侧。清光绪年间，因“天中书院”，在街区内重建而得名书院街。纵观郑州市城市发展，书院街一直处于城市发展中心地带，伴随着城市数千年的发展历程，记录了历史时期城市人居生活，成为郑州市各时期历史风貌的集中展现区。

街区现状：其一，街区格局风貌保护不力。由于城市建设和社会变革，历史文化街区的许多传统建筑的产权发生了变化，长期缺乏有效的保护和整治，传统木构建筑缺乏维护和保养，保存的时间有限，要维持其基本使用已经比较困难，有的甚至成了危房，得不到及时的维修。历史文化街区的有些部位已经挤进了新建的现代建筑，风格的统一性和景观的连续性受到了破坏。并且由于人们生产生活方式和交通方式的改变，历史文化街区的商业传统、手工业渐渐衰退，被商业大潮逐渐淹没，得不到应有的重视。现在街区中仅残存王家、张家和孟家大院几处历史建筑，且依然欠缺相应的修缮与保护。现存的历史观感十分微薄，很难反映原有的历史感。因此，历史文化街区有被边缘化的趋势。

图 5-42　书院街历史文化街区现状图

其二，街区的市政基础设施不配套。现有建筑和基础设施不能满足居民改善生活条件与提高生活质量的要求，建筑使用功能的不完善造成乱搭乱建等损害历史建筑及其传统风貌的现象不断增加。

其三，由于牵扯到商城遗址的保护问题，街区迟迟没有进行整体规划建设，造成居民盖房的随意性很大，导致街区内房屋密集，街巷狭窄。不通风、不采光、无绿地状况更为严重。这种状况极不利于各类管线的铺设安装，在交通、消防和排污等方面存在很大的隐患，房屋建筑质量和居民生活质量不佳。

2. 文庙—城隍庙历史文化街区

文庙—城隍庙历史文化街区的空间框架可划分为“一街两节点”。一街是指职工路。两节点是指文庙、城隍庙两个节点。

街区现状：文庙南侧的东大街已经拓宽到 35 米，完全与历史文化街区的尺度不符。职工路两侧传统建筑面积分布较小，而且沿街墙面损坏严重，亟待抢救性维修；职工路东侧为职工家属院，沿街两边建筑风貌完全不符；周边学校用地部分占压文庙保护范围。总的来说，现代建筑已经基本主导文庙、城隍庙附近的城市风貌。

图 5-43　文庙—城隍庙历史文化街区现状图

四、历史文化古村落及建筑

1. 上街区——方顶村

方顶行政村位于上街区西南隅，隶属于上街区峡窝镇，位于五云山山脚下，与巩义市草店村接壤，西临汜河，南接杨家沟，东与冯沟村为邻，北连观沟和魏岗，占地约 4 平方公里，辖方顶、程湾、底河 3 个自然村，共 8 个村民组 419 户人家、1675 口人。方顶村于 2014 年 4 月被评为河南省历史文化名村。

方顶村内的明清建筑群是目前郑州市内发现的面积最大、规模最大、保存较为完整的一处明清建筑群，拥有古建筑房屋 100 余座，300 余间，代表了中原独特的乡土建筑文化，真实反映了中原地区明清以来的街道布局、建筑风格、历史风貌，具有丰富的历史、社会和艺术价值。

方顶村明清建筑群项目已纳入《郑州市旅游产业发展规划》，村内现存清末翰林院编修赵东阶故居、13 道古寨门、碑楼、关帝庙、戏台等遗址和火神会、绑灯山等传统民俗。方顶村曾为古时的一个驿站，近代在村旁修建了铁路，如今铁路已被废弃。

目前，方顶村的文物保护工程正在如期进行，当地政府及开发商采取了保护性开发的方式。具体为一方面对村里现存的明清古建筑进行保留修缮、进行展览，另一方面让村里所有村民搬走，并将新近建造的房屋拆毁，改建成仿古建筑，其中包括商业街、别墅等，将其整体开发为集旅游、观光、商业、度假于一体的度假景区。

调研中发现，村子主体街道两旁新修了仿古建筑，拟建为商业步行街，这些建筑遮住了原有的历史建筑，使得真正的古建被围起来，不利于展示。村中的部分古建筑由于村民搬迁无人维护，已日渐破败，急需修缮。总体来看，古村落的结构已产生了大幅度的改变。

此种开发模式过于商业化且比较激进，破坏了古村落原有的结构脉络，使古村落与一些“人造古街、村”结构雷同，致使目前没有了人气的村子呈现出一片荒凉的景象，在建筑及人文气息上已失去了古村落原有的灵魂。古村落不仅要保护古建筑同时也要保护其古朴、幽静的人文气息，因此，原住民的保留是必不可少的。

开发中没有顾及当地村民的意愿及利益，绝大多数村民不愿意搬迁，并与开发商因赔偿问题而产生了矛盾。建议在古村落开发中保留原住民，政府与村民一起修缮保护古村落，同时适当开发旅游等副业，村民在其中可得到分红，这样在保护村民利益的同时也为政府带来了长期的财政收入和当地的繁荣，更好地保护了历史文化名村。

图 5-44 方顶村现状图

2. 登封市——柏石崖村

登封市徐庄镇柏石崖古村落，地处大熊山森林公园景区内，始建于清中期，至今已有近 200 年的历史。因地处偏僻，保留相对完好，村落中奇木异石众多，形状各异，其中有数棵树木的树龄已在 200 年以上。

柏石崖村内建筑大都以石头为主，石砌房、小四合院、石砌窑洞、石墙瓦房依然完好。村中石屋交错，曲径通幽，房屋、桥拱、河渠、凳子、马槽等物件均由石头制成。村中最古老的石拱桥，始建于清朝，至今有 300 多年的历史。柏石崖村曾为豫西抗日后方医院，在柏石崖村存在了 2 个月时间，先后有 200 多名伤病员在这里接受了治疗，并有 12 名战士伤重不治埋葬这块土地上。如今，村头废弃的石屋墙上，还依稀可见“后方医院手术室”“后方医院伙房”的字样。

村中原有近 400 人，大部分因外出定居或务工已搬出，现今只剩 30 多位老人。村中的很多石屋，已无人居住并废弃。目前当地政府已有保护意识，并拟在条件成熟的情况下加强对传统村落的保护和旅游开发。

村中古老人文及自然韵味气息浓厚，村落整体保存较好，有较好的保护开发价值。由于大部分人已迁出，部分古宅荒废颓败，因此急需开展保护开发工作。保护工作的开展不仅对古村落的保留传承提供了有力支撑，同时对改善当地居民生活条件大有帮助。

图 5–45 柏石崖村现状图

3. 巩义市——海上桥村

海上桥古建筑群位于巩义市大峪沟镇海上桥村，南部距 310 国道 2 公里，西接北山口镇，北临站街镇，交通便利。古建筑群坐北向南，其东北有青堆山，南临季节性河道，地形呈环月状，大部分建筑建于清朝中晚期，总占地面积 22400 平方米。现存清、民国建筑 20 余处，共有窑洞 75 孔，楼房 42 幢 80 余间，古井一口。

其建筑综合了北方四合院的建筑特点，色调古朴，庄重大气。在结构上以靠山窑洞为主；在布局上以一进、两进、三进式院落为主，结合楼院、偏房跨院；在装饰上以砖雕、木雕、石雕为主，雕饰精美；建筑群之间小道用石子铺设，路面一侧有统一的下水道。

2013 年，市、镇、村三级投资 50 万元创办大学生写生基地，清华大学、中央美术学院、河南大学等十余所院校在这里设立了美术实习基地，基地建成以来，已有 3000 人次师生前来基地写生创作。此举扩大了海上桥村的知名度，提升了当地文化气息，为海上桥村的宣传工作做出了重大贡献。

目前，当地政府对其已有保护意识，禁止了乱拆乱建的行为，古建筑群整体保存完整。但是，由于村中的村民大多外出务工，村内人口稀少，部分房屋空置并日渐破败，自然坍塌，当地居民无钱维修，只能任其残损。此问题对古

图 5–46 海上桥村现状图

建筑群的保护造成了威胁，应当引起相关政府部门的重视。因此，当地政府在保护力度和措施上仍有欠缺之处，没有对文物作出明确标记，也没有对古建筑群进行修缮保护。

综上所述，郑州市对历史文化古村落保存相对完整，并具有一定规模，在具体保护措施方面，当地政府已有意识并采取了一些行动，但在方法和力度上出现了些许不足。其具体存在的问题为以下 3 个方面：

第一，目前村中的大量古建民居因家庭贫困无钱修缮或无人居住破败废弃，古村落日渐凋零荒废。政府应当监管并帮助当地居民对其修缮保护，同时对村落的基础设施及整体环境进行维护改善，保护历史文化古村的完整性，保留古村落古朴、秀丽的自然韵味。

第二，对历史文化古村保护应具有系统性、科学性，但当地相关部门保留了建筑后便无作为。应当划定古村落的保护范围，对村内保留的古建筑作出标志说明，建立记录档案，设置专门机构或者指定专人负责管理、改进。

第三，保护方法出现错误。对古村落进行大规模改造，激进式商业化开发，破坏了古村落的原始风貌、结构及人文气息，使古村落与一些仿古商业街雷同，失去了原有的价值。在古村落保护开发中应当保留并优化其原始风貌，留住原住民及民俗文化。

五、其他文物遗址本体保护

郑州位居中华民族腹心重地，处“天地之中”。郑州地区为华夏文明发祥的核心地区，是国家文明诞生之地和文化荟萃的中心，中国几大主流文明——儒、释、道都在这里建立了弘扬传播本流派文化的核心基地，这里也成为古人测天量地的中心，这一历史背景使得郑州地区汇聚和留存了大量珍贵的文化遗产。

目前，郑州大部分历史文物遗址保存状况良好，保护工作卓有成效。在郑州市域内，天地之中建筑群、黄帝故里、康百万庄园、密县县衙等著名遗址，均设立了专门的保护机构、配备了保护管理人员、投入了大量的保护资金，保护措施基本得到落实,历史遗产保护状况良好。这些历史遗址被开发为旅游景区、博物馆或景观绿地等,保护遗址的同时,对其进行了有效利用,繁荣了当地经济,形成良性发展。

还有一些已经做过大量工作并产生一定影响的遗址保护区，保护现状较好，但由于地处偏僻或与分布分散等因素,开发利用状况较差。如古荥汉代冶铁遗址、观星台、巩义部分庄园等。巩义庄园各具特色，巩义内现有多处具有一定规模的庄园遗存，但除了康百万庄园之外，其他的庄园遗迹多处于无人问津的状态，没有得到很好的利用。观星台是我国现存最古老的天文台，也是世界上最著名的天文科学建筑物之一，它反映了我国古代科学家在天文学上的卓越成就，在世界天文史、建筑史上都有很高的价值，但在现实生活中鲜少人知道它的重要价值，来这里参观的游人较少，景区门庭冷落。面对这些问题，当地应当开展这方面的学术探讨及文化联谊活动，进行优势互补，资源共享，共同协作，构建一个相互支撑的组合文化平台，为扩大文化经济交流创造更为有利的环境。

除此还有一部分历史遗迹正在逐步修缮中，一些地处偏僻或埋藏于地下的遗迹保护开发利用较难，这些遗址开发和利用的程度还不理想，尚有较大的发展空间，如隋唐大运河遗址——通济渠郑州段、望京楼遗址等，相关部门应考虑对策，加紧保护工作落实。

第三节　历史文化名城保护突出问题

一、保护规划未能适时修编完善

1994 年编制《郑州历史文化名城保护规划（1995—2010）》时，国家主管部门对历史文化名城保护规划编制办法和技术规范，尚未专门制定好导则和指导意见。因此这一保护规划和在之后公布的国家规范、行政法规多有不一致，特别在历史文化名城保护规划层次、保护范围划定，以及保护文化遗产应坚持真实性和整体性原则，对历史文化街区实施分类保护整治等规定上，缺失较多。同时保护规划没有对古城传统格局和历史风貌整体保护作出具体规划指导，并且名城保护和风景名胜保护混淆在一起，因此在郑州市旧城开发改造中，面对不断出现的新问题，难以适应有序引导和加强监督管理的需要。历史文化名城保护在一定程度上缺少保护规划的有效约束和指导。在旧版保护规划早已不适应的情况下，郑州市未能适时修编完善、抓紧编制新一版的名城保护规划，以致很长时期缺乏有效的指导监控，对保护工作带来不力影响。如今在国务院批准河南省建设中原经济区，进而中央提出实施“一带一路”大战略以后，郑州肩负着加强历史文化名城保护，提升文化软实力，培育华夏历史文明传承创新区，弘扬昂扬向上的中原人文精神，为实施国家大战略提供强大精神动力和智力支持的重要使命，因此加强郑州历史文化名城保护与发展理论研究，加快编制保护规划，已经迫在眉睫。

二、保护思路、途径和方法亟待厘清

如前所述，郑州历经沧桑，尤其近代屡遭战争创伤，地面以上古建筑和传统民居未能完整保存下来。新中国成立后在工业化建设和城镇化发展中，由于缺乏文化遗产保护意识，造成明清古城历史风貌不断受到破坏。1994 年国务院公布郑州为国家历史文化名城时，保护条件已经很差，传统的古城整体形象不复存在。除了商城遗址和文庙、城隍庙、清真寺等个别文物，古城区内究竟该保什么？怎么保？一直是困惑思想认识，难以逾越的障碍。由于思路、途径和方法没有厘清，对历史文化名城的正确保护理念和原则拿捏不准，以致在很大程度上形成重文物、轻名城，重大遗址考古发掘、轻历史文化街区保护整治和重市域文化遗产、轻核心保护区的倾向。对于和历史文化名城发展密切相关的规划目标，例如调整历史城区的用地功能，疏解人口，延续历史城市风貌，改善老城生活环境和基础设施等，也未及时确定合理可行的规划保护措施，制定相应政策给予保障。在历史文化名城保护规划方案中，缺乏人口疏散政策、产业准入政策、土地用途管制政策，以及适应郑州古城区传统格局和历史风貌保护的基础设施更新计划、改善居住生活环境方案。

除此之外，在市域范围其他文化遗产保护中，甚至出现了错误导向问题。对一些具有保护价值的古镇古村落，采取大规模旅游开发方式，造成了不可挽回的严重损失。如在上街区方顶村古村落旅游开发中，将原住民集体搬迁，并拆除了古村落部分传统建筑，盲目新建仿古商业街，不仅破坏了传统格局、历史风貌和依存环境要素，而且破坏了文化遗产的真实性和完整性。郑州历史文化名城保护工作的实践一再表明，没有一条科学合理的保护思路、途径和方法加以指导，必然会事与愿违，走弯路，带来不可逆转的重大损失。

三、文化内涵研究及资源整合不到位

保护郑州历史文化名城，首先要认识其历史文化价值和特色。这就需要深入发掘郑州具有中原人文特质的历史文化内涵，抽丝剥茧，梳理出3600多年城市变迁发展的文化脉络，寻找主导其发展的规律所在。同时对文化遗产资源进行整合，彰显郑州鲜明的形象特色，从而确定保什么、怎么保。这一方面的工作显然还不到位。历史文化名城的价值和特色体现在文化遗产的形态表征和文化内涵两个不同层面。郑州历史文化名城保护往往注重形态表征，而忽视文化内涵的研究剖析，并且对文化遗产之间的内在联系也很少注意。如此一来，保护工作必然是零敲碎打，孤立地看待文化遗产单体，没有从整体上把握历史文化名城的基本特征。诸如郑州在厚重的历史文化积淀中到底形成的人文精神是什么？或者什么是郑州历史文化内涵的集中体现？对于郑州历史文化名城核心区以及整个市域，哪些文化遗产必须重点发掘、重点保护？提炼怎样的文化品牌和形象品牌最能代表郑州历史文化名城的价值和特色？文化遗产保护又该如何与经济社会发展相互促进和谐共赢？这些只有通过深度的研究剖析，而不是简单地归纳整理，才能得出符合郑州实际的答案，为创新郑州历史文化名城保护思路提供可靠的依据。

作为历史悠久、文化内涵丰富而又厚重的历史文化名城，目前郑州非物质文化遗产也还没有得到充分发掘弘扬，古城区内特色民俗文化表现缺失，未能体现出特有的历史文化底蕴。保护利用好非物质文化遗产关系到文化血脉的传承，关系到城市记忆的延续，同时可为城市带来新的经济增长点。在把历史文化名城保护与组织创作中原民俗文化活动结合，推进文化创新创意建设时，必须大力加强对郑州历史文化名城的文化内涵和包括非物质文化遗产在内的遗产资源研究，在此基础上展开保护、展示、合理利用，并加以弘扬，使之成为郑州独具中原人文精神的特色文化气韵。

四、地方性法规和相关政策缺失

我国现行的《城乡规划法》《文物保护法》《非物质文化遗产保护法》《文物保护条例》《历史文化名城名镇名村保护条例》等一系列法律法规，以及《河南省历史文化名城保护条例》，都为郑州历史文化名城保护奠定了坚实的基础，提供了可靠保障。但是鉴于郑州历史文化名城核心保护区内现状，没有一部针对性很强的地方性法规对其保驾护航，明确公民和执法主体在保护郑州历史文化名城中的权责义务、规范行为、监管措施和法律责任，则很难奏效。例如《历史文化名城保护规划》明确规定：在商城遗址的“重点保护范围内严禁新建，必须建设需经文物部门批准，建筑高度控制在6米，建筑形式应考虑传统风貌；一般保护范围内建筑高度控制在18米，建筑材料、色彩、形式应考虑与环境协调。”实际上许多新建建筑，不仅违反了建筑高度控制要求，而且也违反了保护规划对于建筑材料、色彩和形式的控制规定，但是能够建成投入使用而不被追究责任，其中一个重要原因是没有结合郑州实际的地方性法规作为处罚依据。在古城区改造和城市新区开发建设中，文物保护单位（特别是大型古遗址）保护范围不断受到城市建设用地侵占，外部环境风貌受到破坏，同样与地方性法规缺失有关。法规的缺失进而影响到相关政策，包括对古城区内房地产开发和商业开发、土地出让和用地功能置换、控制性详细规划的调整等，缺少与历史文化名城保护相呼应的政策规定。部分地区的公众知情权、参与权、监督权没有有效落到实处，且没有从历史文化名城保护中受益，公众也不愿意积极配合历史文化名城保护工作。

历史文化名城保护的地方性法规和相关政策不健全，使得保护管理机构、人员在数量和素质上明显不足，管理制度、管理体制和机制也没有理顺完善，需要进一步改革创新。

SIX CHAPTER

第六章

郑州历史文化名城保护与发展战略选择

“十二五”时期我国经济社会发展取得了重大成就。在妥善应对一系列重大风险挑战的同时，适应经济发展新常态，创新宏观调控方式，优化经济结构、转换发展动力，加快了国民经济发展方式转变，有力推进各项事业取得长足的进步成为社会经济发展的内生动力。“十三五”时期是我国实现第一个百年奋斗目标，全面建成小康社会步入决胜阶段。党的十八届五中全会综合分析了“十三五”时期我国发展环境的基本特征，认为仍处于可以大有作为的重要战略机遇期，也面临诸多矛盾叠加、风险隐患增多的严峻挑战。会议明确要求准确把握战略机遇期内涵的深刻变化，坚持发展是第一要务，以提高发展质量和效益为中心，加快形成引领经济发展新常态的体制机制和发展方式，同时注重保护与发展并行不悖，保持战略定力，坚持稳中求进，统筹推进经济建设、政治建设、文化建设、社会建设、生态文明建设和谐发展。因此，在这一新的战略机遇下，郑州历史文化名城的保护和发展也面临着新的机遇和挑战，为此，郑州市将不断探索科学合理的发展思路，走历史文化名城保护与发展并举之路。

第一节 新常态带来郑州名城保护与发展新机遇

“新常态”是当前我国经济社会发展的一个新状态，这是一种趋势性、不可逆的发展状态，意味着中国经济已进入一个与过去 30 多年高速增长期不同的新阶段。当前，我国发展仍处于重要战略机遇期，要增强自信心，从当前我国经济发展的阶段性特征出发，适应新常态，保持战略上的平常心态。郑州市经济社会发展的“新常态”是国家发展战略、产业结构调整和城市复兴的愿望，这是兼具天时、地利、人和的历史发展机遇。

一、天时——两大国家战略的实施为郑州带来发展新机遇

推进“一带一路”建设和中原经济区建设是两个国家层面的战略布局，也是党中央在“十三五”规划建议中确定的重要目标和任务。郑州得天独厚，恰好处在这两个战略布局的核心地位，坐拥有两大战略区位交通优势，必然能够发挥重要引领作用。但是从整体布局和比较优势来看，目前郑州的支撑产业体系和文化软实力，与国家层面的区域中心城市的影响力和辐射力相去甚远，还不足以适应国际化现代化立体综合交通枢纽的要求。推进“一带一路”建设和中原经济区建设，都需要该区域内的城市立足各自比较优势、立足现代产业分工要求、立足区域优势互补原则、立足合作共赢理念。尤其郑州市应当以中原

城市群建设为载体、以优化区域分工和产业布局为重点、以资源要素空间统筹规划利用为主线、以构建长效体制机制为抓手，从广度和深度上加快发展。“一带一路”和中原经济区协同发展的战略，为郑州实施“三大一中心”战略创造了前所未有的新机遇，更需要郑州通过加快建设高度集聚生产力要素的郑州都市区和郑州国际陆港物流园区等大产业支撑平台，做强做大文化软实力，以独具特色的厚重历史文化遗产，推动郑州跨越式发展。

“一带一路”倡议对密切我国同中亚、南亚周边国家以及欧亚国家之间的经济贸易关系，深化区域交流合作，统筹国内国际发展，维护周边环境，拓展西部大开发和对外开放的空间，都有着重大的意义。其中“一路”在我国特指横贯东西的陇海铁路线和连霍高速公路。这是古代丝绸之路向我国东部沿海的延伸部分。郑州处在这条陆路和国内京广铁路和京珠高速公路的交汇点上，国家战略层面的交通枢纽区位极其重要。在“一带一路”战略中，省委、省政府将郑州的未来发展目标定为：现代化国家商都，国际航空物流中心和亚欧大宗商品商贸物流中心。郑州可以通过弘扬城市历史文化，以古老的商文化为基础糅合郑文化来提升城市软实力，在商业、商人、商路、商都等方面塑造城市形象。

中原经济区战略定位为：国家重要的粮食生产和现代农业基地，全国工业化、城镇化、信息化和农业现代化协调发展示范区，全国重要的经济增长板块，全国区域协调发展的战略支点和重要的现代综合交通枢纽，华夏历史文明传承创新区。郑州在中原经济区的整体布局中，可以通过加强与以郑州为中心的城市群之间的经济联系，发挥比较优势，建立区域交通枢纽次中心；加快基础设施建设，拓展综合服务平台，增强对周边地区的吸引，实现产业和服务集聚；加强文化纽带联系，传承华夏文明，促进文化包容融合。同时要求实施中心城市带动战略，提升郑州作为我国中部地区重要的中心城市的地位。

郑州同时处在两大国家战略的交汇位置得天独厚，因此需要找准自身在产业发展和文化实力上的比较优势，合理进行城市定位，强化与周边地区的战略合作，引领中原经济区发展的整体提升。

二、地利——调整产业结构绿色崛起为郑州注入了新活力

转变经济发展方式、调整产业结构要积极发展新兴产业和第三产业，战略性新兴产业和现代服务业是转方式调结构的希望所在，对于郑州而言，推进钢铁产业整合重组是转方式调结构的重点。加快推进钢铁产业结构调整，大力发展战略性新兴产业和现代服务业，努力把产业结构调整得更优、更高、更强，不断提高经济发展的质量和效益，在转型升级中实现绿色崛起。坚定不移地以项目促投资、以增量调存量，是郑州构建绿色、循环、低碳的现代产业体系，

实现加速发展、加速转型的必由之路。

以建立绿色产业体系为导向，调整优化产业结构。根据绿色经济发展的要求,首先调整三次产业间的比重,其次调整各个产业内部的结构。在第一产业中，要大幅提高绿色、有机、生态农业的比例，增加对绿色、有机、生态农业生产基础设施的投资，做好绿色营销，打造和巩固农产品绿色、有机、生态的招牌，不断提高农产品的市场美誉度和附加值。在第二产业中，大力推动战略性新兴产业和节能环保、可再生能源、再制造、资源回收利用等绿色新兴产业的发展，坚持绿色生产，丰富绿色产品，打造绿色工业品牌。在第三产业中，发展现代服务业，重点发展商贸物流、电子商务、生态旅游和金融保险、信息会展等现代服务业。

要有壮士断腕的决心，加大对落后产能的调整，减少或拆除高消耗、高污染设备，大力发展绿色产业，实现对科技的创新，使战略性新兴产业和现代服务业的发展进入快车道，只有这样才能实现郑州的绿色崛起，让郑州的发展更好更美。目前，郑州已经在调结构、转方式方面积极稳妥地推进城市发展转型，在“十三五”时期，更要按照党中央提出的“五大发展”理念，把坚持绿色强市富国、绿色惠民放在重要位置，使之成为郑州发展的新活力，更加注重绿色、环保、生态的产业，促进人与自然和谐共生，加快建设主体功能区，推动低碳循环发展，全面节约和高效利用资源。

三、人和——在实现中国梦的过程中复兴郑州成为新共识

实现城市转型发展，提高人民生活质量是当前郑州在城市发展过程中面临的主要问题，而加快进行产业转型升级、治理大气污染尤为紧迫，求突破、谋发展，建设郑州、复兴郑州已成为郑州人民的共识。

郑州在历史上曾经名扬天下，繁盛至极，境内的多座城池都曾在历史上发挥过重要的作用，地位重要。然而随着城池被毁和区域中心的战略地位被取代，郑州逐渐边缘化，变得衰落下来。进入近现代，郑州的区位条件再次转化成区位优势。尤其是新中国成立以来，随着交通的改善和国家基础工业的布局发展，城市活力逐步恢复，郑州市工农业生产取得了巨大成绩，郑州城市面貌发生了巨大的改变，这离不开郑州市历届党委、政府的正确领导和郑州人民的创造。随着郑州在新时期面临的新使命到来，在推进郑州城市建设发展和国际商都规划建设的复兴的过程中，需要大力倡导和发扬具有中原人文特质的艰苦奋斗和开拓创新精神，这些都是郑州历史文化中所蕴含的精神财富和文明基因。

如今在以习近平为总书记的党中央领导下，全党全国人民群情振奋，正为实现中华民族伟大复兴的中国梦而拼搏创新。在这一过程中，郑州再度崛起，

屹立世界之林，已经不是凭空臆想，而是迎来了前所未有的历史机遇。然而要实现郑州复兴和崛起，就必须传承中华文明，以中原精神一心一意谋发展，着力把握发展规律、创新发展理念、破解发展难题，促进社会和谐、繁荣城市文化、推动全面进步。虽然复兴之路任重道远，但是只要上下一心，齐心协力，为了城市的美好前景踏实奋斗，郑州必将重新成为拥有经济实力和文化实力的国际性区域性中心城市，成为一颗冉冉升起的耀眼明星。

第二节　转型期名城保护与发展面临的严峻挑战

一、指导思想偏失致使风貌破坏

2012 年是国家历史文化名城制度建立 30 周年。为了认真贯彻党的十七届六中全会精神，落实《历史文化名城名镇名村保护条例》要求，全面总结 30 年来历史文化名城的保护工作，住房城乡建设部、国家文物局于 2011 年末和 2012 年初组织开展了国家历史文化名城保护工作检查。

2012 年 11 月 7 日，住房城乡建设部和国家文物局根据检查情况联合下发了通知，对于山东省聊城市、河北省邯郸市、湖北省随州市、安徽省寿县、河南省浚县、湖南省岳阳市、广西壮族自治区柳州市、云南省大理市等因保护工作不力，致使名城历史文化遗产遭到严重破坏，对名城历史文化价值受到严重影响的情况予以通报批评，并限期整改。住房城乡建设部、国家文物局将视整改情况决定是否请示国务院将其列入濒危名单。

这次检查虽然没有直接派检查组到郑州，但是发现历史文化名城保护普遍存在的突出问题，郑州也不例外。在名城的申报与保护方面，郑州历史文化名城同其他许多历史文化名城一样，存在重申报轻保护的现象。不少地方为了快速发展经济，进行土地开发和文化遗产旅游开发，千方百计挤进历史文化名城名单，但在申报成功之后，对历史文化名城的保护往往基本没有提上重要议事日程。

在名城的保护与发展方面，很多人把保护历史文化名城和发展旅游等同起来，简单地理解为保护历史文化名城旨在发展旅游，而发展旅游就应该尽快取得经济效益，以为保护就是为了赚钱，把文化遗产当成了摇钱树，甚至不惜以牺牲文化遗产为代价，陷入了过度旅游开发和商业开发的困境，形成恶性循环，造成严重危害。

从城市决策者和管理者角度来看，很多历史文化名城出现大拆大建的不良倾向，还与地方政府内部欠科学的政绩考核方式有很大关系。不少城市决策者和管理者在任内急于取得看得见、摸得着的政绩，最直接采用的方式就是快速提高 GDP。

种种现象都表明，重大决策失误对名城的破坏是根本性的，它从名城的申报、管理、保护、发展等方面都指向了错误的方向。申报历史文化名城的必备要素——历史文化街区在“拆旧建新”的房地产开发热潮中不断沦为废墟，还有不少历史文化名城因为过度商业化导致只有历史，而无文化可言的局面。

郑州在名城保护发展过程中最突出的问题就是重物轻城，即重视文物保护，忽视历史城区、历史文化街区和历史建筑的保护。我国历史文化名城申报制度和保护制度很不健全，也使各地在历史文化名城保护方面走了弯路，但是城市决策者和管理者应当认识到城市发展与历史文化名城的保护一样，都是一项综合性、复杂性很强的工作，都是政府的重要职能，必须依法行政，依法保护，从社会效益和经济效益全方位思考问题，把社会效益摆在首位。处理不好发展中的这一重大关系，致使保护与发展失调或对立，历史文化名城就会遭到严重破坏。

二、利益驱动加速过度开发

在住房城乡建设部、国家文物局联合组织的国家历史文化名城保护工作检查中，岳阳市因为保护历史文化街区不力遭到检查组严厉批评。另一座被抽检的名城是大理，尽管历史文化街区保护相对到位，但由于过度进行商业开发，也被责令整改。

全国不少历史文化名城纷纷拆旧建新的驱动力大都源自地方的土地财政。由于国家政策允许地方政府通过城市土地有偿出让，从中获取巨大的土地收益。越是历史城区，越是黄金地段，土地价值越高，因此对待保护历史文化街区这样功在千秋的长远利益，往往需要政府投入大量财政资金，加强基础设施建设，整治居住环境，提升环境质量，维护和修缮历史建筑、传统建筑，不能给财政带来眼前的经济效益和领导政绩，因此城市决策者热衷于对历史文化街区推倒重来，抬升历史文化街区的土地出让地价，进行房地产开发、旅游开发和商业地产开发，以较低的成本换取高额回报，历史文化街区一旦进行土地有偿出让，卖给开发商，拍卖土地的收益必然要翻许多倍，使当地的经济增长指标 GDP 数字很快就涨上去。资料显示，一个城市通过土地出让获得的财政收入占财政总收入的比例大多在三分之一以上。我国土地制度的缺失，是导致历史文化名城和历史文化街区不断被拆除改造的一个重要原因。

忽视文化遗产价值，以牺牲文化遗产为代价，拆真建假，大规模改造，进行房地产开发和旅游开发，是全国历史文化名城保护中的通病。对于历史文化名城保护，一般的城市决策者和管理者主要有两种认识：一种是采取政府财政投入，解决基础设施长期落后的问题，在对公产房进行维护修缮的同时，鼓励私产房户主积极参与，按照保护规划要求对房屋本体和设施加以维修，以改善古城区住民的居住状况及生活条件。另一种则是在政府主导下实施古城区改造开发，增加建设用地容积率，开发建设多层和高层住宅楼，或者将居住建设用地改为商贸、旅游用地，以此成片拆迁改造的方式引导房地产市场，带动旅游业发展。在两种选择中城市决策者和管理者大都倾向于后者，认为“腾笼换鸟”，以开发改造代替维护修缮见效快，进行大拆大建。这种简单粗暴的方式不仅反映了城市决策者和管理者缺乏起码的历史文化名城保护意识，而且也折射出扭曲的领导政绩观，很容易滋生腐败、导致政商勾结，进行权钱交易。当前在我国反腐斗争中揭露出来的大量严重违纪违法问题，相当多党政高官和管理干部落马，正是发生在房地产开发领域。其中以低廉的地价，甚至以零地价把历史地段和历史文化街区土地出让给开发商，进行的利益交换就是一个腐败多发的重灾区。

郑州历史文化名城存在先天不足。由于历史的原因，早在申报之前，历史城区已不完整。但是至少还保留着书院街、文庙—城隍庙街、德化街—大同路3个历史街区，二七纪念广场、二七纪念塔和二七礼堂尚在，空间格局依然如故。之后却没有实施《郑州历史文化名城保护规划》，把德化街—大同路历史街区按照现代步行商业街进行了开发改造，导致郑州迄今未能留下一个完整的历史文化街区。二七纪念广场也被土地有偿出让，变成了高楼比肩的商贸中心，二七礼堂不知所踪。出现这种严重后果，除了保护意识不强，思想认识不到位以外，背后难免受到利益驱动，以致给郑州历史文化名城造成了无法挽回的损失。

应当指出，虽然历史文化名城属不可移动文物的范畴，但主宰历史文化名城沉浮衰荣的不是物，而是人。原住民作为历史文化名城和历史文化街区存续发展的主体，是历史文脉传承之根。无论文物保护单位，历史建筑，还是传统建筑，所有历史文化遗产承载的信息都要通过他们在保护与更新中保持活力。没有一定数量的原住民及其传统的起居生活形态，即使保留了部分历史文化街区的建筑，新建了一些仿古建筑，也改变了原来的形态和文脉，失去了活态传承的真正意义。

功利驱动对政商而言是极具诱惑的，城市的决策者和管理者，特别是城市的主政者应当负有使命感和责任感，以保护历史文化名城，传承和弘扬中华优秀传统文化为己任，从延续城市历史的文化之魂去认识城市发展，只有这样，才能有助于城市历史文脉的传承，彰显历史文化名城特色，打造城市文化品牌，在实现经济社会全面转型发展中，增强核心竞争力，从而促进历史文化名城保护与发展，使二者相辅相成，和谐双赢。

三、粗放管理造成监管失控

国务院1994年核定公布郑州为第三批国家历史文化名城，迄今已经20多年。但在很大程度上因为申报时历史城区的整体传统格局和历史风貌已然不存，国务院批准文件没有针对第三批国家历史文化名城的保护工作分别提出要求。国家主管部门也未制定相关政策和指导意见，所以郑州历史文化名城保护工作陷入了迷茫。从当年组织编制的《郑州历史文化名城保护规划》可以看出，名城保护体系含混不清，保护对象与范围不够明确，保护内容基本上仅仅局限在商城遗址和一些自然人文名胜区。和对郑州大遗址等文物进行卓有成效的保护管理相比，在名城保护工作上反映出粗放式管理模式。毋庸置疑，在城市中心区内，商城遗址保护属于重中之重。即使组织编制了商城遗址保护规划，确定了保护范围和建筑高度控制上限，城垣遗址本体得到了很好的保护，但是文物环境也仍然出现了监管失控，在建设控制地带超过18米的新建楼房比比皆是。原明清古城区（今管城区）内的道路拓宽改造、打通取直，基本上没有考虑保护传统格局。如前所述对于保护规划确定的3处著名历史街区，未能及时编制保护规划，在规划步行商业街、二七纪念广场商业开发立项、规划选址、土地出让、建筑规划许可等主要监管环节，步步出现漏洞，酿成今天历史文化名城格局、风貌尽失的结果，带来了盛名之下其实难符的忧虑。

这种保护不力状况的发生，主要是认识模糊，不清楚历史文化名城和历史文化街区保护的要求，注重文物保护，忽视古城整体格局和风貌的传承，没有意识到保护传统建筑比较集中，整体成片体现历史风貌的串城街的重要价值，所以造成管理不到位，保护工作不力。应当从审视反思中认真总结经验教训，必须在保护规划指导下加强历史文化名城和历史文化街区保护，面对违法建设既不能放任自流无所作为，更不能政府主导进行大拆大建、整体开发。针对现实存在的问题，应当具体分析，找出症结所在，强化依法行政和监督管理，规范约束各种建设行为，使之依法、有序进行。

第三节　郑州历史文化名城保护与发展并举之路

一、探索科学合理的思路势在必行

城市规划是一种创造性活动，应当体现物质文明和精神文明。由于创造的客体的情况千差万别，创造主体的价值观、知识背景和创作方法因人而异，制约创作的客观因素如社会价值观、经济和政治因素也不相同。城市历史文化保护的各个层面都不存在统一的基于城市历史文化保护的城市设计模式，必须用动态的、发展的眼光，在实践中总结保护的经验和教训，对保护方法不断地总结创新，鼓励运用多种手段针对具体情况进行创作实践，从而走出适合国情的城市历史文化名城保护之路。

思路决定出路，平遥历史文化名城的先例充分表明了这一点。平遥县政府最初也编制过《平遥历史文化名城保护规划》，制定过相应的政策措施，但是一方面保护规划迟迟未获批准，没有发挥应有的指导作用。另一方面保护规划仅局限在技术指导和行政管理的运作层面，并没有从宏观上解决历史名城如何妥善保护文化遗产和可持续发展的根本出路问题，因此平遥古城始终没有摆脱困境。1993 年，《国务院研究室送阅件》编发了山西省建设厅边宝莲《对平遥历史文化名城保护的思考》一文。文章提出历史文化名城应走保护与发展并重的路子，引起了中央领导和专家学者的重视。根据中央和省部领导批示，按照这一创新思路，在建设厅副厅长曹昌智主持下编制了《平遥历史文化名城保护与发展战略》。"发展战略站在建立社会主义市场经济新体制的历史高度，辩证地认识和处理历史文化名城保护与继承、保护与发展的关系，提出的'寓保护于发展，以发展求保护、保护与发展并举'的总体思路很有特色。"（1994 年 6 月 12 日《国家历史文化名城平遥旅游经济开发论证会会议纪要》）正是按照《平遥历史文化名城保护发展战略》确定的思路和框架，指导了平遥古城的保护及申遗工作，使平遥古城从此焕发了生机和活力。1997 年 12 月 3 日平遥古城被联合国教科文组织列入世界文化遗产名录，揭开了平遥发展史上的新篇章。平遥古城保护与发展的思路、途径、原则及方法也形成了独特的平遥模式，为我国历史文化名城保护工作提供了范例。

郑州历史文化名城保护工作如同平遥一样，走过了坎坷的道路。随着人们对于尊重历史、保护遗产、传承文明逐步形成共识。在"十二五"时期，郑州市委、市政府敏锐地抓住中原经济区建设特别是郑州航空港经济综合实验区建设，将使郑州成为国家"丝绸之路经济带"重要节点城市的重大发展机遇，意识到郑州市的区位优势，尤其是立体综合交通枢纽建设步伐的加快，多式联运体系的构建、物流集疏能力的提升，都将进一步增强郑州承接产业转移的比较优势。因此不失时机地启动实施打造大枢纽、发展大物流、培育大产业、建设以国际商都为特征的国家中心城市的"三大一中"战略。与此同时，将加强历史文化名城保护，深入研究解决历史文化名城保护与发展的战略，重新编制历史文化名城保护规划，提上了市委、市政府的重要议事日程。这些举措充分体现了郑州市委、市政府凝心聚力谋发展的卓识远见。在市委、市政府领导下，郑州市相关部门为城市规划管理和编制名城保护规划做出很大努力。毫无疑问所有这些运筹帷幄的举措和推进规划研究编制工作，都极大地推动了郑州历史文化名城保护。

然而也要看到，由于长期以来对历史文化名城保护与可持续发展之间的辩证关系，以及郑州历史文化名城保护与发展的总体思路缺乏深入研究，因此要解决保护意识问题，且有效地保护郑州历史文化遗产，提升郑州文化软实力，强势引领中原经济区建设，仍然需要付出艰辛的努力。对于如何依法保护历史文化名城，按照保护规划要求采取切实有效的措施搞好保护整治工作，彰显国际商都的文化品牌特色，促进郑州经济社会全面转型发展，进一步惠及民生，更是需要战略目光和壮士断腕的气魄。

进入 21 世纪新时期新阶段的郑州历史文化名城，要想从根本上彻底摆脱文化遗产保护与经济社会发展的两难境地，从迷茫徘徊的十字路口走出来，再度崛起铸就辉煌，必须站在历史发展和时代进步的高度，以科学发展观重新审视过去，思考未来，更新理念，创新思路。这是郑州历史文化名城经过 20 年多年探索历程和不断思考后的必然选择。

二、保护与发展总体思路

基于前文的研究分析，在总结郑州历史经验的基础上，针对存在的主要问题以及症结所在，郑州历史文化名城保护与发展的总体思路拟定为：整合文化遗产资源，完善名城保护体系，传承古今特质文脉，促进经济社会发展。总体思路紧密结合郑州历史文化名城保护实际，内涵包含了 4 个层次。

1. 整合文化遗产资源

郑州历史文化遗产数量丰厚，地域分散，文物居多，古建偏少，历史城区和历史文化街区不完整，历史建筑与传统建筑所剩无几。存续状态凌乱破碎，形态特征看似关联不强。因此长期以来在郑州历史文化名城保护中，对历史文化遗产价值、特色及其相互之间的内在联系发掘整合不够，缺乏清晰完整的认识，以致保护工作各行其是，没有总体把握统领、突出保护工作的重点和协同。针对这方面的欠缺，把整合文化遗产资源置于保护之首，有利于全面深入认识郑州现存历史文化遗产资源的内涵，以及郑州历史文化脉络，探寻其内在规律和存续特征，以实现整体保护，系统传承。

2. 完善名城保护体系

历史文化名城是在不同历史时期形成的，以人的经济社会活动和起居生活为主导的综合载体，是人类赖以生存发展的社会缩影。其固有的属性特征决定了历史文化名城保护是一个复杂的系统工程，由多个层次和多个方面构成。无论是历史文化名城本身，还是历史文化街区、文物保护单位、历史建筑、历史环境要素等，蕴含着极其丰富的传统文化，体现着民族文化、地域文化的多样性。因此对于保护对象和保护内容的研判不应以偏概全。郑州之所以被公布为国家历史文化名城，以商城遗址为代表的大遗址群和其他全国重点文物无论价值还是数量，均举足轻重。遗憾的是由于历史变迁，导致了整座古城和大量古建筑、传统建筑损毁，致使地面以上可圈可点的历史街区和历史建筑不多。但是这并不意味着应当以文物保护代替历史文化名城保护。郑州历史文化名城保护走过一段弯路，甚至在相关规划中对建构名城保护体系的研判也不尽完善。时至今日，仍然缺乏一条明确合理的界定。有鉴于此，针对以往保护意识存在的缺失，把完善历史名城保护体系纳入郑州历史文化名城保护与发展总体思路，对于保护工作至关重要。

3. 传承古今特质文脉

任何一座历史文化名城传承不息，都离不开它的历史文脉。历史文脉是维系历史城市形成与发展的文化脉络，是这座城市的灵魂和基因。文脉本身具有延续性特征，一以贯之，不可人为地割断。郑州从建城以来已有 3600 年的悠久历史，历经各朝各代始终贯穿着商文化和郑文化的基本特质，善于审时度势，把握自然人文资源和区位交通优势发展自己。直到近代工业交通文明出现，得天独厚，顺时而为，为占据全国交通中枢地位奠定了坚实基础。郑州在近代社会再度迅速崛起，从商代国都跌入低谷之后数千年，又重新登上了城市发展的巅峰，创造了近现代工业交通文明，完全赖于传承不息的特质历史文脉。但是从郑州列为国家历史文化名城至今已有 20 多年，郑州创造的近代工业交通文明一直未被纳入文化遗产。论及郑州的历史，只知商文化，不知还有近代历史文脉的传承。唯一与近代有关的历史信息只有通过“二七”纪念塔和“二七”广场纪念的“二七”铁路工人大罢工。在提供的所有与郑州历史文化名城遗产相关的文献史料里，找不到郑州近代文明的痕迹。于是又一个困惑令人百思不得其解：郑州历史文化的特色到底是什么？社会公认的商文化距今过于渺远，和现代社会发生的一切似乎毫无关联。而推动“三大一中”战略，无论大枢纽、大物流、大产业和以国际商都为特征的国家中心城市，不仅与商文化风马牛不相及，而且也与黄河文化、黄帝文化、少林文化扯不上关系。现代经济和历史文化形成“两张皮”，似乎郑州的历史文脉早已断层。殊不知如今的“三大一中”均源自郑州古今特质历史文脉的传承。因此在郑州历史文化名城保护与发展总体思路中提出传承古今特质文脉，强调历史文化基因的一脉相承，具有很强的针对性，有助于重新审视郑州的过去、现在和未来，对于郑州历史文化名城乃至未来以国际商都为特征的国家中心城市，有一个全面、系统、客观、清晰的认识和评估，高屋建瓴推进郑州发展。

4. 促进经济社会发展

历史文化名城保护旨在传承文明成果，弘扬中华优秀传统文化，从而唤起民族的文化自觉，增强凝聚力，实现中华民族伟大复兴的中国梦。因此保护历史文化名城，不仅是要保护古代和近代积淀下来的文物、街道、桥梁、码头和建筑等，而是要从历史遗存蕴含的中华优秀传统文化中汲取智慧和力量，继承前人的文明成果，促进现代经济社会发展。郑州的文化遗产是郑州人民历史创造的集体记忆与感情寄托，具有昂扬向上的中原人文特质，为实现“三大一中”战略定位，引领中原经济区建设提供了强大动力。文化既是一个城市独一无二的印记，更是一个城市的精髓和灵魂，体现着城市的品格，凝聚着城市的精神，集中展示出城市的独特魅力。在培育城市核心竞争力的诸多构成要素中，城市特色魅力必不可少。一个城市可以跨越经济增长阶段，但却无法跨越人文精神培育和塑造的城市特色。世界上任何名城，人文特色都是在长期历史文化积淀和城市人文精神培育的基础上形成，从来没有捷径。要想把郑州建成以国际商都为特征的国家中心城市，离不开历史文化名城的特色魅力支撑。换言之，只有大力加强郑州历史文化名城保护，才能促进经济社会的协调稳定发展，才能像英国伦敦、法国巴黎、意大利罗马和埃及开罗等世界名城那样，既拥有厚重历史文化的特色魅力，又拥有高度发达的现代文明，以古老文明与现代文明的完美结合，让郑州昂首走向世界。

三、保护与发展的合理途径与方法

郑州历史文化名城保护与发展的合理途径及方法主要包含 4 个方面，即：确定郑州历史文化名城保护方法框架；划定保护范围分级分类进行保护整治；把握“度”和“序”实施渐进式更新；为文物和历史建筑寻找合理利用方式。

1. 确定郑州历史文化名城保护方法框架

历史文化名城保护必须明确保护层次及其保护内容，统筹各方面的工作。《历史文化名城名镇名村保护规划编制要求（试行）》规定：“编制历史文化名城保护规划应根据历史文化名城、历史文化街区、文物保护单位和历史建筑的三个保护层次确定保护方法框架。”做好郑州历史文化名城保护工作，要以保护规划为指导，在汲取历史经验的基础上，亡羊补牢，拾遗补缺，完善由宏观到微观的保护层次和内容，确定系统完整的历史文化名城保护方法框架。

对于历史文化名城保护层次，主要是保护和延续古城的传统格局、历史风貌及与其相互依存的地形地貌、河流水系等自然景观和环境。这是恪守整体性保护原则的基本要求。商代城垣遗址走向基本探明，在商代遗址保护规划的指导下，保护工作正在有序开展。明清郑州城在历史上规模很小，如今传统格局依稀可辨，城市轴线延伸、城墙宽度、城门的选址方面都保留了历史时期古城政治、经济、文化等方面的特征。遗憾的是整体历史风貌荡然无存。有鉴于此，确定保护重点应为明清古城区的城市轴线和传统格局，以及部分空间尺度。市域内的登封、新郑、巩义等省级历史文化名城和历史文化名镇也应整体保护传统格局。传统格局是历史文化名城在演变发展过程，以古城营建制度为基础不断积淀形成,承载了不同时期的历史信息,体现了农耕社会的城市空间形态特征。新中国成立后，在农耕文明向工业文明转型发展中，郑州也同全国已经公布的绝大多数历史文化名城一样，以古城为核心，“摊大饼”式地向外扩张规模，在解决城市交通、住房、公共服务设施，以及行政、商贸金融建设同时，改变了古城部分传统格局，导致了历史风貌整体破坏。但是部分格局和地段仍有保护整治和修复的可能。应当确定保护对象，采取保护措施。

保护层次中所谓的历史文化街区，在郑州尚有书院街、文庙—城隍庙街还保留部分历史形态，具备一定的保护和延续条件。尽管大量传统建筑被毁，酿成了沉痛的历史教训，然而街道传统肌理和空间尺度变化不大，通过保护整治和修复重现，尚可挽回部分损失，彰显整体历史风貌。当务之急应当抓紧编制和实施历史文化街区保护规划。

文物保护单位和历史建筑是历史文化名城保护层次的重要组成部分。郑州在文物保护方面已有相当成熟的经验，保护成效显著。保护整治的重点应在其赖以存续的文物环境，以及文物历史价值的合理展示利用。在商代都城遗址保护上，尤其要注重保护其空间结构形态特征，加强古城遗址整体环境的整治。对于历史建筑和近现代优秀建筑的保护，应当尽快建立认定标准和登录制度，实行测绘建档，挂牌保护。

上述 3 个保护层次是历史文化名城保护的核心。除此之外，还要按照历史文化名城保护的其他主要内容，对与之关联度密切的山川形胜地理环境和各类历史环境要素、传统文化以及非物质文化遗产进行切实有效的保护传承。

历史文化名城具有很强的地域性特征。在一定的空间地域内，名城作为历史城市体系的一个重要节点，无疑和体系链中其他古城、古镇、古村落、古遗址等有着千丝万缕的互为补充关系，形成了一个有机的整体。例如郑州由商代都城降为州治、县治，整个演变过程与郑韩故城、古荥阳城既有从属关系，也有传承关系，承袭了同一历史文脉。像郑州这样的历史文化名城，在我国现行市管县的行政体制下，还被赋予了市域政治、经济、文化中心的职能，因此历史文化名城保护不应仅局限于名城本体，而应统筹市域内文化遗产的发掘研究、梳理整合及保护利用。加之这类名城的历史城区和传统建筑大都消失，导致了名城本体保护范围内的保护层次残缺，如果将其与市域其他文化遗产割裂开来，保护工作难免陷入窘境。因此郑州历史文化名城保护范围和保护内容应当拓展到整个市域，较之历史城区更为宏观的保护层次。因此，山川形胜地理环境要素十分重要。

在郑州历史文化名城的沿革发展中，还必须注重近现代工业的动力要素。郑州城市的再次振兴，赖于近现代工业化发展，特别是近代铁路交通的建成。由于郑州的区位条件与区位优势，因现代经济建设和城市发展需要，决定了郑州城市行政建制与区划调整，以及城市空间布局和发展方向。从清末民初以来，工业交通遗产当之无愧地成为郑州历史文化名城变迁沿革的实物佐证。它是郑州乃至整个国家近现代历史的重要载体，记述了郑州人民半个多世纪的创造史。目前，即使我国现行法规和保护规划编制要求尚未将工业遗产纳入历史文化名城保护内容，郑州历史文化名城保护也应予以足够重视，作为不可缺少的补充。这将进一步促进法规和规范的完善。

综上所述，确定郑州历史文化名城保护方法框架，要本着能保则保、能多保则多保的思想理念，围绕 3 个基本保护层次，结合郑州实际，系统完整地进行保护监管。要坚持对地理环境要素、古城传统格局及其历史风貌、历史文化街区、文物保护单位和历史建筑、近现代工业遗产与非物质文化遗产等统筹兼顾，保护并重，不可偏废。要分别编制保护规划，采取针对性的保护措施。

2. 划定保护范围分级分类进行保护整治

保护范围是历史文化名城在建设过程中必须要遵循的底线，一旦划定保护范围就要严格控制，禁止进行过度开发建设。《文物法》第十五条规定：“各级文物保护单位，分别由省、自治区、直辖市人民政府和市、县级人民政府划定必要的保护范围”，第十八条规定：“根据保护文物的实际需要，经省、自治区、直辖市人民政府批准，可以在文物保护单位的周围划出一定的建设控制地带，并予以公布”，各级文物保护单位都必须划定保护范围，可以划定建设控制地带，并且保护范围和建设控制地带都是由相应的人民政府划定和公布。

分级分类进行保护整治，要对各类保护项目进行评估，将各类保护工作划分为不同的级别和类别，从最根本、最迫切的任务着手，逐步深入、细化保护工作。对郑州中心城区内的古城格局要明确保护范围和建设控制地带，确保古城轴线和格局完整。对文物古迹保护要严格限定文物周边的活动，保护文物本体和文物所依赖的环境。对历史街区不仅要划定整个街区的保护范围和建设控制地带，还要对街区的历史建筑体量、高度、色彩、装饰等方面进行限定。

分级分类保护整治的目的在于避免一哄而上，没有秩序，面铺的过大，最后变成烂摊子。进行分级分类整治，需先进行古城整体控制，分片区、分块进行，分栋、分层进行，先易后难，逐步拓展名城保护工作的深度和广度。

3. 把握“度”和“序”实施渐进式更新

历史文化名城更新是伴随城市发展进程而产生的新陈代现象，也是经济建设和社会进步的必然规律。其任务旨在适应不断发展的时代需要，改善城市基础设施条件，提升城市环境质量，采取保护、保留、更新、整治、拆除、复原、重建等多种方式，为不可移动文物和历史建筑寻找新的适用用途。历史城市更新具有保护遗产、传承文明和服务当代、创造未来的双重职能。它与大规模“脱胎换骨”式的旧城改造有着本质的区别。

历史文化城市更新要把握好“适度”和“有序”的原则。

“适度”即掌握好保护古城的机遇、条件、方式方法、保护力度等，将这些要素运用得当，防止过犹不及的现象发生。例如对于古城内的历史文化街区、历史建筑一定要把握好“拆”与“修”的尺度，切忌大拆，推倒重来。为了修复历史文化街区的传统街巷肌理和空间尺度，恢复街巷格局和界面，对于特殊必要的建筑，可以采取异地移植。

“有序”则是掌握好保护古城的步调，着眼于当前社会政治、经济、文化局势，在顺应规则的前提下按照一定的进程合理安排保护古城的相关工作，防止出现各司其职的局面发生。适度和有序也在提醒我们，在进行名城保护工作时既要考虑当前实际，也要有长远眼光，摒弃一劳永逸、一蹴而就的认识。

4. 为文物和历史建筑寻找合理利用方式

促进郑州历史文化名城保护与发展的另一个关键点是为历史文化遗产寻找保护与发展之间相互促进、相得益彰的合理利用方式，通过传承古代文明的适当途径和方法，与服务现代化建设和创造现代文明实现有机融合，从而为加快现代化建设事业服务。这种结合集中体现为在城市更新中寻找合理利用文化遗产的方式。曹昌智在对《历史城市保护与发展》的研究中，曾就此提出“合理利用历史文化遗产，不仅应当把具有历史价值、科学价值和艺术成就的遗产经过整理，原汁原味地展示出来，辟为旅游景点，而且应当千方百计为那些不再用作原来用途的历史文化遗产寻找新的合适用途，赋予新的功能，使新的功能和用途既能体现历史城市的文化内涵，传承历史文脉，又可直接为发展文化产业和旅游产业提供物质载体，使人们从居住、休憩、娱乐、购物、餐饮活动中获得独特的历史文化感受及熏陶。”通过他对埃及、意大利、英国、法国、德国、美国、日本、新加坡、中国香港、中国台湾等国家和地区以及国内诸多历史文化名城的考察，并借鉴了平遥古城保护与可持续发展的探索经验，把对历史文化遗产的合理利用概括为观展、实用、体验、纪念、综合 5 种方式。其中在使用方式中，又划分为延续原功能、贴近原功能与更新原功能等几种不同方法与途径。本次所作的战略研究，也将结合郑州的实际，进一步博采众长，研究探索，找到一条比较有效的可行之路。

抓住经济全球化、信息化和国家保护文化多样性的机遇，促进郑州历史文化名城遗产文化对外交流。2005 年 10 月 20 日，联合国教科文组织第 33 届大会在巴黎通过了《保护与促进文化表现形式多样性公约》。该公约为各国政府规定了四方面义务：信息交换和透明度义务；对公众教育和宣传义务；鼓励民间社会参与实现本公约目标的义务；加强双边、区域和国际合作，以促进文化表现形式多样性义务。我国加入这一公约，有利于保护中华民族传统文化和民间文化，保护我国文化活动、产品和服务，规范我国在保护文化多样性方面的政策。保护与促进国际间文化表现形式多样性的核心，在于保护和传播本国、本地区、本民族文化遗产的价值，促进国际文化贸易，防止在经济全球化、信息化过程中导致文化趋同化。郑州历史文化名城具有特殊的历史价值和文化特色，应当抓住机遇，拓展文化交流空间，利用名城品牌效应，通过积极开展文化遗产对外交流活动，拉动郑州文化产业和旅游经济发展。

SEVEN CHAPTER

第七章

郑州历史文化名城保护与发展公共政策

第一节　郑州名城保护与发展依据构成

一、世界遗产保护国际文献

以下国际公约对于本次战略规划研究形成的郑州名城保护原则尤为重要：

1.《威尼斯宪章》对古迹及其环境的重视

（1）古迹不单纯指单体建筑物，而且包括能够见证一种特定文明（a particular civilization）、一项重大进展（a significant development）或一则历史事件（an historic event）的城市或乡村环境（urban or rural setting）；

（2）古迹的保护应包含对适当规模环境（a setting which is not out of scale）的保护；

（3）古迹不能与其所见证的历史及其产生的环境分离。

2.《保护世界文化和自然遗产公约》对文化遗产的界定

（1）遗迹：从历史、艺术或科学角度看具有突出的普遍价值的建筑物，碑雕与壁画，具有考古价值的元素或结构，铭文，窟洞或上述遗迹的联合体；

（2）建筑群：从历史、艺术或科学角度看，建筑艺术、匀质性或与基地协调方面具有突出的普遍价值的独立散布的或相互连接的建筑群；

（3）遗址：从历史、审美、民族或人类角度看，具有突出的普遍价值的人类工程（自然与人类相结合的工程）以及具有考古价值的场地。

3.《内罗毕建议》对历史地区的保护

（1）历史地区所在国政府和公民应当采取适当保护措施并将其组织到当代社会生活之中；

（2）应当视历史地区及其环境为统一整体，其和谐与特色（balance and specific nature）来自人类活动与建筑、空间组织及其环境的融合；

（3）保护历史地区及其环境免受因污染和不当使用与改造而导致的破坏，同时保护由建筑群各组成部分之关联与对比形成的和谐与美感；

（4）现代城市化背景下，新开发地区高密度大尺度的建筑群将会破坏临近历史地区的环境与特色，建筑师与规划师应当确保历史地区的视觉环境及视线可达性不被破坏，同时将历史地区和谐地融入现代生活之中；

（5）在建筑技术及建筑形式趋同的今天，对历史地区的保护将有助于各国文化和社会价值的保护与培育（maintaining and developing）。

4.《华盛顿宪章》对历史城镇与城区的保护

（1）宪章涉及历史地区，不论大小，其中包括城市、城镇以及历史中心或居住区，也包括其自然的和人造的环境；

（2）保护历史城镇与城区意味着这种城镇和城区的保护、保存和修复及其发展并和谐地适应现代生活所需的各种步骤；

（3）对历史城镇和其他历史城区的保护应成为经济与社会发展政府的完整组成部分，并应当列入各级城市和地区规划；

（4）历史城镇和城区的保护需要认真、谨慎以及系统的方法和学科，必须避免僵化，因为个别情况会产生特定问题；

（5）在做出保护历史城镇和城区规划之前必须进行多学科的研究。保护规划必须反映所有相关要素，包括考古学、历史学、建筑学、工艺学、社会学以及经济学。

5.《西安宣言》对遗产环境的保护

（1）强调有必要充分应对由于生活方式、农业、发展、旅游或大规模天灾人祸所造成的城镇、景观和遗产线路的骤变或渐变；有必要充分认识、保护和延续历史建筑、古遗址和历史地区在其环境中存在的意义，以减少这些变化进程对丰富的文化遗产的真实性、意义、价值、完整性和多样性所构成的威胁；

（2）历史建筑、古遗址或历史地区的环境，界定为直接的和扩展的环境，即作为或构成其重要性和独特性的组成部分。除实体和视觉方面含义外，环境还包括与自然环境之间的相互作用；过去的或现在的社会和精神活动、习俗、传统知识等非物质文化遗产方面的利用或活动，以及其他非物质文化遗产形式，它们创造并形成了环境空间以及当前的、动态的文化、社会和经济背景；

（3）环境的可持续管理，必须前后一致地、持续地运用有效的规划、法律、政策、战略和实践等手段，同时还须反映这些手段所作用的当地的或文化的背景；

（4）有关历史建筑、古遗址和历史地区的保护与管理的法律、法规和准则，应规定在其周围设立保护区域或缓冲地带，以反映和保护其环境的重要性和独特性；

（5）在历史建筑、古遗址和历史地区环境内的开发应当有助于其重要性和独特性的展示和体现。

二、我国法律法规及规章

我国公布实施的以下法律法规，是形成郑州名城保护的主要依据：

1.《中华人民共和国文物保护法》

（1）文物工作贯彻保护为主、抢救第一、合理利用、加强管理的方针。（第一章第四条）

（2）保存文物特别丰富并且具有重大历史意义或者革命意义的城市，由国务院核定公布为历史文化名城。（第二章第十四条第一款）

（3）各级文物保护单位，分别由省、自治区、直辖市人民政府和市、县人民政府划定必要的保护范围，作出标志说明，建立记录档案，并区别情况分别设置专门机构或者专人负责管理。（第二章第十五条第一款）

（4）根据文物保护的实际需要，经省、自治区、直辖市人民政府批准，可以在文物保护单位的周围划出一定的建设控制地带，并予以公布。

在文物保护单位的建设控制地带内进行建设工程，不得破坏文物保护单位的历史风貌。（第二章第十八条）

（5）在文物保护单位保护范围和建设控制地带内，不得建设污染文物保护单位及其环境的设施，不得进行可能影响到文物保护单位安全及其环境的活动。（第二章第十九条）

（6）不可移动文物已经全部毁坏的，应当实施遗址保护，不得在原址重建。但是，因特殊情况需要在原址重建的，由省、自治区、直辖市人民政府文物行政部门征得国务院文物行政部门同意后，报省、自治区、直辖市人民政府批准；全国重点文物保护单位需要在原址重建的，由省、自治区、直辖市人民政府报国务院批准。（第二章第二十二条）

（7）国有不可移动文物不得转让、抵押。建立博物馆、保管所或者辟为参观游览场所的国有文物保护单位，不得作为企业资产经营。（第二章第二十四条）

（8）进行大型基本建设工程，建设单位应当事先报请省、自治区、直辖市人民政府文物行政部门组织从事考古发掘的单位在工程范围内有可能埋藏文物的地方进行考古调查、勘探。（第三章第二十九条）

2.《中华人民共和国城市规划法》

编制城市规划应当注意保护和改善城市生态，防止污染和其他公害，加强城市绿化建设和市容环境卫生建设，保护历史文化遗产、城市传统风貌、地方特色和自然景观。（第二章第十四条）

3.《中华人民共和国非物质文化遗产保护法》

（1）保护非物质文化遗产，应当注重其真实性、整体性和传承性，有利于增强中华民族的文化认同，有利于维护国家统一和民族团结，有利于促进社会和谐和可持续发展。（总则第四条）

（2）使用非物质文化遗产，应当尊重其形式和内涵。禁止以歪曲、贬损等方式使用非物质文化遗产。（总则第五条）

（3）国家鼓励和支持公民、法人和其他组织依法设立非物质文化遗产展示场所和传承场所，展示和传承非物质文化遗产代表性项目。（第四章第三十六条）

（4）开发利用非物质文化遗产代表性项目的，应当支持代表性传承人开展传承活动，保护属于该项目组成部分的实物和场所。（第四章第三十七条第二款）

4.《中华人民共和国文物保护法实施条例》

（1）文物保护单位的保护范围，是指对文物保护单位本体及其周围一定范围实施重点保护的区域。

文物保护单位的保护范围，应当根据文物保护单位的类别、规模、内容以及周围环境的历史和现实情况合理划定，并在文物保护单位本体之外保持一定的安全距离，确保文物保护单位的真实性和完整性。（第二章第九条）

（2）文物保护单位的建设控制地带，是指在文物保护单位的保护范围外，为保护文物保护单位的安全、环境、历史风貌对建设项目加以限制的区域。

文物保护单位的建设控制地带，应当根据文物被保护单位的类别、规模、内容以及周围环境的历史和现实情况合理划定。（第二章第十三条）

5.《历史文化名城名镇名村保护条例》

（1）申报历史文化名城，由省、自治区、直辖市人民政府提出申请，经国务院建设主管部门会同国务院文物主管部门组织有关部门、专家进行论证，提出审查意见，报国务院批准公布。（第二章第九条第一款）

（2）历史文化名城、名镇、名村应当整体保护，保持传统格局、历史风貌和空间尺度，不得改变与其相互依存的自然景观和环境。（第四章第二十一条）

（3）在历史文化名城、名镇、名村保护范围从事建设活动，应当符合保护规划的要求，不得损害历史文化遗产的真实性和完整性，不得对其传统格局和历史风貌构成破坏性影响。（第四章第二十三条）

（4）历史文化街区、名镇、名村建设控制地带内的新建建筑物、构筑物，应当符合保护规划确定的建设控制要求。（第四章第二十六条）

（5）对历史文化街区、名镇、名村核心保护范围内的建筑物、构筑物，应当区分不同情况，采取相应措施，实施分类保护。

历史文化街区、名镇、名村核心保护范围内的历史建筑，应当保持原有的高度、体量、外观形象及色彩等。（第四章第二十七条）

（6）在历史文化街区、名镇、名村核心保护范围内，不得进行新建、扩建活动，但是，新建、扩建必要的基础设施和公共服务设施除外。

在历史文化街区、名镇、名村核心保护范围内，新建、扩建必要的基础设施和公共服务设施的，城市、县人民政府城乡规划主管部门核发建设工程规划许可证、乡村建设规划许可证前，应当征求同级文物主管部门意见。

在历史文化街区、名镇、名村核心保护范围内，拆除历史建筑以外的建筑物、构筑物或者其他设施的，应当经城市、县人民政府城乡规划主管部门会同同级文物主管部门批准。（第四章第二十八条）

（7）城市、县人民政府应当在历史文化街区、名镇、名村核心保护范围的重要出入口设置标志牌。任何单位和个人不得擅自设置、移动、涂改或者损毁标志牌。（第四章第三十条）

（8）历史建筑的所有权人应当按照保护规划的要求，负责历史建筑的维护和修缮。任何单位或者个人不得损坏或者擅自移动、拆除历史建筑。（第四章第三十三条第一、四款）

（9）在历史文化名城、名镇、名村保护范围内涉及文物保护的，应当执行文物保护法律、法规的规定。（第四章第三十六条）

三、技术规范与相关规划

1.《中华人民共和国文物保护法实施条例》（2003）

2.《城市规划编制办法》（2006）

3.《河南省历史文化名城保护条例》（2005）

4. 建设部、国家文物局《历史文化名城保护规划编制要求》

5. 建设部《历史文化名城保护规划规范》

6. 建设部《城市紫线管理办法》（2003）

7.《中共中央关于制定国民经济和社会发展第十三个五年规划的建议》（2015）

8.《国务院关于支持河南省加快建设中原经济区的指导意见》国发〔2011〕32 号

9. 国家发改委《中原经济区规划》（2012）

10. 郑州市国民经济和社会发展第十二个五年规划纲要

11. 郑州市城市总体规划（2010—2020）

12. 郑州市都市区总体规划（2012—2030）
13. 郑州历史文化名城保护规划（1995—2010）
14. 郑州市商城遗址保护规划（2008）
15. 郑州大遗址片区保护展示利用规划（2013）
16. 郑州建设国际商都战略规划（2015）

四、郑州遗产保护现实条件

郑州历史文化名城保护与发展同自身所处的战略位置有关，如夏商周断代工程、黄河治理工程、“天地之中”历史建筑群与中国大运河（郑州段）两处世界文化遗产、铁路交通枢纽与航空港等。

近些年来，随着城市经济的增长，城市化的不断迈进，老城区的风貌在新中国成立后的旧城改造中已经慢慢消失，只剩下城市街道大致的格局。现今城市面貌变化较大，各种建筑鱼龙混杂，原明清古城区内部风貌杂乱，已看不出古城历史风貌，仅存的很少的传统民居建筑，日渐颓败，亟待保护修复。目前对商城遗址的保护已做了大量工作，具有显著成效，但是由于商城遗址除残存的局部城墙外全部埋于地下，保护范围大部分被城市建筑所压占，因此遗址的保护和开发难度较大。郑州市域内其他遗址目前大部分保护状况较好，并开发为景区、城市景观绿地、博物馆等，将保护与利用合理地相结合，少部分遗址的保护工作正在进行，保护措施仍需完善。

郑州目前部分历史文化遗迹虽然已遭到破坏，但作为有着深厚文化底蕴的历史文化名城，凭借着现今尚存的历史城区、历史文化街区和文物遗迹，仍旧有巨大的保护价值及开发潜能。郑州历史文化名城的保护将会对弘扬中华民族的优秀传统文化、加强爱国主义教育、促进河南省的文化产业发展、带动文化遗产保护事业发展等方面起到重要的作用，遗址保护的实践将对全国的城市发展产生积极的影响。

第二节　郑州名城保护与发展方针原则

一、方针与原则

综合上述依据，并结合郑州的实际情况，郑州历史文化名城应当坚持《文物保护法》确定的“保护为主、抢救第一、合理利用、加强管理”的方针，这是全国人大常委会于2008年修订通过的《中华人民共和国文物保护法》总则确定的方针，完全符合我国国情，不仅对于文物保护工作具有很强的指导意义，而且也适用于保护未列入不可移动文物的历史建筑或构筑物，经过实践证明行之有效。

确定保护与发展原则必须切合郑州实际，把握适度，使之具有较强的针对性与操作性，减少盲目性。因此要把握好郑州历史文化名城的历史价值、文化特色和现实条件，将其作为确定保护原则的三大基本要素。本次战略规划研究以科学态度，秉持正确的保护理念，在充分研究分析三大要素的基础上，确定郑州历史文化名城保护与发展的原则为："整体控制、重点保护、系统传承、突出特色"。

二、保护原则诠释

"整体控制"，是指对涵盖郑州市域内的所有不可移动文物及其环境加强保护管理，采取禁止开发建设、有条件限制开发建设和控制古城传统格局、建筑高度、建筑体量、建筑形式、建筑色彩等项保护措施。监管对象主要涉及市域内的古城形制、传统格局、历史风貌、河道水系、历史文化街区、历史文物和革命文物、古遗址、历史建筑、工业遗产的各类建设活动。

对于郑州历史文化名城实施整体控制，需要把握以下3点：

第一，划定保护范围要有度、慎重、合理。文物保护单位的保护范围是《文物保护法》针对保护不可移动文物而设定的一个法律概念。《文物保护法》规定："文物保护单位的保护范围内不得进行其他建设工程或者爆破、钻探、挖掘等作业。"《文物保护法实施条例》进而明确要把文物保护单位的保护范围限定在"一定范围"，规定："文物保护单位的保护范围，应当根据文物保护单位的类别、规模、内容以及周围环境的历史和现实情况合理划定"。由于一旦划定保护范围，必须严格依法行政，不但禁止其他建设工程，而且还直接影响与其他建设工程有关的经济社会活动和居民的起居生活，因此保护范围不宜脱离实际而划的过大。

第二，保护与发展重在突出一个"城"字。根据历史文献记载和考古发掘的初步成果印证，郑州商城遗址是商代前期商王都邑遗址。遗址总面积约25平方公里，其内外城池和宫殿区的整体形制奠定了中国城市发展的基础。郑州商城各种类型的遗址中以（内城）城垣遗址和宫殿区遗址保留最为完整，也最具历史文化价值，保护与发展城垣遗址是其活的灵魂。因此，古城保护必须为其可持续发展注入活力。在保护工作中应当更加注重古城的传统格局和肌理、历史文化街区、重点文物保护单位、历史建筑与整体历史风貌，同时探寻合理利用文化遗产的途径。

第三，在加强保护的基础上合理利用文化遗产。郑州被公布为全国历史文化名城20余年，名城风貌之所以未能得到很好的保护，一个重要原因就是对如何划定保护范围思想不明确，保护措施缺乏针对性和强制性，主观意愿虽然是想全面保护，然而客观实际却不尽如此。鉴于大遗址的考古发掘涉及各种复杂因素，大规模的商代城墙保护，在我国尚无先例，没有成功经验可供借鉴。在这种条件下，需要面对现实，结合实际情况，首先对整个市域内文物保护单位、历史文化街区分别划定保护范围和建设控制地带，针对性地采取禁止开发建设和有条件限制开发建设的强制措施，然后根据文化遗产属性特征选择合理利用方式。如郑州地名办在2015年将具有特色符号的祭城路更名，是主动剥离历史遗存的行为，群众和社会舆论对此颇有微词。

综上所述，基于郑州市域内古城的历史和现实情况，应对郑州市域文化遗产保护利用实行整体控制。在尚不具备保护整治的有利社会经济条件下，首先禁止新建、改建、扩建与故城周边环境以及古城历史风貌不协调的各类建筑，尤其不得随意破坏历史文化街区或拆除历史建筑，并积极创造条件，近期和中期对保护范围内的建筑及环境进行全面整治，实施渐进式更新，逐步降低人口密度和建筑密度，保护传统格局，恢复历史风貌。

"重点保护"，是指在郑州历史文化遗产保护现实条件下，按照《文物保护法》的要求，对全国重点文保单位、省级文保单位、传统街巷格局、城市主要轴线、重要节点建筑、河道水系以及重要历史街区等传承某一历史时期特定文化信息、艺术价值的特定载体实施最严厉的保护措施，坚决拆除保护范围内与文物及其环境风貌不协调的建筑物及构筑物，对其建设控制地带进行重点整治与严格管理，切实保护不可移动文物的真实、完整和安全。同时根据《历史文化名城名镇名村保护条例》，对郑州历史文化名城的传统格局、历史风貌、空间尺度、历史文化街区和历史建筑，实施整体保护。

郑州市重点保护的内容较多，就中心城区而言，商城遗址是集中保护的重点，历史文化街区需要高度重视，城区内的工业遗产和历史建筑也要重点保护。

"系统传承"，是指根据郑州历史文化名城形成和发展的历史文脉及其文化特征，系统地梳理出若干脉络和体系。通过对这些脉络和体系的研究，使郑州的历史文化遗存及其承载的信息展示商周、战国、魏晋南北朝、隋唐、宋元、明清和民国时期积淀起来的不同历史文化特征，从而使郑州历史文脉得以不断延续。文脉传承强调郑州历史文化遗产之间在文化内涵上的历史联系和对其主题特色的归纳提炼，而不是支离破碎地孤立认识某个时期或某个古城的遗产价值和缺乏整体特色的个别宣传。

"突出特色"，是指郑州的历史文化与科学研究的价值在于隐含于其物质形态中的精神价值、思维方式、文化内质和传承于市井生活中的民俗文化元素，提炼反映郑州地域范围的历史文化特色，从中寻找古代文明与现代文明之间的内在联系及结合点，为现代化建设服务。郑州历史文化的重要突出特色就是商都文化。商都文化是有着生命传承力的中华优秀传统文化。因此，郑州在历史文化名城的光环下应该以突出商都文化为主要的着力点。

根据上述原则，将郑州历史文化遗产作为一个完整的自然与人文系统，进行全方位、多层次的研究论证，针对不同保护对象分别采取相应的保护、控制、更新和整治措施，并通过构建市政工程与环境设施，系统保障郑州历史文化名城各项构成要素，实现全面协调，促进文化遗产保护和经济社会发展。避免把历史文化名城当作孤立、静止的器物加以保护，同时注重文物保护单位、历史建筑与古城、遗址、形态、格局、风貌之间的有机联系。在整体控制的基础上实施重点保护整治，突出郑州文化名城的个性特征。

三、法律法规适用

依据全国人大常委会 2007 年修订通过的《中华人民共和国文物保护法》规定，受国家法律保护的文物分为可移动文物和不可移动文物两种。其中可移动文物分为珍贵文物和一般文物；不可移动文物按其存续状态分成两类：一类是各级（全国、省、市、县）文物保护单位和未核定为文物保护单位的不可移动文物；二类是由国务院核定公布的历史文化名城和由省、自治区、直辖市人民政府核定公布、并报国务院备案的历史文化街区、村镇。

对于不可移动文物的保护，应按照不同保护对象、保护内容及保护要求分别确定不同的保护目标和保护原则，采取不同的保护措施。

第一类，各级文物保护单位和未核定为文物保护单位的不可移动文物。此类保护对象属于单一型，其核心是文物保护单位本体，保护内容及保护要求包括文物保护单位本体以及它的文物环境，必须划定文物保护范围和建设控制地带。

第二类，历史文化名城和历史文化街区及村镇。此类保护对象属于复合型，含有多种保护要素，并形成保护体系。按照国务院 2008 年 4 月 22 日公布的《历史文化名城名镇名村保护条例》和建设部 2005 年 7 月 15 日发布实施的《历史文化名城保护规划规范》，历史文化名城保护体系由历史文化名城、历史文化街区与文物保护单位 3 个层次构成，保护的内容包括历史文化名城的格局和风貌；与历史文化密切相关的自然地貌、水系、风景名胜、古树名木；反映历史风貌的建筑群、街区、村镇；各级文物保护单位；民俗精华、传统工艺、传统文化等。历史文化街区以历史建筑为基本特征，保护内容包括历史建筑和文物古迹，以及改善民居生活环境和保持街区活力。

有鉴于此，郑州历史文化名城保护主要由各级文物保护单位、郑州名城传统街巷格局与空间形态、历史文化街区的建筑风貌特征和民俗、民风、传统工艺、传统文化等部分构成。

本次战略研究将按照以上两类不可移动文物，分别提出保护要求与保护措施。在保护和控制范围上，凡是文物保护单位，一律划定文物保护单位的保护范围和建设控制地带；凡是法律法规没有明确要求划定保护范围和建设控制地带的历史文化街区，一律按照《历史文化名城名镇名村保护条例》和《历史文化名城保护规划规范》的规定，划定保护区和建设控制地带，并根据实际需要划定风貌协调区。

在保护要求上，对于文物保护单位和尚未核定为文物保护单位的文物，均应确保其真实性和完整性；对于具有较高历史、科学、艺术价值，规划认为应按文物保护单位保护方法进行保护的建筑物，比照文物保护单位的保护要求保护；对于有一定历史、科学、艺术价值的，反映城市历史风貌和郑州地方特色的历史建筑，应保护其建筑结构、空间形态、装饰艺术、建筑风貌及其所承载的历史信息，允许对其建筑用途进行合理更新利用，采用保存外表、改造内部的保护方式，改善居住条件和使用条件。

在郑州历史文化名城传统街巷格局保护上，街巷格局形式、道路基本尺度没有较大变化。在古城整体风貌保护上，实行整体控制，以保护单位、历史文化街区和历史建筑群的风貌为主，对文物保护单位、历史文化街区和历史建筑群以外的其他地区，仍应考虑延续历史风貌的要求。

四、现实问题处理

本研究报告所说现实问题处理涵盖两种情况：其一是指在商代城址区、明清古城区、民国商埠区、历史文化街区，以及文物和历史建筑保护范围内，对已经取得城市规划行政主管部门批准建成使用的多层公共建筑、住宅建筑进行处理；其二是指对低层危旧住房和不协调建筑可否进行房地产开发或改造。上述问题，也是郑州政府和居民共同关注的实际问题。由于这些实际问题在《郑州市城市总体规划（2010—2020 年）》有关名城保护规划内容和 1994 年版《郑州历史文化名城保护规划（1995—2010 年）》两个层次悬而未决，因此需要在总体规划与重新编制的名城保护规划指导下，进一步寻求解决这些特殊问题的途径和方法。

本次战略研究认为，按照郑州历史文化名城保护与发展的总体思路、方针和原则，理应对在文物保护单位和历史文化街区的保护范围与建设控制地带内的所有不协调建筑全部拆除或者改建。但是鉴于已经取得城市规划行政主管部门批准建成使用的多层和高层公共建筑、住宅建筑在郑州名城建筑风貌区中所占比例较低，需要改建的低层危旧住房和新中国成立后建设的住宅等不协调建筑在整座古城建筑风貌区中所占比例很大。因此，在现阶段拆除或整治如此大量的建筑也不实际。

考虑到郑州现阶段的经济社会状况，对郑州历史文化名城保护应采取控制—整治—利用的时序，突出重点、先易后难、循序渐进。对已经建成的与历史建筑传统风貌不协调的大部分多层和高层建筑，原则上暂时不拆，可规划为将来拆除的建筑，随着条件成熟逐步进行整治；同时必须坚决制止继续审批和新建不协调建筑，遏制文物环境、历史文化街区和历史建筑的传统风貌破坏继续扩大化。但是对于在文物保护单位保护范围和历史文化街区保护区内的不协调建筑，应当限期拆除或改建；对于文物保护单位和历史文化街区建设控制地带的不协调建筑，应当改建和整饬。

本书所称不协调建筑，是指建筑体量、建筑高度、建筑形式、建筑外观风貌、建筑材料以及建筑色彩等与郑州名城特色、空间轮廓、历史街区传统风貌、历史建筑外观特征以及与古城风貌相关联的视觉景观明显不和谐的建筑物、构筑物，包含高层和多层公共建筑、住宅建筑。对于已经形成事实的大量不协调建筑应当根据古城保护要求和具体情况，分别采取拆除、改建、降层、整饬和暂时保留的整治措施。在实施措施中，按照下列 5 种不同情况区别对待，在时序上宜先易后难，成片成规模进行。

1. 凡是建在文物保护单位保护范围和历史街区保护区内的不协调建筑，原则上都应当拆除。

2. 凡是建在文物保护单位建设控制地带和历史街区建设控制地带内的不协调建筑，原则上都应当拆除、改建或降层。

3. 凡是建在文物保护单位建设控制地带和历史街区建设控制地带以外的不协调建筑，原则上规定将来拆除。其中对于靠近文物保护单位建设控制地带和历史街区风貌协调区范围将来拆除的建筑一般应当进行外观整饬，其他将来拆除的建筑可以保持原貌。

4. 必须强调，对于不协调建筑采取将来拆除措施，目的并非是永久保留，而是待经济发展到一定阶段或该建筑不能继续使用时再行拆除或改建。

5. 对于低层危旧住房和不协调建筑进行的整治改造，可以采取吸收社会资金建筑容积率的做法。鉴于现存古城民居屋顶高度不太一致，有一、二层建筑，也有三、四层建筑，极不协调，因此坚持低层低密度，可以在拆除低层危旧住房和不协调建筑的原址上建设不超过三层的居住建筑和尺度适宜的四合院，并使其平面布局和建筑体量、建筑形式、建筑色彩贴近历史建筑的传统风貌。

第三节　郑州名城保护与发展公共政策

一、建立制度保障与监管机制

为了切实地保护郑州历史文化名城的历史风貌、文化底蕴和可利用旅游资源，在编制保护发展规划的同时，还要制定相应的保护制度及管理机制，完善并推行公共政策，严格依据法律法规加强管理。采取一系列措施，保障规划落实到位，使规划真正对名城保护工作起到作用。

建立健全郑州历史文化名城保护管理机制，组建并明确名城保护的管理机构,强化遗址的保护管理工作。根据《历史文化名城名镇名村保护条例》和《历史文化名城保护规划规范》的要求，负责编制郑州历史文化名城保护的整体实施方案，制定支持措施，建立健全的专项工程项目库。建议郑州市人民政府成立包括市领导、有关部门领导、专家和学者在内的郑州历史文化名城保护管理委员会，作为郑州遗址保护的领导、协调、监督机构。同时，设立具体的专职管理机构建设、强化名城的保护管理工作，可以针对不同的保护内容、片区设立专业的保护小组。

强化监督管理，严格执行审批制度。市内的重大项目必须服从保护发展规划的要求，各项建设必须按照法定程序，经由市城乡建设局审批。保护发展规划审批生效后，凡属保护范围内的保护项目建设规划行政许可，均报郑州市住房城乡建设局和规划局备案。遗址保护范围内明确“只拆不建”的原则，由住建局、规划、土地等部门配合，文化、文物部门严把审批关，杜绝乱批、乱建的建设性破坏。

落实遗址保护范围的土地所有权，建立保护管理信息系统。落实遗址保护范围的土地所有权，特别是国有土地的权属问题。属于国有土地的遗址所在地，由文物主管部门收回管理；属于集体使用土地的遗址所在地，国家按规划分期征回使用权，重点进行遗址的保护展示。在郑州历史文化名城建档资料基础上，建立保护管理信息系统，明确各类文化遗产的数量、分布、现状等情况，记录文化遗产保护利用、村内基础设施整治等项目的实施情况，为选择保护项目，组织实施、考核验收和监督管理奠定基础。

实行行政问责制。依据《中华人民共和国文物保护法》《中华人民共和国文物保护法实施条例》《中华人民共和国城乡规划法》等相关法律，对危害、破坏郑州历史文化名城遗产的行为进行法律制裁，对行政领导、直接责任人，追究行政责任，给予通报批评。

二、完善公共政策内容和体系

要进一步完善郑州历史文化名城保护与发展的公共政策内容，完善保护与发展体系，需要致力于以下几个方面：

1. 完善名城保护与发展的机制保障。

为切实加强郑州历史文化名城的规划、指导、管理和监督，建议郑州市政府牵头，成立由市、县、区三级共同组成的“郑州历史文化名城保护与发展管理委员会”，组织制定相关政策，负责名城保护与整治利用中的行政与资金筹措和管理及设计与修缮的审批、指导、督查。建立专家咨询指导机制，聘请省级或国家级专家委员组成员，参与郑州市内建设项目的决策，现场指导传统建筑保护修缮等。对于重要保护发展项目的规划设计方案，聘请专家组进行技术审查。引入市场机制，引导保护项目的立项审批、资金筹措、组织实施等走上市场化运作的道路。

2. 制定郑州历史文化名城保护法规及保护条例。

目前，郑州历史文化名城保护的各层次法律法规均存在缺失，急需修订完善。首先，郑州市应当制定完善郑州市级名城保护的核心政策，如《郑州市市历史文化名城名镇名村保护管理办法》《郑州市非物质文化遗产代表性传承人认定与管理办法》《郑州历史文化名城名镇名村保护管理办法》等，通过法律规范郑州市的名城保护工作。其次，郑州市历史文化遗产的类型和种类繁多且各有特点，因此要针对不同遗址的保护，制定专项及具体的保护条例。以人大或政府相关法规形式颁布实施，把专项保护系统纳入到法制管理轨道。再者，修订基础性公共政策，使其适用于历史文化名城保护，将二者合理对接，确保保护规划畅通无阻地贯彻落实。

3. 建立历史文化名城保护与发展资金渠道。

加大资金投入，根据国家历史文化名城保护的相关法律法规，积极争取中央补助资金，抓住国家重点文物保护、中央补助地方文化体育与传媒事业发展、非物质文化遗产保护等专项资金的大好机遇，按照“保护、利用、效益”的原则，在政府主导下，走市场化运作之路。以下为具体建议措施：

建立来自包括国家、地方、专业和社会的稳定充足的保护资金筹集和运作机制；隶属于国家文物局及省文物局的重点保护项目，要积极向国家和省文物部门请拨专项经费；保护郑州商城遗址是一项公益事业，市政府应将保护资金纳入城市维护费，由市财政参与拨款；动员社会集资保护，对凡占用郑州商城遗址分布范围的企、事业、外资开发单位，征收遗址保护基金；吸引海内外侨胞和外宾来投资，共同做好保护工作，对投资一定数额的单位和个人可以吸收为保护基金董事会成员，对资金共同管理和使用。

4. 完善名城保护与发展的宣传教育及公众参与机制。

完善名城保护与发展的宣传教育及公众参与机制，加大宣传教育力度，制定郑州历史文化名城保护知识的普及宣传和教育计划，促使更多的民众认识到名城保护的重要性和利好性。各级部门可以通过平面媒体、视频、网站和广告，应用电子技术和信息技术，及时宣传报道郑州的历史名城价值及特色，公示名城保护工作、编制保护发展规划、保护项目和旅游开发等动态，确保民众的知情权、参与权、监督权。鼓励郑州市民积极踊跃参与名城保护，积极扶持民间组织，通过各种民间的群众活动，增加市民和社会各界人士对郑州历史文化名城的保护意识，反映民众的正当要求，对保护发展工作实施监督。

EIGHT CHAPTER

第八章

郑州历史文化名城保护与发展策略研究

第一节　历史文化名城保护策略

在郑州历史文化名城保护与发展的战略框架下，文化遗产的保护应当结合3个原则来进行，即：古城保护与新区建设开发相结合、保护整治与传统绿化方式相结合、文化遗产保护与旅游开发相结合。

一、古城保护与新区建设开发相结合

古城保护与新区建设相结合，是我国历史文化名城保护成败的一个关键。包括北京、西安、洛阳、南京等多数驰名中外的历史名城在内，由于走了中心开花、旧城改造的路子，以古城为核心扩张规模，外延拓展，最终导致了这些历史城市大量不可移动的文物和历史建筑被损毁，历史信息消失，使古城传统风貌受到了严重破坏。然而也有一些历史文化名城采取了古城保护与新区建设相结合的路子，使得保护工作取得了好的成效。1994年《平遥历史文化名城保护与发展战略》把这项措施作为重要的指导思想和保护策略，促使平遥古城保护和申报世界文化遗产获得了巨大的成功。郑州虽然像多数历史文化名城那样走过一段弯路，但是商城遗址和古城部分形制特征基本上保留下来，传统街巷格局完好，反映明清古城空间形态的部分标志性建筑和2处历史文化街区尚存。郑州东部新区的建设对于疏解历史城区人口压力无疑具有重要意义，将会极大吸引古城内的人口和用地往东发展。

郑州市东部新区是承接郑州市未来新兴产业、城市功能的主要空间，是汇集城市未来行政、金融、商业、文化、居住、游憩、体育等功能，彰显郑州市现代特大城市活力与城市风貌的综合性城市新区。东部新区建筑承载的服务功能众多，总体功能结构包括：商业金融文化区、行政中心、滨水休闲商业综合区、东湖公园、体育中心、文化公园、休闲健身走廊、生态居住区、片区商业服务中心和核心状社区商业服务中心，新区的建设在很大程度上契合了郑州历史文化名城保护的要求。郑州历史文化名城的保护与发展要紧抓这一重要的战略契机，走古城保护与新区建设开发相结合的路子。

郑州名城保护需要对古城区进行减负。应当采取最严格的措施，控制历史城区的容积率和建筑高度，将原来不属于古城负担的城市综合职能分解剥离出来。只有这样，才能大幅度降低古城保护区范围内的人口、建筑密度，减少交通、供水、供气、供热以及污水、垃圾和烟尘排放量；才能避免在古城内趋之若鹜

地争相建设多层建筑、高层建筑、大型宾馆与商厦；才能恢复历史文化街区的传统风貌，改善历史城区的居住条件，提升居民生活质量。而历史城区城市综合职能的剥离转移必须和东部新区的建设紧密结合，统筹协调和同步进行古城保护和新区建设。把古城内过剩的人口以及部分机关、学校和企业、医院等迁入到新区，在城市新区兴建配套的宜居住宅、商贸、文化和服务设施，降低古城压力。

在郑州市中心城区，按照城市总体规划用地布局和古城区控制性详细规划，适度搬迁郑州古城区内的人口和配套设施到新区内。对于新区的建设主要需要采取3项引导措施，即加快市政基础设施和生活服务设施配套建设，营造投资环境和宜居环境；加大招商引资力度，引进高新技术产业和现代服务业，促进经济增长；组织引导居民迁出古城在新区落户，拉动古城职能分解和人口分流。

二、保护整治与传统绿化方式相结合

历史文化名城保护的一项重要内容是对古城传统历史风貌的保护，主要体现在控制古城内的建筑高度、建筑质量、建筑形式、建筑材料、建筑色调，以及古城整体空间的景观和轮廓。针对郑州中心城区古城风貌破坏较为严重的现状及原因，在近期和中期，对于郑州历史文化名城应当采取风貌保护和环境整治相结合的道路，全面整治古城环境，消除危及古城风貌的各种不利因素。根据郑州市城市总体规划编制新一轮《郑州历史文化名城保护规划》，按照历史名城保护规划的内容以及确定的保护方法、保护规范标准，对商代都城、明清古城区进行专项保护整治。保护整治的重点是那些影响和破坏古城风貌的不协调建筑物、构筑物与各项工程设施。包括对其采取立即拆除、将来拆除、降低高度、分解体量、变更形式和整修外观等多种方法和途径，同时还注重赋予历史建筑以新的使用功能，改善基础设施和服务设施。规划进行土地置换的建设用地，在拆除不协调建筑以后，按照保护整治规划与设计方案，改善停车场和游园绿地，必要时可恢复与古城传统历史风貌相协调的建筑，以完善历史景观意象，增强历史环境的感染力。

风貌保护与环境整治相结合，在方法和步骤上应以文物环境及历史街区为核心，由其保护范围和建设控制地带逐步外延扩展。拆除、改建、整饬不协调建筑物、构筑物；整治居民大杂院；疏通街巷交通；规范商业建筑名称、店铺字号、幌子、灯饰的使用和设置；拆除大型户外广告牌、电视天线等；集中供热，切实搞好古城大气环境保护，迁移设置在户外与楼顶的大型移动通信设备、高架传输铁塔；将古城内所有电力电信架空线路均转入地下铺设。为使郑州境内的古城传统历史风貌保持各自的特色风格，应当在保护规划中进一步确定古城建筑群主色调，统一协调城内的建筑外观整饬。

三、文化遗产保护与旅游开发相结合

历史文化遗产是郑州发展旅游事业与旅游经济的最大资源。旅游开发是提高人们对历史文化遗产价值认识和促进保护利用的直接手段，也是弥补保护资金不足，形成保护和发展良性循环的捷径。合理适度的旅游开发有利于郑州历史文化遗产的保护。平遥古城始终在坚持推进旅游开发和把旅游产业作为拉动经济增长重要支柱产业的实践，已经表明遗产保护与旅游开发相结合是一个成功经验，并为郑州历史文化名城保护提供了借鉴范例。郑州也应该在切实保护历史文化遗产的前提下，突出郑州商文化和郑文化、黄帝文化、嵩山文化等文化特色，发挥城市品牌效应，利用文化遗产优势，通过旅游景点、旅游商品、旅游市场的开发，以及文化旅游形象塑造及旅游产品市场营销，积极发展旅游产业。

在深入进行文化遗产发掘、梳理、研究、整合的同时，大力加强商文化、郑文化、黄帝文化、嵩山文化等特色文化的宣传，营造郑州浓郁的地域特色文化氛围。按照历史文化圈层和文脉传承，完善已有景区景点，开辟各具特色的旅游新景点，组织旅游路线。以此为契机，进一步增强文化遗产保护意识，开展历史城区环境治理，重点查处文物保护区和建设控制地带以及历史街区的违法占地及违法建设行为，清理拆除违法建筑和各类违法工程管线，整顿道路交通。搞好环境卫生与环境保护，消除灾难隐患，确保文物安全。按照历史街区保护整治规划，整理居民院落、小街小巷，修缮民居建筑和沿街商铺，创造休闲宜居环境，再现郑州境内古城的传统格局和居住形态，为国内外游客提供传统民居住宿与现代旅游服务。

第二节　历史文化名城更新策略

郑州历史文化名城的更新要在切实保护郑州历史文化遗产，延续郑州名城形制、空间形态、街巷格局、传统风貌、历史文脉和人文景观特色的原则下，采取科学务实的策略，通过城市更新途径，不断给古城注入新的发展活力，使其成为古代文明与现代文明结合的有机空间载体，为现代经济社会和文化生活服务。历史名城更新对于经济社会发展的贡献集中体现在合理利用文化遗产，这是为历史文化名城不断注入活力，促进名城可持续发展的关键。

一、渐次推进实施有机更新

对于古城而言，更新是对历史的延续，改造是对历史的割断。这就决定了历史名城更新不可能采取疾风暴雨的方式完全改变历史遗存的传统建筑、街巷、格局和城市风貌，而必须采取渐次推进，逐步实施，有机更新的策略。所谓有机更新，是指所采取的更新方式和为不可移动文物、历史建筑寻找新的用途，应当与原来遗产的历史文化之间保持相应的内在关系，既能反映当代的思想和使用要求，同时又能尊重和提高原来的精神内质。有机更新集中体现在为促进历史文化名城的保护与发展寻找现代需求的传统文化的契合点。

渐次实施有机更新的策略，对郑州名城的历史街区和历史建筑而言，就是在不改变其传统的空间肌理和外观特征的基础上，逐步调整完善街区和历史建筑的内部布局、市政基础设施和内部设施条件，使之适应新的用途需要。在具体做法上先完善历史街区的道路、供水、排水、供电、供气、供热、环卫、消防等设施，再在对历史建筑进行修缮，对历史环境要素进行保护性复原，由点到面逐渐拓展。在保护整治规划中把历史文化街区、保存尚好的传统民居院落分解成若干个地块，明确界定四至范围，对其更新方式分别提出方案及要求。在实际运作中选择 2 处历史文化街区进行实践探索。渐次推进实施有机更新的策略切忌零敲碎打，遍地开花。所有点、线突破的选择应当符合保护整治规划，具有示范引路作用。点的四周范围和线的两侧纵深必须按照传统街巷格局和民居院落单元的有机秩序确定，以保留足够的延伸空间和景观秩序，避免形成生硬剥离的无肉之皮。

二、存表易里强化文脉传承

在进行文物保护单位的周围环境和历史文化街区整治时，对于历史建筑和异地移植来的传统民居等建筑，要采取存表易里强化文脉传承的策略。尽管这些历史建筑和传统民居建筑没有列为文物保护单位，然而它们是历史环境与历史真实性的重要组成部分，有些极具人文价值，承载着一定历史时期的历史信息和历史记忆。在历史文化街区更新中，不能简单地拆除这些遗产，而是能留则留，尽可能多留。在为延续这些遗产的历史用途或者为其寻找新的用途时，应当区别不同情况采取针对性措施，即使对于那里没有特殊价值纪念意义的历史建筑和传统民居建筑等，也必须保护它们外在的历史特征和历史风貌。这就需要对更新的对象有比较透彻的了解，知道它建设的年代、背景、功能、材料、技法、特征等相关资料。根据规划设计的更新利用后，新的用途要求对建筑内部空间重新进行装修整饬，配套安装管线、空调、电视、电话、电脑等现代服务设施，改善居住条件，提升生活质量。但是所有更新措施都应当避免拆除或者改变其具有历史意义的材料或改变其独具特色的建筑元素和空间。由于每个历史建筑都是它所在时代、场所和用途的自然记录，是和谐环境中的一个要素单元，因此更新利用只需要对建筑本身及其场地和环境的关键要素做最少量的改变，尤其不应改变历史建筑与街巷的建筑高度、建筑体量、外观特征和建筑色调。确实需要添加新构件，使用新技术，或者需要进行改建、复建及重建时，也不应破坏标志建筑特色的历史性材料和历史环境整体性，做到存表易里，保留建筑与街巷原汁原味的历史风格和文化脉络，从而有利于这些建筑与街巷对历史场景的对接。

在历史文化街区的更新利用过程中，对于大量文物保护单位的周围环境、历史建筑和传统建筑需要这样做。对于部分能够满足现代起居生活需要的传统建筑，可以尽量保留室内原貌。至于可能需要通过异地整合进行更新利用的个别地段的传统建筑，则需要特别注意公共空间的保护，建筑之间、建筑与街巷之间的空间保护以及建筑材料和细部的保护，以免影响历史风貌的识别以及视觉环境与视线的可达性。

三、重建再现历史文化景观

郑州明清古城如同我国其他古城一样，因水陆交通发达而兴。在形成与发展的过程中，郑州市域内的古城都曾享受过河流带来的便利，也承受河流变迁和洪水带来的灾难。合理利用这些古城遗址、遗迹及大运河遗址，在遗址所在地附近规划建设博物馆是展示地下遗址的重要途径。与此同时，也可以考虑在遗址城墙和重要城址所在地进行绿化,选择根系较浅的植被种植,营造古城效果。

郑州历史文化名城保护与发展的重要举措，就是保护整治文物环境和历史街区，拆除严重影响文物环境和传统历史风貌的不协调建筑，重建历史文化街区中的历史景观。目前郑州书院街和文庙—城隍庙历史文化街区附近已经建有相当数量的多层住宅和公共建筑，这些建筑物影响了街巷格局。为了避免保护区与建设控制地带之间出现生硬的空间界面过渡，改善古城居住生活环境，可以规划适当进行拆迁，增加古城绿化覆盖率。历史文化景观的再现本身具有一定的难度，植物绿化在再现历史景观方面具有特殊优势，而且有些古树名木本身就是历史遗存，当之无愧属于历史文化遗产。利用植物绿化作为历史环境烘托不同空间之间的有机过渡，既可以再现历史环境风貌，又可以防止在绿地内随意进行工程建设，恰到好处地起着保护文物环境和历史街区的作用。运用传统绿化方式还可以营造视觉环境，对满足建筑高度控制要求的现代功能建筑和设施进行视觉隔离。

郑州名城文物环境和历史街区历史文化景观的重建，应当与传统绿化方式紧密结合，为居民和当地游客提供休闲游憩的绿化开放空间。此外，传统居民院落要加强维护工作，体现郑州建筑民居文化特色。

四、因应发展广择利用方式

历史名城更新对于经济社会发展的贡献集中体现在合理利用文化遗产。这是为历史文化名城不断注入活力，促进城市可持续发展的关键。在战略规划研究中，注意到了郑州历史文化名城在合理利用文化遗产方面已经做出许多努力，也注意到由于过去缺乏系统研究和深入探索，对历史文化遗产利用的方式过于单一，基本上只有司空见惯的对文化遗产的陈列展示。这样做的效果不仅不能适应旅游者多元化的旅游兴趣、旅游方式需要，也不利于对其参观对象内在的文化底蕴和特有文化氛围进行深层了解，使游人所寄予的观光、娱乐、购物、访古、美食、休闲、传统民居审美享受等心理需求在郑州得不到更多满足，从而成为匆匆过客。单纯的旅游门票收入不足以发挥郑州文化遗产的优势，更不足以拉动旅游产业的生长。有鉴于此，应当借鉴国内外经验，顺应发展需要，广泛选择遗产利用方式，加快郑州历史名城更新。战略规划研究推荐观瞻、实用、体验、纪念、复合 5 种方式，可资郑州探索与实践：

1. 观瞻方式。主要适用于古城遗址、大运河遗址和不宜直接使用的建（构）筑物。这类遗址和古代建筑具有很高的文物价值，作为历史的记载和实物佐证，应当完全按其原貌修缮保护，并辟为文物景点，供游客参观、瞻仰、鉴赏、研究。

在国外的实例有埃及金字塔、古罗马斗兽场、庞贝古城；国内有秦始皇兵马俑、交河故城、北京明十三陵、敦煌石窟、佛光寺等。郑州以商城遗址为代表的大遗址片区、登封嵩岳寺塔、观星台等均属此类。对于商城遗址，应采取观瞻方式加以利用，禁止随意攀爬。

2. 实用方式。主要适用于可以直接使用的古代建筑物和构筑物。按其更新利用的功能要求可以分为延续原功能、贴近原功能、更新原功能三类。

一是延续原功能。将这类古代建筑或构筑物原来的使用功能和文化特征仍然保存下来，使之融入现代社会生活，提供一种可以继续使用的活动空间，通过鲜活的历史形态让人们从中解读历史信息，了解历史文脉，继续发挥传承古代文明的作用。这种方式的特点是连同历史文化遗产的物质形态和社会生活形态一起原汁原味地保存下来，传承下去，能使人们直观地感受历史和历史文化。国外这类文化遗产多为宗教建筑、古代工程设施和传统民居、历史街区。例如意大利罗马城和圣保罗大教堂、我国藏传佛教中心拉萨的布达拉宫、佛教圣地五台山菩萨顶与显通寺等，依然延续着宗教祭祀功能；都江堰水利工程至今发挥着岷江分流灌溉作用；平遥民居、丽江民居和歙县皖南民居、永定土楼客家民居等仍旧传承着原来的起居生活形态。郑州城隍庙、清真寺、少林寺等均属此类方式。

二是贴近原功能。选择一些原有使用功能已有部分不再适合现代社会发展需要，但其文化特征仍然具有重要影响的不可移动文物，为其寻找与原来使用功能比较接近的新的合适用途，展示文化遗产内涵，传承历史信息和文脉。如梵蒂冈部分宫殿用作欧洲文艺复兴时期的美术作品博物馆，法国卢浮宫、凡尔赛宫和我国明清紫禁城被辟为与皇室宫廷生活贴近的历史博物馆，平遥日升昌票号成为中国票号博物馆，平遥县衙辟为中国吏制博物馆等，都属于这种利用方式。郑州文庙、登封嵩阳书院等也属此类。

三是更新原功能。对于那些原有使用功能完全不适应现代社会发展需要的文化遗产，在保留其外观形态传统风貌的历史特征和历史信息同时，根据新的使用要求，改善和增加满足现代需要的相关设施，赋予新的功能。如日本横滨船渠改为饮食街、仓库改为超市和美术馆，英国伦敦泰晤士河畔热电厂改作文化中心，约克郡运河码头仓库改作公寓、手工作坊改作酒吧，新加坡河运仓库改作民居和酒肆商铺，我国北京大山子和上海莫干山路利用厂房、车间、仓库等工业遗产改作文化艺术创业园区，以及平遥南大街永隆号染坊改作平遥推光漆器艺术博物馆等，都是更新原功能利用文化遗产的成功范例。在郑州书院街、文庙—城隍庙街的历史文化街区保护整治中，也可以大量采用这类利用方式，注入更新活力，促其活态传承，可持续发展。

3. 体验方式。主要适用于具有特殊功能和文化意义的文物和历史建筑。例如利用加拿大多伦多的卡萨卢玛古堡作展示、会议和酒会场所，体验古堡氛围与情趣，攀登万里长城感受古代重大军事防御场景，游颐和园与承德避暑山庄体会皇家园林意境，住平遥古城客栈感觉中国传统四合院起居生活等。郑州书院街、文庙—城隍庙街历史文化街区、新密古城区内保存有一定数量的传统民居院落，选择部分环境条件和建筑质量都比较好的出售、出租，用作反映当地特点的民俗客栈与民俗宾馆。

4. 纪念方式。主要适用于具有重大历史意义和革命意义的纪念性建筑物、构筑物。在我国有纪念西周初期晋国开国诸侯的晋祠、纪念郑成功收复台湾的台南赤坎楼、纪念鸦片战争的威海刘公口炮台和江门虎门炮台、纪念辛亥革命的武昌阅马场旧址、纪念“七七事变”的宛平城卢沟桥等。在郑州历史城区内复建子产祠即是采取纪念方式传承历史文脉。

5. 复合方式。主要适用于兼有多种用途的文物保护单位和历史建筑。如长沙岳麓书院、成都武侯祠、西安环城公园和南京石头城遗址公园等，既有对历史和历史文化的展示，又有休闲娱乐的去处，还可以举办多种多样的书画笔会和演唱会，获得了一举多得的效果。郑州可以在保护整治商城遗址的基础上，建设古城墙遗址公园，并通过绿化廊道恢复部分商城北城墙的轮廓线，使之与现存城垣遗址时断时续连成一片。将遗址、遗址公园、古城墙、护城河融为一体，展现郑州古城的商城遗韵。

第三节　历史文化名城监管机制

所谓历史名城的管制策略，在此特指为促进郑州历史文化名城保护与发展而采取的强制管理的方式方法。郑州自 1992 年被批为国家历史文化名城以来，由于认识上与体制上的深层矛盾和原因，导致其未能采取有效措施进行古城的完整保护，使历史文化遗产遭到了严重破坏，古城风貌丧失。因此，要想从根本上解决这些问题，抢救古城走出困境，形成保护与发展的良性循环，就应当采取相应的监管措施。

一、强化公众保护意识

郑州历史文化名城保护与发展的当务之急，是认真贯彻落实《国务院关于加强文化遗产保护的通知》，进一步唤醒人民群众的民族意识，大力增强全社会的文化遗产保护意识，特别是领导决策层对文化遗产的保护意识。要熟悉郑州历史文化遗产，了解郑州历史文化名城的重要价值和文化特色，以保护文化遗产为己任，促进文化遗产资源的有序、可持续开发利用，坚决反对以牺牲文化遗产为代价，换取经济增长和领导政绩。妥善处理好文化遗产保护与产业发展、经济建设、行政管理和文化教育等各项事业之间的关系。文物、规划管理部门可以通过举办展示、论坛、讲座、广告等活动，并针对不同对象编印普及读物，使公众更多地了解郑州历史文化遗产的丰富内涵和保护方针、保护原则、保护方法，让公众和个人都有保护郑州历史文化遗产的意识，不会从事任何破坏文化遗产的活动。

二、加快推进法制建设

保护郑州历史文化名城，开发利用文化遗产资源，是经济社会活动的一个重要组成部分。加快推进法制建设，对于保护郑州名城历史人文环境、规范文化遗产管理和遗产利用活动、提高全社会文化遗产保护意识和广大公民的法制观念具有重要意义。具体要做的有：要进一步健全完善法制，贯彻实施相关法律法规；加强法制宣传，增强法制观念；加强依法行政，提高执法水平；强化法律监督，形成社会合力。

三、改革创新管理机制

在科学发展观的指导下，不断更新观念，改革创新管理机制，从根本上扭转被动局面，保证郑州历史文化名城保护利用有序进行。具体要求如下：明确相关主体权责、加强科学民主决策、完善综合协调机制、实行分离制衡监督、建立公众参与制度。

另外，促进历史文化名城保护与发展，不能因袭计划经济的管理体制，而应面向开放的市场，引进市场运作机制。按照文物保护单位和未核定为文物保护单位的历史建筑的产权所属情况，分别采取不同的管理办法。国有不可移动文物不得转让、抵押，经文物行政部门审批后，可以采用股份合作或者租赁方式在短期内开辟为历史文化遗产保护展示馆。建成博物馆或者辟为参加游览场所的国有文物保护单位，不得作为企业经营资产进行盈利活动。非国有不可移动文物可以转让、抵押或者变更用途，但应根据其级别报相应的文物行政部门备案。历史建筑可以采取转让、抵押、拍卖的方式进行房地产交易，也可以采用股份制、认领制、租赁制和使用冠名权用于居住、经营或者改变其原有用途。对于郑州名城旅游地与旅游景点的宣传可以进行营销。

四、建立多元融资渠道

广开资金渠道，逐年增加对郑州历史文化名城保护利用的投入。根据《中华人民共和国文物保护法》规定：“国家发展文物保护事业，县级以上人民政府应当将文物保护事业纳入本级国民经济和社会发展规划，所需经费列入本级财政预算。”对于国家重点文物保护可以争取国家专项补助经费。对于国有博物馆、纪念馆、文物保护单位等事业性收入，应当用于文物保护事业。市政府鼓励通过捐赠等方式设立郑州历史文化名城保护基金。社会组织或者个人向文物保护事业捐赠的，依照法律、行政法规的规定享受优惠。要制定特殊政策，广泛吸纳社会资金投入，鼓励国内外投资者和遗产所有者对郑州古城基础设施、服务设施以及传统民居保护更新进行投资，实施保护性开发建设，发展旅游业与相关产业。市政府可以采取以土地换资金的途径引进房地产开发企业参与历史文化街区保护整治，结合郑东新区开发和市区内的房屋拆迁改造，由政府主导，开发商牵头，根据文物保护要求和郑州历史文化名城保护规划，分片分块地实施街区更新整治，并在古城保护范围以外进行房地产开发。郑州历史文化名城的旅游收入主要用于文化遗产保护，市政府在郑州中心城区范围通过拍卖广告位吸收的资金，也应用作历史名城保护。

NINE CHAPTER

第九章

郑州历史文化名城保护规划编制指要研究

第一节　妥善把握保护规划与相关规划的关系

郑州历来就有重视城市规划的优良传统。早在20世纪20年代，郑州的城市规划编制工作已经开始起步，近百年来积累了丰富的经验。尤其进入21世纪，随着工业化和城镇化进程不断加快，新的经济增长因素和动力机制给郑州城市发展持续注入活力，带来了城市规模和城市空间的迅速扩张，同时也促使郑州市在我国中原地区核心城市的战略地位显著提升。与之相适应的各类经济社会发展规划、城市规划、文物保护规划、旅游产业规划竞相编制完成。然而，由于林林总总的规划编制时段不同，涵盖区域层次不同，组织编制主体不同，规划适用对象与内容不同，因此往往出现各类规划之间关系不清，衔接不紧，甚至涉及同一方面工作，确定的指导思想、主要原则、概念内涵和规划定位也不尽相同，规划内容存在颇多矛盾，导致规划实施过程无所适从，事倍功半。

1994年国务院核定公布郑州为国家历史文化名城后，郑州市政府随即编制了《郑州历史文化名城保护规划（1995—2010）》。如今时隔20年，郑州历史文化名城保护的现状和条件已然大不如前。加之最近几年相继提出建设中原经济区核心增长极，打造全国重要的郑州航空港经济集聚区、国际化枢纽城市、国际商都，层出不穷的新概念、新思路、新目标淹没了国务院授予郑州的国家历史文化名城的品牌称号，更使保护规划编制和保护工作陷入了迷茫。

有鉴于此，当务之急首先需要拨云见日，厘清思路，重新编制适应新时期、新情况的郑州历史文化名城保护规划，明确名城保护规划在城乡规划体系中的定位，并弄清与之相关的一些主要规划之间的内在联系。只有这样，才能准确把握保护规划的编制要求，在确定保护思路、原则、途径、方法和措施上，妥善处理与各类不同规划之间的从属关系、衔接方式，以期形成合力，使保护规划在保护理论指导下，具有较强的实践性和可行性，努力实现郑州历史文化名城文化遗产保护与经济社会发展并举兼得，和谐双赢的目标。

一、各类不同规划的性质和任务

根据城乡规划理论和《城乡规划法》的规定，历史文化名城保护规划属于城乡规划体系的一个有机组成部分。城乡规划体系是相对独立、层级分明的完整规划系统，由全国城镇体系规划、省域城镇体系规划、城市规划、镇规划、乡和村庄规划等不同区域层次的规划以及各项专业规划组成。其性质和任务旨在规范特定时空地域内的建设活动和建设行为，综合统筹影响城乡发展的各种构成要素，通过科学规划，保护自然资源和历史文化遗产，协调城乡空间布局，改善人居环境，促进经济社会全面协调可持续发展。城乡规划的主要属性特征体现在针对城乡空间结构、空间形态进行的合理布局和规划设计。

城乡规划体系第三个区域层次为城市规划。在城市规划中，层级最高的首位规划是城市总体规划。城市总体规划特指城市人民政府依据国民经济和社会发展规划以及当地的自然环境、资源条件、历史情况、现状特点，统筹兼顾、综合部署，为确定城市的规模和发展方向，实现城市的经济和社会发展目标，合理利用城市土地，协调城市空间布局等所作的一定期限内的综合部署和具体安排。它是城市发展的蓝图和城市建设管理的依据。内容包括城市的性质、规模、建设用地发展方向、功能分区、用地布局、综合交通体系、各项基础设施和环境设施，以及禁止、限制和适宜建设的地域范围，各类专项规划。其中专项规划是总体规划在特定领域的深入细化，诸如城市综合交通规划和城市绿地系统规划等。

历史文化名城作为一类特殊的城市群体，既具备一般城市所共有的基本构成要素，又有别于一般城市的属性。这类城市保存文物特别丰富，并且具有重大历史价值或者革命纪念意义，是以人的经济社会活动和起居生活为主导，传承历史文化遗产的物质载体。历史文化名城对于弘扬中华优秀传统文化，实现中华民族伟大复兴的中国梦，意义特殊，非一般城市所能类比。它们的形成、变迁、演进、发展和城市魅力的彰显，均取决于所承载的文化遗产积淀、文化品位价值和历史文脉延续。基于历史文化名城保护和可持续发展需要，针对其历史文化遗存特征，制定专门规划，采取行之有效的保护措施，乃是城市总体规划不可或缺的重要内容，纳入了城乡规划体系构成。

如同城市综合交通规划和城市绿地系统规划一样，历史文化名城保护规划也顺理成章归属于城市总体规划中的专项规划。

对于郑州市而言，目前与历史文化名城保护规划密切相关的其他规划主要有《中原经济区规划（2012—2020）》《郑州市国民经济和社会发展“十二五”规划纲要》《郑州都市区总体规划（2012—2030）》《郑州商代都城遗址保护规划》《郑州大遗址片区保护展示利用规划》和《郑州市旅游产业发展规划（2013—2020）》。各类不同规划的性质和任务迥然有别，指导作用各有侧重。

1.《中原经济区规划（2012—2020）》

该规划不在城乡规划体系序列，而是属于经济社会发展宏观调控规划的区域规划范畴，区域规划的性质和任务旨在根据国家经济社会发展总的战略方向和目标，对跨行政区的特定地区范围内的社会经济发展和建设进行总体部署（包括区际和区内）。通常跨行政区的特定地区范围是指经济、社会联系紧密的地区，以对经济、社会发展有较强附身能力和带动作用的特大城市为依托的都市经济圈地区。区域规划内容包括人口、经济增长等预测和资源环境承载能力分析，各种功能区的分类及其定位，区域协调机制等规划实施的保障措施，其他需要统筹规划的事项。

中原经济区是我国首个内陆经济改革和对外开放经济区。《中原经济区规划（2012—2020）》为国家级区域规划，系由国家发改委根据《国务院关于支持河南省加快建设中原经济区的指导意见》【国发（2011）32 号】编制。规划范围跨河南、河北、山西、安徽、山东 5 个省级行政区，不仅覆盖了河南省全境，而且包括了河北省邢台市、邯郸市，山西省长治市、晋城市、运城市，安徽省宿州市、淮北市、阜阳市、亳州市、蚌埠市和淮南市凤台县、潘集区，山东省聊城市、菏泽市和泰安市东平县。整个区域面积为 28.9 万平方公里，2011 年末总人口达 1.79 亿。中原经济区地处中国中心地带，是以全国主体功能区规划明确的重点开发区域为基础、郑汴洛都市区为核心、中原城市群为支撑、涵盖河南全省、延及周边地区的经济区域，地理位置重要，粮食优势突出，市场潜力巨大，文化底蕴深厚，在全国改革发展大局中具有重要战略地位。显而易见，《中原经济区规划（2012—2020）》突破行政区划界限，从我国中心地带极具发展潜力的跨省区域宏观层面，精辟分析了中部地区发展优势、机遇与挑战，明确了中原经济区在全国区域经济发展中的战略定位。强调提升郑州区域中心服务功能，深入推进郑（州）汴（开封）一体化，形成高效率、高品质的组合型城市地区和中原经济区发展的核心区域。

2.《郑州市国民经济和社会发展十二五规划纲要》

该规划属于市县级层面经济社会发展宏观调控规划的总体规划范畴。根据《国务院关于加强国民经济和社会发展规划编制工作的若干意见》【国发（2005）33 号】，国民经济和社会发展规划是国家加强和改善宏观调控的重要手段，也是政府履行经济调节、市场监管、社会管理和公共服务职责的重要依据。我国对经济社会宏观调控规划建立了三级三类规划管理体系。按照行政层级分为国家级规划、省（区、市）级规划、市县级规划；按照对象和功能类别又分为总体规划、专项规划、区域规划。其中总体规划分别由各级人民政府编制，并由同级人民政府发展改革部门会同有关部门负责起草；专项规划由各级人民政府有关部门组织编制；跨省（区、市）的区域规划，由国务院发展改革部门组织国务院有关部门和区域内省（区、市）人民政府有关部门编制。《郑州市国民经济和社会发展“十二五”规划纲要》是“十二五”期间郑州市经济社会发展的总纲，统筹安排和指导全市的社会、经济、文化建设工作。前述《中原经济区规划（2012—2020）》则属区域规划。这些规划均具有战略性、纲领性与综合性，对规划范围内的城市未来发展提出了战略目标和总体要求。编制城市总体规划的主要依据之一，就是这个城市政府制定的国民经济和社会发展规划。

《郑州市国民经济和社会发展“十二五”规划纲要》形成于2010年底至2011年初。纲要对于郑州市第十二个五年规划期间的经济建设、社会发展和推进新型城镇化作了全面系统的综合部署，遗憾的是，在这个具有重要意义的纲领性文献中，却只字未提传承和弘扬郑州历史名城所蕴含的悠久而辉煌的中原文化，没有对郑州大遗址保护和历史文化名城名镇名村保护提出指导意见，进行统筹安排。不过这一缺失很快得到了弥补。时隔不久，国务院作出了建设中原经济区的重大决策，并于2011年9月28日向各省、自治区、直辖市人民政府，国务院各部委、各直属机构印发了指导意见，明确把“华夏历史文明传承创新区”作为中原经济区五大战略定位之一。随之郑州市政府在2012年的《政府工作报告》中，将“发挥古都优势，加快建设华夏历史文明传承创新核心区，提升城市文化软实力”，纳入了重点抓好的工作中。

3.《郑州都市区总体规划（2012—2030）》

该规划在理论上属于城乡规划范畴，但在法理上不属于城乡规划体系。尤其是2010年8月19日国务院批复了《郑州市城市总体规划（2010—2020）》（国函〔2010〕80号），要求“合理控制城市规模。到2020年，中心城区城市人口控制在450万人以内，城市建设用地控制在400平方公里以内。”而2014年初编制完成的《郑州都市区总体规划（2012—2030）》将规划期限由2020年变更为2030年，确定规划期末“都市区常住人口规模控制在1500万人以内”，“都市区建设用地规模控制在1600平方公里以内”，也突破了国务院批准的法定城市总体规划的要求，于法无据，致使该规划的法律效力存疑。尽管如此，由于郑州都市区总体规划的编制，旨在落实国务院关于支持中原经济区建设的指导意见和《中原经济区规划（2012—2020）》，要让郑州适应建设中原经济区的国家大战略，成为横跨五省行政区的国家区域中心城市，继续把城市总体规划引导和控制的重点范围局限在中心城区，已经难以适应，有必要在更大区域对资源要素进行统筹整合。因此从这个意义上说，《郑州都市区总体规划（2012—2030）》的编制确实有重要的指导作用。

该规划确定都市区的“一主、一城、三区、四组团，一带、两翼、三轴”战略格局和新型城镇体系，即一个主城区、一座航空经济新城和东部、南部、西部3个新城区，以及巩义、登封、新密、新郑4个外围组团，符合培育中原经济区核心增长极的需要，确有合理性。将国家中心城市、国际航空大都市、世界历史文化旅游名城、中原经济区核心增长区作为郑州市的职能定位，有利于拓展视野，提升城市的竞争力和辐射力。

4.《郑州商城遗址保护规划》

该规划属于古遗址类法定文物保护规划。旨在针对文物本体及其依存的文物环境划定保护范围和建设控制地带，规划有效保护措施。商代都城遗址是郑州历史文化名城最具标志性的全国重点文物保护单位，具有重大的历史价值和鲜明的商文化特征，也是郑州历史文化名城之魂。大遗址地处郑州市历史城区的核心地带，特殊位置使得文物保护和城市建设矛盾十分突出，保护异常艰难。鉴于商城遗址主要是地面上残存的部分城垣、埋藏在地下的宫殿遗址和出土的大量精美青铜器、陶器、骨器等。整座商城的城池轮廓形态相对完整。于是保护规划的重点在于规范和加强以城垣遗址、宫殿区遗址和青铜器窖藏坑为重点的郑州商城遗址的整体保护，确定了相应的保护方法及保护措施，而并非对商城遗址范围以内的所有地面以上建筑进行保护整治。规划符合郑州实际，具有较强的指导性。

5.《郑州大遗址片区保护展示利用战略规划》

该规划虽属文物保护规划的范畴，因不是法定规划编制内容和编制程序，故不具备法律效力。其内容主要是探讨大遗址展示利用的方式，并未对整个郑州大遗址片区如何保护进行统筹规划，给出切实可行的保护途径和方法。毋庸置疑，对文化遗产的展示利用固然也是有效保护文化遗产的途径之一，确切地说该规划属于咨询性质的宏观研究，是对彰显郑州大遗址文化价值与内涵的一个具有战略指导意义的文件。尽管如此，规划通过分析、比对、借鉴国内外大遗址多种保护展示利用的成功经验，为确定郑州市域范围大遗址群保护展示利用提供了决策咨询。特别是《郑州大遗址片区保护展示利用规划》站在“文化造城”的战略层面，高屋建瓴，运筹帷幄，对于扩大视野，深化探索，创新理念，拓展思路，有着实际意义和参考价值。

6.《郑州市旅游产业发展规划（2013—2020）》

该规划编制时间早于 2013 年 4 月 25 日我国《旅游法》公布，但规划内容符合旅游发展规划的法定要求。旅游发展规划，是一个地域综合体内旅游系统的发展目标和实现方式的整体部署过程。编制规划有着一套法定的规范程序，对旅游目的地或者旅游景区的长期发展进行综合平衡、战略指引和保护控制，从而使其实现有序发展的目标。规划一旦经过相关政府审批，旅游规划就成为任何单位、组织和个人在该地区进行旅游开发、建设和旅游活动的法律依据。同时《旅游法》还规定，旅游发展规划应当与土地利用总体规划、城乡规划、环境保护规划以及其他自然资源和文物等人文资源的保护和利用规划相衔接。《郑州市旅游产业发展规划（2012—2020）》立足于中原经济区建设的战略全局定位，在客观分析旅游资源与客源市场的基础上，充分发挥自然景观和文化遗产资源优势，进行合理的功能分区和旅游线路规划，突出了郑州古都所代表的商文化和中原文化特色。

在实施《郑州市旅游产业发展规划（2013—2020）》的过程中，郑州市政府为了适应经济社会发展的新要求、新举措，把加快全域旅游发展作为郑州现阶段发展的重要特征和以航空港经济综合实验区为统揽的郑州都市区建设的重要产业支撑，进一步提出树立全域旅游发展观，用发展旅游的理念引领各产业发展，在推进新型城镇化、新型工业化、农业现代化过程中同步布局发展旅游产业。坚持融合发展、分层推进，对拉长全域旅游发展链条做了全面部署，这将成为编制和实施“十三五”时期郑州市旅游业发展规划的重要指导思想。

二、保护规划与相关规划的关系

历史文化名城保护规划和相关规划的联系，取决于相互之间的关联度。编制和实施保护规划，应当厘清纵向从属关系和横向衔接关系。

第一，前述与《郑州历史文化名城保护规划》联系紧密的几个主要相关规划按照自上而下，依序排列的纵向从属关系进行分级分类。《中原经济区规划（2012—2020）》处在国家区域战略的宏观调控层次，在所有与《郑州历史文化名城保护规划》相关的规划中，当属首位规划。包括保护规划在内的其他各类规划，均应以中原经济区规划作为编制和实施的主要依据，贯彻落实该项规划所确定的指导思想、战略定位、发展目标等总体要求，根据中原经济区的空间布局，落实各项战略举措。

《郑州市国民经济和社会发展“十二五”规划纲要》则处在设区城市的中观层次，既要服从《中原经济区规划（2012—2020）》，又要指导《郑州都市区总体规划（2012—2030）》《郑州市城市总体规划（2010—2020）》《郑州商代都城遗址保护规划》《郑州大遗址片区保护展示利用规划》《郑州市旅游产业发展规划（2012—2020）》的编制与实施。其年度重点安排和要求通过历年政府工作报告体现。

需要指出，在从属于《郑州市国民经济和社会发展“十二五”规划纲要》的几类规划中，即使都市区总体规划不是法定规划，作为区域层次间的过渡，对于编制和实施城市总体规划、文物保护规划、旅游发展规划，也同样具有承上启下的指导职能，并且更加符合中原经济区规划的要求。

根据城乡规划体系序列，《郑州市城市总体规划（2010—2020）》与《郑州历史文化名城保护规划》二者之间存在着直接的从属关系。后者是前者的专项规划，城市总体规划处于上位，专项规划处于下位。一方面下位规划应当根据上位规划确定的总体布局、发展方向、基本原则、发展规模和规划要求组织编制和实施；另一方面下位规划又是对上位规划内容的进一步深化，即保护规划在服从城市总体规划，体现城市总体规划意图的前提下，对历史文化名城（含历史文化街区）提出保护目标，明确保护内容，确定保护重点，划定保护和控制范围，制定保护与利用的规划措施。

第二，前述与《郑州历史文化名城保护规划》联系紧密，存在横向衔接关系的主要相关规划，是《郑州商代都城遗址保护规划》《郑州大遗址片区保护展示利用规划》《郑州市旅游产业发展规划（2013—2020）》。

其中两项大遗址保护规划虽然是文物保护规划，但是保护内容也是历史文化名城必不可少的基本构成。《文物保护法》对历史文化名城赋予的法定概念包括：保存文物特别丰富；具有重大历史价值或者革命纪念意义；由国务院核定公布。可见保护文物是历史文化名城保护的重要任务，但也不是全部内容。编制《郑州历史文化名城保护规划》，应当包括大遗址在内的市域所有文物保护单位的内容，衔接并吸收《郑州商代都城遗址保护规划》和《郑州大遗址片区保护展示利用规划》成果。

郑州历史文化名城保护必然涉及文化遗产合理利用，充分发挥文化遗产资源优势，大力推进旅游发展。郑州旅游发展之本，很大程度上依赖历史文化遗产资源。这就决定了《郑州历史文化名城保护规划》必须和《郑州市旅游产业发展规划（2013—2020）》相衔接，首先在规划阶段就要妥善处理好旅游开发与遗产保护的关系。

综上所述，编制《郑州历史文化名城保护规划》，应当体现《中原经济区规划（2012—2020）》对华夏历史文明传承创新区的战略定位，贯穿弘扬中原文化的主线。要进一步挖掘中原历史文化资源，加强文化遗产保护传承，提升全球华人根亲文化影响力；培育具有中原风貌、中国特色、时代特征和国际影响力的文化品牌，提升文化软实力，增强中华民族凝聚力。要在保护规划中采取行之有效的规划措施，加大中原文化遗产保护力度，塑造具有中原特质、体现时代特征的中原人文精神。加强历史文化名城名镇名村及历史街区保护。

与此同时，《郑州历史文化名城保护规划》应参照《郑州都市区总体规划（2012—2030）》的第九章第一节弘扬中原大文化，并依据《郑州市城市总体规划（2010—2020）》第九章历史文化名城保护的内容，着眼于郑州率先崛起，强力引领，找准自身在国家区域战略发展中的定位，结合近年来的国内名城保护的理论研究与实践探索，进而审视建立五级遗产保护体系的合理性，探讨5个历史文化片区的整体保护格局的方案，分别对历史文化名城、历史文化名镇名村、历史文化街区、文物保护单位、优秀历史建筑、非物质文化遗产、古树名木及大遗址的保护内容提出要求，系统发掘整合文化遗产资源。加强保护规划和大遗址保护规划、旅游发展规划的横向衔接，从传承和弘扬郑州历史文化名城价值特色出发，创新文化产业，提升文化遗产旅游品质，加快中原经济区核心城市建设。

三、保护规划编制和战略规划研究

我国现阶段的历史文化名城保护规划主要针对文化遗产的空间形态，从技术层面采取保护措施，很少涉及这座城市现代经济发展和社会需求，以及多元文化的融合展示。保护规划作为总体规划的专项规划，侧重在文化遗产的保护和传承，在现阶段普遍存在重空间形态保护，轻历史文脉传承的偏失下，保护规划自身的局限性无法有效地解决保护历史文化名城的文化遗产与发展经济，改善民生的根本问题。

我国建立历史文化名城保护制度30多年的实践充分表明，忽视公共政策研究并提供保障，单纯编制保护规划从技术层面提供方法和措施操作性不强，难以奏效。在全国已经公布的国家历史文化名城中，基本上都按照现行技术规范编制过保护规划，有相当多历史文化名城还不止编制过一次。历史文化保护区、历史文化街区和历史风貌街区等各种保护规划的编制工作始终没有间断。然而事实上各地历史文化名城保护状况很不乐观。与申报国家历史文化名城时相比，绝大多数历史城区已经支离破碎，乃至破坏殆尽。迄今尚有历史文化街区的名城也屈指可数。即使保留较好的历史文化街区评选为全国十大名街，其中也不乏拆真建假的实例。有的历史文化街区本身就是20世纪80年代成片拆迁改造历史地段以后新建的仿古街。有鉴于此，应当在历史文化名城保护工作中，加强宏观指导和把控，首先进行保护与发展战略研究，从总体和全局上把握历史文化名城文化遗产保护与经济社会发展的辩证关系，明确思路，制定行之有效的公共政策，以指导历史文化名城保护规划的编制和实施。

战略研究不是孤立地只注重某历史文化名城的理论探讨和实践总结，而是注重从广泛领域整合相关城市要素，既要横向研究历史名城在区域经济文化范畴的地理区位条件，寻找与周围城市的比较优势，进行合理定位；又要纵向研究历史名城产生和发展演变轨迹，通过不同历史时期的政治地理、重要历史事件，以及在历史中名城的经济发展来共同分析。编制郑州历史文化名城保护规划同样如此，倘若能在前期重视保护与发展战略研究，把制掣名城保护的主要障碍厘清楚、解决好，就有可能澄清长期困扰郑州名城保护的模糊认识，避免决策失误和由此带来的无可挽回的严重损失。搞好战略研究有利于创新思路，确定原则，探索合理有效的途径、方法和机制，促进郑州在名城保护中发展，在发展中保护，从而实现历史遗产保护和经济社会发展并举兼得。因此在保护与发展战略指导下编制和实施保护规划，才能使保护规划和保护工作更加具有科学性、实践性，本战略研究的意义正在于此。

第二节　编制保护规划应当秉持正确保护理念

一、突出弘扬中华优秀传统文化的主题

在世界文明史上，中华文明一以贯之，博大精深，是世界上最古老的文明之一，也是世界上持续时间最长的文明，集中体现为中华优秀传统文化，以亘古不灭的生命力薪火相传，历久不衰。

弘扬中华优秀传统文化，实现中华民族伟大复兴的中国梦，是当代的主旋律，也是历史文化名城保护的目标和主题。习近平总书记指出："中华优秀传统文化已经成为中国民族的基因，植根在中国人内心，潜移默化影响着中国人的思想方式和行为方式。今天，我们提倡和弘扬社会主义核心价值观，必须从中汲取丰富营养，否则就不会有生命力和影响力。"他要求利用好中华优秀传统文化蕴含的丰富思想道德资源，让收藏在禁宫里的文物、陈列在广阔大地上的遗产、书写在古籍里的文字都活起来，使其成为涵养社会主义核心价值观的重要源泉。因此抓住历史机遇，进一步树立中华民族的文化自信心，增强文化自觉性，提升公民法制意识，切实保护历史文化名城名镇名村和传统村落，充分发挥文化遗产载体传承和弘扬中华优秀传统文化的不可替代作用，至关重要。

我国建立历史文化名城保护制度 30 多年来，经历了经济社会的巨大变革。这一时期大批历史文化名城在整体传统格局和历史风貌上遭到破坏，变得支离破碎，面目皆非，失去了历史文化的本色和记忆。一个重要的原因是历史文化名城保护工作比较多地关注了文物古迹和部分保存尚好的老街巷、老宅院、老建筑，没有重视对古城格局与历史风貌的整体保护，尤其是没有意识到传承历史文化蕴含的丰富思想道德及其精神价值。弘扬中华优秀传统文化，是保护历史文化名城的根本。

历史文化名城是中华文明的产物，承载着厚重的历史文化积淀，彰显着中华民族精神。从城池选址所贯穿的天人合一、因应自然古代宇宙观，到营城形制遵循的体国经野、中轴对称、面南而尊、左文右武的传统格局，加之寺庙建筑传承的儒家治世、道家治身、佛家治心三大思想文化体系，乃至里坊制与街

坊制的居住制度，以及传统民居在空间组合布局、建筑形式、地方风格、装饰艺术、起居生活、民俗风情上浓缩的中华民族传统美德，无不传承着中华优秀传统文化的基因。然而长期以来，由于在思想认识上存在着缺失，见树不见林，重物质遗存，轻历史文化，重形态保护，轻文脉传承，因此使历史文化名城保护舍本求末，本末俱损。虽然《历史文化名城保护规划规范》（GB 50357—2005）规定："历史文化名城保护规划必须分析城市的历史、社会、经济背景和现状，体现名城的历史价值、科学价值、艺术价值和文化内涵。"但在实际运作层面没有评判标准，缺乏深度要求，通常编制和评审历史文化名城保护规划时，很少重视历史文化脉络和历史文化内在价值特色的发掘、研究、梳理与整合。对名城历史的分析往往程序化地套用地方志所记载的建制沿革，而不探究古城变迁及其建制沿革的原因，更不分析地缘政治、民族文化和地域文化带来的深刻影响。保护规划对文物保护单位和历史建筑价值的分析也很肤浅，局限于建筑技术及艺术的概要描述，而不愿触及深层文化内涵。正因为如此，很大程度上弱化了历史文化名城的重要价值和鲜明特色，丢掉了历史文化名城的本原。

1994 年郑州被公布为国家历史文化名城时，国家还没有制定历史文化名城保护规划编制要求，直到 2005 年公布《历史文化名城保护规划规范》（GB 50357—2005）后，才统一规范了保护规划的编制工作。《郑州历史文化名城保护规划》于 1994 年编制，延续至今 20 多年。该规划在没有先例可循的情况下编制完成,本身是有益的探索和创新。规划为郑州历史文化名城保护指明了方向，确定了保护内容分为 3 个层次，对重点地区的商城遗址划定了保护范围，并对二七纪念地、城隍庙、文庙、清真寺、北伐阵亡将士墓、大河村新石器遗址等提出了要求，制定了相应的规划实施管理措施。这一保护规划确定的保护原则、基本要求和方法架构清晰合理，至今对郑州历史文化名城保护仍然具有一定指导作用。鉴于编制规划时的背景和对历史文化名城保护认识的局限性，该规划分析郑州的历史、社会、经济背景显然不够，尤其缺少历史文化的研究发掘，未能提炼出郑州历史文化名城的价值、地位、文化内涵及其文化特质。同样存在见树不见林的通病，以致确定的保护范围和保护对象仅限于零星分布的点状历史名胜和文物，尚无系统整合与整体保护的概念，规划的保护方法及保护措施达不到深度。对商城遗址保护范围的高度控制，以及商城博物苑的规划设计不切实际，在后来的保护工作中完全失控。这种状况无法适应建设中原经济区国家战略的要求，编制新一轮《郑州历史文化名城保护规划》迫在眉睫。

编制《郑州历史文化名城保护规划》，应当在现有保护规划的基础上，反思规划实施 20 多年来的成功与不足，面对现实，重新梳理思路，进一步明确指导思想，贯穿郑州历史文化主轴，突出弘扬中华优秀传统文化的主题。

应当充分认识郑州历史文化名城在传承中华文明中的重要地位和作用。中华文明又称华夏文明，是中华文化的结晶，直接源头以黄河文明和长江文明为主，由多种区域文明的交流、融合、升华而形成。黄河文明主要凝聚在黄河中下游的中原地区。当许多地区性文明出现中断或者走向低谷后，黄河文明却如中流砥柱，以海纳百川之势，吸纳、融合了各地区文明精华，向着更高的层次发展，蕴含了中华优秀传统文化。中原地区在古代不仅是中国政治经济中心，也是主流文化与主导文化的重要源头和腹地。纵观中华文明史，中原文化不仅具有地域文化的特征，而且在整个中华文明体系中具有发端和母体的地位，对推进整个中华文明体系建构发挥了开拓创新作用，是中华文明之根。其根源性、原创性、包容性和开放性特质，对于维系中华民族精神，弘扬中华优秀传统文化，实现中华民族伟大复兴的中国梦，举足轻重。

《国务院关于支持河南省加快建设中原经济区的指导意见》（国发〔2011〕32号）强调指出："中原地处我国中心地带，是中华民族和华夏文明的重要发源地。"中原地区孕育出了中原文化，以河南省为核心，以黄河中下游地区为腹地，逐层向外辐射，影响延及海外。毋庸置疑，郑州作为河南省政治、经济、文化中心和中原经济区核心增长区，要担负起提升中原文化影响力，实现"华夏历史文明传承创新区"战略定位的重大使命，其根基就在郑州历史文化名城。郑州市域拥有数量众多的遗址和各类文物，这也足以证明郑州历史文化名城是华夏历史文明起源与形成，以及多元文化汇聚交融的核心地区。无论是历史惠及郑州厚载华夏文明的丰富文化遗产，还是时代赋予郑州引领中原崛起的重大使命，郑州市均责无旁贷，在历史文化名城保护中，应突出弘扬中华优秀传统文化的主题，奏响华夏历史文明的旋律，提升中原文化兼容并蓄、刚柔相济、革故鼎新、生生不息的影响力，努力塑造具有中原特质、体现时代特征的人文精神。

二、统筹文化遗产保护和经济社会发展

我国历史文化名城保护30多年，取得了巨大成就，也付出了沉重代价。由于在思想认识和保护理论上存在着重大缺失，或者片面强调文化遗产保护而忽视历史文化名城的可持续发展，或者一味强调经济快速增长而忽视历史文化名城的文化遗产保护，人为地将文化遗产保护和经济社会发展对立起来，把保护当作守旧，把发展视同破坏，致使名城保护规划与社会发展规划脱节，成为"两张皮"，普遍陷入了保护与发展两难的境地。不少历史文化名城以牺牲文化遗产为代价，盲目追求经济快速增长，给文化遗产带来无可挽回的损失。相比之下，平遥历史文化名城率先探索，走保护与发展并举兼得之路，获得了成功。

平遥是国务院公布的第二批国家历史文化名城。从我国改革开放初期，围绕这座古城的存废之争始终没有停止，十余年间古城命运几度跌宕起伏，不仅

文化遗产保护举步维艰，而且经济发展滞后，财政捉襟见肘，长期捧着“金饭碗”伸手向上要钱。后在邓小平“解放思想、实事求是”的南方谈话精神鼓舞下，由山西省建设厅副厅长曹昌智主持研究，策划了《平遥历史文化名城保护与发展战略》，提出“寓保护于发展、以发展求保护、保护与发展并举”的新思路，指导平遥古城实施了行之有效的保护，申报世界文化遗产一举获得成功。迄今文化遗产保护与经济社会发展和谐双赢的良性机制已然形成。作为世界上现存唯一完整的中国汉民族城市的杰出范例，保存了明清时期的所有特征，在中国历史的发展中，为人们展示了一幅非同寻常的文化、社会、经济及宗教发展的完整画卷。依托文化遗产资源大力发展旅游，很快成为平遥古城的重要支柱产业，以文化旅游为主的第三产业增加值占全县 GDP 的比重达到了 48.2%，超过了山西省的平均水平。仅 2014 年旅游综合效益达就到 66.2 亿元，其中门票收入 1.6 亿元，比起 1994 年启动平遥古城“申遗”时的 18 万元门票收入，几乎是当年的 9000 倍。平遥历史文化名城保护与发展并举的思路创新和成功实践，在国内引起了广泛反响，被誉为“平遥模式”，有口皆碑，成了借鉴学习的鲜活榜样。

然而同样是在山西，大同却走了另外一条不归路。1982 年大同被国务院公布为第一批国家历史文化名城，古城声望远在平遥之上。不料斩获殊荣 20 多年，一直在保护与发展的迷茫中徘徊，至 21 世纪初，古城传统格局和历史风貌破坏殆尽，惟余鼓楼东西大街历史街区和几处全国重点文物保存完好。经济社会发展在和文化遗产保护的激烈碰撞中也屡遭挫折，增长缓慢，城镇职工平均工资和农民人均纯收入均低于全省平均水平。大同市委、市政府从平遥的成功实例受到启发，2006 年委托曹昌智主持了《大同历史文化名城保护与发展战略规划研究》。战略规划研究秉持着“尊重历史、正视现实、崇尚科学、顺应规律”的态度，深入发掘梳理大同历史文化遗产资源和古城演变历史，探寻其独有的重要历史价值及文化特色，客观剖析名城保护的现实条件，在促进文化遗产保护与经济社会发展并举兼得的思路下，确定了大同古城“整体控制、重点保护、系统传承、突出特色”的原则和一系列战略、策略、途径和方法。这一成果得到了以两院院士周干峙为组长的建设部和国家文物局专家组的高度评价，随后出版成书。但是不久市政府主要领导人事变动，为推进旅游开发，拉动经济快速增长，急功近利，不惜摒弃研究成果和专家决策建议，负债累累，斥百亿巨资拆真建假，掀起一场重造古城的运动。终因政府决策重大失误，酿成了大同历史文化名城灾难性后果。国家重点文物保护单位华严寺的环境被严重破坏，唯一的历史文化街区也被夷为平地，新建了仿古商业街。大量珍贵的历史文化信息在这场浩劫中泯灭。由于专注举债造城，“梦回北魏”，无暇顾及全市生产经营，也把大同市的经济拖进了谷底，连续几年全省主要经济社会指标考核均达不到要求。到头来在一片社会骚动和争议频生中，市政府主要领导被迫离开大同。

以上正反实例充分表明，能否统筹文化遗产保护和经济社会发展，正确处理保护与发展的辩证关系，乃是历史文化名城保护的根本，关系到成败命运。

郑州列为国家历史文化名城20余年，保护工作同样步履蹒跚，始终未能走出保护与发展两难的困惑。陷于这种窘境并非偶然，主要是历史文化名城保护意识薄弱，同时受郑州历史文化名城保护基础条件差的制约。

由于历史的原因，自从周代殷商后，随着国家政治中心转移，郑州古都的政治地理格局和行政区划变更频仍，属地先被分封列国，后又分设诸州郡县，失去了昔日一统华夏的强势，至元、明、清和民国时期，行政层级及幅员还曾数度降至散州（县级）或县治地位，政治、经济和文化影响力逐渐式微，遭到边缘化。加之近代中国在中原地区屡屡发生战乱，以致历史变迁和社会动荡留给了郑州古城太多的缺憾。明清时期的郑县老城（即今管城区）到了民国时，在经历了一段特殊发展阶段以后，随着古城墙大都拆除，老城内主要街道扩宽改造，及至1948年，原有的传统格局和街巷尺度发生了很大变化，古城的空间形态近乎消失。20世纪50年代经济恢复时期，郑州城市发展开始在满目疮痍的老城废墟上改造建设，政府多次组织编制和修订城市规划，直到90年代初，仍未意识到这座古代商都的价值所在，没有保护文化遗产的内容。尤其“文革”10年，老城区建设管理失控，建设出现无序状态，古城历史风貌遭到严重破坏。

1994年郑州被国务院公布为国家历史文化名城。但是为时已晚，令人扼腕叹息的是，完整的历史城区不复存在，集中连片的清末民初历史街区仅余3处，无法再现郑州古城的整体传统格局和历史风貌。除了商城遗址、城隍庙、文庙、清真寺，以及零星散落在管城区的少量明清时期民居建筑，历史文化名城保护的基础条件很不乐观。在许多人看来，郑州历史文化名城似乎已经无“城”可保，因此保护意识愈加变得淡化，以致保护工作很少提上政府议事日程。即使郑州荣膺国家历史文化名城殊荣，享有八大古都盛誉，而且编制了《郑州历史文化名城保护规划》，在城市总体规划中，又把国家历史文化名城确定为郑州城市性质之一，也仍然在制定国民经济和社会发展规划纲要，对经济社会发展进行全面系统的谋划部署时，遗忘了名城保护工作。

诚然《郑州历史文化名城保护规划》尚需进一步完善，但是该规划提出的坚持“保护为主、抢救第一”方针和坚持“整体保护、积极保护”原则，至今对于郑州历史文化名城保护具有很强的指导作用。只是由于思想认识的局限，在发挥全国重要交通区位优势，大力推进郑州航空港经济综合实验区建设，提升国际化枢纽城市战略地位，筹划建设国际商都战略的同时，弱化了保护郑州国家历史文化名城的责任。没有组织整合专门学术力量，对郑州历史文化名城沿革规律、自身价值、特质文化和历史文脉传承，以及大遗址保护与名城保护的关系等，进行系统深入地发掘梳理和研究。于是造成保护历史文化名城的指导思想和总体思路不清晰，对于郑州历史文化名城究竟该保护什么，怎样保护？突出体现怎样的历史文化特色？如何传承弘扬中原文化，增强具有中原特质的文化内涵和中原文化的影响力，促进历史文化名城保护适应现代经济社会发展？如此等等，长期含混模糊，没有尽快找到行之有效的合理途径和方法。这也是《郑州历史文化名城保护规划》实施不到位，忽视古城传统格局和历史风貌及其所依存的历史环境保护，将仅存的 3 处历史文化街区毁损丧失，致使传统建筑所剩无几的主要症结。时至今日，几乎所有到过郑州的人都有一种共同感觉，看不出郑州是一座有着 3600 年悠久历史的古都，想象不出郑州缘何成为国家历史文化名城。重经济社会发展，轻文化遗产保护，不知不觉中将以历史文化名城为核心的城市竞争力软化，使郑州特有的中原文化气质和城市魅力渐渐消失，和提升文化软实力、强力引领中原经济区建设大相径庭。既往的代价付出和历史经验值得引起注意。

理论与实践一再表明，统筹文化遗产保护与经济社会发展乃为历史文化名城的基本属性使然。历史文化名城的基本属性不仅包括文化遗产的真实性，而且还具有历史文脉的传承性和存续方式的动态性。城市发展的客观规律决定保护与发展是历史文化名城的永恒主题，更是无法逾越的法则。没有文化遗产保护作为基础，抛弃既有文明，社会发展和进步就无从谈起；没有经济发展和社会进步，也就不可能再有新的历史文化与人类文明生成，无法持久永续地丰富历史文化名城内涵，延续它的历史文脉。现在越来越多的人认识到历史文化名城要在保护中发展，在发展中保护，重要的是真正行动起来，秉持正确的保护理念，潜下心来认真研究如何发掘、梳理、整合历史名城的文化遗产资源，深刻解读历史文化内涵。尤其要从历史文化名城所承载的特色传统文化中，寻找与现代核心价值观的契合点，本着尊重历史，创造未来的态度，积极探索合理利用文化遗产的多元化途径。做到这项工作的一个重要前提，是在编制《郑州历史文化名城保护规划》时，秉持保护与发展并举兼得、和谐双赢的正确理念。

三、恪守历史文化名城整体保护的原则

历史文化名城保护是一项复杂的系统工程，保护对象和保护内容包括名城所在市域范围所有文化遗产及其遗存的环境。有鉴于此，编制《郑州历史文化名城保护规划》，应恪守历史文化名城整体保护的原则，切忌以偏概全。《历史文化名城名镇名村保护规划编制要求（试行）》第二十七条规定：“编制历史文化名城保护规划应根据历史文化名城、历史文化街区、文物保护单位和历史建筑的三个保护层次确定保护方法框架。”这是因为历史文化名城首先是一个“城”的概念，是以人的经济社会活动和起居生活为主导的综合载体，包括它的传统

格局、历史风貌、各类建（构）筑物、街巷、水系、古树名木、遗址、墓葬等历史环境要素，以及深刻影响传统起居生活的风情民俗、非物质文化遗产等。这些历史文化遗存保留着极其丰富的历史信息，是古代文明的实物例证。只有完整保护历史文化遗存，才能从各个不同方位，多方面、多视角地观察、体验、感悟、研究农耕文明与近代工商业萌芽时期城市演变的轨迹、不同历史阶段的社会文化特征、创造的物质成果和精神成果，抽丝剥茧，发掘出具有重大历史价值、艺术价值、科学价值的精华所在。通过历史文化名城整体保护，全面认知其蕴含的文化内涵，在传承和弘扬中华优秀传统文化中，增强中华民族的文化认同感和凝聚力，同时有助于提升城市自身的文化软实力，更好地彰显文化特质，打造城市品牌。

然而，郑州历史文化名城存续状况着实特殊。古都从邈远文明一路走来，历史悠久自不必说，遗憾的却是没有留下像样的历史城区或者街区，现存古建筑和传统建筑也是凤毛麟角。如前所述，明清时期的郑州古城规模大体与今管城区范围相合。早在 1948 年时古城传统格局和原有街道走向、尺度就已多有改变。又经“文革”十年动乱，昔日古城整体风貌尽失，毋庸讳言，郑州在被列为国家历史文化名城之前，先天不足早已显现。改革开放后随着经济建设步伐不断加快，城市规模迅速扩张，加之多处立交桥落成，商城路、人民路和紫荆山路也相继辟为贯通商城遗址的城市交通干道。这一时期包括管城区在内，整个商城遗址城垣围合范围大兴土木，多层住宅楼、高层商品房和商贸、金融、酒店、写字楼竞相建起。到 1994 年郑州列为国家历史文化名城时，地面以上集中成片的历史地段和传统建筑寥寥无几，实施整体保护的基础条件比较差，确实遗留下诸多缺憾。这种状况很难让人同一座传统格局保存完整、历史风貌特色鲜明的古都名城联系起来。郑州的殊荣似乎更像国家对其曾经拥有过的悠久历史、历史地位和文物价值的一种认定。

在国务院印发的批复第三批国家历史文化名城通知的附件中，有关郑州的价值如是说:“郑州，位于河南省中部。有多处新石器中晚期文化遗址。郑州商城遗址保存完整，有城墙、宫殿基址和各类手工作坊遗址。有我国最早利用煤炭作燃料的汉代冶铁遗址，还有城隍庙、清真寺和纪念 1923 年京汉铁路工人大罢工的二七纪念塔、纪念堂等。”字里行间一概是对郑州保存文物的评介，没有涉及古城格局、风貌和传统建筑的保护状况。这段文字不仅有助于解读郑州历史文化名城的价值所在，而且真实反映了郑州历史文化名城存续特征。仅从郑州现存历史文化遗产的类型和构成分析，目前市域范围内文物保护单位共 434 处，其中古遗址和古墓葬多达 251 处，占文物总数量的 57.83%，边山石窟、石刻还没有计算在内。市中心城区文物保护单位 101 处，包括古遗址、古墓葬 68 处，占文物总数量的比例为 67.33%。在这些文物保护单位中，最能代表郑州古都特殊历史地位和价值的文化遗产首推商城遗址。倘若没有列入全国重点文物保护单位的商城遗址等系列大遗址和古寺庙，或者这些大遗址和古寺庙遭到破坏，郑州历史文化名城也将不复存在。可见文物及文物保护对于郑州而言堪为举足轻重。

基于现实状况和价值评价，在很大程度上影响了人们对郑州历史文化名城保护的思维和分析，潜意识地支配着郑州历史文化名城保护的理念。一直以来，有种普遍认识只知郑州文物兹事体大，不知整座名城秉要执本，误以为名城保护就是保护文物。于是将文物保护，尤其大遗址保护代替了历史文化名城保护。在实际工作中，与《郑州商城遗址保护规划》和《郑州大遗址片区保护展示利用战略规划》的编制力度、资金投入、内容深度相比，对《郑州历史文化名城保护规划》的补充完善，以及对确定的重点保护区的详细规划编制和实施，则出现很大反差。这就不难解释1994年《郑州历史文化名城保护规划》已经确定重点保护的“二七”大罢工纪念地、文庙—城隍庙历史街区，以及当时尚存部分历史风貌且还有保护条件的德化步行商业街、书院街，为什么会在20年后荡然无存。

如今结合中原经济区建设的国家战略，重新编制新一轮《郑州历史文化名城保护规划》，一定要汲取经验教训，切实贯彻住房城乡建设部和国家文物局制定的《历史文化名城名镇名村保护规划编制要求（试行）》，恪守整体保护的原则，根据历史文化名城、历史文化街区、文物保护单位和历史建筑的3个保护层次，确定郑州历史文化名城的保护方法框架。

四、重视形态保护与文脉传承结合统一

任何一座历史文化名城均由两大要素构成，即城市形态与历史文脉。在历史文化名城保护中，把握好城市形态与历史文脉之间的关系至关重要。这是历史文化名城自身构成要素和本质属性决定的，体现了事物发展的客观规律。现在，越来越多的有识之士和自发的民间组织加入了历史文化名城保护行列，在积极推进保护古城形态特色的同时，一再呼吁当地政府采取有效措施，切实保护和传承古城历史文脉，延续历史记忆，展现人文精神。不难看出，处在经济社会重大变革时代，面临挑战并存、挑战大于机遇的严峻形势，人们对于历史文化名城形态保护与文脉传承的思考，变得也更加富有理性。

1. 什么是城市形态和历史文脉

城市形态通常表现为大规模的、静止的、永久性的物质实体，包括城市的空间形态、结构形态和聚居形态，具有可读性和城市意象特征。对于历史文化

名城来说，它的空间轮廓、城市肌理、街道格局、风貌特征、建筑物和构筑物本体、都在城市形态保护范畴。

历史文脉具有非物质的属性。城市是人类文化创造力的产物，在产生和发展过程中，始终贯穿了创造者的聪明才智和思想理念，积淀着丰厚的历史文化，保留着不同历史时期和不同发展阶段的历史文化脉络。这种无形的历史文脉包括了与城市形态最直接关联的演变规律、历史事件、社会结构、社会制度、哲学思想、伦理观念、语言文字、文学艺术、礼仪风俗和地域文化等。因此对于历史文化名城的核定，不仅看它保存文物是否特别丰富，而且看它是否具有重大历史价值或者革命纪念意义，是否凝结着华夏文明。

2. 形态与文脉是一个有机整体

城市形态和历史文脉是一个有机统一的整体，不可割裂或偏废。城市形态既是历史文脉的外观表征，也是历史文脉存续的物质基础和评价依据。作为人类文明的物质载体，城市形态的职能一方面展示出人类文化创造力的程度、状态和成就，另一方面生动形象地诠释着传承不息的历史文脉。而历史文脉则是城市形态产生的动力之源和根本之魂。二者互为存续条件，标本相依。

3. 重视形态与文脉传承结合统一

历史文化名城保护的根本宗旨在于尊重历史、传承文明、服务现代、创造未来，为此应当特别重视形态保护与文脉传承相互统一。通过对古城形态特征保护和利用，探索古代文明与现代文明融合的有效途径，从而使其历史文脉得以代代传承，并在保持历史记忆同时，为之注入新的生命与活力，促进历史文化名城可持续发展，从而服务于现代经济建设和社会进步，创造更加美好的未来。总之，保护历史文化名城的要点在于把握整体保护、合理利用、形神并重、溯本求真。

整体保护、合理利用，是指对历史文化名城传统格局、历史风貌和空间尺度的保护，强调保护古城完整的形态特征，在保护的基础上，采取适当方式加以合理利用。要根据当地经济社会发展水平，按照保护规划，控制人口数量，改善基础设施、公共服务设施和居住环境质量。尤须加强规划管理，严格规范建设行为与建设活动，防止对传统格局、历史风貌和空间尺度造成破坏和影响。只有这样，才能充分展现历史文化名城独特的城市形态及其文化内涵，充分发挥历史文化遗产的资源优势，通过合理利用的途径，使之融入当代经济与社会生活，让人既能感受到传统文化的厚重，又能享受到现代文明带来的舒适宜居环境，更加有利于历史文脉的有效传承。

形神并重、溯本求真，是指坚持科学严谨的求证态度保护历史文化名城。

综合运用政治、经济、社会、历史、地理、哲学、文化、艺术、法律、行政等跨学科、多方位的知识，以文化脉络为主线，深入发掘历史文化名城形态构成的自然、文化、经济、社会背景。尤其应注重对文化遗产外在形态所蕴含的属性特征、历史价值、科学价值、艺术成就的研究，力求从根本上弄清它们的深刻内涵，为合理利用遗产资源，寻找古代文明与现代文明的结合点。

第三节　建立郑州历史文化名城保护规划架构

一、文化遗产资源发掘及整合

编制历史文化名城保护规划同编制其他城乡规划一样，通常是收集整理大量基础资料，进行现状调查，在摸清家底，找准问题的前提下对症下药，针对性地提出规划目标、规划方案和措施。所不同的是，历史文化名城属于特殊城市群体，蕴含丰富的文化遗产资源。其赖以生存延续的灵魂在于历史文化，得以彰显特色而又传承不息的基因是历史文脉。因此编制历史文化名城保护规划除了符合编制城乡规划的一般要求外，还应当研究历史文化名城固有的属性特征，顺应其发展演变规律，体现个性特殊需要。在收集梳理基础资料，研究分析历史文献和学术成果，构思运筹规划方案，制定保护措施和选择利用方式的全过程，始终贯穿历史文脉发掘和文化遗产整合的主线。只有这样，才能真正深度释解历史文化名城内在的价值和特色，弘扬其承载的中华优秀传统文化。

郑州地区进入人类文明的年代极为邈远，见诸于文字的文献史料浩如烟海，故而历史文化遗存蔚为大观。经过第三次全国文物普查，登录在册的不可移动文物达 10315 处之多。其中世界文化遗产 2 处，国家历史文化名城 1 座，全国重点文物保护单位 74 处 80 项，省级历史文化名城 2 座，省级重点文物保护单位 95 处，市级重点文物保护单位 269 处。郑州历史文化名城拥有文物的数量和规模不仅在河南省居于首位，而且和全国各城市相比也位在前列。这些文物的类型多种多样，主要包括古遗址、古墓葬、古建筑、石窟及石刻、近现代重要史迹及代表性建筑等。

面对数量如此之多，类型如此之全，涵盖如此之广，看似纷繁复杂的文化遗产，究竟应当怎样进行发掘、梳理、整合与保护传承，是编制《郑州历史文化名城保护规划》首先要考虑的问题。习惯做法一是把文化遗产按照历史发展顺序和遗存物质形态归纳，通过文字评介与图表梳理罗列出来；二是对名城的历史变迁满足于援引地方志中的建制沿革；三是泛泛提出保护文化遗产的原则和要求。这样做看似逻辑清晰，类型明确，但却很容易造成舍本求末，仅仅停止于描述物质文化遗产外在的形态表征，而忽视本质的文化内涵及其相互间的文化关联，必然会梳理不清历史文脉，令人不得要领，导致历史文化名城保护工作主次轻重含混，同时难以突出文化特色。

编制保护规划，应当明确保护历史文化名城的宗旨，在于传承和弘扬中华优秀传统文化，为此要以历史文化为主线，深入发掘文化遗产蕴藏的深层文化内涵，弄清这些文化遗产在文化脉络方面各自所处的时间节点、体系归属、性质特征、承袭方式、创新或者融合的内在联系等，透过文化遗产载体所反映出的人类物质成果，由表及里深刻解读其本质的精神成果，进而认识特定地域内的文明创造。发掘梳理历史文化遗产资源，切忌把这些文化遗产当作互不相干的孤立存在，简单划一地评价其历史价值与保存状态，确定保护要求和保护方法。

在对郑州文化遗产的发掘及整合上，北京大学考古文博学院、北京大学震旦古代文明研究中心和郑州市规划局共同编制的《郑州大遗址片区保护展示利用规划》，是一个很好的范例。该规划基于文化造城理念，强调文化动力在历史城市变迁中的特殊重要性。通过对郑州大遗址资源的系统梳理分析，以及国内最具影响力的北京、郑州、西安、南京、杭州、洛阳、安阳、开封等片区之间大遗址存续特征和保护现状研究，提炼出 4 个方面的价值，找出郑州大遗址片区的特色与差距，进而建议突破单个遗迹、遗址开展研究的局限性，从区域范围整体考虑，注重遗址点间交通、环境、资源等方面的整体保护，很有新意。这一战略规划高屋建瓴，画龙点睛，抓住了郑州大遗址片区保护展示利用的精髓与关键，不仅为郑州文物保护厘清了思路，而且也为历史文化名城保护提供了借鉴。

编制新一轮《郑州历史文化名城保护规划》，发掘、整合文化遗产资源，既要梳理这些资源的分布地域、物质形态、存续现状，也要深入分析它们生成的历史背景和原因，分别从文化区域、历史时段视角，找出与之相关的文化遗产内在联系，按照历史时空和历史文脉发展轴，提炼不同区域、不同时期对于社会进步具有普遍意义的价值与文化特征。

依据法律法规的规定，文物保护和历史文化传承应当实行属地管理。《郑州都市区总体规划》按照文化遗产在郑州市域内的空间分布，确定构建郑州商都、嵩山历史建筑群、古荥汉文化、黄帝故里、河洛文化等 5 个历史文化片区的整体保护格局，对于各行政层级明确责任，各司其职，加强保护和监管，显然合理可行。但是在实际运作中有待完善。5 个历史文化片区分别隶属于郑州市不同的区、县（市）管辖，相对独立的地理单元和行政单元对于跨行政区划进行文化遗产资源整合，难免受到行政壁垒的制约。由于各片区之间整体保护观念、重视程度以及工作力度存在差异，加之保护监管协调机制不健全，因此很容易各自为政，影响文化遗产资源的统筹保护、利用和可持续发展，不利于彰显郑州历史文化特色及脉络。作为行之有效的补充完善途径，需要在发掘梳理文化遗产资源的基础上，进而循着历史文化脉络进行整合。

通过梳理研究郑州历史文化遗产，不难发现郑州历史文化名城对中华文明最有价值、最有特色和最有影响的创造成果突出体现在两个方面，一是古代商都文明，二是近代工业文明。两者之间的源流承续支撑了郑州历史文化名城形成与发展全过程，堪称中原文化之星，熠熠生辉，显示出强大的生命力。郑州地处中原文化圈层的核心区，以商文化和古代商都文明为根脉，经过数千年历史长河的演进过程，融合衍生出了诸多在形态表征和文化内涵上既有从属又有关联的形式各异的支脉，例如从不同地区、不同时期、不同领域、不同视角发掘出来的林林总总的郑韩文化、古都文化、礼制文化、宗教文化、耕读文化、河洛文化、嵩山文化、黄河文化、大运河文化、古代交通文化、古代商贸文化、伊斯兰文化和近代工业文明等，使郑州的历史文化体系呈现出具有中原文化特质的一脉多支特征。这就要求编制保护规划时，对于文化遗产资源及其历史文脉有深入的分析和清晰的理解，不单纯是根据属地管理原则构建整体保护格局，还应当充分考虑郑州的历史文脉传承，从中原核心区历史文化的多样性中，分析梳理它们相互之间的源流承续与关联交融，找出主导郑州历史文化名城保护与发展的文化脉络。经过同类并项，分别划定商文化（含夏商）、郑文化（含郑韩）、嵩山文化、河济文化、近代工业文明等分布区域范围，针对同类遗存特征，规划相应的保护监管、利用方式和可持续发展措施，为进一步优化郑州文化遗产旅游景观与旅游线路提供支撑条件。

二、郑州历史名城价值与特色

根据《历史文化名城名镇名村保护规划编制要求（试行）》，评估历史文化价值与特色，是《历史文化名城保护规划》的内容之一，也是必不可少的要求。1994年郑州市政府组织编制《郑州历史文化名城保护规划》时，国家尚未制定统一的规范，该规划能把“郑州历史文化内涵特征及名城特色”纳入规划内容，并使名城的历史价值、科学价值、艺术价值和文化内涵在规划的保护措施中得到一定体现，实属难能可贵。保护规划将其概括为5个方面，即中华文明的摇篮和发祥地；兼得山水形胜的军事交通要地；具有革命传统的二七名城；以佛教禅宗和少林功夫为主要特征的中岳佛、儒、道三教荟萃之地；丰富的人文文化。如今时间虽已过去20年，反观这一保护规划，仍然具有指导意义。

然而也应看到，时代在发展，随着我国社会生产力迅速提高，人们对文化遗产的认知和需求不断提升，对增强城市文化软实力有了更加深刻的理解。尤其进入经济社会全面转型发展的新时期，在建设中原经济区国家战略中，从区域经济和中原文化的层面，重新审视郑州历史文化名城价值与特色，直接关系到能否实现华夏历史文明传承创新区的战略定位，培育具有中原风貌、中国特色、时代特征和国际影响力的文化品牌，提升郑州文化软实力。

在新一轮《郑州历史文化名城保护规划》中，评估历史文化名城价值与特色，一是高屋建瓴，立足于弘扬中华优秀传统文化，突出郑州历史文化遗产在中华文明和社会发展史上的特殊地位和贡献；二是深层发掘，着眼于建设中原文化圈引领核心，横向比对分析周边古都名城的文化特征，找准郑州的特质文化及其在我国地域文化中的合理定位。对于郑州历史文化名城价值与特色的评估，既不刻意拔高，也不就城论城，或者只重外在形态而轻内在文脉。

本书研究重点围绕郑州历史变迁，通过现场实地调查和对大量文献资料、考古发掘成果、学术研究论文及著作深入梳理分析，深感郑州历史文化名城价值与特色体现在许多方面，彰显出极为丰富的多样性特征。其中最重要的是郑州在中华文明和社会发展史上的特殊地位和贡献，其定位为“**华夏文明发祥地与核心传承区**”，集中体现在以下方面：

其一，孕育华夏民族与中原文化的腹地中心；其二，开启我国古代城市文明并创立王都典制；其三，彰显“天地之中”宇宙观与立国治世理念；其四，拥有纵贯古今的区域交通大枢纽中心地位。

三、文化遗产体系与保护格局

通过对与郑州历史文化名城保护有关的规划分析，可以看出在规划编制过程中对于郑州历史文化遗产及其价值的认识逐步深化，保护意识日渐提高，保护理念慢慢清晰起来，开始取得了拨云见日的效果。

1994 年郑州列为国家历史文化名城。第一次组织编制保护规划时，曾将保护规划分为 3 个层次：第一，市域范围名胜区保护及旅游体系规划；第二，市区范围名城保护规划；第三，市区重点地区名城保护详细规划。显而易见，这与之后国家公布的《历史文化文化名城保护规划规范》确定的保护规划三层次大相径庭，混淆了名城保护和名胜保护两个内容及要求完全不同的概念，把城市规划中的历史文化名城保护专项规划与旅游规划混为一谈，以致在保护理念、保护途径、保护方法上步入认识误区。

2009 年编制《郑州市城市总体规划（2010—2020）》，已经有了《城乡规划法》和《历史文化名城名镇名村保护条例》作为法律法规依据。同时又有《历史文化文化名城保护规划规范》指导，还有国内其他一些历史文化名城编制城市总体规划和保护规划方面值得借鉴的成熟经验。因此新一轮郑州城市总体规划纳入了历史文化名城保护内容，评价“郑州是中华文明发祥地的核心区和华夏民族寻根问祖的圣地，是中国八大古都之一，是拥有3600年建都史的国家历史文化名城，也是具有光荣革命传统的二七名城。”结合郑州保护现状，提出了建立郑州国家级历史文化名城，登封、巩义、新郑省级历史文化名城两级名城保护体系，以及由5个历史文化片区构成的整体保护格局。

随后组织编制《郑州都市区总体规划（2012—2030）》，基本延续了城市总体规划关于历史文化名城保护的思路，所不同的是将总体规划确定的名城保护体系由两级拓展到五级，即“建立郑州国家级历史文化名城和登封、巩义、新郑省级历史文化名城，古荥国家历史文化名镇和巩义康店镇、登封君召乡省级历史文化名镇，历史文化街区，各级文物保护单位，非物质文化遗产所构成五级遗产保护体系。”对于郑州历史文化名城的整体保护格局，完整体现了城市总体规划关于5个历史文化片区的规划方案。

毫无疑问，城市总体规划和都市区总体规划对于郑州历史文化名城保护，进一步拓展了视野，思维和方法具有新意，尤其从文化遗产空间分布的全方位盘点评估，到以系统综合观统领郑州历史文化名城保护，都是很大的突破。不过依据法律法规审视，建立保护体系和保护格局的具体构想仍有商榷之处。

我国文化遗产保护体系分为物质文化遗产和非物质文化遗产两大类，分别以《文物保护法》《非物质文化遗产保护法》和《历史文化名城名镇名村保护条例》加以规范。《文物保护法》又将物质文化遗产分成可移动文物与不可移动文物两类。不可移动文物再分为文物保护单位和历史文化名城、街道和村镇。从不可移动文物的存续状态分析，文物遗存或者位于历史文化名城名镇名村和历史文化街区以内，或者独立于之外，在保护概念内涵及保护范围划分上，既有交叉又有区隔，不宜把它们笼统合为一体，或者截然分开。历史文化街区也有类似情况，一种是在历史文化名城内，另一种是在历史文化名城以外，同样不能一概而论。如今传统村落和民居也已列入文化遗产的保护对象，在历史文化名城保护中需要进行统筹规划实施。《郑州市城市总体规划（2010—2020）》所指名城保护体系仅仅包括了国家和省两级历史文化名城，显然内容存在很大缺失。《郑州都市区总体规划（2012—2030）》概括出五级遗产保护体系，由于未能依据法律法规去解析郑州文化遗产存续的现状特征，因此在一定程度上带来了概念不清，逻辑混乱，使遗产保护体系更像是对文化遗产类别的罗列和堆砌。在建立郑州历史文化名城整体保护格局上，两个规划也都没有按照法律法规和技术规范的要求，根据历史文化名城、历史文化街区、文物保护单位和历史建筑的3个保护层次确定保护方法框架，明确提出划分历史文化名城、历史城区、历史文化街区、文物保护单位、历史建筑保护范围，而是以文化区的概念，按照文化遗产的空间分布，进行片区划分。并且这种片区结构的保护格局与规划所确定的保护内容没有产生必然关联，形成了两张皮。

目前郑州市政府正在重新组织编制名城保护规划。应在《郑州市城市总体规划（2010—2020）》的基础上深化完善。保护体系拟确定为历史文化名城名镇名村和传统村落、郑州大遗址保护群、以中原华夏文明为代表的非物质文化遗产。在这里，对保护体系不特别划分等级，也不单提文物，因历史文化名城名镇名村和传统村落是文化遗产中相互之间关联度很强的一个独立系统，本身层级十分清晰，且已包含国家和省，以及城—镇—村与街区的分等定级，同时还有保护范围内的文物保护单位。之所以单独提出郑州大遗址保护群，是基于这些古遗址在我国文化遗产保护中具有非常特殊的意义，采取一般文物保护单位的表述，尚不足以体现其弥足珍贵的历史价值。至于特别提出以中原华夏文明为代表的非物质文化遗产，是主要考虑既涵盖了郑州域内所有非物质文化遗产的内容，又突出了郑州的历史文化品牌特色，还充分关注到郑州历史文化名城保护与中原经济区规划对华夏历史文明传承创新区的战略定位相衔接。

华夏历史文明传承创新区是中国第一个国家级文化发展战略平台，按照《国务院关于支持河南省加快建设中原经济区的指导意见》的战略定位和总体要求，打破现有行政界限，统筹全省文化资源和各类生产要素，以弘扬中华优秀传统文化为主题，以加快转变经济发展方式为主线，确定了“核心带动”，提升郑州交通枢纽、商务、物流、金融等服务功能，增强引领区域发展的核心带动能力。鉴于郑州在传承弘扬中原文化中具有极其重要的地位和作用，是联结十二大地域文化板块的辐辏和放射中心，因此对其历史文化名城保护体系构成，旗帜鲜明地提出保护以中原华夏文明为代表的非物质文化遗产，有助于培育具有中原特色的历史文化品牌，提升文化软实力，打造文化创新发展区。

重新编制的历史文化名城保护规划，可以按照总体规划关于整体保护格局的架构，并适当加以调整，分别彰显不同保护范围的文化遗产价值和特色。

其一，郑州历史城区和历史地段。重点保护商代城址整体形制，以历史遗存的明清郑州古城（即管城区）和郑州老车站、二七大罢工纪念广场传统格局为主要承载，恢复文庙—城隍庙、书院街 2 处历史文化街区空间肌理与历史风貌，加强对文物保护单位与传统建筑、近代优秀建筑的整治修缮保护。突出古老的商郑文化和近代铁路交通特色。

其二，荥阳古遗址群。以荥阳故城、古荥冶铁遗址、西山遗址、小双桥遗址、大师姑遗址、汉霸二王城、纪信墓、通济桥古运河遗址、邙山头黄河大桥遗址等文物保护单位为依托，诠释河济地域文化内涵，重点突出夏商时期与汉代的城市文明和水陆交通文明。

其三，登封天地之中历史建筑群。以嵩山自然人文地理环境和历史建筑群为重点，以及王城岗遗址、阳城遗址保护，诠释嵩山地域文化内涵，突出体现天地之中古代宇宙观，展示中岳嵩山作为夏商王城故地和历代宗教中心，在传承中国祭祀、礼制、思想、哲学、天文、科学、技术、军事、文学、教育等历史文化方面的重要成就和特殊贡献。

其四，新郑历史文化名城。以保护和展示郑韩故城遗址、韩王陵、裴李岗遗址、唐户遗址、卧佛寺塔、凤台寺塔、始祖山、欧阳修墓和轩辕庙等文物保护单位为重点，突出中华民族的根亲文化和郑韩文化，弘扬中原地区华夏文明。

其五，新密历史城区。以新密古城寨城址、新砦遗址等重大考古发现和始建于隋代的县衙为依托，划定老县城历史文化街区，申报省级历史文化名城，彰显礼制文化特色。

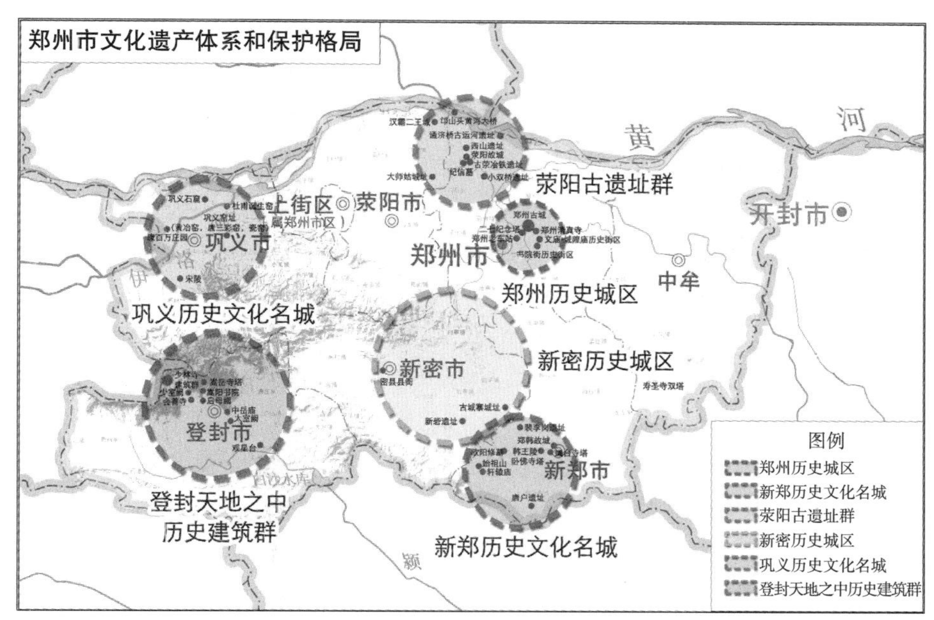

图 9-1 郑州市文化遗产保护体系和保护格局

其六，巩义历史文化名城。以宋陵、黄冶三彩窑址、巩义瓷窑遗址、巩县石窟、杜甫诞生窑和康百万庄园等文物保护单位为重点，保护巩义丘陵台地的名城外部环境和巩义传统村落，突出彰显河洛文化和唐宋文化特征。

四、保护规划框架及其涵盖内容

《郑州历史文化名城保护规划》设定的保护目标应当包括以下方面：一是系统梳理整合历史文化遗产资源，完善历史文化遗产保护框架；二是深入发掘郑州历史文化内涵及历史文脉，评估郑州历史文化名城价值和特色，明确郑州蕴含的特质文化在中华文化中的合理定位，彰显城市文化品牌；三是确立郑州历史文化名城保护与发展的总体思路、基本原则、保护途径与保护方法；四是规划促进郑州文化遗产保护与经济社会发展并举兼得、和谐双赢的有效机制和公共政策；五是为郑州历史文化名城保护与发展的近期实施项目提出规划措施。

关于《郑州历史文化名城保护规划》涵盖的保护内容，《郑州市城市总体规划（2010—2020）》把它们概括为 5 个方面：

第一，保护以大遗址为主的各级文物保护单位。重点保护市域范围内 28 处大遗址。在整体保护的基础上，中心城区建设商城遗址、大河村遗址、西山遗址、小双桥遗址、古荥汉文化遗址、祭伯城遗址、尚岗杨遗址 7 处遗址公园，确定遗址保护范围和建设控制地带，制定遗址公园的详细规划及遗址公园管理条例。

第二，旧城整体空间环境与格局保护。郑州旧城格局保护，包括主要的历史道路格局、城址轮廓、近代以来形成的主要历史街道走向和道路名称（即：明清古城范围内的东大街、西大街、南大街、管城街等主要历史街巷）、各级文物保护单位和历史文化街区，提升旧城区的整体环境质量。

划定书院街历史文化街区、文庙—城隍庙历史文化街区、德化街—大同路历史文化街区，保护城市文脉和历史风貌。

第三，保护优秀近现代历史建筑。做好近现代工业遗产和有价值历史建筑的普查工作，保护历史建筑风格，保持所在地段的环境特色和新旧建筑之间的协调关系。制定保护名录，对列入保护名录的优秀近现代历史建筑参照文物保护单位要求给予保护。

第四，保护古树及城市林荫道。加强保护城区内现存古树及其周围环境，资料建档，统一挂牌，在古树 15 米保护范围内严禁建设，避免危害树木的存活。保护树龄在 30 年以上的城市林荫道，严格限制砍伐树木。

第五，保护非物质文化遗产。包括戏曲、美术、工艺、民俗、地方名品、名牌、名店、历史地名及典故等多种类型，主要有豫剧、豫菜、庙会等。政府部门应组织力量，加强非物质文化遗产的收集、整理、研究和保护利用。

《郑州都市区总体规划（2012—2030）》又将上述保护内容调整为 8 个方面，即历史文化名城、历史文化名镇名村、历史文化街区、文物保护单位、优秀历史建筑、非物质文化遗产、古树名木和大遗址。

但是仔细比对两个规划，发现均对保护以大遗址为主的全国重点文物比较重视，保护思路清晰，保护对象明确，保护措施有力。同时在确定历史文化名城保护内容上共同存在两大缺陷。一是对郑州历史文化名城和历史文化街区保护思路不清，保护内容不一致，缺乏针对性和实践性。二是对郑州在中国近代经济社会发展中的重要作用和文化遗产价值的特殊性认识不够，未能纳入保护内容。两大缺陷直接影响了郑州历史文化名城保护的核心内容不完整。

出现这种情况，与郑州历史文化遗产的存续状态不无相关。在郑州保护以商城大遗址为代表的全国重点文物闻名四方，已然达成共识，故而保护对象相当具体明确。并且除了商城遗址以外，其他古代遗址大都分布在旷野，较少受到现代社会生活的扰动，保护难度相对较小。而以人为主体，承载现代经济社会活动和起居生活的历史文化名城，却始终面对着农耕经济社会遗存下来的古城格局、路网系统、街道尺度和各类建筑物、构筑物等如何保护传承才能适应现代经济社会生活的难题。特别是由于历史原因，导致郑州历史文化名城存续状态差，历史城区基本失去了整体保护的条件。不仅是国家历史文化名城郑州，而且包括省级历史文化名城登封、新郑和巩义的历史城区、历史街区、历史建筑，也都所剩无几，古城传统格局难以分辨，整体历史风貌荡然无存。因此放眼高层建筑林立，现代交通纵横的郑州，历史文化名城到底该保什么、怎么保，保护对象如何识别，保护范围怎样划定，均含混模糊，很不明确。城市总体规划和都市区规划尽管根据编制规范要求分门别类，泛泛罗列出尽可能多的文化遗产，但是又都无法确切界定它们的保护范围和现状特征，甚至言不由衷，把早已不复存在又无法挽回的文化遗产仍旧列为保护内容。例如保护郑州旧城整体空间环境和格局、德化街—大同路历史文化街区、历史名镇整体风貌，以及加快推进登封、新郑和巩义历史文化街区申报等，均与现实条件不符，从而使规划停留在理论上的悬浮状态，缺乏可行性，最终变成应景之作。

有鉴于此，建议按照《历史文化名城名镇名村保护规划编制要求（试行）》的规定，从郑州的实际情况出发，根据历史文化名城、历史文化街区、文物保护单位和历史建筑的3个保护层次确定保护方法框架。要合理划定历史城区范围，确定具体保护内容；重新划定文庙—城隍庙历史文化街区、书院街历史文化街区的保护范围，采取相应保护整治措施，修复传统街巷空间肌理，恢复街区传统建筑风貌。对于德化街—大同路，将不再作为历史文化街区保护。二七纪念塔和纪念广场的保护内容，由单一纪念京汉铁路“二七”大罢工的重大事件，拓展包含郑州近代铁路交通形成发展史的内容。考虑市域内的登封、新郑、巩义省级历史文化名城现状，整体保护传统格局和历史风貌已无可能，应当本着“尊重历史，面对现实，系统保护，突出特色”的原则，确定具体保护对象、保护要求。并分别编制历史文化名城保护规划。对于历史文化名镇、名村和传统村落，也应坚持实事求是，认真研判，尚具备条件的村镇要编制相应的保护规划和保护发展规划，已经不再具备条件的村镇，保护规划也要明确提出变更意见。

此外，加强郑州近代工业交通遗产发掘，将其纳入历史文化名城保护内容。通过对郑州历史文脉的梳理和研究，可以清楚地发现，在郑州城市变迁史上曾经出现过两次熠熠生辉的闪光点。这两次都对推动中国社会进步产生过极其深远的影响。概而言之，第一次闪光点是在夏末商初，对创生古代华夏文明，起到了中流砥柱作用；第二次闪光点是在清末民初，为迎来中国近代工业交通文明，做出了不可磨灭的划时代贡献。这两次闪光点恰恰是郑州两次崛起的动力源，也是郑州历史文化名城最具特色的光鲜亮丽标志。

纵观历史，郑州在周代殷商之后，或者追溯到更早的晚商时期，就已经开始在中原版图上被边缘化，不再是王者都城，远离了政治中心，甚至还远离了区域中心。郑州古城跌宕起伏的命运演变开始和区位交通兴衰紧紧维系在一起。

在中国实行郡县制的两千年建制沿革中，郑州的行政层级长期处于县治及以下，鲜为人知。反而是紧邻郑州、地处黄河之滨的古荥阳历久不衰，概因凭借黄河古渡及洛汴古驿道，占据了水陆交通区位的优势。期间隋唐大运河开凿贯通，将郑州的州治迁到管城故地。自此郑州才因交通而再度兴起，绵延宋、元、明、清四代，初步形成了区域交通枢纽的架构。清末民初经行郑州的平汉与陇海两条十字交汇的铁路相继建成，黄河大桥选在古荥阳黄河古渡附近的邙山头落成，奠定了郑州在全国铁路公路交通枢纽中心的基础。随着近现代交通出现，古运河漕运渐渐衰落下来，历史上古荥阳的重要交通地位也终于被郑州取代。迄今清末建成的郑州黄河大桥遗址还在，郑州历史城区内仍旧保存着一些平汉铁路、陇海铁路的路段、站场设施和郑州火车站。沿着铁路线还零星保留着仓储、工业厂房以及铁路专用线。包括历史城区诸多近现代优秀历史建筑，都是郑州在近代工业交通文明发展中的实物佐证，应当纳入《郑州历史文化名城保护规划》的保护内容。

关于郑州历史文化名城的保护重点，在《郑州市城市总体规划（2010—2020）》中提出了中心城区 6 处（7 项）全国重点文物保护单位和 23 处省级文物保护单位以及嵩山历史建筑群，确实非常必要。其中 7 项全国重点文物保护单位为郑州商代遗址、大河村遗址、西山遗址、小双桥遗址、荥阳故城和古荥冶铁遗址、“二七”大罢工纪念塔和纪念堂、嵩山历史建筑群。它们无疑代表了郑州历史文化名城的价值和特色。然而，这些文物毕竟都是一个个单独存续的文化遗产，并未体现出整体保护“城”和历史街区的原则要求，也未体现出城市总体规划确定的指导思想，即“坚持郑州历史文化名城整体保护思想，明确保护重点，突出地域特色，建立完整的历史文化名城保护体系。”为此需要按照这一指导思想，进一步补充完善如下重点保护内容。

一是保护与郑州历史文化名城相互依存的自然人文环境。郑州的变迁离不开自然禀赋和文明创造的环境要素。包括中岳嵩山、荥阳广武山、黄河、古运河等山形水势；黄河古渡、惠济桥、洛汴古驿道、轘辕古驿道、黄河大桥遗址、平汉铁路和陇海铁路，以及夏商时期的古城遗址群、汉代荥阳古城址等，彰显古代郑州城邑体系和近代交通枢纽架构的环境特征。

二是保护郑州历史城区、历史文化街区和历史地段。郑州作为国家历史文化名城，“城”将安在？这是困惑古城保护重点的一大突出问题。目前从整体城市风貌与城市意象特征给人的观感，很难辨识界定历史城区的位置和范围。商代城址固然为郑州历史文化名城的主要地位依托，但郑州悠长的历史文脉也绝非商代都城一处遗址所能替代。只有划定历史城区范围和历史文化街区，才有可能整体保护城区传统格局和街区历史风貌。根据文献记载，与现存古建筑联系紧密的历史城区是明清郑州州治所在，即今管城区范围。文庙、城隍庙、清真寺，以及东大街、西大街、南大街、管城街等主要历史街巷等，尚可标识出古城传统格局的空间形态，连同历史建筑、近现代优秀建筑、工业交通遗产、古树名木等历史环境要素，以及反映重大历史事件的标志性建筑、街道、构筑物，共同构成了历史城区的主体，应当一并纳入郑州历史文化名城的保护重点。

商城遗址内南部保护范围与管城区重合，应当按照历史城区的保护要求进行保护整治。北部保护范围属于遗址宫殿区保护范围，在商代以后由于未包括在县治和州治的城池以内，没有特别需要保护的传统格局和历史风貌，也不具备整体保护的现实条件，可划定为历史地段进行重点保护。

二七纪念塔和纪念广场所在历史地段虽然位于古城区外，但是在 1927 年编制的《郑埠设计图》，即近代以来郑州市第一次编制的城市规划中，被确定商埠区中心，路网引进西方规划理念，以中心区放射形道路作为道路系统的主干道，次干道则采用传统方格网式布局连接主干道。按照这一规划实施，形成了人民路、西大街、二七路、正兴路、建设东路在二七纪念广场五路交会现状，保持了早期商埠区规划特征，体现了古代与近代规划理念的融合，也是郑州城市发展历史阶段的重要轨迹印痕，应当划定为历史地段。

三是保护郑州历史传承的非物质文化遗产。要按照《郑州市城市总体规划（2010—2020）》的要求，由市区政府组织专门力量，加强非物质文化遗产的收集、整理、研究和保护利用，对以豫剧为代表的多种河南戏曲，以及反映豫中地区的美术、工艺、民俗、庙会、豫菜、名品、名牌、名店、历史地名、典故等类型的非物质文化遗产规划研究和传承场所，采取有效措施保护。除此以外，还应发掘启用具有标识作用的历史街巷名称。鉴于管城区是回族比较集中的传统聚居地，可以通过建筑、装饰、艺术馆、小吃街等方式，展现和传承融于中原文明的伊斯兰文化。

郑州历史文化名城保护框架应将市域内所有文化遗产均纳入保护范围。其中重点包括郑州历史城区保护范围、荥阳古遗址群划定保护范围、登封历史文化名城和历史建筑群保护范围、新郑历史文化名城保护范围、新密历史城区保护范围、巩义历史文化名城保护范围。

历史文化名城、名镇、名村和历史文化街区、历史建筑、传统村落保护范围，以及文物保护单位、文物保护点的保护范围，均以各级人民政府的批复为准。

保护范围应当包括两个层次，即核心保护区和建设控制地带。重新编制《郑州历史文化名城保护规划》，应对原来划定的保护范围分别审视研究，划定合理的保留，不合理的调整，对原来已划定的文物保护单位的保护范围，如确有不妥，应在保护规划中提出修改建议，并与文物保护规划相衔接。

第四节　规划战略目标的设定与分步实施阶段

一、战略目标设定

2010 年 3 月，在国务院批复的《郑州城市总体规划（2010—2020）》中，确定郑州的城市性质为："河南省省会，我国中部地区重要的中心城市，国家重要的综合交通、通讯枢纽，国家历史文化名城。"又对郑州未来的城市职能加以区分，包括 3 个方面：具有国家战略意义，必须优先保障和完善的城市职能；具有带动区域发展的重要意义，需要积极促进和发展的城市职能；有一定基础和比较优势，需要大力培育的城市职能。

显然，由于郑州城市区位的特殊性，在郑州的城市性质和职能中，历史文化名城居于次要地位。然而历史文化名城又是国家战略定位和自身城市地位不可缺少的组成部分，因此，郑州历史文化名城保护对于郑州的城市规划和城市发展具有重要意义。根据《中原经济区规划（2012—2020 年）》和《河南省参与建设丝绸之路经济带和 21 世纪海上丝绸之路的实施方案》对中原经济区和郑州城市的战略定位以及《郑州都市区总体规划（2012—2030）》对城市文化旅游发展的引导，结合城市的历史基础研究、价值特色分析以及名城保护工作等内容，拟将郑州历史文化名城保护与发展的战略目标设定为："以新时期国家战略建设为契机，秉持正确的保护理念，整合市域遗产资源，架构一核两区多元的文化体系，传承创新华夏历史文明，建设现代化国际商都、国际航空港和世界历史文化旅游名城"。

郑州历史文化名城保护与发展战略目标是在相关战略定位基础上，对区域地位和城市性质进行了提炼，展现了郑州历史文化名城的主要特色和未来前景。

1. 设定原则

战略目标定位，就是在城市性质定性的基础上，根据城市内在特征和具体现状，对历史文化名城保护与发展的目标进行合理设定，而非对整个城市经济社会发展的目标设定。一般来说，历史文化名城保护与发展的目标从属于整个城市经济社会发展的目标。设定战略目标需要尊重5条原则，一是目标明确，二是个性突出，三是整体和谐，四是适度可求，五是表述简洁。

（1）目标明确。城市定位是一个功利性、目的性很强的工作。对于历史文化名城保护与发展来讲，既是目标和方向，又是基础和支撑点，它一方面要体现在完整的层次性上，同时还要体现在一定的阶段性上。但是历史文化名城是一个不断发展的空间系统，国民经济发展的宏观背景不同，历史文化名城的战略目标设定也有所侧重。由于战略目标设定反映的是历史文化名城的本质属性，因此也应相对稳定。同时明确的城市定位目标并不意味着只可以定位在一个目标上，目标定位也可以是二维、三维或者多维的，也可有主体定位和分项定位（如产业定位、特色定位、品质定位等）。

（2）个性突出。当今社会最具发展潜力的是城市，是具有独特个性魅力的城市，而只有个性突出的城市，才是最有发展前途的城市。城市个性突出主要有两方面的含义和要求：一是要挖掘展现一个城市丰厚的文化底蕴和内涵；二是要正视并积极参与城市在区域中的分工，突显其比较优势。城市定位就是要在挖掘、培育和突显这种比较优势的基础上，充分利用其独特的优势，确定其独特的个性特色，并避免远离城市性质和功能的种种偏差。

（3）整体和谐。历史文化名城是一个复杂的系统结构，而整体和谐是保证这个系统高效运转和持续发展的条件和动力，是促进历史文化名城保护与发展的必要保证和途径。但是整体和谐要以目标明确、个性突出为前提，并实现3个统一：从文脉上讲，要实现历史、现实和未来的统一；从要素上讲，要实现资源、产业和配置的统一；从作用上讲，要实现性质、功能和区域的统一。

（4）适度可求。历史文化名城保护与发展战略目标的设定不仅是一个质的定位，也是一个量的把握，标准有多高，规模有多大，速度有多快，都要掌握一个度。如处理不好，就会使战略目标或变成“空中楼阁”可望而不可即；或变成“陈列摆设”，缺乏指导实践的作用。因此应本着“积极进取，科学论证，实际可求，持续升级”的精神来把握。

（5）表述简洁。设定历史文化名城保护与发展战略目标不是终极目的。战略目标的设定在于凝聚人心、凝聚财力物力和一切可调动的积极因素，围绕明确的工作要点，指明共同努力的方向。因此，在文字表述上一定要简洁明快，要有亮点，有新意，并且有一定的号召力，切忌使用官话、套话、假话，泛泛而谈，不得要领，也不可抱有从众心理，人云亦云，罗列一堆“放之四海而皆准”的精辟之论，却抛弃了历史文化名城特有的文化魅力和动力要素。

2. 目标释要

设定郑州历史文化名城保护与发展战略目标，前提是对文化遗产资源的有效保护，以此为本，充分发挥遗产资源优势和历史文化名城效应，提升郑州文化品位及区域中心的地位，促进经济社会发展。战略目标包含 5 个层面：

（1）秉持正确的保护理念

历史文化名城保护要秉持正确的保护理念，坚持正确的方向，重在保护其历史文化价值，防止建设性破坏和过度商业化的问题。要把文化遗产保护和经济社会发展统一起来，处理好郑州历史文化名城保护与发展的辩证关系，促进文化遗产保护和经济社会发展并举兼得。要摒弃名城保护就是旅游开发的错误理念，重视名城文化价值和意义内涵的发掘，在坚持文化遗产原真性、整体性的基础上，合理地进行文化遗产旅游开发，提升郑州文化产业发展水平。要将正确的保护理念贯穿于各个环节，以对历史和子孙后代高度负责的精神，共同谋划好郑州历史文化名城保护工作。

（2）整合市域遗产资源

适应我国经济新常态，把握经济社会转型发展契机，通过对郑州市域范围内文化遗产资源的深入发掘和系统梳理，着力整合资源优势，彰显历史名城特色。统筹谋划郑州历史文化名城名镇名村和传统村落保护，从其缤纷繁杂的多样性历史文化形态中抽丝剥茧，厘清主导郑州历史变迁发展的文化脉络，并对郑州历史文化价值、特色、保护现状进行评估。提出市域范围内文化遗产资源需要保护的内容和要求，明确历史城区核心保护范围内的保护对象、保护内容、保护原则和保护措施，以及传承和展示的方式，探索郑州历史文化名城在经济社会全面转型发展中，进一步加强文化遗产保护与合理利用，提升城市区域职能及核心竞争力的途径。

（3）架构一核两区多元的文化体系

郑州历史文化名城由明清郑州古城发展而来并在民国时期向外扩展，形成如今的涵盖范围，城市经历了一个起伏巨大的发展演变过程。随着这一地域内城市的兴盛和衰落，在不同历史时期创生了各具鲜明特色的多样性文化。郑州地区的文化体系具有一核、两区、多元的文化体系特征，以商——郑历史文化为核心，嵩山文化区与河济文化区为两大区域，将郑州地区的文化的多元性彰显出来。在对市域文化遗产资源整合中，按照历史文化脉络逐一梳理研究，发掘文化内涵的属性所在，辨析这些文化之间在历史上、地理上的联系，寻找郑州具有历史特征和地理特征的文化基因。通过分类保护整治和多元利用方式，在弘扬商——郑文化的思想价值和精神品格的同时，突出两大文化区的文化要素特征。

（4）传承创新华夏历史文明

郑州作为中原经济区的中心城市，传承创新华夏历史文明既理所应当，也是必然选择。通过对郑州历史文化名城价值与地位及其文化特色的挖掘分析，发现郑州在华夏文明起源发展演变过程中居于重要地位，在中原文化中又是孕育区域文化的腹地中心。农耕文明的发轫，华夏文明的成熟，城市文明的诞生都与郑州地区有着莫大的关系，黄帝典故这个重要的人物传说、天地之中饱含的哲学思想和物资人文交流形成的交通枢纽等体现了华夏历史文明传承创新的核心要素。作为中原文化的重要组成部分，先秦时期形成的商文化和郑文化一直传承至今，并通过商人、郑人的身份和文化认同产生了高度的文化自觉，在弘扬中原大文化中极具代表性。

（5）建设现代化国际商都、国际航空港和世界历史文化旅游名城

建设现代化国际商都是新时期国家“一带一路”战略下，郑州依托区位优势实现城市发展迈上新台阶的重要发展目标，其支撑内容不仅有铁路枢纽和正在加强建设的国际航空港等基础硬件设施和幅员广阔的中原腹地作为物质生产流通基地，更具有与商都、商人、商业、商路相匹配的“商”元素作为城市文化软实力提升的构成要素。以中原地区的中心城市为区位基础，充分发挥郑州历史文化名城在中原地区的比较优势，提速和延伸亚欧大陆通道，连通陆上丝绸之路经济带和 21 世纪海上丝绸之路，加快郑州国际航空港建设，进一步提升对外开放水平。在切实保护和整治好历史文化遗产的前提下，以商—郑文化为郑州历史文化名城的品牌特色，围绕一核两区多元的文化体系特征，加强文化产业建设，升级发展文化旅游，建设世界历史文化旅游名城。

二、分步实施阶段

为了实现郑州三大战略目标需要有步骤、分阶段地进行历史文化名城的保护、文化的发扬传承及旅游设施建设，同时在实现战略目标过程中需要坚定不移的决心及若干年坚持不懈的努力。结合郑州实施时期国民经济和社会发展规划以及城市总体规划，设定目标大体可分 3 个实施阶段。

第一阶段为起步阶段。主要是明确思路、加快发掘、整体控制，在不断增强文化遗产保护意识的基础上,达成共识。保护思路应对主脉文化重点研究发掘，一方面抓紧对郑文化及商文化形态表征和内在价值的发掘和整理，另一方面对能够体现郑文化及商文化的文化遗产以及对该文化遗产有着关键性影响的区域先行保护，并研究其保护利用策略。

对郑州历史城区（明清古城区）进行保护整治，突出城垣古城的形态及与城楼、街道的空间依存关系。标识出明清时期繁盛的古街道，复建重要的空间节点及历史建筑，强化文庙、子产祠、天中书院等历史建筑的文化内涵，进一步提升郑州历史文化名城的文化品位。保护商代城址区，修复商城城垣并建立保护绿带、遗址公园，拟建商都博物馆，保护大遗址片区、窖藏坑遗址等历史

遗迹，在商代城址区中突出商文化特色，彰显商文化符号。挖掘传承商埠区文化特色，改造整修商埠区历史街道风貌，突出其历史文化主题，繁荣业态，提升旅游商业价值。

合理界定保护范围和建设控制地带。随着郑州城市快速发展，现代建筑比比皆是，在历史城区占据了绝大部分，致使历史城区基本失去了清末民初的历史风貌。因此严格控制郑州历史城区（明清古城区）的传统路网格局和书院街历史文化街区及文庙—城隍庙历史文化街区的整体历史风貌至关重要。要结合重点文物保护，对文物环境、历史街区建筑进行分类保护整治与更新利用。对核心保护范围内严重影响传统格局或历史风貌的单位应予搬迁和用地置换，坚决拆除与历史风貌严重冲突的各类建筑。针对保护不力急需修缮的文物保护单位、历史建筑以及传统风貌建筑采取抢救性保护措施。要遵循历史文化名城保护原则，在不对传统风貌建筑造成破坏性拆迁改造的前提下，改善不能满足现代生活需要的基础设施。

第二阶段为拓展阶段。主要是全面整治、系统联动、渐进更新，双赢兼得。在第一阶段取得初步成果的基础上，对郑州的古城环境和基础设施全面保护、整治和治理，完善道路交通及消防体系。进一步提升商城遗址、历史城区、历史街区等保护展示品质。加大完善历史文化名镇名村保护管理及力度。以相关历史遗迹为节点串联形成商文化、郑文化、嵩山文化、河济文化等文化主题旅游线路。

第二阶段与第一阶段衔接密切，在规划上要与城市总体规划以及历史文化名城保护规划建立近期和远期相互之间的联动。对郑州市域范围内的历史文化遗产按照一核两区多元文化体系，确定主体和各元的重点保护内容，加强保护修缮，并对其周围环境进行整治。筹划具有特色典型的旅游景点和线路，完善文化旅游配套服务设施，基本形成豫陕冀鄂鲁四省交汇区域旅游中心的大格局，弘扬具有“天地之中”特点的中原大文化。对郑州历史文化名城市域历史文化遗产的保护整治和展示利用，在贯穿商——郑文化核心的同时，不仅要重视发掘利用古代不同历史时期的文化遗存，而且尤其要重视近代革命时期二七精神的传承和弘扬。

第三阶段为提升阶段。主要是完善机制、规范管理、提升质量、加快发展。要对历史文化街区按照历史原貌开展深度保护整治工作，结合传统的街区文化进行创新展示及经营，把历史街区办成具有历史主题的特色街区，要做到保护范围内外功能分区明确，建筑历史风貌完整，居住环境质量显著改善，再现传统礼制和地方历史氛围，恢复明清时期的市井老街魅力，使之成为郑州古城游最具民俗特色的好去处。利用古代传统方式和现代科技手段，在名城郑州营造出浓郁的商郑文化氛围，预期经过 5 年左右的保护整治和更新利用，使郑州历史城区（明清古城区）的格局形态得以向世人展示。对于市域内其他重要文化遗产分别依据文物保护法和历史名城保护条例的规定，实施常态化保护管理。整合市域内历史文化遗址旅游资源，完善各主题旅游线路，将其发展为成熟的旅游体系，进行规范化运营，形成保护与旅游开发和谐共生的局面。这一阶段在历史文化名城保护与发展的基础上进一步总结经验，不断创新思路，理顺关系，完善管理机制，加快郑州历史文化名城社会经济的发展。

TEN CHAPTER

第十章

郑州历史文化名城重点保护内容整治建议

第一节　历史城区和历史文化街区

一、历史城区范围界定

合理界定郑州历史城区，关系到建构名城保护体系的核心，是牵动郑州历史文化名城整体保护的前提和基础。对于郑州是否存在历史城区和如何划定历史城区的问题，有一个认识过程。自郑州国务院公布为国家历史文化名城以来，或因当初整座古城的传统格局和历史风貌整体条件较差，加之思想认识不够清晰，缺乏保护历史城区的意识，因此始终未能明确提出历史城区的概念，也没有界定历史城区的四至范围，而是在不同时期先后提出过中心区、中心城区和主城区等概念。

例如 1994 年编制的《郑州历史文化名城保护规划》，把整个商城历史文化名胜保护区和二七历史文化保护区，同时联系二七广场、郑州站前两大商业区确定为城市中心区的范围，并未涉及历史城区。又如《郑州市城市总体规划（2010—2020）》提出了中心城区的概念，对整个城市的空间结构布局规划为“一心两轴一带多区”，并将中心城区作为“一心”，范围包括郑州国家高新技术产业开发区、国家郑州经济技术开发区、河南出口加工区等产业集聚区，进而又将中心城区的空间布局结构规划为“两轴八片多中心”。在八片区的功能定位中，再将其中的老城区功能确定为“省、市政治、文化中心，传统商业服务中心，中心城区主要的生活居住空间，历史文化名城保护的核心区。”涉及历史文化名城保护内容的老城更新，唯一提到的是“加大商代遗址等历史文化遗产保护力度”。在历史文化名城保护一章，对“郑州商都历史文化片区”作了如下表述：“以郑州商代遗址、郑州二七大罢工纪念塔和纪念堂等文物保护单位和书院街、文庙—城隍庙、德化街—大同路三处历史文化街区为依托，突出商文化和二七文化。”仍然没有涉及郑州历史城区的概念和范围。再如《郑州都市区总体规划（2012—2030）》对于都市区的空间结构又提出了主城区的概念，指出范围包括绕城高速、京港澳高速和黄河卫河区域，与总体规划所说中心城区范围相比大体相当，仅仅减少了南部片区。但对主城区建设指引并未涉及历史文化名城保护内容。

应当指出，中心区、中心城区和主城区均属具有综合功能的城市用地区划，对于城市空间结构的规划布局和指导城市建设发展十分必要。然而这类用地区划旨在体现城市综合职能中的主次轻重之分，并不反映城市用地的特殊文化属性，尤其不能表明城市用地拥有历史文化遗存的集聚程度，对于历史文化名城的核心保护范围缺乏明确的界定和针对性。总体规划所说中心城区内的老城区既是“省、市政治、文化中心，传统商业服务中心，中心城区主要的生活居住空间”，又是“历史文化名城保护的核心区”值得斟酌。根据现行法律法规和技术规范的规定，历史文化名城保护范围由两个圈层部分构成，内核部分为核心保护区,包裹内核的外围是建设控制地带。显然整个老城区作为核心保护区不妥，历史上的郑州城区从来没有跨越铁路以西地区，而总体规划将铁路以下一部分也划入老城区，规划用地面积高达 400 平方公里，相当于商城遗址总面积 25 平方公里的 16 倍，不仅没有历史依据，而且缺乏科学依据。核心区划得过大不切实际，不利于保护管理。同时，核心区概念与核心保护区概念极易混淆。因此只有尊重历史，面对现实，根据法律法规和技术规范，划定历史城区、历史地段和历史文化街区，法律法规才能有明确的适用对象和适用范围。

历史城区概念则是国际社会普遍达成的一个共识。1987 年世界遗产委员会所属国际古遗址理事会在美国华盛顿召开会议，通过了《保护历史城镇与城区宪章》，专门就历史城区保护作出了规定。该文献又称《华盛顿宪章》。如今历史城区概念已被世界各国广泛采用。实际上历史城区的说法在我国早已耳熟能详。为了指导名城保护规划,《历史文化名城保护规划规范》单列术语一章，其中 2.0.2 条解释历史城区涵盖了古城区和旧城区，特指历史范围清楚、格局和风貌保存较为完整的需要保护控制的地区。2.0.2 条解释，历史地段是指“保留遗存较为丰富，能够比较完整、真实地反映一定历史时期传统风貌或民族、地方特色，存有较多文物古迹、近现代史迹和历史建筑，并具有一定规模的地区。”《历史文化名城名镇名村保护规划编制要求（试行）》第二十六条规定了历史文化名城保护规划应当包括的内容,第（六）项也明确要求:“划定历史城区的界限，提出保护名城传统格局、历史风貌、空间尺度及其相互依存的地形地貌、河湖水系等自然景观和环境的保护措施”。综上所述，建构郑州历史文化名城保护体系，确定历史遗存比较完整的保护控制区，界定历史城区和历史地段的范围必不可少。

本书研究中了解到，即使相关规划没有明确划定郑州历史城区界限，通常情况下人们也还是以商城遗址的四周城墙为界，把城墙以内和二七纪念广场一带当作历史城区。按照历史分析，对城市空间进行这样划分确实有其合理性，但也有值得推敲斟酌之处，于是形成了如下见解。

分析认为，按照郑州城市的形成时代和空间格局，在商城遗址整体框架下，郑州历史城市区域由两个层次三个部分构成。两个层次分别为古代城市区和近代城市区，古代城市区分为两个部分，一是商城遗址宫殿区，即商代城址的北部，包括宫殿区及周边区域，主要体现了奴隶制时代的王都宫殿特征；二是明清古城区，即以明清郑州城（管城）城垣环绕围合的建设用地为主体，集中蕴含了郑文化及封建礼制文化，体现了古代郑州的城市变迁发展。明清古城区坐落在商代城址的南部，是在商代古城的基础上发展而来。近代城市区为民国商埠区，即明清古城原西城墙外的二七纪念塔、二七广场和郑州站区域，承载着以近代工业交通文明为标志的历史文化。这种界定与前述约定俗成的认识看似大同小异，其实内涵有很大区别。

首先，需要确定最能体现郑州古城传统格局、历史风貌、空间尺度及其相互依存环境的历史时期究竟是在商代，还是在明清时期和清末民初。目前较为通行的认识是历史城区主要为元明清以来古代城市建设和近代城市发展过程中形成的具有一定风貌格局的城市区域概貌，内部街道肌理和道路网络能够反映时代特征。郑州的商代都城建造距今已有3600年，属于我国史前奴隶制社会的早期城市。商城的基本功能分区在城内有所显现，城内依稀可辨宫殿区、奴隶主居住区、平民居住区和农业生产用地布局，以及城外手工作坊区。但是由于筑城年代过于邈远，地面以上仅存部分断断续续的夯土城垣，已无从考证商代都城的路网格局形式和各类建筑的位置关系，更反映不了我国封建社会古城的起居生活载体及其形态特征。鉴于郑州被公布为中国历史文化名城所凭借的历史地位，商代城址应当纳入历史城区范围，但是需要强调的是处于奴隶制时代的商代都城已成为遗址，所展示的内容主要为城垣遗址和宫殿区遗址，不存在历史风貌、空间尺度关系等内容，这与封建时代的城市有很大区别，不应当保守陈规地紧抠历史城区的概念，而是要采取积极有效的保护措施进行保护，这是认知郑州历史文化名城的着眼点和出发点。

其次，需要寻找郑州历史城区与现代社会生活有机衔接的契合点。纵观郑州古城建制沿革和城池变迁的历史可知，郑州在晚商时已经失去了都城地位。西周平定管、蔡之乱，灭掉管国以后，古城便不再具备政治经济中心职能。直到隋代置管城县，唐代起郑州（时为散州）的州治移至管城，州县并置。清代一度升为直隶州，民国又改称郑县，行政建制可谓变更频仍。然而其城址和古城规模自汉代以来基本没有大的变化，一直为今明清古城的范围。根据地方志记载，对照实物遗存，明清至民国的古城格局代代延续，部分地面以上标志性建筑留存至今，当代郑州城市核心区的主要道路即是在传统路网上发展起来。显而易见遵循历史城市保护、更新、发展的规律，应当以明清时期以来的郑州古城作为历史城区主体。单独以商城遗址全覆盖的范围界定为历史城区，并不现实，很难找到商城格局与现代社会生活的契合点。应当在商代城址的基础上，结合郑州历史城市发展脉络，划定明清古城区为历史城区，并且它包括了商代城址的南部，加强对这部分历史城市区域的保护并不弱化商代遗址的保护，二者相辅相成，那么将商城遗址的北部即商城宫殿区划为历史地段是较为合理的。

另外，划定民国商埠区为历史地段，以体现郑州近代以来的城市发展特征。这里特别需要说明的是，没有单独把商城遗址全覆盖范围作为历史城区，绝不意味着弱化商城遗址保护，而是灵活地考虑历史城区的现实条件和保护条件，兼顾郑州在不同时代的发展特征。

综合多种要素，合理划定郑州历史城区界限，对历史时期的城市进行分类保护，确定汉代至民国尤其是明清以来形成的明清古城区为历史城区，另外划定商城遗址宫殿区和民国商埠区为历史地段。

历史城区、历史地段范围的划定依据。《郑州市城市总体规划（2010—2020）》确定的老城区范围过大，包括陇海铁路以西建设用地。实际上铁路以西历史遗存很少，已经不具备保护条件。因此建议将商城遗址内相对完整的明清古城区（含商城遗址南部）划定为历史城区。结合历史遗存的传统格局和风貌现状，将城垣轮廓边线、街道、建筑作为保护范围的界限；根据历史城区和历史地段的属性来界定保护要求和保护方式，兼顾商城遗址保护要求，体现近代城市的新特征和新面貌；顾及规划管理的现实可操作性、满足实施保护措施的有效性，与现有的商代遗址保护规划相协调。

1. 历史城区

明清古城区：范围面积约 190 公顷，具体范围划定为，东北、东面、南面、西南分别至商代遗址城墙，其他分别至管城后街、硝滩街、清真寺街、西顺城街。

以汉唐时期逐步发展并在元明清时期不断建设形成的明清古城作为历史城区保护的主体部分。在绝大多数历史时期，这座古老的城池都是郑州经济社会活动和起居生活的集聚中心，荟萃着郑州的古老文明。通过对郑州古城历史演变的轨迹分析，可以清晰地看出，郑州古城最初为商代都城，后为管国、管邑、管城、管城县、郑州。现存城池格局据明嘉靖《郑州志》记载始建于唐代，唐代筑城墙、设城门，历代多有重修，明清时期的郑州城仍延续唐代旧制。因此，明清古城坐落于先秦时期古城遗址上，经过漫长时期的缓慢发展，是从唐代至清代不断建设而形成，也是我国封建时代地方州县城池中的历史脉络较为完整稳定的一座古城。由于历史时期的天灾人祸，郑州古城频繁受到冲击、屡被损毁，古城内的各类建筑、街巷道路主要在明清时期逐步建设形成。在民国时期，铁路运输、拆除城砖、城市规划等多方面因素改变了老城的格局风貌。

明清古城区东、南、东北、西南地面以上尚存有相对完整的城墙，而其北、西两面大部分地段的城墙已经完全不见，尤其北城墙基本上处于住宅建筑和商业建筑的占压下，城墙走势已不清晰。西北角被人民路斜向相交切断，尚残存一小段城墙遗址。就老城内街道而言，东大街、西大街、南大街走向依然明晰，却由于路网改造对道路有所扩宽，改变了传统的街道空间尺度。北大街则因紫荆山路南北穿城而过，且由于北城墙和城门的湮没，街道已被截断。老城内的建筑整体历史风貌保存状况差，问题最为突出。县衙署建筑早毁，现为管城区人民政府所在地，多层办公楼三面围合，中间开阔地块辟为机关的停车场。位于老城东北的城隍庙一组古建筑和文庙保存相当完好，只是建筑面积相比明清旧制有所缩小。在民国时期，古城区建有学校、医院、法院、报社等机构。1994 年版《郑州历史文化名城保护规划》明确规定了商城保护区的建筑高度控制，要求重点保护范围建筑高度为 6 米，一般保护范围建筑高度在 18 米。现如今，老城内已有多处突破了保护规划的控制上限、竞相建起高层建筑，楼座最高达到 20 层以上，主要集中在古城区西北部。老城整体人口密度较大，公共服务设施较为落后，亟需疏解人口压力。

图 10–1　郑州历史城区、历史地段范围示意图

2. 历史地段

商城遗址宫殿区：范围面积约 190 公顷，具体范围划定为，北至金水路，

南至管城后街、硝滩街，西至杜岭街、北顺城街，东至城东路。

民国商埠区：范围面积约 147 公顷，具体范围划定为，东至城墙遗址西顺城街，西至铁路线，北以东太康路、五彩路、二道街为界，南依菜市街、南乾元街、东三马路、西三马路。

历史地段的划定主要兼顾历史和现实。保护商城遗址是郑州历史文化名城保护的必然要求和价值所在，舍弃商城遗址的保护等于降低了郑州历史文化名城的格调，乃至失去历史文化名城的招牌。但是由于商城遗址没有历史城区概念中的古城格局、历史风貌等重要特征，因此以遗址的形式对商城进行保护，对城垣、宫殿区、祭祀区、墓葬区等进行节点保护和展示。由于在商城遗址基础上形成的明清古城（即已划定的历史城区）只占据了商城遗址的南部，其北部区域的宫殿区将作为历史地段进行保护。以民国时期铁路车站开通、城砖拆除和道路扩充后形成的旧城区与铁路线之间的地带为历史地段。正因为随着近代铁路交通建设，以及工商业发展和工人运动的兴起，进一步为具有古老商文化深厚底蕴的郑州城市发展注入了新的活力和动力，成为这座城市最具特色的亮点。

图 10-2　郑州历史城区、历史地段整体格局示意图

郑州历史地段整体传统格局的现状不甚完整。商代宫殿区几乎均埋于地下为建筑所占压，宫殿区主要为黄河水利委员会等大型建筑所占据，恢复难度较大。民国商埠区整体格局为民国时期城市道路规划所形成，东面与老城西城墙相接，西至郑州火车站铁路沿线。外城在民国时期为商埠区，有电力、运输、打包等行业以及西式医院、天主教堂等，德化街、大同路、福寿路是较为著名的商业街区，但是由于抗战时期遭到战争破坏，新中国成立以来特别是改革开放后 30 多年，迅速掀起的城市建设，使整体历史风貌大为改观。其中德化街空间尺度和建筑风貌破坏尤为严重。原本百年德化大楼、亚细亚商场以及老蔡记馄饨馆、三得利金店、精华眼镜店等老字号商店均为近代兴起的郑州商业繁荣见证，现在全部被新型材质建起的不协调建筑所替代。二七纪念广场紧邻德化街，二七塔为纪念二七大罢工所修建，彰显了郑州发生的近代中国工人运动的辉煌历史，也是郑州重要的城市标志建筑。遗憾的是如今外城商埠区也都被大量高层建筑覆盖，德化街等历史街区由于改造为现代风格的商业步行街，仅存的传统风貌变得荡然无存。

二、历史城区保护整治

鉴于目前郑州历史城区的传统格局残缺不全的状况，为了重新整肃古城形象，增强古城意象的观感度和审美效果，极大程度地提升文化品位，保护工作除采取保护整治措施外，应当通过特殊必要的拯救手段亡羊补牢，适当安排一些对于传承郑州历史信息具有提示和标识性的保护整治项目，藉以彰显古传统格局特征和历史文化内涵，修补重现历史文化街区和历史地段的空间肌理、建筑风貌。

图 10–3　埃及城市文化元素展示

借鉴埃及、土耳其等国外成功方法。如今的埃及首都开罗清真寺林立，城市整体风貌虽然呈现伊斯兰风格，但是在大量公共建筑和民居建筑上都还彰显着古老的法老文化，甚至飞机、汽车喷涂的标志也是法老文化元素，处处洋溢着古埃及的文化氛围。郑州同样可以将商郑文化元素适当用于建筑和建筑装饰，户外户内广告、旅游标识、旅游商品等以及家庭和学习用品。

1. 历史城区、历史地段的保护整治指导思想

（1）注重历史城区格局传统保护，恢复古城标识性传统建筑及街道。

对明清时期市井繁华的古城十字街进行标识，诠释古城的形态及其与城楼、街道的相互依存关系，展现郑州古城在儒家礼制思想支配下的形制特征，包括保护文庙、城隍庙、清真寺等重要历史建筑，复建南城门、县衙、管城驿、子产祠、开元寺塔、东里书院等能够加深郑州历史文化内涵的建筑。

（2）对历史地段采取遗址保护或风貌保护的方式进行整体保护和控制。

商代城垣遗址是体现郑州商城的核心内容，应严格加以保护。商代城址区主要采取遗址保护的方式，适用《郑州商城遗址保护规划》，并与历史城区保护相结合。如宫殿遗址可采取安阳殷墟考古展示的方式，城外的窖藏坑所在的位置可以采取小型绿化和景观的方式呈现商代祭祀活动。民国商埠区主要以风貌保护的方式，突出商业活动景象，并且反映近代郑州城市规划理念，对德化街—大同路历史街区进行标识，强化以二七广场为中心，由人民路、西大街、二七路、建设东路、正兴街等交汇的“五道口”格局。人民路、西大街分别是由商埠区五道口进入商代城址区、明清古城区的主干路，必须着重体现各自时期的特色。

（3）以历史文化街区为重点，恢复古城历史风貌。

对于古城历史风貌有关的保护整治主要体现在历史文化街区。在郑州历史城区内，具有条件恢复历史风貌的只有两处历史文化街区，一是书院街，二是文庙—城隍庙街。德化街—大同路街区作为郑州的百年老街，有着厚重的历史气息，对于郑州商埠文化的传承有着至关重要的作用，必须进行合理的保护整治。

（4）按照专项规划保护商城遗址，因地制宜合理展示文化遗产。

其一，按照专项规划保护商城遗址。其二，户外展示的遗址公园。包括改造紫荆山城垣遗址公园、商城公园，新建东南角城垣遗址公园、熊耳河滨河公园、窖藏坑遗址防护绿地。其三，地下展示的商都博物馆。商城遗址出土文物从郑州博物馆异地展出后，可将郑州城市变迁历史和在不同时期创造的华夏文明成果进行整理展示。其四，在迁建或适当复建的带有传统文化名片色彩的建筑中展示城市历史文化，如子产祠可以展示郑国历史和子产事迹同时恢复对子产的民间祭祀，管城驿可以展示古代邮驿系统和办公场景，东里书院可以展示古代书院文化。

（5）对于郑州历史城区内的历史建筑和近现代优秀建筑保护修缮。

对历史建筑和近、现代优秀建筑进行保护修缮。历史城区内现存历史建筑凤毛麟角，尚有市政府公布的2处近现代优秀建筑。对于这些建筑也应分别划定紫线范围，编制保护规划，进行切实保护与合理利用，不得擅自拆除或拆迁。

郑州历史城区、历史地段保护内容一览表　　表10-1

<table>
<tr><th>分类</th><th>分区</th><th>保护内容</th><th colspan="2">具体项目</th><th>保护整治方式</th></tr>
<tr><td rowspan="6">历史城区</td><td rowspan="6">明清古城区</td><td rowspan="3">传统格局</td><td>街道</td><td>东大街、西大街、南大街、管城街、城池轮廓、职工路、书院街</td><td>视觉环境、历史要素标识</td></tr>
<tr><td>文物</td><td>文庙、城隍庙、清真寺、北大清真寺</td><td>文物保护</td></tr>
<tr><td>历史标识建筑</td><td>县衙、子产祠、南城门、天中书院、管城驿、开元寺塔</td><td>择址复建</td></tr>
<tr><td>历史风貌</td><td colspan="2">书院街历史文化街区、文庙—城隍庙历史文化街区</td><td>整治修复</td></tr>
<tr><td>历史遗址</td><td>商城遗址南部</td><td>商代都城城垣遗址</td><td>视觉环境、历史要素标识</td></tr>
<tr><td>文物</td><td>文化展</td><td>商城出土石器和青铜器文物</td><td>商城博物馆</td></tr>
<tr><td rowspan="5">历史地段</td><td rowspan="2">商城遗址宫殿区</td><td rowspan="2">历史遗址</td><td>大遗址</td><td>商代都城城垣遗址</td><td>大遗址保护展示利用</td></tr>
<tr><td>宫殿区</td><td>商代都城宫殿遗址</td><td>视觉环境、历史要素标识</td></tr>
<tr><td rowspan="3">民国商埠区</td><td>传统格局</td><td colspan="2">二七纪念广场及五道口（人民路、西大街、二七路、建设东路、正兴街交叉口）、平汉铁路（京广线）、陇海铁路</td><td>保护整治</td></tr>
<tr><td>文物</td><td colspan="2">二七纪念塔</td><td>保护修缮</td></tr>
<tr><td>优秀近现代建筑</td><td colspan="2">郑州天主教堂公教医院（解放路天主教堂修女楼）、巴巴墓</td><td>保护整治修缮</td></tr>
</table>

本课题提出复建个别历史标识性建筑，是指为了传承郑州历史文脉，彰显文化特色，具有必不可少的历史提示性和标识性建筑。尽管它们不是文化遗产，但是也必须慎之又慎。要在充分研究郑州历史和城市演变的基础上画龙点睛，经过专家充分论证，按照法定程序审批。建筑形制、体量应当查有实据，采用传统材质，禁用钢筋混凝土和钢结构等现代材料，不得粗制滥造。

2. 历史城区、历史地段保护整治方法

商代是奠定郑州深厚历史文化内涵的时期；明清古城区传统格局是目前保护整治最为现实可行的切入点；民国是奠定郑州今日重要区位优势的时期。因此，在历史城区、历史地段的保护整治中，3个时期郑州的特点势必要在各自划定

的范围内着重体现，同时也要根据实际情况作出相应的保护整治方法。

明清古城区和民国商埠区内遗存的历史建筑较多，空间肌理相对比较清晰，而且明清、民国时期距今较近，因此除采取保护整治措施外，应当适当安排一些对于传承郑州历史信息具有提示和标识性的保护整治项目，彰显古传统格局特征，修补重现历史文化街区和历史地段的空间肌理、建筑风貌。包括历史遗存的传统成员形态、路网格局、重要建筑布局、街区历史风貌、传统建筑和近现代优秀建筑。然而对于商城遗址宫殿区，建筑形态以及空间肌理无从考究，唯有从商代文化以及商城形制、布局等方面着手，展现郑州商城的历史文化。

（1）历史城区（明清古城区）保护整治

其一，标识出明清时期市井繁华的古城十字街所在。例如位于古城区内的东大街、西大街、南大街、管城街和交汇于今民族文化广场处的小十字街，可以借助景观设计和环境整治的方法植入历史元素。路牌、建筑主色调、局部沿街建筑立面和商业铺面广告及装饰、地面材料铺装、设置地标、雕塑、建筑小品、碑刻、绿化，以及商品营销方式应去现代化，营造古朴的中原文化特质。

其二，诠释冷兵器时代城垣围合古城的形态及其与城楼、街道的相互依存关系。在南大街和南关街连接处避开城墙遗址，复建南门城楼及绿地广场。鉴于历史上郑州古城在明清时期也曾包砖，结合商城遗址的保护可以恢复部分夯土城垣为砖墙，兼收古城历史风貌再现和商代遗址分类保护之效。

其三，展现郑州古城在儒家礼制思想支配下的形制特征。保护文庙、城隍庙、清真寺；在今管城街北端原县衙旧址，恢复具有重要提示作用的地标性建筑县衙署，将今管城街更名为衙前街，对应重新复建的南门城楼，突出彰显古城传统道路交通的中轴线，并提示古代左文右武、左城隍右县衙的营城形制。

其四，复建子产祠、开元寺塔和管城驿。鉴于春秋时期的郑国政治家和思想家子产不仅在郑州历史先贤中是最具影响力的杰出代表，为郑文化的创立留下了宝贵财富，而且同时兼具儒家孔孟思想和法家理念，曾与孔子齐名，对华夏文明做出了突出贡献，史称我国“春秋第一人”。复建子产祠，纪念子产的生平和思想成就，使之成为郑文化的重要象征，无疑将会进一步提升郑州历史文化名城的思想文化品位，画龙点睛，为郑州的深邃历史文化意蕴，平添浓重一笔。复建子产祠并非凭空臆想，明清时期的县治图清晰显示，子产祠的位置曾在文庙西侧，与城隍庙南北遥遥相对。如今结合文庙—城隍庙历史文化街区的整治修复，在街区南端面向东大街，仍在文庙西侧与之并列，恢复子产祠，虽然不属于文化遗产，但是作为历史标识性建筑，传承了不可或缺的历史文化信息，并丰富了历史文化街区的内容，不失为两全之策。

为体现唐宋以来郑州古城人文景象，对曾为八景之一的“古塔晴云”进行景观再现，建议复建开元寺塔，作为城内的一个观景高点，俯瞰文庙—城隍庙街区和东南城垣遗址。根据文献记载和考古发掘，郑州开元寺塔在东大街北侧塔湾路附近，抗日战争期间为战火所毁，所幸梁思成在 20 世纪 20 年代进行古建调研时考察过开元寺塔并绘有图纸。在 70 年代修建人民医院时，塔基仍在，建议在原址上复建，与文庙—城隍庙街区连成一片。同时将存放于博物馆的经幢放归原址，以重现文物的历史活力。

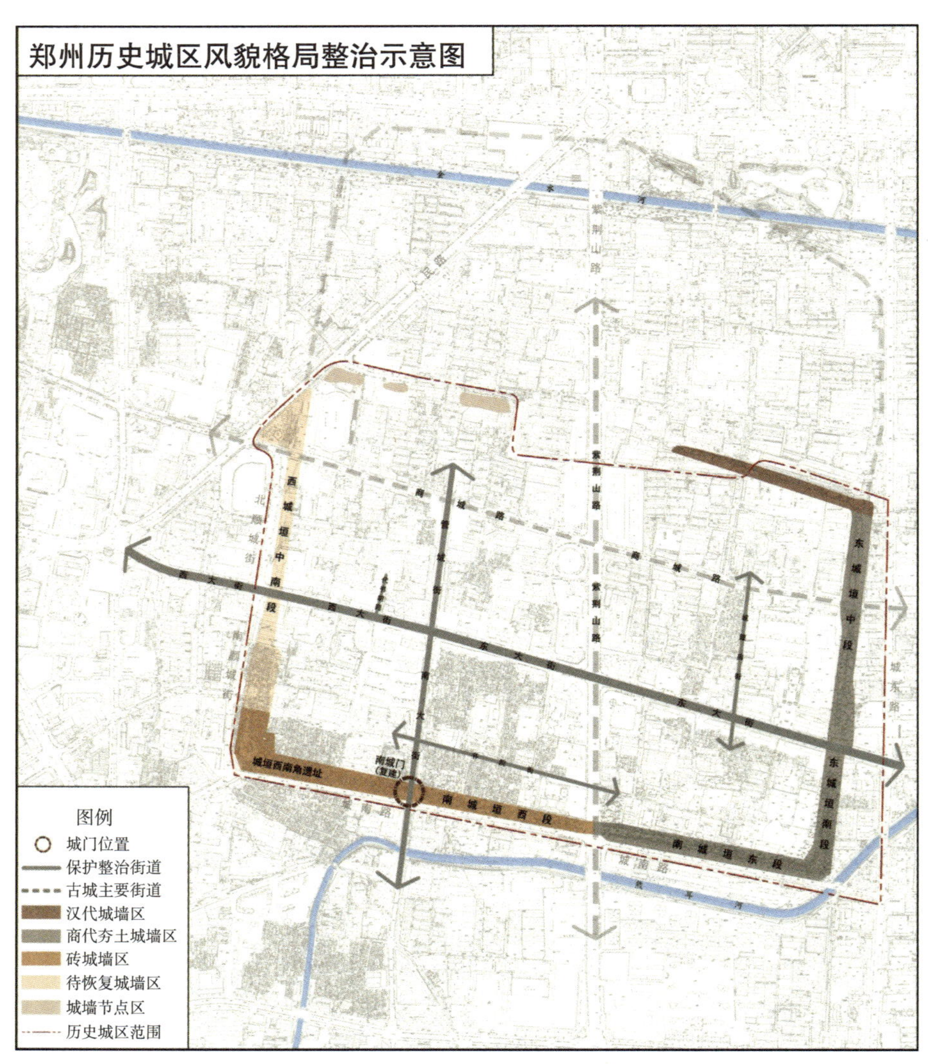

图 10-4　郑州历史城区风貌格局整治示意图

为了体现郑州古往今来拥有的特殊交通区位优势和交通文化传统，建议通过复建管城驿，专门展示古代郑州商贸交通变迁及其蕴含的商业交通文明。根据文献记载著名的管城驿站明清时曾经设在古城西大街北侧，紧邻小十字街。

驿站设在城内，在我国历史文化名城中极为罕见，郑州称得上是一个孤例。如今尽管这里已是高楼林立，完全找不到历史环境的体验，但仍然可以小规模恢复一点标识性建筑，让人们从管城驿厚载的历史中留下一段对郑州的深刻记忆。复建管城驿的地点，建议在西大街—营门街—代书胡同范围以内选址。

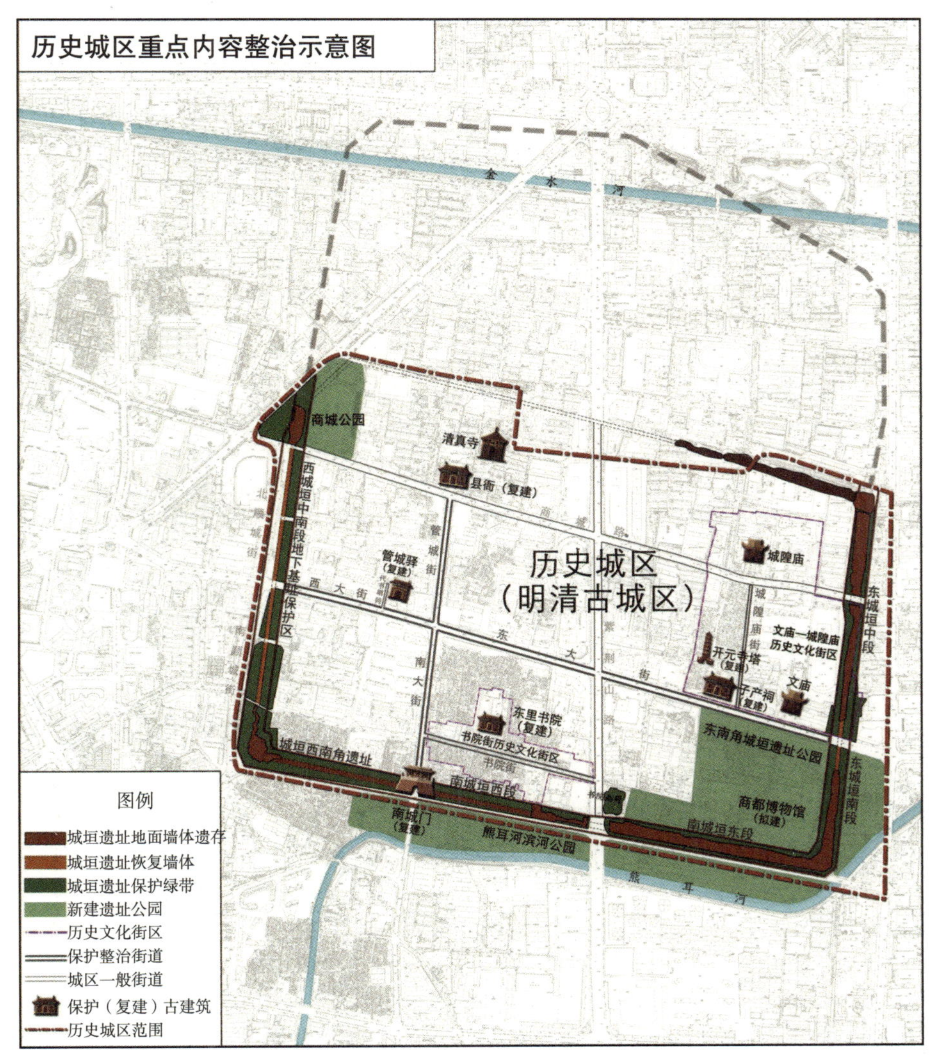

图 10–5　郑州历史城区保护整治意向图

其五，结合书院街历史文化街区，重建书院。现在郑州城内有书院街而无书院，即使对于书院街历史文化街区，也是一大缺憾，况且明代郑州的书院是中原地区知名书院之一。为此建议在书院街 23 号郑州第十中学（原东里书院），重建一处书院（暂名东里书院），与书院街东段的书院幽荷相得益彰，进而提升书院街历史文化街区与郑州书院文化的内涵及品质。

其六，保护整治历史文化街区，还原古城历史风貌。在郑州历史城区内，比较具有条件恢复历史风貌的只有两处历史文化街区，一是书院街，二是文庙—城隍庙街。对于这两处历史文化街区的保护整治和修复，关系着郑州名城的形象。保护整治的途径和方式将在历史文化街区保护整治部分详述。

图 10–6　郑州历史城区建筑风貌格局示意图

其七，建立东南角城垣遗址公园，占地面积 23.26 公顷，结合现有书院幽荷，更好地保护保存最好的一段城垣遗址。改造南城垣遗址与熊耳河之间的现状建筑，实现南城垣外侧遗址滨水绿化开放空间。

其八，拟建地下商都博物馆，用于东南角城垣遗址保护和郑州商城商文化展示。商城博物馆建设核心是东南角城垣遗址的保护与展示，保护范围内应按照相应保护区划保护措施进行遗址本体和周边环境的保护。地下商都博物馆区别于郑州博物馆，主要采用地下展览的方式展示商城出土文物，使人更加真切地感受商文化。

1994 年编制的《郑州历史文化名城保护规划》和 2008 年编制的《郑州商城遗址保护规划》都曾设想过，在商城遗址东南角地面以上专门建造郑州商城遗址博物馆和商城博物苑，但是这种规划意图都没有实现，关键在于不具备条件。现状实际情况已经多处建有中高层建筑，桩基础深入地下数十米，无法拆除重新进行规划布局。即使规划建成一座或一组古代形制的博物馆，能与商文化协调的建筑究竟选择明清风格，还是更早的仿汉唐风格，或者干脆摒弃传统，采用现代博览建筑，偌大体量的博览建筑置于商城遗址控制区内，高度如何选定，许多重要问题均面临着不可逾越的障碍。目前商城出土文物只好放置在远离商城遗址的郑州博物馆内。

实际上国内外展示古代文化遗产有着多种方式。其中利用地下空间就是一种行之有效的措施，并且和地面以上历史建筑没有风貌冲突或不协调的矛盾。法国巴黎的罗浮宫一部分藏品就在地下。我国安阳殷墟遗址的出土文物基本上都在地下博物馆。南京大屠杀纪念馆也采用了地下展示的办法，达到了事半功倍的效果。郑州商城遗址博物馆也未尝不能借鉴这种方式。把出土文物就近放置在地下对外展出，无论是出土文物的环境、展示氛围，还是访古寻踪的体验，都会令人留下深刻的印象，无须刻意营造。

（2）历史地段的保护整治

商城宫殿区

其一，迁出黄委会等现代建筑群，整理宫殿区考古遗址，在宫殿区遗址位置逐步开辟宫殿区遗址公园，集中保护、展示商城宫殿区遗址。

其二，修复商城城垣，并划定相应的保护范围。城垣西南角、南城垣遗址东段、东城垣遗址中段和南段保留较为完整，目前已修复南城垣西段。东城垣遗址北段、北城垣遗址东段（紫荆山公园内）、西城垣遗址的商城公园等还残存 7 小段尚可辨认的地面遗存，在有条件的遗存周围加以修复，力求可以辨别商城城垣走向，展现出商城的完整性，突出宏大的规模。建立环商城城垣遗址保护绿带、商城遗址公园，保护城垣遗址，展示商城文化。改造扩建现有紫荆山公园为紫荆山城垣遗址公园，用以保护商城东北角的小段城垣遗存。为凸显郑州商城遗址的西入口，扩大现有商城公园。扩大后的商城公园包括现状商城公园和现状郑州市体育中心用地，占地 5.30 公顷。

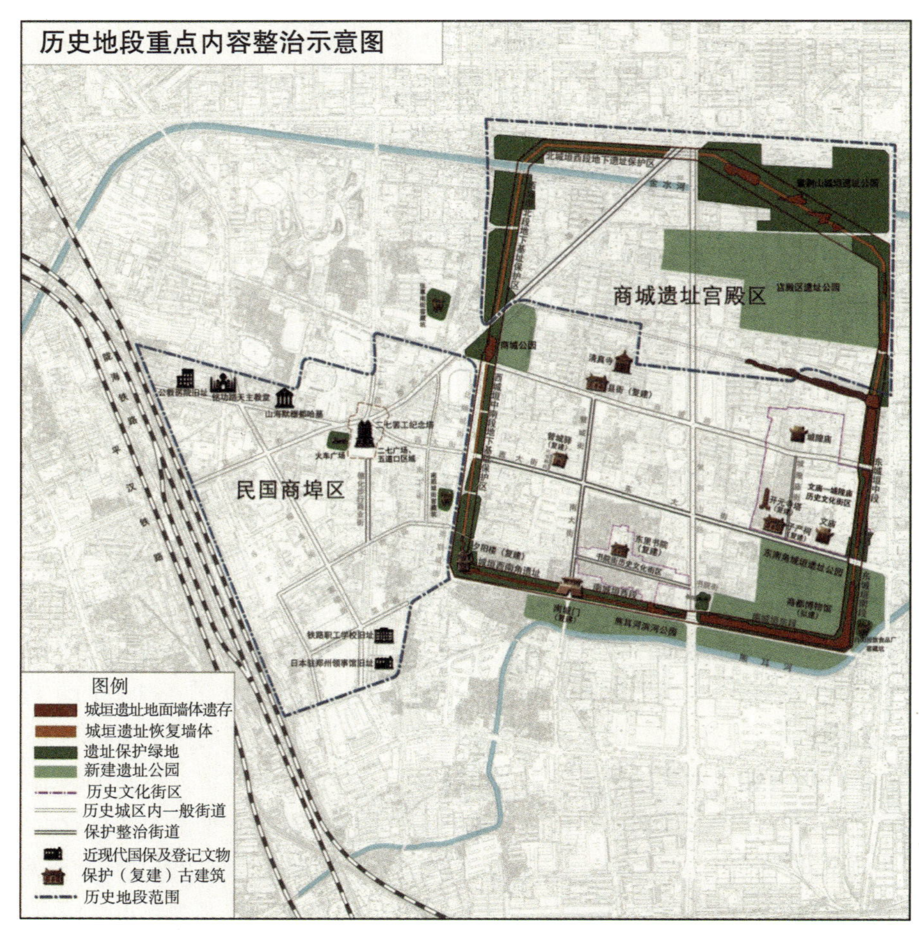

图 10-7 郑州历史地段保护整治意向图

此外，对已发现的 3 处重要窖藏坑遗址进行保护。张寨南街窖藏坑、南顺城街窖藏坑、向阳回族食品厂窖藏坑内的遗址在取走出土器物后，只进行了简单保护回填，其中南顺城街窖藏坑遗址上又进行了新的城市建设。这样对于窖藏坑遗址的保护非常不利，应在这 3 处窖藏坑遗址处开辟相应的绿地进行保护展示，体现郑州商城城池、墓葬区的布局。

其三，商代文化符号的运用。在商城遗址内的遗址公园、绿化保护带、道路植入商符号的路牌、铺装、雕塑、小品等一系列能够给人代入感的商符号，突出郑州的商城特色。

民国商埠区

其一，挖掘商埠区特色文化，体现火车文化。在郑州的民国商埠区文化中，火车文化是其中一项值得宣扬的重点文化。铁路和火车的出现，为郑州从封建小县城向近代化的交通枢纽大城市迈进奠定了基础，同时也形成了现今的商埠区历史城区雏形。交通运输地位的便利形成了优越的区位优势，导致了城市地位的上升。郑州的发展离不开交通枢纽的地位，因此火车成了郑州崛起的一项标志性符号，成了商埠区重要的文化元素。为突出火车文化，可在商埠区建立火车主题乐园、主题酒店、主题工艺品商店等，宣扬历史文化的同时，吸引游客，丰富业态、繁荣当地经济，使火车成为郑州城市名片的一个符号。可在二七广场附近二七宾馆原址上建设城市绿地公园，在公园内置放一段铁轨展示早期火车头，与二七纪念塔形成相得益彰的铁路交通和工人运动发展史。

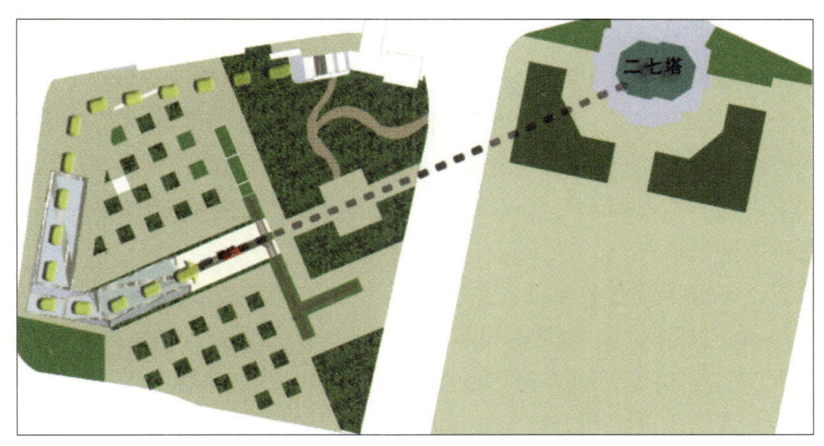

图 10-8　二七广场火车头公园

其二，保护修复商埠区历史建筑，对其进行合理有效利用。目前，商埠区历史建筑的保护状况不容乐观，部分历史建筑在城市更新中已被拆除，现存的一些建筑未得到合理保护或与周边环境不协调，历史建筑的保护及合理开发利用现已变得刻不容缓。

其中公教医院旧址就是一个尚未得到合理保护的例子。目前，建筑外的保护碑文被垃圾包围，得不到重视，建筑内部被私人改造为小旅馆，设施条件恶劣，恶臭扑鼻。公教医院旧址原建于民国元年（1912 年），最初由一位意大利籍修女负责医疗事务，以免费给人治疗眼科疾病为主，又被称为施药医院。后来，经历扩建、整改变更为郑州市第二人民医院，几经改扩建，原有建筑如今只剩下修女楼一座。历史不应当将其埋没，令其变为粗陋的小旅馆而慢慢荒废。因此，建议对其进行修缮并改造为小型博物馆，记录过去公教医院所经历的历史，反映过去到现今的文化变迁。

又如山海穆默都哈墓，虽然周围已被围栏围起保护，但周边却是一片荒废的空地，更远处是高耸的现代化大厦。历史建筑不但未得到合理利用，反而显得多余，与周边格格不入。建议联系现状，利用街区小绿地或小游园将历史建筑包围起来，协调周边环境的同时，丰富城市街区景观，更好地保护历史建筑。

其三，改造整修商埠区历史街道风貌，加入民国时期文化元素，突出商埠区历史文化特色，提升街区风貌形象。德化步行商业街、钱塘路商业街、大同路作为商埠区历史街道，街道风貌及两旁建筑主要以现代为主，没有体现出其历史风貌及文化底蕴，对消费人群尤其是外来游客吸引力较差。可通过建筑装饰外观及内部主题、街道景观小品、特色手工艺品等展现民国时期郑州商埠文化特色。其次，对基础设施及风貌较差的商业街道进行整治提升，如弓背街，使其成为郑州环境较好、具有特色的箱包批发零售一条街。

其四，根据具体情况合理控制商业街长度、宽度、两旁建筑高度及整体空间形态。商业街的长度一般适于 500 ~ 700 米，最长为 1000 ~ 1500 米。商业街宽度适于 20 ~ 30 米，小型步行街 20 米左右为宜，特色小街 10 米左右为宜。商业街两旁建筑以 2 ~ 3 层为宜，最高不超过 4 层，街道宽度与两旁建筑高度比适于 1∶1 ~ 1∶2。这些因素的合理控制有助于聚集人气，提升商业氛围，形成“车水马龙”般繁华景象。

其五，丰富区域商业业态，突出商埠区历史文化主题。目前国际通行的商业区结构和业态分部为：购物占 30% ~ 35%，餐饮占 20% ~ 25%，休闲、娱乐、服务等占 30% ~ 40%。而商埠区商业业态较为单一，以购物为主，随着经济的提升，消费者需求的变化，已无法满足部分人群的消费愿望，近些年部分商业区已呈现出颓态。因此，应当逐步降低购物比重，增加休闲、娱乐、旅游、服务等行业比重，并在这些行业中融入民国商埠区文化，如开设民国主题酒吧、餐厅、艺术画廊、DIY 工作室等。

三、历史文化街区划定

1994 年编制《郑州历史文化名城保护规划》时，我国还没有提出历史文化街区的概念。该规划的保护内容注重文物名胜，也没有涉及保护历史地段。所以在郑州历史文化名城保护中，很长一段时间保护历史文化街区是个空白。真正把历史文化街区保护纳入法定规划的是《郑州市城市总体规划（2010—2020）》，明确提出保护书院街、文庙—城隍庙、德化街—大同路 3 处历史文化街区。紧接着《郑州都市区总体规划（2012—2030）》也提出“保护主城区老城组团的书院街、文庙—城隍庙、德化街—大同路 3 处历史文化街区，加快推进新密、新郑、巩义旧城区内历史文化街区的调查、申报、划定和公布工作，编制保护规划。”可惜为时已晚。姑且不说德化街—大同路经过了一番脱胎换骨般的华丽转型，早与历史文化街区无缘。即使书院街、文庙—城隍庙街除了街巷格局和空间尺度还在，历史建筑和传统建筑也基本没有保留下来。根据《历史文化名城保护规划规范》规定："历史文化街区内文物古迹和历史建筑的用地面积宜达到保护区内建筑总用地的 60%以上。"经过现场实地调查，在郑州历史城区以内，已经找不出一处符合技术规范要求的历史街区。

但是，基于郑州是一座拥有 3600 年悠久历史的文化名城，也是我国著名的八大古都之一，承载着厚重的中原华夏文明。当代在国家实施"一带一路"大战略中，又是我国唯一能与欧亚大陆桥各国对接合作的国家一级区域性交通枢纽城市，代表着中华民族的形象，必须和世界文化名城的地位相适应。因此深入发掘历史文化内涵，选择历史城区中具有深厚文化底蕴和重要标示作用的历史街区，进行重点保护整治，势在必行。要通过修复街区传统肌理，恢复其历史风貌，为唤起郑州消失的历史记忆，不惜下大力气，提升古城的文化软实力，是古老文明与现代文明对接，从而聚集人气，激发活力，增强郑州人的文化自觉和认同感，让国内外宾朋友人在郑州感受到古老商文化的厚重底蕴及魅力，以及现代国际化物流中心的蓬勃朝气。

经反复考察比对，建议郑州市重点保护整治文庙—城隍庙历史文化街区和书院街历史文化街区。

1. 文庙—城隍庙历史文化街区

保护范围：核心保护范围面积为 10.2 公顷，建设控制地带面积为 25.4 公顷。核心保护范围具体划定为，北至塔湾路南端以北 155 米，南至东大街，西至职工路以西 87 米，东面紧邻行政、住宅和学校。

划定依据：为满足保护文物本体及其环境保护的安全性与完整性，划定的范围内包括明清时期的城隍庙、文庙及职工路传统历史街区；充分考虑城市现状的空间肌理，以街道、建筑院落围墙、建筑用地功能及自然景观等明确的空间界线作为保护范围的边界线；对历史建筑及街区边界线进行一定距离的后退，保护历史建筑周边风貌的协调统一性，同时方便后续的管理及操作；顾及规划管理的现实可操作性、满足实施保护措施的有效性。

职工路原名城隍庙街，为明清时期传统街道，清代《郑州志》中，职工路北至城隍庙，南抵东西大街，西侧为开元寺，东侧为文庙，文庙西边有东里书院、子产祠，地理位置非常重要。随着历史的变迁，目前职工路已没有古代传统风貌的影子，成为郑州市管城区中的一条较狭窄的支路，街道两侧均为居住建筑，风貌以现代为主，1 ~ 3 低层建筑数量占 87.3%，4 ~ 6 多层建筑数量占 8.2%，7 层以上高层占 4.5%。职工路东侧为联排式居民楼，属于中层建筑，建筑高度范围为 15 ~ 20 米，建筑体量较大，间距较宽，基础设施较为完备。西侧为连片较杂乱的低层居民院落，院落进深 20 ~ 30 米，建筑高度范围为 3 ~ 10 米，属于低层建筑，建筑体量较小，间距较窄，基础设施较差，沿街为商住混合。

在这条传统街道上目前主要包含了文庙、城隍庙两处重要的历史建筑，一处位于核心保护区北侧，另一处位于核心保护区南侧。这两处建筑为街区保护范围内的重点保护建筑。

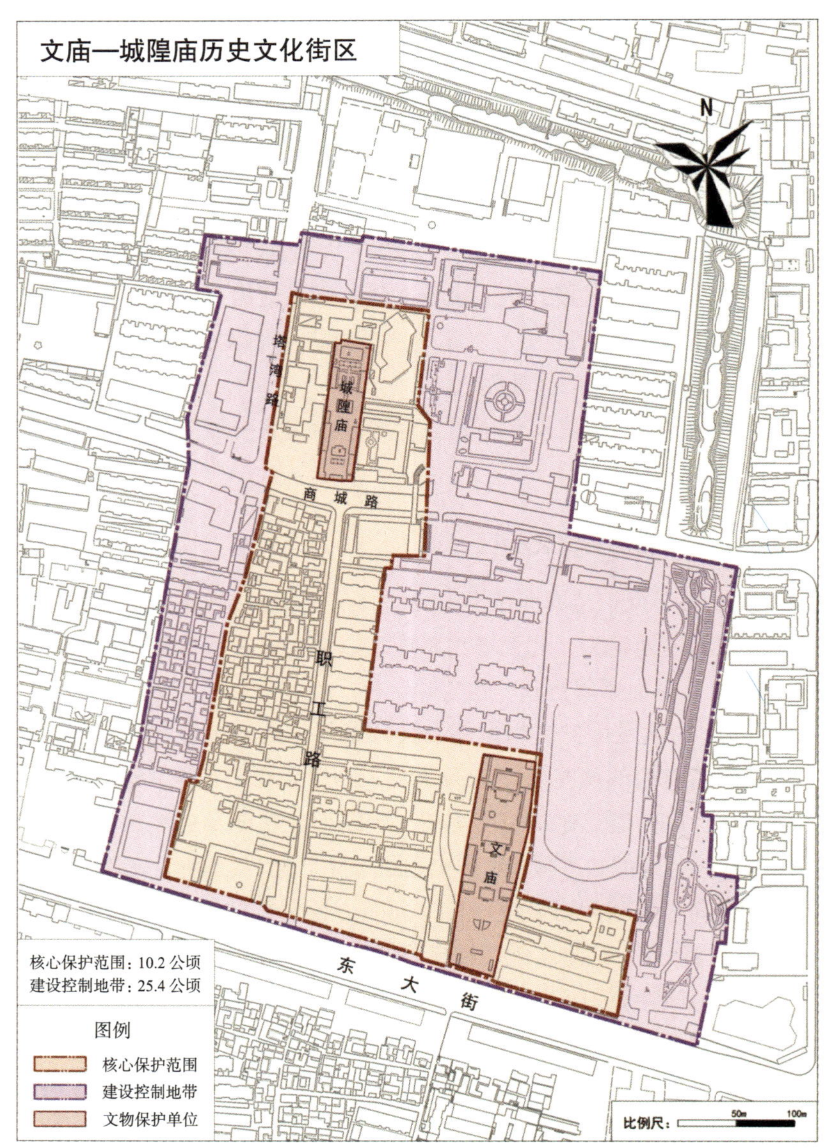

图 10-9　文庙—城隍庙历史文化街区

2. 书院街历史文化街区

保护范围：核心保护范围面积为 1.6 公顷，建设控制地带面积为 6.9 公顷。核心保护范围具体划定为，沿书院街西段，北至书院街以北 30 米，南至书院街以南 40 米，西至南大街以东 60 米，东至紫荆山路以西 69 米。

划定依据：为满足保护文物本体及其环境保护的安全性与完整性，划定的范围内包括天中书院、郭家大院、商城遗址东南部分及书院街传统历史街区；充分考虑城市现状的空间肌理，以街道、建筑院落围墙、建筑用地功能及自然景观等明确的空间界线作为保护范围的边界线；对历史建筑及街区边界线进行一定距离的后退，保护历史建筑周边风貌的协调统一性，同时方便后续的管理及操作；顾及规划管理的现实可操作性、满足实施保护措施的有效性。

书院街位于在郑州古城区的南部偏东，东西走向，管城区南大街路东。明崇祯十年（1637 年）郑州知州鲁世任于纸坊巷创建天中书院，后改为东里书院。清光绪八年（1882 年），郑州知州王成德把原在东大街文庙西、房屋已倒塌无存的东里书院迁移到此街，置于南公馆内。修建广厦数十间，供青年学子读书学习，此街由此得名书院街。

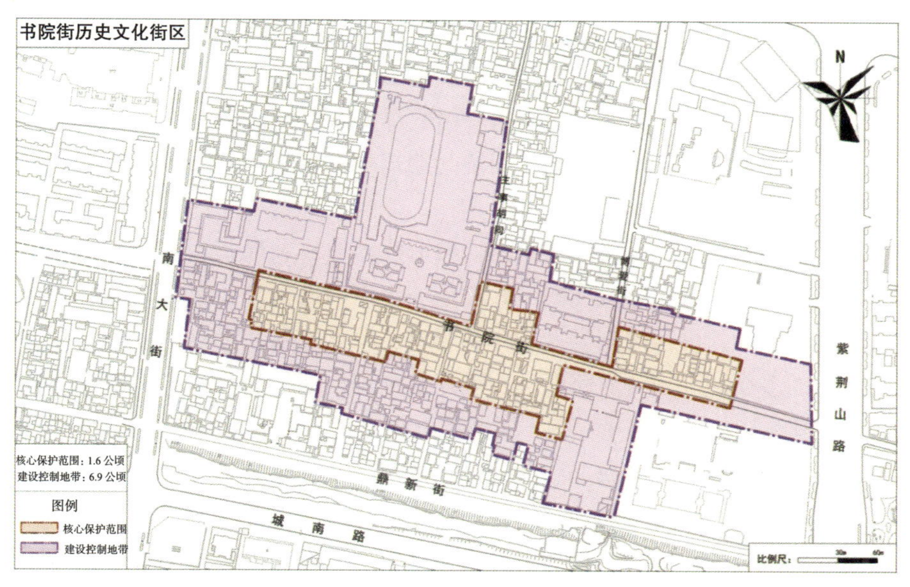

图 10–10　书院街历史文化街区

如今，书院街风貌变化较大，街道两侧已被现代建筑占据，失去了古街风貌。街道狭窄，属于城市支路，基础设施及整体风貌较差。街区内主要用地性质为居住，沿街为商住混合，住宅以中层联排式建筑及底层院落式建筑为主。书院街由紫荆山路划分为东西两个片区。东片区西侧建筑以中层联排式居民楼及中低层厂房为主，建筑高度范围为 9 ~ 20 米，建筑体量较大，间距较宽，基础设施较为完备。东片区东侧目前已被拆除，属于待建区域。书院街西片区建筑以低层院落式居住建筑为主，其中夹杂少量中层联排式居民楼，整体建筑高度范围为 3 ~ 18 米，院落进深为 20 ~ 30 米，建筑体量较小，基础设施及环境较差，街道两侧均为商住混合。底层院落式建筑布局较为杂乱，建筑质量较差，年久失修，从部分建筑院落中尚可看到明清及 20 世纪 80 年代建筑风貌的影子。

四、历史文化街区整治修复

郑州历史文化街区保护整治必须编制专项保护规划，严格按照规划实施，采取特殊政策和特殊措施方能奏效。在保护整治历史街区的同时，考虑将非物质文化遗产的保护传承场所置入街区内，丰富街区文化形态，提升文化活力。

文庙和城隍庙均为重点文物保护单位，在明清时期是郑州古城最具文化特征的重要地标建筑和繁华地段。如今街区内仅存两处文物，其他古建筑、历史建筑和传统建筑大都被损毁。原城隍庙街的街道名称被改为职工路，职工路以东现为郑州电力高等专科学校西家属院区和中建文苑，传统历史风貌完全被行列式多层住宅楼替代。职工路西侧尚存成片民居院落，院落和街巷空间肌理清晰可见，但是住宅建筑风貌已非从前。因此文庙—城隍庙历史文化街区格局和风貌的整体修复难度很大，却又不得不修复保护。毕竟文庙—城隍庙历史文化街区整治修复的成功，将成为展示明清时期郑州古城文化、社会、宗教发展的完美画卷和品牌名片。

然而，文庙—城隍庙历史文化街区整治修复的最大难点，是如何整治集中成片的历史建筑和传统建筑问题。针对这一地段的现状，必须编制保护规划以及进行城市设计，确保规划设计的深度要求，根据规划进行专项治理。拆迁职工路以东的多层住宅楼，对路西不协调建筑分别整治。建议采取异地移植和镶牙法，在郑州周边地区选择一些不属于历史文化名镇名村和传统村落保护序列，但又具有地方特色的传统民居、公共建筑，整体搬迁至文庙—城隍庙街区，实施异地保护。同时收集郑州地区的传统建筑构件用于文庙—城隍庙街保护整治和修复。整治后的街区建筑以清末民初风格为主，也可以有近代以来不同时期有特殊文化表征的建筑。整个街区的建筑群色调应以暖灰色为主。

文庙—城隍庙街区荟萃着典型的非物质文化遗产活动。文庙在明清时期的郑州是祭祀孔子和开办儒学的场所，传承儒家文化，与之并列的子产祠纪念的也是先贤仁者和郑文化的奠基人，两座建筑的文化属性特征鲜明。城隍庙在中国汉族民间信仰风俗里，既是守护城池、庇佑地方、除恶扬善、救灾济民、调和风雨、管领亡灵的万能神明，受到庶民百姓的广泛敬奉，又是歌舞演艺、人神共娱，丰富民间文化生活的场所，民间庙会常在城隍庙举行。唐宋以来开元寺和开元寺塔一直为郑州佛教活动的主要场所，“古塔晴云”也是在城内高处观景的绝妙景象。

图 10-11　文庙—城隍庙历史文化街区整治示意图

因此文庙—城隍庙历史文化街区的性质应当定位在居住、商贸和文化。原城隍庙街的街名承载着厚重历史，也应当重新恢复。为了激活文庙—城隍庙历史文化街区的生机，在编制保护规划过程，就应当广泛调查古村落和古民居，进行深入研究，对于街区的更新发展和相关政策作出安排。

明清时期的书院街现在已被紫荆山路截为东、西两段。东段建有书院幽荷街头游园绿地，其他为郑州市红光纸箱厂区和部分多层居民住宅区，已经不具备历史文化街区的基本要求，因此该历史文化街区保护范围划定在书院街西段。这一段东端临近紫荆山路现为郑州市创新街小学教学楼和操场，仅在书院街以南仍集中保留着成片民居住宅建筑，空间肌理比较清晰，红砖红瓦，颇具特色。这些建筑虽然建成的年代比较晚，但是反映了 20 世纪 70 年代末、80 年代初的居住状态，记忆了郑州改革开放处的经济社会形态特征，有一定保护价值。对

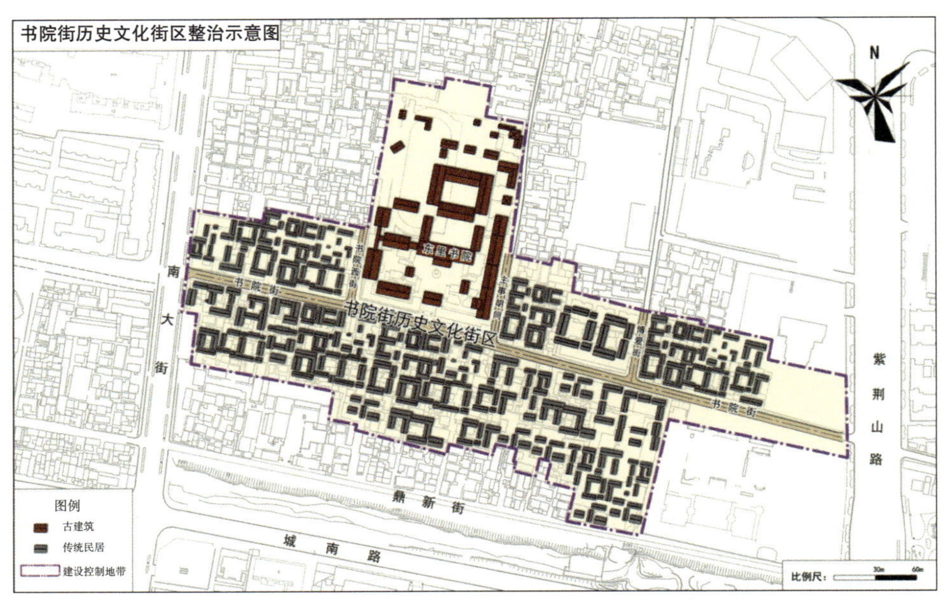

图 10-12 书院街历史文化街区整治示意图

于该历史文化街区主要采取渐进式整治更新措施，迁出部分人口，拆除大杂院内违法建筑，降低人口和建筑密度。要坚持控制—整治—利用的运作时序，在经济条件尚不具备的情况下，首先控制新的违法建设出现，不得再建不协调建筑。在有条件的前提下，根据保护规划组织进行建筑和环境的整治；在保护整治的基础上，合理利用现存建筑，并为已经不再延续原来功能的建筑安排新的贴近原功能的用途。要在编制保护规划时，充分考虑书院街的更新利用和发展，筹划适当项目，引进资金和新的业态，为其注入活力，促其活态传承。

建议恢复东里书院，作为街区主要的人文节点，对郑州近现代教育发展历程进行集中展示，既明示了街区的来历，又能够显现郑州的近现代人文气息。东里书院在晚清随着科举制度的废除被改为新式学堂，民国以来又建为中学，贯穿郑州近现代文化教育的历史脉络。书院街历史文化街区地处管城回族区，附近居住着大量回民，传承着伊斯兰的民俗风情和文化，可在街区内植入伊斯兰建筑文化元素，体现中原地区的伊斯兰文化特色。

第二节　中心城区遗产保护整治

中心城区内的遗产保护主要指市区西北部古荥地区遗址遗存保护和东部的

祭伯城遗址保护，其中古荥地区的遗产保护又可以分为遗址遗存和大运河两大部分。除这两个地区的遗存外，老城区其他方向发掘的遗址遗存建议以就地开辟遗址公园或人文景点的方式增添当地人文气息，方便当地居民生活。

一、古荥地区遗址遗存

古荥地区在郑州地区早期历史发展中地位显著，由于区域位置关系，这一地区的人文遗存呈现交错分布的状况，保留下来的诸多人文遗存也演绎出丰富的人文内涵。古荥地区的遗址遗存保护有几个方面：

其一，保护荥阳故城遗址、汉代冶铁遗址、纪公庙等人文遗存，为不割裂文化的地理联系，建议与荥阳市的汉霸二王城等遗存保护相结合，拓展人文遗存展示空间和内容。如着重突出秦汉时期的历史地理人文，围绕荥阳故城建设楚汉历史文化园区和展示馆，讲述楚汉军事斗争、纪信救汉王等历史典故，并进行活动演绎。在古荥泽范围内开挖一部分池坑蓄水，重现区域地理环境，结合周边绿化建设湖区公园。通过汉霸二王城的观景台以数字化模拟方式呈现楚汉之争的历史场景，再现中国象棋楚河汉界发源地的景观，开展国际性中国象棋比赛。

其二，根据区域内遗存分布，通过遗址公园建设做好西山古城遗址和小双桥遗址的保护展示。其中，西山城址经过调研发现该地区较为偏僻，地形起伏相对较大，且与中原艺术学校旧址相连，视学校旧址的未来利用情况，可以择机建设城市文明博物馆，展现古代城市版筑技术、古代聚落向城市发展过程、考古文化区域分布及城址分布特点等内容。小双桥遗址仍需与商城遗址保护相结合，在遗址公园中呈现商代中期的历史人文。

其三，恢复荥泽县城隍庙整体格局，同时根据古荥地区的建制历史，建议将惠济区更名为荥泽区，以延续区域城池发展历程，使荥泽县城隍庙的保护承继主体更明确。惠济区于2004年由邙山区改称，实际上惠济区的历史可以上溯至隋仁寿元年（601年）设置的荥泽县，一直延续到明清、民国，主要归属郑州管辖。荥泽县县城在历史上因为水患,数次南向迁移城址,康熙三十八年(1698年）因河患南徙至今古荥镇，荥泽县城隍庙也跟随迁建。可以将城隍庙按照明清时期的形制规模复原，在城隍庙中展示黄河水患与荥泽县的历史关系，同时展示黄河不断南摆及其与济水合流的历史。

其四，以区域遗址遗存保护为契机开展本地区综合考古，结合历史时期荥泽周边曾有若干城邑分布的情况，可以推测周边地区应当还有一些重要战汉时期的遗址有待考古发掘，如荥泽周边的水城、沙城等。通过加大考古发掘，丰富本地区与荥泽和水运有关的文化遗存。此外，古荥地区的遗址遗存保护要与大运河遗址保护相结合。

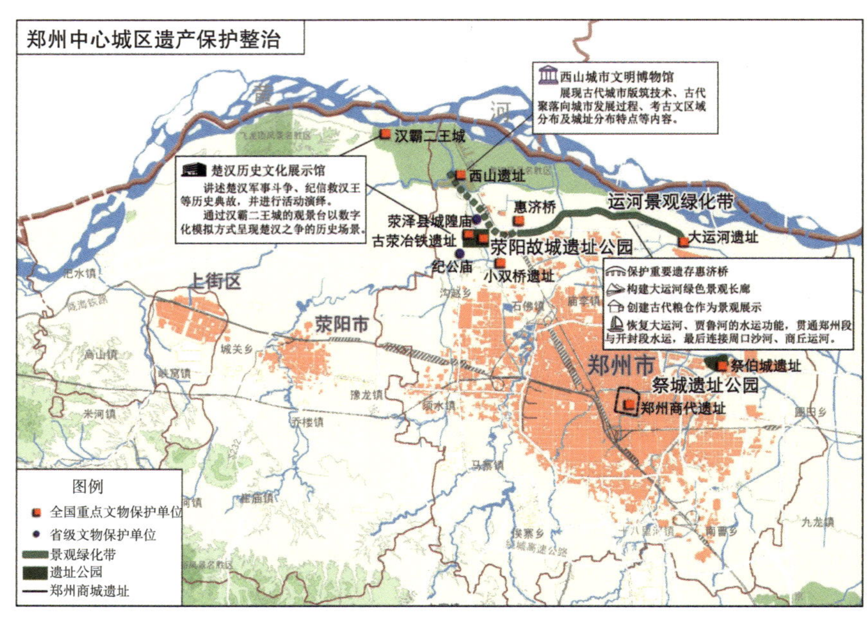

图 10–13　郑州中心城区遗产保护整治

二、中国大运河（郑州段）

中国大运河由隋代和元代开凿的运河河道组成，郑州段大运河虽然只是其中的一小段，但它在我国古道运河发展史上至关重要，这一段运河是中国大运河通济渠的北部发端。从战国梁惠王开凿鸿沟起一直延续到元代以后为新修贾鲁河截断，河道虽经多次疏浚，但这一段航道航运久盛不衰。从秦代的敖仓到唐代的河阴仓，天下粮食多由江淮地区输送至此储存，再转运至京师或作为军备。始建于隋唐时期、明代重修的惠济桥是大运河郑州段地理交通的重要遗存。

有鉴于此，建议与古荥地区的遗址遗存的保护相结合，在大运河（郑州段）构建运河绿色景观长廊。恢复大运河、贾鲁河的水运功能，贯通郑州段与开封段水运，最后连接周口沙河、商丘运河，显现郑州市内舟楫如织的水运景观。以惠济桥的保护为切入点，恢复延长部分运河段与现有河段相接，适当增添运河沿线景观节点，如古代粮仓、漕船等。此外，大运河的航运恢复可以与郑东新区的建设结合起来，联结贾鲁河水系、东风渠、如意湖等水系水体，形成城市发展与水运交通相联系的新风貌。

三、祭伯城遗址

祭伯城原为周公东征灭管之后其子的封地，自西周初到春秋为郑州主要城邑，春秋郑国灭祭国以后，仍为郑国祭大夫的采邑。现今，祭伯城所在的位置位于郑东新区，对祭伯城遗址的保护应当加以重视。建议在祭城遗址范围内建设“祭城遗址公园”，展示西周封国文化、周公东征的事迹等。此外，建议将平安大道恢复为原名——祭城路，以延续本地区的历史人文。

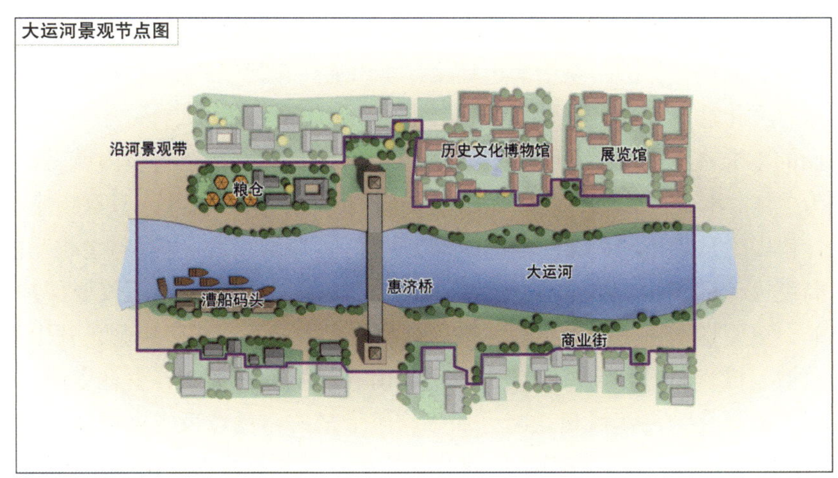

图 10-14　大运河景观节点示意图

第三节　市域范围遗产保护整治

郑州文化遗产极为丰富，数量逾万，种类齐全，在市域范围分布密集。这些文化遗产不仅包括早期人类生活遗迹、古代都城和城邑聚落的遗址、手工作坊遗址和墓葬陵寝遗存，而且古建筑涵盖了祭祀、礼制、文庙、道观、佛寺、清真寺、石窟、官署、商厮、古道、铁路、黄河古渡、运河古桥、科技、天文、学宫、书院等大部分类型，在国内实属罕见。郑州还保存有历史文化名镇、名村和传统村落，以及具有河南豫中地方特色的传统民居。面对遗存数量如此之丰，时空跨度如此悠长邈远，保护市域文化遗产不应等量齐观，眉毛胡子一把抓，而应当围绕郑州历史文化名城保护的主旨，突出重点，兼顾一般，彰显特色，系统传承。

一、郑州自然人文环境

郑州位于伏牛山脉东北翼向黄淮平原过渡的低山丘陵交接地带，黄河自西向东从郑州市北流过，山地以嵩山山脉中段和东段为主体，丘陵分布在黄河以南、嵩山山脉以北，郑州大遗址群分布在黄河南部的冲积平原上。自然禀赋的山形水势与黄河文化孕育了郑州，造就了郑州赖以存在和发展的历史环境。保护市域内的山水格局，加强山体及植被，以及黄河岸线的保护管理，至关重要。虽然因为黄河河道变迁远离了古荥阳城垣遗址，荥阳的汜水、牛口峪黄河古渡、大运河惠济桥、郑州花园口黄河渡口也已失去了水路交通的职能，但是它们均承载着黄河与运河漕运的历史，包括渡口之间的古道遗址、城隍庙和大运河遗址等，都应当进行保护，整治周边环境，留出通往黄河岸边的视觉廊道。

世界文化遗产登封“天地之中”，体现了中国古代的天人合一宇宙观。其文化内涵的本质在人与自然和谐共生的关系。所谓自然，在登封境内就是以中岳嵩山为主体，由山、水、林、田、路、桥构成的自然人文环境。人只有顺应自然，才能让赖以生息繁衍和社会活动的聚落、建筑、古城融于大自然，与之相互依存，取得高度完美的契合。因此保护登封“天地之中”文化遗产，不仅要保护历史建筑群，更要切实呵护山川林田大格局，这是保护之本。要坚决禁止开山采石，破坏植被，擅自打井截流。目前发源于嵩山的颍河近乎干涸，少林寺山门前的少溪河也被渠化，河水流量锐减，加之旅游带来的白色垃圾污染河床，甚至时常将河道变为建设工地，使原本“深山藏古寺，碧溪锁少林”的意境无形无影。为此对于嵩山自然人文环境的保护应和郑州市文明办发起组织的“保护山川河流，共建美丽郑州”志愿活动结合在一起，把对世界文化遗产“天地之中”的保护，化作人们的共同使命。

二、古代交通廊道

郑州在历史上曾经长期发挥交通命脉作用的古驿道主要有两条，一条是东西向的洛汴古道，一条是西北、东南方向的轩辕古道。如今洛汴古道断断续续几近消失，但是仍可寻觅到古老的标识印记。在保护市域文化遗产中，要结合推进郑汴一体化发展的中原经济区规划，深入勘察、发掘古道遗踪，通过点线状标识展示，并在适当位置建博物馆，勾勒出洛汴古道在古代地理大交通，尤其是“丝绸之路”中的辉煌历史。

相比之下，深藏于轩辕山里的轩辕古道依稀尚存，只是处在偃师、巩义、登封交界处，在漫长历史岁月的磨蚀中愈加古老沧桑，已然被世人遗忘，变得人迹罕至。但是古代著名的山间古道承载着许多重要事件和名人轶事，是今天追寻华夏文明的时光通道，不应忽视。鉴于这条古驿道山北路段在偃师境内，山南与登封少林相接，故而应当着眼于引领中原华夏文化传承创新区，主动协同偃师、巩义共同制定保护规划，保护回环盘旋的十二曲道，拆除古轩辕关上不协调建筑，进行维护修缮，将轩辕古道辟为探踪访古的旅游景观线路，再现中岳嵩山“轩辕早行雾中游”的空灵气韵。

在“一路一带”战略中，古代的陆上“丝绸之路”的起点在西安，但是作为古代都城，它并不产丝绸等主要贸易物品，而是从江南地区通过水路、陆路输送京师，再由京师销往国外。因此，丝绸之路的具体路线就是江南物质通过大运河和汴洛古道输送京师，京师通过河西走廊、天山南北输往中亚、南亚、西亚乃至欧洲。作为汴洛古道和大运河航道上的重要交通节点，郑州出产绫罗绸缎中的罗，在登封、巩义又有陶瓷窑址。建议选址建设“丝绸之路博物馆”或者“古代交通博物馆”，展现郑州地区古代地理交通及其全国区域交通发展历程，重点介绍丝绸之路的具体贸易运输路线及其沿线物产内容。

三、郑州域内重要遗址群

遍布在黄河南岸的古代城邑遗址群是夏商时期郑州最早步入城市文明的见证。其中西山遗址属于仰韶文化晚期，尽管规模不及大河村遗址，然而却是迄今发现的最早建有夯土城垣的中国史前古城。在它周围除了大河村遗址以外，还有青台、点军台、秦王寨、后王庄、陈庄、大师姑、娘娘寨、花地嘴和稍柴等一系列城邑聚落的遗址。不仅如此，在郑州中心区西南的登封还发掘出了阳城遗址、南洼遗址，在南部的新郑周边也发掘出了望京楼遗址、郑韩故城与韩王陵等。

对于上述郑州大遗址群，应当严格按照大遗址保护规划的要求划定保护区和建设控制地带，采取抢救保护措施，对其依存环境实施控制，禁止违法建设活动，不得改变地形地貌。同时建议在《郑州大遗址片区保护展示利用规划》指导下，根据大遗址分布区域及其历史文化特征，分别划为 3 个不同特质的文化圈。其中黄河南岸文化圈可单独规划建设大遗址群博物馆，重点展示夏商时期城邑体系格局及其各自的营城特征和考古成果，并规划旅游线路。登封和新郑应就近利用大遗址展示设施进行展出。

鉴于郑州地区遗址群的分布年代延续，部分地区相对集中，可以参考国内外大遗址群的保护方式，建立国家遗址公园，遗址公园包括考古遗址、公园绿地、博物馆以及配套设施等。围绕古代社会形态和国家文明形态演变的主题，重点以城市文明的起源、发展、演变为历史人文轴线，展示遗址群的分布特征、年代特征以及考古发掘实物和研究成果等。郑州地区诸多重要的遗址遗存具有文化和社会形态关联，便于集中展示以彰显郑州地区人类社会活动的连续性。

参考案例：浙江良渚国家遗址公园。良渚国家遗址公园位于杭州市西北郊良渚、瓶窑两镇，是良渚文化中心遗址。良渚遗址是一个带有完整古国形态的大遗址，集中而全面地反映了中国新石器时代特定的社会形态，现已发现遗址点 135 处，保护范围约 42 平方公里。遗址公园是一个保护、利用、开发和展示文化遗迹的综合工程，遗址公园建设将以莫角山良渚古城为核心，包含反山、汇观山、塘山、瑶山等文化遗址，通过遗址现场的剖面展示、复原展示等形式，形成一个点线面结合的大众化良渚文化认知体系。根据良渚遗址公园概念性设计规划，这一核心区域根据每个地形特点，将分良渚古城、古城外围、良渚广场三大功能区。良渚古城区域包含了良渚文化遗址的莫角山、反山等遗址。这一区块保留了大量良渚先民最早选择聚居的自然高地、良渚文化中后期人工堆筑的台墩式聚落。古城外围区域包含了良渚区域的大部分湿地、水域、部分小型古祭坛。良渚广场今后将会依山建成大小不等的小村落、创意产业园等，建设成一个旅游功能区。

图 10-15　浙江良渚国家遗址公园

四、登封“天地之中”历史建筑群

登封“天地之中”历史建筑群具有多个中华之最，是中华文明一体多元文化融合创新的腹心。在这里现存中国最早的天文建筑观星台、中国最早的古建筑汉代三阙、中国最精美的密檐式嵩岳寺塔、中国最早的儒家理学发祥地嵩阳书院。这些古建筑在世上绝无仅有，具有不可替代的唯一性。中国道教起源于东汉。佛教东渐最早的寺院也在东汉。佛道同时源于东汉时期的都城洛阳，把紧邻洛阳的中原嵩山视为立于天地之中的修行之处，因而使嵩山域内深受佛教文化和道教文化的濡染，促成崇福宫、中岳庙、崇唐观和慈云寺、少林寺等一批道观、寺院相继建成，佛道文化弘传至今，历久不衰。

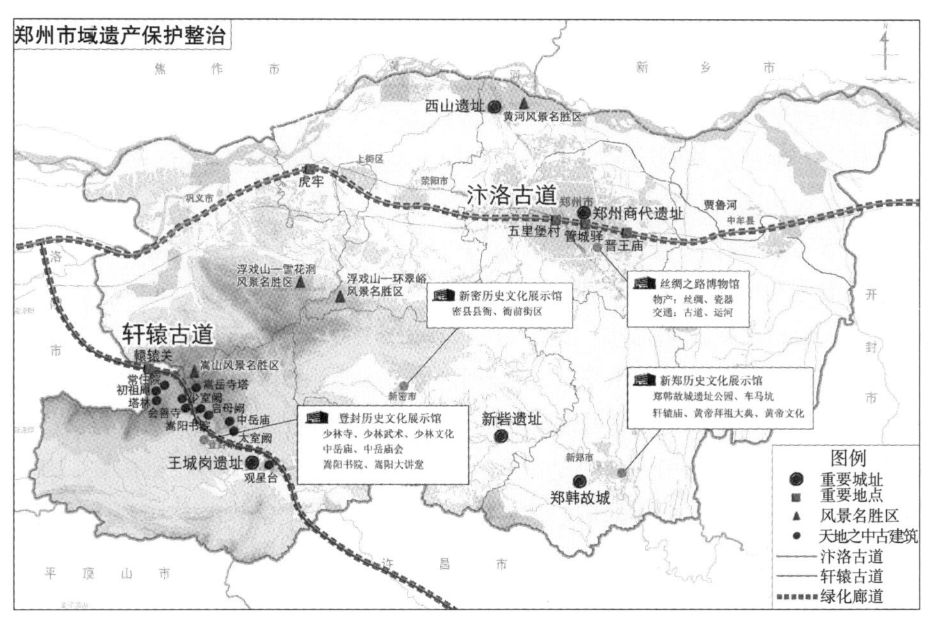

图 10–16 郑州市域遗产保护整治

历代在嵩山域内遗存的各类建筑蕴含了中国古代政治、经济、社会、历史、地理、天文、哲学、思想、文化、艺术、建筑、技术等极其丰富的精神内质，通过建筑与自然人文环境的语言，诠释了中原文化的构成不仅是作用于视觉感官中的中原物态文化，而且还有中原制度文化、中原祭祀文化、中原艺术文化、中原民俗文化和中原心态文化等。因此登封天地之中历史建筑群的保护应当与世界文化遗产的地位相适应，严格实施保护规划，在切实保护好建筑本体及其遗存的自然人文环境同时，采取多样形式整理、解读、彰显文化特色与内涵，传承和弘扬具有中原特质的华夏文明优秀文化。

五、县市重要文化遗存

新郑、登封、巩义等省级历史文化名城保护需在相关规划的指导下进行文化遗产保护，突出历史城区、历史街区、文化保护单位3个层次的名城保护体系，展现城市历史人文特色。

此外，新郑市可以将郑韩故城辟为遗址公园，保护并恢复部分古代夯土城垣，展示宫殿、作坊、铸铜、铸铁、制骨、制陶等遗址分布格局。同时，以轩辕庙为中心，抓住黄帝文化的核心，塑造人文初祖在物质生产生活尤其是农耕文明方面的创始意义。

登封市可以在历史建筑群中突出少林寺、中岳庙和嵩阳书院的宗教哲学文化。嵩阳书院是我国古代书院发展史上现存的重要代表，是社会文化活跃的见证，可以依托嵩阳书院开展论坛学术活动、国学教育普及、私塾讲学修身等，如开设嵩阳大讲堂，提升河南乃至中原地区的文化交流水平。

荥阳、中牟、新密等城市也可以根据本地区的文化遗存，结合区域发展战略突出本地区的文化价值特色。荥阳重点与郑州惠济区在古荥地区的文化遗产保护方面加强合作，突出这一地区的历史地位。中牟在郑汴一体化建设当中应当考虑历史和周边的地理环境，虽然黄河中游已经建设小浪底水利工程，大大减少了下游地区的防洪需求，鉴于这一地区古代为圃田泽，明清才因屯垦逐渐淤塞，而且现今的黄河河床已高出地面20～30米，在城市建设和文化项目建设方面应当顾及防洪、泄洪的需要，如在某一片区使农田下沉，以备防洪之需。新密的县衙和附近的民居建筑是中原地区保存相对较好的城池格局缩影，建议以县衙为中心，将县衙南面的一片民居、街道稍加整治、恢复，呈现中原地区古代城市礼制文化、民俗文化以及古密国的历史等，远期考虑古城城垣、重要建筑等整体形制的恢复。

第四节　工业遗产及优秀近现代建筑的保护整治

一、保护原则与目标

将工业遗产技术价值依载体的不同加以分类，对认识工业遗产价值以及工业遗产保护对象具有积极作用，现对工业遗产技术价值重要载体——机器设备与生产工艺的关系进行总结，分类如下：第一类，工业遗产没有工艺流程，技术价值以设备为载体，设备的进步直接带动行业的发展，如机器加工业。第二类，工业遗产有工艺流程，但仍然是以设备的进步带动行业的发展，工艺流程仅仅反映生产的程序，对于这类工业遗产的技术价值，其载体仍然为设备。第三类，工业遗产的技术价值以工艺流程为载体，该类型包括整个工艺流程或大部分工艺流程的全面革新带来行业的进步，如各类化工企业；还包括局部工艺流程或工艺流程的关键环节的革新带动行业的进步，如水泥工业等。由于工艺流程无法像机器设备一样直接呈现在面前，因此需要深入研究，达到《下塔吉尔宪章》中所说对“生产工序”的全面掌握。第四类，工业遗产的工艺流程和各个环节的设备不断互动，设备进步能带来工艺流程的改变，研发出新的工艺也需要新的设备完成生产，如纺织工业。这类工业遗产需要系统研究工艺的研发过程、工艺与设备的关系等，然后确定科技价值的载体。

根据上述分类，在郑州的文化遗产与城市更新发生冲突时，只有抓住工业遗产的核心价值，认定保护对象，才能确定工业遗产的生产线应该全部保留还是局部保留，工业建筑应该原状保护、改造还是拆除。综上所述，工业遗产的科技价值由于各行业生产方式的不同，认定方法存在着较大差异。多数工业遗产的技术价值以设备为载体，但也存在一些以工艺流程为科技价值核心的工业遗产。

二、保护思路与方式

1. 保护思路

针对遗产自身发展脉络在时空与社会变迁中所产生的影响，对核心工业遗产进行分类探讨。围绕保护对象与技术之间的联系，以“保护建筑艺术”“保护典型工艺设备及其流程”和“闲置空间再利用”为主要保护思路。设定工业遗产保护范围、内容，并和地区整体规划发展相衔接，以工业遗产及优秀建筑再利用促进城市复兴。

2. 保护方式

工业遗产及优秀建筑是历史文化名城保护规划的重要组成部分，不同于古建筑文化遗产的保护，工业遗产一般具有高大宽敞的空间、简洁明了的结构特征，并且在不改变工业遗产历史建筑风貌的前提下具有空间功能重塑的无穷灵活性，因此工业遗产及优秀建筑的保护方式需要与其他遗产保护方式区别对待。郑州市的工业遗产及优秀建筑保护方式可归为以下 4 个核心内容：

（1）设立郑州工业遗产及优秀建筑价值评定标准。郑州市在经济社会全面转型发展中，和大多数工业城市一样，面临着“退二进三”的产业结构调整问题。在这一转化过程中稍有不慎，势必带来大量工业遗产遭到拆除破坏的结果。因此对于郑州的工业遗产及优秀建筑需要进行认真研究分析，把历史悠久和具有重要价值的、能够代表某一时期和郑州市工业文明阶段性特征的工业遗产保留下来并进行分类，在这个过程中涉及对调查对象的价值评估并建立价值评定标准，这对认识工业遗产价值以及工业遗产保护对象具有积极作用，现对工业遗产技术价值重要载体——机器设备与生产工艺的关系进行总结，分类如下：

第一类，工业遗产没有工艺流程，技术价值以设备为载体，设备的进步直接带动行业的发展，如机器加工业。

第二类，工业遗产有工艺流程，但仍然是以设备的进步带动行业的发展，工艺流程仅仅反映生产的程序，对于这类工业遗产的技术价值，其载体仍然为设备。

第三类，工业遗产的技术价值以工艺流程为载体。该类型包括整个工艺流程或大部分工艺流程的全面革新带来行业的进步，如各类化工企业；还包括局部工艺流程或工艺流程的关键环节的革新带动行业的进步，如水泥工业等。由于工艺流程无法像机器设备一样直接呈现在面前，因此需要深入研究，达到《下塔吉尔宪章》中所说对“生产工序”的全面掌握。

第四类，工业遗产的工艺流程和各个环节的设备不断互动，设备进步能带来工艺流程的改变，研发出新的工艺也需要新的设备完成生产，如纺织工业。这类工业遗产需要系统研究工艺的研发过程、工艺与设备的关系等，然后确定科技价值的载体。

（2）建立郑州工业遗产及优秀建筑保护数据库。工业遗产保护的前提和基础是在对郑州市近现代工业发展脉络进行梳理和调查研究。要做好工业遗产及优秀建筑保护的信息采集工作，并利用 GIS 技术建立数据库。数据库的框架拟分为“城市企业”“工业遗产个体”两个层面。城市企业层面包括工业遗产厂区、重要建构筑物、重要设备、工艺流程等基础信息；工业遗产个体层面包括制定工业遗产保护规划所需要的全部信息。信息库的建立基于郑州市工业遗产普查所获得的成果，由市规划局牵头，在全市范围对于工矿企业开展信息普查采集活动。

（3）着力于保护工业遗产及优秀建筑本体及周边环境。工业遗产的保护以保护工业遗产和优秀建筑物本身为根本立足点，在对遗产的历史及周边环境进行研究后，按照具体情况对现有遗存进行恢复或改造。应注意遗产建构筑物的名称、类型、始建年代、建筑结构、单体建筑面积、层数、高度、质量、修缮或改造状况、设备、建筑价值等状况都是工业遗产及优秀建筑本体保护的组成部分。对工业遗产及优秀建筑周边环境进行配套保护，重视道路绿化、景观节点、道路交通和居民状况等环境保护。

（4）致力创新发展工业旅游为主要开发方式。工业旅游不同于自然风光和人文资源旅游，它在满足游客好奇心和求知欲的同时，可更新并优化企业的资源，创新传统老式企业的获利途径和发展思路。郑州在工业旅游的开发上，要创新思路，根据工业遗产及优秀建筑的不同类型分类进行开发。如针对西部棉纺织工业遗产的改造，通过现实遗存情况，认为目前最好的发展途径是在国棉三厂保有的苏氏历史建筑内建立棉纺织工业遗产博物馆，以展览的形势吸引人群，再进一步开展纺织体验游。以此为立足点打响郑州作为近代棉纺织工业重心的品牌口号，发展高端制衣产业实现招商引资。

郑州市的工业遗产普查、建档、规划、利用，是经济社会转型发展中的一个重要话题，应当及早统筹安排部署。当务之急需要明确主管部门职能，整合学术力量，组织专家学者对郑州工业遗产的界定、价值评定标准、保护利用导则进行深入探讨，达成共识与合力。要把工业遗产保护利用，纳入郑州历史文化名城保护与发展战略，使之成为传承工业文明、实现经济社会转型期的重要抓手，在实施中原经济区协同发展重大国家战略中脱颖而出。

三、再利用方法和利用模式

利用方法

工业遗产及优秀建筑的再开发作为城市更新的一项具体内容，受制于社会、经济发展水平等客观因素，以及决策者的开发目标、价值取向等主观因素，现依据工业遗产及优秀建筑不同的保护和利用目标，将其划分为以下 3 种模式。

工业遗产及优秀近现代建筑再开发模式　　表 10-2

模式	特点	适应性	成功案例
新建为主	偏重于场地的空间价值、土地价格、开发用途、开发强度，强调的是土地的经济价值和物质属性，而土地及其附设物的非物质性（时间属性等）价值次之。这主要是面对城市空间政策重大调整，有大规模的开发项目引入，而且原有的产业功能的任何调整方案都无法与现有的功能目标相容	1. 多以大规模的更新为主，且出现在功能性衰退为主的地区或城市更新的初期； 2. 出现在一些开发案例的初期	加拿大多伦多码头区再开发、日本横滨“未来港湾 21 世纪”（MM，21）、伦敦 Dockland 地区改造的第一阶段
改造再利用为主	偏重于基地的历史文化、景观或生态等价值，开发侧重在景观角度，改造中采取的是保留再利用，改变原有使用功能，但在空间与风貌上保存历史特色，挖掘其历史、工业文化价值，对产业型历史建筑与历史地段进行保护性开发，遵循对现有设施的发展优先于任何形式的新的发展的原则，恰当地增加公共设施和室外公共活动空间，使保护与改造有机结合起来	在欧美较为普遍，多用于以结构性衰落为主的地区	英国卡迪夫（Gardiff）码头区开发、加拿大温哥华格兰维尔（Granville）岛开发

续表

模式	特点	适应性	成功案例
现状保存为主	主要是对具有重要文物价值的历史建筑，采用完整保存、严格修缮的方法。要求历史遗产具有原真性，是一种较为保守的、静止的保存方法，但对于少部分特殊重要的工业类历史建筑与历史地段却有重要的意义	主要适用于世界遗产地、国家各级文物保护单位等	德国鲁尔区埃森关税同盟煤矿以及工业区

郑州地区工业遗产及优秀近现代建筑的再开发方式　　表 10-3

遗产类别	新建为主	改造再利用为主	现状保存为主
工业遗产		郑州第二砂轮厂；郑州国棉三厂；郑州黄河机械厂；郑州金阳电器有限公司；国营嵩山机械厂；郑州煤矿机械集团股份有限公司；火车站；郑州第二面粉厂；金星啤酒厂；郑州纺织机械股份有限公司	郑州新力电力有限公司；郑州铝业股份有限公司；郑州宇通重工有限公司；黄河铁路大桥
优秀建筑	郑州绥靖公署大礼堂、南乾元街 75 号院、东方红影剧院	郑州国营第三棉纺厂办公楼、大门、居民楼等；天主教堂修女楼；铁路局北院办公楼、北大女清真寺	郑州市委、市政府办公楼；嵩山饭店主楼；河南宾馆；河南饭店

由表 10-3 可知，郑州工业遗产及优秀建筑的再开发模式主要以改造再利用为主，改造中采取的是保留再利用原则，即改变原有使用功能，但在空间与风貌上保存历史特色，挖掘其历史、工业文化价值，对产业型历史建筑与历史地段进行保护性开发，遵循对现有设施的发展优先于任何形式的新的发展的原则，恰当地增加公共设施和室外公共活动空间，使保护与改造有机结合起来。以现状保护为辅，对具有重要文物价值的历史建筑，采用完整保存、严格修缮的方法，保持历史遗产的原真性，如对二七纪念塔的保护就属此类。最后以新建为补充措施，如被拆迁的 5 处优秀建筑，可采用新建的方式还原风貌。

利用模式

旧工业建筑改造与再利用对于当今的城市发展有着历史文化、艺术审美、生态文明、经济效益等多方面的价值，其成功与否不仅关系到城市的短期利益，也影响到城市的未来发展。成功的旧工业建筑改造与再利用能塑造城市灵魂、彰显城市形象、增强城市特色、提升城市活力。而综合考虑城市规模、城市职能、城市环境等各方面因素对改造与再利用的模式进行正确选择是取得成功的关键一步。

不同类型的工业遗产保护与再利用方式比较　　表 10-4

类别	历史文化价值	再利用方式	改造后的功能用途
工业遗产	工业技术的里程碑，具有典型性和代表性的工业物质遗存	完全保存	原真性展示，博物馆式展示
工业遗迹	具有一定历史文化价值，地方性和普遍性的工业物质遗存	整体保护＋适应性再利用	工业景观背景下的文化、教育、休闲、娱乐活动
工业旧址	较少工业技术价值，承载地方历史信息和集体记忆的工业物质遗存	大规模改造与再利用	场地历史符号与工业景观元素

四、再利用重点项目策划

工业遗产及优秀建筑的再利用，是以旧工业建筑的再利用为目的，用创造性的设计手法，对旧工业建筑进行更新改造，促进城市旧工业区复苏，使之与城市发展有机融合。根据郑州城市整体发展状况和历史文化保护的现状，郑州老工业及优秀建筑的重点保护选择具有重要的战略意义。郑州东区城市建设发展迅速，但西区城市公共服务设施建设相对落后。因此，将工业遗存与城市公共设施相结合可谓一举两得。探寻郑州工业遗产创意再利用的模式，需要现场调研分析实际情况，结合目前郑州市城市建设与更新的相关政策与形势，做到统筹兼顾。

本节拟选择郑州国棉三厂及铁路专用线、二砂集团作为重点策划项目，就遗产的总体布局和空间形态及利用方式展开探讨，并结合旅游大战略对其改造提出意见。

1. 郑州铁路线——城市景观模式

图 10-17　二七广场示意图

铁路文化广场：结合二七纪念塔及民国商埠区打造“铁路文化广场”。主要目标是形成一座保留、展示工业与铁路文化的休闲文化公园，意在突出铁路文化景观主题，同时将绿化景观、市民休闲活动相结合。成为集文化性、景观性、参与性为一体的综合性市级主题公园。对于郑州这座处于人口快速增长期的城市来说，城市地下空间的利用已经是大势所趋，得到了郑州市政府的空前重视。郑州市轨道交通 1 号线已经于 2013 年 12 月底正式通车，同时与之配套的地下过街通道、地下停车场等也日益完善。因此可在二七纪念塔所在的二七广场附近打造“铁路文化广场”。

地铁地下文化：根据发展规划，郑州市轨道交通远期规划达到 17 条线路。地铁的大规模建设，为郑州市地下空间的开发利用创造了良好的条件。在与铁路线交汇的地铁站地下公共空间中引入各类展览、公共艺术活动，能够为民众提供更为丰富的精神体验，改变在地下空间单调乏味的心理感受。地下公共空间的展览有其自己的特性，与博物馆、美术馆等的展览是不同的。在博物馆或者美术馆，观众可以驻足慢慢欣赏，而在地下公共空间则不同，流动性高、穿梭速度非常快，所以展览的内容需要更加鲜明、直接，适合各个年龄层的市民观展，且对主题的提炼程度要高，必须在很短的时间内吸引公众的注意力，这样每天都能看到，在潜移默化中发挥效果。曾经为社会的发展做出了不可磨灭的贡献的郑州的老工业区，其丰富的工业遗产正是最好的资源。随着郑州地铁 5 号环线的开工，把同样是厂房林立的南阳路沿线同桐柏路两侧老工业区连接起来，人们也将重新回味“旧时光”。在郑州地铁 5 号线选取一个站点举办工业遗存展览，让市民、游客有机会感悟这座城市的工业文明，给不同年龄、不同知识层次、不同背景的公众传达工业遗产保护的理念。

中原铁旅：郑州铁路局地处中原，是华夏文明的发源地，也是全国路网的中心，跨及三省，铁路局本身拥有丰富的历史文化内涵，加之铁路沿线著名的人文景观也是星罗棋布，但目前郑州铁路运输主业品种依旧单一，整体盈利能力不强。因此如何发挥郑州铁路优势，就需要营造铁路与文化产业相结合的局面，推动郑州铁路局“中原铁路”品牌的打造，建设铁路旅游专列，加强“中原快车”品牌建设。进行细致的市场调查和研究，根据游客的需求在线路设计和专列产品开发方面不断进行完善，仿照近年推广的“夕阳红”“魅力港澳”“走进湘西”“云贵爸妈专列”等产品组合，打造属于郑州特色的铁旅产品。

2. 郑州第二砂轮厂——综合模式

确定二砂利用的功能定位和整体思路必须尊重当地自然环境和社会环境。结合二砂厂区环境、基础条件、周边发展状况和历史文化等因素，拟将其打造成同时具有商业办公、创意产业、展览观演、休闲娱乐、生态住宅及公共绿地的综合性多功能产业园区。

二砂地理位置优越，交通设施便利。厂区东北侧周边区域人口密集，不仅有学校和城中村，而且与路对面的万达国际影城遥相呼应，故可将商业办公区集中在厂区东侧沿华山路分布，引导人流从厂区主入口进入。随着办公行为的转变，单一的工作隔间逐渐被大空间多人共处的工作间所取代，厂内具有较高保存价值的办公主楼和主要厂房的原有建筑结构有利于空间的灵活分割，高大的建筑体块和楼层也有利于空间视野的开阔，满足建造大型商业办公空间的硬件要求。

（1）发展创意产业：工业遗产改造为创意产业园有着得天独厚的优势，厂房仓库结构开阔宽敞，可随意对其进行分隔组合、重新布局，适合艺术家等创意产业从业者使用；而老厂房、旧仓库背后所积淀的工业文明时期的历史印记更能激发创作者的艺术灵感。

（2）举办展览观演：二砂主厂房内部空间宽阔，层高高度大，可利用这一的特性，将其部分改造成为工业历史展览馆，部分改造成剧场，居民和游客在园区内放松休闲的同时，可以时刻接受艺术的熏陶；豫剧爱好者可自发组织剧场活动，为园内带来活力，弘扬地域文化。

（3）提供休闲娱乐：该区域的废弃厂房体量小、数量多、分布均匀，适合发展餐饮、酒吧、咖啡馆等休闲娱乐设施，园内可引入本地特色美食、手工艺展示、传统文化等行业，在改造中遵循“整旧如旧”的原则，融合后现代设计元素的大胆创新，为游人提供舒适的休憩空间；利用户外走廊贯通一、二楼，并建造多处水景及叠瀑，构建风情独特的休闲娱乐区。

（4）营造生态住宅：厂区毗邻大片绿地的生态住宅区，绿化程度高，可有效降低空气污染，改善住宅区小气候，有利于居住区美感的表达。与传统旧建筑相比，废旧工业建筑主体结构坚固、空间可塑性强，在当今城市居住空间紧缺的情况下，将废旧工业建筑改造成多层小空间的组合，是提升土地利用率与容积率的有效途径。在户型设计上，充分利用环境特点，使主要空间享有最佳景观；在住宅的改建中，使用环保建筑材料，加大绿色建材的使用量，推进资源回收与开发的应用力度；在外观设计上要凸显工业文化特色，与厂区内环境相协调。

（5）培育公共绿地：厂区西北角的生产厂房和钢材库等损毁严重，生产废料长期得不到有效处置，存留大量有害物质，致使空气中粉尘污染严重。可利用区域内原有的两条铁路支线将其改造为以铁路为主题的公共绿地，以工业带和景观穿插为主要特点，达到净化空气的目的，为西南角的生态住宅提供有力保障。

（6）修复优秀建筑：现阶段，二砂厂区内大量优秀工业遗存没能发挥出其应有的价值。比如由民主德国援建的主体厂房立面线条独具风格、光线充足，此种厂房具有结构坚固、空间高大的特点，对于这些技术和艺术价值都较高的厂房，在保留其原有的建筑形制的情况下运用多种设计手法对其进行功能置换。可以利用厂房空时的特点，灵活布置，把空间进行重新组织划分，在充足空间结构内可以适当考虑运用特殊材料进行设计，例如在建筑空间内使用大型的玻璃进行隔断，空间各部分在功能上互不影响，使用者不会被彼此打扰到的同时，又可以体现出建筑的通透感，这种手法可以较完善地保存老建筑原本的设计风格，让人感受到建筑的历史气息。厂房高大的开敞空间也可以用开放的方式改造，对其进行加层设计，增大厂房的空间使用率，增加各种风格设计的可能性，但在加层设计中，要注意空间内的视野通透性，最好做到水平面上畅通无阻和上下层之间的视野开放。在空间环境的改善上可以在建筑空间中引入景观绿化的设计，在展现建筑空间生态性的同时增加空间的活力。在建筑立面的改造上，虽然要做到修旧如旧，但也要根据每个厂房不同的特质去进行改造。在改造中可以适度修缮，尽可能地保留建筑原有风貌。而对于厂区内临时加建或者损毁严重毫无研究利用价值的附属建筑，则可以直接拆除。

3. 郑州国棉三厂——博物馆模式

工厂主体办公楼和主体厂房连为一体，属于20世纪50年代“民族形式、社会主义内容”建筑方针指导下的建筑风格。主体厂房为单层，总建筑面积达6.5万平方米，结构质量较好，其他附属性建筑总体质量较差。城市设计以“中原纺织博物馆”为主题，将其打造成郑州棉纺织工业发展历史及成就展览点。棉纺织工业主题博物馆是将保存较好的国棉三厂办公楼和大门，以及有较高历史文化价值的生产厂房设为博物馆的主体部分，通过整体环境的改造再现工业工业生产工艺和生产场景，并通过改造内部空间和保留原有工业生产构件，展示生产工艺流程、生产技术、生产设备、工业产品等，将体现郑州棉纺工业发展轨迹的旧工业建筑或者旧工业建筑群转变为以棉纺工业展示为主题的博物馆。由于旧工业建筑本身是展示品的一部分，因此在改造过程中，要对建筑原貌做最大限度的保留和保护，生动而全面地展示工业时代的工业生产场景。改造为棉纺工业主题博物馆的开发策略，在满足工业博物馆展示功能的同时，也有利于开发工业旅游，其改造成本较低，最大限度地节约了社会资源。

郑州工业遗产保护的博物馆模式再利用项目　　表10–5

项目名称	项目选址
中国铁路博物馆	郑州市二七区郑州站
中国铝业博物馆	郑州市上街区中国铝业河南分公司
中原纺织博物馆	郑州市中原区国棉三厂
中国砂轮工业博物馆	郑州市中原区第二砂轮厂
中国煤矿机械博物馆	郑州市中原区郑州煤矿机械集团股份有限公司

第五节　名镇名村和传统村落、民居的保护整治

一、名镇名村和传统村落的保护整治

历史文化名镇名村传统村落保护发展工作应该遵循这样一条规律：保护和发展并举，以发展促保护，在保护中谋发展。具体可分为5个步骤：第一步，以保护为主。坚持执行国家法律法规、制度政策，尽最大的努力保护原貌，修旧如旧，要建设有形或无形的围墙，做到保护文物古迹毫不含糊。对后来在古建筑周围建起的没有保存价值的建筑，经专家鉴定后，进行拆迁；第二步，科学发展。政府、专家和当地居民共同参与制定和落实好科学发展规划；第三步，充分利用，争取效益最大化。在切实保护的基础上，充分挖掘中华民族的历史文化底蕴，弘扬优秀的民族精神和光荣传统，争取经济效益和社会效益的最大化，增加当地居民收入，改善他们的生活；第四步，加大宣传力度。利用现代宣传媒体，讲究宣传的思想性、艺术性，可读性，不断扩大宣传范围；第五步，撰写地方志，要让镇志、村志成为留给历史的纪念和遗存。这5个步骤也可以归纳为“五化”：保护发展法制化、科学修缮规范化、利用效益最大化、宣传工作精细化和及时建档史志化。根据这个思路，我们选择郑州市部分名镇和传统村落作为典型案例分析策划，目的是在严格执行有关国家法律法规制度政策的前提下，力争从不同的角度提高保护发展的科学性和可行性。

1. 名镇名村的保护整治

（1）黄河文化名镇——古荥

位于惠济区的古荥镇是2009年国家有关部门公布的第四批历史文化名镇之一。从古荥镇紧邻黄河的地理位置、美丽的自然景观和悠久的历史文化角度，我们把它的价值名称策划为：“黄河文化名镇——古荥”。

建议：重点保护古荥汉代冶铁遗址、古荥阳城遗址、黄河文化景区，大力发展集群旅游业。

①在科学保护汉代冶铁遗址的基础上，把古荥汉代冶铁遗址发展扩建为：“人类冶铁历史博物馆——最早的高炉冶铁遗址”。

汉代冶铁高炉是世界最早的椭圆形炼炉，也是当时世界上最大、最高的炼铁炉，比欧美国家早1800年。展示人类冶铁历史与前景，一方面可以普及科学技术知识，另一方面可以让观众了解中华民族在世界文明发展中的地位和贡献，

增强民族自豪感和自立、自强、自信意识。博物馆内可以采用文字、图片、实物、影视录像等形式布展。

②修建“古荥阳城遗址公园”。

遗址公园内以保护古城墙为主，建展厅普及历史知识、介绍古荥镇历史典故，建影视厅放映有关影视片或演出古装戏曲，并开展拍摄古装照片等营利活动。

③加强黄河文化景区建设。

请著名园林专家设计并指导施工，进一步绿化美化黄河风景名胜区、黄河大观、大河庄园等具有独特风貌的自然和历史文化景观。

④参照意大利经验，建设“分散式旅馆”。

在镇区旅游景点内，允许旅馆经营者在一些具有文化、历史、艺术、生态和建筑价值，但逐渐衰落的古老村落租赁或购买一些闲置的房子，改建为接待登记、公共活动、餐饮等场所和住宿的房间，这些房子不在同一座建筑中，分散于村镇的不同地点，向游客提供一般旅馆应该提供的全面服务，同时要遵守有关传统旅馆的其他所有规定。

⑤制定科学规划，积极争取资金。

镇政府应对保护发展规划方案广泛征求意见，在请各方面专家科学论证、吸纳当地民众合理诉求和建议的基础上，报请上级有关部门审批并争取必要的资金支持。

（2）华夏郡县重镇——颍阳

位于登封市西南部的颍阳镇是2014年4月河南省政府公布的历史文化名镇之一。颍阳镇自古为郡县重镇，夏朝初为古“纶国”，少康中兴时名为“纶邑”，周朝为颍邑，春秋时期属郑国，战国时期属于魏国。颍阳是中华民族的重要发源地之一，境内名胜古迹繁多，自然资源丰富，具有发展工农业生产和研究历史文化、发展旅游业等多项重要价值。为此，我们把它策划为：“华夏郡县重镇——颍阳”。

建议：重点保护远古遗址与文物古迹，发展紫云山景区为主体的旅游业，科学发展工农业生产。

①科学规划，认真落实。

运用现代科学技术，投入适当人力、物力、财力，切实规划并保护好镇域内历史文化遗址：仰韶文化时期的颍阳遗址、龙山文化时期的郭寨遗址、刘相遗址。对现有的16处市（县）级重点文物作科学保护规划并给予资金支持。

②建设遗址公园，弘扬民族文化。

选择交通便利、自然条件优越的遗址处，建遗址公园，园内除遗址保护外，建一所“华夏郡县重镇——颍阳”历史博物馆，展出历史文物、古镇史料、历史文化、故事等，以弘扬中华民族优秀传统文化与美德。

③发展特色产业，振兴颍阳经济。

一是大力发展旅游业。充分利用颍阳靠近世界历史文化遗产“天地之中历史建筑群”，人文和自然旅游资源丰富的优势，保护、建设和管理好紫云山景区为重点的旅游景点和线路，发展分散式家庭旅馆，努力提高服务质量，创造国内外高水平的旅游品牌。二是大力发展农业。颍阳气候宜人，土地肥沃，水利资源丰富，农业生产条件较好，要继续加强以“三种三养”（种杂粮、烟叶、大棚蔬菜，养猪、养牛、养羊）为主的农业产业化经营。三是大力发展深加工工业。颍阳矿产资源丰富，煤炭深明储量在1.7亿吨以上，硅石藏量达1.5亿吨，石灰石储量达5000万吨，铝矾土储量在10万吨以上，还有大理石、水晶石、钾长石等，均有较高的开采价值。矿产资源虽多，但是挖一点就少一点，而且不会再生。必须尽快改变当前粗放式开采的生产经营模式，大力发展矿产品深加工工业，以减少开采，成倍成十倍百倍或更多地增加附加值。四是发展集贸市场和现代互联网。要充分利用颍阳镇区作为郑（州）洛（阳）连接地带重要的农村人流、物流中心的地理优势，积极发展集贸市场，建设现代化网络经济，继续加快市场经济发展步伐，特别是促进第三产业的快速发展，促进当地人民收入大幅度增长，生活水平不断提高。

2. 传统村落的保护整治

（1）古今商贸重地——大金店老街

登封市大金店镇大金店老街村是2014年国家四部局公布的第三批传统村落之一。由于土地肥沃、物产丰富、水路交通便利，在中国历史上的夏代、金代、民国3个时期，这里曾是重要的商品集散地。根据保护和发展的需要，我们把它的价值名称策划为：“古今商贸重地——大金店老街”。

建议：整体保护，发展特色经济，恢复商贸重地的功能。

①整体修缮保护，室内建设现代化基础设施，增加人气。

任何精美的老旧住宅长期无人或少有人居住也会千疮百孔。因为修缮贵、保护难，大金店老街不少村民为了改善生活条件已搬迁，要想保护发展好传统村落，必须整体修缮，在不改变外观和基本结构的基础上，改善室内建设现代化基础设施，让村民共享现代化生活的便利，这样才能增加人气。

②发展特色经济，恢复商贸重地的功能。

大金店老街村是镇政府所在地，镇区内的经济、政治、文化资源优势有助于恢复这个传统村落商贸重地的功能。大金店镇是登封市的重点工业乡镇，现已初步形成四大支柱产业：高新技术产业、生态高效种植养殖业、文化旅游业、商贸流通业，与大金店老街村交通便利、非物质文化遗产丰富、知名度高等优势相结合，可以形成特色经济、商贸物流共同发展的最佳契机。

③借鉴美国格兰维尔名镇保护的经验。

制定详尽的科学发展规划，努力打造独特品牌。鼓励民众参与，积极听取民众意见，组成由各方优秀代表参与的“传统村落保护发展委员会”，严格规划实施的程序监督，创造一个具有活力的宜居社区和新型商贸重镇。

（2）避暑山庄——柏石崖

登封市徐庄镇柏石崖村是2014年国家四部局公布的第三批传统村落之一。村庄坐落于大熊山森林公园景区内，山清水秀，环境优雅，气候宜人，绿竹翠柏果树成林，还曾是八路军豫西根据地的后方医院所在地，我们把它的价值名称策划为：“避暑山庄——柏石崖”。

建议：整村保护，科学规划，建设度假村和敬老院。

①保护并修复有价值的古建民居，建立豫西抗战纪念馆。

首先，要对柏石崖村做一个科学整体规划，保护修缮，修旧如旧。对部分坍塌的八路军后方医院旧址，要认真修复，并改建为“八路军豫西抗战纪念馆”。其次，对破损坍塌严重的古民居也应按原样修复。对没有保护价值的建筑要拆除清理，使整个村庄凸显幽静整齐，古香古色，让人更加流连忘返。

②加强基础设施建设，创办度假村和敬老院。

柏石崖村自然环境优美但是位置偏僻，村民生活清贫。在发展中，首先要加强生产和生活基础设施建设，比如：利用太阳能、风能发电，铺设通讯电缆，建设卫生保健文化娱乐场所等。其次，利用好得天独厚的自然资源，创办高水平的度假村和敬老院，让山村的乡亲们参与经营、服务等工作，尽快踏上富裕之路。

③借鉴日本经验，把休闲经济和养老经济结合起来。

日本的成功经验是，在小城市和乡村配备像大城市一样健全的基础设施，主动顺应老龄化趋势，把休闲经济和养老经济结合起来，让老年人在晚年找回久违的归属感，做到传统和现代的融合、城市与乡村的结合，代际关系和谐，真正实现“留住乡愁”。

二、传统民居的保护整治

1. 传统民居现状

郑州拥有大量的民居资源，许多民居风貌尚且完整，在民居类型中具有典型的代表性。如郑州上街区柏庙村民居、郑州市沟赵乡东史马民居、荥阳高村镇吴村古民居、巩义大峪沟镇的海上桥村民居、巩义康百万庄园和刘镇华庄园等。

现有民居的分布，农村占多数，城市以及县城为少数；西部山区及丘陵地区占多数，平原地区占少数。分布在城市与县城的民居绝大多数保护较差，原有的环境已荡然无存，建筑坍塌、院落荒废，民居都是孤立存在。而在山区和丘陵地区，民居遗存数量多、规模大、成群成片，许多民居仍有居民居住。建筑虽有不同程度的损毁，但数量质量都较城市为好。

郑州传统民居现有保存整体状况不容乐观，突出表现在以下几个方面：

（1）民居建筑大多数为上百年的老建筑，年久失修且残损严重，许多建筑属于“危、漏”房屋。同时由于现代生活方式的变化，造成传统居住环境与居民的现代生活要求之间的矛盾，居民自发改造甚至更新老建筑的行为有所增加，或者是废弃老建筑、使之无人照管，任其自然破坏。

（2）定为文物保护单位的历史建筑较少，尤其是自身和周边环境遭受到的破坏更为严重，有些建筑虽定为历史建筑，但缺乏政府资金支持，其维持也是举步维艰。

（3）大批量的民居财产易主，即使未易其主，但经过居民的后代分割继承，把完整的民居化整为零。这些房屋所有者因心态不同对民居建筑的珍惜程度各不相同，使得建筑得不到妥善的保护与保存。

（4）在经济大潮中“旧城改造”和“新农村建设”的影响下，引发新一轮的民居损失。旧城改造和新农村建设势在必行，但是对传统民居建筑应该充分论证、做好调研、做好规划，不能一律拆除，造成不可回复的损失。

（5）对民居建筑价值认识的苍白。在飞速发展的今天，只能看到新科技、新文化的成就，而对民居建筑包含的传统文化内涵缺乏深入的认识，对承载传统文化的载体也就不予保护和保留，由于观念上认识不足，导致行动上保护失利、举措不当，对民居建筑造成不可避免的损失。

2. 郑州传统民居建筑保护利用策略

对于传统民居的保护，其目的在于对它的利用。几十年来的保护经验表明，凡是保护得好的民居建筑，它发挥的作用也就越大，凡是发挥作用越大的民居，越受到重视，也就能得到更好的保护。郑州市域范围内的合院式、窑洞式及窑房院式民居，较好地展示了我国封建社会末期黄土高原边区与中原地区的民居风貌，是了解北方传统民居的一个较好的窗口，做好传统民居村落和民居大院的保护与利用规划对发展郑州地区的文化旅游也将起着巨大的推动作用。

在开发利用郑州传统民居建筑的发展过程中，应遵循“保护第一、研究第二、开发第三”的基本原则。即在开发过程中要从积极的保护观念出发，以保护为前提来进行旅游的开发，形成保护与开发的良性循环。应把传统民居的整体环境风貌放在首要地位，严格控制民居的环境容量，抓好区域的环境保护，建设开发要因地制宜，就地取材，不能破坏生态环境。要注意挖掘当地的传统建筑文化内涵，如当地的商业文化、居住文化、民俗文化以及建筑中所反映的区域文化交流的特征。建筑是传统社会中活的载体，建筑的空间组织、形态特征、细部装饰必然包含了对社会生活的缩写，所以历史建筑开发应关注建筑硬传统背后的软传统，正确地反映当地的特色。在郑州传统民居建筑的开发利用中应当以郑州及其周边地区的重要民居院落作为典型,形成不同特色的旅游路线。如：窑洞式民居旅游线路，可以将郑州西部三县市（巩义、荥阳、新密）串联起来，形成地坑窑—锢窑—靠崖窑的一个参观序列。再如：郑州西部有着丰富的民国时期的民居建筑，也可以以民国建筑作为旅游主题来开发旅游线路，这样，将能有效地带动郑州及其周边地区的文化旅游开发。

传统民居的保护、整治与开发利用是一项系统工程，非一两个部门所能为之事。要由政府牵头，文保、规划、建设、土地、环保、旅游等有关部门共同参与，协调动作。既要做好传统街区和传统民居村落内人口的调整工作，制定合理的政策，安置好人口外迁与内居；同时要做好建设用地与建筑功能的调整，形成合理的产业模式；还要做好市政设施的完善工作，使得历史建筑的使用和发展与现代生活更好地衔接；更要做好旅游规划与相应宣传工作，扩大历史街区和传统民居村落的知名度,吸引外来旅游人员,为郑州市的建设投入无限生机。

第六节　非物质文化遗产的保护传承

一、非物质文化遗产的整体保护传承状况

郑州的非物质文化遗产丰富多彩，民间文学、传统美术、传统音乐、曲艺、传统体育与竞技、传统手工艺和民俗等形式多样。保护和传承非物质文化遗产是当今郑州面临的重要课题，自国务院制定非物质文化遗产保护体系，要求贯彻实施“保护为主、抢救第一、合理利用、传承发展”的方针以来，郑州市非物质文化遗产保护在稳步中推进。

1. 成立非遗保护机构，制定非遗保护方案。2006 年 3 月，郑州市成立了非物质文化遗产中心，负责全市非物质文化遗产的保护工作。同年 8 月，实施起草了《郑州市民族民间文化保护工程实施方案》，对市域内民族民间文化的保护和发展起规范作用。

2. 组织非遗项目普查申报，建立非遗档案。自 2006 年起，郑州市积极开展市域内非遗项目普查整理工作，组织国家级非遗项目申报，少林功夫、苌家拳等 6 项被列入国家级非物质文化遗产名录。此外，还建立非物质文化遗产电子

档案，将非遗信息录入数据库。在市非物质文化遗产保护中心多次组织举办全市非物质文化遗产普查和项目申报及代表性传承人培训班，为非物质文化遗产保护培养传承人。

3. 展示非遗实物，举办非遗宣传活动。郑州非物质文化遗产中心利用原群众艺术馆，在馆内陈列展示非物质文化遗产实物，并免费开放。非物质文化遗产中心定期举办一些活动来推广非物质文化遗产的保护和传承，如 2015 年 6 月策划“非物质文化遗产宣传周”系列活动，通过大众传媒的力量让社会更多地认识非遗，参与、支持非遗保护。

郑州市非物质文化遗产中心是推动其非遗保护的重要力量。但郑州非遗保护的总体环境仍旧不太乐观。

其一，在郑州非物质文化遗产的保护传承中，由于很多遗产赖以产生和存续的环境、生产方式、生活智慧、文化人格等诸多因素日渐缺失，给保护工作带来了困难，如何突破这些难题成为当前非物质文化遗产保护的重中之重。具体表现就是郑州非物质文化遗产的有形文化少，无形文化多，无形文化遗产有形化难度高。非物质文化遗产传承人缺失，很多遗产面临着后继无人的严峻形势。且目前欠缺专门用于非物质文化遗产保护的专项资金，大部分遗产的商品化程度低，无法直接转化成经济收益反哺遗产的保护。另外，非物质文化遗产项目众多，如何采取更合适的方式进行保护也是难题。这些问题都是全国的非物质文化遗产保护面临的普遍难题。郑州非物质文化遗产的保护需要在非物质文化遗产中心的倡导下致力于把无形文化资源加以物化，有效地将其转换为有形的文化资源。

其二，一些非物质文化遗产因为现实条件的制约，保护传承现状堪忧，如登封窑烧制技艺、民间文学及历史名人、民间信仰等。登封窑面临的现状与河北邯郸磁州窑面临的状况相似，目前来说，登封窑遗址和陶瓷标本损毁严重，资料搜集、标本搜集和研究均显不足，烧制技艺面临着缺乏传承人的危机。目前，仅有一个厂和极少数的传承人在坚守传承，需要及时地加以保护。由于地处中原腹地，历史文化悠久，郑州市域内的民间文学丰富多彩，且多具有较好的知名度和文学价值，例如黄帝传说、潘安传说、许由传说、列子传说、洛神传说等，这些民间文学在文学作品和中小学教育中具有极高的知名度，但就现实利用状况来说却显得差强人意，并未找到合理的商业模式对其进行利用。民间美术、民间舞蹈、民间音乐和传统手工技艺，如小相狮舞、超化吹歌等具有相似的境遇，这些非物质文化遗产的地域性强没有融入主流社会，一般选择亲民路线，成为当地民众陶冶情操的首选。由于这些非遗主要是来源于民间，具有血源性、农耕性和封闭性的特征，因此在城市化进程中出现脱节的现象，如今面临的最主要的问题就是缺乏项目传承人。民间信仰是中国最重要的一种信仰之一，在历史和现实生活中发挥着重要的作用。在改革发展的新时期，农村民间信仰发展受到多方面的影响，在民间信仰复兴的大背景下，郑州民间信仰有些功能在减弱，尤其是农村的民间信仰呈现出衰落的迹象。郑州市域内最具知名度的非物质文化遗产当属新郑黄帝拜祖大典和少林武术，二者分别属于文化空间和传统体育竞技类非物质文化遗产，二者在非遗的保护和发展上具有示范和带头作用。

总的来说，郑州市作为文化遗存丰富的中原大都市，在保护与传承发展非物质文化遗产方面取得了一些成就，建立了系统的保护与传承机制，新的非物质文化遗产不断被发现，理论研究也不断向纵深方向发展。然而不足之处也显而易见，尽管部分非物质文化遗产得到保护和弘扬，如新郑黄帝拜祖大典、少林武术等享誉国内外，得到了大力的保护和宣传。但由于郑州非物质文化遗产种类多、总量大，大量的非物质文化遗产并未得到有效的保护。

二、非物质文化遗产代表性项目的保护传承建议

非物质文化遗产是一个地区文化魅力资源，是经济、社会发展的动力。应处理好非物质文化遗产保护与利用之间的关系，理清思路，创新概念，始终坚持“保护为主、抢救第一、合理利用、传承发展”的工作方针。针对目前郑州存在的“重开发、轻保护”的现象，一方面要防止过度开发，甚至破坏性开发；另一方面，也要在深刻把握非物质文化遗产项目本质特征的基础上，大胆尝试保护性开发，推动相关产业发展。在保护与传承的过程中需要采取不同的方式对重要的非物质文化遗产进行整合，不断挖掘其文化内涵，凸显其文化价值，升华其文化意义，提高非物质文化遗产保护传承工作的科学性和合理性，更好地弘扬郑州地区的传统文化。

1. 重点项目的保护传承建议

在郑州非物质文化产遗产中黄帝故里拜祖大典、少林武术是最具有地域文化代表性的文化遗产资源，并且它们是黄帝文化与少林文化的主要承载形式。这些特色人文遗产资源是郑州非物质文化遗产保护整治的重点，也是郑州作为华夏文明传承创新区建设的重要内容。

（1）以黄帝文化传承为重点规范黄帝故里拜祖大典

黄帝故里拜祖大典作为国人祭拜人文始祖的黄帝的重要祭祀活动，不论对弘扬中华优秀传统文化还是对于新郑的社会经济发展都具有重要的作用。自新郑黄帝故里拜祖大典被公布为国家级非物质文化遗产以来，拜祖大典可谓盛况空前，不仅每次都有重要的国家、省、市领导及全国政协委员出席，而且还有来自港澳台地区及海外国家和地区的华人华侨来到这里寻根祭祖。2015 年的拜

祖大典还举行了与台北市中山堂广场同时同拜黄帝活动，少林功夫小子现身拜祖大典外广场，把少林元素融入黄帝文化。拜祖大典网络传播度更加广泛，大众通过网站、微博、微信朋友圈等多种渠道可以参与网络拜祖。

以轩辕庙为中心的黄帝拜祖大典应当成为传播黄帝文化的主要场所。史载黄帝因有土德之瑞，故号黄帝。黄帝以统一华夏部落与征服东夷、九黎族而统一中华的伟绩载入史册。黄帝在位期间，播百谷草木，大力发展生产，始制衣冠、建舟车、制音律、创医学等。黄帝部族的后裔开创了夏商周文明，并且随着国家疆域的壮大和治理的细化，以西周推行的分封制和宗法制为契机，黄帝部族继续分化为诸多姓氏，成为今天许多姓氏追溯的源流。因此，祭拜黄帝主要是对黄帝本身的感恩，对黄帝传说创造的物质人文表达崇敬，对黄帝时代衍生的后代族裔引导寻根。按照华夏文明传承创新发展的思路，以黄帝文化为核心，拓展黄帝拜祖大典的活动形式和黄帝故里景区的内容是努力的主要方向。

其一，黄帝故里实际上指的是明清以来遗存的轩辕庙，这是祭祀轩辕黄帝的主要场所。根据历代建筑规制，黄帝故里景区的规模不应再继续扩大，以轩辕庙为中心的地区不应当超过古代县衙府署的规模，也不宜扩建为历史时期皇帝所居宫殿的形制。应当在现有的拜祖区、故里祠区、广场区的基础上，仿庙宇建筑的方式隔离轩辕庙与周边地区，在轩辕庙正前方设置祭拜活动场所，以体现黄帝拜祖的严肃性和严谨性。例如景山公园、故宫和天安门广场之间是由北向南分布的，举办重大庆典和纪念活动都是在故宫正前方的天安门广场一侧，古代皇帝祭天也是在城南的天坛。

其二，建议在轩辕庙左右建设“人文始祖纪念馆”和“中华根亲博物馆”。“人文始祖纪念馆”用于展示黄帝的英雄事迹及其物质发明，如衣冠、历法、舟车等，还包括仓颉造字、嫘祖养蚕等。通过实物展示数千年以来物质的变迁历程，展示我国古代农耕文明演进的过程，如历法的变化、文字符号的变化、衣冠的变化等。“中华根亲博物馆”用于展示黄帝后裔的姓氏名录和家族宗谱，如姓氏源流、郡望堂号、宗谱家谱等。通过搜罗历史信息、族谱名册等为人们寻根问祖提供参照和线索。在“人文始祖纪念馆”一侧可以开辟一片山水田园，实物展示古代生产生活用具的使用场景和方式。在“中华根亲博物馆”一侧可以着重建姓氏广场。轩辕庙后方建设植物公园，绿化景区，增添节点。这些重要节点的位置可以在轩辕庙周围。在传统的祭拜活动程序之外，让嘉宾领略黄帝时代以来我国古代劳动人民的创造成就和古朴思想。

其三，积极参与学术交流，宣传探亲寻根活动，倡导道教古法养生。可参考山东曲阜孔子博物馆的经验，修建具有旅游观光、博物展览、文献收藏、学术研究、信息交流和人才培训等功能，同时又是仿古建筑的博物馆，在外围地区建设休闲养生的馆所和休息住宿饮食场所。

其四，将郑州乃至中原地区的非物质文化遗产实物列入博物馆藏展示，并通过表演形式纳入到拜祖大典庆祝活动当中。如将登封窑所产陶瓷、洛阳唐三彩等作为馆内装饰品，在拜祖大典上演唱豫剧经典、表演巩义小相舞狮和荥阳苌家拳、少林武术等，以河南朱仙镇木板年画刻画古代各姓氏名人形象等。

其五，每年在国内有多处黄帝的大规模祭祀，新郑黄帝故里拜祖大典应该加强与国内其他祭祀黄帝地区的沟通和交流。如新郑与陕西黄陵黄帝祭祖大典之间的交流，一方面可使黄帝祭祀文化的特色更加突出，将祭祀庆典文化与墓葬文化区分开来，另外一方面还可不断提高黄帝文化的学术研究成果。

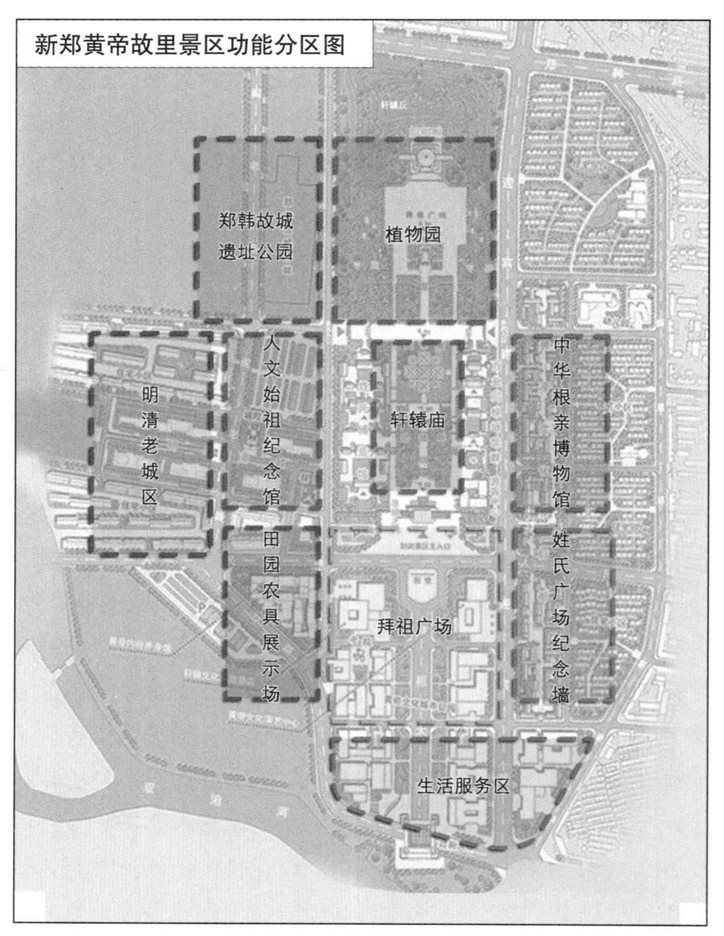

图 10-18　新郑黄帝故里景区功能分区示意图

其六，黄帝故里景区的规划应与新郑历史文化名城保护规划相结合，统筹考虑保护整治与发展建设的重大事宜。在保护郑韩故城遗址、明清新郑老城以及轩辕庙的基础上，以保护新郑历史文化名城、弘扬新郑历史文化为主要政策取向，将黄帝拜祖大典作为名城保护和文化传承的重要抓手，积极将新郑历史文化名城申报为国家历史文化名城，进一步提高新郑的城市地位与形象。

新郑黄帝拜祖大典系列项目统筹　　表 10-6

项目名称	主体内容	要点说明
黄帝文化	农耕、民族、宗教	农耕时代的物质生产生活创造、统一多民族国家民族的团结与融合、黄老之道与民间信仰的传承
黄帝拜祖大典	喜庆、民间、民俗	喜庆而热闹的氛围，庆祝黄帝在此诞生并宣扬其功德；地方主祭的非国家祀典，民间对黄帝祭拜的仪式体现与权力表达；民俗表演，本土化与生活化的演出活动
黄帝故里景区	人文始祖纪念馆、中华根亲博物馆、田园农具展示场、姓氏广场纪念墙	黄帝事迹活动、黄帝后裔变迁，民族主体性的塑造与家族凝聚性的重现。黄帝在农耕文明时代的物质生产生活创造展示，黄帝后裔在历史时期的演变分化
文化交流活动	黄帝文化的交流与传播	新郑轩辕庙与陕西黄帝陵、河北黄帝城、浙江黄帝祠、安徽黄帝源均为黄帝足迹所涉之地而形成的自然或人文遗产，应加强具有共性特征的黄帝文化交流，差异化地体现黄帝文化内涵的丰富性
新郑历史文化名城	申报国家历史文化名城	将省级历史文化名城升级为国家历史文化名城，加强郑韩故城遗址保护、明清新郑城保护、轩辕庙保护以及郑韩文化、黄帝文化的彰显与传承

（2）以禅武结合为重点弘扬少林功夫和少林文化

少林功夫是一项综合的武术体系，其中“禅”字是提高功夫的重要依据，因为“禅”是“外不着想，内不动心”。少林六祖惠能在《坛经》上说：禅乃梵文音译“禅那”，其意译为“弃恶”“功德丛林”“思维修”“静虑”。它的基本含义就是息心静寂地参悟。所以少林功夫和其他派别不同，讲究的是“禅武合一”。在少林武术和少林文化的发扬过程中，应当特别注意突出禅武结合的特点，这是少林文化的重要内涵。

其一，倡导禅武合一的武术教育精神，将修身养性和武术套路结合起来，推广少林武术的内在特点。依托嵩山得天独厚的地理环境，为禅武学习创造良好环境，如在幽静的场地开设小规模的禅武培训班、体验班等。少林武术与太极拳一样，应当融入社会，成为修身养性的活动方式。目前，我国很多地区兴起了一股广场舞风，以现代节奏旋律和舞蹈编排为特点的新式群众性活动得到极大传播，虽然它能够为单调、疲乏的生活提供健身活动的方式，但是其高音喇叭以及群体性无理等对他人造成了极大困扰，也不便于管理。而注重内在修养和动作形式，具有中国传统特色和气息的少林武术以及太极拳术却没能成为风靡的健身方式，因此可以通过对少林武术的形式创新为武术建设和修身养性提供更好的方式。

其二，整合登封市内的少林武校，厘清少林寺与武校之间的利益关系。目前，登封市内少林武校众多，且少林寺与武校有关的利益纠葛不清，登封市应当在当前的社会形势下，下决心厘清少林寺的整体发展状况，然后整合少林武校资源，通过条约规章的约束为少林武术的发展制定共同准则。少林寺作为少林品牌的独特法人形象代表，不应直接参与少林武校的经营管理，而是注重本身武术技能与禅修精神的开拓，通过品牌形象代理和武术教育教学参与利益分配。

其三，注重“少林武术节”品牌的树立与宣传。登封不应将自己多年打造的少林武术节庆活动弃之荒野，而应继续将其发扬光大，将少林武术节打造成为登封城市的亮点。要将少林武术节办出登封特色，继续向国际化、市场化发展，将其办成一场武术文化盛会。可以将少林武术节与少林拳比赛相结合，丰富少林武术节的内容。其中，打破以前过多依靠政府投入的模式，形成现代化的市场化运作模式是正待解决的问题。少林武术表演业与少林武术培训业，可以借鉴如连锁经营等现代化经营模式提升自身竞争力，将少林武术市场从本地拓展到全国乃至全世界。少林武术的品牌建设，也应吸纳社会各界，特别是科教文卫、旅游、城建等方面的力量，从整体上推进少林武术的品牌建设。

其四，重视少林武术传承人的培育。国家很早就将少林武术列入普通学校的课程之中，但是在教学时，却往往停留在技术传授的层次，相对而言对武术文化的提倡还存在着不足。今后，我国应该向对非物质文化保护比较成功的国家学习，通过建造博物馆、与教育结合、和社会互动、维持原生态以及政府立法等手段加大对武术文化的保护和传播。通过武术教育、展示等来提升爱国情怀、增进个人品德修养等。

其五，注重与国外武术类活动的交流学习，尤其是要学习韩国跆拳道的推广经验。韩国的跆拳道更多地融合了文化的因素，而且得到了政府的大力支持。跆拳道不仅在韩国国内得到了弘扬，而且通过国际比赛、文化交流、影视剧作等形式得到了广泛传播，且跆拳道精神也为大众所接受并学习。韩国将跆拳道落实到中小学教育的课程中，既可以增强国民体质，又可以传承民族精神，近年来，跆拳道馆也在中国盛行，国人学习跆拳道成为风尚。我们应该学习韩国跆拳道的成功经验，将少林武术精神贯彻落实到国民精神文化当中，也可将少林武术推广到中小学体育课程中，而整个社会，包括家庭、学校、社区、大众传媒也都应加入到对武术文化的传承之中，通过这种方式必将对少林武术文化的传承发展起到事半功倍的效果。

2. 其他项目的保护传承建议

（1）豫剧等传统音乐的保护传承

郑州市域内的戏剧、乐器、舞蹈等遗产内容丰富，尤其是豫剧艺术作为郑州非物质文化遗产的重要内容，在扩大中原文化影响、推动华夏历史文明传承创新建设上有重要作用。

豫剧的保护传承需要建立在政策的保护、豫剧本身的创新和加大商业推广等多个方面。要重视中国豫剧节的作用，定期举办中国豫剧节并将其打造成重要的文化品牌，通过豫剧节加强郑州与国内外其他豫剧团体的交流合作，达到互利共赢的目的。在诸多重要场合进行表演活动，如黄帝拜祖大典等，还可以借鉴昆曲的成功经验，通过国家资助昆曲项目的建设以及在大学里开展昆曲义务演出等手段对其进行保护。

传统戏剧的保护与传承需要有可靠的、高水平的人才保障，这有赖于培养郑州传统戏剧艺术传承人。戏曲传承人在继承优秀的戏曲艺术的基础上必须进行创新，这种创新是在受到良好教育基础上的创新，是对戏曲艺术文化积累的传承和创新。由于优秀的戏曲传承人具备一般传承人不具备的能力和素养，所以在戏曲表演艺术中要承担传承的主责，只有这样，才能使这项民间文化遗产得到保护和延续，才能受到人民群众的普遍认同和传颂。此外，近年来随着各种不同的新兴艺术对传统艺术的巨大冲击，戏剧类非物质文化遗产的保护需要在继承传统戏剧艺术精华的基础上探索更加科学合理的传承和保护途径。传统戏剧的保护和传承还应该跟随现代数字技术的发展而不断创新，当今的影视艺术可以通过利用光、时间、空间、声音、特技等形成的多维空间，用不同的方式呈现艺术文化，带给观众无限遐想，郑州的传统戏剧也可以借鉴如今的影视艺术传播媒介，结合互联网扩大其传播范围。

（2）手工技艺的保护传承

登封窑目前面临的形势比较严峻，仅有一个厂和极少的传承人在坚守传承。因此，迫切需要为登封窑烧制技艺培养新的传承人，并将此技艺活化起来。在此方面，可仿效河北邯郸磁州窑，考虑在开发出来的遗址处建立登封窑博物馆，为人们提供了解这门技艺的实地场所。

登封窑陶瓷烧制技艺也要朝着高效、节能的方向发展，并需要进行产品形式的创新，尤其是在登封窑传统的“盘、碗、碟”里进行创新，寻求造型的多样化，开发陶瓷壁饰、灯具、花器及各种陈设摆件的多种新形态的产品，进行旅游产品的开发。如2007年中国陶瓷旅游文化节上，开发了十大旅游主题活动：迎奥运、圣火传递、陶之韵文艺表演、现场瓷砖雕刻表演、真人泥塑行为表演、泥塑现场表演、陶艺制作表演、陶艺DIY、陶瓷文化展、陶艺珍品展等，取得了很好的反响，并为以后举办类似的陶瓷文化活动提供了很好的指导。登封窑陶瓷烧制技艺的传承不仅仅是坚守传统技艺，仿造古代制品的观念，更要在继承的古代技术的基础上不断创新，使其跟上时代的发展步伐。在发展登封窑陶瓷烧制产业的过程中，以深厚的文化资源打造具有自主知识产权的产品品牌是其必经之路。登封窑陶瓷产品需要走创新道路，在传统的基础上进行创新，把传统的手工技艺和现代生产工艺相结合，传统的文化资源与现代的设计理念相结合，在制作技术上进行创新，引进先进技术和新设备，提高生产效率，对原材料进行改进，提高产品质量和艺术效果，如改良泥、釉配方，使之产生不同泥料发色和釉面效果，与现代多种材料和技法相结合，增加陶瓷艺术的表现力。总之，登封窑陶瓷烧制技艺的传承依赖于传承人的培养，其发展壮大更依赖于烧制技艺的传承和创新，在现代化社会中，登封窑陶瓷传统手工艺的价值不仅在于对工业生产进行反思与平衡，而且要注重登封窑产品的创造力及更深层次的文化产业发展，在创造产业效益的同时，发挥文化的深层作用。

（3）名人文化的保护传承

合理科学的传承郑州名人文化，首先需要充分认识名人文化资源的战略意义，充分利用这一文化资源，可考虑在城市图书馆、广场、公园、出入城路口等地建立名人塑像和对应的古文物。其次需要有效整合郑州历史名人文化有效资源，结合郑州的旅游文化大环境，形成强势文化旅游资源合力，有计划地修建名人场馆和遗迹，为开展名人文化提供平台与基地，如纪念馆的修建就会提高郑州的知名度。再次积极支持有关名人历史事件和活动的书籍出版、影视创作等，为名人文化宣传提供平台和政策支持。最后，组织名人研究、学术交流等活动，加强历史名人文化研究的专业技术人才培养，培育一批高素质的专门人才，充分发掘历史名人文化的深层内涵。

（4）民间信仰的保护传承

保护、传承与发展民间信仰是21世纪国家非物质文化建设的重大文化发展战略。同时民间信仰也是中国最重要的一种宗教信仰，它在当代社会中发挥着非常重要的作用。信仰受到国家或地区整体的文化风尚的影响，如在互联网商品时代，人们的精神生活来源多来自于网络，针对这种时代背景，要想保护传承自古遗传下来的民间信仰，就需要结合互联网文化、商品社会文化，更新民间信仰传播的方式。以郑州地区的民间文学如洛神传说、许由传说、列子传说等为基础，经过文学和商品加工推广到微信公众号、微商、微博等平台，创造高水平的有深度的文学作品和商品，对于这类非物质文化遗产的传承将起到事半功倍的效果。

ELEVEN CHAPTER

第十一章

郑州历史文化名城旅游发展战略研究

第一节　历史文化名城保护与旅游发展思辨

一、正确处理名城保护与旅游发展的关系

长期以来，在历史文化名城保护工作中，旅游总是被当作一把“双刃剑”。对于历史文化名城该不该发展旅游，如何发展旅游产业，怎样处理名城保护与旅游发展之间的关系，始终存在着困惑和争议。这是历史文化名城保护举步维艰，普遍存在保护不力问题的根本症结之一。

我国的文化遗产保护基于本国的国情。历史文化名城保护制度在 20 世纪 80 年代初建立，派生于文物保护，背景是为适应“文化大革命”后拨乱反正，抢救和保护文物的迫切需要，同年将该项内容纳入了《文物保护法》。因此名城保护完全套用了原状保护文物的思维定式，忽视了历史文化名城是以人为主体，作为活态传承经济社会活动和传统起居生活及其历史文化的固有属性特征，由此带来了思想认识和保护理论上的重要缺失，导致了文化遗产保护与经济社会发展被人为割裂开来。通常情况下往往采取非此即彼的僵化思维，造成保护与发展对立。强调名城保护者认为发展旅游必然带来名城破坏，对旅游项目开发和旅游产业发展盲目排斥；强调发展者以“发展是硬道理”为依据，认为一味保护名城是给经济社会发展设置障碍。两种截然不同的思想博弈，使我国历史文化名城大都陷入了保护与发展两难成全的困境。以致许多历史文化名城政府在筹划旅游发展时投鼠忌器，放不开手脚。1994 年平遥古城保护率先创新了保护与发展并举兼得思路，开辟了一条良性循环的科学途径，其中对经济社会发展的创意筹划，首选了文化遗产旅游开发作为突破口。经过 20 多年的实践探索，历史文化名城保护与发展取得了举世瞩目的和谐双赢成果，成为一种最具说服力的楷模。于是各地历史文化名城纷纷借鉴效法，一改过去万马齐喑的沉寂状态。但是由于片面解读平遥模式的价值内涵，随之而来在历史文化名城掀起了至今不衰的旅游开发热，从一个极端走向了另一个极端。有些地方为了追逐利益最大化，不惜以牺牲文化遗产为代价，把历史文化名城当作摇钱树，随意改变和置换历史文化街区、文物、历史建筑等的原有功能、传统格局、形制特征、建筑结构与材料，甚至大规模迁出保护范围的居民，将历史城区和历史街区夷为平地，进行拆真建假，重新打造明清古城和仿古商业街、假古董，实施掠夺式的过度旅游开发，严重破坏了历史文化名城的价值特色，引起了强烈的社会反响。过度旅游开发造成了名城保护的硬伤，扭曲了旅游发展的宗旨要义，玷污了文

化遗产旅游的盛誉，从而招致了越来越多的反对和批评，质疑在历史文化名城发展旅游的合理性，把旅游发展视为历史文化名城保护的克星。

其实这种混乱状况错不在旅游发展，而在谋划旅游发展的动机和方式。旅游是人类社会发展进步的一个重要标志。旅游之于历史文化名城，不仅是展现名城文化底蕴与特色，彰显中华优秀传统文化的最佳平台，也是拉动经济增长的一个重要产业和提升社会民生的直观象征，更是体现了历史文化名城主政者和住民的文明素养、精神品格。

如今我国旅游发展方兴未艾，如日中天，正是由于经过 30 多年改革开放，才带来了经济快速增长，民生极大改善，社会购买力和消费水平空前提高。城镇居民在摆脱贫困，解决温饱之后，再无衣食之虞，囊中也不再羞涩。于是如同马斯洛夫需求层次理论和新弗洛伊德主义理论所揭示的那样，在满足生存安全需求之后，人们开始通过旅游，涉足观赏民族文化和区域文化的多样性，从中分享知识和精神愉悦，满足社会和归属需求，以及更多、更高层次自我实现的需求。相比其他旅游方式而言，文化旅游满足这类需求的可能性最大。历史文化名城的旅游发展关键在于一定要把握好“度”，妥善处理名城保护和旅游开发的关系。

历史文化名城在漫长历史岁月打磨和变迁中，每个文化遗产的产生都有特定的历史背景，承载的信息都积淀着丰富内容。旅游所要满足消费者需求的首先是文化遗产的真实性，在游览过程中，通过准确传递历史文化内容和文化信息，给人以体验、启迪与思考。无论文化遗产保护原则，还是旅游发展宗旨要义，对于推进历史文化名城旅游发展而言，均要求在切实保护文化遗产的前提下进行适度旅游开发。所谓适度，根据文化遗产的类型、功能、价值和保护等级等不同情况，在深入发掘研究文化内涵的基础上，分门别类采取观瞻、展示、利用、更新等多元方式，增加和旅游者的互动。要秉持少干预的原则，对历史文化名城保护范围的传统格局、历史风貌以及建筑物和构筑物本体，只能通过修缮、维护、整治，或者严格按照文献记载采用传统材料和传统工艺精心修复，防止以虚假的艺术手段打造旅游景点，愚弄欺诈游客，或者采取粗俗仿古的拙劣办法，用现代材料设计施工，重塑历史风貌形象，误导旅游者。

历史文化名城保护与旅游发展犹如皮和毛、本和末的关系。历史文化名城保留下来的文化遗产是中华民族的精神财富和文明创造，也是中华民族继往开来共同发展的重要基础。其珍贵价值不仅体现在附着于文化遗产本体的传统文化的深邃内涵，而且还体现在文化遗产的不可再生性，一旦遭到严重破坏，将无法失而复得。其实道理十分明白，只有切实保护历史文化名城传统格局、空间尺度、历史风貌及其依存环境的真实性、完整性、可持续性，才是旅游发展的根本所在，否则“皮之不存，毛将焉附？”舍本逐末的结果必定会丢了根本，造成文化遗产的损毁和泯灭，使旅游发展不再具有魅力和活力，旅游收益也将随着人气散去，滑向谷底。即便如此，仍有不少历史文化名城的主政者我行我素，乐此不疲，究其因，不外乎受制于功利驱使。贯彻党的十八大精神以来，特别是在疾风暴雨式的全面从严治党，严惩腐败的高压态势下，长期追求不正当政绩、进行权钱交易、在历史文化名城大搞过度旅游开发的趋向得到了有效遏制，但是不等于历史文化名城保护与旅游发展的思想理论真正解决。必须秉持历史文化名城旅游发展的正确理念，审视过去，谋划未来，将保护郑州历史文化名城，通过文化遗产旅游彰显郑州历史文化名城特色，纳入郑州市旅游产业发展“十三五”规划，促进健康发展。

二、适度发展文化遗产旅游有利名城保护

无论理论还是实践都表明一个道理，只要认识名城保护与旅游发展是一对既相互依存，又相互矛盾的客观规律，秉持合理的旅游发展动机，选择适当的旅游方式，促使矛盾双方在可控度内往和谐转化，就能实现名城保护与旅游发展双赢。对于文化遗产旅游尤其如此。文化遗产旅游是旅游的一种类型，确切地说属于文化旅游的重要分支。

旅游作为娱乐性活动在中国历史相当久远。据说在山东昌乐考古发现中，甲骨文里“旅”和“游”二字就是对远古东夷平民旅游活动的记载，也是中国最早有文字的旅游文化。按照字源本义说，象形文字中“旅”字的左偏旁表示旗杆上一面旗子，偏旁右边是列队在旗子下的两个人，寓意列队行进中的军旅。“旅”字和本义为行动不固定的“游”字组合，便有了新的词义，成为众人结伴而行的一种有组织的游走活动。“旅游”作为组词使用最早见诸于魏晋南北朝时期，南朝梁诗人沈约《壮哉行》诗云:“旅游媚年春”，可谓初始记载。到了唐代，“旅游”一词开始被大量运用。之后历经数千年，旅游发展经过了许多阶段，旅游活动的内容和形式变得多种多样，文化内涵也越来越丰富。到了今天，已经从古代单纯的游玩、观赏和娱乐，发展为差异性、多样性、特色性鲜明的各类现代旅游活动，是人们为休闲、娱乐、探亲访友或者商务目的而进行的非定居性旅行，以及在游览过程中所发生的一切关系和现象的总和。

现代旅游根据旅游消费者的欲望需求，按照旅游资源、旅游区域、旅游目的、旅游内容、旅游属性、旅游方式、旅游线路和旅游标准，对旅游活动类型做了各种细致划分，但是无论哪一类旅游，都毫无例外地贯穿着文化，伴随轻松愉悦富有趣味的旅游活动带给旅游者以文化的陶冶、感知、体味和精神濡染。由此不难发现，文化是旅游活动的灵魂，旅游是文化传承的载体。特别是文化旅游作为一项全新的旅游类型在我国出现后，很快呈现出迅速发展的势头。正

如联合国教科文组织在“关于21世纪的关键问题”的国际专家圆桌会议上界定并预测文化旅游未来发展的优先地位那样，进入21世纪以来，我国文化旅游竞争力得到了跨越式快速提升，成了旅游发展的核心内容。

从旅游基本成因和属性分类来说，文化旅游是一种通过旅游者涉足、接触、观赏、分享，实现异地感知、了解、体味多样性文化及其环境氛围的特殊行为方式和行为过程。也即以旅游经营者创造的观赏对象和休闲娱乐方式为消费内容，使旅游者获得富有文化内涵和深度参与文化体验的旅游活动。在现代旅游业里，文化旅游算得上一个大类型，内容相当广泛，具有多样化、多层次和非集中化的特征。包括历史文化、建筑文化、聚落文化、宗教文化、景观文化、园林文化、饮食文化、民俗节庆文化、民间工艺文化、红色文化、近现代工业遗产文化、音乐文化、戏曲文化、美术文化、博物馆文化等，林林总总，不一而足。其中文化遗产旅游即是以传统文化与休闲旅游深度结合为特征的文化旅游，也是最具活力和最受欢迎的旅游活动。据2006年世界旅游组织的统计评估，认为每年大约有一半的国际旅游者都会涉及文化遗产旅游。而在中国每年涉及文化遗产旅游的游客比例远高于国际旅游者。

在此之前，1999年10月，国际古遗址委员会（ICOMOS）在墨西哥通过的《国际旅游文化宪章》就曾指出：“旅游与文化遗址之间是互相依存的动态关系，国内及国外旅游是交流的最佳载体，它向游客提供了一种了解历史和其他社会的现实生活的个人体验机会。越来越多的人承认这种旅游活动是自然和文化保护的一种积极力量。旅游可以使遗址显现出经济价值，为保护提供资金，教育当地民众，并进而影响相关政策。旅游已成为国民经济和地区经济的重要组成部分，如果管理得当，旅游可以成为一个重要的发展要素。”事实上，很早以前在一些著名的世界遗产地国家，诸如希腊、埃及、印度、意大利、英国、法国、德国、荷兰、丹麦、葡萄牙、比利时、奥地利等，均已广泛开放了包括古遗址在内的文化遗产旅游。如今遗产资源和活态文化在世界各地都是最受欢迎的旅游取向。每年度都有数以百万计的旅游者为了休闲、娱乐、放松、享受、教育、爱、猎奇和一系列其他内在的动机趋之若鹜，纷纷加入文化遗产旅游。这些国家和地区的文化遗产地并没有因为旅游遭受到破坏，反而由于旅游的促进使文化遗产保护不断得到加强。有理由相信，在我国历史文化名城保护中，适度发展文化遗产旅游，只要管控得当，不仅不会导致遗产破坏，而且会成为名城保护和展示利用的一条有效途径。

三、文化遗产旅游发展的特殊价值及内涵

对于文化遗产旅游有一种简单肤浅的理解，以为仅是旅游者到文化遗产地

参观或观赏文化遗产资源而已。实际上，文化遗产旅游是指旅游者到一些具有突出普遍价值和典型代表性特征的文化遗产地，以感知或接纳的方式，对其遗存的建筑与城市文化、传统聚落、人文景观、活态传承的起居方式、民俗文化、古代和近代的手工艺等，所涉足的一种观赏和体验活动。不过需要说明，旅游发展的文化遗产资源，并非严格意义上的世界文化遗产和国内关于文化遗产界定的概念，而是在这些遗产基础上的延展，包括那些没有定级登录的物质的和非物质的历史人文资源。

在现代旅游中，文化遗产旅游以其文化遗产资源和内涵具有不可替代的独特优势，成为广大旅游者热衷选择的重要吸引源。文化遗产旅游的本质功能在于透过文化遗产承载的某一重要历史发展阶段、重要事件，以及与重要人物密切相关的线索和实物见证，传递给旅游者一些逝去的社会历史信息；能以某些文化遗产的珍贵的艺术价值给旅游者以精神感染和审美享受；还能向旅游者生动地展示一些古代的科学发明成就。同时能在旅游者参与历史情景互动中对民族、地域传统文化获得切身感受。这些功能内在的价值体现在 3 个方面。

其一，以轻松愉悦的文化休闲方式，为旅游者增添了感知、体验高品质文化遗产的知识快餐，使旅游者在身心完全放松的状态下，激发对文化遗产的热情，拓展文化视野，增强个人精神素养。由于文化遗产旅游来自旅游者对异地历史文化的求知动机和憧憬欲望，因此离开自己熟悉的生活环境，观察、接触、观赏、体味异地各具特色的文化遗产，很容易满足文化介入和互动参与的心理需求，集知识、观光、娱乐、体验、互动于一体，在休闲旅游中了解过去，触摸历史文化，感悟古代社会，体味民俗风情，从而引起心灵的感应。

其二，开展文化遗产旅游是促成旅游者和遗产地居民更加重视文化遗产，保护传统文化的一个动力源泉，有利于文化遗产自身价值的延续和传承。保护文化遗产的意义不仅要保护其物质文化或非物质文化的存续状态，而且更要彰显其弥足珍贵的价值，传承其历史文化内涵。文化遗产资源一旦转化为旅游发展的遗产吸引物，通过适度的形象塑造、信息传播、市场开发和市场营销，就能迅速提高文化遗产地的知名度，引起人们前往旅游的冲动和需求。在组织旅游的过程中，借助导游、演员、信息员、亲身体验、情景化展示、印刷材料和指示牌、自主语言导游、现代技术设备和游客多样化语言讲述等解说方式，生动表述和诠释文化遗产的文化内涵与价值特色，使文化遗产活起来，轻松达到教育、娱乐、保护和传承文化遗产的目的。

其三，旅游业作为一种开放性经济，是拉动经济和改善民生的举措之一。大量实践表明，随着文化遗产保护意识的增强和城镇居民收入水平提高，文化遗产旅游为经济社会转型发展开辟了一条新途径。文化遗产、旅游者、旅行社、旅游公司、旅游地居民和政府等不同利益主体，通过共同参与文化遗产旅游活动，在解决旅游者吃、住、行、游、购、娱的服务过程，分别获得经济效益和社会效益，各自取得均衡价值。其中主要的受益者为旅游地居民和政府，不仅通过旅游门票、交通服务、饮食住宿、商品销售、风情表演等增加收入，而且给旅游地居民创造了越来越多就业机会和职业，有效地促进了当地财政税收。

文化遗产旅游的本质内涵在寓教于乐。通过旅游，使旅游者在丰富文化休闲生活的同时，感知文化遗产的不可再生性极其珍贵的价值。旅游者可以从欣赏体验多样性的民族文化、地域文化中，领略人类文明的伟大创造，进而弘扬中华优秀传统文化。文化遗产旅游发展的核心竞争力，是对旅游吸引物即文化遗产真实性、完整性和多样性的保护。因为旅游者追求文化遗产真实、完整、多姿多彩的欲望心理，决定着旅游地和遗产吸引物的取向选择。因此切实保护文化遗产是文化遗产旅游产业发展的基础和根本。对于历史文化名城旅游发展尤其如此。

历史文化名城是一个多元多层次的复杂系统，文化遗产构成关联度强，相互之间的内在联系不可分割。我国法律法规确定的真实性、完整性、多样性的保护原则是历史文化名城保护的基本要求，同旅游者对遗产吸引物的兴趣取向完全吻合。发展文化遗产旅游，实施旅游项目开发，必须以保护为前提，坚持在保护文化遗产资源的基础上，根据不同类型、存续状态、文化内涵、利用方式、游客偏好，适度转化为旅游产品，发展旅游产业。目前文化遗产旅游已经成为各国、各地区旅游产业发展中的名牌产品甚至“金字招牌”，并且在各种旅游产品中具有不可替代的重要作用，历史文化名城旅游发展更应当注重以弥足珍贵的文化内涵提升旅游品质，彰显特色，避免趋利性和粗俗化，使文化遗产旅游成为历史文化名城保护与发展的一个亮点。

第二节　郑州历史文化名城旅游发展状况评析

一、郑州历史文化名城旅游发展迎来新契机

1. 后工业化时代催生了文化旅游大发展。20 世纪 90 年代以来，我国通过宏观政策的强力推动，经济建设赢得了快速发展，各项事业取得了巨大成就。然而与此同时，政府对资源配置长期实施过度主导，也带来了诸多结构性矛盾和一系列深层次隐患，乃至 2012 年以来我国经济增长走势出现持续大幅度下滑，宏观刺激手段频频出招，收效甚微。究其因，症结源自经济旧模式的弊端。在经历了以高投入、高消耗刺激经济快速增长的粗放式发展后，不仅造成资源破坏，

环境恶化，经济建设与社会发展、人与自然的关系失衡，而且在思想精神领域社会心态浮躁，专注实现个人价值及财富利益，漠视科学和历史，抛弃中华优秀传统文化，缺乏了民族自信力。这种状况随着我国全面推动经济社会转型发展的政策调整和加入碳减排的全球共同行动，正在逐步扭转，经济发展呈现出新常态，也提前结束了工业化时代。如同世界上许多经济快速发展的国家一样，自“十二五”时期开始,我国进入了以科学知识、信息技术为主导的后工业化时代。其显著特征是生产事务的信息化、电脑化和自动化，知识产业将成为社会的主导产业。社会发展从传统的自然经济和工业经济转向新型的富有生命力的知识经济。在这种大趋势下，以特色文化作为区域经济的独特资源，无疑是提升综合国力和民族竞争力的主要体现。

文化是民族凝聚力的重要源泉，也是综合国力竞争的重要因素，在后工业化时代到来时更是经济稳步发展的一个新增长点。党和国家之所以要将文化产业打造成为国民经济支柱性产业，正是鉴于后工业化时代经济发展新常态的需要。适应新常态，就要深入发掘研究和梳理整合具有特色的民族文化、地域文化内涵，把握文化发展自身规律和市场经济客观要求，尽快把丰富的特色文化资源转化为高质量、有竞争力的文化产品和文化服务。于是文化旅游，特别是文化遗产旅游迎来了前所未有的大发展。旅游出行不再仅仅涉足于人们耳熟能详的世界遗产、风景名胜、文物古迹、名城古镇、名人故居、古代建筑、古典园林、博物馆、纪念馆等，还扩展到了古城遗址、考古发掘、历史文化街区、名人故里、传统村落、少数民族古寨、民族歌舞、古乐表演、戏曲文化、民俗节庆、祭祀文化、宗教文化、丝绸之路和大运河文化线路、工业遗产，以及陶瓷、织绣、剪纸、雕塑、编制、年画、推光漆等民间工艺，深度品味饮食文化、茶道文化和酒文化。从过去观光欣赏到互动参与。旅游者构成大致分为巨大动机型、部分动机型、附属型和偶然型 4 种。旅游方式也由单位和旅行社组团、家庭组合、驴友相约到个人独行，旅游类别有观光游、休闲度假游、自助游、自驾游、寻根游，乃至“互联网 +”辅助的智能化旅游等。旅游内容涉及的历史文化始于远古，止于近代，囊括了我国各个历史时期。文化遗产旅游点线面结合，丰富多样，在国内旅游发展中独领风骚，形成了一道异彩纷呈的靓丽风景线。旅游消费与日俱增，占据主要比重，已经使一大批文化产业迅速崛起。

2. 旅游发展是实现中原崛起战略的支撑。《国务院关于支持河南省加快建设中原经济区的指导意见》（国发〔2011〕32 号）指出：“建设中原经济区，事关促进中部地区崛起和区域协调发展总体战略，是一项重大而艰巨的历史任务。”毫无疑问，担负这一历史使命，促进中部地区崛起和区域协调发展，首先是要实现中原崛起。而中原崛起的依托在河南，着力点在郑州。河南省是国家重要的粮食生产和现代农业基地，全国工业化、城镇化和农业现代化协调发展示范区和重要的经济增长板块，也是重要的现代综合交通枢纽。改革开放特别是实施促进中部地区崛起战略以来，河南省经济社会发展取得了巨大成就，同时面临着粮食增产难度大、经济结构不合理、城镇化发展滞后、公共服务水平低等挑战和问题，因此经济社会转型发展的任务十分繁重。其中经济结构和产业结构调整的一个重要方面，是加快以现代服务业为主的第三产业，大力推进旅游发展，把旅游产业培育成为国民经济的战略性支柱产业和人民群众更加满意的现代服务业。根据谢双玉、冯娟主编《2015 中国旅游业发展报告》，2014 年河南省域国内旅游收入计算分值为 5.185，国内接待人数计算分值为 6.106，两项均居全国第 6 位。预期 2015 年全省旅游收入占 GDP 总量的 13% 左右。

郑州作为河南省省会城市，同时又是国家区域经济大战略的中心城市之一，具有引领中原经济区发展的核心带动能力，然而旅游发展相对滞后，尚未形成古都形象，城市魅力不及开封和洛阳，并且旅游服务不完善，满意度、美誉度也不高。如何在全省旅游业发展中尽快提升首位度，对郑州旅游发展而言有着牵一发而动全局的作用。亟待在历史文化名城保护的提升中，通过文化遗产旅游，将旅游发展尽快打造成实现中原崛起战略的支撑。国务院对中原经济区文化建设作出的战略定位是“华夏历史文明传承创新区”。积极推进具有中原特质的文化大发展、大繁荣，打造昂扬向上的中原人文精神，大力促进人口资源向人力资源转化，全面提高人的素质，为中原经济区建设提供强大精神动力和智力支持，离不开文化遗产旅游的培育和发展。

旅游业作为后工业化时代的现代服务业，具有突出的知识经济优势，综合性强、关联度高、带动作用十分突出，对于郑州来说无疑是朝阳产业，不仅能够体现城市竞争的软实力，也能够不断为城市发展注入新动力。处在经济社会转型期，适应经济新常态，引领新常态，大力发展旅游业势必成为郑州经济社会发展的新要求、新举措。尤其在加快中原经济区建设、实现中原崛起的大战略中，以郑州历史文化名城为核心，完善历史文化体系，进一步发掘整合全域文化遗产旅游资源，集中力量打造文化旅游精品，培育中原文化海外传播平台，是郑州现阶段发展的方向和重要特征。因此彰显中原文化的凝聚力和辐射力，主动融入“一带一路”国家大战略，充分发挥旅游发展的重要支撑作用，不仅显得十分必要和紧迫，而且极为现实可行。

二、郑州旅游业发展及旅游资源开发现状

郑州旅游业起步较早，自 20 世纪 90 年代开始，从无到有，迄今已经取得了很大的发展。“八五”时期郑州市政府组织实施了旅游资源开发和景点建设的“213”重点旅游工程，完善黄河、嵩山 2 个景区，新建黄河大观景区，并开发

了黄帝故里、官渡古战场、北宋皇陵 3 个景区。“九五”时期，积极筹备资金，加大开发旅游资源和基础设施建设，对市域范围内的旅游资源进行了大规模的开发。这一时期旅游开发建设的重点是嵩山风景名胜区、黄帝故里旅游区、黄河游览区、巩义宋陵等。尤其把嵩山风景名胜区作为郑州旅游业的龙头，在旅游基础设施和景点开发建设方面取得了突破性进展，也为以后登封“天地之中”历史建筑群申报世界文化遗产奠定了基础。1998 年郑州经国家旅游局组织检查验收,荣获中国优秀旅游城市称号。至 2000 年底,现代旅游业发展的“吃、住、行、游、购、娱”六大要素配套，形成由初级到高级的服务系统。已建成的旅游景区、景点有 150 处，其中被列入国家级旅游线路的景点有 40 处，11 处列入了省级旅游线路。寻根拜祖之旅和黄河之旅还被列入了国家级旅游专线。嵩山景区、黄帝故里、黄河文化也成为郑州市在国内外具有重大影响的三大旅游品牌。

进入 21 世纪，河南省政府为贯彻落实省委、省政府关于把旅游业尽快建成全省支柱产业的战略决策，树立河南旅游名牌，推动全省旅游经济发展，“十五”时期决定抓住重点、推出精品，确立“三点一线”在全省旅游业发展中重中之重的战略地位，又称郑、汴、洛旅游黄金线路。2000 年 6 月专门印发了《关于加快郑汴洛沿黄旅游线发展的意见》(豫政〔2006〕40 号)，对于沿黄河一线的洛阳—郑州—开封旅游发展进行了全面部署，从而使郑州市的旅游业进入了更大、更广阔的发展空间。

郑州市政府很快乘势而上，市委、市政府两次召开全市旅游产业发展大会，以“抓旅游就是抓发展，抓旅游就是抓经济”的理念，不断优化发展环境，着力打造旅游品牌，全面提高服务水平。同时组织各区、县、市政府和相关部门对全市旅游资源进行了调查摸底。根据旅游资源的布局与价值，按照发挥优势、突出重点、优化组合、注重特色的原则，确定郑州市旅游资源的开发建设以“三点一线”为指针，形成“三个组团、一条轴线、一个中心”的发展格局。“三个组团”即嵩山旅游资源组团、黄帝文化旅游资源组团、宋陵旅游资源组团；“一条轴线”即沿黄河一线分布、共同以黄河为资源背景的系列旅游景观，如花园口旅游区、黄河生态旅游区、黄河游览区、桃花峪旅游区、鸿沟(楚河汉界)、虎牢关等；“一个中心”即充分发挥郑州作为省会城市的全省政治、经济、文化和交通中心的优势，强化旅游功能，挖掘、配置旅游资源要素，使郑州成为全省及中原旅游区的游客集散中心和旅游服务中心。

其一，嵩山旅游资源的开发围绕“一线两环”(一线指卢店—观星台—中岳庙—嵩阳书院—少林寺；两环指太室山上下为东环，少室山上下为西环)，做好“一山”(嵩山)、“一寺”(少林寺)的文章，利用国债资金，加大道路、绿化等旅游基础设施建设力度。嵩山旅游基础设施开发项目经过省旅游局、省计委立项，总概算为 1 亿 8 千万元，分 3 期完工。期间对嵩山旅游组团的主要景区少林寺环境进行了重点整治。由于旅游业快速发展，少林寺每年接待国内外游客100万人次左右，景区武校林立，商户云集，少林村、塔沟村两个行政村也位于景区其中，杂乱的环境极大地损害了少林寺景区的形象，游客投诉不断。为此通过规划，恢复“深山藏古寺、碧溪锁少林”的意境，很快把少林寺创建成为国家4A级景区。

其二，新郑黄帝故里旅游区曾是河南省“九五”时期重点旅游建设项目，“十五”时期又被省局安排在“1418”精品项目之中。黄帝旅游资源的开发仍以新郑市区内的黄帝故里景点和始祖山景区为重点，充实景观内容，续建完成大宗祠项目，努力搞好山坡绿化等，为海内外炎黄子孙到新郑寻根拜祖提供良好的环境和场所。新建黄帝纪念馆工程现已完工。黄帝故里也被定为国家3A级景区。

其三，巩义宋陵资源组团主要是北宋皇室陵寝群。旅游资源开发重点在陵寝本体和环境的保护。在其外围尚有康百万庄园、杜甫故里、石窟寺等著名景点。修缮整治与宋陵同步进行，获得明显成效。

其四，黄河文化轴线的旅游资源开发旨在展现黄河“雄、浑、壮、阔、悬”的独特气质和风采。为此对于黄河风景名胜区、黄河大观、大河村遗址、汉代冶铁遗址、楚汉古战场、三皇山桃花峪、虎牢关、古荥阳城、西山遗址、纪信墓、惠济桥等，以及花园口扒口遗址、黄河迎宾馆、黄河公路大桥、京广铁路大桥、炎黄二帝巨塑按照统筹规划，保护本体，整治环境。黄河风景名胜区同样成了国家4A级景区。

纵观郑州旅游业发展的历程，“十五”时期蓄势待发，高峰时段在“十一五”时期的2006—2010年。“十一五”是河南省经济社会快速发展的5年，也是旅游产业取得辉煌成效的5年。在这一时期，河南省把旅游产业作为经济社会发展的重要支柱产业进行培育，在全省营造了大旅游发展的气氛。河南省政府通过强力推进旅游精品工程建设和市场营销，培育了一批国内外知名的旅游品牌。随着云台山、嵩山、少林寺、龙门石窟景区和大宋文化旅游园、殷商文化旅游区等进一步做强，享誉中外。同时还相继建成了许多新的休闲度假区，其他著名景点也陆续建成开放。这一期间交通网建设已经很完善，进而拉动了全省的旅游基础设施建设，取得了明显的效果。旅游产业呈现出持续、快速、健康发展的良好势头，各项指标与“十五”期末时相比，不仅成倍增长，而且增速高于全国平均增速的10个百分点。

在全省联动的大旅游氛围下，郑州的旅游产业在全市经济社会发展全局中的地位不断凸显，逐步成为全市国民经济的重要产业。据统计，2004—2010年全市旅游产业增加值年均增长20%。到2011年，郑州景区已达近百个，其中A级景区24个。全市拥有星级饭店111家，大小旅行社200家，从业人员达到 11 万人，年接待海内外游客突破 5500 万人次，旅游总收入达到 600 亿元以上。

郑州市 1990—2014 年旅游发展基本情况 **表 11-1**

年份	星级宾馆（个）	接待入境游客（万人次）	旅游外汇收入（万美元）	接待国内旅游人数（万人次）	旅游总收入（亿元）
1990	30	4.1	1585	—	—
1995	48	6.2	1700	—	—
2000	82	8.1	4653	694.6	66.0
2001	88	9.0	5013	802.9	79.2
2002	93	9.5	5400	902.0	94.5
2003	101	9.6	2900	1005.3	104.9
2004	105	17.4	5570	1370.0	138.5
2005	109	20.9	7769	1771.0	179.3
2006	112	23.2	8800	2316.0	230.5
2007	109	26.2	10030	2991.0	285.8
2008	113	29.2	11000	3511.0	341.8
2009	115	32.1	12279	4136.0	399.0
2010	111	34.9	13384	4797.3	500.56
2011	99	38.4	14760	5425.7	580.28
2012	51	42.2	15800	6158.2	690.1
2013	未计	43.6	16500	6975. 8	791.01
2014	未计	45.1	17110	7720.91	882.14

资料来源：郑州市统计信息网（2014 年数据包含巩义）。

2012 年上半年全市共接待国内游客 3051 万人次，同比增长 13.4%；实现国内旅游收入 290.9 亿元人民币，同比增长 17.06%；接待入境游客 19.4 万人次，同比增长 12.2%；实现旅游总收入 295.6 亿元，同比增长 16.9%。全市旅游直接从业人员已达 12 万人，带动就业人数为 50 万人，旅游成为新兴富民产业，对于拉动就业、带动人民致富、促进社会和谐的作用日益明显。

经过将近 10 年的努力，嵩山少林寺景区创建为国家 5A 级旅游景区，嵩山“天地之中”历史建筑群成功申报为世界文化遗产。黄帝故里景区扩建和黄帝故里拜祖大典受到越来越多人的关注。2008 年 6 月 7 日，国务院印发国发〔2008〕

19 号文件，确定新郑黄帝拜祖祭典为第一批国家级非物质文化遗产扩展项目。每年农历三月初三都要在新郑举行祭拜人文始祖轩辕黄帝的活动，影响扩大到了海内外。伴随打造嵩山景区、黄帝故里、黄河文化三大郑州旅游品牌，农业旅游工业旅游、商贸旅游、会展旅游、文化产业旅游、体育产业旅游、健康养生旅游等竞相兴起，给郑州的旅游业发展带来了空前繁荣。

如今郑州旅游发展迎来了前所未有的大好机遇，同时也要看到，在激烈的旅游市场竞争中，郑州只有克服自身的资源缺陷和创新不足，才能实现突破性的腾飞发展。就总体状况评估，目前郑州的旅游业态还处在一个低端初始阶段，直接表现在 4 个方面：一是旅游项目单一。20 多年不变，一直延续着嵩山古建群、黄河岸线、少林功夫、根亲拜祖的旅游项目浅表型开发，维持粗放式单一观光旅游产品，没有形成适合大市场需求的旅游产业链；二是旅游方式单一。各景区景点普遍采取单一景区、单一主题、单一门票、单一游览方式，既无文化交融，又无双向互动体验，游客满意度不高，停留短暂，重游率低；三是旅游商品单一。品种雷同，司空见惯，档次低，缺乏体现当地特色的文化创意旅游商品；四是旅游营销单一。“吃、住、行、游、购、娱”六大要素产业发展不平衡，涉及游客食宿、购物、娱乐的产业既无特色，也不完善，发展明显滞后。旅游者在景区景点只能走马观花，摄影留念，很难感受、体味和分享深层文化意蕴。即使被郑州引以为豪、称之为世界级旅游品牌的嵩山景区、黄帝故里、黄河文化三大著名景区，旅游状况也不过如此。

尽管郑州具有旅游资源丰富的优势，既有气象万千的崇山峻岭大河平原，又有极其珍贵的历史文化积淀，无论山河气势之壮美，还是历史底蕴之丰厚，都具有不可替代的唯一性。但是由于郑州的旅游产品大多缺乏形神兼备的审美意蕴，激不起旅游者的兴趣，因此国内外游客的认可度不高，尤其是国外旅游者，就算到河南旅游，在河南逗留的时间也很少。以 2012 年接待旅游人次为例，到郑州旅游的国外游客占国内外全部游客的比例还不到 7/1000。另据 2010 年由新华社《瞭望东方周刊》、中国市长协会《中国城市发展报告》工作委员会和复旦大学国际公共关系研究中心、旅游卫视等机构联合展开的中国城市国际形象调查活动调查，上海、北京、南京、成都、杭州、宁波、西安、长沙、昆明、长春荣膺“中国国际形象最佳城市”（其中成都、南京排名并列）。长沙作为中部 6 省唯一一座城市入选，而郑州未能列入候选名单（表 11-2）。

诚然，河南境内目前只有 3 个机场，除了郑州开通了一条开往香港的航班外，还没有开通一条其他的国际航线，给国外游客带来了不便，也是原因之一。不过郑州资源整合不够，景区景点散乱，旅游特色重点不突出等影响，同样是导致郑州旅游业得不到迅速发展的重要因素。

通过上述分析，不难看出郑州旅游发展存在景点过散、业态低端、服务粗

30个城市国际形象“排行榜” 表11-2

位次	城市	位次	城市	位次	城市
1	上海	11	天津	21	深圳
2	北京	12	苏州	22	沈阳
3	南京	13	重庆	23	武汉
4	成都	14	无锡	24	济南
5	杭州	15	广州	25	烟台
6	宁波	16	大连	26	珠海
7	西安	17	佛山	27	海口
8	长沙	18	青岛	28	厦门
9	昆明	19	桂林	29	哈尔滨
10	长春	20	中山	30	福州

资料来源：郑州市旅游业发展规划说明书。

放、产业链短的突出问题。细究其因，根本症结是在我国旅游市场的激烈竞争中，郑州城市形象和文化品位尚不具备旅游吸引源的竞争力，核心要素内聚引领微弱，美誉度不高，未能建成最佳旅游目的地。在郑—汴—洛城市群中，郑州景区集聚度和旅游吸引力明显不如洛阳、开封，也比不上临近的武汉。这在很大程度上在于郑州历史文化名城整体保护不佳，主城区形象唯有商城遗址可供观瞻，此外几乎再没有可供旅游者触摸感受历史文化信息的实物遗存。就连常年生活在郑州的老居民也困惑不解，身边除了断断续续残损的土城墙横在城区中间，就是千城一面的高楼大厦，挂在嘴边的商文化看不见，摸不着，离他们实在太过遥远。于是给郑州人和外来者造成一种错觉，误以为郑州是一个“火车头拉出来的城市”，有历史，没文化。

图11-1 郑州历史文化名城现状风貌

创伤带给郑州古城的遗产缺陷固然无法抚平，但也并非没有亡羊补牢，创新保护利用的方式。尤其对于旅游发展来说，可以发掘的历史文化内涵和适度开发的创意品牌项目依然留有空间。现实不足的是，在缺乏理论研究与实践探索的情况下，无论是有意还是无意的放弃，均将选择的目光投向了主城区外围，在城市核心圈层以外寻找历史文化名城保护和旅游发展的出路。郑州市加快全域旅游发展理念，以及《郑州市总体规划（2010—2020）》确定的城市空间结构，《郑州市旅游业发展规划（2013—2020）》提出的旅游空间布局，无不与此密切相关。这种对空间地域的外延拓展很有必要，更有利于对郑州历史文化名城形成、演变的渊源与规律，以及所依存的环境要素和区位特征的系统深入认识，有利于从宏观到微观有效把控郑州郑州历史文化名城保护与发展，也有利于统筹郑州全域历史文化资源的保护、利用及开发。但问题在于谋划外延拓展，确定“一城、两带、四区”空间结构布局方案时，“一城”的规划内容和措施空泛，未能秉持历史文化名城保护理念，也未能彰显郑州历史文化特色，进而弱化了城市形象的主体地位，使发散性空间结构布局愈加内聚不足。

在河南省旅游产业发展规划中，明确将郑州重点打造为人文古都和时尚古都，不过涉及古城内的项目仅是“规划建设中的郑州商城遗址公园”，其他关于“整合中华文化圣山嵩山和世界文化遗产登封‘天地之中’历史建筑群、新郑黄帝故里，巩义宋代皇陵等垄断性文化旅游资源”全部分散在古城之外，可见人文古都的概念同样指郑州市域。虽说黄河、嵩山、黄帝故里、少林寺是郑州文化旅游的品牌和“名片”，然而黄河景区游观项目单薄，不宜深度旅游，加之受季节和气候影响大，难以形成大量客流，不聚人气；黄帝故里的旅游特征是每年一次由政府主办拜祖活动，这与民间自主旅游没有必然联系，由于旅游项目开发不足，造成黄帝故里整体缺乏旅游吸引力，经济效益、社会效益和环境效益不佳。宋代皇陵墓群宏大，艺术瑰宝品位价值高，无奈游客构成也有一定局限性。实际上，散布在外缘的哪一种品牌都无法集中体现郑州历史文化名城的深邃内涵。

目前正在实施的城市总体规划和旅游业发展规划都提出了很好的思路，构建了比较合理的空间结构布局框架。需要完善之处是应当重视一个事关郑州未来发展的重大问题，即郑州历史文化名城重要价值及其文化特色的评估与定位。在研究方法上不仅注重文化遗产和旅游资源存续现状的形态表征，而且应当重视这些遗产和资源的本质文化内涵，特别是它们内在的有机联系，让“养在深闺人不识”的郑州重放异彩。不然，很容易把遗产资源看作一个个孤立的构成要素，采取常规措施保护其形态表征，忽视发掘梳理出纵贯郑州古今传承不息的历史文脉，无法发现郑州在各个不同历史节点上创造的那些最辉煌、最具代表性和足以影响后世的遗产资源及其文化联系。这也是消除现阶段郑州历史文化名城保护和旅游发展障碍，引领郑州旅游业又好又快腾飞发展的一个关键。

三、郑州旅游资源的主体是历史文化名城

对于郑州的旅游资源，2003 年郑州市政府组织各相关部门在全市 7447 平方公里的范围内，进行了一次全面系统的调查，涉及山体、水域、古树名木、历史事件、遗址遗迹、古墓古庙古城址、园林游憩区域、建设工程与生产地、特色街区和林区、沙丘地等共计 2000 余处，测试数据 6000 多个，翻阅志书等各种文字资料和专题图件上千本（册、件），挖掘出具有旅游开发前景、有明显经济社会文化价值，代表全市整体形象的旅游资源单体 2696 个，包括地文景观、水域风光、生物、气象与气候、遗址遗迹、建筑与设施、旅游商品、人文活动 8 大类，29 个亚类，126 种基本类型。这次调查相当深入细致，摸清了家底，为制定郑州市旅游发展规划和旅游市场策划奠定了坚实基础。

图 11–2　郑州商城遗址

据调查分析，在郑州市全域所有可利用、可开发的旅游资源中，人文景观旅游资源占有比重高达 76.7%，超过了总量的 3/4，自然景观仅仅占 23.3%。这是郑州旅游资源的一个显著特征。换言之，郑州旅游资源开发利用的重点是人文景观，包括古代遗址遗迹、古代建筑物及构筑物、相关旅游商品和人文活动。郑州市旅游局于 2003 年 10 月提出《郑州市旅游资源调查报告》，对旅游资源作了整体评价，把它们划分为世界、国内和地方 3 个层级档次，其中“具有世界影响的旅游资源有：嵩山少林寺、杜甫故里、黄河风光、河南博物院等。具有国内影响的旅游资源主要有：黄帝故里、郑韩故城、巩义石窟寺、巩义北宋皇陵、康百万庄园等；郑州二七纪念塔、郑州商城遗址、郑州大河村遗址博物馆、

黄河花园口、黄河大观主题公园、郑州海洋馆；登封观星台、汉三阙（太室阙、少室阙、启母阙）、中岳庙、嵩阳书院、永泰寺等；新密打虎亭汉墓；中牟潘安（潘岳）故里、官渡旅游区；荥阳汉画像砖博物馆。”

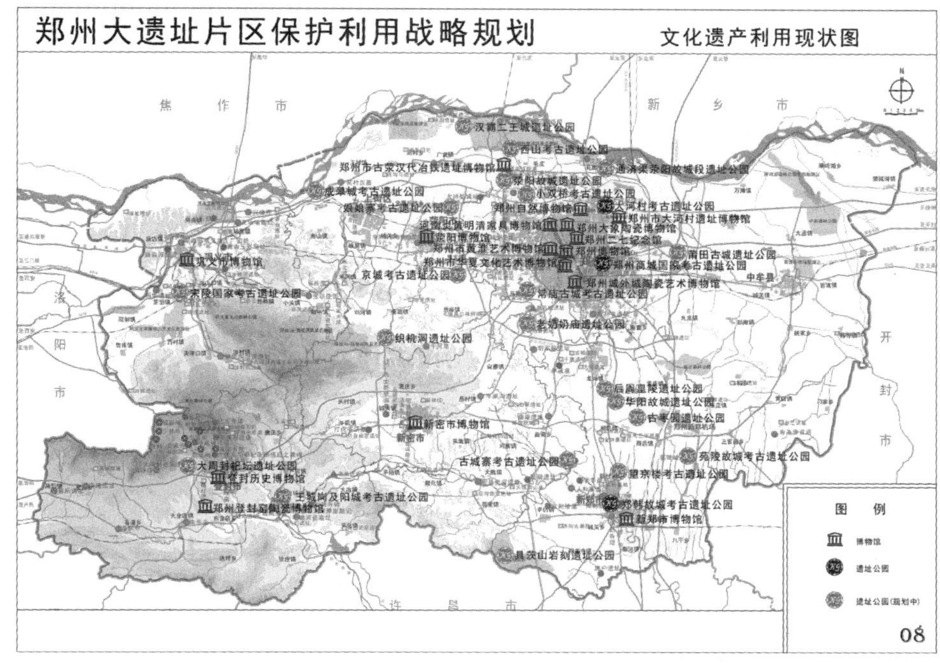

图 11-3　郑州大遗址片区保护利用战略规划

这种划分或许未必准确，然而至少可以从中作出这样的判断：郑州的主要旅游资源在历史文化名城。依据调查报告的整体评价，划归世界影响的 4 项旅游资源里，除黄河风光的自然景观外，嵩山少林寺地处登封，杜甫故里位于巩义，河南博物院建在郑州市区，3 项分属国家和省级历史文化名城的文化遗产。而划归国内影响的 20 项旅游资源里，属于郑州国家历史文化名城的历史城区和市区的有 4 项，即郑州二七纪念塔、郑州商城遗址、郑州大河村遗址博物馆、荥阳汉画像砖博物馆；属于登封省级历史文化名城的有 5 项，即登封观星台、汉三阙（太室阙、少室阙、启母阙）、中岳庙、嵩阳书院、永泰寺等；属于巩义省级历史文化名城的有 3 项，巩义石窟寺、北宋皇陵、康百万庄园；属于新郑省级历史文化名城的有 2 项，即黄帝故里和郑韩故城。如果把郑州历史文化名城全域范围的新密打虎亭汉墓；中牟潘安（潘岳）故里、官渡旅游区也计算进来，那么属于国家和省级历史文化名城的人文旅游资源就多达 17 项，占了绝对优势。

时隔 10 年以后，在郑州市旅游资源调查的基础上，2013 年《郑州市旅游业发展规划（2013—2020）》编制完成。该规划也对旅游资源进行了分类评价，将历史文化旅游资源分为黄帝文化、黄河文化、嵩山文化、武术文化、城市文明、遗址文化、宗教文化、非物质文化、名人文化和军事文化10类，说明了各类文化资源的内容，可谓纷繁冗杂，令人不知凡几。不过规划所列历史文化资源，赖以存续的空间地域载体均为历史文化名城。按照该规划的分类评价方法，尽管在郑州与历史文化旅游资源相对应的还有山水旅游资源、农业及乡村旅游资源、工业及工矿遗产旅游资源、都市功能旅游资源，但是显而易见，历史文化旅游资源，或者说历史文化名城，才是郑州旅游资源重要的主体。

《郑州市旅游资源调查报告》和《郑州市旅游业发展规划（2013—2020）》依据的是国家关于《旅游资源分类、调查与评价》标准（GB/T 18972—2003）。毋庸置疑，后者是在前者基础上对郑州旅游资源的进一步解析和梳理，正如专家评审意见所说，该规划对郑州旅游资源的分析评价客观实际。遗憾的是二者都忽视了一个本不该忽视的基本问题，即历史文化名城是否属于旅游资源。

《旅游资源分类、调查与评价》对旅游资源 tourism resources 术语的定义明确界定为"自然界和人类社会凡能对旅游者产生吸引力，可以为旅游业开发利用，并可产生经济效益、社会效益和环境效益的各种事物和因素。"同时指出旅游资源的分类原则是根据旅游资源的性状，即现存状况、形态、特性、特征划分。根据《文物保护法》规定，历史文化名城是保存文物特别丰富并且具有重大历史价值或者革命纪念意义的城市。在保护工作实践中，通常历史文化名城分为国家和省两个层级，具有明确的保护范围、保护内容、空间结构、城市形态，以及3个层次的历史文化遗产，构成了特征鲜明的复杂综合体。历史文化名城不仅能对旅游者产生吸引力，而且可以为旅游业开发利用，并可产生出十分可观的经济效益、社会效益和环境效益，完全符合旅游资源的性状构成。无论国内还是国外，将历史名城辟为最具吸引力的旅游地早已不乏实例。诸如我国被列入世界文化遗产的平遥古城、丽江古城和著名的洛阳、西安、苏州、杭州、扬州等，以及埃及开罗、意大利的罗马、威尼斯、佛罗伦萨、那不勒斯、法国巴黎、奥地利维也纳、荷兰阿姆斯特丹、以色列耶路撒冷、土耳其伊斯坦布尔、印度瓦拉纳西等，毫无例外均以历史名城来彰显其旅游目的地的品牌特色，让来自世界各国的旅游者慕名前往，饮誉不衰。

郑州作为国家历史文化名城和我国八大古都之一，原本就是最具影响力的旅游资源。然而，或许因为古城整体格局和历史风貌不复存在，具有旅游观赏价值的人文景观所剩无几，以致传统的古城形象在人们心目中消失，或许没有意识到历史文化名城的性状特征，乃至根本没有郑州历史文化名城和八大古都的概念，在研究山、水、土、生（物）、气（候）、位（置）古环境等旅游资源要素的同时，未将郑州历史文化名城当成一种独立存在的事物和因素。总而言之，长期以来郑州历史文化名城作为宝贵的文化遗产，往往被淡忘和边缘化，甚至视而不见。由此一来对于郑州旅游资源的分类、调查和评价，忽视了历史文化名城的整体存在，而将其内在的基本构成要素进行拆解，使关联度极强的历史文化名城若干子系统变得支离破碎，互不相干。在旅游资源分析和旅游规划编制中，由于认识事物的方法偏差，缺乏高屋建瓴、从宏观整体把握事物性状特征，割断了其内在的有机联系，因此对于旅游资源的梳理，一定程度上变成了对旅游资源的描述和罗列，结果必然使人感到郑州历史文化旅游资源冗多、繁杂及散乱，体现不出郑州历史文化旅游资源突出的个性特色及其重点所在。与此同时，一些对旅游者并不产生吸引力，也未必可以为旅游业开发利用，并可产生经济效益、社会效益和环境效益的事物和因素，却被不适当地纳入历史文化旅游资源，看似资源丰富，实则并无实质作用。

旅游资源的多样性反映出的是文化的多样性。这是所有地域文化普遍存在的一个基本社会特征。旅游规划的意义在于从多样性的旅游资源和民族、地域文化中抽丝剥茧，发现有别于其他旅游地的最富个性魅力、最能吸引旅游者的自然人文名胜和景观景点。对积淀着深厚文化底蕴的国家历史文化名城郑州，同样如此。郑州的旅游资源一旦忽视了历史文化名城这个主体，也就不可能进一步发掘维系这座古老城市变迁发展的历史文脉，很难在文化多样性的比较中提炼出具有主流影响的历史文化精髓及其特色。源流关系没有厘清，必然导致旅游资源并列杂陈，不分主次，打造国际知名、国内一流旅游目的地城市的总体定位落不到实处，无从彰显郑州旅游文化的品牌特色。

例如旅游业发展规划把郑州提升到“世界文明发源地旅游城市”的高端地位，而缺少历史文化名城重要价值的研判和以文化遗产作为支撑；又如整个规划只有3处提到历史文化名城，一处特色定位，另一处空间布局规划，还有一处人文旅游资源保护，却都轻轻一笔带过，未见针对郑州历史文化名城保护和资源展示利用给出的切实可行的规划方案与规划措施；再如将郑州旅游空间布局规划为“一城、两带、四区”，其中“两带”、“四区”和郑州历史文化名城保护范围的文化遗产风马牛不相及。即便所指“一城”也并非郑州历史文化名城保护范围，而指的是老城区＋郑东新城。规划说明加强历史文化名城保护与开发，整合主城区旅游资源的途径是:“通过建筑风貌、文化景观、解说体验等手段，开发沿线的文化景点，开通旅游专线，连接郑州市老城区和郑东新区，体验郑州历史穿越，包括火车站—二七塔—书院街—城隍庙—郑东新区—高铁站—龙湖 CBD 等，并以商城故都、郑东商务休闲游憩区为双核龙头带动，以大遗址、大街区、大商旅、大文化等为平台，积极实施以旅游为导向推进城市空间优化战略，将郑州主城区打造成为以古都新城、古老沧桑与现代时尚、静态展示与动态体验为特色魅力，集历史文化体验、城市游憩、主题娱乐、商贸旅游、商务会展等为一体的国内一流、国际知名的旅游名城”。显然这与历史文化名城保护和展示利用相去甚远。类似这样的例子还可以举出许多，是一个需要尽快弥补的缺憾。

第三节　郑州历史文化名城旅游发展转型创新

一、以历史文化名城保护牵动旅游业发展

2016 年是我国“十三五”时期的开局之年。郑州的经济社会发展如同全国、全省一样，正处在重要战略机遇期。随着中原经济区和航空港经济综合实验区建设，特别是“一带一路”国家战略的实施，郑州作为“丝绸之路经济带”上的重要节点城市和国际航空货运枢纽，迎来了重大的发展机遇。大力推进文化创意旅游业发展，深度发掘黄河文化、黄帝文化、少林文化、商都文化内涵，加快发展郑州全域旅游，积极打造国家旅游集散中心，成为一项十分艰巨的历史使命。

根据郑州在中原经济区建设中的战略定位，旅游业发展应当以传承中原文化，弘扬华夏历史文明为主旨，以体验郑州历史文脉为主轴，将旅游产业的发展融入经济社会发展大局统筹谋划，并与郑州历史文化名城保护规划相衔接，使旅游发展与文化传承融为一体，确定旅游地和文化景观旅游目标。在旅游业已经长足发展的基础上，依托丰富的人文资源，组织发展文化遗产旅游项目，进而整合旅游线路，打造旅游产业形象，开发具有中原文化特质的旅游商品，推动郑州文化旅游提质升级，创造整体品牌特色。

为此，必须针对郑州旅游资源存续状态和城市发展自身特点，认真总结经验，转变传统的旅游思维方式、经营方式和管理方式，秉持“转型创新、以城领域、优化资源、增强内聚、突出特色、提质升级”的理念发展旅游，把郑州打造成我国最具活力和吸引力的国际旅游目的地城市之一。

1. 转型创新

转型创新相对于旅游业发展的传统观念而言，反映在诸多方面。一般来说，传统旅游观念过于依赖景区景点的资源盈利，坐地生财。受这种观念支配，以为“皇帝的女儿不愁嫁”，满足于景区景点的门票收入，很少考虑游客感受和市场需求变化。因此对长期以来游客“走马观花”“到此一游”的单一观光旅游习以为常，在旅游资源项目开发利用上，重景观景点的形态和形象展示，轻其文化内涵给予旅游者精神上的享受和心理上的满足。在经营方式和管理方式上，

对“吃、住、行、游、购、娱”六要素不能提供高品质的人性化配套服务，只顾收旅游门票和游览车票，关注“行”与“游”，导致游客兴趣索然，回头重游率低。尤其像郑州几个旅游区一样，绝大多数人文资源为古迹遗址和嵩山古建筑群，对多数不了解中国古代史的旅游者枯燥乏味，如果在旅游项目开发和经营中没有形成深度文化互动，那么旅游效益只会维持在低水平。

转型创新首先是创新思路，转变观念。必须把旅游业的经济效益与旅游者的利益紧密联系起来，适应游客感受和市场需求。不再是我有什么你看什么，或者我卖你什么你买什么，而应是你需要什么我提供什么。要按照郑州市旅游业发展规划“一城、两带、四区”的空间布局，全力打造“旅游产业集群”。以郑州历史文化名城发展的文化脉络和演变轨迹为主线，深入发掘，梳理整合不同历史阶段最具有代表性的文化特征，通过“旅游产业集群”，展示郑州独具特色的城市魅力和深厚的文化底蕴。同时合理制定旅游线路，编写导游词，培训导游员，增加主题文化表演，采用声光电展示和模拟历史情景等现代数字化技术，提高旅游部门管理水平和接待服务质量，朝着粗放向集约、数量增长向效益发展、单一功能向综合功能的方向转变，提供能够满足旅游者精神、文化需求和享受的旅游产品。 改变目前刻板介绍旅游景点概况，很少涉及文化背景、历史价值、艺术成就及其与其他关联度较强的景点景观之间的内在联系。

“吸引力”是旅游资源的核心，也是旅游业可持续发展的根本所在。必须摒弃单纯追求经济利益的观念，任何时候都要把社会效益放在第一位。开发利用旅游资源要以保护传承旅游资源为前提，体现社会效益优先，绝不能为了经济利益最大化，以牺牲自然文化遗产和基础生态环境为代价，把旅游资源当成“摇钱树”“聚宝盆”，对于旅游资源不能只利用，不管护，竭泽而渔。对旅游开发和发展引起的资源破坏和环境污染不能等闲视之。对文化遗产保护和空间环境容量有特殊要求的景区景点，应当实行游客人次总量控制。

2. 以城领域

以城领域是贯彻落实郑州市政府关于加快全域旅游发展意见的主要策略和举措。加快全域旅游发展是郑州现阶段发展的重要特征，也是以航空港经济综合实验区为统揽的郑州都市区建设的重要产业支撑。从立足全局，统筹全市经济社会发展的需要出发，调动各县（市）区政府的积极性，充分发挥旅游资源优势，把全市作为一个大景区来规划建设，发展全域旅游，用旅游的吸引力、亲和力、辐射力来充实和丰富城市硬实力，很有必要。全域旅游发展不能没有核心，没有引领发展的“龙头”。否则一个缺少内聚力的城市很难建成具有强力吸引源的旅游目的地。目前郑州旅游发展主要倚重城市核心区外围的“两带”“四区”，各自相对封闭独立，关联度不强，在很大程度上弱化了郑州历史文化名城的地位。倘若“龙头”不举，全域旅游发展这条“龙”也就活不起来，舞不起来。因此郑州旅游发展转型创新的一大策略和举措是做大做强郑州城市核心区，实施以城领域。这样做不仅必要，而且十分可行。

郑州的行政建制和区划在历史上有过多次变化，如今的市域大致与古代春秋时期郑国的疆域范围吻合。郑国立国432年，其中迁都新郑后历时395年，是春秋时期第一个强势起来的诸侯国，曾称霸中原，史有“天下诸侯，莫非郑党”之说。郑国虽小，却以商业发达、法制健全、民主政治和诗乐文化闻名于世，创生了郑文化。郑文化在继承周文化基础上，兼收并蓄商文化，成为中国法制和法家思想的重要起源地，对我国古代儒家思想的形成产生过深刻影响。郑州与郑文化有着不可分解的因果承袭渊源，其地域文化特征突出体现为“商—郑”文化，是华夏文明和中原文化的主要源流之一。中华优秀传统文化传承至今，依然保留着“商—郑”文化的基因。与我国古代形成的诸多地域文化相比，“商—郑”文化可谓独树一帜，是郑州地域文化的重要标识，具有其他地域文化不可替代的唯一性。在郑州“一核、两区、多元”的地域文化结构中，处于核心地位。

做大做强郑州城市核心区，实施以城领域，一是通过“商—郑”文化和古今交通枢纽文化的文脉发掘，精细开发一批旅游项目，培育国际旅游品牌，提升自身城市形象，彰显历史文化名城魅力；二是增强旅游目的地城市的综合服务功能，建成全域旅游集散中心。要在郑州核心区营造“商—郑”文化古风遗韵，打造精致旅游产品，留得住国内外游客；三是围绕郑州核心景区开发建设，按照市政府关于打造世界级旅游品牌、国内优质旅游品牌、区域知名休闲旅游品牌3个层次的定位，分层分类组织推进，加快提升郑州旅游文化的品位。

3. 优化资源

优化资源是指在加快郑州全域旅游的过程中，以突出地域文化特色，打造郑州旅游精品为目标，对旅游资源内在价值的深入发掘与合理利用。2003年郑州旅游资源调查结果显示，代表全市整体形象的旅游资源单体2696个，126个基本类型，占全国旅游资源基本类型的81.29%。其中有自然旅游资源47种基本类型，含地文景观、水域风光、生物景观、天象与气候景观，占全国自然旅游资源基本类型的66.2%；有人文旅游资源基本类型79种，含遗址遗迹、建筑与设施、旅游商品、人文活动，占全国人文旅游资源基本类型的比例高达94.05%。这些资源遍布在全市7447平方公里的范围内，数量之盛俯拾即是，类型之多不胜枚举，储备相当丰富。在一个历史文化名城拥有文化品位极高、具备世界级和国家级吸引力的旅游资源20余处，并且不少旅游资源具有惟一性和垄断性，景观特色与文化特色突出，实在难能可贵。郑州人文和自然旅游资源的显著特色是组合良好，在国内旅游市场具有较强的吸引力。尽管如此，在这些调查结果数据里，尚未包括可以利用和可以开发的其他旅游资源，例如还没有进入调查序列的农业和乡村旅游、城市历史文化街区及历史地段、近现代工业遗产、商贸旅游、会展旅游、文化创意旅游等。考虑加上有待创意开发利用的各种景区景点，郑州的旅游资源远远不止 2003 年的调查结果。

丰富多彩的旅游资源优势为郑州推进全域旅游发展奠定了雄厚的基础。然而加快全域旅游发展并非全域遍地开花，不分主次轻重眉毛胡子一把抓，而应当从旅游资源数据库中仔细比对筛选，经过认真研究评估，确定那些能对旅游者产生吸引力，激起旅游者对郑州历史文化的求知动机和憧憬欲望，容易满足文化介入和互动参与的心理需求，同时又能为旅游业开发利用，并可产生经济效益、社会效益和环境效益的旅游资源。这就需要一个资源优化过程。在旅游规划和旅游营销中，真正符合优势条件，具有旅游吸引力与竞争力的旅游资源不在数量之多,而在品质之精。细数国内外著名旅游胜地和旅游名城，大都如此。

图 11-4　平遥古城

图 11-5　丽江古城

平遥古城是中国现存唯一完整的古代县城原型，于是旅游亮点围绕明清古县城运筹谋划，充分发挥旅游资源的优势，在保护整治中还原汁原味适当复建了城楼、角楼与敌楼。为了再现中国古代县治情境、解读历史文化内涵，特地按照原貌恢复了平遥县衙建筑。这些均被打造成平遥古城最具有代表性的旅游景点。丽江是纳西族土司治下大研古城，风貌特色突出体现为“城依水存，水随城在”，因此旅游资源开发利用在山、水、城、居上做文章，并重建了土司木府，再现了纳西族传统古城格局。苏州发展旅游业是从多样性人文资源中选择最能彰显姑苏文化的三大亮点：一是江南古城形态，二是枕水而建的历史街区，三是明清私家古典园林。而且在苏州古典园林申报为世界文化遗产后，市政府又相继修复新辟十余处古典园林景点。杭州旅游品牌首推西湖，主要开发利用与西湖关联度强的旅游资源。

图 11–6　埃及开罗风貌

图 11–7　意大利罗马古城遗址

图 11–8　意大利庞贝古城遗址

国外同样不乏实例。埃及旅游资源开发突出展现蕴含着邈远法老文明的金字塔群、帝王谷墓群、法老神殿。尽管后来埃及被亚历山大帝国吞并，接着又相继成为罗马帝国、罗马帝国、奥斯曼帝国的一部分，神秘的法老文明早已中断，今天的埃及首都开罗已是伊斯兰文化濡染下的千塔之城，但是整座古城传承的历史文化特色和文化遗产旅游仍然营造着浓郁的法老文化的氛围，令人心灵震撼，流连忘返。意大利文化最辉煌的时代在古罗马时期和中世纪文艺复兴时期。国家旅游资源保护利用主要体现这两个时期的社会文化特征，罗马、米兰、威尼斯、那不勒斯、佛罗伦萨等古老城市为世界各地旅游者所倾慕，而这些古城均彰显出了罗马帝国和文艺复兴的建筑与城市风貌。

世界历史名城巴黎充满了法国在欧洲中世纪的浪漫主义文化艺术氛围，名胜古迹比比皆是，兼有哥特式和罗马式风格的各式各样建筑，不仅妩媚多姿的塞纳河风光及古老文化区引人入胜，而且还有 19 世纪法国著名社会文化人群落等旅游景观，将巴黎的文化艺术魅力和生态意蕴体现得淋漓尽致。日本京都是地处东亚的一座历史名城，很早就被联合国教科文组织列入《世界遗产名录》，拥有世界文化与自然双重遗产盛誉，也是世界上唯一最具我国唐风遗韵的古老城市。古城内的清水寺、东寺、延厝寺、二条城、金阁寺、醍醐寺、慈照寺等17处建筑和园林也都是世界文化遗产，成为京都乃至日本旅游的经典名片。

相较之下，郑州贵为国家历史文化名城，历史价值与文化品位非同一般，城市名片的含金量自然不在话下。然而旅游发展存在短板，主要是对古城历史文脉及特质文化研究不够，尚未找准城市文化和城市形象定位，充分发挥资源优势，用属于自己的特殊文化品牌彰显特色，吸引游客。旅游的核心在于旅游对象和旅游产品的吸引力。吸引力源自文化形态表征及其内涵的魅力、审美感与可观赏性。这就需要郑州借鉴国内外的成功理念，从纷繁冗杂的旅游资源中，优化筛选具有历史价值、科学价值、艺术价值和审美意义，并能体现郑州地域文化意蕴的景观景点，打造不同的主题文化，将集聚型的旅游资源群组合成旅游景区。在郑州全域旅游发展中，资源的优化筛选和开发利用，要突出郑州历史文化名城鲜明的个性化主题，以城带域，展示"一核两区多元"的地域文化结构特征。对资源利用开发不可面面俱到，喧宾夺主。构建"一城两带四区"的旅游空间格局，也要优化资源，画龙点睛，为不同景区量身打造不同的旅游品牌，避免盲目开发旅游资源，在同一景区提出名目繁多的文化概念，冲淡主题，湮没特色，无法满足旅游者赏心悦目的求知需要。

4. 增强内聚

增强内聚是结合郑州实际量身定制的一项针对性很强的重要规划举措。长期以来，郑州历史文化名城和旅游发展资源分散，内聚乏力，缺少具有独特观感魅力及吸引力的城市形象，在全省旅游发展中首位度不高，与这座古都丰厚的历史文化底蕴很不相称。尽管郑州地处我国铁路、公路和航空交通的大枢纽，外来人口和途经郑州的人流不计其数，然而却大都是匆匆过客，感受不到这是一座来了就不想离开的城市，以致在人们心目中普遍认为郑州是一座"火车拉来的城市"，历史文明并不厚重。甚至评价郑州有历史、没文化。不言而喻，资源分散、内聚乏力已经成为严重影响郑州历史文化名城保护和旅游发展的一大障碍和薄弱环节，也是困扰郑州多年，制约郑州引领中原经济区建设的一个突出问题。为此，只有通过转型创新，下大力气增强中心城区，特别是历史文化名城保护的核心区内聚，从深入发掘梳理历史文脉，彰显古都历史文化内涵及其价值品位中，找回历史的记忆，探寻古今文明传承的途径，才能整体改善城市形象，增强文化软实力，提升郑州在河南省旅游发展中的首位度，实现历史文化名城保护和旅游发展的跨越腾飞。

增强内聚主要包括商城遗址保护、商城和管城传统格局展示、历史文化街区保护整治、文物古迹保护展示和设立各种主题博物馆、二七广场环境整治和内容提升、优秀近现代历史建筑和历史风貌区保护、工业遗产保护利用、地方戏曲、传统音乐和艺术、特色食文化传承展示等，开辟具有中原特色的回民街。此外充分发掘，系统整理古荥阳历史文脉，与黄河旅游景区融为一体，打造高品位旅游景点。

商城遗址是郑州建城3600年的实物佐证，也是郑州开启我国古代城市文明的标志，更是郑州历史文化名城的重要支撑和核心内涵。应当严格按照《郑州商代都城遗址保护规划》的要求，对保护范围的环境进行清理整治，使保护展示起到凸显城市特色、彰显城市文化内涵、促进城市整体文化品位提升的重要作用。在核心保护区城垣本体两侧要以绿色植物和绿地维护，拆除所有影响城墙安全和影响文物全貌的建筑物和构筑物。在建设控制地带内应以低层、低密度、小体量建筑为主，对于超出高度控制的建筑采取降层措施分期处理。要下决心把商城宫殿区所在的建设用地置换过来，拆除压占在宫殿遗址上的建筑。采取切实有效的保护展示措施，展现商城遗址规模、功能分区、存续状态，普及考古工作中关于出土标本拣选、拼对、修复、拓片、绘图等一系列资料整理的程序和知识。地面以上建博物馆介绍商代早期营城的概貌、夯土技术、古城形态、王城布局等特征，早商时期文明的形成、在华夏文明中的贡献和重要地位、对晚商时期乃至对郑国文化的影响传承等。同时结合郑州市地铁工程建设，合理利用地下空间，营造出神秘的商代时空穿越氛围，主要展示商城遗址考古发掘的各类出土文物和同一时期在郑州地区出土的其他文物，通过地下隐秘的空间环境的烘托和濡染，给旅游者营造古老厚重的历史氛围，激发旅游者怀古觅踪的无限遐想。

郑州看似消失的老城区实际由两部分古城构成，在增强内聚的规划中应当得到充分体现。一是早商时期的亳都城垣遗址，二是明清时期的管城县及直隶州城址。县城和直隶州的城址是对亳都城址的传承与延续。从商代至明清，古城历经数千年沧桑巨变，位置始终没有变动。直到如今，城市核心区仍旧没有脱离开商城遗址内的用地范围，这是郑州古城的一大显著特征。再者商城以后的古城行政等级降至县，即使曾设州治，古城规模也一直很小，治所在西周时期原管国位置，利用了商城的东、南、西城垣，将北面城垣建在商城以内，于是空间格局上形成了一种“城套城”或“城中城”的鲜明特征，即商城套管城，管城是商城的城中城。郑州的商城堪称中国古代规模最大的王都，城取方形，不仅城郭恢弘，而且城内城外布局井然有序，宫室、宗庙、居里、手工作坊等已有明确的功能分区，且将宫室区集中布局在商城内的东北部，城外还建有墓区及手工作坊区。早商时期的亳都大格局至今尚存遗迹。明清及至民国的古城传统格局基本保存完好，借助一系列标识措施，包括按照文献记载，适当恢复几处具有重要历史坐标意义的城墙残垣、古代礼制建筑、官署建筑和公共建筑，明确指示历史信息，再现明清古城传统格局，对于找回历史记忆，再现古城风貌景观十分必要。

选择文庙—城隍庙历史文化街区和书院街历史文化街区进行保护整治，并将散落在郑州全域的传统建筑异地搬迁，集中用于历史文化街区，也是一条增强内聚的有效途径。南京夫子庙历史文化街区建于20世纪80年代初期，利用了夫子庙和秦淮河两大历史文化要素，通过深入发掘、精心规划，恢复了明清时期秦淮河的历史场景，保存和传承了丰富的历史文化信息，同时丰富了文化旅游，拉动了旅游经济，是我国历史文化街区保护整治比较成功的实例。郑州完全有条件借鉴南京夫子庙历史文化街区的经验。前提是必须下大决心，花大力气，精心规划设计和组织实施，尤其是成功保护整治文庙—城隍庙历史文化街区，将其规划为传统商贸文化集聚区，必定会极大地提高人气，成为到了郑州不得不去的旅游地。

文物古迹保护展示重点在于丰富展示内容。在利用文物本体展示其历史价值、科学价值、艺术价值，以及承载的历史信息的同时，设立各种规模不等的专项主题博物馆，展出郑州历史文化的多样性内容。

图 11–9　1985 年建成的南京夫子庙历史文化街区

应对二七纪念广场进行环境整治，增加绿地面积，采用蒸汽机车和铁轨作为景观吸引物，画龙点睛突出郑州在中国铁路交通史上的地位与作用，利用广场地下空间展示近现代郑州铁路交通的变迁和中国铁路工人运动中的二七大罢工历史，丰富展出内容，提升展览文化品质。要结合优秀近现代历史建筑保护，选择新中国成立以来具有不同历史时期社会文化特征的历史地段和社区，辟为历史风貌街区，记录郑州发展变化的历史。要组织近现代铁路交通、站场设施和附属建筑，以及工厂企业进行工业遗产资源调查，开展保护利用，开辟新的互动式旅游景点，提升城市活力。

图 11–10　拟新辟二七广场机车铁路绿地

重视非物质文化遗产保护，集中规划建设郑州地方戏曲、传统音乐、舞蹈、曲艺、美术工艺、地方特色食文化等传承场所。以大型全景演出《大河秀典》等旅游演艺活动彰显郑州古老的华夏文明。

鉴于地处郑州历史城区核心的管城区为回族聚居区，在我国历史文化名城中，人口空间结构和民族文化独树一帜。同时回族民众世世代代在郑州繁衍生息，为郑州的发展做出了重要贡献。因此应当根据回族传统的“大分散、小聚居”方式，在清真寺周边规划一条回民街，从建筑风格、装饰艺术、生活习俗、穿着服饰、日常器具、饮食文化、信仰礼仪等方面，体现郑州回族融入华夏的中原特色。

古荥泽位于郑州市北郊惠济区，北临黄河名胜区，是郑州中心城区不可分割的重要构成，在我国古代历史上地位举足轻重，乃兵家必争之地。这里曾经是横贯东西的洛汴古驿道及运河咽喉，也是连接黄河南北交通的渡口关隘。秦汉敖仓和郑州州治最早设在这里。清末第一座黄河大桥就建在古荥泽。迄今这里仍然保存着距今 5300 年的黄帝时代的西山古城遗址、纪念兴汉千古忠烈侯的纪公庙和纪信墓、汉代古城垣遗址和冶铁遗址、隋代大运河惠济桥、始建于北宋的城隍庙、清末建成的黄河铁路大桥等大量文化遗产。古荥泽历史上长期设为县治，现为郑州市惠济区的一个建制镇，2008 年被住房和城乡建设部、国家文物局公布为中国历史文化名镇。考虑古荥泽自古是独立的县治单元，并且处于河济文化区的重要节点上，历史地位极其重要，历史文脉传承清晰，文化遗产类别齐全、系统完整，本身就是古今闻名的靓丽名片，且与郑州的历史变迁息息相关，因此郑州历史文化名城保护和旅游发展应当整体谋划，把精心保护、开发利用古荥泽作为增强内聚的重要内容。由于古荥泽历史文化底蕴厚重，建议将惠济区改称荥泽区。

5. 突出特色

突出特色是指郑州历史文化名城旅游发展应当突出旅游景观特色和旅游文化特色。景观特色是旅游产品带给旅游者独有的赏心悦目的风格和形式，这种风格和形式属于旅游景观的外在形态表征，其内在蕴含的文化特色则寓于旅游景观特色中。只有同时具备景观特色与文化特色，旅游产品才能产生魅力，成为令人神往的旅游吸引物，激发旅游者的追捧兴趣。从这个意义上说，特色是旅游生命力所在。

目前我国旅游业发展势头越来越好，在经济社会全面转型发展期，现代旅游作为一种方兴未艾的朝阳产业，蕴藏着巨大的经济潜力和广阔的市场前景，正在成为经济的强动牵引力，日益受到人们的高度重视。同时越来越多的人逐步认识到，在激烈的旅游市场竞争中，能否立足本地资源，深度发掘不同于其他旅游吸引物的差异，别出机杼，彰显一家风骨，突出本地旅游景观特色和文化特色，是旅游资源开发利用能否对旅游者形成强烈吸引力的关键。尤其在一些旅游发展比较成熟的地区，突出特色已经变成共识。问题在于如何深度发掘本地旅游资源，从繁杂冗乱的自然和人文资源中，凸显最具代表性、能够拉动整体旅游发展的山水形胜和历史文化特色。

例如根据郑州市2003年全面调查，市域各县（市）区的旅游资源包括地文景观、水域风光、生物、气象与气候、遗址遗迹、建筑与设施、旅游商品、人文活动8大类，29个亚类，126种基本类型，2696个单体。这些旅游资源范畴极其广泛，包含内容相当庞杂，遑论面向国际国内旅游市场，即便在河南省和郑州市旅游大格局中，也未必都能作为优势资源加以利用。因此必须沉下心来认真梳理研究，选好、选优、选出精品、选出特色。现在游客来郑州，乍听上去旅游景观景点比比皆是，举步出游却大失所望，因为仅有嵩山少林寺吸引游客慕名而去。包括被郑州市列为具有世界影响的商城遗址、黄帝故里、黄河名胜区、巩义宋陵、杜甫故里，以及汉代冶铁遗址、西山古城遗址、郑韩故城遗址、郑州片区大遗址群等，虽有一定名气，却并不被广大旅游者看好。旅游者到此一游，留下的印象是郑州无景可览、无处可玩，顶多途经郑州去云台山和少林寺揽胜访古，心里也不认为云台山和少林寺和郑州有什么关联。长期以来，存在这种状况的一个重要原因，就是郑州的旅游景观特色和旅游文化特色深度发掘不够，特色不鲜明。由于研究不到位，比较多地注重了旅游资源的外在表征，而忽视了旅游资源内在的文化联系，加之局限于郑州全域范围的自我评价，缺乏和全国、全省旅游发展的优劣条件的比对分析与定位，对旅游资源的梳理整合脱离了郑州历史文化名城在我国古代社会发展中的重要地位及作用，以及郑州民族、地域文化对于中华优秀传统文化传承做出的突出贡献，于是对郑州多样性的历史文化提出了各种概念，甚至率尔持论，不切实际地拔高郑州历史文化定位，结果空泛的口号宣传解决不了郑州历史文化名城保护和旅游发展的正确理念与导向，在一定程度上还容易导致思想认识的混乱。

郑州的旅游景观和文化特色归根结底体现为历史文化的核心价值及其独特魅力。然而如果从近些年来郑州一系列相关文件、政府工作报告、各类规划文本、媒体报道、图书刊物、官方网站检索，就不难发现，对于郑州历史文化定位和旅游品牌打造可谓概念迭出，内涵不断翻新，至少推出不下40余种，令人目不暇接，莫衷一是。诸如华夏文化、中原文化、中华文明、“源”文化、“根”文化、“中国商源”文化、黄帝故里文化、黄河文化、黄帝文化、农耕文化、少林文化、商都文化、河洛文化、遗址文化、商文化、汉文化、三国文化、汉魏文化、隋唐文化、大宋文化、拜祖文化、朝觐中心、根亲文化、祖根文化、寻根文化、姓氏文化、嵩山文化、功夫文化、武术文化、古都文化、土城文化、古代帝王文化、宗教文化、老子文化、儒释道三教文化、名人文化、“二七”文化、红色文化、华夏文明之源、世界功夫之都、文博文化、军事文化等。究竟哪些才是郑州独有的旅游景观特色和旅游文化特色，时至今日依然智者见智，仁者见仁，众说纷纭，尚未形成比较一致的认识。如此一来，冲淡和湮没了郑州历史文化的核心价值及其独特魅力，让人犹若雾中看花，不知郑州特色为何物。

仔细分析这些文化定位和旅游品牌，其中推出的不少提法更像应时张贴的城市标签，并不具有旅游特色内涵最基本的要素特征。所谓旅游特色，体现在旅游吸引物或者说旅游目的地之间的显著差异，具有不可替代的独特性和唯一性，反映在旅游景观特色和旅游文化特色上，必然离不开赖以存续的自然人文地域环境。旅游特色文化与处在同一地域环境的多样性文化并不矛盾，是多样性文化中最具代表性、主导历史文化传承创新的引领者。倘若从多样性文化中随意选出一项，作为体现郑州整体旅游景观特色和旅游文化特色，那么难免以偏概全，无法彰显这座拥有八大古都之誉的历史文化名城的厚重文明底蕴。

对于上列各式各样的概念，可以分作三类。

第一类属于郑州域内的文化现象，但不是郑州的特质文化。以古代帝王文化、宗教文化、儒释道三教文化、名人文化、红色文化为例，这在国内许多历史文化名城和旅游地俯拾即是，并非郑州旅游资源的专利。这些概念和华夏文明发祥地的郑州关联度不强。

第二类是对同一文化现象的不同表述，没有实质意义。例如黄帝故里文化、黄帝文化、拜祖文化、朝觐中心、根亲文化、祖根文化、寻根文化、姓氏文化等，均围绕纪念人文始祖、传承华夏文明的主题，却贴上了多种文化标签。实际上即使如此，也涵盖不了黄帝的所有功德，包含不了郑州先民对我国农耕文明的贡献。再如嵩山文化、少林文化、功夫文化、武术文化弘扬的是嵩山文化，却又不是嵩山文化的内质。又如商都文化、古都文化、土城文化均以商城遗址为依托，定义不尽贴切，毕竟中国的古都不止郑州商城一座，土城更是中国古城城垣的普遍营造技艺。

第三类概念过于宽泛，超越了郑州地域范围，犯了地域文化及其依存地域环境两相分离的大忌。被郑州市最常提及的黄河文化即属此例。黄河文化泛指黄河流域的文化，流域面积 75.24 万平方千米，其地域范围包括青海、四川、甘肃、宁夏、内蒙古、山西、陕西、河南、山东 9 个省区，每个省区均发现有大量的古文化遗存，山西芮城西侯度猿人文化、陕西蓝田猿人文化、山西襄汾丁村文化遗址、西安半坡文化遗址、陕西华县老官台文化遗址、河南新郑裴李岗文化遗址、河北武安磁山文化遗址、河南渑池仰韶文化遗址、山东章丘龙山文化遗址、山东滕州大汶口文化遗址、甘肃临兆马家窑文化遗址，还有宁夏、内蒙古的河套文化。至于黄河造就的自然风景名胜在流域沿线更不胜枚举。因此黄河流域各省区业都竞相把黄河文化作为发展旅游的驰名品牌。郑州市虽然很早就把黄河文化作为城市一大特色，并在 2015 年《政府工作报告》中，强调要把“大力发展文化创意旅游业，深度挖掘黄河文化、黄帝文化、少林文化、商都文化内涵，加快发展全域旅游，积极打造国家旅游集散中心”作为一项重点工作，但是郑州的黄河文化内涵到底是什么？似乎迄今没有一个明确的说法与合理的阐释。在《河南省“十二五”旅游产业发展规划》里，提出了构建“一区两带四板块”的新格局，将黄河旅游带规划其中，涉及郑州的仅有重点建设“楚河汉界、郑州黄河风景名胜区”。新版《河南省旅游发展总体规划（2006—2025）》（预审稿）刚刚编制完成，确定全省旅游发展总体布局为“一心、两带、五区、六板块”。一心即指全局性发展核心郑州，两带中的一带是“以郑、汴、洛为主的沿黄河旅游发展带”，提出重点整合“黄河之旅”品牌，打造沿黄文化长廊结构性旅游产品，主导功能是华夏文化观光游；沿黄山水休闲游。2013 年编制的《郑州市旅游业发展规划（2013—2020）》提出整体打造黄河生态文化旅游的大品牌，包括黄河文化公园、滨河公园展览中心、黄河风景区、荥阳故城遗址公园、河阴石榴生态园、黄河生态农业示范园、楚河汉界文化旅游度假区、虎牢关、广武镇，古荥镇、花园口镇等特色旅游小镇等。

总之，黄河之水自西向东奔腾而下，出孟津，经郑州，浩瀚山河之势造就了壮丽的名胜景观。郑州黄河风景名胜区同时拥有国家级风景名胜区、郑州黄河国家地质公园、国家 AAAA 级旅游区和国家水利风景区殊荣，无愧郑州旅游发展的一个主打品牌，然而风景名胜毕竟停留在景观层面，依照目前对黄河文化内涵的研究，还不足以表明黄河文化与郑州这座中国古代王都历史变迁的文化关联，更不能涵盖黄河文化孕育华夏文明的极其丰厚的文化内涵。类似这种概念过于宽泛的例子还有华夏文化、中原文化、中华文明、“源”文化、“根”文化、“中国商源”文化、汉魏文化、隋唐文化、大宋文化等，一叶障目，不见泰山，令人不知所云。至于给郑州冠以汉文化、三国文化、唐宋文化，则更是牵强附会贴标签，游离郑州特质文化太远。由此可见，对郑州历史文脉及其特质文化的深度系统发掘，仍需大力加强。

郑州历史文化名城旅游发展该突出怎样的景观特色和文化特色，应当紧紧围绕郑州历史变迁的文化脉络及其独特的历史文化价值。

在我国八大古都西安、洛阳、北京、南京、杭州、开封、安阳、郑州中，郑州的建都年代较早，距今已有3600多年的邈远历史。古都郑州的特点是现存规模最大、唯一完整保存商城空间格局的中国古代王都范例。它开启了我国夏商时期的城市文明，是华夏文明发祥地的重要见证。郑州商城作为早商时期的成汤亳都，在夏代都城营造形制和技术的基础上有了进步发展。商文化对华夏文明的卓越贡献及其内生的根源性和创新性，经过数千年传承，成为郑州古老城市的根脉与灵魂，是郑州城市形成发展的重要支撑，产生着深远的影响。商代以后的历朝历代，郑州的所有古城始终不离不弃，坚守在这座商代都城的遗址。自周代殷商后，春秋时期的郑国迅速崛起，以政治家、思想家和改革家子产为杰出代表，不仅推动了儒家思想形成，而且是法家思想的先驱者。这一时期郑国出类拔萃的《郑音》《郑风》开创了我国音乐诗歌文化，并以商业著称于世，在治国理政，发展经济中最早注重依赖商人的力量，使郑国都城成为中原地区商贸中心。郑国的商人足迹遍布列国。郑国立国长达432年，疆域范围大体与今郑州市域相合。以这方土地为空间地域载体孕育成熟了郑文化，对其后郑州发展演变，乃至中原文化和华夏文明均产生了极其深刻的影响。以商文化为主体，融入历经商周衍生而成的郑文化，是郑州历史文化名城饮誉不衰的传承基因。尤其商—郑文化的核心内涵及其精神内质，至今仍是培育现代核心价值观的重要源泉。

本次研究对郑州历史文化价值定位提出了“一核、两区、多元”的概念，旨在发挥郑州历史文化名城品牌优势，彰显华夏文明之源深邃内涵，提升郑州在河南省旅游业发展中的首位度，突出特色，促进多元，以城领域，加快发展。一核即指商郑文化；两区指嵩山文化、河济文化；多元指在商郑文化、嵩山文化、河济文化基础上衍生出的多样性子文化。

“一核”集中体现在郑州历史文化名城的保护范围。以商郑文化为本源底蕴，以商城遗址、明清古城传统格局和近现代交通枢纽为载体，为人们展示一部纵贯古今的文化、社会、经济及宗教发展的郑州兴衰史。

“两区”的界定，源自嵩山文化与河济文化在中华文化中的特殊历史地位。早在远古时代，我国先民对于自然万物有着强烈的信仰依赖，先民心目中的五岳四渎被视为神的象征，受到顶礼膜拜，历代皇帝还把五岳四渎作为每年隆重举行的国家祀典。五岳是指东岳泰山、西岳华山、南岳衡山、北岳恒山、中岳嵩山。四渎在《诗经·尔雅·释水》里则指“江、河、淮、济”，也就是发源于陆地而独自注入大海的长江、黄河、淮河和济水。在这两大文化区中，嵩山为“五岳之尊”，河济为“四渎之宗”，均属国家祭祀典制，凿凿可据，独有千秋，非其他地域文化可以同日而语。

其中，嵩山文化区依托于昆仑山支脉与黄河。远古时代盘古开天、女娲造人、女娲补天、伏羲画花八卦、二郎担山赶太阳等神话均在嵩山地区留有遗迹。在这里距今9000年到7000年的裴李岗文化遗址数量之多，分布之密也为全国之最。距今4500年到4000年的龙山文化遗址在嵩山地区更是星罗棋布。人文始祖黄帝诞生在嵩山余脉风后岭下的轩辕丘（今河南新郑）。我国最早的夏代都城——登封王城岗遗址也建在这里。西周时武王选在嵩山祭天，周成王又将新都洛邑建于此地。随之周公在今登封开创了我国历史上第一次天文测量。古代“天地之中”理念逐渐形成。儒释道三教荟萃，在弘扬传承中华传统文化中地位显赫，影响深远。登封的“天地之中”历史建筑群，始于汉代，历经魏、唐、宋、元，延至明清，时空跨度之长，建筑类别之全，国内实属罕见，荣膺世界文化遗产桂冠。享有盛誉的少林禅寺和少林功夫即是嵩山文化杰出代表。

河济文化区依托于黄河南岸秦岭余脉的崤山支脉，与南太行山脉隔河相望，处在北邙山与黄河、济水交集地带，这一带地域文化的形成及特征，和北邙山、黄河、济水、运河构成的水陆交通枢纽直接有关。特殊的地理区位使古荥阳成为兵家必争之地、关隘要道，造就了秦至隋唐一千多年的军事商贸重镇，演绎了影响古代历史的无数次重大历史事件。由于黄河、济水、运河、古荥泽湖所构成的水系，秦代天下水运枢纽和巨大粮食储备的敖仓和兵库就在荥阳。直到今天，楚河汉界、虎牢关、汉代荥阳故城遗址和冶铁遗址、纪公庙、惠济桥、城隍庙，以及黄河大铁桥、花园口等见证重大历史事件的实物遗存仍然历历在目，几乎都可以从河济文化找到成因。如今黄河风景名胜区在很大程度上也是因为有河济文化极其厚重的文化底蕴作为支撑，才得以声名鹊起，平添了旅游吸引力。毋庸讳言，黄河风景名胜区蕴含的文化特质实际上就是河济文化。

两大文化区的共同特征均以黄河为轴带，凭借昆仑山和太行山两山支脉夹峙的黄河冲积平原（秦岭实为昆仑山余脉）生成发展。所不同的是，嵩山文化体现出传统的守成品格，河济文化则具备一种开放的创新精神。

郑州历史文化价值中的“多元”定位，即指郑州历史文化的多样性特征。它们是在商郑文化、嵩山文化、河济文化基础上衍生出的诸多子文化。大部分子文化和上述主体特质文化之间存在着主脉与支脉的源流关系，也有些子文化来自其他民族文化和地域文化，但是都以固有个性特征进而丰富了郑州旅游景观和旅游文化。多元文化会使郑州历史文化风姿多彩，在发展郑州特色旅游上起到很好的烘托和补充作用。

6. 提质升级

提质升级是郑州市旅游业发展到当前阶段的迫切需要，也是新常态下促进历史文化名城保护和与旅游融合发展的重要途径和手段。“十二五”时期，郑州市委、市政府把旅游业发展作为重点培育的优势产业，提出“旅游强市”发展战略，旅游业呈现出持续快速健康发展的良好势头，对经济社会发展的贡献逐年加大，但是与国内旅游业发达城市相比，旅游业的产业规模、服务质量、旅游市场环境和秩序存在较大差距。旅游主题形象不鲜明的问题依然突出，缺乏具有吸引力的国际形象和知名度，华夏文明之源、世界功夫之都的形象定位难被认同。旅游业链条延伸度低，缺乏知名品牌和龙头企业，加之迄今郑州尚无一个功能齐全、设施完备的旅游咨询服务中心，适应现代旅游发展的旅游信息化建设落后，旅游基础设施还不够完善，因此游客满意度不高。要把郑州培育成我国最具活力和吸引力的国际旅游目的地城市之一，跻身于世界历史名城之林，必须突出特色，打造精品，加快推进全域旅游发展提质升级。

二、郑州历史文化名城旅游形象理念定位

针对郑州旅游业发展缺乏品牌龙头项目，旅游形象不突出的现状，本次研究经过对郑州旅游资源的梳理研究和历史文化价值定位，认为应将郑州历史文化名城旅游形象及理念确定为“**华夏之源·商都郑州**”。郑州作为华夏文明发祥地与核心传承区，强调其华夏文明之源的历史地位，集中展示了夏商以来历代社会发展的城市演变轨迹，荟萃了中华民族传统文化的深邃底蕴。在旅游营销宣传中，要紧扣历史人文这条主线，着力推出和阐明郑州旅游文化核心价值与特色，概括为 4 个层面的内涵：

其一，孕育华夏民族与中原文化的腹地中心；

其二，开启我国古代城市文明并创立王都典制；

其三，彰显“天地之中”宇宙观与立国治世理念；

其四，拥有纵贯古今的区域交通大枢纽中心地位。

在旅游资源整合上，应当按照《河南省旅游发展总体规划（2006—2025）》的指导，进行旅游产品的升级和旅游品牌的提升，坚持大旅游产品开发与大环境营造及整体旅游形象塑造相协调，培育郑州整体旅游吸引力。建议进一步优化完善《郑州市“十三五”旅游产业发展规划》，一方面充分肯定积极融入国家“一带一路”和建设中原经济区的发展战略，根据市委、市政府提出的全域旅游的

发展理念建立多层次、全方位、多渠道交流机制的指导思想，以及“打造世界旅游国际商都城市、国际国内知名的旅游目的地城市、中国中部重要的旅游集散中心城市、河南省旅游产业发展的核心增长极”的发展定位。另一方面需要在发展定位的大框架下，对于打造旅游精品和培育国际知名旅游品牌作出适当调整。要充分意识到郑州国家历史文化名城才是郑州旅游发展的主要资源，也是郑州旅游发展实现跨越式腾飞的关键所在。因此应当对全域自然人文旅游资源进行系统整合，将“转型创新、以城领域、优化资源、增强内聚、突出特色、提质升级”融入加快全域旅游发展理念，作为贯彻落实市委、市政府关于旅游发展战略决策，实现旅游发展总体目标的原则和途径。“一核、两区、多元”的历史文化价值定位，应当成为郑州旅游资源开发利用和旅游产业发展规划的基础。以郑州独占鳌头的华夏文明厚重底蕴和城市发展的历史文脉为主线，致力于文化遗产旅游品质的提升，对大旅游产品开发与大环境营造，塑造郑州整体旅游形象，提升郑州整体旅游吸引力，至关重要。通过“一核”的商郑文化把旅游“龙头”举起来，依托“两区”的嵩山文化与河济文化形成两翼支撑，又有“多元”文化众星捧月，形成清晰的旅游资源整合及发展思路，尽快弥补郑州历史文化名城旅游发展的弱项和短板。同时重视文化旅游产品与自然生态旅游产品开发并重，观光旅游产品与休闲度假产品开发并重，郑州历史文化名城的旅游发展必将开拓崭新局面。

目前旅游发展规划的诸多重点项目，均可依其景观文化内涵和属性特征，分别纳入“一核、两区、多元”体系，大力整合商郑文化、嵩山文化、河济文化三大文化品牌，调整传统旅游组织方式，重点打造国际旅游线路。如商都遗址保护整治和展示利用、抓住“一带一路”国家大战略打造国际商城文化、彰显古今交通枢纽地位、追寻历史记忆展示古城格局、保护利用近现代工业遗产、整治明清历史文化街区、优秀近现代历史建筑等，都可以在以历史文化名城保护范围内的“一核”商郑文化主题下按照文脉清晰安排实施。黄帝故里的拜祖文化、根亲文化、西周时期轩辕古道、登封告成镇王城岗遗址、世界文化遗产登封“天地之中”历史建筑群、嵩山少林禅寺及其少林功夫等名胜古迹和传统文化活动，完全可以在嵩山文化区得到统筹整合利用。以西山古城遗址为代表的古城邑聚落群、洛汴古驿道、敖仓遗址、楚河汉界、虎牢关、纪公庙、西汉代荥阳城、冶铁遗址、惠济桥、城隍庙、清代黄河大铁桥、黄河风景名胜区、花园口等旅游资源开发又都在河济文化区内，河济文化是这些资源形成延续的根本所在。

诚然，商郑文化、嵩山文化、河济文化均属郑州历史文化名城的主体文化，各自代表特定地区的文化大系。提出这些文化特色与其衍生的子文化具有高度一致性。有的文化如少林文化、拜祖文化、大遗址文化作为旅游开发的子项目创出品牌特色，并不影响也不能取代商郑文化、嵩山文化、河济文化的主体地位。因此郑州旅游景观特色和旅游文化特色的整合开发，一定要分清主次，辨析源流，切不可眉毛胡子一把抓。只要对合理利用自然人文旅游资源适当优化整合，就有可能使郑州凸显出鲜明的旅游主题形象，成为具有很强吸引力和知名度的国际旅游目的地城市之一。

在这一方面，《河南省旅游发展总体规划（2006—2025）》提出的基本思路值得研究借鉴：

第一，对有载体的文化资源充实文化内涵，提高可游性；

第二，对没有载体的非物质性文化资源策划恰当的表现形式；

第三，对粗放利用的文化资源进行充实，丰富文化内涵；

第四，将文化资源与自然资源开发有机融合；

第五，运用现代视听技术，增强文化旅游产品可参与性；

第六，专业性和普及性并重，加强解说系统建设。

旅游资源开发利用与历史文化遗产保护方法不尽相同，但是必须遵循文化遗产保护真实性和完整性的基本原则，将旅游发展与文化遗产保护有机结合起来。有时在历史文化名城名镇名村和历史文化街区、传统村落保护和景点开发中，为了形象地诠释某一特定的历史文化内涵，或者更有利于完整表达一种历史文化意蕴时，允许采取必要措施画龙点睛，有限度地复建、重建历史标识性建筑，或者从其他地方原貌异地搬迁植入，造成可视性、可感性很强的旅游景观特色效果。采取这种措施，一是务必要把握好“度”，二是务必要把握好“序”，经过慎重研究论证和严格申报审批程序，绝对不可随意粗制滥造，修建假古董和明清仿古街，不得对文物保护单位和历史建筑拆除、改建和破坏其依存的历史环境。

目前在郑州旅游业发展中产业结构不优的状况还没有得到根本改善。仍旧是以传统的观光旅游为主，缺乏和旅游者的深度互动。并且现代旅游产品发展滞后，休闲娱乐产品尚未形成体系，乡村度假、会展商务业、休闲度假业发展比较滞后，休闲、养生、运动等迎合市场需求的产品处于初级阶段。国际游客、远程游客自助游的旅游者比例低。服务水平不高，服务质量、旅游市场环境和秩序也存在着一定差距，旅游基础设施、景区容量和住宿娱乐场所等与发展趋势要求相比尚不能满足需求。为此要以市场需求为导向，丰富旅游产品体系，完善旅游产业要素配置，提高购物、饮食、娱乐等高弹性收入项目的比重，实现旅游要素结构优化升级。坚持旅游开发与区域建设一体化，培育区域整体吸引力的现代旅游发展。根据河南省旅游资源品级和主要旅游产品特色，加快文化旅游资源向文化旅游产品的转化，选择高科技、高品位、高层次的开发途径，形成可视、可听、可感、可娱的旅游产品。围绕旅游六要素，突出抓好观光旅游、休闲度假、文化演艺、特色餐饮、旅游商品、户外休闲等六大旅游产品建设。优化旅游消费结构，加快发展旅游餐饮、旅游购物和旅游娱乐业，实现服务行业的持续健康发展。

不仅如此，还需要统筹安排历史文化名城名镇名村和传统村落旅游、近现代工业遗产旅游和以商务会议、休闲功能为主导的商业文化旅游。依托黄帝故里、地方特色的戏曲文化和民间艺术，策划具有中原文化特质曲艺旅游项目。

郑州处在丝绸之路的东向延伸线上，直达东海之滨的连云港，同时郑州又是我国南北交通命脉的交汇点。自西汉以来中原地区许多丝绸制品、茶叶、瓷器等货物均经由郑州运抵西安，再由西安运往中亚、西亚和地中海周边的欧洲国家。如今在实施“一带一路”国家战略中，郑州的中枢地位和作用进一步加强，抓住千载难逢的机遇，将中国八大古都之一的郑州古代文明与现代文明对接，培育世界商都和国际立体交通枢纽，使郑州既富古代风韵，又有现代时尚，成为世界旅游的著名历史文化名城，势在必行，前景看好。

因此要重视“商都”职能和形象培育，围绕大型会展中心，配套高级写字楼、金融、信息、文化、酒店和休闲区，建设具有国际水准的城市中央商务区、游客集散中心、购物中心、娱乐中心，做大现代物流业，提升现代服务业，增强旅游发展的经济推动力，整合城市外围资源，重视环城游憩带的建设。以郑东新区和航空物流集散中心为重点，强化城市会展商务旅游功能。围绕经济活动策划旅游项目，开发中华商旅博览城和商业文化论坛等项目，将郑州会展业办成国内知名、在国际上具有一定影响力的会展旅游品牌。

旅游营销提质升级，应当尽快引进“旅游 + 互联网”模式。“旅游 + 互联网”是全球两个最大消费群体领域的融合，两大最具成长性消费市场的叠加。充分拓展“互联网 +”平台，广泛运用微博、微信、微视，进一步提高景区的知名度和美誉度。还要像当年拍摄电影《少林寺》那样，拍摄精品电影电视和旅游微电影，扩大影响。在北京、天津、上海、山东、山西、江苏、浙江、安徽、湖南、湖北、四川、贵州等省、自治区和直辖市举办旅游推介会，扩大郑州文化旅游影响力，带动客源结构进一步优化，赴港澳台地区进行专项促销。

针对郑州目前旅游发展基施和服务质量还存在差距，一方面应当加大旅游基础设施建设，建设和改造通达大型旅游区（点）和城际高等级交通专线工程，构建高效、快捷的立体交通网络，逐步形成体系完备、设施先进、服务优良、功能齐全、管理科学的旅游交通服务体系。改善郑州市对外航空交通，提高可达性，积极开拓新增一批日本、韩国、东南亚、欧美等主要入境市场的国际航线，建设郑州市立体化交通网络。依托京广高铁、徐兰高铁（郑西高铁）、京广铁路、陇海铁路，以及规划建设的郑渝（昆）高铁，积极增加由国内旅游客源市场发向郑州市的旅游专列。另一方面应当大力推进游客服务中心提质升级，落实政府8亿元投资，规划建设市旅游集散咨询服务中心。旅游集散中心作为市民以及游客短途旅游的首选，不仅要为游客提供方便快捷的交通服务、信息服务、换乘服务，还要加强与旅游行业其他相关部门的联系，形成网络化运营模式，为游客提供酒店住宿预订、旅游线路预订、优惠门票预订、旅游商品销售等延伸服务，打造多功能、全方位、一站式的“旅游超市”。按照国家旅游局“数量充足、厕位合理、功能完备、干净无味、生态环保”的目标要求，规划新建（改、扩建）旅游厕所。同时要大力推进“智慧景区”提质升级，加快建设智能监控综合联动、人流预警分析、官网售票等系统，逐步实现传统景区向智慧景区转型。

打造郑州现代旅游产业。建设绿色景区、绿色宾馆、绿色交通等。提供高品位的旅游点、快捷便利的交通工具、豪华舒适的酒店、美味可口的美味佳肴以及规范热情的服务，通过大数据、O2O等模式，提供个性化、高品质的旅行体验。

郑州历史文化名城旅游发展，要重视旅游管理的提质升级。旅游经济管理应由政府主导向政府引导调控、市场主导为主转变；旅游接待方式由数量型向质量型转变；旅游发展方式由粗放型向集约型转变；旅游方式由观光型向休闲度假型转变；旅游地功能由旅游目的地向旅游集散地转变；旅游管理方式由行政手段管理为主向依法治旅为主转变。通过实施旅游大项目带动旅游产业的转型升级和提质增效。探索提高旅游业对外开放水平，加快与国际接轨，努力推进旅游国际化进程的新路子。

三、郑州历史文化名城主题旅游项目策划

1. 客观认识自身旅游资源价值特色

策划旅游目的地主题旅游项目的成功与否，首先取决于当地对自身旅游资源价值特色的认识。郑州1994年被国务院公布为国家历史文化名城，20多年以来对其弥足珍贵的历史价值、个性鲜明的文化特色及其独具一格的形象特征，始终没有形成一个科学合理的清晰概念和定论。就连祖祖辈辈生活在这座古城的郑州人，也同样感到茫然。加之脱胎换骨式的旧城改造，保护状况不佳，形象可视性差，导致美誉度和满意度低下，故而出现一个不争的事实：在许多国人看来，郑州冠以国家历史文化名城徒有虚名，只不过是郑州曾经拥有过历史辉煌的城市标签。事实上这一国家级品牌带来的殊荣渐渐边缘化，淡出了人们的视野，多年来保护郑州国家历史文化名城很少出现在政府和相关部分的文件。尚未真正意识到郑州历史地位重要，文化底蕴深厚，对现代经济社会发展具有不可替代的作用，也迟迟没有厘清历史文化名城的保护思路和途径。这种现象

直接影响到郑州旅游业发展，在“十一五”“十二五”至“十三五”时期，连续15年里制定旅游产业发展规划，从未提到过郑州国家历史文化名城，没有把郑州国家历史文化名城当作郑州旅游业发展的主要资源，更没有意识到只有国家历史文化名城，才是郑州旅游发展的“龙头”，是应当倾心重点打造的旅游品牌与核心吸引物。郑州旅游资源分散，简单地将吸引游客的个别景观景点作为郑州旅游品牌是不够的，而应整体把握郑州自然人文资源特征，突出最具代表性的主体形象特色，策划完善旅游目的地主题旅游项目，牵动全域旅游健康发展。

旅游形象总体定位是旅游目的地特色旅游的总纲。郑州市“十二五”时期旅游业发展提出：打造“华夏文明之源、世界功夫之都”，成为国际知名、国内一流旅游目的地城市。姑且不说华夏文明之源在该规划中并未通过具体旅游项目展现，就连我国最早的西山古城遗址、夏王朝在登封告成镇所建的王城岗遗址等保护展示利用也没有规划方案。涉及历史文化名城保护范围的旅游规划项目只有一处，功能划定“郑州古商都文化旅游区”及“郑州土城文化创意休闲街区”，显然和彰显“华夏文明之源”的文化内涵风马牛不相及。至于因有驰名中外的少林寺和少林武功，该规划便将郑州捧到了“世界功夫之都”的云端，也是枉然。能够成为世界功夫之都，必须在世界武功技艺上具有不可替代的唯一性，少林功夫入选为我国首批非物质文化遗产，当然是中华武术的象征，但是从2003年开始申报世界非物质文化遗产，迄今尚无结果，即便将来申遗成功，就世界功夫而言，绝非少林功夫一家，还有韩国跆拳道、西方剑术、巴西柔道等一批著名世界武术，而且跆拳道、剑术、柔道早已列为世界奥运会的正式比赛项目，特别是外来的跆拳道、剑术、柔道等项目以其鲜明的民族文化特征和简单易学的形式在我国受到了广大青少年的喜爱和追捧，风靡我国各大城市，成为青少年尽享追求的时尚运动，对我国传统武术带来了巨大的冲击。在这种趋势下，怎么可以妄言郑州为“世界功夫之都”呢？

规划应当是科学，不应是炒作，尤其不应对城市决策者进行误导。如今《郑州市“十三五”旅游产业发展规划》贯彻市委、市政府加快全域旅游产业发展的理念，在深刻分析研究郑州旅游资源状况，认真总结“十二五”时期旅游发展成就和不足的基础上，提出了“一统三大三层次”的发展思路，即统筹谋划全域旅游发展和旅游资源与旅游产品发展布局，引导旅游业发挥“大产业、大环境、大民生”作用，指导3个层次品牌打造。这一版规划脚踏实地，更加贴合郑州实际，对全域的旅游业发展作了系统综合部署。规划把郑州的旅游开发建设归纳为“重点工程”，将其分成“旅游目的地城市建设工程”和“打造旅游引擎综合体工程”两部分内容，突出重点，兼顾全面，并对具体目标提出了明确要求。

回顾总结郑州多年来的实践经验，建议《郑州市“十三五”旅游产业发展规划》

进一步补充完善，尤其要认真学习贯彻党的十八届五中全会提出的创新、协调、绿色、开放、共享的发展理念，抓住建设中原经济区和实施“一带一路”国家战略的机遇，通过加快旅游业发展，在郑州经济社会转型期发挥引擎带动作用。所以需要进一步加强和《中原经济区规划》、“一带一路”国家战略部署、《河南省旅游发展总体规划（2006—2025）》等一系列上位规划的承接，与此同时加强和《郑州市城市总体规划（2010—2020）》《郑州历史文化名城保护规划》相衔接,以免内容缺失、空间布局失当。要使《郑州市“十三五”旅游产业发展规划》的规划目标体系更加合理精准。

有鉴于此，建议在《郑州市“十三五”旅游发展规划》的目标体系中，加强文化遗产旅游的规划内容。在加快全域旅游发展的指导思路上，应当以促进郑州国家历史文化名城保护与发展为主线，谋划全域旅游发展和旅游资源与旅游产品发展布局，要体现“一核、两区、多元”体系特征，充分彰显郑州历史文化名城的核心价值特色，藉以塑造郑州主体旅游形象，提升郑州旅游目的地的吸引力和活力。全域旅游发展不仅需要发挥“大产业、大环境、大民生”的作用，而且在分层次推进，指导 3 个层次品牌打造的整个过程中，融入“转型创新、以城领域、优化资源、增强内聚、突出特色、提质升级”的理念和原则。

“十三五”时期郑州旅游目的地主题旅游项目，应在《郑州市“十三五”旅游发展规划》大框架下适当优化调整，将充分发挥郑州国家历史文化名城旅游资源的优势,纳入第二章总体思路中的发展定位。在重点工程关于规划若干“旅游目的地城市建设工程”和“打造旅游引擎综合体工程”部分,把“一核、两区、多元”体系特征作为优化城市旅游空间布局的主要内容，明确提出以集中体现商郑文化特色的郑州历史文化名城主体为核心，以嵩山文化区与河济文化区为两翼，以多元文化景区、景观、景点为烘托，形成众星捧月的空间大格局。

2. 郑州历史文化名城主体形象策划

郑州历史文化名城主体的范围是商城遗址公园保护区、明清古城区和二七纪念区，与历史文化名城保护范围相吻合，这里是打造郑州古城主体形象品牌的重中之重。旅游项目策划如表 11-3。

郑州历史文化名城旅游发展项目策划 　　表 11-3

项目名称	保护整治与开发利用方式	备注
商城遗址	建设商城遗址公园，扩大核心保护区范围	加大保护整治力度
古城传统格局特征标识	标识商城大格局和明清管城传统格局	用古代地名和标牌、绿化、地面铺装措施等
商文化博物馆	在商城遗址建设控制地带内择址新建	梳理早商及古城文化

续表

项目名称	保护整治与开发利用方式	备注
出土文物展示馆	利用商城遗址建设控制地带内地下空间	旧石器和新石器文物
文物建筑保护	文庙、城隍庙、清真寺	整治文物环境
历史文化街区	保护整治文庙—城隍庙历史文化街区，将职工路恢复为城隍庙街，拆迁部分住宅楼	采取异地搬迁传统民居和少量仿古建筑方式
历史文化街区	保护整治书院街历史文化街区，并结合商城幽荷街头游园规划重建书院	辟为郑州古城最聚人气的传统商贸文化街市
历史标识建筑	恢复明清县衙，强调明清古城格局地标定位	现管城区政府所在地
	重建管城驿站，标识古代郑州交通枢纽所在	西大街北，代书胡同东
	根据文献复建子产祠，纪念郑州古代思想家，传承郑文化	职工路南端、文庙西侧
	恢复开元寺塔，彰显城内“古塔晴云”盛景	塔湾路一侧
二七广场文化园	依托二七纪念塔，设蒸汽机车和铁轨标志，纪念二七大罢工和民国郑州城市规划理念特征	政治环境，利用地下空间进行展示
郑州交通史馆	新辟交通史馆，展现郑州古今交通枢纽地位	利用陇海线工业遗产
民族风情回民街	在清真寺周边规划新辟回民风俗街	体现中原特色回族文化
工业遗产保护	选择郑州二砂场、豫丰面粉厂等提升活力	郑州 1953 文创中心
优秀近现代建筑	选择新中国成立以来不同阶段的历史风貌街区	活态利用传承

在主题旅游项目策划中，还应着力营造商郑文化环境氛围。借鉴埃及的成功经验。古埃及文明的象征是举世闻名的金字塔，而埃及首都开罗却是西非最大的伊斯兰古城，为传承法老文化，埃及利用大街小巷、广场和公共建筑，以及航空、汽车、火车等交通工具，随处可见蕴含着浓郁法老文化元素的各类石刻、壁画、漆画、银器、图片、织物、工艺和视频等，令人无论走到哪里，随时随地都能感受到古老的埃及文化如影随形相伴在自己身边，受到深深濡染。

图 11–11 埃及开罗的法老文化元素图案

实际上郑州和埃及开罗有颇多相似之处，商郑文化也如法老文化一样邈远，同时又都是发展中的现代都市，建筑风貌已经无法还原远古时期的风貌。不仅如此，印度德里同样如此，几乎采用了同样的思路和方式展示烘托着古印度文明。郑州可从开罗、德里的做法得到启示，在历史文化名城保护范围，包括新郑机场、郑州车站和郑东高铁站，创作反映商朝历史的成汤立国、武丁中兴、武王伐纣画卷，开发各种商郑文化元素的工艺品、图片、篆字、标识物等旅游商品，凸显早商时期青铜器的独特造型，鼎、鬲等食器以三足和兽面纹为青铜器的纹饰主体等，结合现代生活需要，开发兼有观赏性和实用性的商郑文化艺术品。在历史城区内，应当有选择地恢复一些老地名、老街巷名称，或以历史地名重新命名。与此同时创作诸如“大河秀典”这样的大型歌舞和历史剧，必定使商郑文化在郑州历史文化名城旅游发展中风生水起，发挥龙头舞动、引领全域旅游腾飞的主导作用。

图 11–12　德里机场候机厅装饰处处营造出浓郁的古印度文化氛围

3. 嵩山文化区主题旅游项目策划

嵩山文化区主题旅游项目策划分为 5 部分内容：一是古城遗址和古遗迹，二是黄帝文化，三是古代天地之中理念，四是古代建筑群，五是少林功夫。这些内容应当融入《郑州市“十三五”旅游发展规划》，并在“旅游目的地城市建设工程”和“打造旅游引擎综合体工程”中进行适当调整。具体项目建议如下。

嵩山地区旅游发展项目建议　　表 11–4

项目名称	保护整治与开发利用方式	备注
登封王城岗遗址	现场展馆拓展遗址展示内容	严格实施遗址保护规划
新郑唐户遗址	现场展示裴李岗文化半地穴式房屋遗址	严格实施遗址保护规划
新郑黄帝文化	举行黄帝故里拜祖民间祭祀活动，通过景区规划建设，纪念黄帝功德，传承华夏农耕文明	拜祖祭祀与民间体验农耕活动结合
古代“天地之中”	结合登封中岳庙、观星台、日晷游览，辟为展示馆，解读古代“天地之中”理念和中岳嵩山文化	严格实施“天地之中”历史建筑群保护规划
登封历史建筑群	增设综合展示馆，采用现代电子技术，展示汉至明清登封历史建筑脉络、特征、地位及成就	严格实施“天地之中”历史建筑群保护规划

续表

项目名称	保护整治与开发利用方式	备注
嵩阳书院讲学	举办海内外世界国学、周易和儒释道研修班	举办大型论坛会等
少林禅寺	少林寺管理委员会管理	保护和修复自然环境
少林功夫	少林僧人依寺规习武戒约演练传习	演示、培训、研讨等
武侠影视街	按照文物保护规划，不得影响景区风貌	
嵩山休闲度假	依托嵩山另行择址	自助游为主
嵩山地质博物馆	根据相关地质管理实施	
轩辕古道	协同偃师整理修复古驿道和轩辕关	新辟体验式旅游线路

在嵩山文化旅游项目策划中，登封告成镇王城岗遗址可视性形象不强，针对这一特点，可以通过现代电子技术手段阐释夏都古城遗址蕴含的华夏文明，及其对商代城邑聚落形成的深刻影响。

特别要重视嵩山地区非物质文化遗产的保护传承。以中岳庙为主要传承场所，对中岳古庙会、泥塑、面塑、糖画艺术和超化吹歌等非物质文化遗产，要以参与性、趣味性和知识性活动为载体，推动其进入旅游市场。加快《禅宗少林·音乐大典》实景演出等演艺项目上档升级。

黄帝故里景区规划建设和拜祖大典如何定位，也应慎之又慎。黄帝被奉为华夏人文始祖，从古至今对轩辕黄帝创立华夏文明的伟大功德，各个历史时期的国家和地方无不祭拜。在嵩山余脉风后岭下的黄帝诞生地举办拜祖活动，对探寻华夏文明源头，弘扬创造精神，维护祖国统一，团结世界各地华人，意义自然非同寻常。但是一定要面对现实深思熟虑。

目前，国内黄帝祭祀一处位于陕西黄陵县桥山的黄帝陵，另一处地处河南新郑市的轩辕黄帝庙。黄帝陵祭祖始于西汉，代代传承，至今不绝如缕。辛亥革命成功后，孙中山于 1912 年 3 月曾委派一个由 15 人组成的代表团赴黄帝陵致祭，还以中华民国临时大总统的名义写了篇祭文。1937 年抗日战争爆发后，国难当头，国共两党携手同往黄帝陵公祭。毛泽东亲自起草了祭文。近年来海峡两岸国共两党和解后，两党高层领导又多次赴桥山公祭黄帝。2006 年黄帝陵祭奠被列为国家第一批非物质文化遗产，早已成为中华民族大一统的精神象征。轩辕庙黄帝拜祖作为一种民俗，最早可以追溯到春秋时期，因黄帝诞生的轩辕丘恰在郑国，于是郑国名相子产率先兴起朝拜轩辕黄帝，并使这一民俗时断时续传承下来。21 世纪初正式启动黄帝故里拜祖大典，2008 年列入国家第二批非物质文化遗产。黄帝故里拜祖与举世公认的黄帝陵祭祖相比，无论历史之久、规模之大、规格之高、影响之深，还是礼仪之成熟缜密，均不可同日而语。那么如何提升黄帝故里拜祖的知名度，就不仅仅是依靠行政渠道、名人影响和加大宣传力度所能奏效的问题，最重要的还在于对拜祖文化内涵的客观深度发掘，以及对于拜祖旅游项目的成功策划。

倘若稍加比对，便不难发现，黄帝陵名为祭祖，实行公祭，是古代国家祀典规定的官方祭祀之礼。黄帝故里名为拜祖，虽未列入历代国家祀典，却与黄帝陵祭祖同工异曲，是中华民族敦亲睦族，对祖先表达深切怀念和真诚敬意之举。祭祖和拜祖均为国家非物质文化遗产，而文化内涵各有不同。祭祖指祭祀黄帝亡灵，通过凝重肃穆的追思仪式，对人文始祖的品格功德顶礼膜拜，寄托尊崇信仰黄帝的之情，聚合民族归属认同感。拜祖指纪念黄帝诞生，以隆重庆典的欢悦仪式，寻根拜祖，缅怀人文始祖的伟业恩德，传承延续中华民族的根亲血脉，同心共创未来美好福祉。拜祖较之祭祖，表现形式丰富多彩、欢快喜庆，更适宜民间活动。特别是对黄帝的民间祭祀，又往往把黄帝尊为神灵，怀着祈福纳祥的心理诉求，期待着黄帝护佑健康、平安、丰收。综上所述，基于文化内涵存在差异，同时考虑一个中国不可能将祭祖和拜祖并列定位成国家祀典仪式，况且二者列入国家非物质文化遗产时均已明确为民俗类，根本没有升级为国家大典的法理依据。因此策划黄帝故里主题旅游项目，应当从拜祖和祭祖的文化差异点切入，错位打造品牌特色，采取地方政府公祭和社会组织民祭并重的思路，突出黄帝对华夏民族农耕文明的重大贡献，通过小集中、大分散的空间布局，利用多种展示方式，增强旅游者的互动参与。景区规划建设严格控制用地规模和建筑群体规模，中轴对称布局应当适度，中轴线不宜过长，环境营造不宜肃穆严整，结合地形并充分利用郑韩故城遗址条件，分散规划体现中原地区农耕文明时代的田园生产生活场景，以及展示华夏礼仪制度、井田制、造车技术、天文、历法、农耕、养蚕、丝织、音律文化等创造，让旅游者从游玩参与中，体验农耕文化和根亲文化，感悟华夏文明之源。

古代“天地之中”历史建筑群体现的理念虽然列为世界文化遗产，但是对于绝大多数游客来说比较抽象，难以理解，也不可能长时间驻足停留深入了解。这就需要借助于动漫图解，运用可视性较强的形象手段，为游客送上一份通俗易懂的传统文化快餐。少林寺前少溪河水流量严重不足，变成大工地，再现“深山藏古寺，碧溪锁少林”的环境风貌。溪流自然淳朴，而300多米外的少林寺山门前，已经彻底改成了人工渠。

4. 河济文化区主题旅游项目策划

河济文化区主题旅游项目策划要以古荥、荥阳以及跨黄河交界地带为主，进行旅游资源整合。分布在这一文化区内的旅游资源类型复杂，不仅包括自然资源和人文资源，而且在人文资源中还有古城遗址、古代聚落遗址、古城垣遗址、古代冶铁工业遗址、古建筑、运河古桥、黄河铁路大桥遗址、古战场遗址、古粮仓遗址等，大多历史文化遗产已经残缺不全，地面以上除了几处文物保护单位以外，没有比较完整的历史文化街区，传统建筑也寥寥无几。对河济文化区主题旅游项目的策划，应当从郑州全域整体旅游发展把握，作为优化城市旅游空间布局的一个重要组成部分，同时建议将惠济区更名，恢复具有深厚历史底蕴的荥泽区建制。具体项目建议如表 11-5。

河济地区旅游发展项目建议 **表 11–5**

项目名称	保护整治与开发利用方式	备注
西山古城遗址	现场建展馆，系统展示古代城邑体系和技术	严格实施遗址保护规划
古荥大运河	开发荥泽古城，建设运河示范段进行展示	严格实施遗址保护规划
大河村遗址	现场标识范围，利用西山古城遗址展馆展示	严格实施遗址保护规划
青台遗址	现场标识范围，利用西山古城遗址展馆展示	严格实施遗址保护规划
汉霸二王城遗址	现场标识范围，利用西山古城遗址展馆展示	严格实施遗址保护规划
小双桥遗址	现场标识范围，利用西山古城遗址展馆展示	严格实施遗址保护规划
大师姑遗址	现场标识范围，利用西山古城遗址展馆展示	严格实施遗址保护规划
荥阳故城遗址	整治故城遗址环境，规划建设遗址公园	严格实施遗址保护规划
楚河汉界遗址	现场标识范围，立碑记述历史事件	严格实施遗址保护规划
虎牢关遗址	现场标识范围，立碑记述历史事件	严格实施遗址保护规划
汉代冶铁遗址	丰富内容和手段，增加冶铁技术工艺展示场景	严格实施遗址保护规划
黄河济水交汇处	考古挖掘并标识具体范围，和敖仓一并展示	考古挖掘，界定位置
秦汉敖仓遗址	现场标识范围，局部挖掘展示	严格实施遗址保护规划
洛汴古驿道	探寻标识重要交通节点，增设景观要素	调研并编制保护规划
纪公庙、纪信墓	充实庙墓合一祭祀建筑的价值特征内容	严格实施文物保护规划
城隍庙	增加城隍庙建筑艺术及其文化内涵的内容	严格实施文物保护规划
惠济桥	附近增设古运河展览馆，介绍郑州交通地位	严格实施文物保护规划
花园口	现场标识范围，立碑介绍花园口决堤事件	严格实施遗址保护规划
黄河大铁桥	立碑介绍黄河大桥历史和郑州交通枢纽地位	结合景区规划设观景台
黄河风景名胜区	丰富景区观光游览景观景点，增加与河济文化有关的人文元素	严格实施黄河风景名胜区总体规划

策划河济文化区主题旅游项目和规划旅游线路，大致可以按照历史年代划分为 3 组。

（1）史前部分。主要是包括西山、大河、青台、汉霸二王城、小双桥、大师姑等遗址。需要专门建设展示馆，通过图文和部分出土文物（复制品），以及现代声光电技术手段，介绍远古时期古城形制、城邑聚落布局和城垣夯土技术、先民居住生活特征，展示郑州开启夏商城市文明的成就和历史轨迹。

（2）秦汉部分。以河济交汇处和敖仓区位、洛汴古驿道、荥阳故城遗址、楚河汉界、虎牢关、纪公庙、纪信墓、冶铁遗址为主，增加各种标识，串并景点，恢复古地名，整治古荥镇环境，并选择适当街区修复传统格局和空间肌理，移植传统建筑，形成集中连片的传统风貌，讲述河济交汇特殊地理地貌带给古荥阳历史发展的重大影响，彰显古荥阳古代军事重镇的历史地位，及其在政治、交通、商贸方面的重要价值和汉文化遗存。

（3）隋唐至明清。这部分文化遗产很少，只有 3 处可以开发利用。一是洛汴古驿道，尚可寻觅蛛丝马迹，还原郑州治所古荥阳（曾为荥泽县）的历史信息；二是考古发现的古运河遗址上的惠济桥，见证了通济渠郑州段的变迁，以及郑州移治所于管城的历史；三是始建于北宋的城隍庙，记载着荥泽县兴衰和迁徙的史实，展现了明清城隍庙的建筑艺术风格和高超的建筑技术。

5. 省级历史文化名城和名镇名村、传统村落

以上重点研究一核、两区主题旅游项目的策划，目的是为《郑州市“十三五”旅游发展规划》进一步完善提供补充构想。其他涉及自然旅游资源开发利用，以及现代商贸、会务等旅游开发，仍可在《郑州市“十三五”旅游发展规划》框架下优化提升和凝练。旅游项目并非越多越好，而是越精越好，不宜面面俱到。

在这里特别需要提及的是省级历史文化名城和中国历史文化名镇、名村和中国传统村落。郑州市有 3 个省级历史文化名城，分别是登封、新郑和巩义。这些历史文化名城公布近 20 年来，虽然先后编制了保护规划，但是在实施过程由于不断调整发展思路，对核心保护区和建设控制地带疏于保护监管，导致保护不力，保护状况总体较差。经实地调查研究和现场踏勘，目前这些历史文化名城的传统格局和历史风貌大部分遭到破坏，没有保留下一个历史文化街区。特别是进入“十二五”时期后，随着河南省推进新型城镇化步伐加快，经济社会和城市转型发展，登封、新郑和巩义都把着力点放在拉长文化旅游产业链条，做强做大观光旅游与文化旅游等产业上，纷纷将提升中心城区服务功能，全力打造世界历史文化旅游名城作为目标，恰恰忽视了历史文化名城名镇名村和传统村落的整体保护，比较多地注重文物古迹保护利用，没有意识到历史文化名城名镇名村和传统村落本身就是主要文化旅游资源。例如登封市一方面举全市之力申报“天地之中历史建筑群”世界文化遗产，另一方面在环境整治中，未能统筹历史文化名城保护工作，顾此失彼，给文物环境和历史文化街区带来了一些负面影响。除列入世界文化遗产的历史建筑群外，只有个别遗存如明清城墙遗址、城隍庙、耿介故居、崇高城遗址、嵩阳楼遗址保留下来，东西街、鸡

鸣街、刘胡垌等完整历史风貌已然不存。当前登封市在郑州加快全域旅游发展中，正大力推进嵩山论坛永久性会址、嵩山论坛国际生态文化示范区建设和中国郑州国际少林武术节，并已全面打响“华夏文明看登封”“登封天地之中人”的文化品牌。鉴于旅游发展出现的偏失，应亡羊补牢，认真总结经验，严格实施“天地之中历史建筑群”世界文化遗产保护规划和登封历史文化名城保护规划，使旅游发展和名城保护相衔接。

新郑历史文化名城保护规划虽然确定了后周皇陵、郑韩故城、韩国王陵、裴李岗、具茨山、苑陵故城6个历史文化保护区和具茨山自然风景保护区，但是也存在类似登封的问题。尤其专注打造黄帝故里拜祖景区，在全国重点文物保护单位轩辕庙周围，按照升级国家级拜祖大典的思维模式，规划建设超越文物本体的大体量宫殿区仿古建筑群，不仅以景观建设改变了新郑历史文化名城的传统格局和历史风貌，而且也改变了黄帝故里拜祖的本质文化内涵，亟待继续进行深入而慎重研究和论证。

巩义历史文化名城拥有规模宏大和文化品位极高的宋陵，加之杜甫故居、康百万庄园的知名度，给巩义奠定了很好的基础。然而遗憾的是由于文化遗产不集中，也未能保留下成片的历史文化街区，在保护规划的编制和实施过程，面临着和登封、新郑同样的棘手问题。

郑州的中国历史文化名镇和省级历史文化名镇、名村、中国传统村落的数量很少，只有一个惠济区古荥镇列为第四批中国历史文化名镇，中国历史文化名村和中国传统村落均榜上无名。巩义市康店镇、登封市君召乡、颍阳镇、荥阳市汜水镇被公布为河南省历史文化名镇。郑州市上街区方顶村列入第六批河南省历史文化名村。这种状况在全国也十分少见。根本症结在于缺乏保护意识，尤其在全省提出“一化带三化”，强力推进城镇化快速发展的大背景下，盲目采取拆并村镇的做法，造成一批有历史价值和文化特色的镇村消失。党的十八大以后，在中央城镇化工作会议精神正确指导下，虽然破坏得到有效遏制，但是在思想认识上仍然存在差距和误区。例如为加快推进全域旅游发展，甚至连原本保存大量中原地方特色的唯一的省级历史文化名村方顶村，也在旅游开发中拆迁改造，将祖祖辈辈生活在这里的村民迁出，严重破坏了传统农耕起居形态，留下了无法挽回的遗憾。忽视立足本地资源，缺少悉心发现和精心打造旅游品牌的定力，盲目跟风发展旅游，必然会事与愿违，事倍功半，甚至付出惨重代价。

郑州历史文化名城旅游发展前景看好，但是必须下大气力解决旅游主题形象不鲜明和定位偏失问题，只要厘清思路，坚持历史文化名城和旅游产业协调发展，就一定能够加快大旅游产品开发和大环境营造，提升整体旅游形象，实现历史文化名城保护与发展和谐双赢。

四、文化创意产业与主题旅游路线的设计

1. 核心文化创意产业项目建议

根据《郑州市2011年服务业发展工作要点》要求，郑州市要大力发展文化创意产业，加快推进文化创意产业规模化、集聚化发展。重点建设郑州嵩山文化产业园、国家动漫产业发展基地（河南基地）、郑州信息创意产业园（郑州市动漫产业基地）、郑州华强文化科技产业园、商城遗址公园等5大文化创意产业基地，着力培育郑州古玩文化城、郑州金水文化创意园、石佛艺术公社当代艺术园、西里路摄影艺术街、《快乐星球》文化产业园、河南汽车公园文化创意产业园等6大文化创意产业特色园区。时至今日，郑州华强文化科技产业基地、国家动漫产业基地（河南基地）、嵩山文化产业园区等文化产业集聚区已初步形成，其他文化产业园区也逐步提上日程。另外，根据郑州地域文化特色，建议将以下几大文化产业园纳入《郑州市"十三五"旅游发展规划》。

（1）黄帝文化产业园

从单一寻根拜祖到中国上古文化深度体验，以黄帝故里、黄帝宫、具茨山等为依托，挖掘黄帝文化内涵，注重文化活化与科技创新，提升黄帝故里景区层次品质，加强文化活动，提升游客的参与性，拜祖大典应该注重参与性活动的举办，重视活动的亲民性。在注重大典严肃性的同时，举办一些让普通民众可以参加的活动，让黄帝文化真正的大众化，如以黄帝传说为背景，找演员扮演黄帝等人物，让游客与黄帝时期的人物进行亲密接触等。重点开发黄帝故里景区二期建设，包括旅游服务广场、中华姓氏博物馆、黄帝文化博物馆、中华民族创业博物馆、郑韩广场、世系展堂、专题博物馆、华夏文明遗产走廊（黄帝文化主题朝圣大道）、姓氏宗祠、功德林、钟楼、鼓楼、中华文明展馆等标志性功能建筑。另外，以黄帝文化为主题拓展《华夏之源》7D电影文化演艺、上古文化故事科技展示、上古主题战场真人游戏等文化旅游体验产品，华夏根亲文化教育、姓氏文化教育、黄帝文化论坛、根亲文化论坛、黄帝内经中医文化研究论坛等科普教育产品以及黄帝内经养生度假村、上古文化主题餐厅、酒店、购物等旅游配套产品。将黄帝文化产业园打造成华夏文明传承创新的示范区。

（2）世界功夫文化产业园

以少林寺为核心，在原有天地之中文化旅游产业园规划基础上，进一步提升品牌和项目特色、品质。做好少林寺遗产保护与深度展示，增加文化展示和解说系统，加快推进音乐大典二期工程等项目建设。在产业园建设中应提升项目品质和竞争力，增强世界功夫博览体验和休闲娱乐功能，拓展"禅

武医”文化产业链，引入国际化的禅文化、世界功夫博览、健康养生等项目，可引资建设功夫影视城、世界功夫主题公园、影视集团企业总部、剧创高级孵化器、功夫武侠实景街、武侠梦小镇、七十二绝技园、达摩东渡园、中原武林擂台、功夫动漫谷、国际剧本交易中心、影视服装道具制作中心、后期技术制作工厂、数字动作技术研创、古韵登封藏品商街、功夫梦乐购、功夫足球学校、功夫酒店群和国际旅游小镇等项目，策划推出各种功夫比赛展示、品禅论武国际论坛等各类文化展览交流活动以及禅武养生园、医学养生园等多种类型养生度假产品。将世界功夫文化产业园打造成集发展禅文化、功夫产业、教育培训、医疗健康养生等产业为一体的具有世界影响力的国际化特色文化旅游产业园区。

（3）楚河汉界文化产业园

以汉霸二王城为依托，建设汉霸二王城遗址公园、楚汉传奇主题园、黄河风情文化苑等主体项目，打造楚汉相争体验产品。可适当恢复鸿沟，运用鸿沟水系形成楚河汉界，恢复汉霸二王城历史场景，在二王城中塑刘邦、项羽像，可建设楚河汉界主题园、山地运动时空穿越鸿沟、楚汉文化生态苑、楚汉文化休闲体验中心、楚汉传奇黄河飞艇、楚汉文化展示馆、楚室汉宫等项目。同时，可导入中国棋艺文化，以中国石鼓作为双方对阵棋子，围绕楚河汉界布局棋艺村，建设国学馆，发展以象棋、围棋、军旗等棋艺娱乐和培训为主的国学书院，策划世界各棋艺争霸赛，打造“中国象棋之都”。另外，可利用黄河风情自然资源发展以楚汉风韵为主题的荣华汉府养生苑等旅游度假产品。

（4）河洛文化产业园

在河洛交汇之处，利用天然的河流弯道，形成以“太极湾”为主题的大地景观公园，在太极的阴鱼、阳鱼的“鱼眼”上分别设计龙负河图、龟驮洛书的大地景观，重点打造河图洛书大广场、河洛文化博物馆、河图洛书故事演艺、河洛论坛、河图洛书动漫等核心项目，配套发展河洛文化主题温泉、旅游度假小镇等。

（5）少林禅武文化旅游区

以少林功夫文化为核心，强化少林功夫的体验性，围绕功夫文化，打造体验旅游产品，主要建设少林佛教博物馆、少林武术博物院、大型舍利佛塔、少林药局、少林医院、佛学院，增建灵修禅学中心、禅味茶馆、禅武养生园、禅疗中心、禅文化主题餐饮服务区等服务配套。

（6）建业华谊兄弟电影小镇

电影实景文化旅游项目，集电影文化体验、电影互动游乐、电影展览、民俗演绎、民俗展览、特色美食、商业旅游等于一体，形成以电影小镇为形、以文化差异为魂、以城市休闲为核心的休闲娱乐旅游综合商业街区。主要包括特色影视文化商业街，以华谊经典电影场景为建筑规划元素打造的综合娱乐商业街区，同时引用源自河南的历史文化典故打造文化特色品牌街区。

2. 特色文化主题旅游线路策划

郑州文化遗产旅游应做好黄河风情、华夏文明、运河遗产、拜祖寻根、武林圣地、商都体验、中岳胜境、宋陵故事、河洛传说、庄园风情、城市起源等10余条特色主题旅游线路，并加强区域旅游合作。

黄河风情：依托黄河风景区、黄河文明，打造黄河风情主题旅游线路。

华夏文明：依托黄帝故里、皇帝宫、具茨山等黄帝文化以及远古文化，打造华夏文明主题旅游线路。

运河遗产：依托大运河通济渠郑州段世界遗产，构建运河绿色景观长廊，恢复大运河、贾鲁河的水运功能，贯通郑州段与开封段水运，最后连接周口沙河、商丘运河。以惠济桥的保护为切入点，恢复延长部分运河段与现有河段相接，适当增添运河沿线景观节点，如古代粮仓、漕船等，打造运河遗产主题旅游线路。

拜祖寻根：依托人文始祖黄帝文化打造拜祖寻根主题旅游线路。

武林圣地：依托少林寺、少林功夫，打造武林圣地主题旅游线路。

商都体验：依托商城遗址，建立环商城城垣遗址保护绿带、城垣遗址公园，建设商都博物馆，以地下展览的方式展示商城出土文物及商代城墙遗址。打造商都体验主题旅游线路。

中岳胜境：依托中岳嵩山森林公园、天然地质博物馆，建设登封中原古民居建筑博物馆、嵩山文化主题展示馆和遗址公园，打造中岳胜境主题旅游线路。

宋陵故事：以全国重点文物保护单位、中国中部地区规模最大的皇陵群——宋陵为依托，开发宋陵故事主题旅游线路。

河洛传说：以河洛汇流为基础，河图洛书非物质文化遗产为依托，开发河洛文化产业园，打造河洛传说主题旅游线路。

庄园风情：以康百万庄园为依托，联合刘镇华庄园、张祜庄园、泰茂庄园等开发庄园风情主题旅游线路。

城市起源：以郑州发现的中国最古老城池（距今5300年前的西山古城）以及到秦汉时代郑州先后出现30余座古城为依托，开发城市起源主题旅游线路。重点开发西山古城遗址、荥阳故城遗址、商城遗址、新密古城寨遗址、华阳故城遗址、郑韩故城遗址、王城岗及阳城考遗址等。

（1）大区域合作文化旅游精品线路

①大丝路体验游

郑州（汴洛古道、轩辕古道，早商文化）——洛阳（隋唐文化）——西安

（汉唐文化）——兰州（丝路文化与黄河文化交汇）——敦煌（陇西文化）——吐鲁番（中外文化汇聚）——喀什（西域文化）

②大黄河文明游

延安（黄帝陵）——临汾（尧都）——西安（十三朝古都）——三门峡（仰韶文化）——洛阳（九朝古都）——郑州（古商都）——开封（宋都）——曲阜（孔子故里）——济南（龙山文化）

③大运河联盟游

杭州（西湖）——苏州（周庄）——镇江（西津渡）——扬州（瘦西湖）——商丘（商丘古城）——开封（清明上河园、龙亭、古城墙）——郑州（荥阳故城、中国大运河博物馆、商城遗址、板渚古津渡）——洛阳（唐东都、含嘉仓）——安阳（殷墟）——济宁（孔孟之乡）——北京（故宫、天安门广场）

（2）中原经济区文化旅游精品线路

①中原世界遗产游

郑州（天地之中历史建筑群、大运河通济渠郑州段）——洛阳（龙门石窟）——安阳（殷墟大遗址公园、殷墟博物苑、中国文字博物馆）

②中原古都文化游

开封（北宋：古城墙、清明上河园、龙亭、大相国寺、铁塔、繁塔、开封府）——郑州（早商：商城遗址）——洛阳（夏、周、魏晋、隋唐：汉魏故城、隋唐洛阳城国家遗址公园、隋唐城遗址植物园）——安阳（晚商：殷墟大遗址公园、殷墟博物苑）

③华夏寻根拜祖游

盘古传说（桐柏）——伏羲（淮阳）——燧人氏（商丘）——神农氏（淮阳、焦作）——女娲（西华）——黄帝（新郑）——颛顼（内黄）——帝喾（内黄、商丘）——尧（临汾）——舜（山西永济）——禹（登封）——夏（偃师）——商（郑州、安阳）

④少林太极功夫游

郑州（少林功夫、苌家拳）——焦作（陈氏太极拳、月山八极拳）——漯河（心意六合拳）——淮阳（伏羲八卦拳）——邯郸（杨氏、武氏太极拳）

⑤中原历史名人游

鹿邑（老子故里）——巩义（杜甫故里）——偃师（玄奘故里）——孟州（韩愈故里）——沁阳（朱载堉故里）

（3）郑州市文化旅游精品线路

①一日游精品线路

黄河风情游：花园口黄河掘堤处——湿地鸟类自然保护区——郑州黄河风景名胜区——三皇山桃花峪旅游区——楚河汉界文化产业园——飞龙顶风景旅

游区

运河遗产游：荥阳故城遗址公园——荥泽县城隍庙——古荥冶铁遗址博物馆——纪信墓及碑刻——惠济桥——中国大运河博物馆——汴河故道——板渚古津渡

拜祖寻根游：黄帝故里——拜祖广场——人文始祖纪念馆——中华根亲博物馆——黄帝宫——具茨山

中岳胜景游：太室阙——中岳庙——嵩阳书院——嵩岳寺塔——法王寺塔——嵩山峻极峰——卢崖瀑布——地质博物馆——永泰寺塔——初祖庵——少林寺——塔林——武术表演——少室阙——会善寺——启母阙——大周封祀坛遗址——观星台——登封中原古民居建筑博物馆——嵩山文化主题展示馆

商都体验游：商城遗址公园——商城遗址博物馆——城隍庙——文庙——书院街文化创意休闲街区——子产祠——管城驿——县衙——开元寺塔——德化街——二七纪念塔——郑州商圈

城市起源游：西山古城遗址公园——荥阳故城遗址公园——商城遗址公园——新密古城寨遗址公园——郑韩故城考古遗址公园——王城岗及阳城考古遗址公园

②二日游精品线路

第一日：武林圣地游。郑州火车站、新郑国际机场——太室阙——中岳庙——嵩阳书院——启母阙——会善寺——少室阙——嵩岳寺塔——少林寺——塔林——武术表演——禅宗少林·音乐大典（晚上住登封）

第二日：商都体验游。观星台——新密古城——商城遗址公园——商城遗址博物馆——城隍庙——文庙——书院街文化创意休闲街区——子产祠——管城驿——县衙——开元寺塔——德化街——二七纪念塔——郑州火车站、新郑国际机场

第一日：商都体验游。郑州火车站、新郑国际机场——商城遗址公园——商城遗址博物馆——城隍庙——文庙——书院街文化创意休闲街区——子产祠——管城驿——县衙——开元寺塔——德化街——二七纪念塔——郑州商圈（晚上住郑州）

第二日：拜祖寻根游。黄帝故里——拜祖广场——人文始祖纪念馆——中华根亲博物馆——黄帝宫——具茨山——轩辕庙——黄帝避暑宫——黄帝御花园——郑州火车站、新郑国际机场

第一日：武林圣地游。郑州火车站、新郑国际机场——太室阙——中岳庙——嵩阳书院——启母阙——会善寺——少室阙——嵩岳寺塔——少林寺——塔林——武术表演——禅宗少林·音乐大典（晚上住登封）

第二日：拜祖寻根游。观星台——新密古城——黄帝故里——拜祖广场——

人文始祖纪念馆——中华根亲博物馆——黄帝宫——具茨山——轩辕庙——黄帝避暑宫——黄帝御花园——郑州火车站、新郑国际机场

第一日：天地之中游。郑州火车站、新郑国际机场——太室阙——中岳庙——嵩阳书院——启母阙——会善寺——少室阙——嵩岳寺塔——常住院——初祖庵——塔林——武术表演——观星台（晚上住登封）

第二日：运河遗产游。商城遗址公园——荥阳故城遗址公园——荥泽县城隍庙——古荥文化博物馆——古荥冶铁遗址博物馆——纪信墓及碑刻——惠济桥——中国大运河博物馆——汴河故道——板渚古津渡——郑州火车站、新郑国际机场

第一日：河洛传说游。郑州火车站、新郑国际机场——商城遗址公园——商城遗址博物馆——河洛文化旅游区——巩县石窟（晚上住巩义）

第二日：宋陵故事游。康百万庄园——宋陵——巩义窑址——郑州火车站、新郑国际机场

第一日：南水北调游。郑州火车站、新郑国际机场——黄帝故里——水上巴士——望京楼遗址公园——苑陵故城遗址公园——大师姑遗址公园——荥阳故城遗址公园——小双桥遗址公园——大河村遗址博物馆——商城遗址公园（晚上住郑州）

第二日：黄河风情游。花园口——郑州黄河风景名胜区——三皇山桃花峪旅游区——楚河汉界文化产业园——飞龙顶风景旅游区——郑州火车站、新郑国际机场

③三日游精品线路

第一日：商都体验游。郑州火车站、新郑国际机场——商城遗址公园——商城遗址博物馆——城隍庙——文庙——书院街文化创意休闲街区——子产祠——管城驿——县衙——开元寺塔——德化街——郑州黄河风景名胜区——二七纪念塔——郑州商圈（晚上住郑州）

第二日：武林圣地游。太室阙——中岳庙——嵩阳书院——启母阙——会善寺——少室阙——嵩岳寺塔——少林寺——塔林——武术表演——禅宗少林·音乐大典（晚上住登封）

第三日：拜祖寻根游。观星台——新密古城——黄帝故里——拜祖广场——人文始祖纪念馆——中华根亲博物馆——黄帝宫——具茨山——轩辕庙——黄帝避暑宫——黄帝御花园——郑州火车站、新郑国际机场

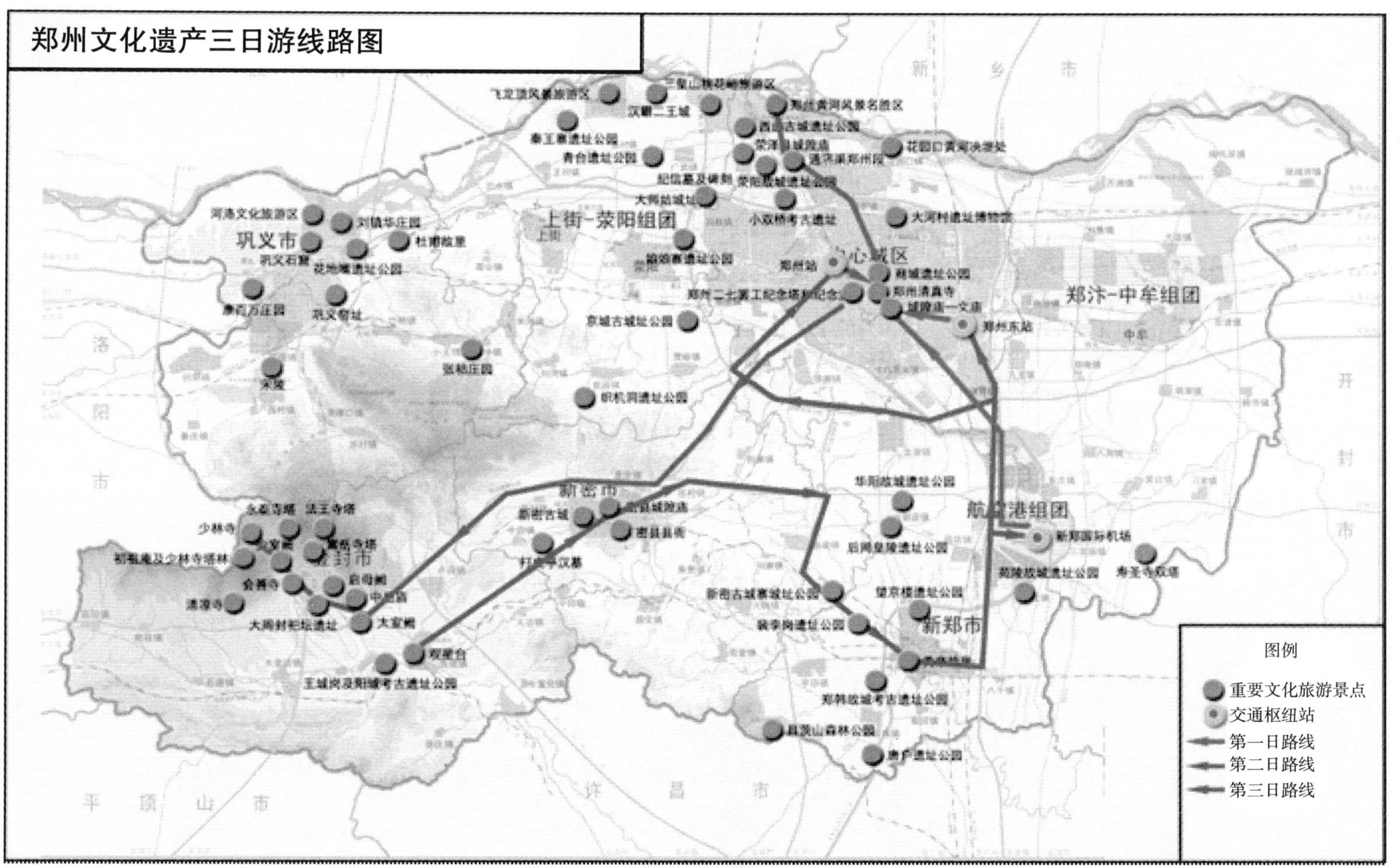

图 11-13　郑州文化遗产三日游线路图

TWELVE CHAPTER

第十二章

郑州历史文化名城保护与发展项目策划

前文对郑州历史文化名城保护与发展的战略目标进行了具体设定，即：“以新时期国家战略建设为契机，秉持正确的保护理念，整合市域遗产资源，架构一核两区多元的文化体系，传承创新华夏历史文明，建设现代化国际商都、国际航空港和世界历史文化旅游名城”。需要结合该目标和历史文化名城保护整治、发展利用的措施分析提出具体项目建设的建议。鉴于郑州历史文化名城保护的现实条件，郑州历史文化名城保护与发展项目策划分为重要项目策划和近期整治项目两部分，前者旨在对接相关战略定位对郑州历史文化名城保护提出的明确或潜在要求，在重大项目建设上体现城市历史价值定位和文化特色，从而将战略定位落到实处，后者旨在为郑州历史文化名城保护整治提出当前最能够实现，任务最紧迫，也最能表现郑州城市历史文化特征的具体实施方案，以收立竿见影之效。

第一节　区域分析下的文化产业发展

一、新常态下区域经济发展态势

2014 年以来，国际国内形势日趋复杂严重，经济下行压力不断增大，河南省社会经济发展总态势呈现平稳较快增长局面。新常态下经济的外在表征是由高速增长转向中速增长，同时转型与调整也在促使发展质量和效益的提升。河南省 2014 年全省生产总值近 3.5 万亿元，2015 年增至 3.7 万亿元，其中第三产业增速明显，服务业发展滞后的问题有所缓解。全省经济发展出现了一些新的亮点，如郑州航空港经济综合实验区建设全面发力，经济指标增速高于全省水平，制造业、金融业发展较快，创新发展能力也持续提升。

中原经济区方面，自 2012 年上升为国家战略以来，围绕建设国家重要的粮食生产和现代农业基地、全国“三化”协调发展示范区、全国重要的经济增长板块、全国区域协调发展的战略支点和重要的现代综合交通枢纽、华夏历史文明传承创新区的区域发展定位，积极推进经济发展模式转型升级，努力强化体系建设，不断拓展对外开放的领域和深度。特别是 2013 年以来，中原经济区以“稳增长、调结构、促改革、惠民生”为目标，通过“一个载体、四个体系、五大基础、六大保障”，积极打造区域经济升级版，大力推进社会经济发展，取得了明显的成效，在全国范围内的影响力、辐射力、带动力稳步提升。尤其是 2013 年郑州航空港经济综合实验区上升为国家战略后，其作为中原经济区的中心城市核心地位和辐射带动能力将得到全面增强，进一步推动中原经济区经济竞争力全面提升。

为便于认识和理解经济区内不同城市发展水平的差异，通过城市综合竞争力评价来合理分析城市发展前景，即从城市经济的规模、发展质量、产业结构、经济效益、科技创新等多方面进行比较，能够更直观地感受城市的未来发展态势。评价基本指标包括经济发展指标、经济结构指标和支撑要素指标，包括经济规模、居民收入、发展速度、对外经济、财政金融、能耗水平、产业结构、科技教育、交通通信、医疗卫生等。以 2014 年为例，对比分析中原经济区内省辖市经济综合竞争力，整理如下。

2014 年中原经济区省辖市经济综合竞争力评价　　　表 12-1

地区	排名	总得分	经济发展指标	经济结构指标	支撑要素指标
郑州市	1	94.32	64.94	19.25	10.14
洛阳市	2	55.69	34.08	16.90	4.70
聊城市	3	52.71	33.37	15.18	4.16
南阳市	4	49.16	27.44	17.92	3.81
邯郸市	5	48.70	32.20	11.76	4.75
许昌市	6	47.72	28.35	16.16	3.21
菏泽市	7	46.76	27.20	15.07	4.49
焦作市	8	46.28	28.62	14.33	3.33
新乡市	9	45.78	25.82	15.70	4.26
蚌埠市	10	43.95	23.75	17.05	3.15
安阳市	11	41.64	24.81	13.27	3.56
开封市	12	40.97	20.62	17.32	3.03
周口市	13	40.44	19.99	16.97	3.48
商丘市	14	40.06	21.11	15.32	3.64
三门峡市	15	40.04	22.82	14.53	2.69
平顶山市	16	39.43	21.38	14.70	3.34
濮阳市	17	38.88	22.05	13.82	3.02
驻马店市	18	38.75	19.96	16.05	2.74
晋城市	19	38.43	22.59	12.95	2.89
信阳市	20	38.33	19.57	16.31	2.45
长治市	21	37.78	24.30	9.95	3.54
漯河市	22	37.77	20.40	14.95	2.42
宿州市	23	37.29	19.26	15.96	2.07
亳州市	24	37.06	18.13	17.17	1.76

续表

地区	排名	总得分	经济发展指标	经济结构指标	支撑要素指标
淮北市	25	36.94	20.19	14.33	2.42
邢台市	26	36.52	19.72	12.35	4.46
鹤壁市	27	36.37	22.23	12.02	2.12
济源市	28	35.90	25.30	8.82	1.79
阜阳市	29	35.70	18.53	14.56	2.61
运城市	30	30.16	20.19	6.13	3.84

资料来源:《喻新安：河南经济发展报告（2015 年）》。

从表 12-1 中可以看出，郑州作为中原经济区的中心城市，处于遥遥领先的位置。在诸多评价指标中，郑州绝大多数居于首位。在 2015 年中原经济区省辖市经济综合竞争力排名中，郑州依然位于首位，优势十分突出。而在县域经济排名中，新郑、荥阳、新密、巩义和中牟依次排在前 5 名。

河南省社会科学院在分析经济新常态的发展态势的同时，对当前经济区发展提出了若干政策建议：提升中原经济区省辖市经济综合竞争力，进而推进中原经济区社会经济科学健康发展，需要在“坚定纵坐标、坚持总思路、完善总方略”的战略框架下，着力推进经济转型升级、强化 4 个体系建设、大力实施创新驱动战略、科学推进新型城镇化，从而推动新常态下中原经济区建设顺利进行。

在经济发展呈现新常态的背景下，寻找发展前景的突破口成为关键，而以历史文化名城保护与发展为着力点的文化遗产综合整治与利用是当前郑州蕴含的支撑要素，是进一步加强和引领中原经济区建设，传承创新华夏历史文明和弘扬中原大文化的重要举措。

二、中原经济区内名城文化特色

郑州处在中原地区，是其腹地中心，选择文化遗产旅游与项目策划建设的切入点，必须和周边的历史文化名城，特别是和已经培育成熟的文化遗产地进行认真的分析对比，扬长避短，发挥自身优势。应当深入发掘历史文化内涵，突出郑州的特质文化，避免由于盲目决策导致的同质化，一方面力求和其他历史文化名城优势互补，错位发展，另一方面有机融入区域性旅游发展的大脉络。为此，在进行相关项目策划前，首先需要对于周边历史文化名城的历史文化及旅游特色、特色项目及文化内涵等进行一番梳理，以期对郑州开展文化遗产合理运筹定位，确定旅游项目的开发实施。

中原经济区内历史文化名城旅游景点表 表 12-2

城市	旅游景点		交通服务
	自然地理	历史人文	
郑州（河南）	嵩山国家森林公园、黄河游览区、郑州市森林公园、黄河大观、戏山雪花洞、环翠峪风景区、白沙湖风景区、三皇山	黄帝故里、少林寺、古荥冶铁遗址、杜甫故里、黄河博物馆、黄治三彩窑址、虎牢关、郑韩古城、康百万庄园、巩义石窟寺、郑州商代遗址、宋陵、飞龙顶、打虎亭汉墓、黄帝宫、大河村遗址、纪公庙、官渡古战场景区、后周皇陵、汉霸二王城、裴李岗遗址等	新郑国际机场，上街机场，铁路、高铁，国道，京港澳高速公路
洛阳（河南）	龙门山色、马寺钟声、金谷春晴、邙山晚眺、天津晓月、洛浦秋风、平泉朝游、铜驼暮雨、国家牡丹园、王城公园、伊河、伊阙山、黄河小浪底、孟津黄河湿地	龙门石窟、白马寺、王铎故居、白居易故居、白园、都城博物馆、二里头遗址、周王城天子驾六博物馆、山陕会馆、玄奘故里、西游宫、汉光武帝陵、八路军驻洛办事处、洛阳博物馆、邙山陵墓群、偃师商城博物馆、八关都邑、北齐平等寺造像碑、关林、观音寺、广汉寺、汉魏故城、民俗博物馆、皇觉寺、吕祖庵、宾阳洞、大万伍佛洞、龙门十二品、龙门石窟、龙马负图寺等	洛阳机场，铁路、高铁，国道
开封（河南）	铁塔风景区、龙亭风景区、禹王台风景区	清明上河图、包公祠、开封府、中国翰园碑林、宋都御街、樊楼、开封博物馆、焦裕禄烈士陵园、山陕甘会馆、铁塔、大相国寺、禹王台、龙亭、天波杨府、朱仙镇岳飞庙、犹太教清真寺遗址、繁塔、延庆观等	铁路，国道
安阳（河南）	鲸背观澜、鹿苑生辉、柏门珠沼、漳河晚渡、韩陵片石、龙山积雪、善应松涛、漫水长虹	中国文字博物馆、红旗渠、曹操高陵、殷墟博物馆、马氏庄园、袁林、岳飞庙、羑里城、二帝陵、太行大峡谷、林虑山国际滑翔基地、灵泉寺唐代双塔、修定寺塔、文峰塔、明福寺塔、瓦岗寨遗址、文峰塔、安阳城隍庙等	铁路、高铁，国道，京港澳高速公路
南阳（河南）	伏牛山世界地质公园、桐柏山淮源风景名胜区、丹江口水库	卧龙岗武侯祠、内乡县衙、赊店古镇、南阳府衙、医圣祠、张衡博物馆、坐禅谷、荆紫关古镇等	南阳姜营机场，铁路，国道
商丘（河南）	黄河故道国家湿地保护区、龙泽湖	商丘古城、圣保罗医院旧址、燧皇陵、应天府书院、抗战地道纪念馆、清凉寺、华商文化广场等	商丘观堂机场，铁路，国道
浚县（河南）	大伾山、浮丘山	浚县古庙会、文治阁、大石佛、天宁寺、天齐庙、太平兴国寺、吕祖祠、城隍庙、碧霞宫、黎阳仓遗址等	铁路，国道
濮阳（河南）	渠村分洪闸风景区	玉皇阁、戚城遗址、仓颉陵和仓颉庙、子路墓祠、回銮碑等	铁路，国道
邯郸（河北）	武安朝阳沟、武安七步沟、涉县太行山、五指山旅游区、武安古武当山、九峰山森林公园、京娘湖、武华山、	磁山文化遗址、邯郸博物馆、涉县娲皇宫、晋察冀豫烈士陵园、涉县八路军一二九师司令部旧址、响堂山石窟、黄粱梦、吕仙祠、永年广府古城、武灵丛台、赵王城、学步桥、大乘玉佛寺、邺城三台、弘济桥、回车巷、舍利塔、玉皇阁、赵王陵朱山石刻等	邯郸国际机场，铁路、高铁，国道，京港澳高速公路

续表

城市	旅游景点		交通服务
	自然地理	历史人文	
聊城（山东）	马颊河度假村	光岳楼、山陕会馆、曹植墓、萧城遗址、武训祠、景阳冈、中国运河文化博物馆、海源阁、孔繁森纪念馆等	铁路，国道
亳州（安徽）	白鹭洲风景区、郑店子风景区	花戏楼、曹操运兵道、曹氏宗族墓群、万佛塔、尉迟寺遗址、南京巷钱庄、古井贡酒酿造遗址、华祖庵、道德中宫、江宁会馆、庄子祠、汤王陵、陈抟庙、薛阁塔、伍奢冢遗址、纪家塔、捻军会盟旧址、店集镇柘王宫遗址、新四军第四师司令部旧址、东岳庙等	铁路，国道

中原经济区内历史文化名城旅游特色表　　**表 12–3**

城市	旅游主打特色	历史人文	古城遗存
郑州（河南）	轩辕黄帝故里、天地之中、黄河风景名胜区、中原福塔	古都	夯土城垣、遗址、古城格局
洛阳（河南）	龙门石窟、白马寺、关林、龙潭峡、鸡冠洞、明堂	古都、汉唐文化、牡丹花都	城门、遗址、历史建筑
开封（河南）	清明上河园、龙亭、开封府、大相国寺、宋都御街、翰园碑林	古都、宋代文化、菊城	城墙、城门、古城格局、护城河水系不连续
安阳（河南）	殷墟、中国文字博物馆、岳飞庙、马氏庄园	古都、商文化	遗址
南阳（河南）	西峡老界岭、内乡县衙、赊店古镇、卧龙岗武侯祠		无
商丘（河南）	商丘古城、应天府书院	商文化	城墙、城门、古城格局
浚县（河南）	大伾山、浮丘山、黎阳仓遗址、子贡故里、浚县正月古庙会	仓储、子贡文化	城墙、城门、古城格局
濮阳（河南）	颛顼帝都、仓颉、澶渊之战	龙文化	无
邯郸（河北）	武灵丛台、赵王城遗址公园、一二九师司令部旧址	赵文化、女娲文化	遗址
聊城（山东）	天沐温泉、光岳楼、东昌湖、古运河	水浒文化、运河文化	城墙、城门、古城格局
亳州（安徽）	花戏楼、曹操公园、古井酒文化博览园		无

在旅游景点方面，中原地区的城市旅游以自然和人文两种景观为主，有的城市如郑州、洛阳、安阳、邯郸等城市自然景观和人文景观均十分丰富，这些城市的旅游交通服务相对便利，有的城市如开封等人文积淀较为突出，其他城市旅游景点相对稀疏，特色不太鲜明，旅游交通服务相对落后。在旅游特色方面，

郑州、洛阳、开封、安阳、邯郸、聊城等城市的旅游特色相对鲜明，且残存有古城遗址或保留着古城格局。以下就洛阳、开封、安阳、南阳、邯郸这几个重要的城市进行文化旅游发展简要分析对比，找出郑州进行错位发展、优势发展的机遇。

洛阳古城以位于市区的明清洛阳城为存续主体，兼有隋唐洛阳城、汉魏洛阳城、周王城与成周城、偃师商城、偃师二里头等遗址，这 5 处都邑遗址自西向东分布。其中，明清古城格局相对完整，东西大街贯通延伸，以西大街西段和东大街沿街格局风貌保存最好，西大街东段为住宅建筑外扩复建古建样式风貌。西大街外建有翁城，上有城隍庙、观音寺，翁城墙内有唐三彩博物馆，西大街沿街店铺主要为笔墨纸砚、骨器、折扇、唐三彩以及部分文创产品。东大街沿街较为清净，有老中医、传统乐器等。体现洛阳城市发展时代特征的重要建筑景点有：周公庙、白马寺、明堂、丽景门等，龙门石窟是魏晋至唐宋时期的艺术精华。这些重要景点将洛阳城从周至唐的重要历史人文呈现出来，并且目前的整体发展趋势仍是在隋唐洛阳城上做文章，恢复部分标志建筑如应天门等，总体上以隋唐文化的展示为主，在隋唐洛阳城遗址上呈现广大磅礴的气势。当前，建设偃师二里头遗址博物馆已成为一项重大项目。

开封古城以位于市区的明清开封城为存续主体，兼有位于其下的唐宋金元古城，古城城墙呈“城摞城”特征。古城中轴线为中山路，书店街保存较多清代、民国建筑，并与西司、武夷、鼓楼、小宋城等形成夜市传统，山陕甘会馆作为古城内的重要建筑，内有开封历史文化、城市空间格局展示。体现开封城市发展时代特征的重要建筑景点有：龙亭、开封府、清明上河园、铁塔等。这些重要景点主要突出呈现的是宋文化，目前围绕古城城墙的整治恢复和特点呈现为主要保护发展措施，强化城市在北宋时期的风华盛景之势。

安阳古城以位于市区的明清安阳城为存续主体，兼有殷墟、洹北商城等遗址。明清古城格局几乎不存，尚有部分街巷肌理可辨，以鼓楼为中心形成商业步行街，现代气息浓厚，天宁寺位于城内西部，已辟为公园。安阳主要围绕殷墟遗址突出商文化在城市历史文化中的重要地位，对于其他历史时期的城市历史文化挖掘相对不够，文化传播内容和形式相对古朴，难以捕捉城市发展脉络。

南阳古城以位于市区的明清南阳城为存续主体，古城格局整体不存，大致以解放路和民主街为中心，街巷尺度仍在、邻里关系和睦、保留较多传统民居，仅有南阳府衙、财神庙等官式、礼制建筑。府衙街区为仿古小吃商业街，人流涌动，整体不太卫生。财神庙供奉南阳人范蠡，民俗氛围浓厚，主要有民间祭祀、玉器摊铺、请神算命活动等。重要的建筑景点有：医圣祠、汉画馆、武侯祠等，着重体现汉魏时期南阳在这一地区的重要地位，其汉魏文化具有很强的代表性。

邯郸古城以位于市区的明清邯郸城为存续主体，兼有战国赵王城、汉代邯郸城、宋代邯郸城等遗址。其中，明清古城格局保存不完整，古城中轴线为串城街，其南段保留部分民国民居建筑。体现邯郸城市发展时代特征的重要建筑景点有：丛台、赵苑、回车巷等，其他的景点主要是位于邯郸市境内其他县市的历史人文遗存如响堂山石窟、邺城遗址、北宋大名府城遗址、广府古城等，这些景点主要突出表现出赵国历史人文的辉煌壮阔。目前，邯郸主要围绕赵文化的内涵塑造城市形象，整治串城街街区，重现邯郸古城的民俗风情。

综上所述，不同的历史名城根据其历史地位、文化特征、主要遗存等将古城、文物等以文化符号标签呈现，同时具备古都地位、保存古城遗迹、文化特性鲜明、城市单体发展、区位要素存续、遗产价值突出、仍为重要城市的古城少之又少，郑州恰恰集诸多要素于一身，在历史文化名城保护发展方面大有作为。在分析其他重要古城特色的基础上，对郑州历史文化名城主要特点的把握有助于在文化产业与项目建设方面更加突出本地特色，避免重复建设。

郑州历史文化名城主要价值特点　　表 12-4

性质	主要特点
古城特点	1.3600 年单体城市发展史。我国单体城市年龄最长的古都。 2. 城市发展阶段：都城—邑城—州城—县城—省城。商代亳都、西周管国、春秋战国至西汉管邑、东汉至魏晋南北朝管城、唐宋金元郑州（管城县）、明清郑州、民国郑县、共和国郑州市。地名：亳—管—郑。 3. 古城格局完好，“城套城”特征。商代都城：内城外郭、功能分区。明清古城：城墙城门、街道里巷、礼制建筑、民居院落。民国商埠：街巷路网、商业风貌。“城套城”，商城套管城。 4.90 年城市规划史、6 次重要城市规划。1927—1928 年、1947 年、1954 年、1981 年、1995 年、2010 年。 5. 古道驿站。汴洛古道，管城驿。 6. 近代城市，铁路枢纽。平汉铁路、陇海铁路。
区域特点	1. 嵩山地区：古代王权政治的中心、天下宇宙观的中心。中岳嵩山、中岳庙、少林寺、嵩阳书院、观星台、轩辕古道、封禅祭天等。 2. 河济地区：水陆交通上的孔道、军事上的战略要地。西山遗址、荥阳故城、荥阳虎牢关、古荥黄河渡口、鸿沟楚河汉界、隋唐大运河、消失的济水、摆动的黄河、交汇延伸的古驿道等。
价值地位	1. 价值定位：华夏文明发祥地与核心传承区。 2. 价值体现：孕育华夏民族与中原文化的腹地中心，开启我国古代城市文明并创立王都典制，彰显“天地之中”宇宙观与立国治世理念，拥有纵贯古今的区域交通大枢纽中心地位。

古城方面，郑州可以通过保护自商代建城以来的城市空间格局与重要建筑节点来体现其 3600 年的城市发展史，其“城套城”的特征是所有古都中独一无二的。在华夏五千年文明史上，郑州扮演着重要角色，文明发展史很大程度上就是城市发展史，几大文明要素的汇集正是郑州古城地位的主要体现。从我国农耕时代过渡到工业时代，郑州古城从内部发展，突出表现为具有传统特征的中国古代城市，到向外部扩展，呈现近代工商业发展势头，正是时代特征的具体反映。

区域方面，郑州历史文化名城价值地位体现在河济地区和嵩山地区所体现的重要区位特征上，其代表性内容能够反映中国历史发展变迁的特殊规律与重大现象。因此，集中挖掘这些内容，以传统的物质载体为依托，通过与现代适用方式、理念相结合，感知华夏历史变迁的漫漫长路与波澜壮阔，是烘托郑州历史文化名城的必要补充。如河济地区的地理变迁是上古至今，中原地区地理环境大变迁的集中体现，嵩山地区的地理环形特征形成的宇宙观，代表着中国传统哲学思维的精华。此外，民间对于人文始祖黄帝的拜祖行为也反映了古代华夏民族与国家认同的早期代表人物对后世的影响。

三、郑州文化特色产业发展建议

郑州文化特色产业发展建设应当从城域结合、虚实结合、保用结合的角度出发，科学合理地发挥郑州历史文化名城的历史文化价值特色与遗产资源内涵。在前文的分析中已经提出郑州历史文化名城的重大定位是：**华夏文明发祥地与核心传承区**。这个定位是基于郑州历史地理人文及物质文化遗产、非物质文化遗产的综合提炼，是以文化属性、民族属性、地域属性作出的整体定位，因而有其具体的价值内容支撑。纵观上古至今的历史人文演变，郑州历史文化名城的价值特色经重新梳理整合后，可以表述为：

（1）郑州地区奠定了华夏文明的要素基础，体现在3个方面：农耕文明发轫地与集大成地区，黄帝传说是农耕民族共同记忆；华夏文明发祥地与核心传承区，“天地之中”为华夏立国治世之道；城市文明诞生地与典制形成区，四方辐辏成地理交通中心枢纽。第一点突出的是价值定位的背景，华夏文明是在农耕时代开启后人类社会发生变革的前提下而形成的，以黄帝传说为代表的古代记忆构建了共同的文化、民族和地域属性，并且逐步抬升黄帝的形象地位，称为人文始祖。第二点突出的是价值定位的本体，以城市、礼仪建筑、青铜器、文字为突出代表的文明要素构成本地区文明起源、发展、演变的佐证，而“天地之中”所具有的古朴哲学思想与立国治世理念成为中华文明的特有现象。第三点突出的是价值定位的主体，郑州历史文化名城的主体在于郑州商城，本地区城邑的形成、发展在很大程度上奠定了中国古代城市文明的形态基础，并在地缘要素的影响下成为今天的地理交通中心枢纽。

（2）郑州地区是孕育中原文化的腹地中心，体现在两个方面：夏商周三代形成中原文化的历史人文底蕴，具有文化意义的商人、郑人与汉人一道代表着本地区的身份、文化认同，并且传承至今；代表着中国传统哲学与思想的核心精华，以道家、儒家为代表的本土哲学思想和以本土化的佛教为代表的外来思想艺术在此繁衍、流变，并且保存诸多物质遗存。前者强调文化的本质属性和独特个性，中原地区范围广阔，文化形态多种多样，华夏族的后裔即现代汉人或汉族在先秦时期曾出现文化的差异并且影响至今，而奠定于这个时期的文化差异属性在中原地区只有商与郑的文化形态与内涵仍旧传承下来。后者强调文化的具体支撑和主要内容，中国传统文化历来以儒、道、佛三家为重，其中儒在汉代以后提升到国家意识形态层面，道与佛在历史时期各有消长，而郑州地区的先贤们对传统思想文化的浸润是十分深刻、显著的。

从当前的实际与任务出发，对郑州历史文化名城保护与发展的项目作出策划，应当充分考虑到以上分析内容，尽可能科学、合理地作出提炼概括，进一步确立并提升郑州历史文化名城的特色形象与地位，有重点、有层次、有目的地稳步推进历史文化名城的保护与整治。特别要注意当前的学术研究仍处于动态的发展过程中，并且对过于夸大实际的做法在深思熟虑的基础上谨慎为之。

郑州历史文化名城保护与发展共有三大战略任务：以市域内文化遗产资源整合研究和展示利用对接华夏历史文明传承创新区建设，弘扬中原大文化；以城市历史文化形象塑造和内涵呈现对接现代化国际商都建设，提升城市文化软实力；以名城保护整治和城市文脉传承对接世界历史文化旅游名城建设，发展特色文化旅游。

1. 以市域内文化遗产资源整合研究和展示利用对接华夏历史文明传承创新区建设，弘扬中原大文化。

郑州历史文化名城共有四大历史价值，在华夏中原、城市文明、立国治世、古代交通等方面具有创世性和传世性，又具有“一核两区多元”的文化结构，在历史文化、地域文化方面都有独特性和多元性，这些内容既形成了我国古代文明的基本要素和重要特征，也在华夏历史文明演进发展历程中充当了文化根系和历史桥梁。在对接华夏历史文明创承创新区建设上，要充分抓住这些重要的价值特色点，形成历史文化线条，突出以郑州为中心的中原文化厚度，从中找到与现代文明相适应、相契合的地方，在历史文化保护、展示、传承等方面不断拓展视角，深入研究和呈现本地区的文化特色。站在华夏历史文明和中原大文化的高度，以本地文化遗存保护展示为契机，将中原地区内其他重要文化遗产纳入展示，探索相应政策和互动机制，促进文化包容与融合。在文化旅游和产业创新发展中，突出商——郑历史文化核心特质和嵩山地区、河济地区两大地区的地域人文特色，形成文化发展的凝聚力与向心力。通过加强馆所建设、主题展览、文化宣讲，鼓励文化创新、人文交流，为文化的保护传承提供场所和平台。

2. 以城市历史文化形象塑造和内涵呈现对接现代化国际商都建设，提升城市文化软实力。

郑州悠久的历史塑造了其商都的历史地位和形象，在其后的城市发展中又不断丰富商文化的内涵，这为郑州建设现代化国际商都提供了历史文化源泉和重要依据。商代都城奠定了郑州历史地位的基础，商都、青铜器等铸就了商文化的物质基础，而经历春秋战国时期郑国与殷商遗民建立的契约互动关系，商人的衍生含义和其行为活动拓展了商文化的精神内涵。因此，建设现代化国际商都就需要汲取商代、郑国历史及其文化内涵的营养，依托城市形成与发展的区位特征和要素构成，在商业、商人、商路、商城的形象展示和文化宣传等方面打好基础，提升城市软实力。首先，重视商业贸易，建立商业信用体系，以人为本建立优质的商业信誉是促进商业活动健康持续发展的重要保障；其次，鼓励创业开拓，营造良好商业环境，以大力度的商业发展举措和大无畏的开拓进取精神支持和鼓励创业为商业发展创造良好环境；再次，拓展商路交通，降低贸易物流成本，依托航空港和铁路枢纽在物流方面的体制机制创新为商业贸易发展提供更为便捷和低廉的交通方式；最后，传播商都文化，建设现代商业都市，以“商”元素的彰显突出郑州城市本身具有的古都形象（商代都城）、古道形象（汴洛古道）和驿站形象（管城驿）。

3. 以名城保护整治和城市文脉传承对接世界历史文化旅游名城建设，发展特色文化旅游。

发展文化旅游首要的任务是保护和整治历史文化名城，在整合市域文化遗产资源的基础上，突出城市历史文脉传承，彰显本地区文化旅游资源的独特性，最终朝着世界历史文化旅游名城的方向去努力。郑州历史文化名城保护应当构建市域范围、历史文化名城、历史文化街区、文物保护单位和历史建筑四个层次的名城保护体系，积极做好历史地段的保护与展示。以历史城区（郑州老城区）为重点，加强历史地段（商城遗址宫殿区和民国商埠区）的保护整治，以历史街区和文保单位的保护整治为重点，通过历史标识建筑的恢复使得城市的历史文化脉络更加完整和清晰。郑州历史文化名城保护应当兼顾历史建筑、工业遗产、名镇名村与传统村落保护，统筹市域文化遗产资源，突出重点遗存和文化特色。郑州历史文化名城的保护整治要与发展利用相结合，藉此提升文化遗存文化承载与活力，赋予历史标识建筑以历史文化信息，传承郑州地域人文特征，将商文化、郑文化植入历史文化名城保护工作内容当中。在市域文化旅游资源整合中，重点突出嵩山文化区和河济文化区两大地区，依托地理环境及其历史遗存，通过馆所建设、主题展览、文化宣讲等促进城市文化旅游的内容拓展与内涵提升。

在实现这几个任务的过程中，需要郑州市做好两个方面的工作。一是发挥政府主导作用，加强市域内县市乃至周边城市之间的合作。郑州市域内的文化遗产资源并不是孤立的遗存遗迹，它们不仅在内部空间上具有地域分布特点，而且在整个华夏中原历史上具有文化内涵联系，这些都要求郑州在文化遗产保护与展示工作方面与市域和周边城市协力并进，共同行动。二是促进上下合力联动，争取国家政策支持，同时支持民间志愿活动。在考古发掘、馆所建设、文化传播等方面争取国家文物局、住建部、交通部、文化部等部门的政策支持，为郑州历史文化名城保护与发展做好对接工作。让有志于保护和弘扬传统文化的民众加入到历史文化名城保护与发展的工作中来，在古民居、古道调研和勘测方面支持中原古民居协会、中原古道协会的志愿活动。

第二节　郑州历史文化名城项目策划

一、重要项目策划

进入21世纪，由于郑州地区文化遗存资源整合、挖掘不够致使历史文化名城保护陷入困境，而在新时期城市社会经济发展又面临新的问题，如矿产开发、农业生产、工业生产等面临转型发展。自2000年以来，以郑东新区建设为平台，2007年又以国际航空港建设为窗口，城市社会经济在很多方面取得了长足进步，城市的面貌发生了很大改变。2012年和2015年，中原经济区建设和"一带一路"先后上升为国家战略，在加快社会经济发展的同时，如何凸显城市的历史文化地位和特征也愈加重要。通过对郑州历史文化名城的历史文化基础研究和保护整治规划措施，为完善历史文化名城保护与发展，更好地契合战略定位，适当建设配套项目是必要的，这是促进历史文化名城保护与城市社会经济发展并举的重要内容。以战略建设为导向，进行项目策划，有利于历史文化名城保护与发展，传承创新华夏历史文明，塑造城市新形象，促进旅游产业和文化产业品质升级。

根据前述价值特色研究和保护整治建议，结合《郑州商城遗址保护规划（2008）》《郑州商城遗址公园（南片区）详细规划（2011）》《郑州大遗址片区保护展示利用战略规划》对郑州历史文化遗产保护的措施，为对接战略定位，体现郑州历史文化名城价值特色与历史地位，对郑州历史文化名城保护与发展作出以下项目策划建议。

1. 对接华夏历史文明传承创新区建设

华夏历史文明传承创新主要以文化遗存保护与展示为主，依托馆所建设来延伸和扩展文化内涵，讲述华夏历史、彰显华夏文明。相关重要项目建设主要有：

（1）西山国家遗址公园。依托西山遗址、青台遗址、大师姑遗址、娘娘寨遗址、后庄王遗址、小双桥遗址、荥阳故城遗址、汉霸二王城遗址等重要遗址，纪公庙、荥泽县城隍庙等主要遗存，大运河的入河处及历史时期的水陆环境等建设西山国家遗址公园。项目选址以西山遗址为核心，集中分布在郑州西北部和荥阳东北部。与浙江良渚国家遗址公园不同的是，西山国家遗址公园以遗址群在年代的延续性和空间上的紧密性为主要特点，突出呈现出由于历史时期的水陆环境、战略区位等因素的影响使得这一地区的人文活动此起彼伏、绵延不绝，并且受到黄河与古济水、鸿沟水系以及大运河的多重影响，水患与水利兼而有之。华夏历史文明上下五千年的波浪壮阔和艰难曲折的发展历程皆可以在此得到体现，不仅仅是遗址本身，还包括其所呈现的社会发展状态。

西山城市文明博物馆（中国城市文明博物馆）。项目选址位于郑州市惠济区古荥镇，收回并利用河南艺术职业学校旧址。博物馆将通过展示西山遗址的历史文化遗存展现出仰韶时代文化性质、聚落形态、社会组织、丧葬习俗、生态环境、与周边文化关系等内容，同时展示保护挖掘过程及其历史意义。作为大遗址保护的核心，展示区以模型、文化墙等方式突出展示聚落向城邑演变，前王朝向王朝演变，史前向原史演变的过程。博物馆展现了中国早期城市的起源，华夏早期文明的起源和形成及中原地区在其中所起的历史作用，对遗址的保护和历史文化的传播具有重要的意义。远期考虑建设成为中国城市文明博物馆，突出呈现河济地区古代城邑的变迁，嵩山文化圈内古城的发展演变以及中国城市进化过程等。

西山古城遗址、荥阳故城遗址等遗址考古基地。建设考古遗址公园和绿地系统，进行模型和情景再现，还可以采取建筑雕塑器具的复原方式等保护遗址。这一地区的遗址遗存在年代上的关系：郑州西山城址—荥阳青台遗址、郑州后庄王遗址—荥阳大师姑遗址—郑州小双桥遗址—荥阳故城遗址（敖仓遗址、纪公庙、冶铁遗址）—荥泽县故城遗址（故城已没入黄河，荥泽县城隍庙）。

中国古代城市发展研讨会。探讨聚落与社会形态，实物与文明含义，争取纳入考古学大会的讨论主题。聚落向城邑、城市演变，社会形态由聚落向邦国、王国、帝国演变，其他如文字、青铜器等物质形态的演变等；水陆环境、交通区位等因素对此造成何种影响，黄河与济水及后来的鸿沟水系、大运河等人工河道如何联系关中地区、河洛地区与东南地区、东北地区，交通工具和交通方式的发展如何影响该地区文化遗址的存续等。

（2）郑汴运河廊道，恢复大运河通济渠郑州——开封段水运。在运河沿线遗迹遗存调研保护的基础上，评估运河古道水运交通恢复的可能性，优先连接郑州至开封段的水运。有水的城市更具有活力，目前郑东新区建设已经围绕如意湖、东风渠、贾鲁河、熊耳河等水系做了河道景观治理，形成了绿化长廊，郑州与开封之间又有连霍高速、郑开大道和郑汴物流通道以及城际铁路为两地之间的路上交通连接，便利了两地之间的人员与商贸往来。开封已经在文化遗产保护与开发上作出清明上河园、龙亭等景区建设，而独缺少重要的汴河交通，不见当年水运繁忙的景象。郑州的古荥地区荥泽枯竭，运河河道淹没，荥阳迁治，致使地位衰落后活力衰退，亦不复秦汉之际的盛况。在郑东新区建设加快城市基础设施建设和城市形象提升的同时，以郑州和开封两地运河疏通为文化旅游项目建设的重要突破口，贯通两地水运，最后连接周口沙河、商丘运河，显现郑州市内舟楫如织水运景观。以惠济桥的保护为切入点，恢复延长部分运河段与现有河段相接，适当增添运河沿线景观节点，如古代粮仓、漕船等。

（3）郑州商代都城遗址博物馆。项目选址位于郑州城区城垣遗址东南角西北侧。博物馆包括展示陈列区、游客服务区、藏品库区、技术和办公区以及地下设备机房、地下（上）停车场等，其中城垣展示区分为地上区和地下区，以地上地下相结合的方式进行展示，并与城市轨道交通站台文化展示相结合。博物馆通过地下展览的方式展示商城出土文物及遗存城墙，可以使人具有身临其境的体验，更加真切地感受商文化。展示区将展示商代都城出土的青铜礼器、玉石器、原始瓷器及象牙器等文物，商城城墙遗址，商城文化解读及商城的整体空间布局等。商城空间布局以 3D 模型或小型景观模拟城内宫殿区、居民区、墓地、铸铜遗址及制陶制骨作坊址等，再现先周时期商城这一庞大的都城城址。郑州商代都城遗址博物馆的建立，可以突出郑州商代遗址的历史价值，弘扬商文化，为当地居民及外来游客起到宣传教育的作用，提升郑州商城的知名度。

（4）登封中原古民居建筑博物馆。项目选址位于郑州市登封市。博物馆将依托“天地之中”历史建筑群和新郑历史名人李诚，以名镇名村和传统村落保护为契机，选择条件比较好的民居建筑群直接进行展示利用，既突出具有特色的中原古建筑，又可以在博物馆中通过图片、构件等反映中原地区民居与山西、安徽等地区的建筑异同等。中原古民居建筑博物馆的建设是对“天地之中”历史建筑群保护的延伸，突出民居建筑以及官式、礼式建筑的不同区域和时代特点。博物馆对“天地之中”历史建筑群中的建筑形态文化做了总体的整合梳理，弘扬其建筑文化的同时吸引各地建筑爱好者前来研究交流。

（5）中原丝绸之路博物馆（中原古道交通博物馆）。项目选址位于郑州中心城区内。博物馆将展示介绍丝绸之路的具体贸易运输路线及其沿线物产内容，以及郑州出土的较早的丝绸、瓷器。对洛汴古道、轩辕古道、市域内陶瓷窑址等遗存进行重点介绍和实物展示，突出郑州在古代贸易交通中作为枢纽节点的重要性。在展示丝绸、陶器制品的同时支持丝麻产业、陶瓷产业的整合与振兴。

（6）中国大运河博物馆。项目选址位于郑州市惠济区惠济桥旁。博物馆将以惠济桥和大运河为节点进行古代漕运形象的活态展示，以 3D 投影或景观模型技术展现旧时来往的商旅、信使络绎不绝，繁华的景象。展示介绍大运河具体路线、沿线输送货物、当地运河相关的历史遗迹、南北物产的运输及文化的交流,还包括大运河的历史演变与水路交通变迁等。中国大运河博物馆(郑州段)的建成将对惠济桥等相关历史遗存的保护及宣传起到积极作用，有助于提升当地民众的保护意识。

(7)新郑轩辕黄帝纪念馆(人文始祖纪念馆)，黄帝拜祖大典。项目选址位于郑州市新郑市黄帝故里景区。纪念馆重点展示介绍人文始祖的历史起源及其物质文化开拓内容等，如衣冠、舟车、历法、文字等的早期形态及其发展演变，着重突出农耕时代以来人类的物质生产生活创造和发明，适当表现黄帝部落的活动及其重要事迹，同时谱写炎黄后裔的姓氏、宗族的形成与变迁。纪念馆的建设对于黄帝文化保护与传承，提升民族的凝聚力都具有重要作用。黄帝拜祖为民间民俗活动，表达喜庆、感恩的虔诚信仰，属于平民阶层对黄帝崇拜的权力表达。目前地方政府尝试将黄帝拜祖大典升格为国家祭典在很多方面存在问题，其主要争议有两点：其一，黄帝祭祀和黄帝拜祖属于两类不同范畴与意义的行为，一般只有对逝者的祭祀才能隆重地表达后人对前人的思念、敬仰，拜祖更多地表现为积极、热闹的民俗表演活动，与国家典礼对庄重、肃穆的内在要求相去甚远。其二，就当前我国政治实情而言，领导人与民同乐、与民同庆的节日仅有中华人民共和国国庆节这天，国家领导人会来到群众当中载歌载舞庆祝，除此之外尚无其他破格事例。因此，建议按照国务院对黄帝拜祖大典作为民俗活动项目定位的要求，以黄帝拜祖大典为民间民俗活动，强化民间联系与交流的纽带，提升民族认同、文化认同。挖掘新郑本土历史文化内涵，推动新郑申报国家历史文化名城。

(8)“鼎立中原”城市标志建筑雕塑。项目选址位于郑州商城遗址紫荆山广场。青铜鼎在夏代及之前考古遗址中尚未发现，而在商代重要考古遗址中出土了若干青铜鼎，作为古代王权象征的重要礼器，与鼎有关的重要事件有：大禹将天下分为九州并铸九鼎象征天下，春秋时期楚庄王问鼎中原，秦灭周时迁禹铸九鼎于咸阳等。郑州作为中原的腹地中心城市，与“中原”“中国”等具有政治象征的名词关系密切，在城市标志建筑上可借助鼎与中原的蕴含意义在商城遗址择址矗立出土商代方鼎模型，寓意“鼎立中原”，则物有所指、城有所倚。

(9)郑州新郑国际机场改为郑州中原国际机场。同国内大多数机场命名方式一样，郑州机场的命名源于其位置位于新郑市，国内机场多以机场所在地方来命名，如广州白云国际机场，武汉天河国际机场，上海浦东国际机场，深圳宝安国际机场，长沙黄花国际机场，杭州萧山国际机场，成都双流国际机场，昆明长水国际机场等。鉴于郑州国际机场所处的区位，为扩展人口地理辐射和提高区域认同，建议郑州新郑国际机场改名郑州中原国际机场。以“中原”二字命名机场不失为加强中原地区交通辐射和引领融合发展的重要举措，同时也强化了郑州作为中原地区中心城市的地位。此项更名事宜也在郑州周边城市取得一定认同和重视，如开封、许昌等地，郑州的国际机场不仅位于新郑这座历史悠久的省级历史文化名城，它更是中原地区的共同对外展示的国际平台。

（10）以老奶奶庙遗址公园为中心的人类起源与环境变迁展示区域。主要内容包括展示中心、人类起源研究所、主题公园。以黄帝故里为中心建立华夏民族起源发展展示园区。黄帝故里为依托，以郑韩故城、裴李岗遗址、具茨山岩画和大河村遗址为支撑节点建立华夏民族起源发展展示园区。

以上馆所建设应当从弘扬中原大文化的角度丰富馆所展示内容。如“丝绸之路”博物馆中，将中原经济区内邯郸磁州窑、邢台邢州窑、禹州钧窑、汝州临汝窑、焦作修武窑等出产瓷器加以展示，保护传承区域历史社会经济信息，凸显中原地区在“丝绸之路”上的历史地位,带动产业发展。轩辕黄帝纪念馆中，结合黄帝文化的保护传承，以中原经济区内与农耕文明相关的重要非物质文化遗产展示来增加文化厚度，如将河南朱仙镇木板年画融合整个区域内乃至其他地区诸多黄帝时代的传说进行形象展示，保护传承非物质文化遗产，突出农耕色彩。再如郑州的少林武术可与邯郸的太极拳相结合，共同弘扬中华传统武术文化，合力推动全面健身活动展开。在城市文化形象方面，洛阳突出汉唐色彩，开封突出北宋色彩，安阳突出殷商色彩，而郑州可以突出商郑色彩，既能够强调城市文化的独特性，又可以通过历史发展脉络加强地域文化之间的内在联系。

2. 对接现代化国际商都建设

国际商都建设包含硬件建设和软件建设两大块内容，目前，基础设施建设已经取得一定成效，高速铁路和航空港大大缩短了时空距离，较为紧迫的是在城市软实力方面进行大幅度提升，突出国际商都的区位吸引力和文化魅力。

（1）以“商”元素为重点加强城市文化软实力建设。郑州历史上为商都，出土有众多文化遗存如青铜鼎、陶鬲、贝类等与城市地位、文化特征和人文交流相映照的实物，陶鬲作为炊器的文化特征又与伊尹为厨圣相印证，商代的开创意义正在于这些实物所具有的文化含义。关于商人的活动以周代的殷商遗民为主，他们处于“士农工商”的底层社会，以“商人”区别于“周人”而逐渐成为行业从事人员的指称。历史时期，商人与国家（政府）间关系最紧密的莫属郑国，郑国东迁时与商人立下契约，允许商人自由贸易，不强买强卖，并且鼓励商业发展，在晋楚争霸后的弭兵之会中为商业往来便利争取和平环境，而商人也不负期望，在国家争端中及事涉国家存亡的时候做出了自己的贡献。虽然其后的城市发展进入相对“沉默”的阶段，但在民国时期随着铁路交通枢纽地位的再度跃起，郑州地区形成了较为完整的棉花贸易体系，金融机构、贸易平台、仓储设施、铁路交通与物质生产、转运一道构成了商业贸易的网络，这在当时的历史环境和内陆地区的商贸中都极具代表意义。改革开放以后，20 世纪 90 年代曾经在二七商圈上演了闻名全国的商战，是郑州“商都”记忆最深刻的一个时期。然而，时过境迁，郑州的“商”元素魅力渐渐淡化，取而代之的是在城市基础设施建设方面的大步前进，显得城市物质文明建设与精神文明建设呈现一边倒的状况。在新时期的战略目标指引下，以“商”元素为中心，加强城市文化软实力建设成为当下之要务。

首先，重视商业贸易，建立商业信用体系，以人为本建立优质的商业信誉是促进商业活动健康持续发展的重要保障。郑东新区未来将会以金融、保险、会展物流、文化及商业服务业项目引领 CBD 建设，这些行业对于商业信誉的注重程度非常之高，建立商业信用体系，讲究诚信贸易是提升商业活力和促进可持续发展的关键举措。

其次，鼓励创业开拓，营造良好商业环境，以大力度的商业发展举措和大无畏的开拓进取精神支持和鼓励创业为商业发展创造良好环境。创业已成为当前社会经济发展的一股潮流，对于破解经济发展瓶颈，促进经济转型发展和提高就业率都具有很大裨益，尤其是文化创新能为郑州城市形象和品牌塑造提供源源不断的知识源泉。

再次，拓展商路交通，降低贸易物流成本，依托航空港和铁路枢纽在物流方面的体制机制创新为商业贸易发展提供更为便捷和低廉的交通方式。目前，郑州地区的物流成本相对较高，物流优势并不十分突出。据调查，从江浙地区运往北京的成本低于郑州运往北京的成本，这需要郑州从江浙地区的物流系统建设方面吸取经验，进行体制机制改革创新，大幅提升物流效率，降低贸易成本，形成物流优势。

最后，传播商都文化，建设现代商业都市，以“商”元素的彰显突出郑州城市本身具有的古都形象（商代都城）、古道形象（汴洛古道）和驿站形象（管城驿）。组织中国古代都城发展史展示，以商代都城对我国古代都城的示范意义，展现古代都城形制和古代都城制度演变发展过程，彰显郑州商代都城的历史地位，突出华夏中原王权国家形成的过程。通过道路绿化、路牌展示等突出汴洛古道在区域交通中的历史延续和区域地位，以管城驿作为陆上交通的大节点呈现郑州历史城市的交通区位。

（2）商城遗址公园，商代都城遗址博物馆。建设商城遗址公园，围绕商代城址功能分区进行节点展示，体现古代城市的礼制典范，如宫殿区、祭祀区、墓葬区、手工业区以及内城、外郭等。建设商代都城遗址博物馆，展示商城遗址出土实物，有序安排展品使之呈现古代文明社会发展演进的重要阶段划分。博物馆项目选址在东南角城垣内侧，结合夯土城垣的保护，以地上地下相结合的方式突出文化层。

（3）“玄鸟生商”雕塑。项目选址位于商城遗址东南角。玄鸟是商部族的崇拜图腾，“天命玄鸟”的传说正是原始商部族的起源神话。商部落有着古老而美丽的神话传说，商是黄河下游的古老的夷人部落，帝喾高辛氏后裔。相传有娀氏女简狄与二女行浴，有玄鸟（黑凤凰）飞过堕其卵，简狄取而吞食，因而怀孕生契，契为商人始祖，是商族由母系氏族社会向父系氏族社会过渡的第一位男性首领。契长大后，因帮大禹治水有功，被舜帝任为司徒，掌管教化，封于商地，赐姓子氏。建立“玄鸟生商”的城市雕塑不仅体现了商族的古老，也突出了商族的崇拜与祭祀特征。

（4）汤帝庙。项目选址位于商城遗址东部（宫殿区附近或东南角城垣附近）。为表达对商代立国开创者成汤的崇敬，建设汤帝庙、汤帝像以供祭祀和瞻仰。郑州商代都城作为商代早期的都城与商汤灭夏密切关联，虽然目前没有直接证据证明郑州商城是商汤建造，但是在建城时间上已经测定为商代早期，与历史纪年相当吻合。作为成汤开国立业的领地，郑州地区在商代以后没有明显的商汤崇拜痕迹，而在一些商汤足迹所经过的地方却有不少汤帝庙，如山西晋城有5座汤帝庙、河南焦作有1处汤帝庙，作为商代早期都城，建设汤帝庙祭祀既是凸显郑州商城地位也是展示商代祭祀文化的重要举措。

（5）伊尹纪念馆，中华烹饪美食节。项目选址在商城遗址东部（宫殿区附近或东南角城垣附近）。作为商代早期的丞相，伊尹不仅与商汤立国、放太甲于桐宫等重要事件有关联，而且在我国烹饪饮食方面具有开创意义，尤其是商代考古出土实物陶鬲被作为炊器使用更是这一时期的考古文化特征。陶鬲三足鼎立保持稳定性，内置食物、下放薪柴，则可以煮食，后来的鼎、簋等都沿用了陶鬲的器物结构及使用功能。这样的生活现象是古代农耕文明不断进步的体现，表明古代物质生产生活从茹毛饮血到炊煮熟食的巨大飞跃。以此为契机举办中华烹饪美食节，展现古代物质生活的发展以及中华烹饪美食的魅力，对于吸引外界关注作用重大。

（6）商文化符号展示。大力开发具有商文化特征的新产品，在公共场合中重复强调商文化的形态特征，营造商文化的浓厚氛围。比如书签、交通卡乃至建筑雕塑、街道站牌、候机大厅等，将商文化的中的纹饰图案、甲骨文字、古史传说等艺术化地加以呈现。此外，突出商文化的衍生含义，如商人的活动、商路贸易等，充分挖掘商文化底蕴，为现代化国际商都建设添砖加瓦。

（7）组织“丝绸之路”世界文化遗产新增项目内容工作。在勘测具体线路和进行深入研究的基础上，与洛阳、开封等丝路沿线城市一同申请将汴洛古道、轩辕古道纳入“丝绸之路”世界文化遗产项目内容中，争取让“丝绸之路”成为郑州第三项世界文化遗产。

（8）启动“‘四都三关两道一河’历史文化走廊”项目建设。以西安、洛阳、郑州、开封 4 座古都和潼关、函谷关、虎牢关为连接点，以关中、关东之间的古驿道——崤函古道、汴洛古道和流经沿线城市的黄河为连接线，通过挖掘历史文化遗产之间的异同，抓住价值特征的关联性，以"一带一路"建设为战略契机，推出历史文化项目建设，不仅能够进一步提升郑州商都的历史地位，亦可极大地使城市之间的经济文化联系更加紧密，破解各自为政、各持其说的难题。西安、洛阳、郑州、开封 4 座古都自先秦时期至宋金时期长达 3000 多年的时间中一直存在着较为紧密的关系，由于关隘、古道和黄河等险阻将这些城市连成一线，使得这一沿线的历史人文活动异常丰富，并在中国古史进程中扮演着重要角色。该项目亦能够促进郑州全域旅游的发展，带动沿线城市和地区的环境改造、设施升级、服务优化。在当前"一带一路"国家战略的引导下，通过文化遗产保护利用和社会经济建设发展的统筹结合，加强区域之间的全方位合作，实现沿线地区经济社会活力的整体提升和文化旅游发展品质升级。

3. 对接世界历史文化旅游名城建设

通过文化资源的梳理整合，将独具特色的文化植入到遗产资源中，让遗产资源呈现活力，提高文化旅游价值与品位。如商文化的呈现以商代城址和商都博物馆为主，郑文化的呈现以子产祠和东里书院为主，在新建建筑布局和形态方面体现"天地之中"的内涵，契合交通地位复建管城驿等。相关重要工作内容有：

保护历史城区格局及风貌，划定历史城区范围，合理控制历史城区内部建筑高度、密度、风貌，在城市发展的过程中逐步拆除不和谐建筑，对新建建筑进行严格管控。修复保护城垣城墙，对城垣保护范围内现有建筑只拆不建，逐步形成环城垣的绿带来完整展示商城城垣遗址，标明商城的空间格局，同时，复建历史城区重要历史标识建筑南城门（城墙）、管城驿、县衙、开元寺塔、子产祠、东里书院等，整体恢复历史城区格局和形制。

对历史街区进行保护整治，保护道路格局风貌及历史建筑，合理整治拆迁不协调建筑，控制新的违法建筑出现，采用异地移植和镶牙法，将部分不受保护的历史建筑移至历史街区进行异地保护，恢复街区传统风貌。重要文保单位按旧时规制复原，计划以东北方向扩大文庙的规模。复建重要历史标识建筑开元寺塔、子产祠、东里书院等，恢复街区历史文化内涵。

保护商代城址区历史遗址，修复商城城垣，并划定相应的保护范围。建立环商城城垣遗址保护绿带、城垣遗址公园，将现有的紫荆山公园扩建为紫荆山城垣遗址公园，将城垣以城市绿地的形式进行保护，形成城市标识景观带。保护窖藏坑遗址，将宫殿区遗址处逐步开辟为宫殿区遗址公园，体现郑州商城历史格局及功能分区。建设商都博物馆，以地下展览的方式展示商城出土文物及商代城墙遗址。

整治保护民国商埠区历史风貌，加入民国时期文化元素，突出商埠区历史文化特色，提升街区风貌形象。建设民国商业风情街，合理控制街道长度、宽度、两旁建筑高度、风貌，丰富商业业态，提升街道文化内涵及旅游商业价值。保护修复商埠区历史建筑，划定保护范围，协调周边环境，对其进行合理有效利用。

对古荥地区遗址遗存进行保护展示，保护荥阳故城遗址、汉代冶铁遗址、纪公庙等人文遗存，可以与荥阳市的汉霸二王城等遗存保护相结合，拓展人文遗存展示空间和内容，通过遗址公园建设的方式做好西山古城遗址和小双桥遗址的保护展示。恢复荥泽县城隍庙整体格局，按照明清时期的形制规模复原。建议在祭城遗址范围内建设“祭城遗址公园”，展示西周封国文化、周公东征的事迹等。

保护修复惠济桥，构建运河绿色景观长廊，恢复大运河、贾鲁河的水运功能，贯通郑州段与开封段水运，最后连接周口沙河、商丘运河，重现大运河（郑州段）内商贾往来络绎不绝，繁华的水运景观。建设主题博物馆、展示馆和遗址公园，突出黄河文化运河文化、荥阳汉文化等文化内涵，整合河济地区文化遗产。

保护整合嵩山地区文化遗产，建设登封中原古民居建筑博物馆、嵩山文化主题展示馆和遗址公园，突出建筑文化、宗教文化、少林文化等文化内涵，弘扬传承天地之中文化，提升景区文化品质。完善嵩山地区文化主题旅游线路及体系，进行规范化运营，形成保护与旅游互利共生的局面。

将黄帝文化、少林文化作为非物质文化遗产保护传承重点，突出黄帝文化在华夏文明中的重要地位，少林文化在个人修养中的内在意义。通过古代物质生产生活工具等实物展示与当代物质生产生活进行联系，通过少林武术动作与禅修本意相结合推动社会健身和人际和谐。

4. 其他项目建设

嵩山地区文化旅游延伸带，河济地区文化旅游延伸带两大文化旅游延伸带建设。嵩山地区与河洛地区在历史时期的关联性，河济地区向海岱地区在历史时期的流动性，为以郑州为中心建设两大文化旅游带奠定了地理环境基础，加上具有不同地域人文特征的地区之间的交通纽带和人员往来构成交流与融合之势，郑州作为“中原经济区”建设发展的中心城市，加强郑州历史文化名城保护与发展无疑会带动整个区域的历史文化遗产保护，进而促进区域文化交融与经贸往来更为频繁与活跃。通过文化旅游融合带动沿线经济发展，也有利于加快实现城市形象提升与经济转型。嵩山自古与河洛并称嵩洛地区，源于古代帝王立都与行政区划上嵩山周边归属帝都洛阳管辖，只是在近现代以来才归属郑州管辖，这是郑州历史文化名城保护发展过程中不可忽视的议题，因此嵩山地区的文化特征并不能孤立地审视。河济地区是一个较广泛的概念，主要指黄河今道与济水故道相交的地区，这一地区的起始点恰好在郑州市的古荥地区，黄河和济水的下游河段在历史时期不断摆动，构成黄淮平原的地貌特征和城市的地理分布及其历史区位。

中国粮储博物馆，项目选址在古荥镇。敖仓已随着黄河的摆动位于黄河河道中，作为我国历史上著名的粮食仓储，其历史地位和作用毋庸置疑是十分重要的，因此建议在汉霸二王城遗址附近设中国粮储博物馆，除了展示我国古代粮食仓储技术手段、仓储漕运演变、仓储地位作用等之外，还能够与汉霸二王城的历史典故相联系，展现古代战争中战略物资的重要性。

中国象棋博物馆、中国象棋文化节。在中国象棋的棋盘中间写有"楚河""汉界"字样，作为红方和黑方的分界线，这是以下棋比喻历史上西楚霸王项羽与汉高祖刘邦之间的一场楚汉相争。"楚河汉界"在古代的荥阳（属郑州）成皋一带，该地北临黄河，西依邙山，东连平原，南接嵩山，是历代兵家兴师动众的战场，河南荥阳是中国象棋的策源地。因此，可在古荥镇建立中国象棋博物馆，开展象棋文化节活动，设立国际象棋比赛活动。

中国法学馆、中国法学发展研讨会。项目选址在新郑郑韩故城遗址与明清新郑城附近。在中国法学发展史上，子产、邓析、韩非子是三个重要代表人物，三者分别使古代中国有了成文法、对法条进行解释以及促进法学思想的进步。建立中国法学馆，组织法学发展研讨会，无疑会促进郑州城市治理水平的提升。

郑国音乐馆，中国古典音乐节。项目选址在新郑郑韩故城遗址与明清新郑城附近。郑国音乐在先秦时期独树一帜，其内容包括《郑风》、郑声、郑音，完好地呈现了春秋战国时期宫廷雅乐与乡野俗乐的迥异风格，依托郑国编钟、乐器、乐师的展览、演奏建立郑国音乐馆，并在此基础上举办中国古典音乐节。

古道驿路骑行、徒步活动。通过对经过郑州地区的汴洛古道和轩辕古道的线路勘探划定、指示标牌设定，开展骑行或徒步活动，如"中原汴洛古道骑行节""中原轩辕古道徒步节"。两个活动分别设定起始点为开封—洛阳（经行郑州），登封—偃师（经行轩辕关），并举办成具有国际影响力的运动健身与冒险活动。

大运河游船、赛龙舟活动。疏通贾鲁河水系，通过对大运河沿岸的整治恢复和线路设定，在丰水期开展水上游乐项目和赛龙舟活动。以贾鲁河与大运河故道相汇处为起点，途经郑东新区后向下游延伸至开封古城乃至商丘等地，促进地区之间的文化旅游交流。

新郑申报国家历史文化名城。以郑韩故城遗址为地位承载弘扬郑韩文化，深刻挖掘黄帝文化内涵和其他地域人文特色，彰显新郑历史文化名城价值地位。以此为依托，综合整治郑韩故城遗址（含王陵遗址）、明清新郑城和轩辕庙等，通过文化遗产保护来传承文化特色。

在文化产业项目方面，可以建设郑州影视制作基地、文化产业园等。

郑州历史文化名城保护与发展依托内容 表 12–5

分类	内容	主要特点及展示内容	备注说明
古城风貌格局保护整治	商代都城	内城外郭、功能分区。商城夯土城垣、商城外郭，宫殿区、作坊区、祭祀区、墓葬区等。商代都城遗址公园。	通过古城整治及部分恢复重现古都地位，突出历史价值，并展现 3600 年单体城市建设发展历程、城市发展阶段、城市规划建设历程及其特征。
	明清郑州	城墙城门、街道里巷、礼制建筑、民居院落。东西南北城门、城墙，东西南北大街，郑县县衙、文庙、城隍庙、开元寺塔，郭家大院。	
	民国郑县	民国商埠。街巷路网、商业风貌。二七广场、二七纪念塔，放射性道路，德化街、大同路。	
历史文化街区保护整治	文庙—城隍庙	文庙、城隍庙。民间祭祀。	通过标识建筑的整治、恢复，丰富街区历史文化内涵。
	书院街	东里书院（天中书院）、郭家大院。文化教育。	
文化遗产综合保护整治	郑州市区	**商文化**——商朝的、商人的、商路的、商贸的商城遗址、商代都城遗址博物馆及实物展览、“鼎立中原”雕塑、“玄鸟生商”雕塑、汤帝庙、伊尹纪念馆等。小双桥遗址公园，“四都三关两道一河”历史文化走廊。	重点突出商代都城的空间形态与功能分区及其在古代王都建设和城市发展过程中的影响。
		郑文化——郑国的、郑人的、郑地的子产祠（元）、东里书院（明）、金水河、郑县县衙、明清郑州城（南城墙、南城门）等。管城驿（唐）、开元寺塔（宋）、北大清真寺（元）、文庙（明清）、城隍庙（明清）等。 郑国音乐馆（新郑）、中国法学馆（新郑）、李诫纪念馆（新郑）。	重点突出郑州历史建筑元素，与时代相结合反映城市的发展演变和文化的传承。
	郑州市域	**嵩山文化区**——古代王权政治的中心、天下宇宙观的中心 “天地之中”历史建筑群、中原古民居博物馆、轩辕古道、轩辕关、王城岗遗址公园等。嵩山自然地理，“轩辕古道徒步节”。嵩山地区文化旅游延伸带。	重点突出古代建筑发展演变中的文化含义，尤其是儒道佛三教建筑的文化与艺术价值。
		河济文化区——水陆交通上的孔道、军事上的战略要地 中国大运河（郑州段）、中国大运河博物馆、中原丝绸之路博物馆（中原古道交通博物馆）、中国象棋博物馆、中国粮储博物馆、汴洛古道、虎牢关、惠济桥、荥阳故城遗址公园等。河济自然地理，“汴洛古道骑行节”。河济地区文化旅游延伸带。	重点突出自然地理环境在古代历史人文变迁中的影响。
工业遗产及优秀近现代建筑保护整治	工业遗产	依托原有工业遗产旧址建设行业博物馆。中国铁路博物馆、中国铝业博物馆、中原纺织博物馆、中国砂轮工业博物馆、中国煤矿机械博物馆。	展示郑州城市近现代发展建设路程及特点。
	优秀近现代建筑	日本驻郑州领事馆、天主教堂修女楼、巴巴墓等。二七纪念塔（二七广场）。	

续表

分类	内容	主要特点及展示内容	备注说明
省级历史文化名城保护整治	新郑历史文化名城	编制保护规划，申报国家历史文化名城，彰显黄帝文化、郑韩文化。 轩辕庙、黄帝拜祖大典、轩辕黄帝纪念馆（人文始祖纪念馆）、中华根亲博物馆等。古代农耕生活园区、姓氏广场。 郑国音乐馆、中国法学馆、李诫纪念馆。	重点突出黄帝在农耕时代的开创意义，黄帝祭拜在民间文化习俗中的重要地位。
	登封历史文化名城	编制保护规划，挖掘名城价值特色。	
	巩义历史文化名城	编制保护规划，挖掘名城价值特色。	
名镇名村与传统村落保护整治	名镇，名村	编制保护规划，挖掘名镇名村价值特色。	
	传统村落	编制保护规划，挖掘传统村落价值特色。	
世界文化遗产保护整治	登封“天地之中”历史建筑群	实施保护规划，统筹文化遗产保护与发展。	
	中国大运河（郑州段）	实施保护规划，统筹文化遗产保护与发展。	
其他文化遗产保护整治	新密	密县县衙，保护整治密县县衙及衙前民居院落。	
	中牟	官渡古镇，古渡遗迹，官渡之战展示馆。	

郑州历史文化名城保护与发展的目的在于保护传承城市历史文化的物质载体及其呈现的文化内涵，使名城价值特色看得见、摸得着。

二、近期项目策划

郑州历史文化名城保护与发展近期项目拟策划两大项目，一是商城遗址保护与商代都城遗址博物馆建设，二是文庙—城隍庙历史文化街区整治。商城遗址保护与商代都城遗址博物馆建设的主要目的在于在商城遗址保护的基础上，通过馆所建设呈现商城遗址考古发掘的原始状态、展示郑州商城在古代王都发展史上的典范形态、展现夏商变革时期的历史变迁和商代开拓垦殖的时空历程、陈列文字从符号向甲骨文字过渡演变的实物、突出青铜器尤其是鼎在夏商考古与历史上的重大意义等。文庙—城隍庙历史文化街区整治的首要目的是整治恢复历史文化街区，通过历史文化街区呈现古城的历史生活形态、展现传统民居的建筑样式、恢复历史建筑的传统功能、为民间祭祀和庙会活动规划明确场所和线路等，使得历史文化街区作为城市文化形象窗口的内容更加生动丰富。在这两大项目中，明确突出的是郑州的商文化和郑文化，通过物质形态与精神内质的融合再现树立郑州城市历史文化形象，并完整呈现3600年的城市建设发展史。

1. 商城遗址保护与商代都城遗址博物馆建设

郑州商城遗址位于郑州中心城区，是我国著名的大型古代城市遗址，是商代前期商王都邑遗址。遗址总面积约25平方公里，城址包括宫殿区、手工业作坊区、居民区、墓葬区几部分，遗址内容包括内外城垣遗址、宫殿区遗址、居住聚落遗址、墓葬区、手工作坊遗址（冶铜、烧陶、制骨等）、窖藏坑等遗迹类型，出土了大量石器、陶器、铜器、玉器、骨器等生产工具和生活用具。郑州商城遗址的发现，对于认识和研究中华早期文明，特别是商文化，为研究商代奴隶社会、中国青铜文明和中国古代城市的形成与发展提供了重要的实物资料。

商城遗址是构成郑州历史文化名城的重要元素，是发扬郑州文化底蕴——商文化的核心依托，是人们感受历史文化名城氛围的空间载体。因此，商城遗址的保护与展示是创造城市特色、彰显城市文化内涵、促进城市整体文化品位提升的重要手段。以下为针对商城遗址近期保护所需要的具体工作：

其一，对商城城垣进行修复保护，包括地面墙体及地下基址，加强遗址整体性的保护与展示，重点处理城垣遗址地下基址的表达与展示，力求可以辨别商城城垣走向，展现出商城的完整性，突出宏大的规模。逐步外迁压占或危害城垣遗址的建筑物和构筑物，禁止新建城市道路穿越城垣遗址，严禁开挖新的城垣墙体豁口，严禁拓宽现有城垣遗址豁口。

其二，加强城垣遗址周边环境的保护与整治，突出展现城垣整体轮廓，展现商城文化，建造环商城城垣遗址保护绿带。改造扩建现有紫荆山公园为紫荆山城垣遗址公园，用以保护商城东北角的小段城垣遗存。扩大现有商城公园，范围包括现状商城公园和现状郑州市体育中心用地，占地5.30公顷，凸显郑州商城遗址西入口，增强空间感。建立东南角城垣遗址公园，占地面积23.26公顷，结合现有书院幽荷，更好地保护城垣遗址。逐步迁出南城垣遗址与熊耳河之间的现状建筑，铺设绿化景观休闲设施，实现南城垣外侧遗址滨水绿化开放空间。

其三，保护宫殿区遗址。在宫殿区遗址位置逐步开辟宫殿区遗址公园，集中保护、展示商城宫殿区遗址。逐步迁出宫殿区遗址保护范围内现状建筑，履行“只拆不建”的基本保护措施，禁止新建城市道路压占穿过保护区。

其四，在窖藏坑和祭祀坑遗址处开辟相应的绿地进行保护展示，体现郑州商城城池、墓葬区的布局，窖藏坑和祭祀坑遗址本体及其内壁以外10米范围为保护禁建范围，应为今后的保护展示提供保证。窖藏坑和祭祀坑遗址保护地应尽可能建立与城垣遗址保护绿带或其他城市公共开放空间（滨河绿地、道路绿地或城市绿地广场）的联系。

其五，对城垣遗址、宫殿区遗址、窖藏坑和祭祀坑遗址等进行整合，展示商文化环境表达的整体空间体系。在商代城址区内植入具有商文化特色的路牌、铺装、雕塑、小品等一系列能够给人代入感的商符号，突出郑州的商城特色，促进郑州城市历史文化氛围的提升，强化郑州历史文化名城整体形象。

在保护商城遗址的同时拟建郑州商代都城遗址博物馆。目前，商城遗址出土的文物主要存放于郑州博物馆中，对商城遗址文物的保护和宣传都受到了一定程度的限制。为了更好地挖掘利用商文化历史资源，展现商城遗址及文物的风采，增强全民的商城遗迹保护意识，推动商城旅游观光等产业发展，该项目的建设是必要的和可行的。

项目选址位于郑州城区城垣遗址东南角西北侧。博物馆拟占地面积1.2公顷，建筑面积7500平方米。功能分区包括展示陈列区、游客服务区、藏品库区、技术和办公区以及地下设备机房、地下（上）停车场等，其中展示陈列区以地上地下相结合的方式进行展示，展示城垣遗址及部分文物。地下展示区的设立是博物馆的一大特色，为历史悠久的商城增添了一份神秘，使人仿佛穿梭时空隧道回到了文物挖掘的现场或更遥远的商代，更真切地感受商文化的魅力。

展示陈列区包括，商城历史解说区、商城文化展示区、商城民俗展示区、商城城址再现区等。展示的具体内容包括商代都城出土的青铜礼器、玉石器、原始瓷器及象牙器等文物及图片，商城城墙遗址，商城文化解读及商城的整体空间布局等。展示区内将使用3D模型或小型景观模拟城内宫殿区、居民区、墓地、铸铜遗址及制陶制骨作坊址等，再现商城历史旧貌。

历史实物与文献记载相对应，继续深入研究商代历史文化并加以灵活运用。如考古发掘中的陶鬲为三足，而考古文化中商文化的重要特征是将其作为炊器，在历史文献中又有商汤丞相伊尹善于烹饪，被后世誉为厨圣。郑州可以依托三足陶鬲实物，对中原菜系进行创新，并引进中央电视台组织的系列节目如《厨王争霸》《“满汉全席”擂台赛》《味觉大战》等，突出商代在物质生产生活方式上的开创意义。

2. 文庙—城隍庙历史文化街区整治

文庙—城隍庙历史文化街区为明清时期传统街道，清代《郑州志》中，职工路北至城隍庙，南抵东西大街，东侧为开元寺，西侧为文庙，文庙西边有东里书院、子产祠，是体现古代礼制文化以及郑文化的重要街道，文庙—城隍庙历史街区的保护恢复对体现郑州名城文化及风貌具有重要作用。

划定核心保护范围面积为10.2公顷，建设控制地带面积为25.4公顷。核心保护范围具体划定为：北至塔湾路南端以北 155 米，南至东大街，西至职工路以西 87 米，东面紧邻行政、住宅和学校。文庙—城隍庙历史街区具体保护措施主要有以下几点：

其一，保护街道原有的空间尺度及现存的历史建筑。保护历史街巷格局、道路走向、名称和街道断面尺度，合理组织车行与步行系统、消防系统，在街区南侧拟建相应停车场。加强历史街区内部现存历史建筑的普查和认定，对其进行抢救性维修，对文庙、城隍庙以受保护的重要历史建筑进行定期勘察维护。

其二，对街区两侧以院落为基本单元进行保护性修复，延续街区肌理及明清风貌。对于已破坏的地块建议采用异地移植和镶牙法，可在郑州周边地区选择一些不属于历史文化名镇名村和传统村落保护序列并且保护能力欠缺，但又具有地方特色的传统民居、公共建筑，整体搬迁至文庙—城隍庙街区，实施异地保护。如方顶村、海上桥村及上街区下属村镇等地，存在保护方式不当或只剩零星古院落不成规模，历史建筑保护困难且得不到重视的现状，若将这些传统建筑移入历史街区能得到更好的保护，并发挥它们应有的价值。

其三，对历史街区风貌、景观小品进行整体控制及改造。街巷两侧建筑的门、窗、墙体、屋顶等形式应符合风貌要求，色彩控制为黑、青、灰、白及红褐色、原木色，以暖灰色调为主色调。建筑物高度控制为不超过 2 层，局部可 3 ~ 4 层。对影响街道历史风貌的电线杆、有线电视天线等有碍观瞻之物应逐步转入地下或移位。街道小品（如果皮箱、公厕、标牌、广告、招牌、路灯等）应有地方传统特色，不宜采用现代城市做法。

其四，重要文保单位按旧时规制复原，复建重要历史标识建筑。文庙在明清时期的郑州是祭祀孔子和开办儒学的场所，传承儒家文化，具有深厚的文化底蕴及价值。计划逐步搬迁电力高等专科学校，以东北方向扩大文庙的规模，恢复原有院落形制，还原文庙旧时规模风貌。

复建子产祠、开元寺塔，子产祠纪念的是先贤仁者和郑文化的奠基人，开元寺塔为郑州佛教活动的主要场所，两座建筑的文化属性特征鲜明，不可替代，是街区重要的地标性建筑。子产祠拟建于职工路西南侧，占地面积约 6000 平方米。开元寺塔拟建于职工路西侧，河南大学附属郑州第一人民医院东侧，占地面积约 3500 平方米。历史建筑复建应恢复原有风貌及格局结构，禁止使用现代建筑材料如混凝土、水泥等破坏建筑历史风貌。

其五，对于历史街区核心保护区，应当逐步拆除及调整与历史风貌不和谐或对历史建筑造成破坏的建筑，严格控制保护区内建筑高度、风貌、体量等硬性指标。对于建设控制地带，在此范围内的新建建筑或更新改造建筑，应适当控制其建筑高度、体量、风貌、绿化等，要求不影响、破坏历史街区风貌，对不符合要求的已有建筑，应停止其建设活动，并在适当的条件下予以改造。

其六，街巷两侧建筑功能应以传统民居和传统商业建筑为主，鼓励发展传统商铺、恢复老字号和产商结合的手工作坊，提升历史街区文化氛围及商业活力。控制加强基础设施建设，改善历史街区的整体环境质量，增强对游客的接待及容纳能力。

以上两大近期项目应当与部分博物馆、遗址公园的建设并行着力，在切实保护好文化遗产的基础上统筹兼顾历史文化名城保护与发展的各方面内容。在加快推进整治郑州历史文化名城的同时，进一步突出城市文化、地域文化特色，彰显郑州历史文化名城价值特征，并积极指导新郑申报国家历史文化名城，在准确理解和把握黄帝文化的基础上提升黄帝文化传播品质。

总之，立足本土、着眼区域，郑州市在经济社会文化等各方面的发展进步与中部地区崛起乃至整个中华民族的伟大复兴息息相关。无论是崛起还是复兴，对文化的传承始终不能忽视和间断，城市的发展与名城的保护始终是一个动态的过程，在解决当前重大问题的基础上，积极有效地保护郑州历史文化名城，合理开展文化遗产利用发展，并在实际工作中不断推陈出新。相信在本书宏观研究的指导下，郑州历史文化名城将会引领中原地区文化遗产保护与传承朝向更加灿烂辉煌的未来。

附录一　郑州历史文化街区研究

一、街区历史沿革简述

1. 文庙—城隍庙历史文化街区

该街区的历史发展、历史沿革离不开街区中的两组文物保护单位，因此想要准确地确定该街区的历史文化特点，我们必须对这两组建筑的历史做一些了解。

文庙　据明嘉靖《郑州志》，文庙创建于东汉明帝永平年间。规模人气最旺的时期是在元代，当时郑州文庙占地已达37亩，有200多间东西配房，由前院、中院和后院组成。前院有棂星门、泮池、戟门，中心院内有大成殿，东西廊房，后院有明伦堂、敬亭、尊经阁，另外还有土地祠、启圣祠、乡贤祠、金声玉振坊、居仁门、由仁门、祭器库、乐器库、神厨、育德仓、义仓、射圃厅、宰杀厅、进德斋、修业斋、存诚斋等。后来一场大火，使文庙建筑遭到巨大破坏。每年的春、秋两季，郑州文庙都会举行大规模的祀孔大典，每逢此时，可以说群贤毕至，少长咸集，地方文武官员及各界名流都要到此参拜，史料中这样形容祭祀场面："钟鼓齐响，笙歌共鸣"，可见场面之热闹与隆重。元顺帝至正六年（1346年），官署按照原来的样式重建，明、清两代亦多次重修，但清光绪二十二年（1896年）文庙再遭大火，建筑毁废殆尽。以后虽又修复，规模已远不如前，后来仅存有大成殿和戟门两座古建筑及几间小厢房。

城隍庙　城隍立庙起源于古代的水（隍）庸（城）的祭祀，为《周宫》八神之一。"城"原指挖土筑的高墙，"隍"原指没有水的护城壕。古人造城是为了保护城内百姓的安全，所以修了高大的城墙、城楼、城门以及壕城、护城河。他们认为与人们的生活、生产安全密切相关的事物，都有神在，于是城和隍被神化为城市的保护神。在本街区中的城隍庙郑州城隍庙全称是"郑州城隍灵佑侯庙"。建于明代初年，弘治十四年（1501年）重修，是目前河南省规模较大、保存完好的明清古建筑群落之一。数百年来，虽屡遭兵燹、火灾及人为破坏，后经多次营建修葺，基本上保留了历史原貌，因此弥足珍贵。

关于郑州城隍庙的历史典故也是非常悲壮，相传纪信为刘邦的大将，楚汉相争时，刘邦曾被项羽围困在荥阳，汉军粮绝，为保刘邦，纪信献计自己假扮刘邦诈降。刘邦用其计，趁纪信假扮汉王乘黄幄出东门诈降之际，自带数十骑从西门出走。项羽发现中计后，迁怒于纪信，将其烧死。后人感其忠烈，帮奉其为城隍，世代敬仰。

因城隍庙有保佑一方水土之责，老百姓对其的祭祀活动繁多。明清两代，城隍庙会是郑州民间重要活动之一。庙会，又称庙市，是中国传统的集市。文献记载，清朝时，每年农历三月十八日城隍诞辰日，郑州都有盛大庙会，会期为三月十八至二十八日。到了会期，城隍庙里人来人往，善男信女祭拜城隍，祈求一年平安吉祥；城隍庙四周，各种生意买卖齐聚，香茶细果，柴米油盐，锅碗瓢勺，农具铁器，生活所需，应有尽有；戏曲杂耍、莲船细马、秧歌高跷等民间文艺表演红红火火，一派繁荣景象。城隍庙街也就在这样热闹的祭祀活动中逐渐形成。直到民国时期，因屡遭战乱，郑州城隍庙会才逐渐衰落。20世纪80年代以后，由于各种大型专业批发市场和零售商场的发展，庙会逐渐衰微。虽然庙会依旧存在，但规模已大不如前。虽然祭祀活动衰落了，但是城隍庙街保留了下来，并且现在还保留了一定的传统商业业态。

如果说文庙就是地方官方祭祀庙会的圣地，那么城隍庙是老百姓庙会集聚的场所。连接在这两处历史建筑之间举办庙会的主要道路就是职工路（城隍庙街），这样职工路就像一条纽带把文庙和城隍庙两个重要节点联系了起来，当时这条路上的繁华程度可以想象。

2. 书院街历史文化街区

书院街位于商代南城墙遗址北侧，从地理位置来看是位于古代下、商王朝城池用地范围内的。隋唐郑州设置管城县并成为郑州州治所在地，古城的街道、街巷开始逐步形成，但是由于当时社会动荡战乱不断，加上黄河水多次改道、泛滥，为此直到元朝时期书院街街道才较稳定的形成，当时叫做花园门街。在明崇祯年间更名为纸坊巷，此时知州鲁世任于此处设立了“天中书院”，后在清光绪年间知州王成德将“东里书院”搬移到这里，由此遂名为书院街。1966年时曾经改名为红光东街，后在1978年又恢复为书院街。

“天中书院”坐落于书院街路北，是当时学子们求学读书的好去处。明朝崇祯十年（1637年），当时的郑州知州鲁世任重视教育，提倡学子读书上进，为了给当时的读书人提供一个学习进步的场所，鲁世任就在街北（今天的三职专校园处）创建了“天中书院”。新建的天中书院有正堂7间，拜厦3间，后殿3间，另有寝房、厨房、大门、二门若干间。书院建成后，郑州当地的文人学子纷纷来这里勤奋读书，切磋学问，以图上进。当时的天中书院，书声琅琅，书香弥漫，据说，当时这里读书的学子经常有数千人之众。天中书院成了当时中原地区的著名书院之一，这条不起眼的小街从此成了郑州读书人聚集之地。明朝末年，战乱不断，天中书院也遭遇劫难，在战火中墙壁倾倒，几乎荒芜。到了清朝乾隆十年（1745年）春天，时任郑州知州的张钺开始整修天中书院，但规模不大，只是略微进行了修缮。清朝道光十八年（1838 年），郑州知州王宪在天中书院的旧址上建了一座南公馆，作为他用，使得天中书院几乎见不到读书人的影子。清朝光绪八年（1882 年），王成德任郑州知州，他见当时郑州东大街的东里书院地势低洼，倒塌严重，不易修复，就把东里书院移建到天中书院的旧址。据记载，当时，王成德重建了照壁 1 座，大门 3 间，讲堂 5 间，东西楼房各 3 间，斋房各 5 间，还有其他房屋若干间，使天中书院恢复了初期的规模，成为郑州最有影响的高等学府。而这条小街在沉寂了许久之后，又迎回了大批的青年学子和亲切熟悉的琅琅读书声。书院街也因此得名。

书院街历史文化街区中包含的历史街巷，除了书院街外还有主事胡同、博爱街等，其中主事胡同南起书院街，北可达唐子巷，长 270 米，宽 6 米，距今有 400 年历史。在明隆庆以前,这里是条死胡同,俗称“闷葫芦”。若往书院街去，需绕道而行，很不方便。明万历年间，有义士之称的市人张大维，在巷南头置地数亩，除建房外，专门向南辟路一条，通至书院街，使多年的半截胡同得以贯通，这在当时确为善事。人们为感谢他的义举，将该巷改名“张家义巷”，并集资立小碑一通，以示纪念。此碑至今仍在，只是已镶入书院街路南正对该巷的北墙上。此后不久，原居东郊圃田的阴化阳举家迁此。阴化阳举人出身，入仕后官至户部主事，告老还乡后为安度晚年，特在张家义巷路东选址建宅。由于阴也算一个“大官”，所以该巷不久改名为“主事胡同”。

二、街区空间格局及建筑性质探究

1. 传统街道空间格局

附图 1–1　郑州街巷老照片

附图 1-1 是郑州城内街巷的老照片，从照片中可以看出，郑州原有传统街巷的街道空间尺度感。路两侧建筑多为一层双坡硬山砖土建筑，偶有二层建筑凸起，街道宽度多为 6 ~ 7 米，小巷一般 2 ~ 3 米，檐口高度多为 2.8 ~ 3.2 米（九尺至一丈），屋顶脊部高出檐部约 1.5 ~ 2.5 米。通过房屋的层数与檐口高度变化来进行空间调节，多形成沿街一层，沿纵深楼院方向逐渐增加层数。街道尺度与单层建筑屋脊高度相差不多，如附图 1-2，a 与 b 的比例为 0.5 ~ 1.2，尺度宜人，街区给人较强的亲切感。

这些郑州的老街、老胡同以及小巷，尤其是文庙—城隍庙街区、书院街街区，在明清时期街巷尺度合理，功能多样，以居住为主，同时带有求学、祭祀、庙会相关的功能。

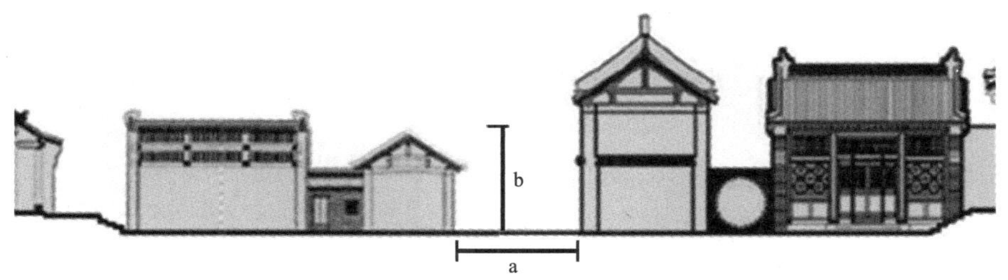

附图 1–2　郑州街巷断面

在街区的空间模式上，兼顾了生活、商业、教育等的功能内容，每到气候适宜的时节，老百姓就在街上聊天、下棋、遛鸟、晒太阳，小吃摊贩聚集，因此街区具有了很强的公共性和开放性，为了更好地满足街区内不同公共性和生活需要的私密性，街区形成了从公共空间过渡到私密空间的格局形式，从人流穿梭的热闹街头，到安静悠闲的独家院屋，形成了非常好的过渡。但是现在老百姓根据生活的需要，对自家房屋都进行了返修，改变了原有的建筑风貌，但是由于本身宅基地的限制和原有生活习惯的保留，目前的街区中基本还保留有传统的肌理。

空间模式　　　　**附表 1–1**

名称	街	巷	院	屋
尺度	L ≤ 500 米，适宜步行，D/H=0.5 ~ 1.5，D=3 ~ 9 米，沿街界面功能复合，有绿化及较多直接朝向街道的开门开窗，非机动车和行人交通量大	D ≤ 3 米，较为狭窄，连接院落和住宅，基本无绿化	面积较小，围合感强，有不同程度的绿化	以低层为主，面宽一般小于 10 米，进深小于 6 米

续表

名称	街	巷	院	屋
功能	行走 / 买卖 / 观望 / 聊天 / 打牌 / 吃饭 / 带小孩 / 晒太阳 / 小孩玩耍	行走 / 观望 / 聊天 / 打牌 / 吃饭 / 小孩玩耍	吃饭 / 聊天 / 打牌 / 做家务 / 晒太阳 / 小孩玩耍	吃饭 / 睡觉 / 读书 / 看电视等
场所	公共	半公共	半私密	私密
现状				

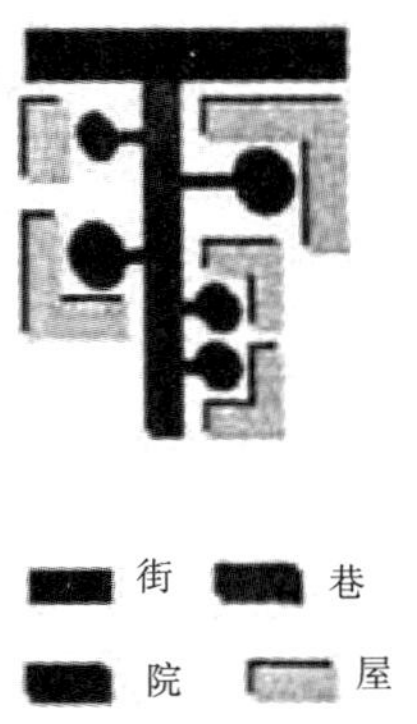

附图 1–3 郑州街巷格局示意

附图 1–4 郑州街巷空间模式图

文庙—城隍庙街历史文化街区：从保护区划附图 1-5 中我们看到文庙—城隍庙历史文化街区道路格局是以商城路、职工路形成的“丁”字路网格局为骨架，西侧辅以塔湾路，加上入户的无名小巷而构成的。这个街区是郑州古时祭祀、庙会的老街巷，尤其是职工路，原为城隍庙街，街道商业气息浓厚，曾经热闹非凡，街巷空间尺度宜人、界面相对西侧比较连续，职工路东侧则已经变为现代多层住宅。在空间格局上该街区是以职工路为联系纽带，连接文庙、城隍庙以及各个传统的无名小巷，具有开阔、紧密交替的空间序列感。

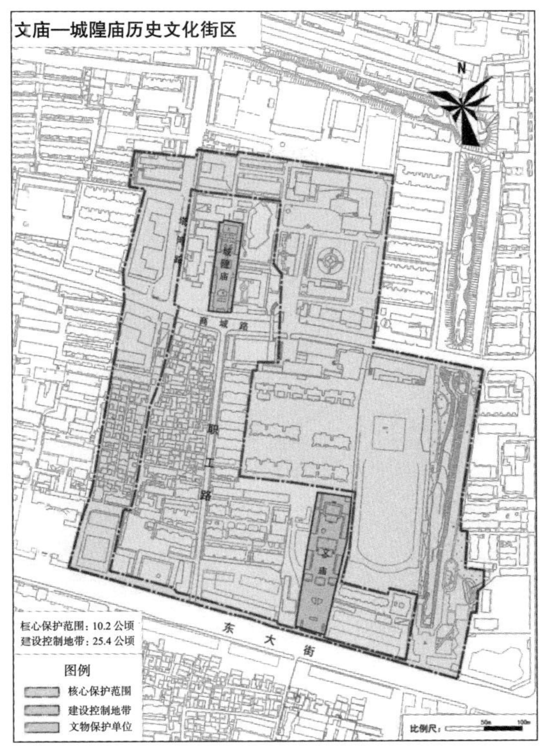

附图 1-5　文庙—城隍庙历史文化街区保护区划图

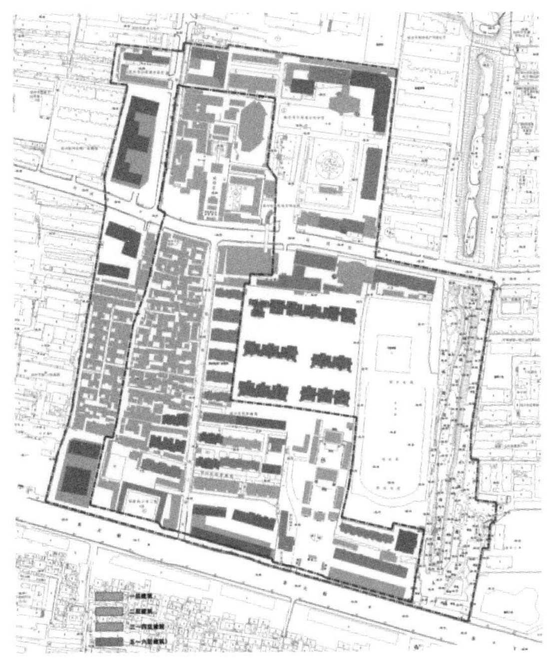

附图 1-6　文庙—城隍庙历史文化街区肌理图

职工路，北起商城街南至东大街，路段长度为 350 米，平均宽度为 7 米；规划用地内商城路段长度为 260 米，宽度为 14 米；塔湾路北起明清城墙，南至东大街，全长将近 660 米。

从肌理（如附图 1-6）图中可以看出街区中依然存在传统体量建筑以及院落格局，保留了典型的传统街区肌理特质，但是所占用地比例不是很乐观，除了密度较高的传统民居外，用地中也存在大量现代大体量建筑，如住宅、职工住宿楼、单位等，在本街区中这些大体量建筑，在空间上严重地破坏了原有街区的空间尺度感（如附图 1-7、附图 1-8、附图 1-9）。

附图 1–7　职工路

附图 1–8　商城路

附图 1–9　塔湾路

书院街历史文化街区：从保护区划附图 1-10 中我们看到书院街历史文化街区中包括了 3 条主要街巷，以及部分入户的无名小巷，3 条主要街巷分别为“书院街”“主事胡同’和“博爱街”。这个区域是郑州老街巷分布集中的地段，街巷空间尺度宜人、界面连续，只有在书院街北侧，有部分大体量现代建筑破坏了街区连续的界面。该街区基本是以书院街为主要轴线串联了博爱街、主事胡同、原“天中书院”以及各个传统的无名小巷，形成丰富的空间序列感。

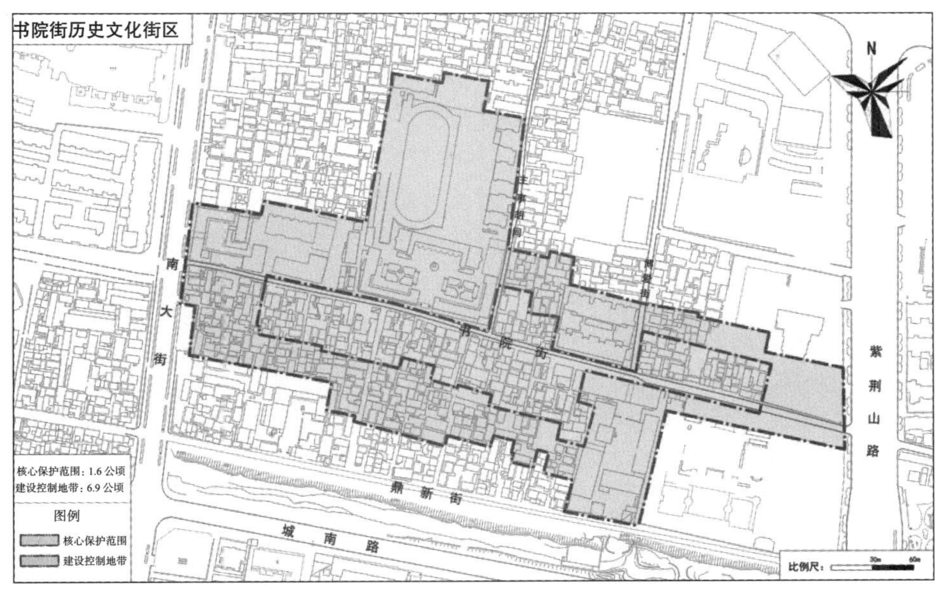

附图 1–10　书院街历史文化街区保护区划图

附图 1–11　书院街

附图 1–12　主事胡同

附图 1–13　博爱街

书院街，西起南大街至紫荆山路段长度为500米，平均宽度为7米；主事胡同，三职专东侧的南北向胡同，南至书院街，北达唐子巷，长240米，平均宽度为6米。博爱街，南起书院街，北至大东街，长290米，平均宽度为6米（如附图1-11、附图1-12、附图1-13）。

从肌理（如附图1-14）图中可以看出街区中依然存在传统体量建筑以及院落格局，保留了典型的传统街区肌理特质。除了密度较高的传统民居外，用地中也存在了一部分现代大体量建筑，如学校、幼托、单位等，这些大体量建筑，在空间上破坏了原有街区宜人的尺度感。

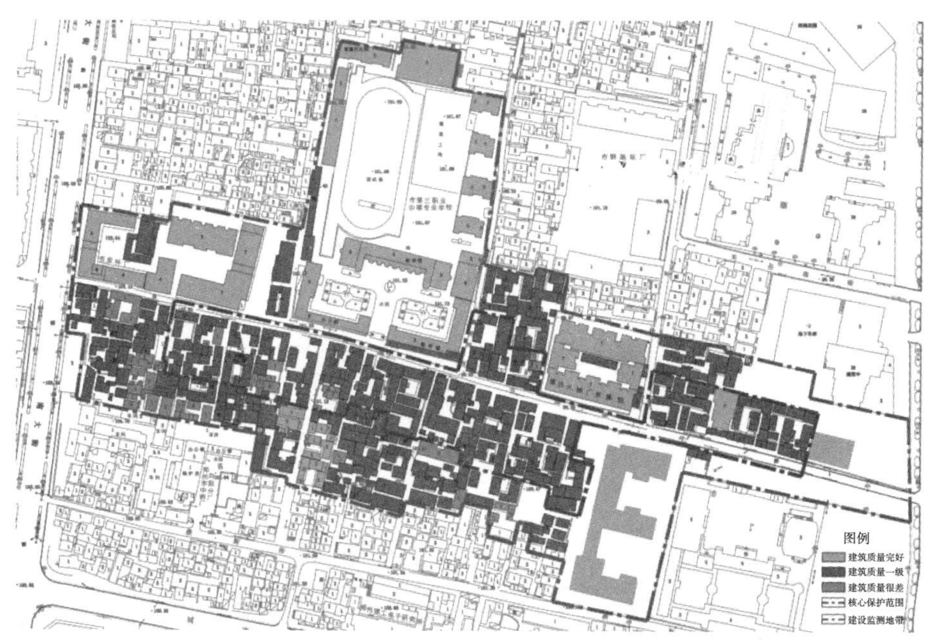

附图1-14　书院街历史文化街区肌理图

2. 建筑院落格局

郑州传统民居的基本形态有5种，四合院、三合院、二合院、L型院和一字型院落。其中以四合院和三合院最为常见。大型民居院落多是以四合院和三合院为基础进行纵向或横向组合的。建筑群体组合采用“单路多进院落”串联布置的方式。郑州传统民居中有单进、二进、三进等多种纵向组合方式，单进院落以三合院与四合院为主。附录二“郑州传统民居研究”中有详细论述，这里不再赘述。

三、街区现状情况分析

1. 现状功能布局分析

文庙—城隍庙历史文化街区：街区主要以庙会、祭祀功能为主，用地中也有较多的居住用地。文庙和城隍庙还保持着民间祭祀、庙会等活动的功能，但比起古时规模已经相差甚远。经过调研走访现有街区，文庙、城隍庙以东的地块基本都可以进行置换而达到顺利整治。但是职工路东西两侧主要以居住为主的用地，相对比较复杂，尤其职工路以东，多为新修建的职工住宅楼，整治起来难度更大。在职工路以西和塔湾路上有较多的沿街商业，但多以小摊贩为主，并主要出售生活日用品（如附图 1-15）。

附图 1–15　文庙—城隍庙历史文化街区卫星图

书院街历史文化街区：书院街主要作为居住型的历史街区，内部功能结构也以居住功能为主。书院街沿街多为底层商业上层居住的商住混合布局，商业氛围相对较浓。街区的中部和东南部为教学用地，以学生为消费对象带动了周边的培训、小饭桌、小卖部等小型商业设施（如附图 1-16）。

附图 1–16　书院街历史文化街区卫星图

2. 现状空间尺度

相比古时的空间尺度感，由于新型建筑的建设，不管体量还是容积率上都远远超过了古代房屋的尺度。

文庙—城隍庙历史文化街区的现状高度分析图和容积率分析图我们能够看出，除了两处文保单位和职工路以西的部分民居高度为 1 ~ 2 层外，其他大部分新建建筑高度都在 5 ~ 6 层，甚至 7 层以上，甚至在职工路以西传统肌理存在的位置，很多翻新的楼梯盖到了 4 ~ 5 层。在保留了原有街道宽度的基础上，使得街巷变得狭窄而压迫，如附图 1-17、附图 1-18。

附图 1–17　文庙—城隍庙历史文化街区现状高度分析图

附图 1-18　文庙—城隍庙历史文化街区现状容积率分析图

书院街历史文化街区中，同样存在着空间尺度变化的问题，尤其是书院街以北地段，单位、家属楼、学校等公共建筑，高度都在 3 ~ 7 层，打破了传统街巷的沿街尺度感，相比文庙—城隍庙历史文化街区，高度、体量不协调的建筑相对较少，但同样破坏了书院街历史街道界面的连续性，如附图 1-19、附图 1-20。

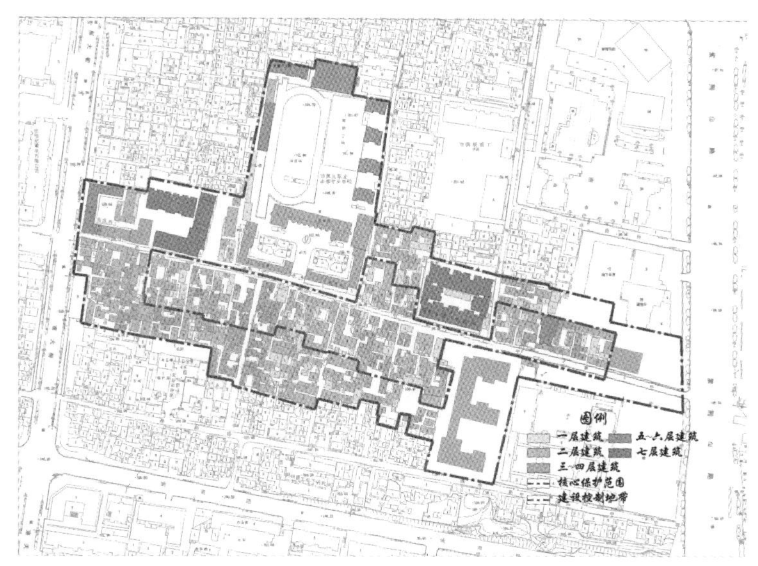

附图 1-19　书院街历史文化街区现状高度分析图

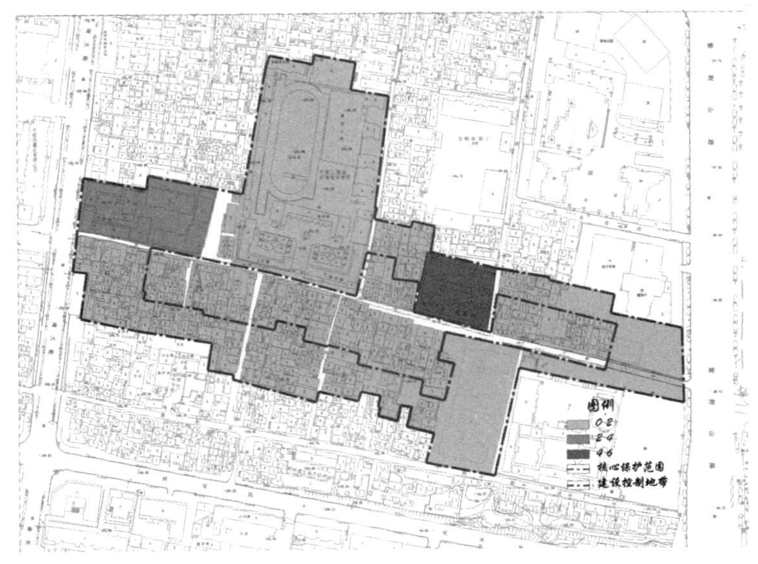

附图 1-20　书院街历史文化街区现状容积率分析图

3. 现状产权分析

附图 1-21　文庙—城隍庙历史文化街区的现状产权归属分析图

在街区的后期保护整治中，我们遇到过很多问题，其中最大的就是产权归属。我们国家是以家庭为生活单位的模式，在一个四合院中，一个大家庭按照长幼尊卑的顺序来居住，但是改革开放后，人们生活水平提高，家中子女继承家业后，无法按照原有模式进行，所以出现了我们常见到的兄弟分家。就这样，完好的一座院子，在经过几代人的分隔后变得支离破碎，再加上建筑质量慢慢变差，重修和翻修不断，传统手工艺的淘汰和遗失，使得再修筑的房屋俨然变为了钢筋混凝土、瓷砖涂料的堆砌屋，没有了传统的美感。对街区地块的产权进行梳理分析，不但是尊重房屋所有者的自身权益，同时也在街区保护整治设计中，为整治改造设计的责任分配划好界限。

文庙—城隍庙历史文化街区的现状产权分析如附图 1-21。从图中可以看出在用地中，包括了私有产权、公有产权、混合产权，其中私有产权集中在职工路以西，多为传统院落后期分隔后演变至今，用地中占地面积约为 3.9 公顷，占总用地的 17.3%；建筑面积 13.8 万平方米，占总用地的 39.34%。在调研时我们发现，现有房屋中加盖乱改现象很严重，在仅有的宅基地上挤满了住户，甚至把原本的院落空间都占掉，变成了筒子楼的效果，空气流通、防灾防火、生活基础设施等都变得很差，急需改善。公有产权多为单位、院校等，但也包括了保护相对较好的文庙和城隍庙，占地面积约 9.2 公顷，占总用地的 41.06%；建筑面积 7.7 万平方米，占总用地的 21.8%。混合产权的占地面积约为 9.4 公顷左右，占总用地的 41.65%；建筑面积 13.7 万平方米，占总用地的 38.86%。主要分布在职工路以东位置，也是该地段影响职工路传统风貌的地段。私有产权和混合产权相对在后期的保护整治改造中难度要大（附表 1-2）。

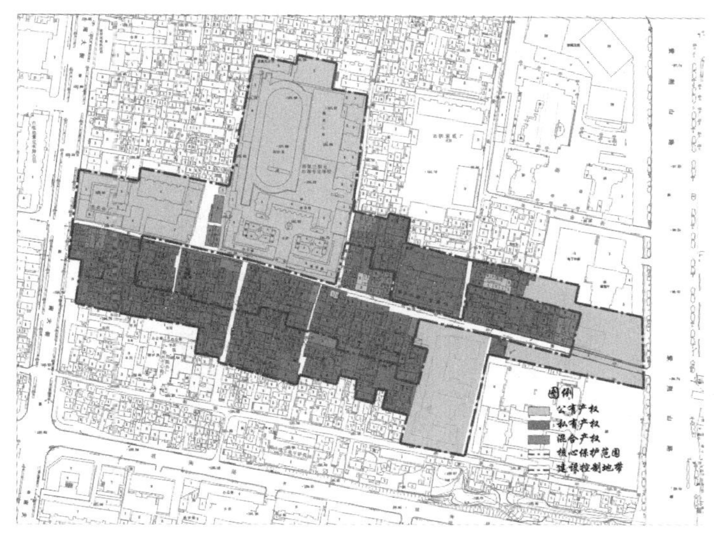

附图 1-22　书院街历史文化街区的现状产权归属分析图

附表 1–2

文庙—城隍庙历史文化街区产权统计表

文庙—城隍庙街区情况统计														
院落编码	门牌号	建筑面积			总计	地块面积			总计	产权所属	户数	人口	人口密度	容积率
		公有产权	混合产权	私有产权		公有产权	混合产权	私有产权						
126、127、129	职工路 32、33、35		11006.7				3687			（私、私、公）独立三栋楼	106	371	0.1	3.0
128	职工路 5		22107.3				11615.7			（公、私）郑州电专家属院	300	1060	0.09	3.1
130	职工路 1		17121.7				6174.1			（公、私）	180	630	0.1	3.2
143	东大街 299		56516.8				25502.9			（公、私）中建文苑	344	1204	0.05	2.2
42	塔湾街 7		1420.4				1199.9			（公、私）东二小家属院	12	42	00.03	3.4
98	商城路 286		18677.1				37192.1			（公、私）管城回族区机关（南院）办公区	0	0	0	3.5
	东大街 313-351		2425.6				2531.5			（公、私）家属院前门面房	0	0	0	3.6
	东大街 353		7643.8				5698.4			（公、私）教师家属院	116	406	0.07	3.7
76	塔湾街 63			1517.1				911.1		独立两栋楼	30	105	0.15	1.7
1-40、43-87、职工路东	塔湾街 1-40、52-97、职工路 7-31	1352.3		60112.3				18785.1		自建房屋	1620	4050	0.03	3.3
115	职工路 6 号			13402.8				5301.1		郑轴西家属院	136	476	0.09	2.5
146	东大街 215			338.1				976.5		洗车房	0	0	0	0.3
147	东大街 201-213			24229.9				3017.3		长江广场	88	308	0.1	8.0
41	塔湾街 10			2435.9				1523.8		无线电场家属院	36	126	0.08	1.6
99	商城路 283、283-1			1118.2				1224.2		郑州市无线电二厂	10	35	0.03	0.9

续表

文庙—城隍庙街区情况统计														
院落编码	门牌号	建筑面积			总计	地块面积			总计	产权所属	户数	人口	人口密度	容积率
		公有产权	混合产权	私有产权		公有产权	混合产权	私有产权						
90	商城路 281			7405				2097.3		河南省扶贫开发培训中心	0	0	0	3.5
91	商城路 282			71.1				71.1		（无）烟酒店面	0	0	0	1.0
92	商城路 6			27957.4				4964.1		博奥商城	112	392	0.08	5.6
93	塔湾路 50	4445.4				2804.8				（无）郑州市公安局刑事警察支队	0	0	0	1.6
88	塔湾街 51	1566.3				839.9				电影家属院	24	84	0.1	1.9
94-95	商城路 2	58923.3				44517.2				（无）管城回族区机关（电专）办公区	0	0	0	1.3
96	商城路 4	1511				3614.1				（公）城隍庙	0	0	0	0.4
144	东大街 301	1882				8222.2				（公）文庙	0	0	0	0.2
145		5009.8				5843				（无）管城回族区教育体育局	0	0	0	0.9
89	商城路 281-1	3420.4				1646.4				（公）省委家属院	42	147	0.09	2.1
商城遗址						23485.2					0	0	0	0.0
白垩（纪公园）		60.3				1295.9					0	0	0	0.1
总计		76818.5	136919.4	138587.8	352325.7	92268.7	93601.6	38871.6	224741.9		3156	9426		
比例		21.80%	38.86%	39.34%	100.00%	41.06%	41.65%	17.30%	100.00%					

书院街历史文化街区的现状产权分析如附图 1-22。从图中可以看出私有产权集中在书院街以南，以北的靠东部也有部分，同样多为传统院落后期分隔后演变至今，用地中占地面积约为 3.3 公顷，占总用地的 52.55%；建筑面积 4.7 万平方米，占总用地的 52.71%。同样房屋中加盖乱改现象很严重，甚至把原本的院落空间都占用，变成了筒子楼，空气流通、防灾防火、生活基础设施等都变得很差，急需改善。公有产权多为单位、院校等，占地面积约 2.8 公顷占总用地的 43.75%；建筑面积 3.8 万平方米，占总用地的 43.17%。在该街区中的混合产权用地相对较少，零星地分布在书院街南北两侧的用地中，占地面积约为 0.2 公顷，占总用地的 3.7%；建筑面积 0.4 万平方米，占总用地的 4.12%。附表 3 中，对用地内按照门牌号做了产权汇总。

4. 现状房屋质量分析

文庙—城隍庙历史文化街区中，由于新盖建筑较多，从附图 1-23 中可以明显地看出质量好的红色色块较多，并且很多为住宅楼。而职工路与塔湾路间的传统肌理民居区域相对建筑质量较差，较差的原因主要是不断地翻修加盖，杂乱布局，同时有些建筑使用时间较久，年久失修而坍塌的现象也时有发生。这些情况给我们的保护整治工作带来了极大的困难。

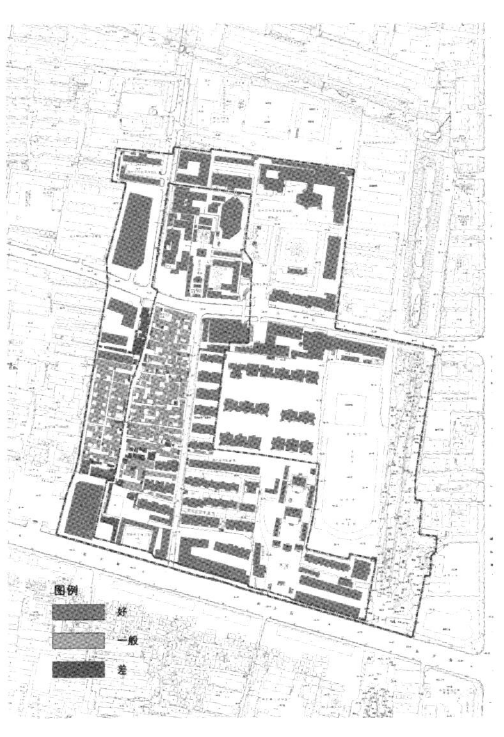

附图 1-23　文庙—城隍庙历史文化街区的现状建筑质量分析图

书院街历史文化街区产权统计表 附表 1–3

书院街区情况统计														
院落编码	门牌号	建筑面积			总计	地块面积			总计	产权所属	户数	人口	人口密度	容积率
		公有产权	混合产权	私有产权		公有产权	混合产权	私有产权						
2、25、38、39	书院街 7、18、26、27		1709.4				2329.4			自建房屋（公、私）	65	195	0.08	1.5
44、61、76、80	书院街 68、59、48、46		960.9											
101、121、124、125	书院街 43、36、33、32		608.6											
32	主事胡同 4		389.8											
1、3-17、19-24、26-35、42、45-53、55-57、59、60、62-75、77-79、81-100、102-120、122、123、126-146	书院街 9、10、12、14、20、22、34、35、37、38、40、41、42、44、45、47、49、50、52、53、56、62、63 号；博爱街 1、2、4、6、7、8 号；主事胡同 1、2、3、4、5、8 号等			35193.2				30254.9		自建房屋（私）	620	1860	0.06	1.4

续表

书院街区情况统计														
院落编码	门牌号	建筑面积			总计	地块面积			总计	产权所属	户数	人口	人口密度	容积率
		公有产权	混合产权	私有产权		公有产权	混合产权	私有产权						
	博爱街 54 号			11789.4				2842.8		第四木器厂家属院（私）	168	590	0.21	4.1
36	书院街 23 号	16891.8				17174				第三职业中等专业学校（公）	0	0	0	1.0
40	南大街 175 号	10520.3				4974				郑州市管城回族区住房保障服务中心（公）	0	0	0	3.1
41	南大街 24 号	4884.3								市皮件厂（公）	0	0	0	
43	博爱街 55 号	6141.6				5361.4				原郑州市第四木器厂（公）	0	0	0	1.1
58	书院街 61 号	43.5				43.5				（公）	20	60	0.11	1.0
26	书院街 21 号	224				147.9				（公）				1.5
37	书院街 25 号	73.8				47.9				（公）				1.5
18	博爱街 5 号	527.7				267.2				（公）				1.9
总计		38481.5	3668.7	46982.6	89132.8	27552.9	2329.4	33097.7	62980		873	2705		
比例		43.17%	4.12%	52.71%	100.00%	43.75%	3.70%	52.55%	100.00%					

书院街历史文化街区中，同样存在着传统建筑肌理地段的建筑质量相对较差的问题（如附图 1-24）。该街区质量较好的为学校类建筑和办公类建筑，以及第四木器厂家属楼等，其他建筑质量都或多或少地存在问题，达街区占地的 50% 以上，尤其在该街区中还存在几座明清风格的老式单体建筑，质量更加堪忧。

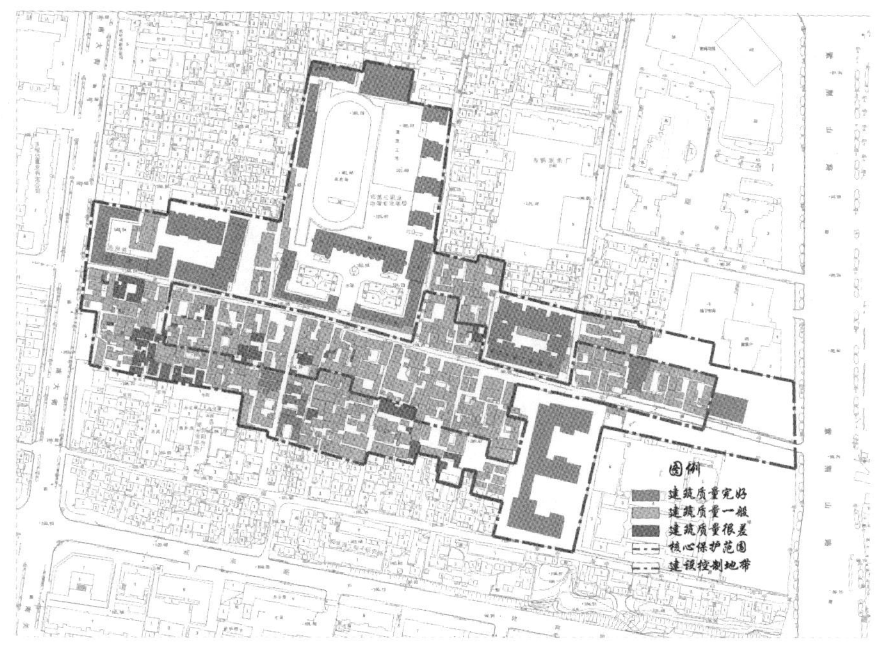

附图 1–24 书院街历史文化街区的现状建筑质量分析图

5. 人口结构现状

在人口密度的分析中，如附图 1-25、附图 1-26，两个街区的人口分布情况不同。文庙—城隍庙历史文化街区中，人口密度较大的为塔湾路、职工路以西位置，在这些地块人口密度高的原因主要是租住人口产生的，屋主将原有房屋分隔为数间，租给来城务工或做买卖的人员，加之本段地理位置方便，租住在此处的人口非常多。而相对的家属楼，按照正常居住和使用的占地面积计算后，相对密度不是很大。而书院街历史文化街区的情况略有不同，由于地段偏南，位于南城墙以北，没有商业和地段的优势，该地块内居民对外出租情况不比文庙—城隍庙街多，相比密度小些。

人口密度高带来的是基础设施无法满足的问题，同时也造成生活环境拥挤、脏、乱、差等后果，所以改善人口密度也是对街区保护整治的一项必要措施。

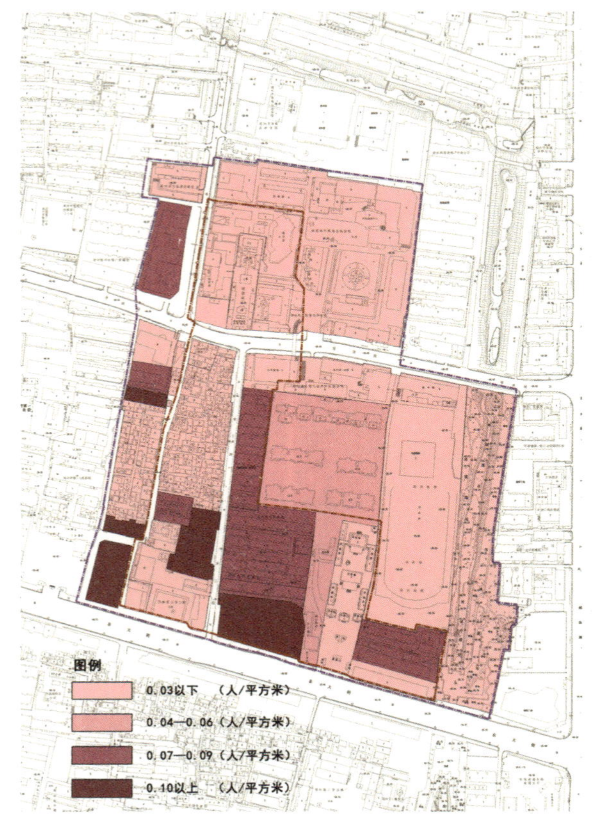

附图 1–25 文庙—城隍庙历史文化街区人口密度分析图

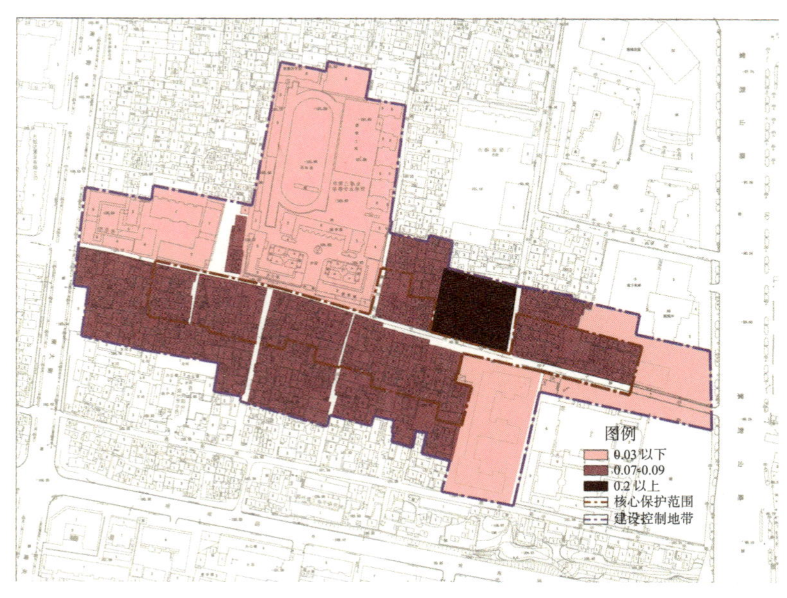

附图 1–26 书院街历史文化街区人口密度分析图

四、街区保护整治意向

1. 文庙—城隍庙历史文化街区意向

在该街区中继续以文庙、城隍庙为很好的依托，开展传统庙会和儒学的探讨、祭祀活动，致力于将一些本地的非物质文化遗产资源与庙会结合，同时可以考虑搬入传统民居，作为非物质文化的活动基地或研讨场所。考虑恢复街区南端开元寺塔这一标志性建筑物，以及恢复能够代表郑文化的子产祠，不但提升了该街区的文化底蕴，同时也是体现郑州文化特质“郑”文化的具体落地项目（如附图 1-27）。

对于建筑体量与风格不协调的现代建筑，采取外立面整治以及绿化遮挡的手法，最大限度地减少对历史文化街区传统风貌的影响。

2. 书院街历史文化街区意向

书院街历史文化街区中，文保单位基本没有，成为该街区的文化价值评价的不利因素，同时考虑该街区的得名由来，以及对郑州影响较大的“天中书院”，建议在该街区复建书院。该街区评为历史街区最大的障碍就是文保单位、历史建筑以及传统风貌建筑的保有量过少，因此在规划时可以考虑按照用地内的街巷肌理格局，搬迁入一些市域范围内村庄中无力保护的有价值传统民居，这样

附图 1-27　文庙—城隍庙历史文化街区效果图

附图 1–28　书院街历史文化街区效果图

不但使得古建筑得到保护，同时也使得街区重新恢复传统风貌，两全其美（如附图 1-28）。

一样的是对于建筑体量与风格不协调的现代建筑，采取外立面整治以及绿化遮挡的手法，最大限度地减少对历史文化街区传统风貌的影响。

附录二　郑州传统民居研究

一、传统民居的分布状况

郑州现存传统民居建筑在市域范围内分布数量较为有限，并呈现出分布不均衡的特征。据统计目前只有 1454 处遗存，其中包括国家级文物保护单位 3 处，省级文物保护单位 4 处，郑州市级文物保护单位 17 处，市县级文物保护单位 18 处。这些传统民居按照地理区位分布，具体可分为西南部嵩山地区民居，中南部及西部低山丘陵地带民居和中北部与东部平原地带民居。根据实地调查，现存传统民居以西南部登封市最为丰富，中南部及西部 4 市（巩义市、荥阳市、新密市及新郑市）民居数量仅次于登封地区，以郑州市区（不包括上街区）及东部中牟县民居保存最少。这些民居多为清代遗构，明代及民国民居有少量遗存。

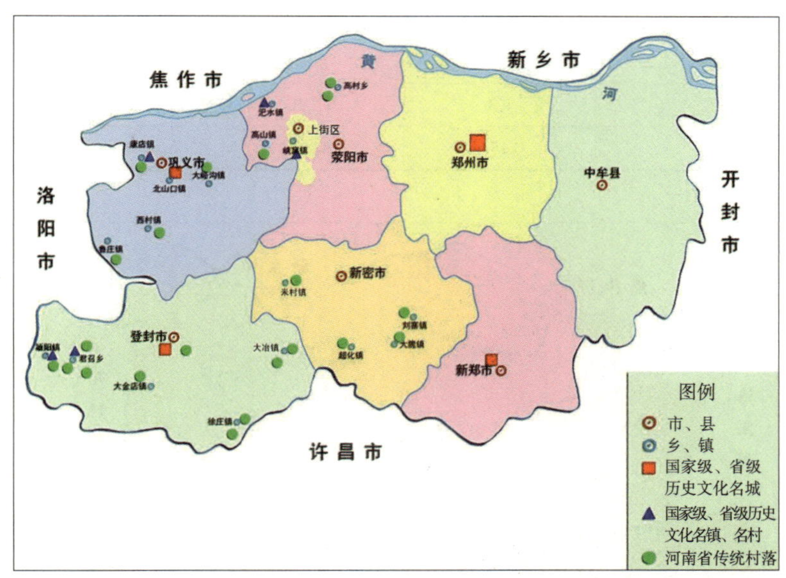

附图 2-1　郑州市各县市历史文化名城、名镇（村）及传统村落分布图

传统民居遗存数量与质量与当地的自然条件、地形特征、交通条件、社会历史、经济发展状况密切相关。按照行政区划梳理，分布在郑州市西南部地区的包括登封市和新密市西部（该区域为中岳嵩山地区，地形复杂、交通不便，经济发展较为落后）民居遗存数量最多，规模较大，传统村落整体格局和历史

风貌保存尚好。中南部及西部地区为低山丘陵地带，地理位置重要，交通较为便利、文化遗存相当丰富，经济发展水平也比较高，民居遗存数量仅次于西部，保存下来的很多大院，规模较大、形制完善，颇具典型性。中北部的郑州市区及东部的中牟县，地处平原地带，历经古代和近代战火涂炭以及洪涝、地震等灾害破坏，近些年来又受“快速推进城镇化发展，迅速扩大城市建设规模”和加快新农村建设的影响，不少村庄的农民住房经过重新翻盖或拆旧建新，使得传统民居几近荡然无存，现状保存数量最少。总之，郑州市域内的民居分布数量从西南部至东部呈递减状态。详见附表 2-1 及附图 2-2。

郑州市传统民居的分布密度分析 **附表 2–1**

地点	传统民居数量	面积（km^2）	传统民居密度（个 /10km^2）
郑州市区（不含上街区）	102	945.6	1.08
上街区	54	64.7	8.35
中牟县	25	1393.0	0.18
巩义市	195	1041.0	1.88
荥阳市	215	908.0	2.37
新密市	154	1001.0	1.54
新郑市	188	873.0	2.15
登封市	521	1220.0	4.27
合计	1454	7446.3	1.95

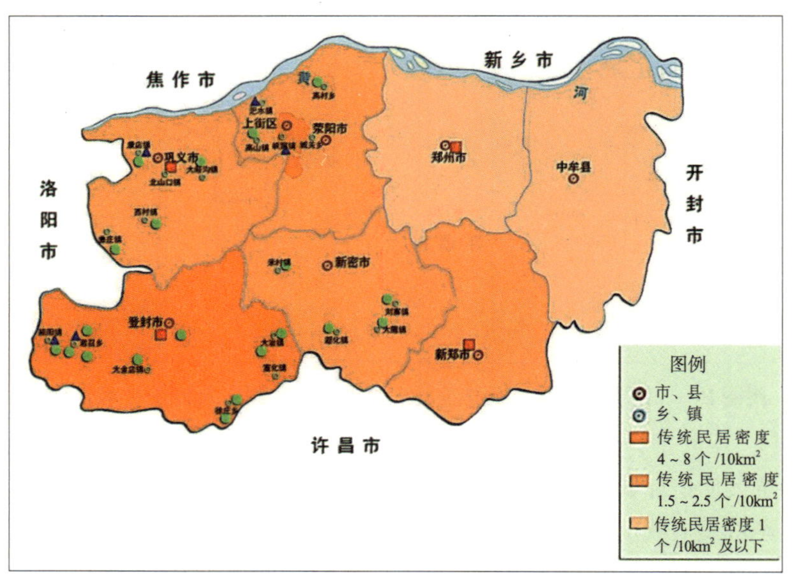

附图 2–2 郑州市传统民居分布示意图

二、民居院落组成要素及院落组合

1. 民居院落基本组成因素

在我国古代曾经出现过两种建筑平面布局模式，一种是廊院式布局，一种为合院式布局，两种布局模式均在商周时期出现。

廊院式布局是以回廊围合成院，沿着纵轴线在院落中间偏后位置或北廊设主体房屋，房屋一栋或前后重置两三栋。在主体房屋相对的前廊中部设置门屋或门楼，在回廊两侧插入侧门，四角插入角楼等建筑。河南偃师二里头文化遗址中的商代早期宫殿建筑遗址开辟了这种廊院式建筑的先河，对后世形成很大的影响，廊院式建筑从商周时期直到唐代，一直是中国庭院模式的主流。

合院式布局由若干栋单体建筑、墙体、廊围合成二合院、三合院或四合院。每一院落称为一进，若干进沿纵轴线串联形成以"路"或"落"。一般小型建筑组群由单路一、二进院为主，中型组群由单路多进院落组成，大型组群由多路多进院落组成。合院式建筑最早见于陕西凤雏村西周遗址，但是在宋代以后才成为主流，究其原因不外乎，合院式布局与廊院式布局相比较，合院更加节省用地面积，对气候环境的适应性比廊院更为优越（在北方合院有利于保温、防寒，在南方更有利于遮阳通风）。

郑州传统民居以合院式布局为特征，组成合院的要素主要有：庭院、正房（堂楼）、厢房、耳房、倒座房、门屋、围墙等。

（1）庭院

庭院是合院建筑中组织房屋的核心，在建筑群体组合中起着重要的作用。具体包括：

① 空间聚合功能

通过庭院空间将正房、厢房、倒座、大门等建筑单体连成一个有机整体。

② 气候调节作用

通过围合，改良气候条件，降低不良气候侵袭。如：在北方，通过院落的宽窄调节采光纳阳的条件，并能阻止春季的风沙天气。在我国南方地区，通过缩小庭院尺度形成天井，以起到遮阳、通风和收集雨水的作用。另外还可以通过种植植物，调节庭院的小气候。

③ 场所调适功能

根据用地情况可以通过院落的宽窄来调整用地，在用地富裕的情况下可以采用较宽的院落，反之则采用窄院。

④ 防护戒卫功能

庭院式组合，对外封闭，对内开敞。围墙、山墙、建筑后檐墙环绕围合，甚至另筑堡墙，形成严密的防护体系。沿着纵深，大门、二门、三门重重警戒，形成组群内部空间的封闭关卡。

⑤ 伦理礼仪功能

庭院空间中体现了建筑空间秩序与伦理道德秩序。主要表现在建筑空间秩序的组织上，突出中轴，形成主从构成、正偏构成、向背构成。与传统的伦理道德秩序的组织结合形成上下、长幼、亲疏、男女、嫡庶、贵贱等有别有序的秩序生活。

（2）正房（堂楼）

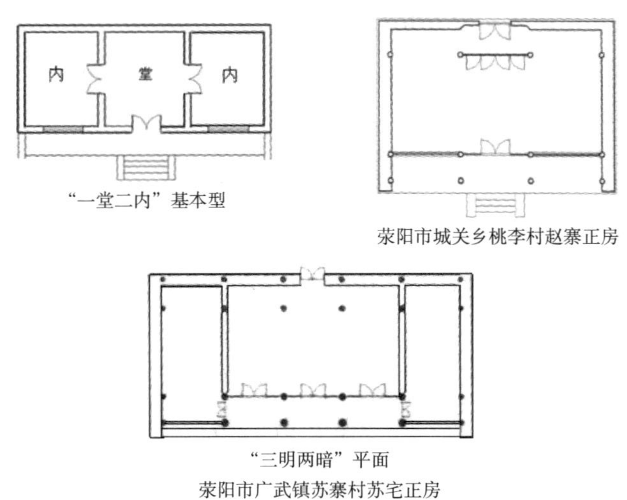

附图 2-3　郑州民居中正房平面模式

在郑州民居中，正房和堂楼位于建筑中轴线上，常采用前厅堂、后楼院的模式进行布置，这是对古代前堂后寝模式的一种直观体现。正房一般为木结构房屋，建一层或二层，面阔有三开间和五开间两种，一般都带前廊，七檩进深。三开间房屋采用"一堂二内"平面，作为民居的基本型（所谓一堂二内，即建筑面阔一般为三间，正中明间为厅堂，作为接待外来宾客的空间，两侧的次间作为内部使用的卧室或书房。侯幼彬先生对这种三开间单体建筑有精辟总结，它能够"提供适宜的实用面积；满足必要的粉饰要求；具有良好的空间组织；获得良好的日照通风；可用规模的梁架结构；有利组群的整体布置"六项长处，甚为全面。）。（详见附图 2-3）。五开间房屋多为前后廊式，后廊围合在室内，前廊按照明三暗五的方式布置，中间三间向内凹入，采用隔扇门，稍间采用槛窗。这种凹形平面是清末时期富家子弟应对封建等级制度对民间建房控制的变通方式。

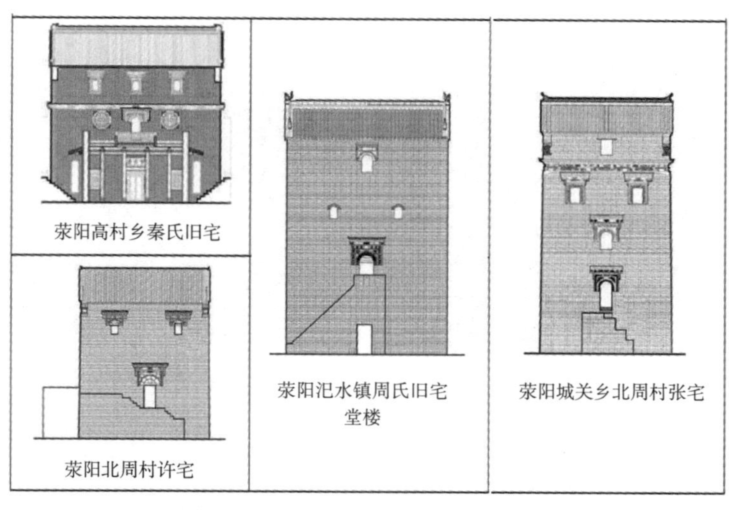

附图 2-4　郑州传统民居中堂楼举例

堂楼多出现在多进四合院的中、后部轴线上。平面一般面阔三间，进深 5 檩，层数多至 3 到 4 层。堂楼是郑州民居有别于山陕民居的一种特殊建筑形制，其历史渊源可追溯至汉代的仓楼。其下部住人，上部储藏。下部多采用砖拱券，上部采用砖木结构。详见附图 2-4。

（3）厢房与厢楼

郑州传统民居的厢房多为三、五间数。厢房的数量视主人的财力而定。三间厢房最为常见，也采用一堂二内的模式。除了三、五间数外，也有少数民居采用外三内五间数，中间设墙门隔开，形成二进院落。厢房多为单层或一层半。一层半式的厢房与晋南、晋东南建筑有着直接的继承关系，其特征为首层居住、接待，上部半层用来储藏。尺度上在部分地区有上七下八之说，即下部层高 8 尺，上部檐高 7 尺。

厢楼常出现在第二进院落或第三进院落，一般以堂楼为中心对称布置。厢楼平面为 2 ~ 3 层，其高度以不超过堂楼为标准。

（4）门楼

① 大门

大门是合院的入口空间，也是郑州地区最为丰富多变的建筑。从类型上可以分为以下几种：屋宇式门楼，一般与倒座房连做，屋顶与倒座房相平或高起，在郑州市域内最为普遍；西式门楼，渗透有西式壁柱与三角形山花特征；碉楼式门楼，在大门的上方建有防卫性的碉堡；随墙式门楼，与建筑院墙统一修建的简单门屋。从这些外门的修建特征，不难看出院落主人社会地位和家庭的财力状况。郑州传统民居大门详见附图 2-5。

郑州市沟赵乡东史马民居门楼

郑州市上街区峡窝镇胡寨村民居门楼

巩义市张祜庄园门楼

巩义市刘镇华庄园门楼

郑州市上街区峡窝镇方顶村民居大门

郑州市上街区峡窝镇柏庙村民居大门

附图 2-5　郑州传统民居中的大门举例

② 二门

二门是用来划分内部院落空间的内门，在形式处理上亲人和简约得多，郑州地区常见的二门有高墙门、垂花门、拱券门等，形式或简洁，或清新秀丽、造型宜人。详见附图 2-6。

巩义市康百万庄园中的二门

郑州市上街区峡窝镇方顶村民居二门

郑州市上街区方顶村民居二门

附图 2-6　郑州传统民居中的二门举例（一）

巩义张祜庄园中二门

郑州市上街区柏庙村民居二门

荥阳秦氏旧宅内门

附图 2–6　郑州传统民居中的二门举例（二）

2. 院落组合

（1）基本单元

郑州传统民居的基本形态有 5 种，四合院、三合院、二合院、L 型院和一字型院落。其中以四合院和三合院最为常见。大型民居院落多是以四合院和三合院为基础进行纵向或横向组合的。详见附图 2-7。

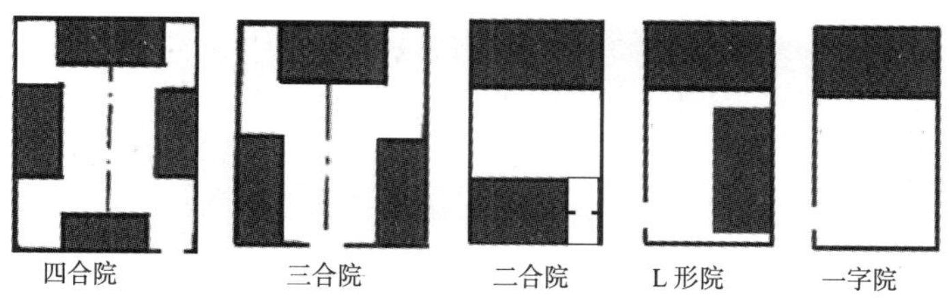

附图 2–7　郑州民居院落的基本形式

（2）纵向组合

即建筑群体组合采用“单路多进院落”串联布置的方式。郑州传统民居中有单进、二进、三进等多种纵向组合方式，单进院落以三合院与四合院为主。其中三合院根据大门的开设位置，又有 3 种子类型，A 型院落为“一正两厢”大门开设在正对正房的轴线上。B 型院落以一正两厢为基础，在正房一侧加了耳房，同时在主院一侧形成小型跨院，形成养鸡种菜等服务性院落。C 型院落，大门设在厢房一侧，在主体院落的南部留出较大的空间，用来满足家庭生活服务性内容。详见附图 2-8（a）。

多进院落主要为二进院和三进院，都是以三合院或四合院为基本单元纵向叠加形成的。但是郑州地区的二进院落有一个明显的特征，那就是在功能上分为“前厅堂、后楼院”的模式，并且在建筑体量上前低后高。三进院是在二进院的基础上，在后部又增加楼院或杂物院形成的，但是在空间上形成“低—高—低”的组合形态，以中央院落为最高，形成主次分明，跌落有致的空间组合。详见附图 2-8（b）。

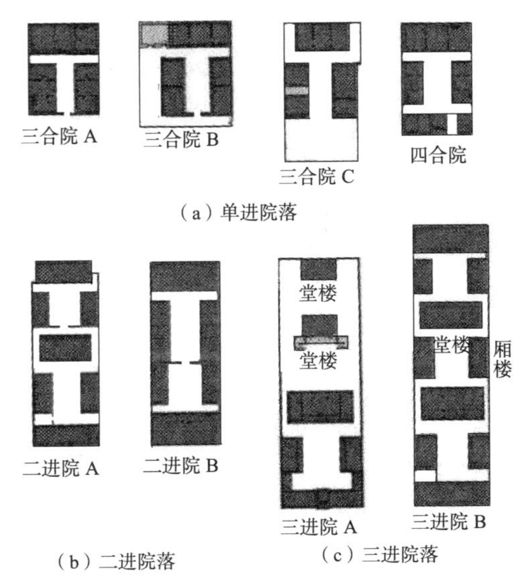

附图 2–8 纵向组合

（3）横向组合

即采用多路院落并列布置的方式。当院落布置受地形和街道间距限制，纵深发展有限时，则在主体院落两侧发展形成多路并行院落。在郑州市域内，每一独立院落的纵深一般不超过三进院，再深也会因空间狭长造成使用不便，院落如需要进一步扩大，就要纵横向同时发展，以便于更好地组织空间，安排更多的使用功能。这种横向组合模式具体可分为主跨院并列和多路院落并列等两种情况。主跨院并列的模式一般服务于一个独立家庭中，主轴线院落安排家庭接待居住，跨院安排厨房杂物等，一般跨院面阔要小于主院，由于空间狭小，多采取单侧布置厢房的方式。多组并列的模式形成在郑州民居中分两种情况，一种是大户人家兄弟之间各自建房，老大、老二、老三等共居一处，宅院集中形成大片民居。这些院落都相互毗邻，联系紧密，这种民居群多因后代进一步财产分割，现今皆非原貌。二是豪门大户一人所为的大型院落或庄园，各个院落以祖屋（主）院落为中心，逐步扩建而成，各个院落共同服务于一个大家庭中的多个子家庭，每一路院落又可分成多进院落，整体风貌较为统一。

三、传统民居特色价值分析

郑州市域内的传统民居与当地的社会发展情况、人民的实际生活水平、当地的风土人情以及资源气候等联系极为密切，它所承载的物质文化与精神文化信息也最接近实际。对它的保护首先应充分认识其存在价值。

1. 历史价值

传统民居建筑的发展是郑州历史发展的组成部分，不同大院的兴建、发展、辉煌、衰落的历史同时也是一部郑州地区社会史的缩影。如：位于巩义的康百万庄园创建于明代，渐兴于清初，乾隆时进入盛期，咸丰以后逐渐没落，民国中期衰败，中华人民共和国建立之初，对其进行改造，前后四百余年。这样一座庄园既是一部康家诚信经商的发家史，也是一部明清及民国的社会变迁史，在推进当代郑州人民了解历史、继承历史文化、创造新的历史方面无疑具有重要的教育作用。

2. 科学价值

现存的历史建筑作为古建筑的组成部分之一，真实地记载了历代修建制度的变化，材料、构造、工艺的地域特征，人们应对自然环境所采取的方法措施以及人们因地制宜所创造的营造经验等信息。例如：郑州传统民居院落的布局采用窑房院形式，就是对当地地理环境、气候、用地现状和地方材料的适应等。民居建筑通过自身的合理存在把人与自然真正和谐地联系在一起，这些范例，是我们营建当代建筑和探索未来建筑发展趋势的宝贵遗产。

3. 艺术价值

郑州传统民居建筑，宅院功能明确，建筑群体风格统一，建筑布局相得益彰，空间变化错落有致，建筑轮廓线亲和有力，建筑立面古朴多样。其合理的构造、简朴的形式，宜人的尺度，用材的自然，朴素淡雅的色调，华而不浓的雕饰均表达了郑州民众对美的追求，这些传统的审美概念将会在我们创造当代郑州的建筑形象中发挥重要的作用。

4. 社会价值

郑州地区所保留的传统民居建筑数量较多、类型丰富，经过科学的保护与旅游发展规划，在记录和传播、文化精神的传承、社会凝聚力的产生等方面具有一定的社会效益和价值。

5. 文化价值

除了建筑本身记载的历史信息外，郑州传统民居还承载了很多古代社会制度、营造观念信息，如住宅开间进深所反映的明清时期民宅的营建制度；如民居宅门开设所反映的传统风水观念；如民居细部雕刻所表达的民众生活愿望等，所以民居建筑上印记着传统的文化价值观念。

四、传统民居保护与开发现状

郑州拥有大量的民居资源，许多民居风貌尚且完整，在民居类型中具有典型的代表性。如郑州上街区柏庙村民居、郑州市沟赵乡东史马民居、荥阳高村镇吴村古民居、巩义大峪沟镇的海上桥村民居、巩义康百万庄园和刘镇华庄园等。

现有民居的分布，农村占多数，城市以及县城为少数；西部山区及丘陵地区占多数，平原地区占少数。分布在城市与县城的民居绝大多数保护较差，原有的环境已荡然无存，建筑坍塌，院落荒废，民居都是孤立存在。而在山区和丘陵地区，民居遗存数量多，规模大，成群成片，许多民居仍有居民居住，建筑虽有不同程度的损毁，但数量质量都较城市为好。

郑州传统民居现有保存整体状况不容乐观，突出表现在以下几个方面：

1. 民居建筑大多数为上百年的老建筑，年久失修且残损严重，许多建筑属于“危、漏”房屋。同时由于现代生活方式的变化，造成传统居住环境与居民的现代生活要求之间的矛盾，居民自发改造甚至更新老建筑的行为有所增加，或者是废弃老建筑、使之无人照管，任其自然破坏。

2. 定为文物保护单位的历史建筑较少，尤其是自身和周边环境遭受到的破坏更为严重，有些建筑虽定为历史建筑，但缺乏政府资金支持，其维持也是举步维艰。

3. 大批量的民居财产易主，即使未易其主，但经过居民后代的分割继承，完整的民居化整为零。这些房屋所有者因心态不同对民居建筑的珍惜程度各不相同，使得建筑得不到妥善的保护与保存。

4. 在经济大潮下“旧城改造”和“新农村建设”的影响，引发了新一轮的民居损失。旧城改造和新农村建设势在必行,但是对传统民居建筑应该充分论证、做好调研、做好规划，不能一律拆除，造成不可恢复的损失。

5. 对民居建筑价值认识苍白，在飞速发展的今天，只能看到新科技、新文化的成就，而对民居建筑包含的传统文化内涵缺乏深入的认识，对承载传统文化的载体也就不予保护和保留，由于观念上认识不足，导致行动上保护失利，举措不当，对民居建筑造成不可避免的损失。

五、传统民居建筑的保护与开发策略

1. 郑州传统民居建筑保护策略

（1）保护原则

传统民居建筑的保护应遵循以下几个原则：

① 原真性原则

原真性即历史建筑保护的真实性与原始性。其本质含义是“延年益寿”而不是“返老还童”。原真性标准应以材料的原真性、工艺的原真性、设计的原真性、环境的原真性为准则。

② 完整性原则

完整性是指民居建筑和周边一定空间范围内的环境内容不被随意增添或删减的含义。具体包括空间范围内的完整性、文化概念上的完整性、与周边自然生态环境的完整性等内容。

③ 可读性原则

历史民居为不可再生资源，在历史遗存上能够反映出它的原有的艺术价值、历史价值、科学价值和信息价值。

④ 永续性原则

永续性原则即处理好保护与延续发展的关系。历史建筑是经过历代建设、选择而存留的，本身就是一个历史发展过程。历史建筑需要保护历史的连续性，对既存的遗存做好保存，不要随意改变其保留的信息。另外要将其存留的信息用于现代社会的发展建设中，只保存而不继承发扬也是不可取的。要让历史建筑合理地、持续地发挥其作用。

（2）保护与整治方式

对于郑州传统民居的保护与整治工作，应当在《郑州市城市整体规划》《郑州历史文化名城保护规划》和郑州下属各市县的“城市总体规划”指导下进行。根据城市历史街区和传统村落中现存民居院落的完整程度以及民居建筑的质量、层数、风貌等实际情况，将建筑划分为保护、保留、更新、整治、恢复五类，分别采取保护措施进行控制管理。

① 保护类建筑

指各类文物保护单位和具有较高价值，但尚未列入文物保护单位的历史建筑。对于此类建筑，按照《中华人民共和国文物保护法》的规定，要求保护其建筑的原真性。

针对这类建筑，可以采用日常保养、防护加固、现状修整，重点修复等修缮方式进行。

日常保养：是指实施经常性保养维护，及时化解外在因素对文物建筑可能造成损伤而采取的预防性措施。其目的是及时排除隐患，避免更多干预。

防护加固：是在文物古建筑上附加现代材料和工程构筑物的措施，其目的是制止自然外力继续侵害文物建筑，造成不可修复的损伤。

现状整修：是在不扰动现有结构，不增添新构件，基本保持现状的前提下进行的一般性工程措施。包括两类工程：一是将有险情的结构和构件恢复到原来稳定安全的状态，二是去除近代添加的无保留价值的建筑和杂乱构件。

重点修复：适当恢复已失去的部分原状。例如：为恢复结构的稳定状态，增加必要的加固构件，修补损坏的构件，添配缺失的部分等。要求严肃地对待现状中保留的历史信息，严格按照程序论证审批。

在具体保护过程中，还涉及房屋所有权人或使用人的问题。对于人口密度过高的民居院落，应首先降低人口密度，减少户数，拆除违法搭建的临时设施，整理和恢复原有院落的形制与空间肌理。产权私有的重点保护民居，如有损毁危险，但所有人不具备修缮能力的，政府应酌情给予帮助；所有人具有修缮能力而不依法履行修缮义务的，政府可以给予抢救修缮，所需费用由所有人承担。

② 保留类建筑

指梁架结构基本完整，建筑质量良好，但是屋顶、檐廊、局部墙体与门窗改用近现代建筑材料的传统建筑民居。对于此类建筑进行保留，并采用维修与改善的措施进行保护。

维修与改善即对历史建筑和历史环境要素进行不改变其外观特征的加固和保护性复原，以及调整、完善内部功能布局及设施的建设活动。包括保持其传统的建筑立面、平面布局、内部结构与内部装修，同时为了方便居民的起居生活，增添必要的服务设施，对改造和装修时使用了不协调的饰面材料、色彩和形式的，均应进行适当的处理。

③ 更新类建筑

指民居院落内大量房屋梁架结构部分残损、屋顶下坠、门窗受到挤压的一般传统建筑。采用存表易里的方法，可以对其梁架结构进行更新，必要时可以改变房屋内部的空间结构、功能布局，赋予和原建筑功能贴近的新用途，以改善居住条件，适应现代生活方式。保护与更新传统民居，其功能可以适度混合，如：临街规划为旅游纪念品商铺、手工作坊、茶社等，纵深发展旅馆、书院、诗社等旅游文化产业。

④ 整治类建筑

主要包括 3 种类型：一是建筑体量、形式、色彩、材料与传统建筑风貌严重不协调的近现代建筑；二是无法继续修缮的危房、简易住房和乱盖乱搭的各类房屋；三是与历史街区及传统民居村落保护整治规划的建设用地功能、布局有较大冲突的各种建筑。对整治类房屋采取的措施主要有整修、改造、拆除三种方式。

整修是新建建筑仅通过改变立面外观的方式就能与历史风貌取得和谐时，所进行的改建活动；改造是新建建筑必须通过降低建筑高度或改变建筑造型才能取得与历史风貌协调时，所进行的建设活动；拆除，如果整修和改造都不能处理好与历史风貌冲突的矛盾,则予以拆除。拆除部分规划作为开放空间使用的，不再进行新建筑的建设。

⑤ 恢复类建筑

指为恢复历史文化街区或传统民居村落的空间肌理、空间形态及传统风貌，对在用地调整和建筑整治中拆除不协调建筑以后腾退的用地，有选择地适当恢复部分具有标识性、意向性的建筑。包括原址重建与恢复再建两种情形。

原址重建，对于地面建筑不存但建筑遗址保存较好的，可以进行原址重建，重建要有直接的证据，不允许违背原形式和原格局进行主观设计。

恢复再建，对于与历史风貌相冲突的一般建（构）筑物予以拆除后，在拆出后的基地上进行的建设，称为恢复再建。恢复再建的建筑在建筑空间组合、建筑体量、建筑外观等方面必须与其周边环境和保护区的历史风貌和谐共融。

2. 郑州传统民居建筑的开发利用思考

（1）开发利用的可持续发展前景

对于传统民居的保护，其目的在于对它的利用。几十年来的保护经验表明，凡是保护得好的民居建筑，它发挥的作用也就越大，凡是发挥作用越大的民居，越受到重视，也就能得到更好的保护。与旅游业发展相结合的保护被许多历史文化名城作为主要战略。那些具有历史价值、科学价值与艺术价值的建筑是历史遗留的最具有生命力的旅游资源，对游客有着很大吸引力。城市旅游业的发展趋势也正由文物、景点旅游向特定地区的生活、文化的旅游过渡，越来越多的游客希望通过城市的侧面与民俗生活去全面了解它的过去、现在与变迁。深层次的文化展示旅游是利用历史建筑资源，复苏地区经济的一个很好的途径，同时，它的展示收益也是历史建筑保护资金的一个重要来源。

郑州市域范围内的合院式、窑洞式及窑房院式民居，较好地展示了我国封建社会末期黄土高原边区与中原地区的民居风貌，是了解北方传统民居的一个较好的窗口，做好传统民居村落和民居大院的保护与利用规划对发展郑州地区的文化旅游也将起到巨大的推动作用。

（2）开发利用的原则

① 坚持保护第一

在开发利用历史建筑的发展过程中，应遵循“保护第一、研究第二、开发第三”的基本原则。即在开发过程中要从积极的保护观念出发，以保护为前提来进行旅游的开发，形成保护与开发的良性循环。应把传统民居的整体环境风貌放在首要地位，严格控制民居的环境容量，抓好区域的环境保护，建设开发要因地制宜，就地取材，不能破坏生态环境。

② 加强文化内涵的开发

在开发利用过程中，要注意挖掘当地的传统建筑文化内涵，如：当地的商业文化、居住文化、民俗文化以及建筑中所反映的区域文化交流的特征。建筑是传统社会中活的载体，建筑的空间组织、形态特征、细部装饰必然包含了对社会生活的缩写，所以历史建筑开发应关注建筑硬传统背后的软传统，正确地反映当地的特色。

③ 树立典型特色意识

在郑州传统民居建筑的开发利用中应当以郑州及其周边地区的重要民居院落作为典型，形成不同特色的旅游路线。如：窑洞式民居旅游线路，可以将郑州西部三县市（巩义、荥阳、新密）串联起来，形成地坑窑—锢窑—靠崖窑的一个参观序列。再如：郑州西部有着丰富的民国时期的民居建筑，也可以以民国建筑作为旅游主题来开发旅游线路，这样，将能有效地带动郑州及其周边地区的文化旅游开发。

④ 政府牵头的管理体制

传统民居的保护、整治与开发利用是一项系统工程，非一两个部门所能为之事。要由政府牵头，文保、规划、建设、土地、环保、旅游等有关部门共同参与，协调动作。既要做好传统街区和传统民居村落内人口的调整工作，制定合理的政策，安置好人口外迁与内居；同时要做好建设用地与建筑功能的调整，形成合理的产业模式；还要做好市政设施的完善工作，使得历史建筑的使用和发展与现代生活更好地衔接；更要做好旅游规划与相应宣传工作，扩大历史街区和传统民居村落的知名度，吸引外来旅游人员，为郑州市的建设投入无限生机。

参考文献

一、历史文化类

1.（明）徐恕修，王继洛纂．（明）嘉靖郑州志校释 [M]. 郑州：郑州市地方史志编纂委员会 .1988.

2.（清）张钺 . 郑州志 [M]. 清乾隆十三（1748）.

3.（民国）周秉彝修 . 郑县志 [M]. 台北:成文出版社,民国二十（1931 年）重印 .

4. 郑州市地方史志编纂委员会 . 郑州志（1991—2000）[M]. 郑州：中州古籍出版社，1998.

5. 新密市地方史志编纂委员会 . 新密市志 [M]. 郑州：中州古籍出版社，1997.

6. 中牟县志编纂委员会 . 中牟县志 [M]. 北京：三联书店，1999.

7. 登封市地方志编纂委员会 . 登封市志 [M]. 郑州：中州古籍出版社，2008.

8. 巩义市地方史志编纂委员会 . 巩义市志 [M]. 郑州：中州古籍出版社，2012.

9. 新郑市地方史志编纂委员会 . 新郑市志 [M]. 郑州：中州古籍出版社，2013.

10. 郑州地方史志办公室 . 郑州名典：名镇 [M]. 郑州：河南人民出版社，2014.

11. 郑州地方史志办公室 . 郑州名典：名村 [M]. 郑州：河南人民出版社，2014.

12. 郑州铁路局史志编纂委员会编 . 郑州铁路局志（1893—1991）[M]. 北京：中国铁道出版社，1998.

13. 郑州市统计局编 . 郑州市统计鉴（1994—2014）[M]. 北京：中国统计出版社，2014.

14. 张松林主编 . 郑州文物考古与研究（一）[M]. 北京：科学出版社，2003.

15. 张松林主编 . 郑州文物考古与研究（二）[M]. 北京：科学出版社，2010.

16. 孟宪明 . 图文老郑州 [M]. 郑州：中州古籍出版社，2004.
17. 夏商周断代工程专家组 . 夏商周断代工程 1996—2000 阶段成果报告（简本）[R]. 北京：世界图书出版公司，2000.
18. 宋秀兰 . 古都之魂——来自郑州商城遗址的报告 [M]. 郑州：中州古籍出版社，2007.
19. 张松林主编 . 古都郑州 [M]. 杭州：杭州出版社，2012.
20. 郑州市城市科学研究会编 . 华夏都城之源 [M]. 郑州：河南出版社，2012.
21. 顾万发 . 文明之光——古都郑州探索与研究 [M]. 复印本 .
22. 夏鼐 . 中国文明的起源 [M]. 北京：文物出版社，1985.
23. 徐旭生 . 中国古史的传说时代（增订版）[M]. 北京：文物出版社，1985.
24. 苏秉琦 . 中国文明起源新探 [M]. 北京：三联书店 .1999.
25. 瓦西里耶夫 . 中国文明的起源问题 [M]. 北京：文物出版社，1989.
26. 张童心等 . 考古发现与华夏文明 [M]. 上海：上海大学出版社，2009.
27. 摩尔根 . 古代社会 [M]. 北京：中央编译出版社，2007.
28. 胡厚宣，胡振宇 . 殷商史 [M]. 上海：上海人民出版社，2003.
29. 宋镇豪主编 . 商代史 [M]. 北京：中国社会科学出版社，2010.
30. 沈长云，张渭莲 . 中国古代国家起源与形成研究 [M]. 北京：人民出版社，2009.
31. 许宏 . 最早的中国 [M]. 北京：科学出版社，2009.
32. 许宏 . 何以中国 [M]. 北京：三联书店，2014.
33. 许倬云 . 说中国 [M]. 南宁：广西师范大学出版社，2015.
34. 李伯谦 . 中国青铜文化结构研究 [M]. 北京：科学出版社，1998.
35. 杨宽 . 中国古代陵寝制度史研究 [M]. 上海：上海古籍出版社，1985.
36. 杨宽 . 中国古代都城制度史研究 [M]. 上海：上海古籍出版社，1993.
37. 董琦 . 虞夏时期的中原 [M]. 北京：科学出版社，2000.
38. 李鑫 . 商周城市形态的演变 [M]. 北京：中国社会科学出版社，2012.
39. 姜波 . 汉唐都城礼制建筑研究 [M]. 北京：文物出版社，2013.

40. 徐迎花 . 汉魏至南北朝时期郊祀制度研究 [M]. 哈尔滨：黑龙江人民出版社，2009.
41. 谭其骧 . 中国历史地图集 [M]. 北京：中国地图出版社，1982.
42. 蓝勇 . 中国历史地理学 [M]. 北京：高等教育出版社，2002.
43. 陈隆文 . 郑州历史地理研究 [M]. 北京：中国社会科学出版社，2011.
44. 顾朝林 . 中国城镇体系 [M]. 北京：商务印书馆，1992.
45. 汪先腾 . 主政中原的方略（1840—1948）[M]. 北京：经济科学出版社，2013.
46. 刑义田 . 中国文化与源流 [M]. 合肥：黄山书社，2012.
47. 贾文丰主编 . 中原文化概论 [M]. 郑州：中州古籍出版社，2010.
48. 张宝明 . 中原文化 [M]. 郑州：大象出版社，2014.
49. 陈习刚 . 郑州与黄帝文化 [M]. 郑州：河南人民出版社，2008.
50. 新郑市文化局 . 黄帝文化与黄帝故里拜祖大典 [M]. 郑州：河南人民出版社，2010.
51. 李桂民 . 黄帝史实与崇拜研究 [M]. 北京：中国社会科学出版社，2014.
52. 安国楼 . 郑州历史文化资源的总体评价及开发利用 [A]. 郑州：中国古都研究（第二十一辑）——郑州商都 3600 学术研讨会暨中国古都学会 2004 会论文集 [C]，2014.
53. 齐岸青 . 郑州历史文化遗产开发利用的探索 [J]. 中国文物，2005（08）.
54. 王文楚 . 唐代两京驿路考 [J]. 历史研究，1983（06）.
55. 张新斌 . 敖仓史迹研究 [J]. 中国历史地理论丛，2003（03）.
56. 王震中 . 先商的文化与代 [J]. 中原文物，2005（01）.
57. 李维明 . 郑州出土商代牛肋骨刻辞补识 [J]. 中国文物报，2006（06）.
58. 王文楚 . 北宋东西两京驿路考 [J]. 中华文史论丛 [C]，2008（04）.
59. 刘晖 . 铁路与近代郑州棉业的发展 [J]. 史学月刊，2008（07）.
60. 刘琼 . 商汤都亳研究综述 [J]. 南方文物，2010.
61. 况腊生 . 论唐代驿站的军事化管理体制 [J]. 军事历史研究，2010（01）.
62. 刘彦峰等 . 郑州商城布局及外廓城墙走向新探 [J]. 郑州大学学报，2010（03）.

63. 袁广阔 . 古河济地区与早期国家形成 [J]. 文物，2013（05）.

64. 许宏 . 大都无城——论中国古代都城的早期形态 [J]. 文物，2013（10）.

65. 鲍君惠 . 宋代郑州文化略论 [J]. 黄河科技大学学报，2014（02）.

66. 张国硕 . 夏商时代都城制度研究 [D]. 河南：郑州大学，2000.

67. 苏勇 . 周代郑国史研究 [D]. 吉林：吉林大学，2010.

68. 宋爱平 . 郑州地区史前至商周时期聚落形态分析 [D]. 山东：山东大学，2005.

69. 李慧芬 . 子产治郑的策略研究 [D]. 陕西：陕西师范大学，2006.

70. 张艳春 . 抗战前陇海铁路沿线河南段的经济变迁 [D]. 河南：河南大学，2007.

71. 宋谦 . 铁路与郑州城市的兴起（1904—1954）[D]. 河南：郑州大学，2007.

72. 汪培梓 . 郑州商文化形成研究 [D]. 河南：郑州大学，2007.

73. 陶新伟 . 新郑郑韩故城研究 [D]. 湖南：湘潭大学，2008.

74. 尚姗姗 . 京汉铁路与沿线河南经济变迁（1905—1937）[D]. 湖北：华中师范大学，2008.

75. 尤悦 . 商文化阶段划分研究 [D]. 河南：郑州大学，2009.

76. 王军伟 . 明清时期郑州地区水环境变迁研究 [D]. 河南：郑州大学，2010.

77. 鲍君惠 . 宋代郑州研究 [D]. 河南：河南大学，2011.

78. 耿晓洁 . 郑州地区行政区划的变迁及其规律 [D]. 河南：郑州大学，2011.

79. 李杰 . 近代郑州市民物质生活变迁研究（1908—1948）[D]. 河南：郑州大学，2011.

80. 刘永丽 . 民国时期郑州城市人口变迁研究（1912—1948）[D]. 河南：郑州大学，2011.

81. 李彦峰 . 早商文化南渐的考古学观察 [D]. 江苏：南京大学，2012.

82. 王杰 . 地理条件与唐宋时期郑州地区的陶瓷业 [D]. 河南：郑州大学，2012.

二、城市规划类

1. 曹昌智 . 城市规划与城市发展思考 [M]. 北京：中国建筑工业出版社，1996.
2. 曹昌智 . 大同历史文化名城保护与发展战略规划研究 [M]. 北京：中国建筑工业出版社，2008.
3. 曹昌智 . 邯郸历史文化名城保护与发展战略研究 [M]. 复印本 .
4. 贺业钜 . 中国古代城市规划史 [M]. 北京：中国建筑工业出版社，1989.
5. 杨振之等 . 旅游项目策划 [M]. 北京：清华大学出版社，2007.
6. 王建国 . 后工业时代产业建筑遗产保护更新 [M]. 北京：中国建筑工业出版社，2008.
7. 刘伯英，冯钟平 . 城市工业用地更新与工业遗产保护 [M]. 北京：中国建筑工业出版社，2009.
8. 王黑特 . 中国城市文化消费报告（郑州卷）[M]. 北京：社会科学文献出版社，2010.
9. 王伟光 . 中原经济区核心增长极：大郑州都市区发展战略研究 [M]. 北京：经济管理出版社，2010.
10. 房晓 . 大旅游时代：中国旅游战略大变局 [M]. 北京：九州出版社，2011.
11. 蓝庆新 . 区域产业规划方法与案例研究 [M]. 北京：知识产权出版社，2011.
12. 刘福垣，周海春 . 中原城市群战略与规划 [M]. 北京：经济科学出版社，2011.
13. 张京成等 . 工业遗产的保护与利用——“创意经济时代”[M]. 北京：北京大学出版社，2013.
14. 张立波 . 文化产业项目策划与管理 [M]. 北京：北京大学出版社，2013.
15. 郑州文物局 . 郑州市大遗址保护规划汇编 [M]. 北京：科学出版社，2013.
16. 李英杰主编 . 中原经济区发展报告（2014）[M]. 北京：社会科学文献出版社，2014.
17. 喻新安主编 . 河南经济发展报告（2015）[M]. 北京：社会科学文献出版社，

2014.

18. 靖恒昌 . 河南文化发展及其产业提升对策研究 [M]. 北京：中国社会科学出版社，2015.

19. 朱文一，刘伯英 . 中国工业建筑遗产调查 . 研究与保护——2013 中国第四届工业建筑遗产学术研讨会论文集 [C]. 北京：清华大学出版社，2014.

20. 纳赛尔 • 阿伯戴 - 阿尔 . 郑州城市空间结构的演变与特征 [J]. 旅游学研究，2007.

21. 许继清 . 郑州城市空间结构的演变与特征 [J]. 城市规划 • 园林建筑及绿化，2007（09）.

22. 刘英等 . 郑州商城遗址的保护重建与旅游开发 [J]. 云南地理环境研究，2009（01）.

23. 王发曾，唐乐乐 . 郑州城市边缘区的空间演变 . 扩展与优化 [J]. 地域研究与开发，2009（06）.

24. 张倩，李志明 . 历史文化遗产周边环境的整体保护研究——以郑州商城文化区为例 [J]. 中国名城，2009.

25. 曹昌智 . 历史文化名城的形态保护与文脉传承 . 城市发展研究 [J],2009（11）.

26. 王昭 . 少林寺的文化效应对郑州城市品牌的影响 [J]. 城市品牌，2010（12）.

27. 张彩丽等 .1948-1978 郑州城市空间结构演变 [J]. 山西建筑，2010（11）.

28. 朱军献 . 郑州城市规划与空间结构变迁研究（1906—1957）[J]. 城市空间研究，2011（08）.

29. 曹昌智 . 中国历史文化名城名镇名村保护状况及对策 [J]. 中国名城，2011.

30. 曹昌智 . 我国历史文化名城保护若干理论问题 [J]. 城市发展研究，2012.

31. 李孝敏 . 新常态背景下郑州文化产业的发展 [J]. 全国商情（经济理论研究），2014（19）.

32. 卢济威 . 张凡 . 历史文化传承与城市活力协同发展 [C].2015 城市规划大会，2015.

33. 郝鹏展 . 论近代以来郑州的城市规划与城市发展 [D]. 陕西：陕西师范大学，

2006.

34. 杨菲 . 郑州城市规划与市政建设的历史考察(1908—1954)[D]. 河南:郑州大学，2011.

35. 李琳 . 基于文脉的城市空间设计研究——以郑州市郑东新区为例 [D]. 云南：昆明理工大学，2012.

36. 黄威 . 文化资源向导下的城市公共空间景观营造探究——以郑州市为例 [D]. 河南：河南农业大学，2013.

37. 李悦 . 郑州市书院街历史街区更新策略研究 [D]. 河南：郑州大学，2013.

38. 郑州历史文化名城保护规划（1995—2010）[Z]，1995.

39. 郑州市城市总体规划（1995—2010）[Z]，1995.

40. 郑州市城市总体规划（2010—2020）[Z]，2010.

41. 中原城市群总体发展规划纲要（2006—2020）[Z]，2006.

42. 河南省旅游发展总体规划（2006—2025）[Z]，2006.

43. 郑州商城遗址保护规划（2008）[Z]，2008.

44. 国务院关于支持河南省加快建设中原经济区的指导意见（国发 [2011]32 号）[Z]，2011.

45. 郑州市大运河遗产保护规划（2011—2030）[Z]，2011.

46. 郑州市国民经济和社会发展“十二五”规划（2011—2015）[Z]，2011.

47. 河南省“十二五”旅游产业发展规划 [Z]，2012.

48. 中原经济区规划（2012—2020）[Z]，2012.

49. 郑州市旅游产业发展规划（2013—2020）[Z]，2012.

50. 郑州商城遗址公园（南片区）详细规划 [Z]，2012.

51. 郑州大遗址片区保护利用战略规划 [Z]，2013.

52. 郑州航空港经济综合实验区发展规划（2013—2025）[Z]，2013.

53. 2015 郑州市政府工作报告 [Z]，2015.

54. 2015 中国旅游业发展报告 [Z]，2015.

55. 郑州市文化产业发展情况报告 [Z]，2015.

56. 郑州市“十三五”旅游产业发展规划 [Z]，2015.

57. 郑州市人民政府关于加快全域旅游发展的意见 [Z]，2015.

58. 世界文化遗产“天地之中”历史建筑群总体保护管理规划 [Z]，2015.

59. 河南省参与建设丝绸之路经济带和 21 世纪海上丝绸之路的实施方案 [Z]，2015.